ARCHIV FÜR TIERERNÄHRUNG

BEGRÜNDET VON

ERNST MANGOLD

HERAUSGEGEBEN VON

ANDREAS HOCK · HANS BERGNER

15. BAND

1965

AKADEMIE-VERLAG · BERLIN

ARCH TIERERNÄHRUNG — 15 BAND, HEFT 1—6 — BERLIN

JANUAR BIS DEZEMBER 1965

Inhalt des 15. Bandes

ARCHIV FÜR TIERERNÄHRUNG

BEGRÜNDET VON

ERNST MANGOLD

HERAUSGEGEBEN VON

ANDREAS HOCK · HANS BERGNER

15. BAND

HEFT 1

AKADEMIE-VERLAG · BERLIN

INHALT

Institut für Tierernährung und Landw Chemie der Universität Rostock
(Direktor em. Prof. Dr Dr h c. K. NEHRING)

S. POPPE

Über den Einfluß von Diäthylstilboestrol und anderer Wirkstoffe auf den Stoffwechsel männlicher Ratten*

II Mitteilung

Thyroxin und Methylthiouracil

1 Einfluß von Thyroxin und Diäthylstilboestrol (DÄS)

Die Beschreibung der Versuchsanstellung wurde bereits in der 1. Mitteilung gegeben, so daß hier auf eine Wiederholung verzichtet werden kann [2]

Bei dem Thyroxinpräparat handelt es sich um ein synthetisches, kristallines Thyroxin Dieses Präparat wurde dem Futter in Höhe von 1 mg/kg zugemischt.

Auch bei der Behandlung dieses Versuches kann auf eine gesonderte Erläuterung der Ergebnisse von Kontroll- und DÄS-Gruppe verzichtet werden, da die in diesem Versuch erzielten Resultate bei diesen Gruppen praktisch mit denen in den bereits besprochenen Versuchen übereinstimmen (siehe 1. Mitteilung).

Die Tiere wogen zu Beginn des eigentlichen Versuches im Durchschnitt 113 g, wie aus der Tabelle 1 über die Gewichtsentwicklung hervorgeht.

Tabelle 1
Gewichtsentwicklung

Gruppe	Gewicht am Versuchsbeginn	Gewicht am Ende der Dekade				
		1 Vorversuch	2	3	4	5
Kontrolle	109,1	113,1	136,9	168,8	179,23	198,3
DÄS	109,6	113,6	125,0	136,5	143,1	152,4
Thyroxin	109,4	113,7	134,5	159,1	172,1	191,4
Thyroxin + DÄS	109,6	113,9	118,8	127,9	136,3	145,0

Aus der Tabelle ist weiter ersichtlich, daß die Kontrolltiere Zunahmen von 85,2 g gegenüber 82,6 g im vorangegangenen Versuch (2) erzielten, das gleiche trifft für die DÄS-Gruppe mit 38,8 und 39,3 g zu.

Die Zufütterung von Thyroxin hatte eine Verminderung der Zunahmen auf 77,7 g ($P = < 0,001$ zur Kontrolle) zur Folge. Thyroxin ist verantwortlich für die Regulation des Grundumsatzes, so daß durch die Erhöhung des Thyroxinspiegels eine vermehrte Verbrennung der Nährstoffe stattfand, die in verminderten Zunahmen ihren Ausdruck findet. Der gleiche Effekt tritt auch bei der kombi-

* Dem Andenken meines hochverehrten Lehrers Prof J S. POPOW (Moskau)

nierten Gabe beider Wirkstoffe auf. Die Zunahmen wurden bei der DÄS-Gruppe von 38,8 g durch Thyroxin auf 31,1 g gesenkt ($P < 0{,}001$).

Bei einer Betrachtung des Futterverzehrs der einzelnen Versuchsgruppen ist neben den bereits erwähnten Effekten des DÄS festzustellen, daß Thyroxin keine Geschmacksdepression verursachte bei alleiniger Verabfolgung

Tabelle 2

Futterverzehr pro Tier/Tag/g Tr.S.

Gruppe	Dekade 1 (Vorversuch)	2	3	4	5
Kontrolle	9,17	12,00	13,97	14,00	14,00
DÄS	9,17	10,43	10,70	11,47	10,69
Thyroxin	9,17	12,00	14,00	14,00	14,00
Thyroxin + DÄS	9,17	10,73	10,59	11,43	10,82

Auch die Kombination mit DÄS ließ keine appetitsbeeinflussende Wirkung des Thyroxins erkennen. Es ist schließlich noch darauf hinzuweisen, daß beide Thyroxingruppen mindestens ebenso viel Futter aufnahmen, wie die Kontroll- bzw DÄS-Gruppen. Die Zunahmen der Thyroxingruppen lagen jedoch recht erheblich niedriger, so daß durch die Thyroxinzufütterung die Futterverwertung verschlechtert wurde.

In der folgenden Tabelle 3 sind die Ergebnisse der Gesamtbilanzen von N, Ca und P für die 2.–5. Versuchsdekade wiedergegeben.

Tabelle 3

	Kontrolle g	Kontrolle %	DÄS g	DÄS %	Thyroxin g	Thyroxin %	Thyroxin + DÄS g	Thyroxin + DÄS %
N-Bilanz								
N im Futter	13,870	100,0	11,185	100,0	13,878	100,0	11,153	100,0
im Kot	3,683	26,5	2,530	22,6	3,921	28,3	2,352	21,1
im Harn	7,234	52,2	6,853	61,3	7,122	51,3	6,714	60,2
retiniert	2,953	21,3	1,802	16,1	2,835	20,4	2,087	18,7
Ca-Bilanz								
Ca im Futter	3,778	100,0	3,047	100,0	3,780	100,0	3,038	100,0
im Kot	2,774	73,4	1,982	65,0	2,817	74,5	1,881	61,9
im Harn	0,494	13,1	0,639	21,0	0,472	12,5	0,568	18,7
retiniert	0,510	13,5	0,426	14,0	0,491	13,0	0,589	19,4
P-Bilanz								
P im Futter	3,562	100,0	2,871	100,0	3,564	100,0	2,855	100,0
im Kot	2,085	58,5	1,510	52,6	2,077	58,3	1,398	49,0
im Harn	1,150	32,3	1,098	38,3	1,227	34,4	1,037	36,3
retiniert	0,327	9,2	0,263	9,1	0,260	7,3	0,420	14,7

Thyroxin scheint die Kot-N-Ausscheidung etwas zu erhöhen, wodurch sich die N-Retention etwas vermindert, allerdings ist dieser Unterschied zur Kontrollgruppe so gering, daß er sich statistisch nicht sichern läßt. Bei der kombinierten Verabreichung von DÄS und Thyroxin wird die Kot- und Harn-N-Ausscheidung gegenüber der DÄS-Gruppe schwach vermindert, wodurch sich die N-Retention etwas erhöht. Dieser Unterschied zur DÄS-Gruppe ist mit $P <= 0,01$ gesichert.

Die Ca-Bilanz wird durch Thyroxin ebenfalls nur unbedeutend oder gar nicht beeinflußt. Die gegenüber der Kontrollgruppe geringfügige Verminderung der Ca-Retention läßt sich statistisch nicht mehr sichern. Bei der kombinierten Gruppe verminderte sich die Ca-Ausscheidung mit dem Kot erheblich gegenüber allen anderen Gruppen. Besonders kraß ist hier der Unterschied zur Thyroxingruppe. Ein weniger starkes Abfallen des Kot-Ca ist gegenüber der DÄS-Gruppe festzustellen. Die Harn-Ca-Ausscheidung wird durch die kombinierte Gabe der Hormone gegenüber der Kontroll- und Thyroxingruppe erhöht, gegenüber der DÄS-Gruppe jedoch vermindert. Die Ca-Retention lag bei der kombinierten Gruppe mit 19,4% des aufgenommenen Ca deutlich höher als bei allen anderen Gruppen. Diese Unterschiede lassen sich zu allen anderen Gruppen hoch sichern ($P = < 0,001$).

Die P-Bilanz wird durch Thyroxin in der gleichen Richtung wie die Ca-Bilanz beeinflußt, wenngleich hier die Verminderung der P-Retention bedeutender ist. Die Differenz in der P-Retention zwischen Kontroll- und Thyroxingruppe ist mit $P = < 0,001$ hoch gesichert. Zu vermerken ist noch, daß diese Verminderung hier auf Kosten einer Erhöhung des Harn-P geht.

Thyroxin und DÄS in Kombination erhöhen ebenfalls wie beim Ca auch die P-Retention gegenüber allen anderen Gruppen signifikant ($P = < 0,001$). Dabei muß auch hier auf die stark verminderte Kotausscheidung des Phosphors verwiesen werden.

Es sei auch auf die graphischen Darstellungen (Abb. 1–3) verwiesen, die den Verlauf der Bilanzen zu den einzelnen Dekaden wiedergeben.

In der Tabelle 4 sind nun die Ergebnisse der chemischen Untersuchung der Schlachtkörper zusammengefäßt.

Die Einwirkung des DÄS auf die Schlachtkörperzusammensetzung ist in diesem Versuch ebenso deutlich wie in den bereits beschriebenen (verminderter

Tabelle 4

Schlachtkörperzusammensetzung in %

	Wasser	Rohfett	Rohprotein	Rohasche	insgesamt
Vor dem Versuch	72,04	2,43	20,85	—	—
Kontrolle	67,76	7,11	21,75	4,67	101,29
DÄS	67,53	7,66	20,67	5,25	101,11
Thyroxin	70,34	5,93	20,47	4,27	101,01
Thyroxin + DÄS	69,37	5,46	20,89	5,07	100,79

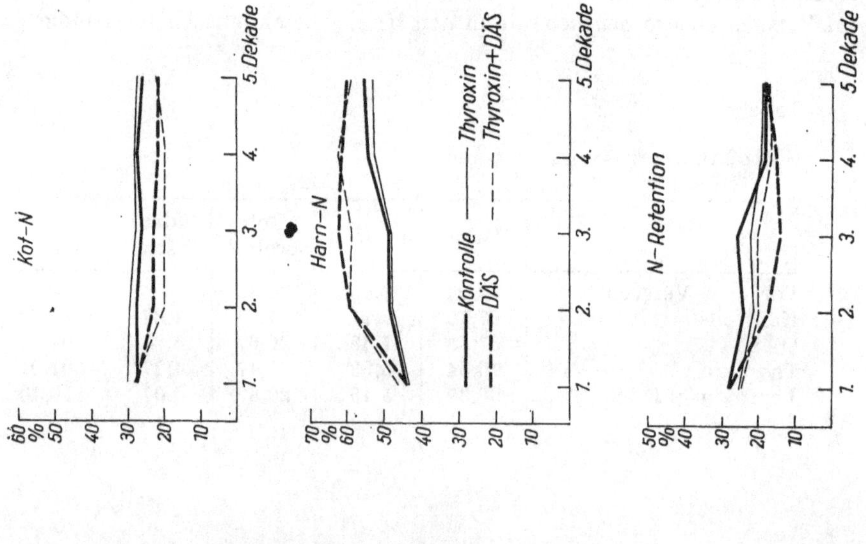

Abb. 1. N-Bilanz

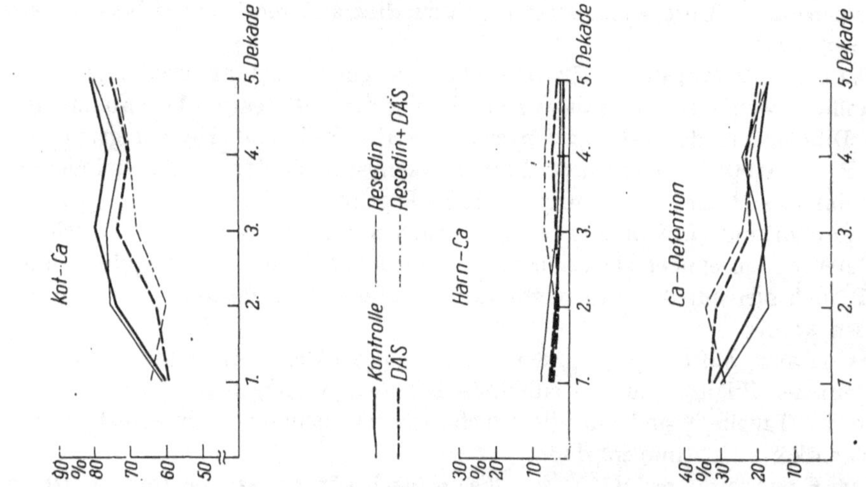

Abb. 2. Ca-Bilanz

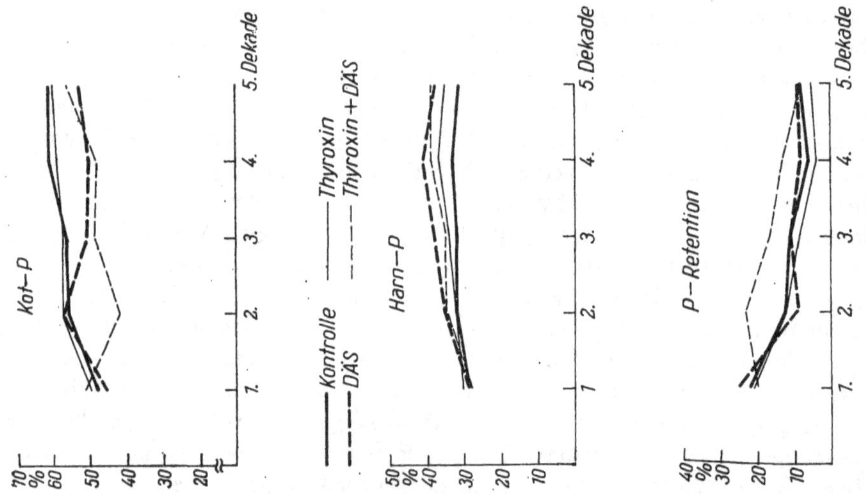

Abb. 3. P-Bilanz

Wassergehalt, erhöhter Rohfett- und Rohaschegehalt). Da Thyroxin den Grundumsatz steigert, mußte sich naturgemäß die für den Fettansatz zur Verfügung stehende Energie und demzufolge auch der Rohfettgehalt im Schlachtkörper vermindern. Die Unterschiede zwischen Kontrollgruppe und den beiden Thyroxingruppen hinsichtlich des Rohfettgehaltes sind statistisch hoch gesichert ($P = < 0{,}001$). Weiterhin scheint Thyroxin den Rohaschegehalt der Schlachtkörper zu vermindern. Diese Unterschiede zwischen Thyroxingruppe und Kontrollgruppe einerseits und der kombinierten Gruppe und der DÄS-Gruppe andererseits sind statistisch mit $P = < 0{,}001$ gut gesichert. Diese Aussagen werden zumindest bei der Thyroxingruppe gut durch die Mineralstoffbilanzen gestützt. Bei der kombinierten Gruppe wurden zwar bei den Mineralstoffbilanzen die höchsten Retentionen beobachtet, jedoch im Rohaschegehalt des Schlachtkörpers liegt diese Gruppe niedriger als die DÄS-Gruppe. In der Tabelle 5 sind die Gewichte der inneren Organe zusammengefaßt.

Tabelle 5

Gewicht der inneren Organe in g

	Herz	Lungen	Leber	Nieren	Milz	Hoden	Nebennieren (mg)	Hypophyse in mg
Kontrollschlachtung zu Beginn des Versuches								
	0,418	1,077	6,307	1,004	0,763	1,821	25,4	4,6
Kontrollschlachtung am Ende des Versuches								
Kontrolle	0,632	1,688	8,634	1,379	0,830	3,534	46,1	7,0
DÄS	0,602	1,363	8,673	1,226	0,982	0,699	79,6	7,7
Thyroxin	0,806	1,635	7,151	1,470	0,984	3,610	52,9	7,0
Thyroxin + DÄS	0,620	1,438	7,795	1,229	0,917	0,695	77,7	7,2
Kontrollschlachtung zu Beginn des Versuches (umgerechnet pro 100 g Lebendgewicht)								
	0,363	0,937	5,469	0,872	0,643	1,578	21,7	4,0
Kontrollschlachtung am Ende des Versuches (umgerechnet pro 100 g Lebendgewicht)								
Kontrolle	0,320	0,850	4,329	0,698	0,418	1,784	24,8	3,5
DÄS	0,396	0,898	5,697	0,806	0,647	0,458	51,6	5,0
Thyroxin	0,422	0,857	3,746	0,771	0,517	1,889	27,8	3,7
Thyroxin + DÄS	0,427	0,990	5,374	0,848	0,633	0,478	53,6	5,0

Bei der Besprechung der Ergebnisse stützen wir uns vor allem auf die auf einheitliches Lebendgewicht bezogenen Angaben Deutlich kommt auch in diesem Versuch wiederum der durch DÄS erzielte Kastrationseffekt in den stark verminderten Hodengewichten zum Ausdruck. Thyroxin scheint das Hodengewicht noch zu stimulieren. Der Unterschied zur Kontrollgruppe ist hier statistisch hoch gesichert ($P = < 0{,}001$). Allerdings verschwindet diese stimulierende Wirkung fast völlig bei der kombinierten Gruppe im Vergleich zur DÄS-Gruppe Offensichtlich wird hier dieser Effekt durch DÄS fast völlig aufgehoben.

Die Nebennierengewichte wurden durch Thyroxin schwach erhöht ($P = < 0{,}05$) Ebenfalls ist diese Tendenz noch sichtbar bei der kombinierten Gruppe, wenngleich dieser Unterschied zur Stilboestrolgruppe statistisch nicht mehr zu sichern ist.

Ähnlich wie die Nebennierengewichte werden auch die Hypophysengewichte durch Thyroxin erhöht ($P = < 0{,}05$). Bei der kombinierten Gabe beider Wirkstoffe addiert sich jedoch ihr Einfluß nicht. Zu gleichen Ergebnissen kommen auch HARTSOOK u Mitarb. [1].

Interessant sind in diesem Zusammenhang noch die Gewichte der Milzen, die ja im Stoffwechsel, vor allem für die Blutbildung und -speicherung, eine wesentliche Rolle spielen. Durch Thyroxin wird das Gewicht der Milz wiederum erhöht, bei der kombinierten Gabe jedoch erfolgt keine Addition der Effekte, sondern es ist eher eine Verminderung des Milzgewichtes gegenüber der DÄS Gruppe angedeutet

2. Einfluß von Methylthiouracil und Diäthylstilboestrol

Das Methylthiouracil (MTU) für unseren Versuch stammte aus dem VEB Philopharm und enthielt 0,1 g MTU pro Tablette. Die Dosierung von 1,5 kg MTU/kg Futter entspricht den in der Schweinemast angewandten Wirkstoffdosen (0,15‰). Die Tiere hatten zu Beginn der Wirkstoffverabreichung ein durchschnittliches Gewicht von 121 g In der Tabelle 6 ist die Gewichtsentwicklung aller Gruppen dargestellt.

Tabelle 6

Gewichtsentwicklung

	Gewicht am Versuchsbeginn	Gewicht am Ende der Dekade				
		1 (Vorversuch)	2	3	4	5
Kontrolle	108,8	122,5	147,0	175,8	191,1	210,6
DÄS	106,0	121,9	129,8	136,9	146,6	158,2
MTU	106,2	121,2	146,5	170,2	174,7	170,9
MTU + DÄS	106,9	121,5	138,2	142,8	145,6	144,0

Aus der Tabelle ist ersichtlich, daß die Unterschiede zwischen Kontroll- und DÄS-Gruppe im wesentlichen den bei den anderen Versuchen gemachten Angaben entsprechen. Die MTU-Tiere hatten mit 49,7 g bedeutend niedrigere Zunahmen als die Kontrolltiere (P = < 0,001). Dabei ist interessant, daß diese Tiere in den letzten beiden Dekaden nichts mehr zugenommen haben. Bei der kombinierten Gruppe scheint sich die Wirkung des MTU und DÄS addiert zu haben. Mit 22,5 g werden hier die niedrigsten Zunahmen beobachtet. Wie bei der MTU-Gruppe wird das Lebendgewicht auch hier in den letzten beiden Dekaden praktisch nicht verändert. Wie in den anderen Versuchen läßt sich auch hier ein Zusammenhang zwischen Zuwachs und Futterverzehr feststellen. In Tabelle 7 ist der Futterverzehr der einzelnen Gruppen zusammengefaßt.

Tabelle 7

Futterverzehr pro Tier/Tag/g Tr.S.

Gruppe	Dekade				
	1 (Vorversuch)	2	3	4	5
Kontrolle	9,19	11,47	13,65	13,63	14,41
DÄS	9,19	9,85	8,98	9,48	10,34
MTU	9,19	11,49	13,21	11,32	10,81
MTU + DÄS	9,19	10,89	9,66	8,98	10,04

Bereits in der 3. Dekade wird von der MTU-Gruppe weniger Futter aufgenommen als von den Kontrolltieren, erheblich weniger Futter wird schließlich in der 4. und 5. Dekade aufgenommen. Ähnliche Tendenzen sind bei der kombinierten Gruppe festzustellen, wenn man mit der DÄS-Gruppe vergleicht. Eine Geschmacksbeeinflussung des Futters durch MTU scheint nicht vorzuliegen,

Tabelle 8

	Kontrolle		1,0 mg DÄS		MTU		MTU + DÄS	
	g	%	g	%	g	%	g	%
N-Bilanz								
N im Futter	14,322	100,00	10,439	100,00	12,643	100,00	10,686	100,00
im Kot	3,671	25,63	2,359	22,60	3,256	25,75	2,267	21,21
im Harn	6,394	44,65	6,128	58,70	7,039	55,67	7,209	67,46
retiniert	4,257	29,72	1,952	18,70	2,348	18,58	1,210	11,33
Ca-Bilanz								
Ca im Futter	5,154	100,00	3,750	100,00	4,543	100,00	3,828	100,00
im Kot	3,705	71,85	2,486	66,27	3,443	75,78	2,692	70,29
im Harn	0,069	1,35	0,084	2,24	0,130	2,87	0,133	3,47
retiniert	1,380	26,80	1,180	31,49	0,970	21,35	1,003	26,24
P-Bilanz								
P im Futter	4,995	100,00	3,634	100,00	4,396	100,00	3,720	100,00
im Kot	2,791	55,85	1,889	52,00	2,706	61,55	2,105	56,58
im Harn	1,040	20,84	0,932	25,66	1,036	23,57	0,988	26,52
retiniert	1,164	23,31	0,813	22,34	0,654	14,88	0,627	16,90

da ja die kombinierte Gruppe in der 2. und 3. Dekade mehr Futter aufnahm als die DÄS-Tiere. Offensichtlich hängt diese Depression der Futteraufnahme mit tieferen Einwirkungen des MTU auf den Gesamtstoffwechsel zusammen.

In der folgenden Tabelle 8 sind die Ergebnisse der Gesamtbilanzen für N, Ca und P für die 2.–5. Versuchsdekade zusammengestellt.

MTU vermindert im gleichen Umfang wie DÄS die N-Retention. Werden auch gleiche Gesamtretentionen von ca. 18,6% N erreicht, so unterscheidet sich doch die N-Retention beider Gruppen im Verlaufe des Versuches recht erheblich. In der 2. und 3. Dekade liegt die N-Retention der MTU-Gruppe beträchtlich über der DÄS-Gruppe, während sie in der 4. und 5. Dekade wesentlich unter dem ziemlich gleich bleibenden Niveau der DÄS-Gruppe liegt (siehe Abb. 4). Aus der Tabelle ist weiter ersichtlich, daß MTU die Verdaulichkeit des N im Gegensatz zum DÄS offensichtlich nicht beeinflußt.

Die Ca-Retention wird durch die MTU-Gabe gegenüber allen anderen Gruppen erheblich vermindert ($P = < 0{,}001$). Ursache dafür ist die in allen Dekaden vermehrte Kot-Ca-Ausscheidung dieser Gruppe. Die kombinierte Gruppe erreicht etwa die gleiche Ca-Retention (relativ) wie die Kontrollgruppe. Offensichtlich heben sich hier die entgegengesetzten Einwirkungen von DÄS und MTU auf.

Die P-Bilanz wird durch MTU in der gleichen Weise beeinflußt wie die Ca-Bilanz. Auch hier wird die Verminderung der Retention durch eine erhöhte Ausscheidung des P über den Kot während des ganzen Versuches verursacht. Bei der kombinierten Gruppe wird die P-Retention ebenfalls erheblich vermindert. Die Unterschiede beider MTU-Gruppen zur Kontrolle und DÄS-Gruppe sind statistisch mit $P = < 0{,}001$ hoch gesichert. Die Kotausscheidung des P bei der kombinierten Gruppe ist gegenüber der DÄS-Gruppe deutlich erhöht, während die Harnausscheidung etwa gleich geblieben ist.

In der Tabelle 9 sind die Ergebnisse der chemischen Untersuchung der Schlachtkörper zusammengefaßt.

Tabelle 9

Schlachtkörperzusammensetzung in %

	Wasser	Rohfett	Rohasche
vor dem Versuch	72,23	2,89	4,42
Kontrolle	68,12	7,61	3,97
DÄS	68,01	7,13	4,68
MTU	66,71	7,90	4,69
MTU + DÄS	70,09	5,84	4,68

Wie aus der Tabelle zu ersehen ist, wird der Wassergehalt des Schlachtkörpers durch MTU vermindert ($P = < 0{,}05$), damit steht eine Erhöhung des Fettgehaltes in Zusammenhang. Die Erhöhung des Rohfettgehaltes durch MTU ist statistisch gegenüber der Kontrollgruppe jedoch nicht zu sichern.

Der Rohaschegehalt wird durch MTU im selben Umfang erhöht wie durch DÄS. Auf Trockensubstanz bezogen wird der Rohaschegehalt von 12,43% bei den Kontrolltieren auf 14,09% bei den MTU-Tieren erhöht. Bei den DÄS-Tieren

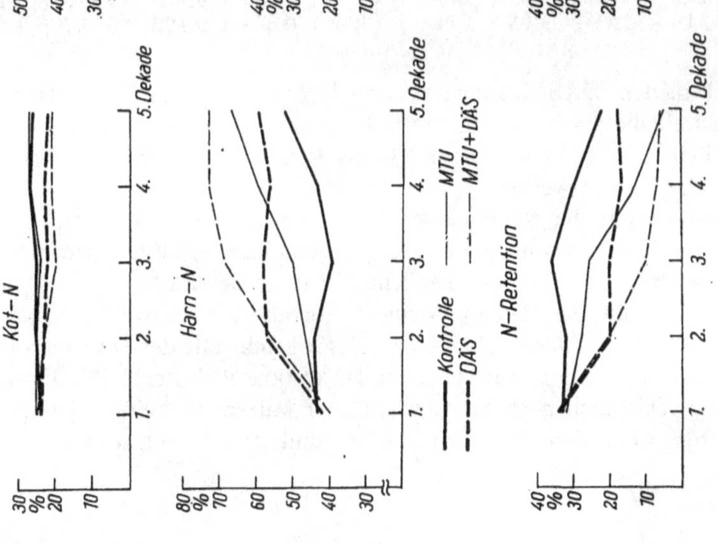

Abb. 4. N-Bilanz

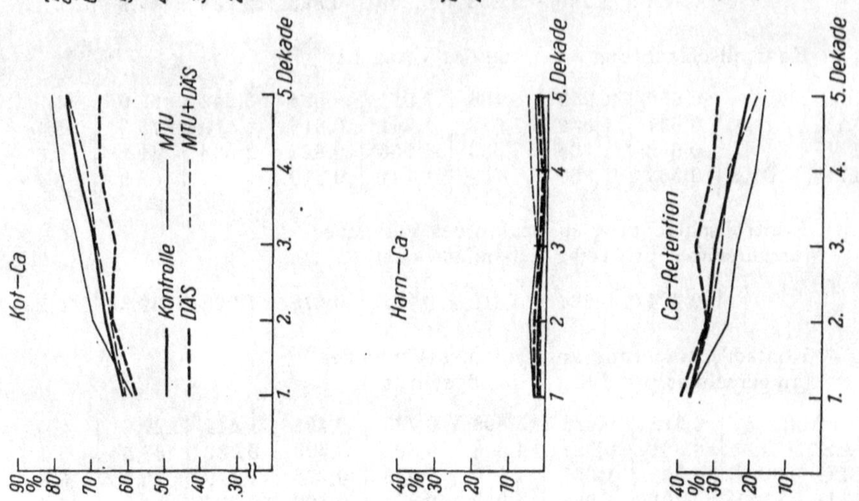

Abb. 5. Ca-Bilanz

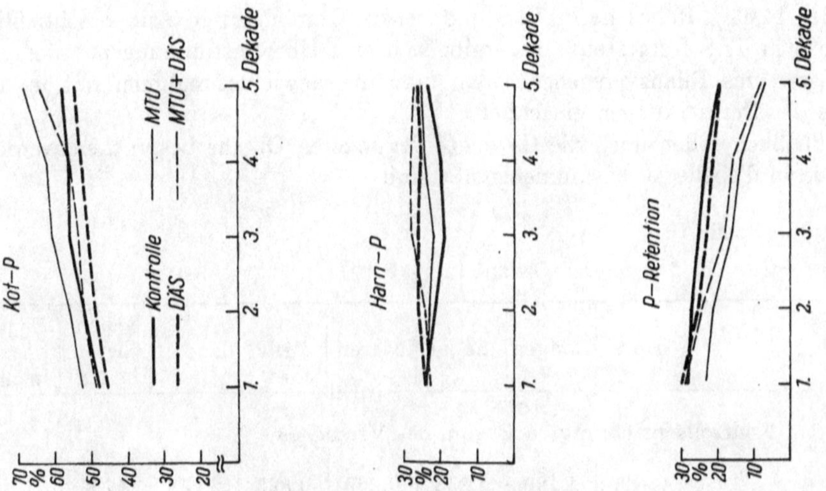

Abb. 6. P-Bilanz

wurden 14,63% Rohasche in Tr.S und bei der kombinierten Gruppe schließlich 15,65% in Tr.S festgestellt. Es ergibt sich eine Übereinstimmung mit den Ergebnissen des Bilanzversuches, wenn man die Gewichtszunahmen mit in den Kreis der Betrachtungen einschließt.

Schließlich sollen noch die Gewichte der inneren Organe besprochen werden, wie sie in Tabelle 10 zusammengefaßt sind.

Tabelle 10

Gewicht der inneren Organe in g

	Herz	Lungen	Leber	Nieren	Milz	Hoden	Nebennieren in mg	Hypophyse in mg
Kontrollschlachtung zu Beginn des Versuches								
	0,488	1,120	5,233	0,969	0,823	2,158	47,9	5,1
Kontrollschlachtung am Ende des Versuches								
Kontrolle	0,650	1,953	8,194	1,511	1,024	3,242	57,9	4,9
DÄS	0,564	1,532	7,647	1,241	0,818	0,519	75,3	5,1
MTU	0,592	1,706	6,683	1,156	0,627	2,506	41,1	6,6
MTU + DÄS	0,583	1,360	7,152	1,141	0,610	0,592	62,9	8,5
Kontrollschlachtung zu Beginn des Versuches (umgerechnet pro 100 g Lebendgewicht)								
	0,404	0,924	4,312	0,801	0,675	1,799	39,3	4,2
Kontrollschlachtung am Ende des Versuches (umgerechnet pro 100 g Lebendgewicht)								
Kontrolle	0,318	0,938	3,895	0,733	0,491	1,544	27,6	2,4
DÄS	0,361	0,981	4,863	0,808	0,520	0,332	47,5	3,2
MTU	0,356	1,027	4,010	0,695	0,376	1,479	25,3	3,9
MTU + DÄS	0,405	1,098	4,952	0,804	0,422	0,407	43,8	5,8

Bei beiden DÄS-Gruppen ist wiederum ein eindeutiger Kastrationseffek, der durch die stark verminderten Hodengewichte zum Ausdruck kommt, festzustellen. Dieser Effekt scheint bei der kombinierten Gruppe etwas durch MTU abgeschwächt zu werden.

Die Gewichte der Nebennieren werden bei den DÄS-Gruppen ebenfalls gegenüber der Kontroll- und MTU-Gruppe signifikant erhöht. Auch hier scheint das MTU ganz allgemein diese Tendenz etwas zu hemmen.

MTU erhöht die Hypophysengewichte allein als auch in Kombination mit DÄS signifikant. Dabei scheint sich dieser Effekt mit der DÄS-Gabe zu addieren. Gleiche Mitteilungen machen auch Hartsook u. Mitarb. [1]. Erwähnt werden müssen schließlich noch die Gewichte der Milzen. In beiden Gruppen, die MTU erhielten, werden die Milzgewichte um rund 40% (absolutes Gewicht) gegenüber den Kontrolltieren vermindert. Wahrscheinlich ist dies eine dem MTU eigentümliche Wirkung, denn MTU kann sich ja bekanntlich negativ auf das Blutbild (Erhöhung der Leukozytenzahl) auswirken.

Zusammenfassung

In zwei Versuchsreihen mit männlichen Ratten wurde der Einfluß von Diäthylstilboestrol allein und in Kombination mit Thyroxin oder Methylthiouracil auf den Stoffwechsel und die Entwicklung einiger innerer Organe untersucht. MTU und Thyroxin begünstigen oder hemmen teilweise bestimmte Effekte des DÄS.

Резюме

В двух сериях опытов с крысами-самцами исследовалось влияние диэтилстилбэстроля, а также диэтилстилбэстроля в комбинации с тироксином или метилтиоурацилем на обмен веществ и развитие некоторых внутренних органов. МТУ и тироксин благоприятствуют известным действиям диэтилстилбэстроля или же частично замедляют их.

Summary

2 series of experiments were carried out to study the influence of diethylstilbestrol administered singly or in combination with thyroxine or methylthiouracil, on the metabolism and growth of certain inner organs of male rats Methylthiouracil and thyroxine either promote or partly inhibit certain effects caused by diethylstilbestrol

Literaturverzeichnis

[1] Hartsook, E. W., T. V. Hershberger, T. A Long: Americ. Journ. of Phys. **201**, 823 (1961)

[2] Poppe, S.. Arch. f. Tierernährung **14**, 345 (1964)

Eingegangen 17 März 1964

Institut für Tierernährung und Landw. Chemie der Universität Rostock
(Direktor em.: Prof. Dr. Dr. h. c. K. NEHRING)

S. POPPE

Über den Einfluß von Diäthylstilboestrol und anderer Wirkstoffe auf den Stoffwechsel männlicher Ratten*

III. Mitteilung

Antibiotica und Tranquilizer

1. Einfluß von Terramycin und Diäthylstilboestrol

Die Versuchsanstellung wurde bereits in der I. Mitteilung [3] beschrieben, so daß hier eine Wiederholung fortfallen kann.

Das Terramycin kam für unseren Versuch aus dem VEB Jenapharm und enthielt mit 870 mcg Oxytetracyclin/g einen hohen Wirkstoffanteil. Je kg Futter wurde 1 mg Terramycin eingesetzt.

Die in diesem Versuch vorkommenden Kontroll- und DÄS-Tiere waren dieselben, wie sie beim Versuch mit Thyroxin behandelt wurden (II. Mitteilung), so daß hier auf eine nochmalige Behandlung dieser Ergebnisse verzichtet werden kann.

In der folgenden Tabelle 1 ist nun zunächst die Gewichtsentwicklung der Tiere dargestellt.

Tabelle 1

Gewichtsentwicklung

Gruppe	Gewicht zu Beginn des Versuchs	Gewicht am Ende der Dekade				
		1 (Vorversuch)	2	3	4	5
Kontrolle	109,1	113,1	136,9	168,8	179,2	198,3
DÄS	109,6	113,6	125,0	136,5	143,1	152,4
Terramycin	109,8	113,8	140,1	170,7	181,5	198,9
Terramycin + DÄS	109,9	114,4	130,6	145,4	151,3	163,6

Zu Beginn des eigentlichen Versuches wogen die Tiere zwischen 113 und 114 g. Die Zunahmen der Tiere wurden durch Terramycin praktisch nicht beeinflußt. Die Kontrollgruppe erreichte mit 198,3 g fast das gleiche Endgewicht wie die Terramycingruppe 198,9 g. Bei der kombinierten Gabe beider Wirkstoffe wurden mit 49,2 g gegenüber 38,8 g bei der DÄS-Gruppe um rund 27% höhere Zunahmen erzielt ($P = < 0{,}001$). Terramycin vermindert also den wachstumshemmenden

* Dem Andenken meines hochverehrten Lehrers Prof. J. S. POPOW (Moskau)

Effekt des DÄS. Diese Tatsache ist in allen Dekaden, mit Ausnahme der 4. Dekade, deutlich festzustellen. Im Zusammenhang damit ist eine Betrachtung des Futterverzehrs der einzelnen Gruppen recht interessant.

Tabelle 2

Futterverzehr pro Tier/Tag/g Tr.S.

Gruppe	Dekade 1 (Vorversuch)	2	3	4	5
Kontrolle	9,17	12,00	13,97	14,00	14,00
DÄS	9,17	10,43	10,70	11,47	10,69
Terramycin	9,17	12,00	14,00	14,00	13,87
Terramycin + DÄS	9,17	10,29	11,22	11,60	10,98

Zunächst sei erwähnt, daß die kombinierte Gruppe in fast allen Dekaden einen deutlich höheren Futterverzehr aufwies als die DÄS-Gruppe. Terramycin scheint wohl den Appetit auch bei Ratten anzuregen. Allerdings konnte dieser Effekt bei der Terramycingruppe gegenüber der Kontrollgruppe nicht nachgewiesen werden, da hier die Futtergabe mit 14 g Tr.S. begrenzt worden ist. In der letzten Dekade allerdings nahmen die Tiere der Terramycingruppe etwas weniger Futter auf als die Kontrolltiere. Ursache dafür war die Futterverweigerung einer Ratte in den letzten Versuchstagen. Die erhöhte Futteraufnahme der kombinierten Gruppe erklärt z. T. auch die im Vergleich zur DÄS-Gruppe höheren Zunahmen.

In der folgenden Tabelle 3 sind die zusammenfassenden Ergebnisse der Na-, Ca- und P-Bilanzen für die 2.–5. Dekade wiedergegeben.

Tabelle 3

	Kontrolle g	Kontrolle %	DÄS g	DÄS %	Terramycin g	Terramycin %	Terramycin + DÄS g	Terramycin + DÄS %
N-Bilanz								
N im Futter	13,870	100,0	11,185	100,0	13,845	100,0	11,333	100,0
im Kot	3,683	26,5	2,530	22,6	3,448	24,9	2,474	21,8
im Harn	7,234	52,2	6,853	61,3	7,186	51,9	7,390	65,2
retiniert	2,953	21,3	1,802	16,1	3,211	23,2	1,469	13,0
Ca-Bilanz								
Ca im Futter	3,778	100,0	3,046	100,0	3,771	100,0	3,086	100,0
im Kot	2,774	73,4	1,982	65,0	2,713	71,9	2,058	66,7
im Harn	0,494	13,1	0,638	21,0	0,494	13,1	0,632	20,5
retiniert	0,510	13,5	0,426	14,0	0,564	15,0	0,396	12,8
P-Bilanz								
P im Futter	3,562	100,0	2,871	100,0	3,555	100,0	2,910	100,0
im Kot	2,085	58,5	1,510	52,6	2,036	57,3	1,506	51,8
im Harn	1,150	32,3	1,098	38,3	1,159	32,6	1,150	39,5
retiniert	0,327	9,2	0,263	9,1	0,360	10,1	0,254	8,7

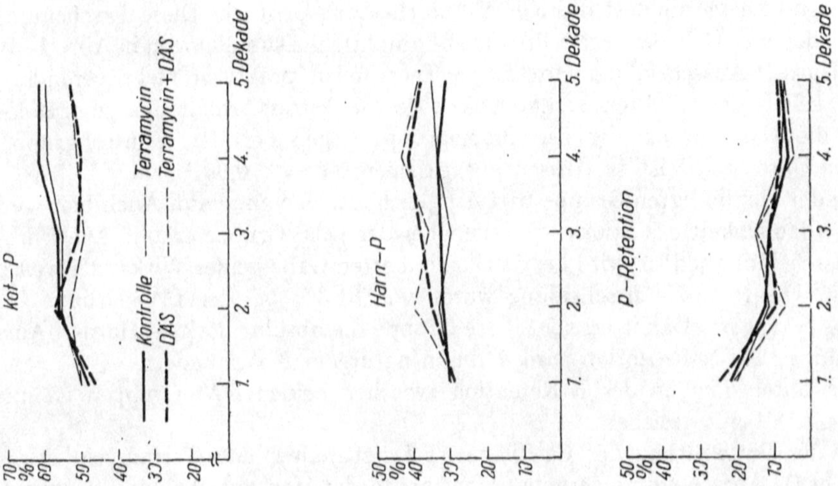

Abb. 3. P-Bilanz

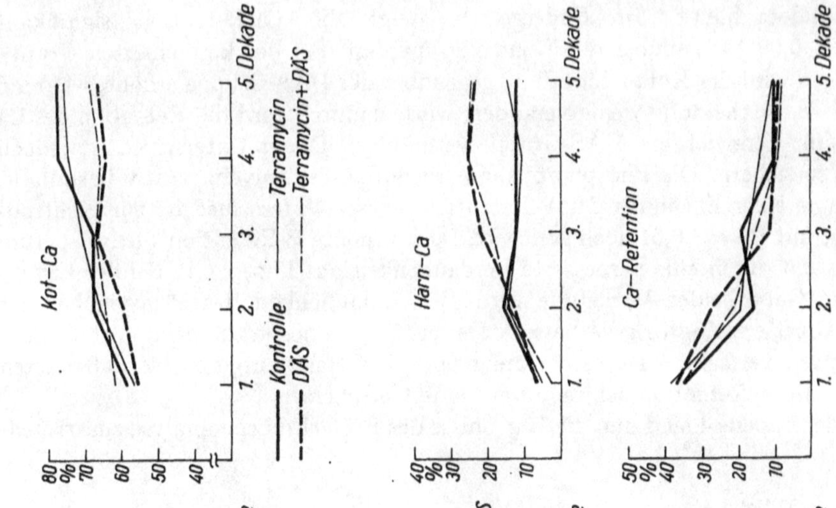

Abb. 2. Ca-Bilanz

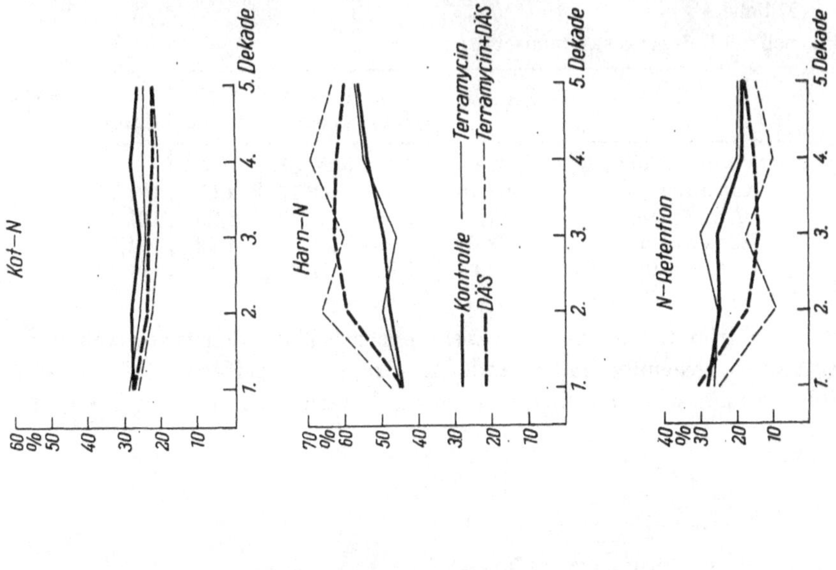

Abb. 1. N-Bilanz

Terramycin vermindert die Kot-N-Ausscheidung deutlich. Diese Erscheinung ist in allen vier Dekaden feststellbar (siehe graphische Darstellungen in Abb. 1–3). Die Harn-N-Ausscheidung wird durch Terramycin praktisch nicht verändert. Im Ergebnis der erhöhten Verdaulichkeit des Stickstoffs erhöht sich demzufolge auch die N-Retention der Terramycingruppe gegenüber der Kontrollgruppe. Dieser Unterschied ist statistisch gut gesichert ($P = < 0{,}001$).

Bei der kombinierten Gruppe tritt die gleiche Erscheinung auf. Auch hier wird die Verdaulichkeit des Stickstoffs gegenüber der DÄS-Gruppe erhöht. Die Harn-N-Ausscheidung jedoch wird bei der kombinierten Gabe beider Wirkstoffe weiter erhöht. Die Harn-N-Ausscheidung wurde von 61,3% bei der DÄS-Gruppe auf 65,2% gesteigert. Damit erreicht diese Gruppe die absolut höchste Harn-N-Ausscheidung. Die N-Retention wird dadurch naturgemäß vermindert.

Der Unterschied in der N-Retention zwischen beiden DÄS-Gruppen ist mit $P = < 0{,}001$ gut gesichert.

Bei der Betrachtung der Ca-Bilanz ist festzustellen, daß Terramycin etwas die Kot-Ca-Ausscheidung vermindert, während die Harnausscheidung praktisch unverändert bleibt. Im Endergebnis steigt die Ca-Retention signifikant ($P = < 0{,}001$) gegenüber der Kontrollgruppe an. Bei der kombinierten Gruppe hingegen wird die Kotausscheidung gegenüber der DÄS-Gruppe erhöht, während die Harnausscheidung wenig verändert wird; dadurch wird die Retention des Ca etwas im Vergleich zur DÄS-Gruppe vermindert. Dieser Unterschied ist jedoch nicht zu sichern. Die Phosphorbilanz wird durch Terramycin positiv beeinflußt, im Sinne einer Erhöhung der P-Retention. Dieser Unterschied ist zur Kontrollgruppe mit $P = < 0{,}01$ noch gesichert. Diese erhöhte P-Retention wird wiederum verursacht durch eine verbesserte Verdaulichkeit des Phosphors. Bei der kombinierten Gabe beider Wirkstoffe wird die Verdaulichkeit des P gegenüber der DÄS-Gruppe geringfügig verbessert. Der erhöhten Phosphorresorption steht aber eine stark vermehrte P-Ausscheidung über den Harn entgegen, so daß letzten Endes die P-Retention schwach vermindert erscheint.

In der Tabelle 4 sind nun die Ergebnisse der Schlachtkörperanalyse zusammengefaßt.

Tabelle 4

Schlachtkörperzusammensetzung in %

	Wasser	Rohfett	Rohprotein	Rohasche	insgesamt
vor dem Versuch	72,04	2,43	20,85	–	–
Kontrolle	67,76	7,11	21,75	4,67	101,29
DÄS	67,53	7,66	20,67	5,25	101,11
Terramycin	69,69	5,60	21,54	4,42	101,28
Terramycin + DÄS	66,94	7,82	21,23	5,15	101,14

Terramycin erhöht, wie aus der Tabelle ersichtlich ist, den Wassergehalt des Schlachtkörpers gegenüber allen anderen Gruppen signifikant ($P = < 0{,}05$). Der Rohfettgehalt wird dementsprechend stark vermindert ($P = < 0{,}001$). Die gleiche Erscheinung fanden wir bei Thyroxinfütterung, es liegt daher die Vermutung nahe, daß durch Terramycin die Schilddrüsenaktivität gesteigert wird, wodurch sich der Grundumsatz erhöht und die Verminderung des Fettgehaltes und die Erhöhung des Wasseranteils im Schlachtkörper verursacht wird. Der Rohaschegehalt im Schlachtkörper wird durch Terramycin vermindert ($P = < 0,001$). Der gleiche Effekt trat bei der Thyroxinfütterung auf.

Bei einer kombinierten Gabe beider Wirkstoffe wird der Wassergehalt des Schlachtkörpers deutlich vermindert, der Unterschied zur DÄS-Gruppe ist mit $P = < 0,01$ gesichert. Damit in Verbindung erhöht sich der Fettgehalt im Schlachtkörper etwas. Dieser Unterschied ist zur DÄS-Gruppe allerdings nicht gesichert.

Weiterhin muß erwähnt werden, daß eine Kombination von Antibiotica und DÄS bei Rindern und Schafen hinsichtlich der Zusammensetzung des Schlachtkörpers die gleiche Wirkung hat [3], wie hier in diesem Versuch bei Ratten beobachtet wurde.

Der Rohaschegehalt des Schlachtkörpers wird bei der kombinierten Gruppe etwas vermindert im Vergleich zur DÄS-Gruppe ($P = < 0,01$). Es hat den Anschein, daß durch Terramycin die Schilddrüsenaktivität gesteigert wird, durch die kombinierte Gabe jedoch mit DÄS diese Wirkung teilweise umgekehrt (Rohfett) oder stark abgeschwächt wird. Bei einer kombinierten Gabe von DÄS und

Tabelle 5

Gewicht der inneren Organe in g

	Herz	Lungen	Leber	Nieren	Milz	Hoden	Nebennieren (mg)	Hypophyse (mg)
Kontrollschlachtung zu Beginn des Versuches								
	0,418	1,077	6,307	1,004	0,763	1,821	25,4	4,6
Kontrollschlachtung am Ende des Versuches								
Kontrolle	0,632	1,688	8,634	1,379	0,830	3,534	46,1	7,0
DÄS	0,602	1,362	8,673	1,226	0,982	0,699	79,6	7,7
Terramycin	0,688	1,722	7,304	1,446	0,975	3,584	57,5	7,9
Terramycin + DÄS	0,558	1,332	10,025	1,260	0,971	0,496	77,7	7,9
Kontrollschlachtung zu Beginn des Versuches (umgerechnet pro 100 g Lebendgewicht)								
	0,363	0,937	5,469	0,872	0,643	1,578	21,7	4,0
Kontrollschlachtung am Ende des Versuches (umgerechnet pro 100 g Lebendgewicht)								
Kontrolle	0,320	0,850	4,329	0,698	0,418	1,784	24,8	3,5
DÄS	0,396	0,898	5,697	0,806	0,647	0,458	51,6	5,0
Terramycin	0,343	0,859	3,651	0,723	0,485	1,793	28,7	4,0
Terramycin + DÄS	0,340	0,813	6,130	0,770	0,589	0,303	47,4	4,8

Thyroxin wurde aber die Wirkung des Thyroxins nicht aufgehoben, so daß angenommen werden muß, daß Terramycin nicht direkt, sondern indirekt über eine Aktivierung des Hypophysenvorderlappens auf die Schilddrüse einwirkt.

In der Tabelle 5 sind die Gewichte der inneren Organe der Versuchstiere zusammengestellt.

Die Hodengewichte wurden durch Terramycin nicht beeinflußt. Deutlich erhöht wurden die Gewichte der Nebennieren. Der Unterschied zu den Kontrolltieren ist mit $P = < 0{,}01$ gesichert. Ebenso erhöhte sich das Gewicht der Hypophysen gegenüber den Kontrolltieren ($P = < 0{,}001$). Diese Tatsachen unterstützen die obengemachte Annahme, daß durch Terramycin die Hypophysentätigkeit angeregt wird. Wahrscheinlich werden außer der Schilddrüse auch die Nebennieren dadurch in ihrer Entwicklung begünstigt.

Terramycin in Kombination mit DÄS verstärkt noch den Kastrationseffekt des letzteren, was in der Verminderung der Hodengewichte gegenüber den DÄS-Tieren zum Ausdruck kommt ($P = < 0{,}001$).

Die Nebennierengewichte werden durch die kombinierte Gabe der Wirkstoffe gegenüber den DÄS-Tieren vermindert ($P = < 0{,}01$). Dasselbe trifft zu für die Hypophysengewichte ($P = < 0{,}001$).

Besonders erwähnt werden muß das stark erhöhte Gewicht der Leber bei der kombinierten Gruppe. Die Tendenz der Gewichtserhöhung der Leber ist bei der Verabfolgung von DÄS in allen Versuchen feststellbar und hängt wahrscheinlich mit der erhöhten Beanspruchung dieses Organs vor allem im Eiweißstoffwechsel zusammen. Eine solche ausgeprägte Erhöhung des Lebergewichtes bei der kombinierten Gruppe ist schwer zu erklären. Leider wurden von den Lebern keine Trockensubstanzgehalte ermittelt, um wenigstens Aussagen machen zu können, ob es sich hier um eine Substanz oder evtl. nur um eine Wasservermehrung handelt.

2. Einfluß von Resedin und Diäthylstilboestrol

Resedin ist die Handelsbezeichnung eines Präparates der pharmazeutischen Industrie der DDR, welches als wirksame Substanz Reserpin, das als Tranquilizer bekannte Rauhwolfiaalkaloid, enthält. Je Kilogramm Futter wurde 1 mg Reserpin verwendet.

In der Tabelle 6 ist die Gewichtsentwicklung der im Versuch stehenden Ratten dargestellt.

Tabelle 6
Gewichtsentwicklung

Gruppe	Gewicht zu Beginn des Versuches	Gewicht am Ende der Dekade				
		1 (Vorversuch)	2	3	4	5
Kontrolle	105,3	122,1	140,2	169,2	190,2	215,1
DÄS	105,0	122,8	133,4	144,7	156,2	166,4
Resedin	105,3	122,2	140,5	164,6	184,1	204,4
Resedin + DÄS	105,5	122,9	137,3	146,7	157,0	168,9

Das Lebendgewicht der Tiere zu Versuchsbeginn lag mit rund 122 g etwas höher als in den übrigen Versuchen. Auch die Zunahmen der Kontrolltiere lagen in diesem Versuch mit 93,0 g etwas über den Zunahmen der Kontrolltiere in den früheren Versuchen. Das gleiche trifft auch für die DÄS-Gruppe zu. Wenngleich der relative Unterschied zwischen Kontroll- und DÄS-Gruppe annähernd gleich geblieben ist.

Die Zufütterung von Resedin macht sich bereits in der 3. Dekade durch eine gewisse Depression der Zuwachsrate gegenüber den Kontrolltieren bemerkbar. Insgesamt erreichten die Tiere der Resedingruppe um fast 11 g niedrigere Zunahmen als die Kontrollgruppe ($P = < 0{,}001$). Ein wachstumsstimulierender Effekt durch Resedin, wie er beispielsweise bei Rindern beobachtet wurde [3], konnte bei unseren Rattenversuchen nicht ermittelt werden.

Die kombinierte Gruppe erreichte mit 43 g etwas höhere Zunahmen als die DÄS-Gruppe ($P = < 0{,}05$). Diese relativ geringe Erhöhung des Lebendgewichtes gegenüber der DÄS-Gruppe wurde bereits in der 2. Versuchsdekade (1. Wirkstoffdekade) erreicht. In den folgenden Dekaden wird dieser Effekt des Resedin durch DÄS praktisch völlig beseitigt.

Der Futterverzehr der Versuchstiere in den einzelnen Dekaden ist aus der folgenden Tabelle 7 ersichtlich.

Tabelle 7

Futterverzehr pro Tier/Tag/g Tr.S.

Gruppe	Dekade				
	1 (Vorversuch)	2	3	4	5
Kontrolle	9,91	10,81	12,62	13,52	14,41
DÄS	9,91	10,01	10,34	10,97	10,62
Resedin	9,91	10,67	12,62	13,52	14,41
Resedin + DÄS	9,91	9,89	10,21	10,60	11,00

Zwischen Kontroll- und Resedingruppe bestehen dabei praktisch keine Unterschiede.

In der Tabelle 8 sind die Gesamtergebnisse der Bilanzen der 2. bis 5. Dekade zusammengefaßt.

Es sei an dieser Stelle nochmals darauf verwiesen, daß die Ergebnisse der Kontroll- und DÄS-Gruppen hier nicht gesondert besprochen werden, da sie im wesentlichen mit den Resultaten der bereits erläuterten Versuche übereinstimmen. Durch Resedin wird praktisch die Kot-N-Ausscheidung nicht beeinflußt, der Harn-N erhöht sich jedoch gegenüber der Kontrollgruppe, so daß letztlich eine verminderte N-Retention zustande kommt ($P = < 0{,}001$ zur Kontrollgruppe). Diese Tendenz ist in allen vier Versuchsdekaden deutlich feststellbar (siehe graphische Darstellungen in Abb. 4–6). Bei der kombinierten Verabreichung beider Wirkstoffe bleibt im Vergleich zur DÄS-Gruppe ebenfalls die Kot-N-Ausscheidung unbeeinflußt, die Harn-N-Ausscheidung wird aber im Gegensatz

Tabelle 8

	Kontrolle		DÄS		Resedin		Resedin + DÄS	
	g	%	g	%	g	%	g	%
N-Bilanz								
N im Futter	13,561	100,0	11,040	100,0	13,523	100,0	11,010	100,0
im Kot	3,160	23,3	2,154	19,5	3,167	23,4	2,127	19,3
im Harn	6,466	47,7	6,662	60,3	6,718	49,7	6,419	58,3
retiniert	3,935	29,0	2,224	20,2	3,638	26,9	2,464	22,4
Ca-Bilanz								
Ca im Futter	5,291	100,0	4,309	100,0	5,275	100,0	4,296	100,0
im Kot	4,155	78,5	3,088	71,7	4,033	76,5	2,973	69,2
im Harn	0,141	2,7	0,191	4,4	0,204	3,9	0,257	6,0
retiniert	0,995	18,8	1,030	23,9	1,038	19,6	1,066	24,8
P-Bilanz								
P im Futter	4,727	100,0	3,848	100,0	4,713	100,0	3,837	100,0
im Kot	2,920	61,8	2,181	56,7	2,900	61,5	2,013	52,4
im Harn	1,003	21,2	0,965	25,1	0,999	21,2	0,973	25,4
retiniert	0,804	17,0	0,702	18,2	0,813	17,3	0,851	22,2

zur alleinigen Verabreichung von Resedin vermindert. Das Ergebnis ist dann eine erhöhte N-Retention gegenüber der DÄS-Gruppe ($P = < 0{,}001$). Dabei ist interessant; daß besonders in der 2. Dekade eine sehr starke Erhöhung der N-Retention erfolgte und mit 31,12% vom aufgenommenen N alle anderen Gruppen in dieser Dekade übertraf.

Die Ca-Bilanz wird durch Resedin positiv beeinflußt, wobei sowohl die Kot- als auch die Harnausscheidung vermindert wird. Der Unterschied in der Ca-Retention zur Kontrollgruppe ist mit $P = < 0{,}01$ gesichert. Durch die kombinierte Gabe beider Wirkstoffe wird die anabolische Wirkung addiert, so daß die kombinierte Gruppe die höchste Ca-Retention aufweist (Unterschied zur DÄS-Gruppe ist mit $P = < 0{,}05$ gesichert). Bei der kombinierten Gruppe wird die erhöhte Retention vor allem auf Kosten einer Verminderung der Harnausscheidung des Ca erreicht.

Ähnlich liegt die Beeinflussung der P-Bilanz. Resedin allein bewirkt eine schwache Erhöhung der P-Bilanz gegenüber der Kontrollgruppe, wobei diese Erhöhung allerdings nicht abzusichern ist. Deutlich erhöht wird die P-Bilanz durch

Tabelle 9

Schlachtkörperzusammensetzung in %

	Wasser	Rohfett	Rohasche
vor dem Versuch	72,79	3,29	—
Kontrolle	65,79	9,26	4,01
DÄS	67,94	7,29	4,78
Resedin	67,74	7,04	4,27
Resedin + DÄS	68,05	6,33	5,15

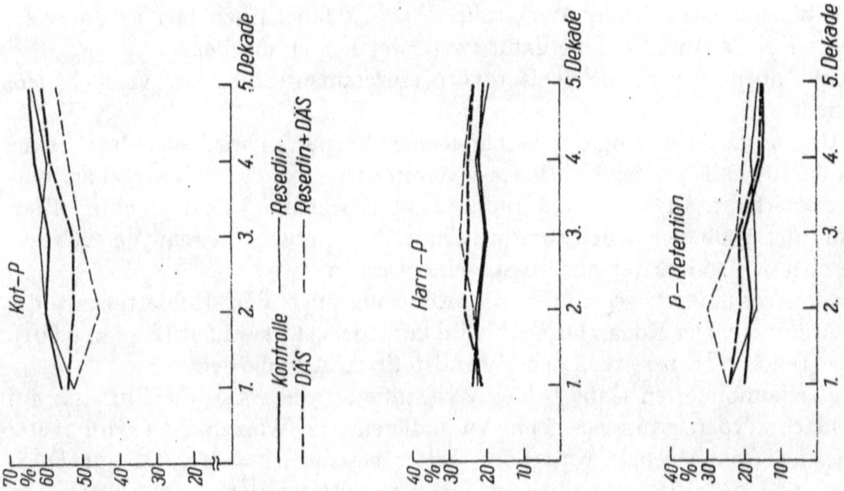

Abb. 6. P-Bilanz

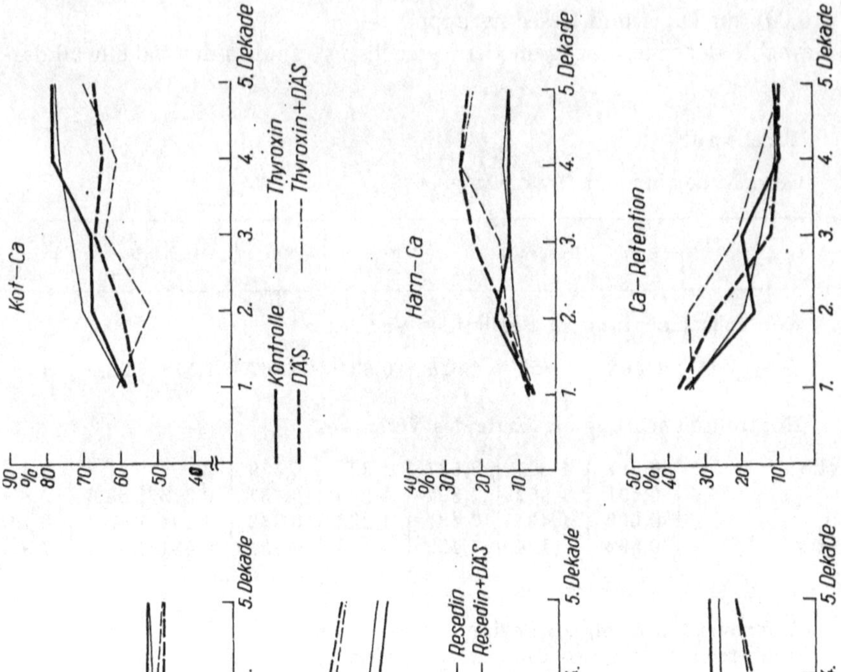

Abb. 5. Ca-Bilanz

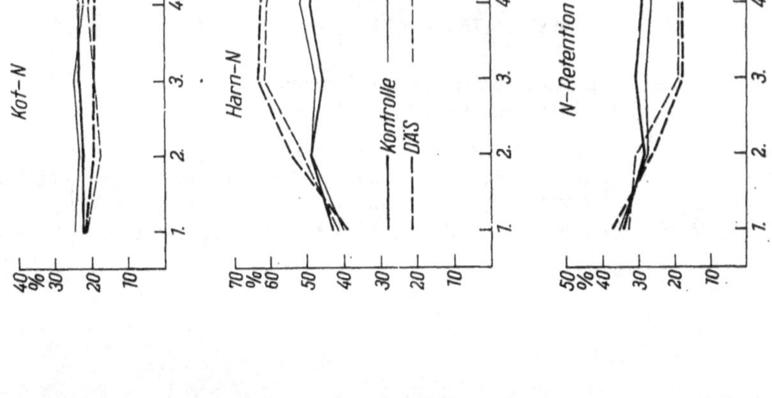

Abb. 4. N-Bilanz

die kombinierte Gabe beider Wirkstoffe (P = < 0,001). Auch hier ist eine verminderte Kot-Ca-Ausscheidung dafür verantwortlich zu machen.

In der Tabelle 9 wird die Schlachtkörperzusammensetzung der Versuchstiere dargestellt.

Im Gegensatz zu den bereits beschriebenen Versuchen wird hier durch DÄS der Rohfettgehalt im Schlachtkörper vermindert und der Wassergehalt entsprechend erhöht. In welchem Umfang diese Erscheinung dem erhöhten Endgewicht, der größeren Wachstumsintensität der Tiere in diesem Versuch zuzuschreiben ist, soll später noch besprochen werden.

Resedin vermindert gegenüber der Kontrollgruppe den Rohfettgehalt des Schlachtkörpers. Der Rohaschegehalt wird besonders stark erhöht (P = < 0,001).

Diese Tendenz ist bereits in den Mineralstoffbilanzen angedeutet.

Bei der kombinierten Gabe beider Wirkstoffe scheinen sich die Einflüsse auf die Schlachtkörperzusammensetzung zu addieren. Der Wassergehalt wird weiter erhöht, der Rohfettgehalt wird noch weiter gesenkt (P = < 0,001 zur DÄS-Gruppe) und der Rohaschegehalt erfährt eine weitere signifikante Steigerung (P = < 0,001 zur DÄS- und Resedingruppe).

Die Gewichte der inneren Organe der Versuchstiere sind in der Tabelle 10 dargestellt.

Tabelle 10

Gewicht der inneren Organe in g

	Herz	Lungen	Leber	Nieren	Milz	Hoden	Nebennieren (mg)	Hypophyse (mg)
Kontrollschlachtung zu Beginn des Versuches								
	0,502	0,322	4,528	0,834	0,867	1,578	25,9	4,6
Kontrollschlachtung am Ende des Versuches								
Kontrolle	0,617	1,293	8,527	1,330	0,579	2,906	41,8	2,5
DÄS	0,591	1,252	7,892	1,289	0,737	0,343	68,9	2,8
Resedin	0,693	1,434	7,487	1,236	0,752	3,104	43,4	6,1
Resedin + DÄS	0,592	1,134	7,452	1,128	0,731	0,531	61,8	7,8
Kontrollschlachtung zu Beginn des Versuches (umgerechnet in g pro 100 g Lebendgewicht)								
	0,419	0,756	3,712	0,684	0,709	1,288	21,3	3,7
Kontrollschlachtung am Ende des Versuches (umgerechnet in g pro 100 g Lebendgewicht)								
Kontrolle	0,288	0,600	3,794	0,618	0,268	1,355	19,4	1,2
DÄS	0,354	0,754	4,737	0,775	0,435	0,549	41,2	1,8
Resedin	0,338	0,703	3,660	0,604	0,367	1,513	21,2	3,0
Resedin + DÄS	0,351	0,673	4,431	0,671	0,432	0,308	36,8	4,6

Die Auswirkungen des DÄS auf die Hoden-, Nebennieren- und Hypophysengewichte sind hier dieselben wie in den bereits beschriebenen Versuchen. Resedin scheint die Hodengewichte gegenüber den Kontrolltieren zu erhöhen ($P = < 0,001$). Gleichzeitig erfahren auch die Nebennieren und die Hypophyse eine signifikante Gewichtserhöhung ($P = < 0,05$ bzw. $P = < 0,001$). Durch die Kombination beider Wirkstoffe addiert sich lediglich die Wirkung auf die Hypophyse ($P = < 0,001$ zur DÄS- und Resedingruppe). Die Hodengewichte werden im Vergleich zur DÄS-Gruppe erheblich vermindert ($P = < 0,001$). Die kombinierte Gabe beider Wirkstoffe führt also zu einer Verstärkung des Kastrationseffektes des DÄS.

Zusammenfassung

In zwei Versuchsreihen mit männlichen Ratten wurde der Einfluß von Diäthylstilboestrol allein und in Kombination mit Terramycin (OTC) und Resedin auf den Stoffwechsel und die Entwicklung einiger innerer Organe untersucht. Es zeigte sich, daß vor allem Terramycin die durch DÄS verursachte Wachstumshemmung verminderte.

Резюме

В двух сериях опытов с крысами-самцами исследовалось влияние диэтилстилбэстроля, а также диэтилстилбэстроля в комбинации с террамицином (ОТЦ) и резедином на обмен веществ и развитие некоторых внутренних органов. Опыты показали, что главным образом террамицин снижает задержание роста, вызываемое диэтилстилбэстролем.

Summary

2 series of experiments were carried out to study the influence of diethylstilbestrol and a combination of diethylstilbestrol, terramycin (oxytetracycline) and resedin on the metabolism and growth of certain inner organs of male rats. Especially terramycin was found to reduce the growth-inhibiting effect produced by diethylstilbestrol.

Literaturverzeichnis

[1] Adams, C. R., W. M. Reynolds, W. C. Sherman, H. G. Luther: J. anim. sci. **14**, 1242 (1955)
[2] Perry, T. W., M. T. Mohler, W. M. Beeson: J. anim. sci. **19**, 533 (1960)
[3] Poppe, S.: Archiv f. Tierernährung **14**, 345 (1964

Eingegangen: 17. März 1964

Aus dem Oskar-Kellner-Institut für Tierernährung Rostock der Deutschen Akademie der Landwirtschaftswissenschaften zu Berlin
(emer Direktor Prof Dr Dr h. c. K Nehring)

K. Nehring und U. Zelck

Über die Zusammensetzung des Harns an organischen Inhaltsstoffen bei Rindern, Schafen und Schweinen

1. Mitteilung

Zur Analytik von organischen Harninhaltsstoffen

1. Einleitung

Als wir vor einigen Jahren im Zusammenhang mit der Auswertung der Stoffwechseluntersuchungen an Rindern, Schafen und Schweinen in der Literatur nach Durchschnittswerten der Mengen der wichtigsten im Harn dieser Tierarten ausgeschiedenen organischen Inhaltsstoffe suchten, ergab sich überraschend, daß die vorhandenen Angaben nur sehr unvollständig waren und größtenteils auf alte Untersuchungen zurückgingen, wie sie z. B. **1904** von Salkowski [35] mit einer erst in den Anfängen steckenden Analytik erhalten wurden. Umfangreichere Untersuchungen über die Zusammensetzung der organischen Harninhaltsstoffe bei den genannten Tierarten, insbesondere bei Kenntnis der chemischen Zusammensetzung der Futterrationen, lagen nicht vor Um diese Lücke schließen zu helfen, war zunächst die Ausarbeitung einer Methodik zur Analytik der wichtigsten organischen Harninhaltsstoffe erforderlich

Für die quantitative Bestimmung der wichtigsten organischen Harninhaltsstoffe gibt es gegenwärtig eine kaum übersehbare Fülle von Verfahren, die überwiegend für medizinische Belange entwickelt wurden Als wesentlicher Mangel fast aller dieser (zumeist älteren) Methoden wird von Hinsberg [20] ihre geringe Spezifität genannt. So zeigte sich u. a , daß z. B für das in Pflanzenfresserharnen in größeren Mengen auftretende Allantoin keine hinreichend spezifische quantitative Bestimmungsmethode existierte. Das gleiche traf mit einer gewissen Einschränkung auch für die Hippursäure zu.

Wir versuchten daher, eine möglichst zweckmäßige Auswahl der vorhandenen Analysenmethoden vorzunehmen und durch die Einführung moderner chromatographischer Analysenmethoden und Entwicklung entsprechender Verfahren bei gleichzeitiger Kontrolle über die Gesamt-N- und C-Bilanz eine hinreichend genaue Bestimmungsmethodik zur Erfassung sämtlicher in Mengen über 50 mg-% im Harn von Rindern, Schafen und Schweinen auftretenden organischen Harninhaltsstoffe zu erarbeiten.

Im folgenden soll eine zusammenfassende Darstellung der ausgearbeiteten Methodik gegeben werden. (Über die Anwendung im Tierversuch wird in der 2 [29] und 3. [37] Mitteilung berichtet werden.)

2. Besprechung der Untersuchungsmethoden

2.1. N-haltige Verbindungen

2.1.1. Die Bestimmung des Gesamt-N-Gehaltes des Harns

Die Gesamtstickstoffbestimmung erfolgte nach der N-Bestimmungsmethode von KJELDAHL [25] mit den von HÜBSCH und NEHRING [22] vorgenommenen Abänderungen (10 bzw. 20 ml Harn werden mit 2 g Katalysatormischung aus $KHSO_4/CuSO_4$ 4 : 1 und 30 ml konz. H_2SO_4 versetzt).

2.1.2. Die Bestimmung des präformierten Ammoniaks

Zur Bestimmung des freien Ammoniaks wurden 50 cm^3 einer 20fachen Harnverdünnung in eine Destillationsapparatur nach „Parnas-Wagner" pipettiert und nach Versetzen mit 50 ml einer Aufschlämmung von Magnesia usta der N-Gehalt in bekannter Weise nach Destillation titrimetrisch bestimmt. Die Verwendung von gesättigter Sodalösung an Stelle von Magnesia usta führte stets zu einer teilweisen Hydrolyse des Harnstoffs, was auch schon von PERKINS [30] bei der Destillation reiner Harnstofflösungen beobachtet wurde.

2.1.3. Die quantitative Bestimmung des Harnstoffs

Von der Fülle der gegenwärtig bekannten Harnstoffbestimmungsmethoden kommen für eine genaue Bestimmung des Harnstoffs im Harn praktisch nur zwei Methoden in Frage. Das sind 1. die auf der enzymatischen Hydrolyse des Harnstoffs zu Ammoniak und CO_2 mittels Urease beruhenden Verfahren und 2. die Fällung des Harnstoffs mit Xanthydrol in essigsaurer Lösung mit nachfolgender gravimetrischer oder kolorimetrischer Bestimmung des gefällten Dixanthylharnstoffs. Während in klinischen Laboratorien die Ureasemethode nach CONWAY [7] wegen ihrer einfachen und schnellen Durchführbarkeit die Methode der Wahl ist, wurde bei den vorliegenden Untersuchungen der Xanthydrolmethode der Vorzug gegeben, da sie besser reproduzierbare Werte liefert und vor allem das präformierte Ammoniak nicht miterfaßt.

Ausgegangen wurde dabei von einer von WENGER u. Mitarb. [40] für die Harnstoffbestimmung im menschlichen Harn angegebenen Vorschrift, die für die vorliegenden Untersuchungen abgeändert und vereinfacht wurde.

Durchführung der Harnstoffbestimmung: 10 ml einer 10fachen Harnverdünnung werden mit 10 ml Eisessig und anschließend unter Rühren mit insgesamt 10 ml einer 5%igen methanolischen Xanthydrollösung (je 2 ml im Abstand von 2 bis 10 Minuten) versetzt. Nach ein- bis zweistündigem Stehen wird der flockige, reinweiße Niederschlag von Dixanthylharnstoff über einen Glasfiltertiegel (1 G 3 oder 1 G 4) abgesaugt und mit 10–15 ml 96%igem Alkohol (der mit Dixanthylharnstoff gesättigt ist) gewaschen. Anschließend wird im Vakuumexsikkator (über H_2SO_4) bis zur Gewichtskonstanz (mindestens 2 Stunden) getrocknet. Der so behandelte Niederschlag gelangt dann zur Auswaage.

1 mg Dixanthylharnstoff $\triangleq$ 0,1429 mg Harnstoff.

Diskussion und Überprüfung der Genauigkeit des Verfahrens

Während bei der Harnstoffbestimmung im menschlichen Harn dieser gewöhnlich vorher mit einem Eiweißfällungsmittel versetzt wird, konnte hierauf bei der Untersuchung der einen äußerst geringen Eiweißgehalt aufweisenden Harne von Rind, Schaf und Schwein verzichtet werden.

Dagegen mußte jedoch an eine mögliche Mitfällung des Allantoins gedacht werden, zumal Fosse über eine Fällung in essigsaurer Lösung berichtet [13, 14].

Zur Prüfung dieser für die Wahl der Analysenmethode entscheidenden Frage wurden verschiedene Mengen einer frisch hergestellten Allantoinlösung nach der von uns modifizierten Methode untersucht. Dabei konnte bei 20 Kontrollansätzen keine Ausfällung von Xanthyl-Allantoin beobachtet werden. Das gleiche war auch der Fall, wenn reines Allantoin verschiedenen Harnproben zugesetzt wurde, in denen der Harnstoff vorher quantitativ mit Urease zersetzt worden war. Dieses Ergebnis zeigt, daß bei genauer Einhaltung der angegebenen Arbeitsvorschrift keine Mitfällung von Allantoin erfolgt.

Die Überprüfung der Genauigkeit des Verfahrens erfolgte durch die Untersuchung reiner Harnstoffstandardlösungen (Tabelle 1), sowie nach Zusatz verschiedener Mengen reinen Harnstoffs zum Harn (Tabelle 2).

Tabelle 1
Bestimmung des Harnstoffs aus einer reinen Standardlösung

Theor. Harnstoff-menge	Auswaage (Dixanthyl-harnstoff)	Wiedergefundene Harnstoffmenge	
mg	g	mg	%
10	0,06970	9,96	99,6
10	0,07005	10,01	100,1
10	0,06977	9,97	99,7
10	0,06991	9,99	99,9
20	0,13989	19,99	99,9
20	0,14017	20,03	100,3
20	0,13996	20,00	100,0
20	0,13975	19,97	99,7
20	0,13947	19,93	99,3
20	0,13982	19,98	99,8

Es ergibt sich, daß in einer in gleicher Weise wie die Harnprobe behandelten reinen Harnstoffstandardlösung die theoretischen Mengen zwischen 99,3 und 100,3% wiedergefunden werden.

Mit welcher Genauigkeit unter den Bedingungen routinemäßiger Bestimmungen zu rechnen ist, zeigen die Werte der Tabelle 3, die zufällig aus einer größeren Zahl von Analysen herausgezogen wurden.

Danach liegt die durchschnittliche Abweichung der Parallelen bei den Routineuntersuchungen zwischen 1 und 3%, wobei die höheren Abweichungen bei den niedrigen Gehaltswerten vorliegen.

Tabelle 2

Zum Harn zugesetzter und wiedergefundener Harnstoff (R = Rinder-, S = Schweine- und H = Hammelharn). Die angegebenen Werte sind Mittelwerte aus zwei Parallelen

	Harn ml	Harnstoff zugesetzt mg	Harnstoff gefunden mg-%	Abweichungen zwischen den Parallelen %	Harnstoff wiedergefunden %
H	100	–	2631	0,3	–
	100	100	2732	0,3	100
R	100	–	2525	0,5	–
	100	300	2827	0,5	100
S	100	–	1137	0,5	–
	100	500	1636	0,3	100
	100	600	1739	0,7	100

Tabelle 3

Abweichung der Parallelen bei Routineuntersuchungen von Schaf-, Rinder- und Schweineharnen

Schafharne		Rinderharne		Schweineharne	
Harnstoffgehalt mg-%	Abweichung der Parallelen %	Harnstoffgehalt mg-%	Abweichung der Parallelen %	Harnstoffgehalt mg-%	Abweichung der Parallelen %
1023	1,5	606	0,5	524	5,2
1031	2,5	131	6,1	1060	3,4
605	2,5	3129	0,8	1926	0,1
178	1,1	2063	0,0	1688	1,4
801	1,2	1615	0,5	3579	0,3
75	4,3	919	0,0	3674	0,9
389	2,1	3522	0,4	3036	0,6
337	2,4	1221	0,3	2230	0,8
74	2,7	565	0,4	1425	0,7
78	4,1	1304	1,2	571	0,0

2.1.4. Die quantitative Bestimmung des Allantoins

Obwohl für die Bestimmung des Allantoins in der Literatur eine Reihe von Methoden vorgeschlagen wurde, existiert nach HINSBERG [20] bzw. JAENICKE [23] kein hinreichend spezifisches und für Routineuntersuchungen geeignetes Verfahren zur Allantoinbestimmung im Harn.

Wir versuchten daher ein Verfahren zu entwickeln, das es gestattet, Allantoin im Harn spezifisch und mit hinreichender Genauigkeit zu bestimmen. Dies gelang durch die Kombination von papierchromatographischer Abtrennung des Allantoins und nachfolgender quantitativer Auswertung des bei der Reaktion zwischen Allantoin und p-Dimethylaminobenzaldehyd nach der folgenden Umsetzungsgleichung gebildeten gelben p-Dimethylaminobenzyliden-ureido-hydantoins.

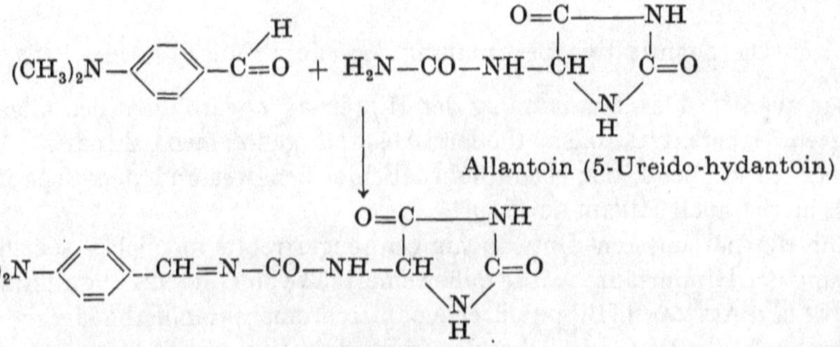

Allantoin (5-Ureido-hydantoin)

p-Dimethylaminobenzyliden-ureido-hydantoin

Nach der ausgearbeiteten Routinemethode konnte das Allantoin in den untersuchten Pflanzenfresserharnen mit einer Genauigkeit von < 5% bestimmt werden. Hinsichtlich Einzelheiten dieser Methode sowie zur Papierchromatographie des Allantoins kann auf die hierüber erfolgten ausführlichen Veröffentlichungen verwiesen werden [41, 42]. Im folgenden soll lediglich die benutzte Arbeitsvorschrift mitgeteilt werden.

Durchführung der Allantoinbestimmung: Auf einen Bogen Chromatographiepapier 30 × 29 cm Nr. 2043b Mgl der Fa. Schl. & Sch. werden in fünf Parallelen 0,05 bzw. bei hohen Allantoinkonzentrationen 0,01 ml des unverdünnten Harns auf der einen Hälfte des Bogens mit einer Mikropipette punktförmig aufgetragen. Der Bogen wird dann etwa 15 Std. (am besten über Nacht) in einem Lösungsmittelgemisch von n-Butanol/Essigsäure/H_2O (4 : 1 : 5) nach der aufsteigenden Methode entwickelt. Anschließend wird das Chromatogramm an der Luft getrocknet, in der Laufrichtung geteilt (Gewinnung des Leerwertstreifens) und dann durch die Lösung I gezogen, welche durch Auflösen von 600 mg p-Dimethylaminobenzaldehyd in 60 ml Pyridin, Zugabe von 1,5 ml konz. H_2SO_4 und Abgießen der überstehenden klaren Lösung von der gebildeten weißen Schmiere erhalten wird. (Die Reagenzmenge ist ausreichend für drei Chromatogramme.)

Nach erneutem Trocknen an der Luft werden sowohl die etwa 2 cm über dem Allantoin liegenden Harnstoff- als auch die Allantoinflecken schwach gelblich gefärbt sichtbar. (R_F-Werte: 0,42 bzw. 0,22; die in einigen Harnproben gefundene Allantoinsäure gibt ebenfalls eine Gelbfärbung und erscheint als scharfer Fleck unterhalb des Allantoins.) Jetzt wird dicht unterhalb der Harnstoffflecken abgetrennt (um beim nachfolgenden gründlichen Anfärben ein Verlaufen des gewöhnlich intensiver gefärbten Harnstofflecks zu verhindern) und durch die Reagenslösung II gezogen, welche durch Auflösen von 250 mg p-Dimethylaminobenzaldehyd in 7,5 ml 96%igem Alkohol, Zugabe von 7,5 ml konz. HCl und Verdünnen mit 45 ml n-Butanol erhalten wird. Der Streifen mit den nunmehr deutlich sichtbaren Allantoinflecken wird dann 30 min in einem Trockenschrank bei 80 °C getrocknet. Ein Überhitzen sowie ein Anfassen des Papiers im Fleckenbereich muß dabei peinlich vermieden werden (viele Hautcremes enthalten Allantoin!). In gleicher Weise wird mit dem Leerstreifen verfahren. Die intensiv gelbgefärbten Allantoinflecken sowie gleich große Blindwerte des Leerstreifens werden ausgeschnitten und in (völlig trockenen) Reagensgläsern mit 5,5 ml Pyridin versetzt. Zur vollen Entwicklung des Farbstoffs werden dann die zweckmäßig in einem Metallreagensglasständer vereinigten Proben 1/2 Std. in einen auf 100 °C einregulierten Trockenschrank gestellt. Nach kurzem Abkühlen wird photometrisch bei **443** mμ ausgewertet.

2.1.5. Die quantitative Bestimmung der Hippursäure

Zur quantitativen Bestimmung der Hippursäure wurde von den allgemein benutzten Ätherextraktionsmethoden Abstand genommen, da diese Verfahren äußerst zeitraubend, mit einem hohen Fehler behaftet und wenig spezifisch sind (vgl. hierzu auch HINSBERG [21]).

Für die bei unseren Untersuchungen angestrebte möglichst spezifische Erfassung der Hippursäure wurde daher eine **1953** von GAFFNEY, SCHREIER, DIFERRANTE und ALTMANN [16] publizierte papierchromatographische Methode nutzbar gemacht. Dieses Verfahren, über dessen quantitative Anwendung unseres Wissens bisher keine Angaben vorliegen, basiert auf der Reaktion des (mit Acetanhydrid gebildeten) Hippursäure-Azlactons mit p-Dimethylaminobenzaldehyd, wobei das orangefarbene 2-Phenyl-4-(p-Dimethylamino)benzal-5-oxazolon (I) gebildet wird.

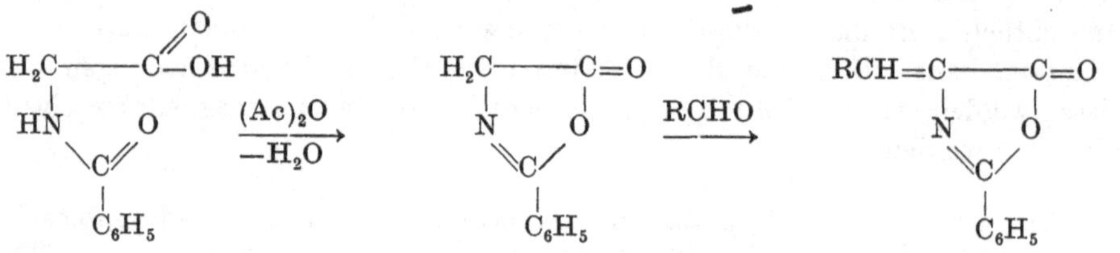

(I)

Hippursäure Hippursäure-Azlacton $R = (CH_3)_2N - C_6H_4-$

Die durch Erhitzen auf dem Papier sichtbar gemachten Flecken werden ausgeschnitten und anschließend mit Methanol eluiert. Nachfolgend wird die Farbstofflösung photometrisch gemessen.

Die Modifizierung des Verfahrens

Da seitens der Autoren keine Angaben über die Genauigkeit der Bestimmung gemacht wurden, sollte diese zunächst überprüft werden. Dazu wurde das Verfahren in den folgenden Punkten abgeändert bzw. vereinfacht:

1. Statt des von GAFFNEY u. Mitarb. zur Trennung benutzten Lösungsmittelgemisches (n-Butanol/Eisessig/Wasser (**4** : **1** : **1**) wurde das auch für die Allantoinbestimmung benutzte PARTRIDGE-Gemisch (n-Butanol/Eisessig/Wasser **4** : **1** : **5**) verwendet.

   Anstelle von WHATMAN Nr. 1-Papier wurde das diesem entsprechende Papier **2043** b der Fa. SCHLEICHER & SCHÜLL benutzt.
2. Anstelle der absteigenden Entwicklung wurde der aufsteigenden Methode der Vorzug gegeben. Sie erfordert bei etwa gleicher Trennwirkung einen geringeren Material- und Arbeitsaufwand und gestattet außerdem die gleichzeitige Entwicklung einer größeren Zahl von Chromatogrammen im gleichen Chromatographiekasten, was für Routineuntersuchungen von Vorteil ist.

3. Die Elution des Farbstoffs aus dem Papier erfolgt mit insgesamt 10 ml Methanol an Stelle von 3 × 2 ml. Diese etwas größere Elutionsmittelmenge wurde gewählt, um auch bei höheren Hippursäuregehalten eine vollständige Elution des Farbstoffs aus dem Papier zu gewährleisten.

Bei der Ausführung der Elution wurde dabei das gleiche Prinzip benutzt, das sich u. a. schon bei der papierchromatographischen Bestimmung der Aminosäuren mit Ninhydrin bewährt hat [36]. Dazu wird der Papierfleck in ein bei 10 ml mit einer Eichmarke versehenes Reagensglas gegeben, mit etwa 5 ml Methanol versetzt, geschüttelt und nach dem Auffüllen bis zur Marke und erneutem kräftigen Schütteln sofort gemessen.

Durch diese Arbeitsweise konnte bei vollständiger Elution eine bessere Übereinstimmung der Parallelen erreicht werden.

Von Vorteil ist außerdem das hierdurch mögliche schnellere Arbeiten, besonders im Hinblick darauf, daß der Farbstoff sowohl photolabil ist als auch allmählich durch Methanolyse zersetzt wird.

Nachfolgend wird die zur Anwendung gelangte Analysenvorschrift mitgeteilt:

Je nach Hippursäuregehalt werden 0,01 bis 0,05 ml des Frischharns mit einer Mikropipette in jeweils fünf Parallelen punktförmig auf einen Bogen (30 × 29 cm) Chromatographiepapier (SCHLEICHER & SCHÜLL **2043b** Mgl) aufgetragen. Dann wird 15 Stunden (am besten über Nacht) in PARTRIDGE-Gemisch aufsteigend entwickelt und danach an der Luft getrocknet. Anschließend wird mit einer 4%igen Lösung von p-Dimethylaminobenzaldehyd in Acetanhydrid (der noch einige Natriumacetatkristalle zugesetzt wurden) angesprüht. Unmittelbar darauf wird der Bogen in einem Trockenschrank 3 Minuten bei 135–145 °C erhitzt. Die jetzt sichtbaren orangefarbenen Flecken sowie zwei gleich große Blindwerte werden ausgeschnitten, mit 2 × 5 ml Methanol eluiert (s. o.) und das Eluat bei 460 mμ spektrophotometrisch gemessen.

Die folgende Abbildung zeigt die mit reinen Hippursäurestandardlösungen erhaltene Eichkurve, aus der gleichzeitig die Gültigkeit des LAMBERT-BEERSCHEN Gesetzes für den gemessenen Konzentrationsbereich hervorgeht.

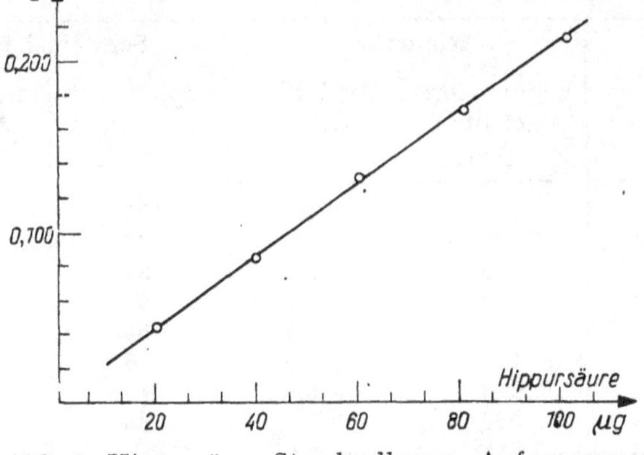

Abb. 1. Hippursäure-Standardkurve. Aufgenommen mit dem BECKMAN-DU-Spektralphotometer bei 460 mμ

Zur Prüfung der Genauigkeit des Verfahrens wurden verschiedene Harne der untersuchten Tierarten mit unterschiedlichen Mengen reiner Hippursäure versetzt und anschließend analysiert. Die erhaltenen Werte sind in der folgenden Tabelle wiedergegeben.

Tabelle 4

Zu Harnproben zugesetzte und wiedergefundene Hippursäure (die Einzelwerte sind Mittelwerte aus fünf Parallelen) S = Schweine-, H = Hammel- und R = Rinderharn

Probe	Harn ml	Zugesetzt Hippursäure mg	Wiedergef. Hippursäure mg-%	Mittl. Fehler d. Mittelw. %	Wiedergef. Hippursäure %
S 51	100	–	52	± 2,9	–
	100	100,0	143	± 6,4	94,1
H 9	100	–	410	± 2,0	–
	100	100,0	506	± 1,3	99,2
H 10	100	–	402	± 2,1	–
	100	300,0	712	± 1,4	101,4
H 7	100	–	1077	± 0,6	–
	100	600,0	1680	± 0,6	100,2
R 7	100	–	1061	± 1,2	–
	100	400,0	1450	± 0,5	99,2

Danach wurde die zum Harn gegebene Hippursäure praktisch quantitativ wiedergefunden.

Aus den in Spalte 5 angeführten mittleren Fehlern der Mittelwerte ergibt sich für die angeführten Analysen ein durchschnittlicher Fehler von ± 2%. Dieser

Tabelle 5

Mittlere Fehler bei Routineuntersuchungen von Schaf-, Rinder- und Schweineharnen (Mittelwerte aus fünf Parallelen)

Schafharne		Rinderharne		Schweineharne	
Hippursäure-gehalt mg-%	Mittl. F. d. Mittelw. %	Hippursäure-gehalt mg-%	Mittl. F. d. Mittelw %	Hippursäure-gehalt mg-%	Mittl. F. d. Mittelw. %
660	± 2,0	101	± 1,7	123	± 1,1
382	± 4,4	150	± 1,3	83	± 2,5
697	± 1,9	175	± 2,5	31	± 0,6
1067	± 0,8	180	± 1,5	25	± 4,8
258	± 0,5	290	± 1,2	54	± 3,5
122	± 0,8	185	± 1,8	46	± 3,5
799	± 1,4	926	± 0,6	53	± 2,6
987	± 0,8	600	± 0,4	168	± 1,2
162	± 2,3	588	± 1,0		–
311	± 1,7	687	± 1,0		–
Mittel	± 1,7		± 1,3		± 2,5

Fehler wurde auch bei den laufenden Routineuntersuchungen in der Regel nicht überschritten, was Tabelle 5 zu entnehmen ist, in der eine größere Zahl von Analysenwerten aus diesen Untersuchungen zusammengestellt wurde.

Über eine von Vassileff modifizierte Ätherextraktionsmethode

Während des Abschlusses der experimentellen Arbeiten erschien von Vassileff [39] eine Veröffentlichung über eine modifizierte Ätherextraktionsmethode zur Hippursäurebestimmung im Harn, die im Gegensatz zu den bisher bekannten Extraktionsmethoden durch ihre einfache und für eine Extraktionsmethode relativ schnelle und genaue Durchführbarkeit bestach. Der Fehler der Methode wird von Vassileff mit 1–2% angegeben. Bei der Nacharbeitung dieses Verfahrens konnte die angegebene Genauigkeit allerdings nicht erreicht werden. Der Fehler betrug durchschnittlich 5%.

Vergleichende Hippursäurebestimmungen nach der Methode von Vassileff und nach der papierchromatographischen Methode

Nachdem bei unseren Untersuchungen die Hippursäurebestimmung ausschließlich nach der spezifischen papierchromatographischen Methode erfolgte, gab die im Vergleich zu den bisher bekannten Extraktionsverfahren wenig zeitaufwendige Methode von Vassileff gute Gelegenheit, durch vergleichende gleichzeitige Untersuchungen nach beiden Verfahren eine Vorstellung von der Größenordnung zu gewinnen, in der beide Methoden voneinander abweichen. Das war um so mehr von Bedeutung, als praktisch alle bisher in Tierharnen bestimmten Hippursäuregehalte nach Extraktionsverfahren erhalten wurden.

Das Ergebnis der Untersuchung von 6 Rinder- und 3 Schweineharnproben zeigt die folgende Tabelle.

Tabelle 6

Vergleichende Hippursäurebestimmungen nach der papierchromatographischen (PC) und nach der Extraktionsmethode (Extr.)

Harnprobe	Hippursäuregehalt mg-%		Hippursäure-C in % vom Gesamt-C		Differenz
	(PC)	Extr.)	(PC)	(Extr.)	
Rind 1	312	834	17,4	46,4	29
Rind 2	606	1089	27,3	47,7	20
Rind 3	445	694	27,0	42,1	15
Rind 4	545	742	34,9	47,4	13
Rind 5	196	239	37,9	46,2	8
Rind 6	251	349	33,1	46,0	13
Schwein 1	96	440	8,1	37,0	29
Schwein 2	92	441	8,2	39,4	31
Schwein 3	271	874	9,4	30,3	21

Man erkennt, daß bei allen Proben nach der Extraktionsmethode wesentlich höhere „Hippursäure"-Gehalte gefunden werden, als nach dem papierchromatographischen Verfahren. So wird bei den Rindern durchschnittlich das 1½fache und bei den Schweinen sogar das 4fache der papierchromatographisch bestimmten Hippursäuremengen gefunden.

Dieses Ergebnis erklärt sich relativ einfach aus der Tatsache, daß bei einer Ätherextraktion des Harns außer der Hippursäure auch sämtliche anderen aromatischen Säuren sowie Phenole und Phenolsäuren mit erfaßt und entsprechend ihrer Titrationsacidität als „Hippursäure" bestimmt werden. Wie aus Tabelle 7 hervorgeht, kann der Anteil dieser bisher nicht näher identifizierten Verbindungen in den untersuchten Pflanzenfresserharnen bis zu 30% des Gesamt-C-Gehaltes betragen.

Diese Tatsache war für unsere Untersuchungen von erheblichem Interesse, da wir mit den einzelnen organischen Harninhaltsstoffen zwar den Gesamtstickstoff praktisch wiederfanden, vom Kohlenstoff jedoch nur um 60–70% (Rinder und Schafe) bzw. 40–50% (Schweine) erfassen konnten.

Wir versuchten daher, diese Substanzen näher zu charakterisieren und semiquantitativ zu erfassen. Das Ergebnis dieser Versuche soll zusammen mit der Besprechung der übrigen N-freien Verbindungen mitgeteilt werden.

2.1.6. Die quantitative Bestimmung der Harnsäure

Die zur Bestimmung der Harnsäure benutzten Methoden lassen sich in drei Hauptgruppen einordnen: 1. Methoden, die auf der reduzierenden Wirkung der Harnsäure beruhen, 2. solche, die auf einer Fällung oder Absorption an dem Fällungsmittel und Lösen der Säure mit nachfolgender Bestimmung der Reduktionswirkung basieren und 3. Methoden, welche die quantitative Zersetzung der Harnsäure mittels Uricase zur Grundlage haben. Eine Übersicht über die bekannten Verfahren geben BISHOP und TALBOTT [3]. Hingewiesen sei weiter auf die sehr genaue Uricase-Methode von DUBBS u. Mitarb. [11], eine Modifikation des von KALCKAR [24] angegebenen Verfahrens sowie auf die Arbeit von DIKSTEIN u. Mitarb. [9].

Nach BERGMANN und DIKSTEIN [2] sind die Methoden der 1. Gruppe nicht spezifisch und verlaufen nicht stöchiometrisch. Weiter macht die nichtlineare Beziehung zwischen Konzentration und Extinktion eine genaue Messung sehr schwierig. Die Methoden der 2. Gruppe sind zwar mehr spezifisch, verlaufen jedoch ebenfalls nicht stöchiometrisch. Eine zufriedenstellende Spezifität und Genauigkeit besitzen nach PRAETORIUS [32] die enzymatischen Verfahren, die jedoch wegen ihrer schwierigen und langwierigen Durchführung für Routinebestimmungen ungeeignet sind [2].

Aus diesem Grunde wurde bei den vorliegenden Untersuchungen auf die für Routinebestimmungen am häufigsten benutzte Methode von FOLIN [12] zurückgegriffen, die in einigen Punkten weiter vereinfacht wurde.

Durchführung der Bestimmung:

2 ml des 10fach verdünnten Harns werden in ein Reagensglas pipettiert und mit 0,5 ml Phosphorwolframsäure-Reagens (50 g $Na_2WO_4 \cdot 2\,H_2O$ werden mit 40 ml 85%iger H_3PO_4 und 350 ml aqua dest. 3 Std. am Rückfluß gekocht. Nach dem Erkalten wird auf 500 ml aufgefüllt) und 4,5 ml Sodalösung [22 g $Na_2CO_3 \cdot 10\,H_2O$] werden in 100 ml Wasser gelöst) versetzt. Die jetzt blau gefärbte Lösung wird mit

8 ml aqua dest. verdünnt und nach etwa 8 Minuten (spätestens 20 Minuten) bei 610 mμ im BECKMAN-DU-Spektralphotometer gegen einen Blindwert mit 2 ml aqua dest. gemessen.

Unter Zugrundelegung der für die Aufstellung der Eichkurve angefertigten Analysen errechnete sich der Fehler der Methode zu ± 3%.

Wie bereits eingangs erwähnt, ist das benutzte Verfahren nicht sehr spezifisch und wird durch andere reduzierende Substanzen gestört.

Versuche, die Spezifität der Methode durch Anwendung der von FRANZEN [15] benutzten Bestimmung der Harnsäure nach elektrophoretischer Abtrennung und nachfolgender Elution aus dem Pherogramm zu erhöhen, wurden bereits nach kurzer Zeit wieder eingestellt, da die Reproduzierbarkeit schlechter und die Durchführung umständlicher war.

2.1.7. Die Bestimmung von Kreatin und Kreatinin

Nach kritischer Auswertung der Literatur wurde die zuerst von BENEDICT und BEHRE [1] vorgeschlagene Dinitrobenzoesäuremethode als am besten geeignet befunden, nachdem eigene Versuche, das Kreatinin nach FRANZEN [15] unter Verwendung der JAFFE-Reaktion (Umsetzung von Kreatinin mit alkalischer Pikratlösung, wobei sich die gelbrot gefärbte Pikraminsäure bildet) papierchromatographisch zu bestimmen, zu hohe Streuungen ergaben und daher nicht weitergeführt wurden.

Benutzt wurde eine von RÖTTGER [34] angegebene Arbeitsweise, bei der durch weitere Vereinfachung die Fehlermöglichkeiten eingeschränkt werden konnten.

a) Bestimmung des Kreatinins

2 ml des zu untersuchenden Harns werden in einen 25 cm^3 Meßkolben pipettiert und bis zur Marke aufgefüllt. Von dieser Verdünnung werden 5 ml in einen 50 cm^3 Meßkolben pipettiert und nach Zugabe eines Tropfens Methylrotlösung, je nach Reaktion, mit NaOH bzw. HCl neutralisiert. Anschließend werden noch etwa 6 ml aqua dest. hinzugegeben. Jetzt werden nacheinander 10 ml einer 6%igen 3,5-Dinitrobenzoatlösung, 10 ml 20%ige Natriumacetatlösung (aus $CH_3COONa \cdot 3\,H_2O$) und 1 ml 2,5 n NaOH dazupipettiert und anschließend kurz umgeschüttelt. Nach genau 5 Minuten wird mit aqua dest. bis zur Marke aufgefüllt und die entstandene Rotfärbung innerhalb von 25 Minuten photometriert. Als Bezugslösung dienen 11 ml aqua dest. anstelle der Harnverdünnung.

Falls die käufliche 3,5-Dinitrobenzoesäure nicht die genügende Reinheit aufweist, ist sie wie folgt zu reinigen: 50 g 3,5-Dinitrobenzoesäure werden mit 100 ml 80%igen Äthanol umkristallisiert. Nach 1/2 Std. Abkühlung auf 5 °C wird abgesaugt und mit 50%igem Alkohol gewaschen. Fp. 204–205 °C.

Die Bestimmung des Kreatins erfolgte indirekt nach Überführung in Kreatinin.

b) Bestimmung des Kreatins

2 ml Harn werden in einem 25 ml Meßkolben mit 1%iger HCl bis zur Marke aufgefüllt. Von dieser Verdünnung werden 5 ml in einem 50 ml Kolben pipettiert,

der mit einem Schliffstopfen unter gleichzeitigem Einklemmen eines kleinen Holzspans leicht verschlossen 3 Std. in ein siedendes Wasserbad gehängt wird. Nach dem Abkühlen wird mit 2,5 n NaOH neutralisiert. Im übrigen wird wie bei der Kreatininbestimmung verfahren.

Die Messungen erfolgten anfangs im Pulfrichphotometer unter Verwendung von Filter S 57. Durch Multiplikation des gemessenen Extinktionsmoduls m $\left(= \frac{E}{d}\right)$ mit dem Eichfaktor 867 ergibt sich der Gehalt in mg Kreatinin pro 100 ml Harn. Der Kreatingehalt ergibt sich dann aus der Differenz des nach und vor der Hydrolyse bestimmten Kreatinins und Multiplikation mit dem Faktor 1,16.

Später erfolgten die Messungen im BECKMAN-DU-Spektralphotometer bei 570 m,μ wobei durch die hohe Meßgenauigkeit des Gerätes (Genauigkeit in % der Durchlässigkeit = 0,2%. Reproduzierbarkeit < 0,1%) der Meßfehler nicht unwesentlich herabgesetzt wurde.

Die Standardabweichung der Methode betrug ± 2%.

Im Hinblick auf die Sicherheit der Kreatininbestimmung muß noch auf eine uns erst gegen Ende der vorliegenden Untersuchungen zugänglich gewordene Arbeit von BRINKERINK [4] hingewiesen werden. Der Verfasser stellt darin fest, daß alle auf der Umwandlung von Kreatin in Kreatinin beruhenden Kreatinbestimmungsmethoden unsicher sind, da die Anhydridbildung nicht quantitativ verläuft. BRINKERINK führt hierauf auch die in der Literatur hinsichtlich der Normalausscheidungswerte für Kreatin bestehenden Diskrepanzen zurück. Von uns wurden keine Untersuchungen hierzu durchgeführt.

2.1.8. Die Bestimmung der Aminosäuren und des Proteingehaltes

Über die ebenfalls erfolgten Bestimmungen der Aminosäuren sowie des Proteingehaltes im Harn, die vorwiegend orientierenden Charakter hatten, soll nur soviel gesagt werden, daß bei Rindern, Schafen und Schweinen der Gehalt an Gesamtaminosäurestickstoff in der Regel unter 1% der insgesamt im Harn ausgeschiedenen Stickstoffmenge liegt. Aus diesem Grunde sowie wegen des nicht unerheblichen analytischen Mehraufwandes wurde auf die Erfassung des Aminosäurengehaltes bei den Routineuntersuchungen verzichtet.

2.2. N-freie Verbindungen

2.2.1. Die Bestimmung des Gesamt-C-Gehaltes

Die Kohlenstoffbestimmung im Harn erfolgte durch nasse Verbrennung mit Chromschwefelsäure bei 180°. Das Verbrennungsrohr enthält eine Füllung aus CuO und $PbCrO_4$, die von Cu-Draht eingeschlossen ist. Der Fehler der Methode beträgt ± 1,5%.

2.2.2. Die Bestimmung des Carbonatgehaltes

Die Bestimmung des bei der Gesamt-C-Bestimmung im Harn miterfaßten Carbonat-C erfolgte maßanalytisch durch Absorption des durch halbkonz. H_2SO_4 in Freiheit gesetzten CO_2 in $\frac{n}{10}$ NaOH, nachfolgendem Versetzen mit einer neutralen $\frac{n}{10}$ $BaCl_2$-Lösung und Zurücktitrieren mit $\frac{n}{10}$ Oxalsäure.

2.2.3. Der Nachweis und die Bestimmung von phenolischen Substanzen

In umfangreichen papierchromatographischen Untersuchungen unter Anwendung sowohl der 2-dimensionalen- als auch der Rundfilter-Papierchromatographie konnte in den Harnen von Rind, Schaf und Schwein als normaler Bestandteil eine größere Zahl von Phenolsäuren nachgewiesen werden [40]. Da diese Stoffgruppe u. a. an der Gesamt-C-Ausscheidung im Harn in nicht unbeträchtlichem Maße beteiligt sein mußte, sollte versucht werden, sie weitgehend quantitativ zu erfassen.

Elektrophoretische Untersuchungen

Die elektrophoretische Untersuchung der phenolischen Verbindungen versprach wegen ihrer schnellen und schonenden Durchführbarkeit sowie auf Grund der Tatsache, daß hier die bei der Papierchromatographie durch den Salzgehalt des Harns verursachte Störung entfällt, für Routineuntersuchungen besondere Vorteile.

Da über die elektrophoretische Trennung von Harnphenolen unseres Wissens bisher nicht berichtet wurde, versuchten wir zunächst, mittels der Streifenelektrophorese unter Verwendung verschiedener Puffer eine Auftrennung der phenolischen Verbindungen zu erreichen (wir benutzten dazu eine Apparatur mit den gleichen Abmessungen wie die von der Fa. BENDER & HOHBEIN, München, vertriebene Vorrichtung nach GRASSMANN und HANNING [17]).

Im Ergebnis dieser Versuche gelang es, die Vielzahl der in Rinder-, Schaf- und Schweineharnen vorkommenden phenolischen Verbindungen in mehrere Fraktionen (bzw. Komponenten) aufzutrennen. In der folgenden Abbildung sind einige der erhaltenen Pherogramme wiedergegeben.

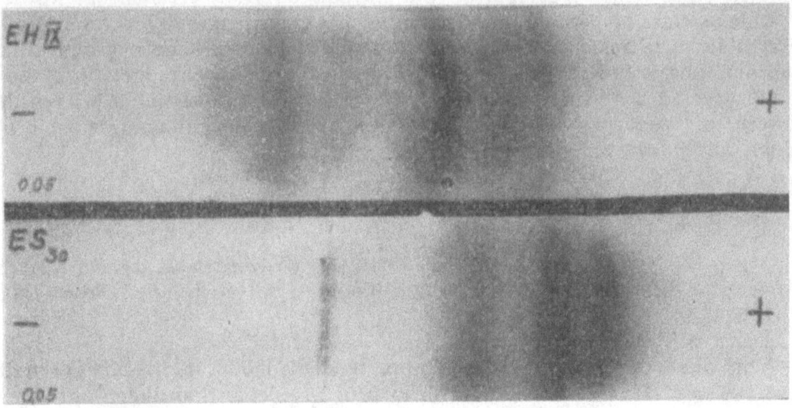

Abb. 2. Elektrophoretische Trennung phenolischer Verbindungen im Harn von Schaf (H) und Schwein (S)

(Puffer: Borat-NaOH, pH 9,4. Papier: SCHLEICHER & SCHÜLL 2043b. Trenndauer: 6 Std. bei 8,4 V/cm. Aufgetragene Harnmenge: 0,05 ml, E = Kohleeluat. Reagens: diazotierte Sulfanilsäure)

Eine ganz analoge Trennung konnte auch mittels der kontinuierlichen Ablenkungselektrophorese (Anordnung nach GRASSMANN und HANNING [18]) und direkter Auftragung größerer Harnmengen erreicht werden [40]).

Nachdem es somit gelungen war, mittels der Elektrophorese relativ schnell zu halbquantitativen Aussagen über die Gehalte an phenolischen Verbindungen in den untersuchten Tierharnen zu gelangen, wurde ihre quantitative Erfassung angestrebt.

Das Prinzip der nachfolgend beschriebenen Methode beruht darauf, daß durch eine starke Verkürzung der Elektrophoresedauer die phenolischen Verbindungen hinreichend von den übrigen Harninhaltsstoffen, jedoch nicht untereinander getrennt werden, so daß nach dem Anfärben mit 2,6-Dichlorchinonchlorimid sämtliche phenolischen Verbindungen als eine einzige breite Bande erscheinen. Die gebildeten blauen Indophenolfarbstoffe sind gegenüber äußeren Einflüssen sehr beständig und können aus dem Papier in der Siedehitze mit Wasser eluiert werden. Als Bezugssubstanz für die gesamte Gruppe der phenolischen Substanzen wurde die in der Hauptfraktion nachgewiesene p-Hydroxybenzoesäure gewählt.

Durchführung der Bestimmung:

Je 0,05 ml der zu untersuchenden Harnprobe werden direkt strichförmig auf beide Hälften eines (am besten mittels einer Rasierklinge) längs geteilten Elektrophoresestreifens von 33 × 4,5 cm mittels einer Mikropipette aufgetragen. (Dadurch können insgesamt sechs Proben mit je einer Parallele gleichzeitig untersucht werden.) Dann werden die Streifen mit der auch zur Trennung benutzten Borat-NaOH-Pufferlösung von pH 9,4 so angesprüht, daß eine gleichmäßige Durchfeuchtung des Papiers gewährleistet ist. Anschließend werden die Streifen in die Elektrophoreseapparatur eingelegt und 30 Minuten bei 350 V getrennt.

Die noch feuchten Streifen werden dann mit einer gesättigten wässerigen Lösung von 2,6-Dichlorchinonchlorimid (100 mg werden zu 100 ml aqua dest. gegeben und 10 Min. geschüttelt; das Filtrat dient zum Ansprühen) besprüht und nachfolgend mittels eines Föns im Heißluftstrom getrocknet. Die jetzt sichtbar werdende blaue Bande erreicht nach weiterem dreimaligem Ansprühen und Trocknen ihre maximale Farbtiefe. Die gesamte blau gefärbte Zone sowie ein ebenso großer Blindstreifen werden ausgeschnitten, in 1–2 mm breite Streifen geschnippelt und mit 2 × 4 ml aqua dest. in der Siedehitze eluiert. Nach dem Abkühlen und Absitzen der Papierfasern (die auch filtriert oder abzentrifugiert werden können) wird bei 605 mμ im Spektralphotometer gemessen.

Herstellung der Standardlösung und Berechnung des Eichfaktors

1 g p-Hydroxybenzoesäure p. a. (Fp. 213 °C) werden analytisch genau in einen 100er Meßkolben eingewogen und anschließend mit etwa 60 ml Borat-NaOH-Puffer (pH 9,4) klar in Lösung gebracht.

Dann wird mit Puffer bis zur Marke aufgefüllt.

Von dieser 1%igen Standardlösung werden 0,005 ml (= 50 μg) und 0,01 ml (= 100 μg p-Hydroxybenzoesäure) in fünf bis sieben Parallelen auf Pherogramme aufgetragen und nach der angegebenen Vorschrift analysiert.

Hinsichtlich der benutzten Farbreaktion sei erwähnt, daß Versuche, die mit diazotierter Sulfanilsäure gebildeten Azofarbstoffe für die quantitative Auswertung heranzuziehen, wie das von KRAUPP u. Mitarb. [26] zur papierchromatographischen Bestimmung von Phenolsäuren getan wurde, zugunsten der Verwendung des (wenn auch etwas weniger empfindlichen) 2,6-Dichlorchinonchlorimids wieder aufgeben wurden, da die Unbeständigkeit der gebildeten Diazofarbstoffe sowie der infolge der starken Untergrundfärbung des Papiers hohe Blindwert eine genaue Messung sehr erschwerten.

Um einen Hinweis auf die Brauchbarkeit der beschriebenen Methode zu geben, ist in der folgenden Tabelle eine Reihe der bei unseren Routineuntersuchungen erhaltenen Ergebnisse zusammengestellt und die maximale Abweichung der Parallelen angegeben.

Tabelle 7
Abweichung der Parallelen (in % des Mittelwertes) bei Routinebestimmungen von phenolischen Verbindungen in Schaf-, Rinder- und Schweineharnen
(Bezugssubstanz: p-Hydroxybenzoesäure)

Schafharne phenolische Verbindungen mg-%	Abweichung der Parallele %	Rinderharne phenolische Verbindungen mg-%	Abweichung der Parallele %	Schweineharne phenolische Verbindungen mg-%	Abweichung der Parallele %
192 176	8,7	78 81	3,8	130 111	15,7
74 75	1,3	166 153	8,1	94 87	7,7
143 146	2,1	77 87	12,2	95 87	8,8
224 244	8,5	81 77	5,3		
71 75	5,5	68 71	4,3		
158 163	3,1	139 129	7,5		
257 279	8,2	145 150	3,4		
108 119	9,6	116 126	8,3		
85 85	0,0	153 168	9,3		
198 197	0,5	43 45	4,5		

Die durchschnittliche Abweichung der Parallelen liegt demnach bei 6%.

2.2.4. Die quantitative Bestimmung der Gesamtkohlenhydrate im Harn

Für die Bestimmung des Gesamtzuckergehaltes im Harn wurde von der Vielzahl der in der Literatur beschriebenen Methoden der Anthronmethode der Vorzug gegeben.

Anthron reagiert in konzentrierter Schwefelsäure mit Mono-, Oligo- und Polysacchariden unter Bildung von blaugrün bis blau gefärbten Furfurolderivaten, deren Extinktion bei 620 oder 540 mμ gemessen werden kann [19, 27, 31].

Obwohl einer Anwendung dieser Methode für Routinebestimmungen wegen des Arbeitens mit konzentrierter Schwefelsäure oft Bedenken entgegengebracht werden, stellt sie wohl die zur Zeit einfachste und schnellste bekannte Methode zur Gesamtzuckerbestimmung in biologischen Flüssigkeiten dar.

Hinzu kommt die größere Spezifität gegenüber den am häufigsten benutzten Reduktionsmethoden, was in Anbetracht der beträchtlichen Zahl reduzierender Stoffe im Harn von besonderer Wichtigkeit ist.

Für die vorliegenden Untersuchungen wurde das Prinzip der von DIMLER u. Mitarb. [10] angegebenen Arbeitsweise, die eine Abwandlung der von MORRIS [28] angegebenen Methode darstellt, übernommen.

Nach DIMLER u. Mitarb. werden 3 ml der zu untersuchenden Zuckerlösung (etwa 1–90 μg Kohlenhydrat enthaltend) in einem Reagensglas mit 6 ml einer 0,2%igen Lösung von Anthron in 95%iger H_2SO_4 versetzt und 10 Minuten ($\pm$ 15 Sekunden) in ein siedendes Wasserbad gestellt. Dann wird schnell abgekühlt und bei 620 mμ gemessen.

Bei der Nacharbeitung dieser Vorschrift färbten sich die untersuchten Harnproben von Rind, Schwein und Schaf stets schnell braun, wenn sie in das siedende Wasserbad gebracht wurden. Dadurch wurde eine quantitative Auswertung der anfangs zu beobachtenden blaugrünen Färbung unmöglich.

Daher wurde unter strenger Konstanthaltung der Zeit- und Temperaturbedingungen versucht, die Bestimmung so durchzuführen, daß die Probe unmittelbar nach dem Vermischen mit der Reagenzlösung abgekühlt und anschließend photometrisch ausgewertet wird. Dieses Vorgehen führte zu einer zufriedenstellenden Schnellmethode für die Zuckerbestimmung in den genannten Tierharnen.

Durchführung der Bestimmung:

3 ml des 10fach bzw. 20fach verdünnten Harns werden in einem Reagensglas mit 6 ml einer 0,2%igen Lösung von Anthron (umkristallisiert durch Lösen in Benzol und Fällen mit Petroläther, Fp. 154–155 °C) in 95%iger Schwefelsäure p. a. versetzt. Dann wird 20 Sekunden gründlich geschüttelt (diese Zeit muß eingehalten werden!) und anschließend sofort unter fließendem Wasser gekühlt.

Darauf wird bei 620 mμ im Spektralphotometer gemessen. Als Vergleichslösung dienen 3 ml Wasser an Stelle der Harnverdünnung.

Die Auswertung erfolgte an Hand eines mit Glucose-Standardlösungen ermittelten Eichfaktors, wobei jedoch außerdem noch bei jeder neuen Meßreihe eine Kontrolle über drei Glucosestandards durchgeführt wurde.

Bei den Routineuntersuchungen (2–3 Parallelen) betrug die Abweichung zwischen den Parallelen bis zu 7%. Abschließend kann festgestellt werden, daß die beschriebene Schnellmethode eine einfache und hinreichend genaue Bestimmung des Gesamtzuckergehaltes (bezogen auf Glucose) in Pflanzenfresserharnen ermöglicht (die Gehalte an Gesamtkohlenhydraten lagen durchschnittlich zwischen 10 und 100 mg-%).

Dabei erscheint eine weitere Verbesserung des Verfahrens auf Grund der in der neuesten Literatur bezüglich der Anthronreaktion bei der Bestimmung von Zucker in Blut sowie Futtermitteln gemachten Angaben [5, 6, 8, 33, 36] durchaus möglich.

Mit der beschriebenen Gesamtmethodik konnten bei der Untersuchung von Rinder-, Schaf- und Schweineharnen in allen Fällen rund 90–100% des Gesamt-N-Gehaltes des Harns erfaßt werden. Vom Gesamt-C-Gehalt wurden bei Rindern und Schafen rund 75–80%, dagegen bei den Schweinen nur 60% in den einzelnen organischen Harninhaltsstoffen wiedergefunden.

Zusammenfassung

Es wird eine Methodik zur routinemäßigen Bestimmung der in Mengen über 50 mg-% in Rinder-, Schaf- und Schweineharnen vorkommenden organischen Harninhaltsstoffe beschrieben.

Bei der Ausarbeitung dieser Methodik, bei der besonderer Wert auf eine spezifische und einfache Versuchsdurchführung gelegt wurde, wurde eine Reihe bekannter Bestimmungsmethoden modifiziert (Hippursäure, Harnsäure, Kreatin und Kreatinin) bzw. abgeändert (Harnstoff, Kohlenhydrate) sowie neue Verfahren entwickelt (Allantoin, phenolische Verbindungen). Es konnte gezeigt werden, daß Hippursäurebestimmungen nach den allgemein gebräuchlichen Ätherextraktionsmethoden in Pflanzenfresserharnen zu hohe Werte ergeben.

Mit der ausgearbeiteten Methodik konnten in einer größeren Zahl von Rinder-, Schaf- und Schweineharnen mit den einzelnen bestimmten Substanzen rund 90 bis 100% des Gesamt-N-Gehaltes des Harns und ca. 75–80% (bei Schweinen ca. 60%) des Gesamt-C-Gehaltes wiedergefunden werden.

Резюме

В работе описана методика массового определения органических веществ мочи, содержащихся в количествах свыше 50 мг% моче крупного рогатого скота, овец и свиней. При разработке этого метода обращалось особенное внимание на специфическое и простое проведение опытов и была выполнена модификация целого ряда уже известных методов определения (гиппуровая кислота, мочевая кислота, креатин и креатинин). Далее были изменены (мочевина, углеводы) и разработаны новые методы (аллантоин, фенольные соединения). Исследования показали, что определения гиппуровой кислоты общеупотребительными методами экстракции эфиром мочи травоядных животных дают завышенные результаты.

При помощи разработанных методов в большом количестве проб мочи рогатого скота, были вновь найдены овец и свиней с уже определенными в них отдельными веществами, примерно, 90–100% общего содержания N в моче и приблизительно 75–80% (у свиней приблизительно 60%) общего содержания C.

Summary

A routine procedure is described suitable to be used for the determination of organic constituents in the urine of cattle, sheep and swine in amounts exceeding 50 mg-%. In working out this method a specific and simple performance of the tests was intended. For this reason a number of well-known methods of determination were either modified (hippuric acid, uric acid, creatine, creatinine) or altered (urea, carbohydrates) and some new techniques were developed (allantoin, phenolic compounds). It was shown that the values for the content of hippuric acid in the urine of herbivora routinely determined by the ether extraction technique are too high. In a considerable number of urinary samples collected from cattle, swine and sheep 90% to 100% of the total nitrogen content and about 75% to 80% (about 60% in swine) of the total carbon content of the urine were recovered with the different substances determined by using the above-mentioned technique.

Literaturverzeichnis

[1] Benedict, S. R., und J. A. Behre: J. biol. Chem. **114**, 515 (1936)

[2] Bergmann, F., und S. Dikstein: J. biol. Chem. **211**, 149 (1954)

[3] Bishop, C., und J. H. Talbott: Pharm. Rev. **5**, 231 (1953)

[4] Brinkerink, P. C.: Bestimmung von Kreatin im Harn. Clin. chim. Acta [Amsterdam] **6**, 531 (1961)

[5] Cheng-Wen Wu, Tseng-Hui Fu und Kung-Chu TSAI: Tai-wan i-hsueh hui Tsa-chih **60**, 50 (1961)

[6] Colvin, H. W., J. T. Attebery und J. T. Ivy: J. Dairy Sci. **44**, 2081 (1961)

[7] Conway, E. J.: Biochem. J., **27**, 430 (1933). – Conway, E. J., and E. O'Malley, Biochem. J. **36**, 655 (1942). – Gibbs, G. E., and P. L. Kirk: Mikrochem. **10**, 25 (1934). – Stettner, R.: Enzymatische Analyse. Verlag Chemie, Weinheim, S. 74 (1951)

[8] Deriaz, R. E.: J. Sci. Food Agric. **12**, 152 (1961)

[9] Dikstein, S., F. Bergmann und M. Chaimovitz: J. biol. Chem. **230**, 203 (1958)

[10] Dimler, R. J., W. C. Schaffer, C. S. Wise und C. E. Rist: Anal. Chem. **24**, 1411 (1952); vgl. hierzu Jeanes, A., C. S. Wise und R. J. Dimler: Anal. Chem. **23**, 415 (1951)

[11] Dubbs, C. A., F. W. Davis und W. S. Adams: J. biol. Chem. **218**, 497 (1956)

[12] Folin, O.: J. biol. Chem. **101**, 111 (1933); vgl. auch Arbeitsvorschriften für das Pulfrichphotometer. Sammlung I. Hrsgg. von Carl Zeiss, Jena, Bl. I/H 6 (1955)

[13] Fosse, R., und A. Hieulle: Comptes rendus **176**, 1719 (1923)

[14] Fosse, R., und A. Hieulle: Comptes rendus **177**, 199 (1923)

[15] Franzen, E.: Die Bestimmung einiger Stickstoffkomponenten des Harns in vermischten Geflügelexkrementen mit Hilfe der Papierchromatographie und der Papierelektrophorese. Diplomarbeit Univ. Halle-Wittenberg. 103 S. (1958)

[16] Gaffney, G. W., K. Schreier, N. Differante und K. I. Altman: J. biol. Chem. **206**, 695 (1954)

[17] Grassmann, W., und K. Hanning: Naturwiss. **37**, 496 (1950); vgl. auch Z. physiol. Chem. **290**, 1 (1952)

[18] Grassmann, W., und K. Hanning: Naturwiss. **37**, 397 (1950)

[19] Hais, I. M., und K. Macek: Handbuch der Papierchromatographie, Bd. I. Grundlagen und Technik, Jena, VEB Gustav Fischer-Verlag (1958)

[20] Hinsberg, K., und K. Lang: Medizinische Chemie für den klinischen und theoretischen Gebrauch. München und Berlin, Verlag Urban & Schwarzenberg, 2. Aufl. 360–361 (1951)

[21] HINSBERG, K.: Harn. In: HOPPE-SEYLER/THIERFELDER: Handbuch der physiologisch- und pathologisch-chemischen Analyse für Ärzte, Biologen und Chemiker. Berlin-Göttingen-Heidelberg, Springer-Verlag, 5. Bd., 220 (1953)
[22] HÜBSCH, H., und K. NEHRING: Z. anal. Chem. **173**, 278 (1960)
[23] JAENICKE, L.: Purine. In: HOPPE/SEYLER/THIERFELDER: Handbuch der physiologisch- und pathologisch-chemischen Analyse. Berlin-Göttingen-Heidelberg, Springer-Verlag 10. Aufl., 3. Bd., 2. Bd., Tl., 1330 (1955)
[24] KALCKAR, H. M.: J. biol. Chem. **167**, 429 (1947)
[25] KJELDAHL, J.: Neue Methode zur Bestimmung des Stickstoffs in organischen Körpern. Z. anal. Chem. **22**, 366 (1883)
[26] KRAUPP, O., H. STORMANN, H. BERNHEIMER und H. OBENAUS: Klin. Wschr. **37**, 76–80 (1959)
[27] LINSKENS, H. F.: Phenolische Verbindungen und Gerbstoffe. In: H. F. LINSKENS: Papierchromatographie in der Botanik. Berlin-Göttingen-Heidelberg, Springer-Verlag, 2. Aufl., 333 (1959)
[28] MORRIS, D. L.: Science **107**, 254 (1948); vgl. dazu DREYWOOD, R.: Anal. Chem. **18**, 499 (1946)
[29] NEHRING, K., U. ZELCK und R. SCHIEMANN: Arch. Tierernährung (im Druck)
[30] PERKINS, A. E.: Ind. Eng. Chem., Anal. E. **10**, 69 (1938)
[31] PLOETZ, TH.: Kohlenhydrate. In: HOPPE SEYLER/THIERFELDER, Handbuch der physiologisch- und pathologisch-chemischen Analyse. Berlin-Göttingen-Heidelberg, Springer-Verlag, 10. Aufl., 3. Bd., 1. Bd. Tl., 694 (1955)
[32] PRAETORIUS, C., und J. H. TALBOTT: Pharm. Rev. **5**, 231 (1953)
[33] ROSOLIA, O. G., und R. ODOM: Amer. J. med. Technol. **27**, 92 (1961)
[34] RÖTTGER, H.: Biochem. Z. **319**, 349 (1949)
[35] SALKOWSKI, E.: Z. phys. Chem. **42**, 213 (1904); vgl. PINCUSSEN, L.: Allgemeine Chemie des Harns. In: C. OPPENHEIMER: Hdb. der Biochemie des Menschen und der Tiere. Jena, Gustav Fischer-Verlag S. 482, 2. Aufl., 5. Bd. (1925)
[36] SAWAMURA, R., und T. KOYAMA: Yakugaku Zasshi **81**, 1689 (1961)
[37] SCHIEMANN, R., U. ZELCK und K. NEHRING: Arch. Tierernährung **15**, 79 (1965)
[38] SCHWERDTFEGER, E.: Angew. Chem. **70**, 188 (1958)
[39] VASSILEFF, G.: Comptes rendus de l'Académie bulgare des Sci. **13**, No. 6, 685 (1960)
[40] WENGER, P., C. CIMERMAN et A. MAULBETSCH: Mikrochem. N. F. **8**, 129 (1934); VIRE, M., Bull. Soc. Chim. biol. **22**, 185 (1940); GIGON, A., und M. NOVERRAZ, Schweiz. med. Wschr. **70**, 464 (1940)
[41] ZELCK, U.: Biochem. Z. **337**, 525 (1963)
[42] ZELCK, U.: Beitrag zur Analytik von organischen Harninhaltsstoffen. Diss. Dt. Akad. Landwirtsch.-Wiss. Berlin. 136 S. (1963)

Eingegangen: 12. Juni 1964

Aus dem Oskar-Kellner-Institut für Tierernährung Rostock der Deutschen Akademie der Landwirtschaftswissenschaften zu Berlin
(emer. Direktor: Prof. Dr. Dr. h. c. K. NEHRING

K. NEHRING, U. ZELCK und R. SCHIEMANN

Über die Zusammensetzung des Harns an organischen Inhaltsstoffen bei Rindern, Schafen und Schweinen

2. Mitteilung

Zusammensetzung der organischen Harninhaltsstoffe bei Rindern, Schafen und Schweinen bei Verfütterung einiger gemischter Rationen

1. Einleitung

Versucht man, sich einen Überblick über die Zusammensetzung der organischen Harninhaltsstoffe bei so wichtigen Nutztierarten wie Rind, Schaf und Schwein zu verschaffen, so ergibt sich eigentlich überraschend, daß die vorhandenen Angaben recht unvollständig sind und größtenteils auf wenige, z. T. sehr alte Versuche zurückgehen.

Umfangreichere, systematische Untersuchungen über die Zusammensetzung der organischen Harninhaltsstoffe bei den genannten Tierarten bei Verfütterung einer hinsichtlich der chemischen Zusammensetzung genau bekannten Ration liegen unseres Wissens bisher nicht vor. Untersuchungen über die Zusammensetzung des Schweineharns fehlen praktisch völlig.

Diese Lücke schließen zu helfen und gleichzeitig eine dem heutigen Stand der Analytik entsprechende Methodik aufzubauen, war das Ziel der von uns in den letzten Jahren durchgeführten Untersuchungen.

2. Material und Methoden

Bezüglich der benutzten Analysenmethoden wird auf die 1. Mitteilung verwiesen [2]. Als Versuchstiere dienten ausgewachsene Ochsen des schwarzbunten Niederungsviehs, ausgewachsene Merino-Fleischschafhammel sowie 80–140 kg schwere Borgschweine.

Während der Versuche (die im Rahmen von Stoffwechseluntersuchungen zur energetischen Bestimmung von Futterstoffen in unserem Institut durchgeführt wurden), befanden sich die Tiere in Stoffwechselständen, wie sie bei Gesamtstoffwechselversuchen allgemein benutzt werden [1, 5, 6].

Alle Tiere erhielten genau abgewogene Mengen der jeweiligen Futterration sowie Wasser ad libitum. Zur Gewährleistung einer völligen Einstellung des Stoffwechsels der Tiere auf die einzelnen Rationen wurde mit der Harnprobenahme erst nach einer 14- (Schafe, Schweine) bzw. 21tägigen (Rinder) Vorfutterperiode begonnen.

Bei der Probenahme wurde der Vermeidung jeglicher Zersetzung von organischen Harninhaltsstoffen die größte Aufmerksamkeit geschenkt. Daher wurden auch bei Rindern und Schweinen nicht die 24-Stunden-Sammelharnproben (die in den meisten Fällen bereits Zersetzungserscheinungen aufweisen), sondern direkt während des Harnens (in einem Kunststoffgefäß) aufgefangene Einzelharne untersucht. Durch die Untersuchung einer größeren Zahl von Proben, die an jeweils verschiedenen Tagen aufgefangen wurden, konnte (wie eine Überprüfung zeigte) auch bei dieser Art der Probenahme ein hinreichend repräsentativer Durchschnittswert erhalten werden.

Bei den Schafen wurde auf die im Stoffwechselkasten aufgefangene 24-Stunden-Sammelharnprobe zurückgegriffen, da hier durch die Verwendung von Kotbeuteln sowie die günstige Bauart des Stoffwechselkastens nur eine zu vernachlässigende Verunreinigung des Harns zu verzeichnen war.

Mit der Untersuchung der Harnproben wurde unmittelbar im Anschluß an die Probenahme begonnen. Dabei wurden zuerst der pH-Wert (mit Spezialindikatorpapier) sowie die Gehalte an Harnstoff, Hippursäure, Allantoin, Gesamt-N und Gesamt-C bestimmt. Die Untersuchung auf freies Ammoniak, Harnsäure, Kreatin, Kreatinin, phenolische Verbindungen, Gesamtkohlenhydrate sowie Carbonat und Energie erfolgte gewöhnlich nach 1- bis 2tägiger Aufbewahrung der Harnproben bei 0 °C im Eisschrank (auf den Zusatz von Konservierungsmitteln wurde grundsätzlich verzichtet, nachdem sich in vergleichenden Konservierungsversuchen mit Säuren sowie Toluol [C-haltig!] die Kältekonservierung als am günstigsten erwies).

3. Tierversuche

3.1. Durchschnittliche Ausscheidungen von organischen Harninhaltsstoffen bei Rindern

In Tabelle 1 sind die mit den einzelnen organischen Harninhaltsstoffen ausgeschiedenen N-Mengen in Prozenten der Gesamt-N-Ausscheidung angegeben. Tabelle 2 zeigt die Anteile der einzelnen Komponenten an der Gesamt-C-Ausscheidung.

Die Zusammensetzung der den angeführten Werten zugrunde liegenden Futterrationen (I, II und III) sowie die Ergebnisse der Futtermittelanalysen sind der folgenden Aufstellung zu entnehmen:

Tagesration (in g)

	I	II	III
Wiesenheu	3000	2200	2000
Gerstenstroh	1000	800	—
Trockenschnitzel	1000	1500	2000
Sojaextraktionsschrot	500	—	1000
Gerstenschrot	500	1000	1000
Erdnußextraktionsschrot	—	1000	—

Futtermittelanalyse (in % der Trockensubstanz)

	I	II	III
Organische Substanz	91,8	94,3	94,2
Rohasche	8,2	5,7	5,8
Rohprotein	14,9	16,9	17,9
Rohfett	2,7	1,9	1,9
Rohfaser	27,5	25,7	20,3
NFE	46,8	49,8	54,1

Tabelle 1

Durchschnittliche prozentuale Ausscheidungen von organischen Inhaltsstoffen im Harn von Rindern bei Verabreichung unterschiedlicher Grundfutterrationen (I, II und III) I = 18 Proben von 12 Tieren, II = 26 Proben von 7 Tieren, III = 6 Proben von 6 Tieren (N-Verteilung) *

Ration	pH	Dichte	Gesamt N mg/ 100 ml	% vom Gesamt-N Harnstoff-N	Allantoin-N	Harnsäure-N	Kreatin-N	Kreatinin-N	Hippursäure-N	NH_3-N	ΣN %
I	6,7	1,005	366,9	76,7	10,6	1,0	1,6	6,9	4,1	4,9	105,8
	± 0,6	± 0,006	± 234,4	± 3,6	± 6,4	± 0,1	± 0,7	± 1,1	± 1,1	± 1,1	
	5,6	0,998	94,2	70,0	1,7	0,9	0,4	4,6	2,5	3,1	
	7,5	1,022	915,4	83,9	22,2	1,3	2,9	8,1	7,3	6,8	
II	7,7	1,014	841,7	82,9	8,5	0,8	0,3	1,4	4,4	3,1	101,4
	± 0,6	± 0,009	± 476,4	± 3,0	± 2,5	± 0,5	± 0,4	± 0,4	± 1,2	± 1,4	
	6,3	1,004	271,6	77,7	4,9	0,2	0,0	0,0	2,3	1,5	
	8,6	1,034	1805,7	90,9	15,7	2,6	1,6	2,5	6,9	6,3	
III	7,8	1,016	816,7	81,7	6,2	0,5	0,2	1,0	3,8	0,8	94,2
	± 0,5	± 0,007	± 350,4	± 4,8	± 1,6	± 0,1	± 0,1	± 0,1	± 0,8	± 0,8	
	7,2	1,009	411,5	75,1	3,7	0,4	0,1	0,9	2,6	1,8	
	8,3	1,029	1385,0	87,8	7,7	0,6	0,3	1,1	5,0	0,1	

* (unter den Mittelwerten sind noch die Streuungen sowie die Extremwerte angegeben)

Tabelle 2

Durchschnittliche prozentuale Ausscheidungen von organischen Harninhaltsstoffen bei Rindern (C-Verteilung)

Ration	Gesamt C mg/100ml	in % vom Gesamt-C Harnstoff-C	Allantoin-C	Harnsäure-C	Kreatin-C	Kreatinin-C	Hippursäure-C	phenol Verb C	Kohlenhydrat-C	CO_3^{--}-C	Σ C %
I	550,2	22,0	5,7	0,8	1,4	5,9	21,1	17,3	0	2,6	76,8
	± 304,1	± 5,6	± 3,7	± 0,2	± 0,6	± 1,3	± 8,0	± 7,9	0	± 1,1	
	199,3	11,4	1,1	0,5	0,3	2,0	7,9	7,8	0	1,4	
	1254,0	28,8	14,3	1,1	2,4	7,0	42,3	29,2	0	4,7	
II	970,3	30,9	6,3	0,7	0,3	1,4	29,7	11,8	1,2	3,1	85,4
	± 544,3	± 2,9	± 2,0	± 0,5	± 0,4	± 0,4	± 7,4	± 2,9	± 0,2	± 1,7	
	335,7	25,7	3,7	0,2	0,0	0,0	16,3	4,4	0,8	1,2	
	2013,9	40,7	12,2	2,8	1,7	2,5	45,0	14,3	1,3	8,7	
III	861,5	34,9	5,5	0,5	0,3	1,1	29,6	10,3	1,8	2,0	86,0
	± 401,4	± 4,6	± 2,0	± 0,1	± 0,1	± 0,2	± 7,4	± 4,2	± 0,6	± 0,8	
	311,6	30,5	2,7	0,4	0,1	0,9	17,4	5,9	1,3	1,1	
	1377,1	42,5	8,1	0,6	0,4	1,3	37,9	16,7	3,0	3,3	

3.2. Durchschnittliche Ausscheidungen von organischen Harninhaltsstoffen bei Schafen

Bei diesen Versuchen wurden an die Tiere unterschiedliche Mengen Wiesenheu (verschiedener Chargen) verfüttert (I = 800 g; II = 900 g pro Tier und Tag). Die beiden Chargen hatten folgende Zusammensetzung (in Prozenten der Trocken-Substanz).

	I	II
Organische Substanz	91,7	92,3
Rohasche	8,3	7,8
Rohprotein	13,0	9,1
Rohfett	3,7	2,9
Rohfaser	27,7	35,7
NFE	47,3	44,6

Die erhaltenen Versuchsergebnisse sind in den Tabellen 3 und 4 zusammengefaßt.

Tabelle 3

Durchschnittliche prozentuale Ausscheidungen von organischen Inhaltsstoffen im Harn von Schafen bei Verabfolgung verschiedener Grundfutterrationen (I, II) I = 16 Proben von 8 Tieren, II = 17 Proben von 5 Tieren (N-Verteilung)

Ration	pH	Dichte	Gesamt N mg/100 ml	in % vom Gesamt-N							
				Harnstoff-N	Allantoin-N	Harnsäure-N	Kreatin-N	Kreatinin-N	Hippursäure-N	NH_3-N	Σ N %
I	8,6	1,017	535,4	66,0	10,0	1,2	1,2	4,9	6,5	9,0	98,9
	± 0,4	± 0,009	± 250,8	± 9,7	± 5,1	± 0,2	± 0,6	± 0,9	± 2,4	± 4,1	
	7,6	1,002	199,0	45,3	2,4	0,9	0,2	3,9	4,8	3,7	
	9,2	1,040	1239,2	76,4	23,8	1,4	2,0	6,3	11,2	16,1	
II	8,7	1,038	690,2	53,2	17,1	2,0	0,7	1,9	13,9	4,7	93,5
	± 0,3	± 0,009	± 173,7	± 4,1	±10,0	± 0,7	± 0,2	± 0,4	± 7,8	± 3,4	
	7,9	1,024	444,2	46,2	1,2	1,1	0,3	1,1	4,0	1,5	
	9,1	1,054	1019,6	60,1	47,0	3,7	1,1	2,7	28,5	12,6	

Tabelle 4

Durchschnittliche prozentuale Ausscheidungen von organischen Harninhaltsstoffen bei Schafen (C-Verteilung)

Ration	Gesamt C mg/100 ml	in % vom Gesamt-C									
		Harnstoff-C	Allantoin-C	Harnsäure-C	Kreatin-C	Kreatinin-C	Hippursäure-C	phenol. Verb. C	Kohlenhydrat-C	CO_3^{--}-C	Σ C %
I	972,7	15,8	4,8	0,7	0,8	3,2	27,5	18,0	—	2,9	73,7
	± 411,8	± 3,5	± 2,4	± 0,1	± 0,4	± 0,5	± 11,4	± 8,5		± 1,8	
	328,5	10,5	0,7	0,6	0,1	2,7	13,8	5,5		1,1	
	1945,6	21,1	10,9	0,9	1,3	4,1	51,9	35,2		6,1	
II	1700,9	9,4	5,9	0,9	0,4	0,9	42,2	10,4	1.2	2,6	73,9
	± 377,0	± 2,7	± 3,3	± 0,4	± 0,2	± 0,4	±21,4	± 1,7	± 0,2	± 0,8	
	1189,3	7,3	0,4	0,4	0,1	0,5	11,7	7,8	0,8	1,5	
	2413,7	19,2	14,3	1,8	0,7	2,1	80,3	15,9	1,7	3,6	

3.3. Durchschnittliche Ausscheidungen von organischen Harninhaltsstoffen bei Schweinen

In den Tabellen 5 und 6 wurden die bei Verfütterung zweier relativ unterschiedlicher Rationen erhaltenen N- und C-Ausscheidungen zusammengefaßt.

Die Zusammensetzung der Rationen sowie das Ergebnis der Futtermittelanalyse ist der folgenden Aufstellung zu entnehmen:

Tagesration (in g)	I	II	Futtermittelanalyse (in % der Tr.S.)	I	II
Gerstenschrot	1100	1300	Organische Substanz	96,1	94,4
Haferschrot	400	–	Rohasche	3,9	5,6
Sojaextraktionsschrot	100	–	Rohprotein	19,2	12,6
Fischmehl	100	100	Rohfett	2,9	1,9
Leinsamenextraktionsschrot	–	100	Rohfaser	7,5	6,1
Zuckerschnitzel	–	800	NFE	66,5	73,9

Tabelle 5

Durchschnittliche prozentuale Ausscheidungen von organischen Inhaltsstoffen im Harn von Schweinen bei Verabreichung unterschiedlicher Futterrationen (I, II) I = 18 Proben von 9 Tieren, II = 3 Proben von 3 Tieren (N-Verteilung)

Ration	pH	Dichte	Gesamt N mg/100 ml	in % vom Gesamt-N: Harnstoff-N	Allantoin-N	Harnsäure-N	Kreatin-N	Kreatinin-N	Hippursäure-N	NH_3-N	Σ N %
I	6,1	1,022	1866,7	78,3	3,7	0,6	1,5	3,7	0,6	8,9	97,3
	± 1,0	± 0,006	± 241,5	± 6,3	± 2,2	± 0,1	± 0,6	± 1,8	± 0,3	± 3,3	
	5,1	1,005	1416,0	59,0	0,7	0,4	0,4	1,9	0,2	3,8	
	9,2	1,030	2240,7	84,3	8,6	0,8	1,9	6,7	1,7	18,1	
II	6,3	1,018	1131,4	79,2	2,4	0,8	0,1	1,1	1,0	7,5	92,1
	± 0,3	± 0,01	± 680,1	± 1,7	± 0,2	± 0,1	± 0,1	± 0,1	± 0,1	± 1,5	
	6,0	1,011	706,0	77,2	2,3	0,7	0,0	1,0	1,0	6,1	
	6,5	1,030	1915,8	80,2	2,7	0,9	0,2	1,2	1,1	9,1	

Tabelle 6

Durchschnittliche prozentuale Ausscheidungen von organischen Harninhaltsstoffen bei Schweinen (C-Verteilung)

Ration	Gesamt C mg/100 ml	in % vom Gesamt-C: Harnstoff-C	Allantoin-C	Harnsäure-C	Kreatin-C	Kreatinin-C	Hippursäure-C	phenol. Verb. C	Kohlenhydrat-C	CO_3^{--}-C	Σ C %
I	1465,8	41,8	3,9	0,7	2,1	5,0	5,4	–	1,5	0,7	59,6
	± 200,9	± 6,1	± 2,4	± 0,2	± 0,8	± 2,3	± 3,3		± 0,6	± 0,4	
	1071,1	24,7	0,8	0,6	0,6	2,7	1,4		0,7	0,1	
	1683,2	51,5	9,7	1,0	2,9	8,8	16,6		2,4	1,5	
II	1044,2	36,5	2,3	0,9	0,1	1,3	8,6	8,3	3,6	0,6	62,2
	± 602,1	± 0,6	± 0,2	± 0,1	± 0,1	± 0,2	± 0,7	± 2,6	± 0,2	± 0,3	
	676,2	35,9	2,1	0,8	0,0	1,2	8,1	5,4	3,4	0,4	
	1738,6	37,0	2,5	1,0	0,2	1,5	9,4	10,4	3,8	0,9	

4. Diskussion der Ergebnisse

Aus den Tabellen 1–6 ergibt sich, daß bereits relativ geringe Unterschiede im Futter zu einer merklichen Beeinflussung der Ausscheidung an den einzelnen organischen Harninhaltsstoffen führen können. Dies kommt besonders deutlich in der Änderung des C/N-Verhältnisses zum Ausdruck (Rinder: I:C/N = 1,5:1; II: C/N = 1,15:1; III: 1,05:1).

Während jedoch bei den Rinderversuchen infolge des benutzten Rationstyps der Einfluß der einzelnen Rohnährstoffe nur ungenügend zum Ausdruck kommt, ergibt sich aus den Hammelversuchen (Tabelle 4) ein deutlicher Einfluß der pro Tag verfütterten Mengen an Rohfaser auf die Ausscheidungen an Hippursäure und phenolischen Verbindungen. Betrachtet man hier bei der Beurteilung der Rohfaserwirkung Hippursäure und phenolische Verbindungen zusammen, so entspricht einer täglichen Mehrgabe von rund 100 g Rohfaser in Ration III eine Erhöhung des Anteils beider Verbindungen an der C-Ausscheidung von 46 auf 53 % (was die Änderung des C/N-Verhältnisses hinreichend erklärt).

Auch bei den Schweinen wird infolge der unterschiedlichen Zusammensetzung der Rationen I und II das C/N-Verhältnis verschoben (I : C/N = 0,79 : 1; II : C/N = 0,92 : 1). Dabei entspricht (wie schon bei den Schafen) der höheren Hippursäureausscheidung bei Ration II auch ein höherer Rohfaseranteil in der Ration. Sowohl beim Wiederkäuer als auch beim Schwein scheint demnach der Rohfasergehalt eng mit der Ausscheidung von Hippursäure und phenolischen Verbindungen verknüpft zu sein.

In den vorliegenden Ergebnissen kommt weiter die starke Abhängigkeit der Harnstoffausscheidung vom Proteingehalt des Futters zum Ausdruck. So entsprechen bei den Rindern einer Rohproteingabe von 894 g/Tag (Ration I) 77% Harnstoff-N. Dagegen führen Gaben von 1074 g (Ration III) und 1099 g (Ration II) zu einer Harnstoff-N-Ausscheidung von 82 bzw. 83%. Ein völlig analoges Bild ergibt sich bei den Schafen, wo bei einer Rohproteingabe von 81 g (Ration II) 53% und bei einer Gabe von 104 g (Ration I) 66% Harnstoff-N ausgeschieden werden. Bei den Wiederkäuern und mit Einschränkung auch beim Schwein ist das Allantoin (als Endprodukt des Nucleinsäurestoffwechsels) nach dem Harnstoff die am stärksten vertretene N-haltige Verbindung. Zu den angeführten Gehaltszahlen ist zu bemerken, daß sie mit einer von uns entwickelten spezifischen Bestimmungsmethode [7] erhalten wurden.

Von einigem Interesse dürfte auch die Tatsache sein, daß bei fast allen Versuchen ein gewisser Einfluß des Futters auf die Ausscheidungen an Kreatinin erkennbar ist. Dieser Aussage stehen Ergebnisse von NIEKERK u. Mitarb. [3, 4] entgegen, wonach die Kreatininausscheidung beim Wiederkäuer weitgehend konstant und proportional der fettfreien Körpermasse sowie unabhängig vom Futter sein soll. Wir werden auf diese Frage im Zusammenhang mit anderen Versuchen in einer späteren Mitteilung noch einmal eingehen.

Die Abhängigkeit der Höhe der Gesamtkohlenhydratausscheidung vom Zuckergehalt der Ration zeigen anschaulich die Schweineversuche, wo die Zuckerschnitzelzulage in Ration II gegenüber dem Grundfutter zu einer deutlich höheren Zuckerausscheidung im Harn führt.

Wie die in den Tabellen 1–6 mit angeführten Bilanzzahlen zeigen, wurde mit den erfaßten Komponenten der Gesamtstickstoff des Harns aller drei Tierarten praktisch vollständig wiedergefunden[1], während vom Gesamtkohlenstoff bei Rindern und Schafen rund 15–25% und bei Schweinen sogar 40% nicht erfaßt wurden. Während bei den geringen fehlenden N-Mengen in erster Linie an die nicht erfaßten Gehalte an Aminosäuren zu denken ist, kommen für die fehlenden C-Mengen auf Grund des oben Gesagten nur N-freie Verbindungen in Frage. Auf Grund unserer Untersuchungen handelt es sich dabei in erster Linie um (mit Äther extrahierbare) aromatische Säuren, die sich bei der von uns durchgeführten Gesamtbestimmung der phenolischen Verbindungen dem Nachweis entziehen. Die von uns neben der N-Bilanz gleichzeitig durchgeführte Bilanzierung des Kohlenstoffs ist für die Beurteilung der Methodik wichtig. Bei entsprechenden Versuchen sollte daher neben der Bestimmung des Gesamt-N-Gehaltes gleichzeitig auch der Gesamt-C-Gehalt des Harns bestimmt werden.

Zusammenfassung

In Untersuchungen an 50 Rinder-, 33 Schaf- und 21 Schweineharnen bei bekannter Futter- und Nährstoffaufnahme der Versuchstiere wurden die durchschnittlichen prozentualen Ausscheidungen an präformiertem Ammoniak, Harnstoff, Allantoin, Harnsäure, Hippursäure, Kreatin, Kreatinin, phenolischen Verbindungen, Gesamtkohlenhydraten und Carbonat bestimmt, um durchschnittliche Werte für die Zusammensetzung der organischen Harninhaltsstoffe zu gewinnen. Der Einfluß der Futterzusammensetzung auf die Ausscheidung einzelner Harninhaltsstoffe (Harnstoff, Hippursäure und phenolische Verbindungen, Kreatinin) wird diskutiert.

Резюме

С целью получить средние данные по содержанию органических веществ в моче производились ее исследования у 50 голов крупного рогатого скота, 33 овец и 21 свиньи при известных дачах корма и питательных веществ этим животным, причем определялось среднее процентное выделение аммониака, мочевины, аллантоина, мочевой кислоты, гиппуровой кислоты, креатина, креатинина, фенольных соединенний, общее содержание углеводов и карбонатов. В работе рассматривается влияние состава корма на выделение отдельных составных частей мочи (мочевины, гиппуровой кислоты, фенольных соединений, креатинина).

Summary

Experiments were conducted on 50 urinary samples from cattle, 30 urinary samples from sheep and 21 urinary samples from pigs for determining the average percentage of preformed ammonia, urea, allantoin, uric acid, hippuric acid,

[1] Es soll darauf hingewiesen werden, daß wir die angegebenen NH_3-Stickstoff-Werte z. T. als zu hoch liegend ansehen, da die NH_3-Bestimmung nicht immer in der vorgesehenen Frist durchgeführt werden konnte und daher mit einer geringen Harnstoffzersetzung gerechnet werden muß.

creatine, creatinine, phenolic compounds, total carbohydrates and carbonate excreted by the experimental animals which were fed known amounts of food and nutrients and thus obtaining average values of the composition of organic urinary constituents. The influence of the dietary composition on the excretion of different urinary constituents (urea, hippuric acid, phenolic compounds, creatinine) is discussed.

Literaturverzeichnis

[1] NEHRING, K., R. SCHIEMANN, L. HOFFMANN und M. SCHMIDT: Wiss. Abh. Dt. Akad. Landwirtsch.-Wiss. Berlin **37**, 34 (1958)
[2] NEHRING, K., und U. ZELCK: Arch. Tierernähr. **15**, 25 (1965)
[3] NIEKERK, B. D. H., VAN, A. BENSADOUN, O. L. PALADINES und J. T. REID: J. Nutrit. **79**, 373 (1963)
[4] NIEKERK, B. D. H. VAN, J. T. H. REID, A. BENSADOUN und O. L. PALADINES: J. Nutri. **79**, 463 (1963)
[5] SCHIEMANN, R.: 1. Symposium on Energy Metabolism, EAAP Publ. **8**, 29 (1960)
[6] WÖHLBIER, W., G. EGGERS und P. LEDERLE: Die Technik des Tierversuches. Handb. der landw. Versuchs- und Untersuchungsmethodik, Bd. XIII, 1953, Neumann-Verlag, Radebeul und Berlin
[7] ZELCK, U.: Beitrag zur Analytik von organischen Harninhaltsstoffen. Diss. Dt. Akad. Landwirtsch.-Wiss. Berlin. 136 S. (1963)

Eingegangen: 12. Juni 1964

Aus dem Institut für Tierphysiologie und Tierernährungslehre der Universität Kiel
(Direktor: Prof. Dr. MAX BECKER)

M. BECKER, E. SCHULZ und R. SCHULTZ

Untersuchungen über die Zusammensetzung und den Futterwert von Auswuchsgetreide (erntegeschädigtem Getreide)

4. Mitteilung

Untersuchungen von Zusammensetzung und Verdaulichkeit einiger Getreidekörnersilagen (Hafer und Weizen)

In den letzten nassen Jahren sind in immer stärkerem Ausmaß Bestrebungen in Gang gekommen, Getreide, das von starkem Auswuchs oder gar von Verderb bedroht ist, im naturfeuchten Zustand durch Einlagerung in Silos zu konservieren. Die Getreidekörner machen hierbei eine regelrechte Milchsäuregärung durch, die mit nur geringen Verlusten verbunden ist. Sie können dann zu gegebener Zeit verfüttert werden.

Nach den bisher vorliegenden Berichten von JORIS [1] und HELLBERG [2] über Einsilierung von Auswuchsgetreide, ohne oder mit Zusätzen (Melasse, Kleie, Haferstroh, Tapioka usw.), konnte immer ein einwandfreier Gärverlauf, der zu einer stabilen Silage führte, beobachtet werden. Ergebnisse über Bilanzversuche liegen nur von kleinen Versuchssilos mit ungekeimtem Getreide (Weizen, Roggen und Gerste) vor. Hierbei stellten sowohl RAMAN [3] als auch ORTH u. a. [4] einen Trockensubstanzverlust von 6–7% fest.

Vor der Durchführung eingehender Analysen und der Verdauungsversuche an Schweinen wurde die Weizensilage in gleicher Weise wie die Auswuchsgetreideproben (3. Mitteilung) auf Nährstoffveränderungen untersucht. Dabei ergaben sich relativ große Unterschiede gegenüber normalem Getreide. Auf Trockensubstanz berechnet fanden sich in der Weizenkörnersilage 49,0% Stärke, also relativ wenig, dagegen 9,2% Zucker. Relativ stark vermehrt war der Rohfaseranteil mit 8,0% und der Aschegehalt mit 3,4%; das Eiweiß war bis auf einen Anteil von nur 32,6% Reineiweiß am Roheiweiß abgebaut. Außerdem lag ein ungewöhnlich starker Phytinabbau vor, so daß nur noch ein Anteil von 10% Phytin-Phosphor am Gesamtphosphor vorhanden war. Es ist allerdings nicht zu unterscheiden, ob diese starken Veränderungen auf einer intensiven Keimung beruhen, oder – was wahrscheinlich ist – ob die bakterielle Einwirkung beim Gärprozeß hierbei in erheblichem Maße mitgewirkt hat.

Zur weiteren Beurteilung des Materials wurden die auf Trockensubstanz berechneten Rohnährstoffgehalte der Haferkörnersilage mit mittlerem Hafer und die der Weizenkörnersilage mit mittlerem Weizen verglichen; dabei ergaben sich folgende Befunde (siehe nachstehende Tabelle).

Die Unterschiede zwischen dem reifen trockenen Korn und der Körnersilage sind in beiden Fällen ziemlich gleichartig. Bei den Silagen sind jeweils bei etwa

	Organ. Substanz %	Roh-eiweiß %	Roh-faser %	Fett %	Asche %	N-freie Extr.st. %
Hafer mittel	96,7	12,4	11,4	5,4	3,3	67,5
Hafersilage	95,9	14,6	16,8	6,3	4,1	58,2
Weizen mittel	97,8	13,0	2,9	2,3	2,2	79,6
Weizensilage	96,6	12,8	8,0	3,5	3,4	72,3

gleichem Eiweißgehalt der Rohfaseranteil beträchtlich und die Anteile an Fett und Asche nicht unerheblich höher als im vergleichbaren Korn, während der Gehalt an N-freien Extraktstoffen wesentlich geringer ist. Im allgemeinen entspricht dies den Erwartungen. Von den N-freien Extraktstoffen ist ein gewisser Teil durch die Gärungsprozesse verbraucht worden, ein kleiner Teil davon wird möglicherweise in Form von organischen Säuren jetzt bei der Rohfettfraktion erfaßt. Im ganzen gesehen sind sowohl Keimung und Auswuchs als auch die Einsäuerung an diesen Veränderungen beteiligt.

Die Prüfung des gärungstechnischen Verlaufs ergab folgende Resultate.

	pH	Essig-säure	Butter-säure	Milch-säure	Punktz. (n. FLIEG)
Hafersilage	4,3	0,60%	0	3,60%	100
Weizensilage	4,2	0,58	0	3,60	100

Die Farbe war in jedem Falle bräunlich-grün, der Geruch aromatisch und leicht säuerlich, das Gefüge kaum angegriffen. Die Silierung war danach als in gärungstechnischer Hinsicht als sehr gut gelungen zu bezeichnen.

Die Silagen wurden bei den Versuchen von den Schweinen gern genommen. Das Material wurde täglich aus dem Behälter entnommen und gequetscht. Von jeder Tagesration wurde eine Analysenprobe gezogen und einzeln auf Trockensubstanzgehalt analysiert. Die Verdauungsversuche wurden als Differenzversuche mit dem gleichen Grundfutter, das auch bei den Untersuchungen des Roggens verwendet wurde, durchgeführt. Aus den Grundfutterversuchen (siehe 3. Mitteilung) ergab sich folgende Verdaulichkeit des Grundfutters, die nachher zur Auswertung der Differenzversuche benutzt wurde:

	Organ. Substanz V. K.	Roh-eiweiß V. K.	Rohfaser V. K.	Fett V. K.	N-freie Extr.st. V. K.	Verdaul. Energie kcal/g Tr.
Schwein 1	88,3	94,1	56,2	83,5	87,0	4,034
Schwein 2	88,7	94,4	54,5	81,7	88,3	4,088
Schwein 3	88,4	93,8	54,7	83,7	87,9	3,968
Schwein 4	89,2	94,9	57,2	83,4	88,2	4,058

Verdauungsversuch mit Haferkörnersilage

Tägliches Futter: 200 g Grundfuttermischung + 900 g Hafersilage, Versuchsverlauf glatt.

	Durchschnittliche tägliche Kotausscheidungen g frisch	g lufttrocken	Anfangsgewicht kg	Endgewicht kg
Schwein 1	492	195,3	63,1	63,4
Schwein 2	571	202,9	63,7	64,8
Schwein 3	460	205,8	69,1	70,0
Schwein 4	514	211,0	68,8	69,4

Analysen	Trockensubstanzgehalt	In % der Trockensubstanz Organ. Substanz	Roheiweiß	Rohfaser	Fett	N-freie Extr.st.
Grundfutter	90,58	90,10	43,49	5,76	5,30	35,35
Hafersilage	62,93	95,90	14,59	16,78	6,26	58,27
Kot 1	92,03	86,20	14,59	26,46	3,23	41,92
Kot 2	91,87	85,73	14,71	25,74	3,37	41,91
Kot 3	92,08	85,91	14,67	25,40	3,47	42,37
Kot 4	91,57	85,90	14,65	26,21	3,10	41,94

Haferkörnersilage	Verdauungskoeffizienten Organ. Subst.	Roheiweiß	Rohfaser	Fett	N-freie Extr. st.	Nährwert verdauliches Eiweiß %	Gesamtnährstoff %
Schwein 1	74,7	73,1	54,3	87,0	79,5		
Schwein 2	73,7	71,7	54,0	86,4	78,5		
Schwein 3	73,5	72,6	53,9	85,0	78,3		
Schwein 4	73,0	70,5	51,1	86,2	77,8		
Mittel	73,7	72,0	53,3	86,2	78,6	frisch 6,6	48,8
						i. Tr.S. 10,5	77,6

Verdauungsversuch mit Weizenkörnersilage

Tägliches Futter: 200 g Grundfuttermischung + 1000 g Weizensilage. Versuchsverlauf glatt.

	Durchschnittliche tägliche Kotausscheidungen g frisch	g lufttrocken	Anfangsgewicht kg	Endgewicht kg
Schwein 1	373	138,1	63,5	62,5
Schwein 2	457	139,0	65,0	64,7
Schwein 3	448	145,6	70,1	69,5
Schwein 4	458	146,4	70,4	70,4

Analysen	Trocken-substanz-gehalt	In % der Trockensubstanz Organ. Substanz	Roh-eiweiß	Rohfaser	Fett	N-freie Extr. st.
Grundfutter	89,96	90,10	43,49	5,76	5,30	35,55
Weizensilage	45,39	96,56	12,83	7,96	3,52	72,25
Kot 1	92,36	79,64	12,10	21,00	5,47	41,07
Kot 2	89,99	77,60	12,32	20,33	5,89	39,06
Kot 3	93,02	79,73	13,08	17,88	5,56	43,21
Kot 4	91,20	78,78	12,54	18,45	5,61	42,18

Weizen körner-silage	Verdauungskoeffizienten Organ. Subst.	Roh-eiweiß	Roh-faser	Fett	N-freie Extr.st.	Nährwert verdauliches Eiweiß %	Gesamt-nährstoff %
Schwein 1	80,8	80,3	38,4	63,9	86,4		
Schwein 2	81,7	80,4	41,4	61,3	87,3		
Schwein 3	79,7	78,3	44,8	57,8	84,7		
Schwein 4	79,8	77,9	43,4	60,1	85,1		
Mittel	80,5	79,2	42,0	60,8	85,4	frisch 4,6	36,3
						i. Tr.S. 10,2	80,0

Die Auswertung der Verdauungsversuche ergibt folgendes.

Material	Verdaulichkeit in % Org. Sbst.	rel.	Roh-eiw.	rel.	Roh-faser	rel.	N-freie Extr.st.	rel.	%-Gehalt i. Tr.S. verd. Eiweiß	rel.	GN	rel.
Hafer, mittel	68	100	83	100	10	100	76	100	10,3	100	72,7	100
Hafersilage	74	109	72	87	53	530	79	104	10,5	100	77,6	107
Weizen, mittel	90	100	90	100	27	100	93	100	11,8	100	90,6	100
Weizensilage	81	90	79	89	42	156	85	91	10,2	86	80,0	88

Diese Befunde sind im Falle der Haferkörnersilage etwas überraschend. Der Hafer hat an Nährwert durch die Silierung relativ gewonnen und zwar um fast 10% gegenüber normalem trocken ausgereiftem Hafer. Dies liegt eindeutig an einer beträchtlichen Verbesserung der Verdaulichkeit der Rohfaser (auf mehr als das fünffache) und einer geringen Erhöhung bei den N-freien Extraktstoffen, während die Eiweißverdaulichkeit sogar etwas zurückgegangen ist, was keine Überraschung bedeutet. Die Signifikanz der Resultate ist gegeben. Das zu prüfende Futter wurde in hohem Anteil an der Gesamtration neben geringen Mengen sehr rohfaserarmem Grundfutter verabreicht. Die Zahl der Versuchstiere (vier) war größer als üblich und die individuellen Resultate der Tiere stimmen hervorragend gut überein. Bei der Weizenkörnersilage ist dagegen ein allgemeiner Verdaulichkeitsrückgang um reichlich 10% eingetreten, dessen Signifikanz durch die gleichen Momente wie bei der Hafersilage gegeben ist. Bemerkenswert ist auch hier eine beträchtliche Erhöhung der Rohfaserverdaulichkeit, die allerdings bei dem sehr geringen Rohfasergehalt des Weizens praktisch nicht ins Gewicht fällt.

Zusammenfassung

Zur Beurteilung der Bestrebungen, feucht geerntetes und von Auswuchs bedrohtes Futtergetreide durch Einsäuern statt durch Trocknen zu konservieren, wurden eine Haferkörner- und eine Weizenkörnersilage in Stoffwechselversuchen mit Schweinen auf ihren Futterwert geprüft. Die dabei erhaltenen Resultate wurden mit aus gebräuchlichen Futterwerttabellen entnommenen Werten verglichen. Dabei ergab sich, daß die Haferkörnersilage besser verdaulich war als normale reife Haferkörner. Insbesondere lagen die Verdaulichkeit der Rohfaser und der N-freien Extraktstoffe nicht unbeträchtlich höher. Auf Trockensubstanz berechnet ergab sich damit ein um 7% höherer Gehalt an Gesamtnährstoff in der Haferkörnersilage gegenüber Hafer selbst. Für Weizen, der von Natur aus ärmer an Rohfaser und reicher an Nährstoffen ist als Hafer, ergaben sich andere Relationen. Hier lag, wieder auf Trockensubstanz berechnet, die Verdaulichkeit und damit der Nährwert der Weizenkörnersilage um 10–12% niedriger als bei normalem Weizen.

Резюме

С целью выяснения целесообразности силосования кормового зерна, убранного во влажном состоянии и подверженного таким образом опасности прорастания, – вместо того чтобы консервировать его сухим, – производилось исследование кормовой ценности силосованного зерна овса и пшеницы в опытах с обменом веществ у свиней. Полученные результаты сравнивали с данными, приведенными в таблицах ценности кормов. При этом выяснилось, что силосный корм из овсяных зерен переваривается лучше, чем нормальные созревшие зерна овса. В частности, у первого оказалась значительно выше переваримость сырого волокна и безазотистых экстрактивных веществ. При пересчете на сухое вещество получилось, что общее содержание питательных веществ в силосном корме из овсяного зерна было на 7% выше, чем в обычном овсяном зерне. Другие соотношения получились для зерна пшеницы, которое по своей природе беднее сырым волокном, но богаче питательными веществами, нежели овсяное зерно. Переваримость, а тем самым и питательная ценность силосового корма из зерна пшеницы оказалась при пересчете на сухое вещество на 10–12% ниже чем обычного зерна пшеницы.

Summary

For evaluating attempts to conserve moistly harvested feed grain which is subject to sprouting by ensilaging rather than drying, the feeding value of an oat grain silage and a wheat grain silage was tested in metabolic experiments on pigs. The results thus obtained were compared with values derived from commonly used tables of feeding values. As a result, oat grain silage was found to be more readily digestible than normal ripe oat grain. Particularly the digestibility of crude fibre and nitrogen-free extractives was considerably higher in the oat grain silage. Calculated on the basis of its dry substance the total nutrient content of the oat grain silage was 7% higher than that of ordinary oat grain. This relationship was found to be different in wheat which is naturally poorer in crude fibre but richer in nutritive substances. The digestibility and, hence, the nutritive value of wheat grain silage, again calculated on the basis of its content in dry substance, was lower (10% to 12%) than that of normal wheat.

Literaturverzeichnis

[1] Joris, A.: Mitt. DLG **6**, 166 (1962)
[2] Hellberg, A.: Svenska Svinavelsfören Tidskrift 149 (1958)
[3] Raman, B.: Norsk Landbruk **18**, 407 (1958)
[4] Orth, A., W. Kaufmann und G. Koch: Wirtschaftseig. Futter **8**, 127 (1962)

Eingegangen: 4. Mai 1964

Buchbesprechungen

Dr. Carlheinrich Engelmann: **Ernährung und Fütterung des Geflügels.** Erschienen im Neumann-Verlag Radebeul/Berlin, 162 Seiten, 17 × 24 cm Halbleinen, MDN 6,80.

Einleitend widmet der Autor einen umfangreichen Abschnitt den Fragen der Futterwahl und Futteraufnahme des Geflügels. Da der Autor auf diesem Gebiet seit Jahren selbst experimentell arbeitet, findet man hier auch eine vorzügliche Abhandlung über das Zusammenwirken der Sinne bei der Futterwahl. Alle übrigen Kapitel, von denen besonders diejenigen der Verdauung und des Stoffwechsels hervorgehoben werden sollen, entsprechen ebenfalls dem neuesten wissenschaftlichen Stand. Die sorgfältig zusammengetragene Originalliteratur wird als Quellennachweis aufgeführt (296 Literaturangaben mit Titel).

Für die praktische Geflügelhaltung dürften die Kapitel: Futterbedarf, Bewertung der Futtermischungen, Futtermittel als Nährstoffträger sowie die Fütterung von Hühnern, Puten, Enten, Gänsen und Tauben besonders wichtig sein.

Dem Autor ist es in diesen Abschnitten sehr gut gelungen, die vielen praktischen Hinweise mit den wissenschaftlichen Grundlagen und Erkenntnissen der modernen Tierernährungslehre richtig zu vereinen. Das abschließende Kapitel: „Die Fütterung als farb- und formbildender Faktor" ist nicht nur wissenschaftlich interessant, sondern dürfte auch den biologisch interessierten Praktiker ansprechen. Das vorliegende Buch kann sowohl allen praktischen Geflügelhaltern als auch den Einrichtungen der Verwaltung und Wissenschaft, die sich mit Fragen der Tierernährung oder der Geflügelwirtschaft beschäftigen, als gute Informationsquelle dienen.

H. Bergner

Dr. Martin Pankrath: **Wasserbedarf landwirtschaftlicher Nutztiere — Mengennormen.** – Erschienen im S. Hirzel Verlag, Leipzig C 1, Schuhmachergäßchen 1–3. 1. Auflage 1963, 99 Seiten mit 25 Diagrammen, 21 Tabellen und 2 Tafeln im Text. 8⁰, Hln., MDN 10,70.

Der Produktionsfaktor Wasser tritt immer stärker in das Blickfeld von Industrie und Landwirtschaft. Wenn bisher exakte wissenschaftliche Untersuchungen über den Wasserverbrauch landwirtschaftlicher Tierhaltungen weitgehend fehlten, so werden in der vorliegenden Schrift umfangreiche Untersuchungen des Autors zu diesem Fragenkomplex vorgelegt. Neben dem Tränkwasserbedarf für Rinder, Schweine, Schafe, Pferde und Hühner wird auch der Wasserverbrauch für Milchbehandlung, Biogasanlage, Schlachthaus und Gesamtbetrieb untersucht. Sehr wertvoll sind auch die Analysen hinsichtlich der Normbeeinflussung durch die Tränkart, die Fütterung, die Leistung, durch das Klima, durch die Haltungsweise und durch die Wartung und Pflege der Wasserversorgungsanlagen. Das Buch ist für alle Fragen des Wasserverbrauchs in der Tierhaltung eine gute Arbeitsgrundlage und darf allen entsprechenden Fachleuten in Forschung, Lehre und Praxis empfohlen werden.

H. Bergner

Physiologische und wirtschaftliche Leistungsgrenzen in der Tierzucht
14 Vorträge eines internationalen Symposions im Max-Planck-Institut für Tierzucht und Tierernährung in Mariensee vom 14. bis 17. Oktober 1963.
Herausgegeben von M. Witt. 315 Seiten mit 8 Kunstdrucktafeln. Englische Summaries. Steif broschiert, Preis DM 16,–. Bestellung über Institut.

International anerkannte Fachleute berichten über die neuesten Kenntnisse von der Leistungshöhe und Leistungsgrenze der landwirtschaftlichen Nutztiere. Dabei werden neben den physiologischen Grundlagen auch die Wirtschaftlichkeit und die betriebs- und marktwirtschaftlichen Gegebenheiten betrachtet. Als spezielle Themen sind weiter zu nennen:

Futteraufnahmevermögen und Zusammensetzung der Futterrationen in ihrem Einfluß auf optimale und maximale Leistungen bei Milchkühen; Futterverwertung bei unterschiedlichem Niveau von Mast- und Milchleistungen; Die Zuchtverfahren der Praxis, ihre Möglichkeiten und ihre Erfolge; Selektionsmethoden der modernen Leistungszucht; Beziehung zwischen Höchstleistungen und dem hormonalen System; Konstitution und Infektionskrankheit; Die Gesunderhaltung der Tiere bei erhöhten Leistungen; Bemerkungen zur Beurteilung der Leistungsfähigkeit von Pferden; Untersuchungen über die Zuchtleistung bei Sauen; Produktionsfähigkeit der in der ČSSR gehaltenen Rinderrassen; Über neue Betriebssysteme in der belgischen Schweinezucht.

Die vorliegende Schrift gibt einen ausgezeichneten Überblick über den heutigen Stand der internationalen Veredlungswirtschaft und dürfte deshalb nicht nur allen speziellen Fachleuten dienlich sein, sondern kann auch weiteren Kreisen, die der Tierzucht und Tierernährung nahe stehen, als moderne Informationsquelle bestens empfohlen werden.

H. Bergner

Zur Veröffentlichung werden angenommen:

Originalmanuskripte, die in anderen Zeitschriften noch nicht veröffentlicht worden sind und in gleicher Form auch nicht in anderen Zeitschriften erscheinen werden. Der Umfang soll höchstens 1 Druckbogen (16 Druckseiten) betragen. Bei umfangreicheren Manuskripten müssen besondere Vereinbarungen mit den Herstellern und dem Verlag getroffen werden.

Kurze Originalmitteilungen über wesentliche, neue Forschungsergebnisse. Umfang im allgemeinen höchstens eine Druckseite. Kurze Originalmitteilungen werden beschleunigt veröffentlicht.

Kritische Sammelberichte nach Vereinbarung mit den Herausgebern.

Manuskriptsendungen sind zu richten an Prof. Dr. HANS BERGNER, Institut für Tierernährungslehre der Landwirtschaftlich-Gärtnerischen Fakultät der Humboldt-Universität zu Berlin, 104 Berlin 4, Invalidenstraße 42. Die Verfasser werden gebeten, ihre Manuskripte zweizeilig mit Schreibmaschine geschrieben, druckfertig einzureichen. Das Institut, aus dem die Arbeit stammt, wird mit dem Namen der Autoren im Titel der Arbeit vermerkt. Wünscht der Autor eine andere Anschrift, so kann sie in einer Fußnote angegeben werden.

Am Schluß des Manuskripts soll der Autor seine Ergebnisse diskutieren und kurz zusammenfassen.

Im Manuskript sind Autorennamen rot zu unterstreichen. Kursivschrift bitten wir zu unterwellen. Kleindruck wird durch einen senkrechten roten Strich am Rand gekennzeichnet. Literaturangaben erfolgen im Text mit dem Namen des Autors und dem Jahr der Veröffentlichung, bei mehreren Arbeiten im gleichen Jahr zusätzlich mit a, b, c, usw. in der Reihenfolge, wie die Arbeiten im Literaturverzeichnis angeordnet sind, z. B. MEYER (1958 a). Im Literaturverzeichnis werden die Arbeiten, alphabetisch nach dem Namen des ersten Autors geordnet, in folgender Weise zitiert: Name, Vorname des Autors (bei Frauen ein Vorname ausgeschrieben), Zeitschrift, Band, Seitenzahl Jahreszahl.

Abbildungen sind auf das unbedingt Notwendige zu beschränken und dem Manuskript gesondert beizufügen. Hinweislinien, Buchstaben usw. sind nur mit Bleistift einzutragen. Bei Fotografien soll hierfür ein Deckblatt verwendet werden. Der Text zu den Abbildungen wird auf einem besonderen Blatt zusammengestellt.

Die Verfasser erhalten von ihren Beiträgen 50 Sonderdrucke kostenlos. Darüber hinaus können bis zu 100 Sonderdrucke gegen Berechnung bezogen werden. Wir bitten, Bestellungen bei Rückgabe der Korrekturfahnen zu übergeben.

Das Archiv für Tierernährung erscheint jährlich in einem Band zu sechs Heften. Herausgeber: Prof. Dr. habil. ANDREAS HOCK, Institut für Biochemie der Veterinärmedizinischen Fakultät der Humboldt-Universität zu Berlin, 104 Berlin 4, Reinhardtstraße 4 und Prof. Dr. habil. HANS BERGNER, Institut für Tierernährungslehre der Landwirtschaftlich-Gärtnerischen Fakultät der Humboldt-Universität zu Berlin, 104 Berlin 4, Invalidenstraße 42, Tel.: 420018. Verlag: Akademie-Verlag GmbH, 108 Berlin 8, Leipziger Straße 3-4, Tel.: 22 04 41, Telex-Nr. 011773 Postscheckkonto: Berlin 350 21. Bestellnummer dieses Heftes: 1010/15/1. Bezugspreis je Heft MDN 8,50 zuzüglich Porto und Versandkosten. Alle Rechte vorbehalten. Nachdruck, auch auszugsweise, ist nur mit Genehmigung des Verlages gestattet. Veröffentlicht unter der Lizenznummer 1274 des Presseamtes beim Vorsitzenden des Ministerrates der Deutschen Demokratischen Republik. Gesamtherstellung: IV/2/14 · VEB Werkdruck Gräfenhainichen.

ARCHIV FÜR TIERERNÄHRUNG

BEGRÜNDET VON

ERNST MANGOLD

HERAUSGEGEBEN VON

ANDREAS HOCK · HANS BERGNER

15. BAND

HEFT 2

AKADEMIE-VERLAG · BERLIN

INHALT

Institut für Tierernährung und Landw. Chemie der Universität Rostock
(Direktor em.: Prof. Dr. Dr. h. c. K. NEHRING)

S. POPPE

Über den Einfluß von Diäthylstilboestrol und anderer Wirkstoffe auf den Stoffwechsel männlicher Ratten[1]

4. Mitteilung

Einfluß von Diäthylstilboestrolgaben in Intervallen und steigenden Gaben

1. Einfluß steigender Diäthylstilboestrolgaben

Da die Versuchsanstellung in der 1. Mitteilung [1] behandelt wurde, kann auf eine Wiederholung verzichtet werden.

In diesem Versuch kamen DÄS-Gaben in Höhe von 1 mg, 2,5 mg und 5 mg/kg Futter zur Anwendung.

Die Tiere hatten zu Beginn der Wirkstoffverabreichung ein durchschnittliches Gewicht von 122 bis 123 g. Kontroll- und DÄS-Gruppe waren die gleichen wie im vorangegangenen Versuch mit Resedin (s. 3. Mitteilung). In der Tabelle 1 ist nun die Gewichtsentwicklung der einzelnen Gruppen dargestellt.

Tabelle 1

Gewichtsentwicklung

	Gewicht am Versuchsbeginn	Gewicht am Ende der Dekade				
		1 (Vorversuch)	2	3	4	5
Kontrolle	105,3	122,1	140,2	169,2	190,2	215,1
DÄS 1 mg	105,0	122,8	133,4	144,7	156,2	166,4
2,5 mg	105,5	123,7	131,4	139,0	147,8	155,1
5,0 mg	105,8	122,2	128,8	139,6	142,4	151,2

Aus dieser Tabelle ist ersichtlich, daß die höheren DÄS-Gaben das Wachstum der Tiere stärker beeinflussen als die 1 mg-DÄS-Gabe (pro kg Futter). Die 2,5 mg-Gruppe hatte um 27% niedrigere Zunahmen als die 1 mg-Gruppe ($P = < 0{,}001$). Bei der 5 mg-Gruppe wurden die Zunahmen sogar um 33% vermindert gegenüber der 1 mg-Gruppe ($P = < 0{,}001$). Dabei ist noch darauf hinzuweisen, daß diese Depressionen bereits in der 2. Dekade (1. Wirkstoffdekade) auftraten.

Wie bereits früher festgestellt wurde, stehen diese Gewichtsdepressionen in einem engen Zusammenhang mit einer verminderten Futteraufnahme. In der Tabelle 2 ist nun der Futterverzehr der einzelnen Gruppen zusammengefaßt.

[1] Dem Andenken meines hochverehrten Lehrers J. S. POPOW (Moskau)

Tabelle 2

Futteraufnahme pro Tier/Tag/g Tr.S.

	Dekade				
	1 (Vorversuch)	2	3	4	5
Kontrolle	9,91	10,81	12,62	13,52	14,41
DÄS 1 mg	9,91	10,01	10,35	10,97	10,62
2,5 mg	9,91	9,04	9,79	10,16	10,06
5,0 mg	9,91	8,76	9,38	9,75	10,02

In allen Dekaden ist eine deutliche Abstufung des Futterverzehrs in den einzelnen Gruppen festzustellen. Die Tendenz ist dabei, daß mit steigendem DÄS-Gehalt im Futter die Aufnahme des Futters vermindert wird. Bereits im ersten Versuch wurde festgestellt, daß es sich bei dieser Erscheinung keinesfalls um eine Geschmacksbeeinflussung handelt, sondern um eine tiefgehendere Beeinflussung des gesamten Stoffwechsels. Es ist allerdings auf Grund unserer Untersuchungen nicht möglich, eine Erklärung für diese Tatsache zu finden.

Eine Übersicht über die Ergebnisse der Gesamtbilanzen von N, Ca und P gibt die Tabelle 3 (s. auch Abb. 1–3).

Tabelle 3

	Kontrolle		1,0 mg DÄS		2,5 mg DÄS		5,0 mg DÄS	
	g	%	g	%	g	%	g	%
N-Bilanz								
N im Futter	13,561	100,0	11,040	100,0	10,330	100,0	10,009	100,0
im Kot	3,160	23,3	2,154	19,5	1,993	19,3	2,006	20,0
im Harn	6,466	47,7	6,662	60,3	6,541	63,3	6,230	62,2
retiniert	3,935	29,0	2,224	20,2	1,796	17,4	1,773	17,8
Ca-Bilanz								
Ca im Futter	5,291	100,0	4,309	100,0	4,041	100,0	3,918	100,0
im Kot	4,155	78,5	3,088	71,7	2,874	71,1	2,766	70,6
im Harn	0,141	2,7	0,191	4,4	0,239	5,9	0,188	4,8
retiniert	0,995	18,8	1,030	23,9	0,928	23,0	0,964	24,6
P-Bilanz								
P im Futter	4,727	100,0	3,848	100,0	3,611	100,0	3,501	100,0
im Kot	2,920	61,8	2,181	56,7	2,022	56,0	1,921	54,9
im Harn	1,003	21,2	0,965	25,1	0,932	25,8	0,902	25,7
retiniert	0,804	17,0	0,702	18,2	0,657	18,2	0,678	19,4

Durch DÄS wird die Verdaulichkeit des Stickstoffs gering erhöht. Die gesteigerten DÄS-Gaben verstärken diesen Effekt nicht. Gleichzeitig wird der Eiweißstoffwechsel durch DÄS in der Richtung eines intensiveren Abbaues von Eiweiß beeinflußt, was durch die erhöhte Harn-N-Ausscheidung deutlich wird.

Bei den höheren DÄS-Gaben wird diese Tendenz etwas verstärkt. Die N-Retention wird durch DÄS, wie bereits früher erwähnt, deutlich vermindert. Da die Unterschiede zwischen Kontrollgruppe und 1 mg-DÄS-Gruppe bereits in der 1. Mitteilung (1) ausführlich diskutiert wurden, sollen hier besonders die Unterschiede zwischen den einzelnen DÄS-Gruppen erläutert werden.

Hohe DÄS-Gaben (2,5 bis 5 mg/kg Futter) verstärken diesen Effekt noch. Die Unterschiede zwischen der 2,5-mg- und 5-mg-Gruppe zur 1-mg-DÄS-Gruppe sind statistisch mit $P = < 0,001$ gut gesichert. Zwischen der 2,5-mg- und 5,0-mg-Gruppe sind praktisch keine Unterschiede festzustellen. Offensichtlich können so hohe DÄS-Gaben über ein bestimmtes Maß hinaus keine intensivere Beeinflussung des N-Stoffwechsels hervorrufen.

Bei der Betrachtung der Ca-Bilanz ist zunächst festzustellen, daß zwischen den drei DÄS-Gruppen in der Kot- und Harn-Ca-Ausscheidung nur relativ geringfügige Unterschiede auftreten, die keine deutliche Tendenz erkennen lassen. Durch die 5-mg-Gabe von DÄS wird die Ca-Retention gegenüber der 1-mg-Gruppe erhöht ($P = < 0,05$). Grundsätzlich wird auch hier, wie bereits in den übrigen Versuchen, durch DÄS die Ca-Bilanz erhöht. Mit steigender DÄS-Gabe vermindert sich die P-Menge im Kot, gleichzeitig scheint sich der Harn-P etwas zu erhöhen. Die retinierte P-Menge ist bei der 1-mg- und 2,5-mg-Gruppe praktisch gleich. Bei der 5-mg-Gruppe wird etwas mehr P retiniert als bei allen anderen Gruppen ($P = < 0,001$).

Zur Ergänzung der bei den Bilanzuntersuchungen gemachten Aussagen sei auf die Schlachtkörperzusammensetzung hingewiesen.

Tabelle 4

Schlachtkörperzusammensetzung in %

	Wasser	Rohfett	Rohasche
Vor dem Versuch	72,79	3,29	—
Kontrolle	65,79	9,26	4,01
DÄS 1 mg	67,94	7,29	4,78
2,5 mg	67,65	7,21	5,02
5,0 mg	68,50	5,61	5,24

Aus dieser Tabelle ist ersichtlich, daß mit steigender DÄS-Gabe der Rohfettgehalt im Schlachtkörper vermindert wird. Allerdings ist der Unterschied zwischen der 1-mg- und 2,5-mg-Gruppe so gering, daß er statistisch nicht zu sichern ist. Durch die Gabe von 5 mg DÄS wird aber eine deutliche weitere Verminderung des Rohfettgehaltes erreicht ($P = < 0,001$). Die Verminderung des Rohfettgehaltes im Schlachtkörper ist begleitet von einer Erhöhung des Wassergehaltes im Schlachtkörper. Bereits bei der Besprechung der Mineralstoffbilanzen wurde auf die erhöhte Mineralstoffretention bei den hohen DÄS-Gaben hingewiesen. Der Rohaschegehalt der Schlachtkörper spiegelt diese Tendenzen gut wider. Mit steigender DÄS-Gabe erhöht sich relativ gleichmäßig der Mineralstoffgehalt des Schlachtkörpers. Die Unterschiede zwischen der 1-mg- und 5-mg-Gruppe sind mit $P = < 0,01$ noch gut gesichert.

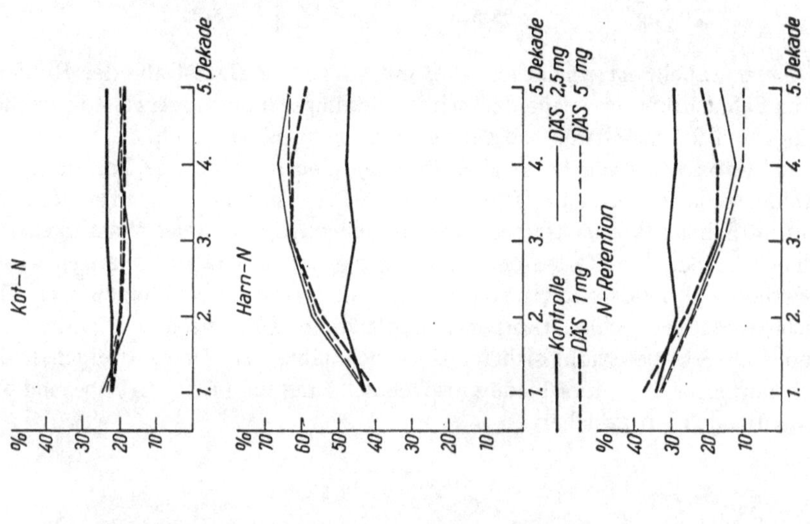

Abb. 1. N-Bilanz

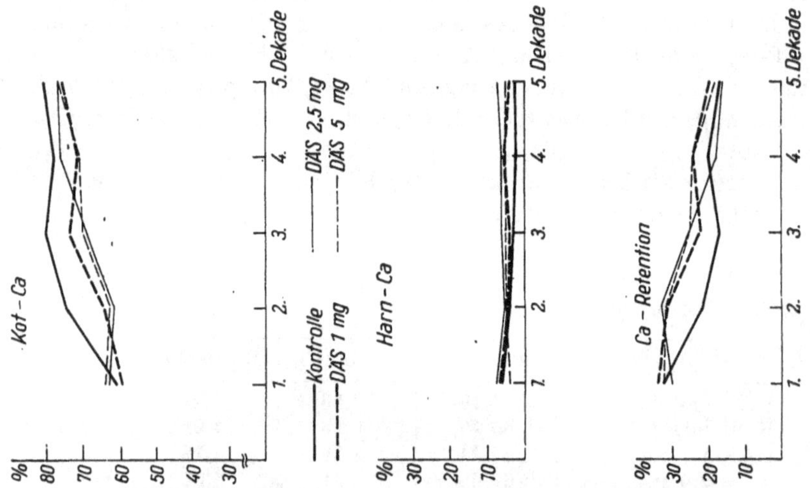

Abb. 2. Ca-Bilanz

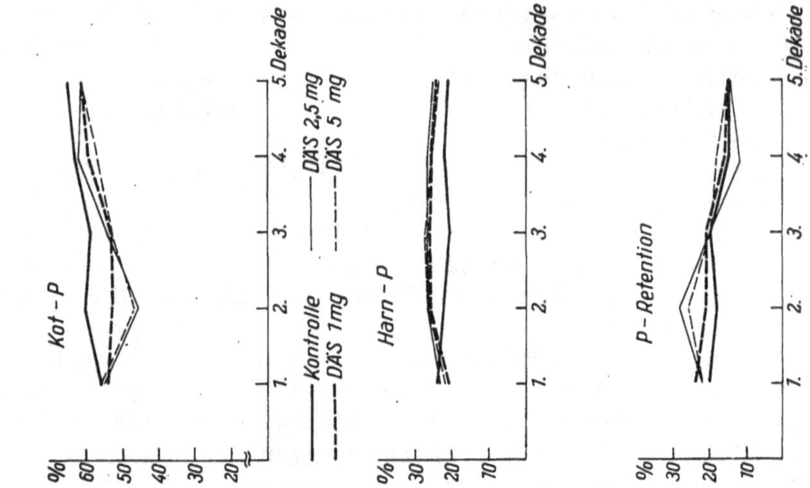

Abb. 3. P-Bilanz

Die Gewichte der inneren Organe sind in Tabelle 5 zusammengestellt.

Tabelle 5
Gewicht der inneren Organe in g

	Herz	Lungen	Leber	Nieren	Milz	Hoden	Nebennieren in mg	Hypophyse in mg
Kontrollschlachtung zu Beginn des Versuches								
	0,511	0,922	4,528	0,834	0,866	1,578	25,9	4,6
Kontrollschlachtung am Ende des Versuches								
Kontrolle	0,617	1,293	8,527	1,330	0,575	2,906	41,8	2,5
DÄS 1 mg	0,591	1,242	7,892	1,289	0,737	0,943	68,9	2,8
2,5 mg	0,575	1,068	6,600	1,171	0,660	0,563	77,9	5,9
5,0 mg	0,496	1,101	6,550	1,061	0,510	0,479	64,4	7,3
Kontrollschlachtung zu Beginn des Versuches (umgerechnet pro 100 g Lebendgewicht)								
	0,419	0,756	3,712	0,684	0,709	1,288	21,3	3,7
Kontrollschlachtung am Ende des Versuches (umgerechnet pro 100 g Lebendgewicht)								
Kontrolle	0,288	0,600	3,794	0,618	0,268	1,355	19,4	1,2
DÄS 1 mg	0,354	0,754	4,737	0,775	0,435	0,549	41,2	1,8
2,5 mg	0,373	0,687	4,279	0,757	0,440	0,365	49,9	3,8
5,0 mg	0,326	0,728	4,327	0,701	0,342	0,318	42,7	4,8

Die Hodengewichte werden durch die steigenden DÄS-Gaben weiter vermindert. Bei der hohen Gabe von 5 mg werden die Hodengewichte gegenüber der 2,5-mg-Gruppe nur noch geringfügig vermindert. Offensichtlich reicht bereits schon 1 mg DÄS pro kg Futter bei Ratten aus, um einen eindeutigen Kastrationseffekt zu erzielen. Die Nebennierengewichte werden durch die DÄS-Gaben eindeutig erhöht ($P = < 0{,}001$). Die Dosis 2,5 mg/kg Futter erhöht die Nebennierengewichte gegenüber der 1-mg-Gruppe noch signifikant ($P = < 0{,}05$). Bei der hohen Gabe von 5 mg DÄS werden ungefähr gleiche Nebennierengewichte wie bei der 1-mg-DÄS-Gruppe erreicht (alle Werte sind auf 100 g Lebendgewicht bezogen).

Weiterhin ist festzustellen, daß durch steigende DÄS-Gaben die Hypophysengewichte sowohl absolut als auch relativ erhöht werden. Alle die hier auftretenden Unterschiede zwischen den einzelnen Gruppen sind statistisch gut gesichert ($P = < 0{,}001$).

2. Einfluß von Diäthylstilboestrolgaben in Intervallen

Nachdem in den bereits beschriebenen Versuchen die Erscheinung einer gewissen Adaption der Tiere an Hormon- und Wirkstoffgaben festgestellt wurde, sollten in diesem Versuch Angaben erhalten werden, ob und wie schnell sich die

Ratten auf die Hormonfütterung bzw. von der Hormonfütterung wieder auf normale Fütterung umstellen können. Zu diesem Zweck verfütterten wir die in unseren Versuchen üblichen DÄS-Gaben von 1 mg/kg Futter in Intervallen von einer Dekade (+ — + —) bzw. von 2 Dekaden (+ +— —), (+) bedeutet dabei DÄS-Gabe und (—) bedeutet, daß die Tiere in dieser Dekade Normalfutter ohne DÄS erhielten.

Die Tiere hatten zu Beginn des eigentlichen Versuches (2. Dekade) ein durchschnittliches Lebendgewicht von 122 bis 123 g. Kontroll- und DÄS-Gruppe waren die gleichen wie in dem unter 6. beschriebenen Versuch. Die Gewichtsentwicklung der Versuchstiere ist in Tabelle 6 dargestellt.

Tabelle 6

Gewichtsentwicklung

	Gewicht am Versuchsbeginn	Gewicht am Ende der Dekade				
		1 (Vorversuch)	2	3	4	5
Kontrolle	105,3	122,1	141,2	169,2	190,2	215,1
DÄS (1 mg/kg)	105,0	122,8	133,4	144,7	156,2	166,4
DÄS + − + −	105,5	123,2	137,2	162,7	166,3	196,7
DÄS + + − −	105,7	123,5	133,5	143,8	173,4	201,8

Ganz allgemein muß zunächst festgestellt werden, daß beide Gruppen, die DÄS in Intervallen erhielten, insgesamt mit 73,4 g (+ — + —) und mit 78,3 g + + — —) bedeutend höhere Zunahmen zu verzeichnen hatten als die DÄS-Gruppe. Die Unterschiede dieser beiden Gruppen zur DÄS-Gruppe sind mit $P = < 0{,}001$ gesichert. Wichtig scheint bei den Intervallgruppen die Tendenz zu sein, den Wachstumsrückstand, der durch die DÄS-Verabfolgung eingetreten ist, in der nachfolgenden Periode schnell wieder aufzuholen. Besonders deutlich sichtbar ist dies bei der (+ — + —)-Gruppe in der 5. und bei der (+ + — —)-Gruppe in der 4. Dekade. In diesen Dekaden werden von diesen beiden Gruppen höhere, z. T. recht erheblich höhere Zunahmen als von der Kontrollgruppe erzielt.

Der Futterverzehr der Versuchstiere ist in der Tabelle 7 zusammengefaßt.

Tabelle 7

Futterverzehr pro Tier/Tag/g Tr.S.

	Dekade				
	1 (Vorversuch)	2	3	4	5
Kontrolle	9,91	10,81	12,62	13,52	14,41
DÄS	9,91	10,01	10,35	10,97	10,62
DÄS + − + −	9,91	9,77	12,62	10,17	14,42
DÄS + + − −	9,91	9,72	10,58	13,71	14,20

Die Intervallgruppen zeichnen sich dadurch aus, daß sie, wenn kein DÄS verabreicht wurde, ebensoviel Futter aufnahmen wie die Kontrolltiere. Während der Wirkstoffverabreichung dagegen nahmen sie etwa die gleiche Futtermenge auf wie die DÄS-Gruppe; allerdings ging der Futterverzehr der (+ — + —)-Gruppe bei der zweiten DÄS-Gabe erheblich unter das Niveau der DÄS-Gruppe zurück. Dies steht sehr eindeutig im Zusammenhang mit den stark verminderten Zunahmen dieser Gruppe in der 4. Dekade.

Die folgende Tabelle 8 vermittelt einen Überblick über die Gesamtbilanzen von N, Ca und P (s. auch Abb. 4–6).

Tabelle 8

	Kontrolle		DÄS		DÄS + – + –		DÄS + + – –	
	g	%	g	%	g	%	g	%
N-Bilanz								
N im Futter	13,561	100,0	11,040	100,0	12,409	100,0	12,727	100,0
im Kot	3,160	23,3	2,154	19,5	2,626	21,2	2,633	20,7
im Harn	6,466	47,7	6,662	60,3	6,327	51,0	6,521	51,2
retiniert	3,935	29,0	2,224	20,2	3,456	27,8	3,573	28,1
Ca-Bilanz								
Ca im Futter	5,291	100,0	4,309	100,0	4,841	100,0	4,967	100,0
im Kot	4,155	78,5	3,088	71,7	3,560	73,5	3,630	73,1
im Harn	0,141	2,7	0,191	4,4	0,136	2,8	0,158	3,2
retiniert	0,995	18,8	1,030	23,9	1,145	23,7	1,179	23,7
P-Bilanz								
P im Futter	4,727	100,0	3,848	100,0	4,324	100,0	4,436	100,0
im Kot	2,920	61,8	2,181	56,7	2,593	59,9	2,566	57,8
im Harn	1,003	21,2	0,965	25,1	0,912	21,1	0,922	20,8
retiniert	0,804	17,0	0,702	18,2	0,819	19,0	0,948	21,4

Durch die DÄS-Gaben wird die N-Retention bei allen drei Gruppen mehr oder weniger deutlich vermindert. Die stärkste Verminderung tritt naturgemäß bei der 1-mg-DÄS-Gruppe auf ($P = < 0{,}001$). Am schwächsten ist diese Tendenz bei beiden Intervallgruppen ausgeprägt. Hier können die Unterschiede zur Kontrollgruppe nur noch mit $P = < 0{,}05$ gesichert werden. Aus den Grafiken ist zu erkennen, daß es sich bei den Verschiebungen im N-Stoffwechsel bei den Intervallgruppen keinesfalls um gleichmäßige Entwicklungen handelt, sondern um einen ganz deutlich sichtbaren Einfluß des DÄS in den einzelnen Dekaden. Bei den Intervallgruppen ist die Tendenz festzustellen, während der DÄS-Dekaden den Stoffwechsel der DÄS-Gruppe anzugleichen. In den DÄS-freien Dekaden nähert sich jedoch der Stoffwechsel mehr dem der Kontrolltiere, wobei in der letzten Dekade in den Intervallgruppen sogar mehr N retiniert wird als von den Kontrolltieren.

Die Ca-Retention wird bei allen DÄS-Gruppen gegenüber der Kontrollgruppe signifikant erhöht ($P = < 0{,}001$). Die größten Schwankungen treten bei der Kot-

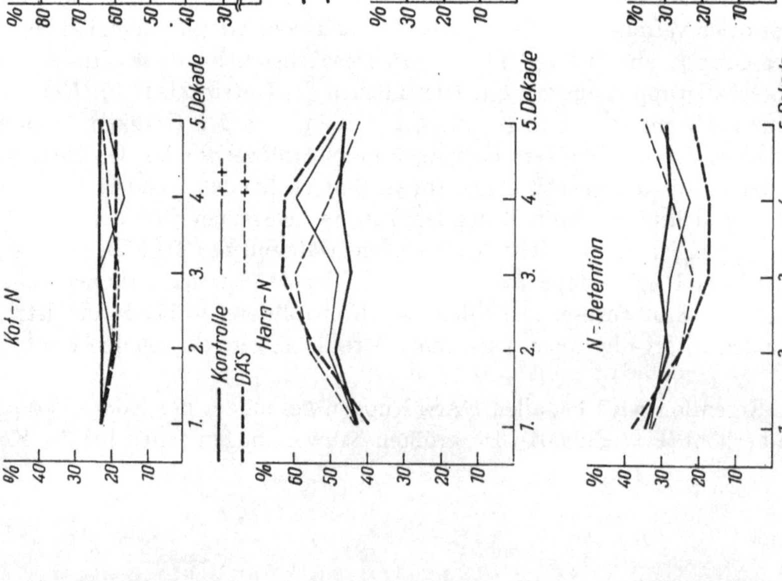

Abb. 4. N-Bilanz

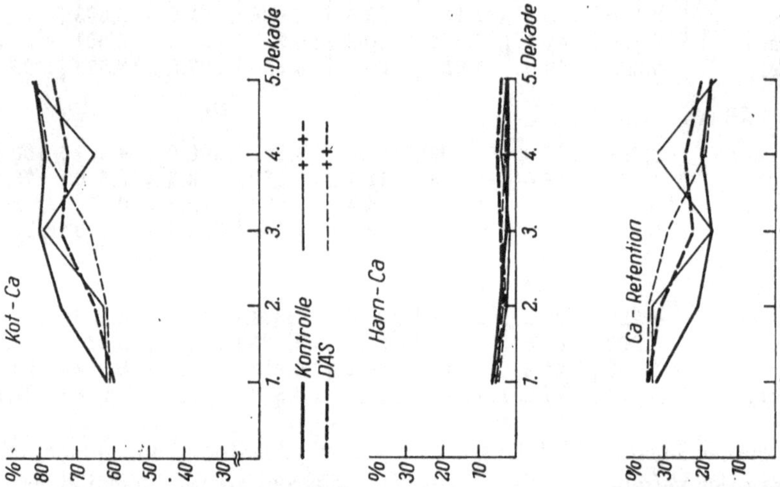

Abb. 5. Ca-Bilanz

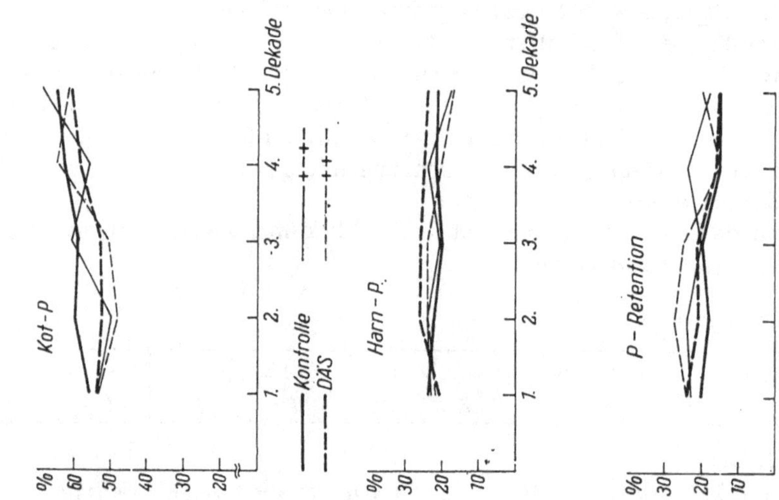

Abb. 6. P-Bilanz

ausscheidung des Ca in den einzelnen Dekaden auf. Die Harn-Ca-Ausscheidung bei allen vier Gruppen ist gleichmäßig niedrig. Für die Intervallgruppen gilt hier im wesentlichen das bei der N-Bilanz Erwähnte.

Weniger starken Schwankungen ist die P-Bilanz unterlegen. Bei allen DÄS-Gruppen wird die P-Retention signifikant erhöht ($P = < 0{,}001$). Eine besonders intensive Erhöhung der P-Retention ist bei der (+ + — —)-Gruppe festzustellen. Während der DÄS-Verabreichung lag diese Gruppe in der P-Retention bereits erheblich über den Werten der 1-mg-DÄS-Gruppe, so daß diese Erhöhung nicht unbedingt auf Kosten der wechselnden Verabreichung des Präparates zu buchen ist.

In der Tabelle 9 ist zur Ergänzung der Bilanzuntersuchungen die Schlachtkörperzusammensetzung dargestellt.

Tabelle 9

Schlachtkörperzusammensetzung in %

	Wasser	Rohfett	Rohasche
Vor dem Versuch	72,42	3,29	—
Kontrolle	65,79	9,26	4,01
DÄS	67,94	7,29	4,78
DÄS + − + −	67,11	8,48	4,44
DÄS + + − −	69,36	6,08	4,25

Durch die DÄS-Gaben wird der Wassergehalt in allen drei DÄS-Gruppen unterschiedlich erhöht und der Fettgehalt vermindert, wenn man mit der Kontrollgruppe vergleicht ($P = < 0{,}001$). Interessant ist dabei, daß die (+ — + —)-Gruppe den niedrigsten Wasser- und den höchsten Fettgehalt aller drei DÄS-Gruppen aufweist. Die (+ + — —)-Gruppe dagegen weist den höchsten Wassergehalt und den niedrigsten Fettgehalt auf, während die DÄS-Gruppe in der Mitte zwischen diesen beiden Gruppen steht. Die gleichen Ergebnisse sind beim Rohaschegehalt festzustellen. Diese Tatsache entspricht nicht ganz den Beobachtungen, die bei den Mineralstoffbilanzen gemacht wurden.

In der Tabelle 10 sind die Gewichte der inneren Organe zusammengestellt.

Die Hodengewichte werden bei allen DÄS-Gruppen vermindert. Bei der (+ — + —)-Gruppe ist die relative Verminderung der Hodengewichte am geringsten. Offensichtlich wird die Rückentwicklung der Hoden durch kurzfristiges Unterbrechen der DÄS-Gaben wenig forciert. Die (+ + — —)-Gruppe hat etwas leichtere Hoden als die (+ — + —)-Gruppe, sicherlich war durch die zwei Dekaden währende DÄS-Gabe die Rückentwicklung der Hoden weiter fortgeschritten als bei dem kurzfristigen Wechsel der DÄS-Gabe. Beide Intervallgruppen weisen aber ein bedeutend höheres Hodengewicht als die DÄS-Gruppe auf. Ähnlich liegen die Verhältnisse bei den Nebennieren, nur daß hier eine Erhöhung der Gewichte durch DÄS hervorgerufen wird. Am intensivsten ist hier die Gewichtserhöhung bei der 1-mg-Gruppe festzustellen, dann folgt die (+ — + +)-Gruppe und zuletzt die (+ +— —)-Gruppe.

Tabelle 10
Gewicht der inneren Organe in g

	Herz	Lungen	Leber	Nieren	Milz	Hoden	Nebennieren in mg	Hypophyse in mg
Kontrollschlachtung zu Beginn des Versuches								
	0,511	0,922	4,528	0,834	0,866	1,578	25,9	4,6
Kontrollschlachtung am Ende des Versuches								
Kontrolle	0,617	1,293	8,527	1,330	0,579	2,906	41,8	2,5
DÄS	0,591	1,252	7,892	1,289	0,737	0,943	68,9	2,8
DÄS + − + −	0,596	1,404	8,175	1,557	0,674	2,084	57,5	4,4
DÄS + + − −	0,636	1,380	5,993	1,204	0,634	1,830	50,2	7,4
Kontrollschlachtung zu Beginn des Versuches (umgerechnet pro 100 g Lebendgewicht)								
	0,419	0,756	3,712	0,684	0,709	1,288	21,9	3,7
Kontrollschlachtung am Ende des Versuches (umgerechnet pro 100 g Lebendgewicht)								
Kontrolle	0,288	0,600	3,794	0,618	0,268	1,355	19,4	1,2
DÄS	0,354	0,754	4,737	0,775	0,435	0,549	41,2	1,8
DÄS + − + −	0,303	0,713	4,166	0,797	0,341	1,066	29,5	2,3
DÄS + + − −	0,318	0,690	2,506	0,604	0,311	0,926	25,0	3,2

Die Hypophysengewichte stiegen systematisch von der Kontrollgruppe über die 1-mg-Gruppe, die (+ — + —)-Gruppe bis zur (+ + — —)-Gruppe an. Eine Erklärung für diese recht widersprüchlichen Tendenzen bei den inneren Organen kann auf Grund dieses Versuches nicht gegeben werden. Es ist offensichtlich an Hand dieser relativ kurz dauernden Untersuchungen nicht möglich, gründlichere Schlußfolgerungen zu ziehen, deshalb sollte im nächsten Versuch die gleiche Problematik in einem längeren Versuch über 10 Dekaden untersucht werden, um die vorhandenen Widersprüche besser deuten zu können.

3. Einfluß von Diäthylstilboestrolgaben in Intervallen über einen längeren Zeitraum

Bei der Besprechung des vorangegangenen Versuches wurde festgestellt, daß der Zeitraum von 4 Dekaden zu kurz gewesen ist, um gründlichere Schlußfolgerungen aus den erhaltenen Ergebnissen ziehen zu können. Deshalb wurde dieser Versuch wiederholt. Der Unterschied besteht lediglich in der Dauer des Versuches. Sie wurde auf 10 Dekaden ausgedehnt. Außerdem wurde noch eine 5. Gruppe in den Versuch mit aufgenommen, die 0,5 mg DÄS/kg Futter erhielt. Diese Gruppe sollte als Vergleich für die Intervallgruppen dienen, da diese ja die gleiche DÄS-Menge erhielten, nur in einer anderen zeitlichen Folge.

Die Versuchstiere hatten zu Beginn der Wirkstoffverabreichung (2. Dekade) ein durchschnittliches Lebendgewicht von 121 bis 123 g. In der Tabelle 11 ist die Gewichtsentwicklung aller Gruppen dargestellt.

Tabelle 11

Gewichtsentwicklung

	Gewicht am Versuchsbeginn	Gewicht am Ende der Dekade									
		1 (Vorversuch)	2	3	4	5	6	7	8	9	10
Kontrolle	104,4	121,6	147,6	178,8	196,2	210,7	223,1	233,2	241,0	249,7	253,3
DÄS 0,5 mg	107,2	121,3	129,8	147,2	154,6	163,2	171,2	180,0	188,0	197,2	203,8
DÄS 1,0 mg	106,6	121,4	132,3	143,6	155,3	165,5	171,8	179,9	186,5	193,3	199,1
DÄS + + – –	106,5	123,9	136,0 (+)	149,5 (+)	185,7 (–)	210,1 (–)	193,5 (+)	193,1 (+)	220,3 (–)	237,8 (–)	220,6 (+)
DÄS + – + –	106,1	121,3	133,4 (+)	173,1 (–)	168,1 (+)	197,1 (–)	186,1 (+)	212,1 (–)	193,5 (+)	225,8 (–)	212,1 (+)

Tabelle 12

Futterverzehr pro Tier/Tag/g Tr.S.

Dekade										
Kontrolle	9,20	11,49	14,33	14,17	14,46	14,72	14,79	14,81	14,59	14,13
DÄS 0,5 mg	9,20	11,13	13,85	10,32	10,72	11,31	11,45	11,92	11,98	12,41
DÄS 1,0 mg	9,20	10,85	9,76	10,03	10,89	11,29	11,25	11,46	11,12	11,87
DÄS + + – –	9,20	9,94 (+)	10,11 (+)	15,48 (–)	14,29 (–)	9,42 (+)	10,39 (+)	15,48 (–)	15,07 (–)	9,03 (+)
DÄS + – + –	9,20	10,53 (+)	14,21 (–)	9,68 (+)	15,40 (–)	9,70 (+)	15,50 (–)	8,88 (+)	15,09 (–)	8,83 (+)

Zunächst muß festgestellt werden, daß die 0,5-mg-Gruppe mit 81,7 g Zunahmen nur wenig höhere Zunahmen erreichte als die 1-mg-Gruppe mit 77,9 g. Beide Intervallgruppen erreichten höhere Gesamtzunahmen als die 0,5-mg-Gruppe (Unterschiede mit $P = < 0{,}001$ hoch gesichert). Wie in allen früheren Versuchen auch übertrafen die Kontrolltiere die DÄS-Tiere um ca. 70% in den Zunahmen. Diese summarische Einschätzung stimmt etwa mit den Angaben des oben beschriebenen Versuchs überein. Betrachtet man jedoch die Gewichtsentwicklung in den einzelnen Dekaden, so ergeben sich sehr interessante Feststellungen. Um eine bessere Übersicht zu gewinnen, wurden die Gewichtszunahmen der einzelnen Gruppen graphisch dargestellt (Abb. 7). Bei der Kontroll-

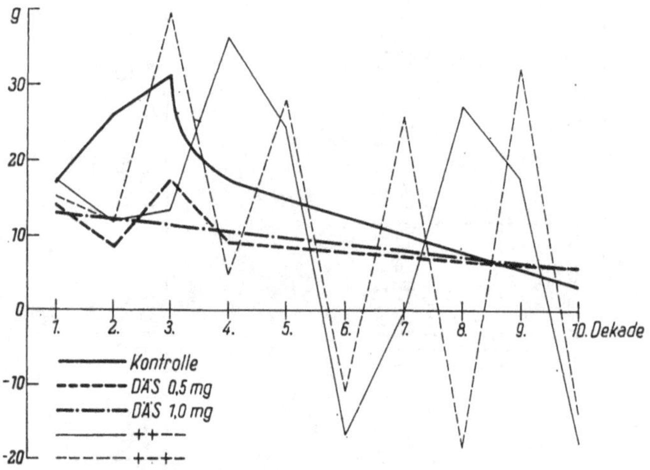

Abb. 7. Gewichtszunahmen pro Dekade in g

gruppe vermindern sich die Gewichtszunahmen systematisch von Dekade zu Dekade. Relativ gleichbleibende Zunahmen sind bei den beiden DÄS-Gruppen (0,5 und 1,0 mg) festzustellen. Bei den Intervallgruppen ist ein ständiges Auf und Ab über eine (+ — + —) oder aber über zwei (+ + — —)-Dekaden festzustellen. Dieses Auf und Ab verläuft in der 2. Hälfte des Versuches sogar unter dem Strich, das heißt, bei der DÄS-Gabe werden nicht nur niedrige Zunahmen, sondern sogar Gewichtsverluste festgestellt. Von der 5. Dekade bis zur 10. Dekade erhöhen beide Intervallgruppen ihr Lebendgewicht nur noch um 10 bzw. 15 g. Die Intervallgruppen erreichten in der 2. Hälfte des Versuches in den DÄS-freien Perioden bedeutend höhere Zunahmen als die Kontrolltiere, aber diesen hohen Zunahmen stehen recht erhebliche Abnahmen in den DÄS-Perioden gegenüber.

Diese Ergebnisse deuten darauf hin, daß sich die Ratten außerordentlich schnell an die Hormonzufuhr oder den Wegfall des Hormons gewöhnen. Bei der (+ + — —)-Gruppe ist angedeutet, daß jeweils in der 2. Dekade der Wirkstoffgabe oder der wirkstofffreien Periode sich die Zu- bzw. Abnahmen auszugleichen beginnen.

In der Tabelle 12 ist der Futterverzehr der einzelnen Gruppen in den Dekaden dargestellt.

Im wesentlichen ergibt sich ein enger Zusammenhang zwischen Gewichtsentwicklung und Futterverzehr. Wie bereits im vorigen Versuch nahmen die Intervallgruppen während der DÄS-Verabreichung etwa soviel Futter auf wie die DÄS-Gruppen und während der DÄS-freien Perioden näherte sich die Futteraufnahme etwa der Kontrollgruppe. Hervorzuheben ist besonders in der 2. Hälfte des Versuches, daß die Intervallgruppen in den DÄS-freien Perioden sogar mehr Futter aufnahmen als die Kontrolltiere. In den DÄS-Perioden jedoch nahmen sie oft weniger als die 1-mg-Gruppe auf. Interessant ist noch ein Vergleich zwischen der 0,5-mg- und 1-mg-Gruppe. Hinsichtlich der Zunahmen unterscheiden sich beide Gruppen insgesamt um 4 g. Der durchschnittliche Futterverzehr der 1-mg-Gruppe für die 2. bis 10. Dekade betrug 10,92 g TrS, für die 0,5-mg-Gruppe lag der entsprechende Wert bei 11,67 g TrS. Es wurden also bei der 0,5-mg-Gruppe während dieser 9 Dekaden ca. 65 g mehr Futter aufgenommen und dafür 4 g Mehrzuwachs erzeugt.

Die Tabelle 13 vermittelt einen Überblick über die Gesamtergebnisse der N-, Ca- und P-Bilanzen während der 2. bis 10. Versuchsdekade (s. auch Abb. 8–10).

Bei allen vier DÄS-Gruppen wird durch den Wirkstoff die N-Retention im Vergleich zur Kontrollgruppe signifikant vermindert ($P = < 0{,}001$).

Die stärkste Verminderung ist bei der 1-mg-Gruppe festzustellen. Die 0,5-mg-Gruppe und die (+ + — —)-Gruppe liegen gleich hoch in der N-Retention, aber ca. 10% niedriger als die Kontrollgruppe. Zwischen der 0,5-mg-Gruppe liegt die (+ — + —)-Gruppe.

Betrachtet man die N-Bilanz in den einzelnen Dekaden, so ergibt sich für die Intervallgruppen wiederum die bereits erwähnte unmittelbare Reaktion auf den Wirkstoff. Besonders nach der 5. Dekade ist festzustellen, daß in den DÄS-freien Perioden von diesen Gruppen, vor allem von der (+ + — —)-Gruppe, wesentlich höhere N-Retentionen erreicht werden als von der Kontrollgruppe. Während der DÄS-Perioden sank die N-Retention jedoch erheblich unter das Niveau der DÄS-Gruppen.

Charakteristisch ist, daß diese Schwankungen in der N-Retention durch die starken Schwankungen in der Harn-N-Ausscheidung verursacht werden. Es handelt sich hierbei also um tiefgreifende Veränderungen im Eiweißstoffwechsel.

Die Ca-Retention wird durch DÄS-Gaben bei allen Gruppen mehr oder weniger deutlich erhöht. Die relativ stärkste Ca-Retention ist bei der 0,5-mg-Gruppe zu beobachten. Die beiden Intervallgruppen liegen mit der Kontrollgruppe fast auf gleicher Höhe. Während bei der N-Bilanz die Schwankungen bei den Intervallgruppen in den einzelnen Dekaden durch die Harn-N-Ausscheidung hervorgerufen wurden, sind bei der Ca-Bilanz in erster Linie die wechselnden Kot-Ca-Mengen dafür verantwortlich zu machen. Diese Tendenz geht recht eindeutig aus den graphischen Darstellungen hervor (Abb. 8 und 9).

Das für die Ca-Bilanz Gesagte trifft in vollem Umfang auch für die P-Bilanz zu. Eine Einschränkung ist nur notwendig hinsichtlich der Unterschiede zwischen den Gruppen, diese sind hierbei geringer und zum Teil statistisch nicht mehr zu

Tabelle 13

	Kontrolle		0,5 mg DÄS		1,0 mg DÄS		1,0 mg DÄS + + − −		1,0 mg DÄS + − + −	
	g	%	g	%	g	%	g	%	g	%
N-Bilanz										
N im Futter	34,426	100,00	28,343	100,00	26,574	100,00	29,807	100,00	29,066	100,00
im Kot	8,011	23,27	5,166	18,23	5,389	20,28	6,523	21,89	6,258	21,53
im Harn	18,750	54,47	17,511	61,78	16,553	62,29	17,323	58,11	17,434	59,98
retiniert	7,665	22,26	5,666	19,99	4,632	17,43	5,961	20,00	5,374	18,49
Ca-Bilanz										
Ca im Futter	12,367	100,00	10,203	100,00	9,543	100,00	10,573	100,00	10,458	100,00
im Kot	8,910	72,04	6,749	64,14	6,668	69,87	7,526	71,18	7,520	71,91
im Harn	0,379	3,07	0,483	4,73	0,340	3,57	0,322	3,05	0,256	2,45
retiniert	3,078	24,89	2,971	29,13	2,535	26,56	2,725	25,77	2,682	25,64
P-Bilanz										
P im Futter	11,982	100,00	9,867	100,00	9,237	100,00	10,282	100,00	10,134	100,00
im Kot	6,823	56,94	5,157	52,26	4,910	53,13	5,766	56,07	5,677	56,02
im Harn	3,102	25,90	2,767	28,04	2,630	28,51	2,776	27,01	2,695	26,60
retiniert	2,057	17,16	1,943	19,70	1,697	18,36	1,740	16,92	1,762	17,38

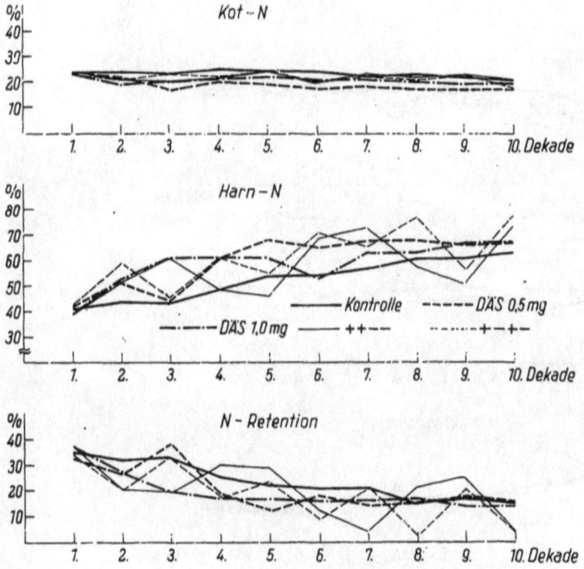

Abb. 8. N-Bilanz

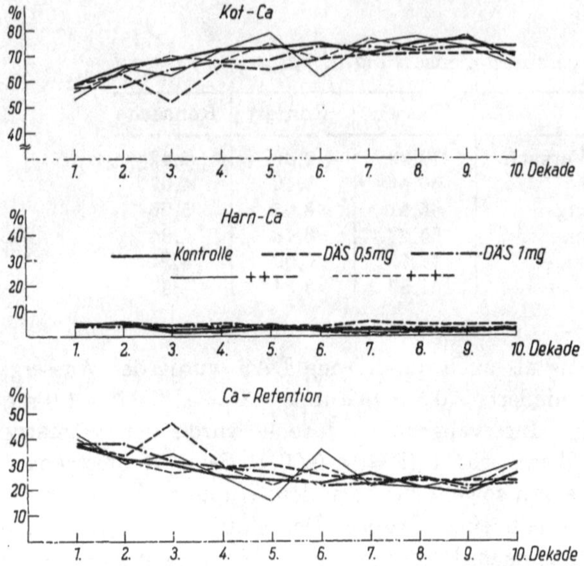

Abb. 9. Ca-Bilanz

sichern. So haben beispielsweise die Intervallgruppen und die Kontrollgruppe etwa eine gleich hohe relative P-Retention zu verzeichnen. Lediglich die Unterschiede zwischen der 0,5-mg- und 1-mg-Gruppe zur Kontrollgruppe sind mit $P = < 0{,}001$ gesichert. In der Tabelle 14 sind zur Ergänzung der bisher angeführten Werte die Ergebnisse der chemischen Analyse der Schlachtkörper zusammengefaßt.

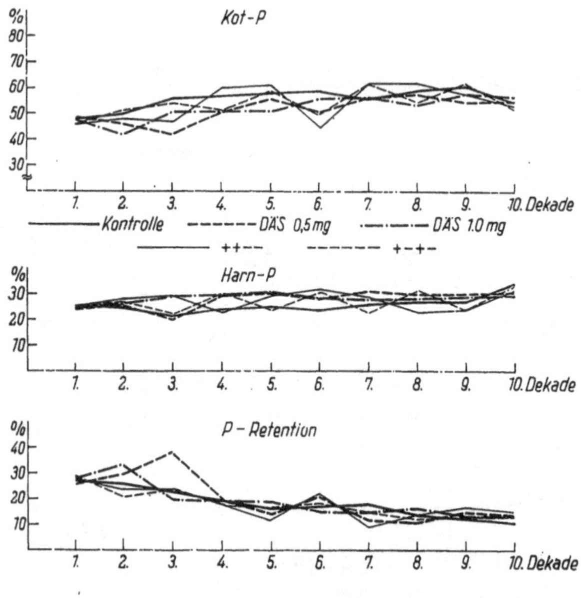

Abb. 10. P-Bilanz

Tabelle 14

Schlachtkörperzusammensetzung in %

	Wasser	Rohfett	Rohasche
vor dem Versuch	72,23	2,89	4,42
Kontrolle	66,41	7,40	4,07
DÄS 0,5 mg	65,41	8,05	5,06
DÄS 1,0 mg	65,23	6,46	4,84
DÄS + + − −	74,19	6,09	3,94
DÄS + − + −	67,90	8,34	4,87

Sowohl durch 0,5 mg als auch durch 1 mg DÄS wurde der Wassergehalt im Schlachtkörper vermindert (0,5-mg-Gruppe $P = < 0{,}05$; 1,0-mg-Gruppe $P = < 0{,}01$). Bei den Intervallgruppen jedoch wurde der Wassergehalt im Schlachtkörper signifikant erhöht ($P = < 0{,}001$). Beim Rohfettgehalt ergeben sich erhebliche Differenzen sowohl zwischen den Gruppen als auch zwischen den einzelnen Tieren innerhalb einer Gruppe. Der Unterschied zwischen Kontrollgruppe und 0,5-mg-Gruppe im Rohfettgehalt wird im wesentlichen durch ein Tier verursacht und ist statistisch nicht gesichert. Die 1-mg-Gruppe und die (+ + — —)-Gruppe haben einen signifikant niedrigeren Rohfettgehalt im Schlachtkörper aufzuweisen als die Kontrollgruppe. (Die 0,5-mg-Gruppe hat also einen bedeutend höheren Rohfettgehalt aufzuweisen als die 1-mg-Gruppe, womit im gewissen Umfang der erhöhte Futterverbrauch dieser Gruppe zu erklären ist.) Die (+ — + —)-Gruppe hingegen besitzt den höchsten Rohfettgehalt. Ähnliche Tendenzen wurden bereits im vorherigen Versuch beobachtet.

Der höchste Aschegehalt ist bei der 0,5-mg-Gruppe zu finden, diese Gruppe hatte bei den Mineralstoffbilanzen auch die höchste Retention zu verzeichnen. Signifikant niedriger liegen die 1-mg-Gruppe und die (+ — + —)-Gruppe. Am niedrigsten liegen schließlich die Kontroll- und die (+ + — —)-Gruppe im Rohaschegehalt. Diese Angaben stimmen ungefähr mit den Mineralstoffbilanzen überein.

Zum Abschluß sei noch auf die Gewichte der inneren Organe verwiesen, wie sie in Tabelle 15 zusammengefaßt sind.

Tabelle 15

Gewicht der inneren Organe in g

	Herz	Lungen	Leber	Nieren	Milz	Hoden	Neben nieren in mg	Hypophyse in mg
Kontrollschlachtung zu Beginn des Versuches								
	0,488	1,120	5,233	0,969	0,823	2,158	47,9	5,1
Kontrollschlachtung am Ende des Versuches								
Kontrolle	0,864	2,223	9,171	1,710	0,695	4,052	50,2	4,2
DÄS 0,5 mg	0,769	1,791	9,334	1,412	0,908	0,605	74,6	6,2
DÄS 1,0 mg	0,764	1,791	9,327	1,333	0,815	0,399	68,4	6,1
DÄS + + — —	0,737	1,680	9,042	1,876	0,751	1,683	66,2	5,6
DÄS + — + —	0,717	1,964	9,225	1,483	0,964	1,682	67,0	5,0
Kontrollschlachtung zu Beginn des Versuches (umgerechnet pro 100 g Lebendgewicht)								
	0,404	0,924	4,312	0,801	0,675	1,799	39,3	4,2
Kontrollschlachtung am Ende des Versuches (umgerechnet pro 100 g Lebendgewicht)								
Kontrolle	0,334	0,873	3,542	0,663	0,271	1,562	19,6	1,6
DÄS 0,5 mg	0,379	0,884	4,593	0,697	0,445	0,296	36,7	3,0
DÄS 1,0 mg	0,392	0,936	4,904	0,680	0,416	0,235	38,8	3,1
DÄS + + — —	0,335	0,765	4,096	0,772	0,343	0,768	30,2	2,5
DÄS + — + —	0,338	0,927	4,333	0,699	0,449	0,784	31,0	2,4

Die Hodengewichte werden durch DÄS wie in allen anderen bereits beschriebenen Versuchen stark vermindert. Dabei ist interessant, daß die Rückentwicklung der Hoden durch die längere Versuchsdauer erheblich weiter fortgeschritten ist als in den anderen Versuchen. Die höchste Wirkstoffbasis von 1 mg wirkte sich naturgemäß stärker aus als die 0,5 mg Dosis. Die relativen Hodengewichte der Intervallgruppen sind etwa um 50% niedriger als die der Kontrolltiere, aber etwa dreimal höher als die der 1,0-mg- und 0,5-mg-Gruppe. Wesentliche Unterschiede zwischen den beiden Intervallgruppen konnten nicht ermittelt werden.

Die Nebennierengewichte sind bei allen DÄS-Gruppen signifikant gegenüber der Kontrollgruppe erhöht. Dabei ist die Tendenz feststellbar, daß bei den Intervallgruppen die Nebennierengewichte niedriger als bei der 1-mg- und 0,5-mg-Gruppe aber höher als bei der Kontrollgruppe liegen. Im Vergleich zum vorher beschriebenen Versuch sind diese Unterschiede zwischen den DÄS-Gruppen aber geringer. Ähnlich wie die Nebennierengewichte werden auch die Hypophysengewichte beeinflußt. Im vorigen Versuch über 5 Dekaden wurde eine andere Tendenz beobachtet, die dort nicht erklärt werden konnte. Bei der längeren Versuchsdauer haben sich diese „Widersprüche" nicht ergeben. Die niedrigsten Hypophysengewichte wurden bei den Kontrolltieren gefunden, etwas erhöhte Hypophysengewichte sind bei den Intervallgruppen zu finden und schließlich waren die höchsten Hypophysengewichte bei den beiden DÄS-Gruppen (0,5 und 1 mg) vorhanden. Offenbar wird durch den Wechsel von DÄS-Futter und Normalfutter der Effekt des DÄS vermindert.

4. Zusammenfassende Diskussion (1. bis 4. Mitteilung)

In neun Bilanzversuchen mit Ratten sollten Angaben über den möglichen Wirkungsmechanismus des DÄS bei diesen Tieren gewonnen werden. Neben dem DÄS kamen noch andere Wirkstoffe und Hormone zur Untersuchung. Die Wirkung des DÄS auf den Organismus der Ratten läßt sich folgendermaßen zusammenfassen:

1. DÄS ruft bei Ratten eine außerordentlich starke Verminderung der Futteraufnahme hervor, damit steht in engem Zusammenhang eine erhebliche Verlangsamung des Wachstums.
2. Der Eiweißstoffwechsel wird durch DÄS stark beeinflußt. Die N-Harnexkretion wird sehr stark erhöht, wodurch die Retention des Stickstoffes deutlich vermindert wird. Die Verdaulichkeit des N wird leicht verbessert. Diese Verschiebungen im N-Stoffwechsel deuten auf eine erhöhte Desaminierung von Eiweißbausteinen hin. Dadurch wird Energie gewonnen, die entweder für eine verstärkte Fettsynthese oder aber zur Deckung des Energiebedarfs benutzt wird.
3. Der Mineralstoffwechsel wird durch DÄS in Richtung einer Erhöhung der Retention beeinflußt, das trifft besonders für den P-Stoffwechsel zu. Diese erhöhte Mineralstoffretention findet ihre Bestätigung in einer Erhöhung des Gehaltes an Rohasche im Schlachtkörper.
4. Die Hodenentwicklung wird durch DÄS fast völlig gehemmt und sogar rückläufig beeinflußt.
5. Die Gewichte der Nebennieren und Hypophysen werden in allen Versuchen durch DÄS-Applikation erhöht.

Diese Feststellungen konnten in allen Versuchsreihen bestätigt werden. Eine Ausnahme bildet lediglich der Fettgehalt des Schlachtkörpers der DÄS-Tiere. In einigen Versuchsreihen wurde derselbe erhöht, in anderen dagegen im Vergleich zu den Kontrolltieren vermindert. Die Versuchsreihe mit steigenden DÄS-Gaben zeigt, daß bei höheren DÄS-Mengen der Fettgehalt des Schlachtkörpers signifikant vermindert wird. Im letzten Versuch konnte gezeigt werden, daß bei DÄS-Gaben von 0,5 mg/kg Futter der Fettgehalt im Schlachtkörper steigt, bei Gaben von 1 mg aber absinkt. Eine Erklärung dieser Befunde ist nur dahingehend möglich, daß bei niedrigen DÄS-Gaben eine Senkung, bei höheren Gaben jedoch eine Erhöhung des Grundumsatzes auftritt. Die Unterschiede zwischen den verschiedenen Versuchstieren lassen sich unserer Meinung nach durch gewisse individuelle Verschiedenheiten der Tiere hinsichtlich der Reaktion auf DÄS erklären.

Die Regulierung oder die Beeinflussung des Grundumsatzes erfolgt hauptsächlich über die Tätigkeit der Schilddrüse. Eine Fütterung von Thyroxin verursachte bei Ratten eine Verminderung des Fettgehaltes des Schlachtkörpers, offenbar durch eine Erhöhung des Grundumsatzes. Bei der Verabfolgung eines Schilddrüseninhibitors (MTU) erfolgte offensichtlich eine Verminderung des Grundumsatzes, mit der eine Erhöhung des Rohfettgehaltes im Schlachtkörper einherschritt. Gleichzeitig verminderte sich der Rohaschegehalt im Schlachtkörper bei Thyroxin-Zufuhr, während er bei MTU-Applikation erhöht wird.

Bei der Kombination dieser Wirkstoffe mit DÄS ergibt sich für Thyroxin eine deutliche Addition der Effekte beider Wirkstoffe auf das Rohfett, während der Rohaschegehalt deutlich gegenüber der Kontrollgruppe erhöht (DÄS-Wirkung) aber gegenüber der DÄS-Gruppe vermindert wird (Thyroxinwirkung). Bei der MTU-Kombination überwiegt der Einfluß des DÄS, wodurch der Rohfettgehalt vermindert wird. Aus diesen Tatsachen muß man zu der Schlußfolgerung gelangen, daß DÄS auch über das System der Schilddrüse auf den Stoffwechsel der Tiere einwirken muß. Außer Thyroxin und MTU wurden noch die HVL-Präparate Prednison, Terramycin und Reserpin untersucht. Die dabei aufgetretenen Effekte wurden bereits bei der Beschreibung der einzelnen Versuche diskutiert, so daß auf eine Wiederholung verzichtet werden kann. Zusammenfassend sei hier nur vermerkt, daß keiner dieser Wirkstoffe eine gleiche Wirkung wie DÄS hatte. Einige Wirkstoffe verstärkten oder verminderten diesen oder jenen Effekt des DÄS.

In den beiden letzten Versuchen wurde DÄS in Intervallen von 10 bzw. 20 Tagen verabfolgt. Es konnte gezeigt werden, daß sich die Ratten außerordentlich schnell der DÄS-Gabe anpassen, bzw. sich nach der DÄS-Applikation wieder sehr schnell auf die Normaldiät umstellen können. Eine interessante Erscheinung ist dabei das Bemühen der Tiere, die Gewichtsminderung oder Wachstumshemmung, die durch das DÄS verursacht wird, in den folgenden Perioden wieder aufzuholen.

Insgesamt kann auf Grund der hier beschriebenen Ergebnisse folgendes Bild über die Wirkungsweise des DÄS auf den tierischen Organismus entworfen werden:

1. DÄS scheint die Tätigkeit der Hypophyse, speziell des Hypophysenvorderlappens zu stimulieren. Da aber Sexualhormone und Gonadotropin Gegenspieler sind, kommt es zu einer verminderten Gonadotropinausschüttung, die wiederum zu einer Hemmung der Hodenentwicklung führt (Kastrationseffekt).
2. Gleichzeitig wird durch die Stimulierung des HVL die ACTH-Ausschüttung vermehrt und die Tätigkeit der Nebennieren aktiviert. Diese erhöhte Aktivität der Nebennieren wirkt wiederum durch die Bildung der verschiedenen Corticosteroide auf den Stoffwechsel ein.

3. Durch die Aktivierung des HVL kommt auch eine Beeinflussung der Produktion von TSH (Thyreotropin) zustande. Das TSH wiederum stimuliert oder hemmt die Thyroxinproduktion der Schilddrüse.
4. Schließlich kann durch eine Stimulierung des HVL auch die STH (Somatotropin)-Produktion gesteigert werden.
5. Es kann ein direktes Eingreifen der Sexualhormone in bestimmte Stoffwechselprozesse stattfinden.

Aus dieser Aufstellung ist ersichtlich, daß es sich hier um einen sehr komplexen Eingriff des DÄS in den Stoffwechsel handelt, wobei sicherlich starke Unterschiede zwischen den verschiedenen Tierarten bestehen. Wahrscheinlich sind damit noch keinesfalls alle Seiten der Wirkungsweise dieses Hormons erfaßt.

Zusammenfassung

Es wird über drei Versuchsserien mit steigenden DÄS-Gaben und DÄS-Verabreichung in Intervallen berichtet. In einer zusammenfassenden Diskussion über alle in den vier Mitteilungen dargelegten Versuchsergebnisse wird die Ansicht erhärtet, daß die Wirkung des DÄS über einen sehr komplexen Eingriff in den Stoffwechsel erfolgt. Dieser Eingriff wird über das endokrine System (Hypophyse, Nebennieren, Schilddrüse) aber auch direkt realisiert.

Резюме

В работе излагаются результаты трех серий опытов с возрастающими дачами диэтилбэстроля (ДЭС), а также с дачами ДЭС при известных интервалах во времени. При рассмотрении результатов опытов, изложенных в четырех сообщениях, подтверждается то мнение, что действие ДЭС вызывается весьма сложным вмешательством его в обмен веществ. Это вмешательство происходит через эндокринную систему (гипофиза, надпочечные железы, щитовидная железа), но оно происходит также и непосредственно.

Summary

The present paper gives a report on 3 series of experiments in which diethylstilbestrol was either given in increasing amounts or administered at various intervals. In a discussion summarizing all experimental results communicated in 4 successive articles the author substantiates the idea that the activity of diethylstilbestrol is accomplished by a most complex action on metabolic processes. Additionally, diethylstilbestrol exerts a direct action by way of the endocrinal glandular system (pituitary gland, suprarenal glands, thyroid gland.

Literaturverzeichnis

[1] Poppe, S.: Arch. f. Tierernährung **14**, 345 (1964)

Eingegangen: 25. 4. 1964

Aus dem Oskar-Kellner-Institut für Tierernährung Rostock der Deutschen Akademie der Landwirtschaftswissenschaften zu Berlin
(emer. Direktor: Prof. Dr. Dr. h. c. K. Nehring)

R. Schiemann, U. Zelck und K. Nehring

Über die Zusammensetzung des Harns an organischen Inhaltsstoffen bei Rindern, Schafen und Schweinen

3. Mitteilung

Der Einfluß hoher Kohlenhydratzulagen (Saccharose, Cellulose) auf die Ausscheidung an den einzelnen organischen Harninhaltsstoffen bei Rindern und Schafen

1. Einleitung

In den vorangegangenen Mitteilungen wurde über die Analytik [1] und deren Anwendung im Tierversuch bei Verfütterung gemischter Rationen [2] berichtet. Im folgenden sollen Untersuchungen über den Einfluß hoher Kohlenhydratzulagen (Saccharose, Cellulose) auf die Zusammensetzung der organischen Harninhaltsstoffe bei Rindern und Schafen besprochen werden. Diese Untersuchungen wurden im Zusammenhang mit Gesamtstoffwechselversuchen zur Bewertung der Futterstoffe an unserem Institut durchgeführt.

2. Material und Methoden

Hinsichtlich der benutzten Analysenmethoden kann auf die 1. Mitteilung verwiesen werden [1]. Im einzelnen wurden bestimmt: Harnstoff, präformiertes Ammoniak, Allantoin, Harnsäure, Kreatin und Kreatinin, Hippursäure, phenolische Verbindungen und Kohlenhydrate. Als Versuchstiere dienten ausgewachsene Ochsen des schwarzbunten Niederungsviehs (7 Tiere im Gewicht von 725–897 kg) sowie ausgewachsene Merino-Fleischschafhammel (6 Tiere im Gewicht von 50 bis 73 kg).

Die Prüfung des Einflusses der Kohlenhydratzulagen (Saccharose, Cellulose) erfolgte im Differenzversuch. Die Tiere wurden über einen Zeitraum von 21 (Rinder) bzw. 14 (Schafe) Tagen mit dem entsprechenden Versuchsfutter vorgefüttert, woran sich die für die Probenahme benutzte 21- (Rinder) bzw. 14tägige (Schafe) Hauptfutterperiode anschloß. Als Grundfutter wurde in der Regel eine sowohl die stofflichen als auch energetischen Bedürfnisse der Tiere deckende Erhaltungsration gefüttert.

In den Zulageperioden erhielten die Tiere zu dieser Ration rund 30–40% (bezogen auf die Grundfutterration) Kohlenhydrate in Form von Rohrzucker (handelsüblicher Weißzucker) bzw. Cellulose (geschnitzeltes Filterpapier).

Aus Tabelle 1 ist die Zusammensetzung der einzelnen Rationen sowie das Ergebnis der Futtermittelanalyse ersichtlich.

Tabelle 1

Zusammensetzung der Grundfutterrationen

Futterstoff	Rinder GF Sacch.* g	Rinder GF Cell. g	Schafe GF Sacch. g	Schafe GF Cell. g
Wiesenheu	2200	2000	900	400
Trockenschnitzel	1500	2000	–	–
Gerstenschrot	1000	1000	–	200
Erdnußextraktionsschrot	1000	1000	–	200
Gerstenstroh	800	–	–	–
NaCl	40	40	6	6
Futtermittelanalyse (in % der Tr.S.)				
Organische Substanz	94,3	94,2	92,3	93,7
Rohasche	5,7	5,8	7,7	6,3
Rohprotein	16,9	17,9	9,1	22,6
Rohfett	1,9	1,9	2,9	2,4
Rohfaser	25,7	20,3	35,7	20,9
NFE	49,8	54,1	44,6	47,8

* GF Sacch. = Grundfutter bei den Saccharosezulageversuchen
GF Cell. = Grundfutter bei den Cellulosezulageversuchen

Zu den angeführten Tagesrationen wurden in den Zulageperioden folgende Mengen verabreicht:

	Rinder g	Schafe g
Saccharose	2000	400
Cellulose	2000[1]	300

Die Probenahme

a) Rinder: Die Probenahme und Konservierung für die Untersuchung der einzelnen organischen Inhaltsstoffe erfolgte bei diesen Untersuchungen in der Weise, daß von jedem Tier an 6–12 Tagen der Hauptfutterperiode eine Harnprobe direkt im Becherglas aufgefangen und hiervon eine konstante Menge (50 bzw. 100 ml) in eine in einer Kühltruhe bei – 20 °C aufbewahrte Sammelflasche aus Polyäthylen pipettiert wurde. Aus der so erhaltenen Sammelprobe, in der bakterielle sowie chemische Umsetzungen weitgehend ausgeschlossen sind, wurden dann nach dem Auftauen die einzelnen Bestimmungen vorgenommen. Zur Kontrolle, ob dieser Harn auch nach der Konservierung noch als Frischharn angesehen werden kann, wurden außerdem während der Saccharoseversuche von jedem Tier drei Frischproben sofort nach der Probenahme analysiert. Aus

[1] Die Tiere 5, 8 und 10 erhielten nur 1800 g

der Tatsache, daß bei allen sieben Tieren die in den drei Einzelproben mit den Komponenten wiedergefundenen Mengen an C und N (im Mittel) keine nennenswerte Abweichung von den Werten der Sammelprobe zeigten, kann geschlußfolgert werden, daß bei der angeführten Konservierungsmethode keine merklichen Zersetzungen auftreten.

Als einheitliche Bezugsgröße für die gefundenen Mengen an den einzelnen organischen Harninhaltsstoffen wurde die Gesamt-N- und die Gesamt-C-Menge der jeweiligen Harnprobe gewählt. Zur Errechnung der 24-Std.-Ausscheidung in g wurden die so erhaltenen %-Werte (Substanz-C bzw. -N in % vom Gesamt-C bzw. -N) auf die bei den Gesamtstoffwechselversuchen als Durchschnitt der 21tägigen Hauptperiode ermittelten Tagesausscheidungen an C und N bezogen. Über die Methodik der Harnanalytik im Rahmen der Gesamtstoffwechselversuche wurde früher von uns [1] berichtet. Durch die Verwendung dieser Durchschnittswerte von 21 Versuchstagen sollte ein möglichst exakter Wert für die 24-Std.-Ausscheidung erhalten werden.

Zur Analytik der untersuchten Harninhaltsstoffe sei noch bemerkt, daß die leicht zersetzlichen Hauptkomponenten Harnstoff, Allantoin und Hippursäure sowie das präformierte Ammoniak unmittelbar im Anschluß an die Probenahme (bzw. nach dem Auftauen der Probe) analysiert wurden, um auch während der Untersuchung Zersetzungsverluste weitgehend auszuschalten.

b) Schafe: Das Auffangen der 24-Stundenharne erfolgte in Stoffwechselkästen. Von der in 24 Std. ausgeschiedenen Harnmenge wurde während 7 Tagen der Hauptperiode eine konstante Menge (50 ml) in eine Polyäthylensammelflasche, die bei – 20 °C in einer Tiefkühltruhe aufbewahrt wurde, abpipettiert. Die so erhaltene Sammelprobe wurde dann (nach dem Auftauen) auf ihren Gehalt an den einzelnen organischen Harninhaltsstoffen untersucht.

3. Ergebnisse und Diskussion

Die Ergebnisse der durchgeführten Untersuchungen sind in den Tabellen 2–10 zusammengefaßt. Um die individuellen Schwankungen leichter beurteilen zu können, wird in allen Tabellen die Streuung (s) mit angegeben. Auf die Angabe der prozentualen Ausscheidungswerte (% vom Gesamt-N bzw. % vom Gesamt-C) im einzelnen wird verzichtet; im Mittel sind die durchschnittlichen prozentualen Ausscheidungen am Fuß der Tabellen 4–8 mit angeführt.

Vergleicht man in Tabelle 2 die von den Rindern durchschnittlich ausgeschiedenen C-Mengen in Grundfutter- und Zulageperioden, so ergibt sich, daß sowohl durch die Saccharose- als auch durch die Cellulosezulage die im Harn ausgeschiedenen C-Mengen signifikant erniedrigt werden. Auch die ausgeschiedenen N-Mengen liegen bei allen Tieren in den Zulageperioden gleichmäßig niedriger als in den Grundfutterperioden. Die Differenz von durchschnittlich 21 g N bei den Saccharose- und 16 g N bei den Celluloseversuchen ist nur zum Teil auf stoffliche Umsetzungen im Intermediärstoffwechsel zurückzuführen, da auf Grund der durch die Kohlenhydratzulagen bewirkten Verdauungsdepression, ebenfalls eine Verringerung der N-Verdaulichkeit erfolgt. Unter Zugrundelegung der täglichen Ein-

Tabelle 2

Der Einfluß hoher Zulagen von Saccharose bzw. Cellulose auf die 24-Std.-Ausscheidungen an C und N im Harn von Rindern. (GF = Grundfutterperiode. Sacch. = Saccharose- und Cell. = Cellulosezulageperiode)

Tier	GF g C	Sacch. g C	GF g C	Cell. g C	GF g N	Sacch. g N	GF g N	Cell. g N
R 1	161,8	146,1	–	–	138,5	120,6	–	–
R 2	148,5	134,3	153,5	133,1	124,9	111,4	131,2	114,8
R 3	160,4	135,4	157,1	138,7	129,9	108,4	128,8	108,6
R 4	156,9	135,9	164,5	140,9	130,1	112,2	131,5	115,2
R 5	160,1	132,8	157,0	154,2	130,6	105,6	134,8	120,6
R 8	158,1	120,6	139,2	134,8	124,9	99,4	129,7	118,2
R 10	155,6	139,7	170,2	155,2	131,2	108,2	136,4	118,5
Mittel	157,3	135,0	156,9	142,8	130,0	109,4	132,1	116,0
s	± 4,5	± 7,7	± 10,6	± 9,6	± 4,6	6,5	± 2,9	± 4,2

nahmen an verdaulichem N beträgt die Verdauungsdepression durch die Saccharosezulage etwa 16 g N und durch die Cellulosezulage rund 13 g N. Berücksichtigt man den Einfluß der Verdauungsdepression, so verbleibt für die reine Stoffwechselwirkung der Zulagen eine Abnahme der N-Ausscheidung um durchschnittlich 5 g N (pro Tier und Tag) durch die Saccharose- und 3 g N durch die Cellulosezulage. Diese N-Mengen werden offenbar gegenüber der Grundfutterperiode für die Bildung von Bindegewebe zur Einlagerung des durch die Kohlenhydratzulagen zusätzlich gebildeten Fettes benötigt.

Die verhältnismäßig niedrigen Streuungen deuten auf eine weitgehende Übereinstimmung der Stoffwechselvorgänge zwischen den einzelnen Tieren hin.

Tabelle 3

Der Einfluß hoher Zulagen von Saccharose bzw. Cellulose auf die 24-Std.-Ausscheidungen an C und N im Harn von Schafen

Tier	GF g C	Sacch. g C	GF g C	Cell. g C	GF g N	Sacch. g N	GF g N	Cell. g N
H 1	18,4	14,4	–	19,9	6,9	3,5	–	17,9
H 2	18,3	14,4	–	19,9	6,6	3,4	–	17,4
H 3	16,9	12,9	27,2	22,3	6,6	3,4	22,4	17,7
H 4	16,4	10,8	25,3	21,9	6,3	2,9	21,3	18,5
H 5	17,1	15,8	24,1	22,0	6,7	4,4	21,5	19,4
H 6	–	–	23,3	19,0	–	–	16,8	17,2
Mittel	17,4	13,7	25,0	20,8	6,6	3,5	20,5	18,0
s	± 0,9	± 1,9	± 1,7	± 1,4	± 0,2	± 0,5	± 2,5	± 0,8

Auch bei den Schafen (vgl. Tabelle 3) ergibt sich eine deutliche Verringerung der Ausscheidungen an C und N in den Zulageperioden[1], wobei ebenfalls das gleichmäßige Stoffwechselverhalten der verschiedenen Tiere hervorzuheben ist.

[1] Infolge der um rund 100 g höheren Rohproteingabe liegen die Ausscheidungen bei den Celluloseversuchen insgesamt höher.

Daß die Abnahme der Ausscheidungen an Gesamt-C und -N im wesentlichen durch eine in allen Fällen deutlich verringerte Harnstoffausscheidung zustande kommt, veranschaulicht Tabelle 4.

Tabelle 4

24Stunden-Ausscheidungen an Harnstoff-N in Grundfutter und Saccharose- bzw. Cellulosezulageperiode bei Rindern (R) und Schafen (H)

Tier	GF g N	Sacch. g N	GF g N	Cell. g N	Tier	GF g N	Sacch. g N
R 1	115,5	88,6	–	–	H 5	3,3	1,2
R 2	105,4	87,9	113,2	85,5	H 6	3,1	0,3
R 3	105,2	82,0	108,2	78,8	H 7	3,3	0,9
R 4	102,9	85,0	116,8	74,1	H 8	3,5	0,9
R 5	106,8	78,3	107,0	95,6	H 9	3,7	1,4
R 8	103,4	76,3	(97,4)	(106,0)		–	–
R 10	111,7	79,0	106,5	90,2		–	–
Mittel	107,3	82,4	108,2	88,4		3,4	0,9
s	± 4,6	± 4,9	± 6,6	± 11,6		± 0,2	± 0,4
Ø % vom Gesamt-N	82,5	75,4	81,7	76,1		51,5	26,9

Infolge des durch die Kohlenhydratzulagen erhöhten Proteinbedarfs der Tiere, der sich aus der verstärkten Bildung von Bindegewebe für die Einlagerung des aus den Kohlenhydraten zusätzlich gebildeten Körperfetts ergibt, wird die Harnstoffausscheidung nicht unerheblich eingeschränkt. Dieses Ergebnis weist darauf hin, daß bei einer bestimmten Proteinzufuhr der wichtigste Faktor für die renale Harnstoffausscheidung der Proteinbedarf ist.

Die Verringerung der Harnstoffausscheidung durch die Kohlenhydratzulagen läßt sich auch aus den prozentualen Angaben ableiten, die am Fuß der Tabelle angeführt sind. In den Rinderversuchen wird der überwiegende Teil (75–83%) des Stickstoffs in Form von Harnstoff ausgeschieden. Die prozentuale Harnstoffausscheidung ist bei den Hammeln weit niedriger. Die Ursache hierfür ist in dem niedrigen Rohproteingehalt der Rationen (siehe Tabelle 1) zu suchen.

Im Gegensatz zur Harnstoffausscheidung sind bei den Rindern die Ausscheidungen an Allantoin in beiden Zulageperioden signifikant (*t*-Test, Paarvergleich) erhöht (Tabelle 5).

Bei den Schafen zeigt sich nur relativ eine Erhöhung der Allantoinausscheidung. Die Ursache der erhöhten Allantoinausscheidung bei den Rindern dürfte vor allem in dem durch die Kohlenhydratzulagen mit dem Gesamtstoffwechsel gesteigerten Umsatz von Adenosintriphosphat (ATP) zu suchen sein.

Mit 6–15% der Gesamt-N-Ausscheidung in Form von Allantoin bei den Rindern steht dieses an zweiter Stelle. Mit Harnstoff und Allantoin sind bei den Rindern in diesen Versuchen etwa 90% der Gesamt-N-Ausscheidungen erfaßt. Bei den Schafen ist die prozentuale Allantoinausscheidung, bedingt durch die sehr niedrige

Tabelle 5

24-Stunden-Ausscheidungen an Allantoin-N in Grundfutter- und Saccharose- bzw. Cellulosezulageperioden bei Rindern (R) und Schafen (H)

Tier	GF g N	Sacch. g N	GF g N	Cell. g N	Tier	GF g N	Sacch. g N
R 1	9,1	10,4	–	–	H 5	1,5	1,2
R 2	10,6	11,3	4,9	17,9	H 6	3,1	1,2
R 3	10,1	14,7	7,6	19,0	H 7	1,6	1,8
R 4	13,9	14,0	6,7	26,4	H 8	1,2	1,5
R 5	11,1	18,5	10,4	10,9	H 9	1,1	1,6
R 8	11,5	16,9	9,2	14,4	–	–	–
R 10	10,4	16,1	10,5	12,9	–	–	–
Mittel	11,0	14,6	8,2	16,9		1,7	1,5
s	± 1,5	± 2,9	± 2,2	± 5,5		± 0,8	± 0,3
Ø % vom Gesamt-N	8,5	13,5	6,2	14,7		25,7	42,5

Proteingabe, erheblich höher und übersteigt bei der Saccharosezulage sogar die Harnstoffausscheidung. Bei der Beurteilung der prozentualen Ausscheidungswerte ist die Höhe der Proteinversorgung unbedingt zu berücksichtigen.

Insgesamt gesehen spiegelt sich die durch die Kohlenhydratzulage bewirkte Änderung in der Ausscheidung an den einzelnen Harnkomponenten prinzipiell auch in den relativen Werten wieder. Dies hat eine gewisse Bedeutung für den Fall, daß es aus versuchstechnischen Gründen nicht möglich ist, eine quantitative Harnsammlung über längere Versuchszeiträume vorzunehmen.

Tabelle 6

24-Stunden-Ausscheidungen an Harnsäure-N in Grundfutter- und Saccharose- bzw. Cellulosezulageperioden bei Rindern (R) und Schafen (H)

Tier	GF g N	Sacch. g N	GF g N	Cell. g N	Tier	GF g N	Sacch. g N	GF g N	Cell. g N
R 1	0,6	1,0	–	–	H 1	0,12	0,10	–	0,11
R 2	0,7	1,1	0,7	0,9	H 2	0,07	0,15	–	0,07
R 3	1,0	1,5	0,8	0,4	H 3	0,08	0,15	0,07	0,09
R 4	0,9	1,8	0,8	0,7	H 4	0,08	0,11	0,11	0,07
R 5	1,8	1,1	0,5	0,8	H 5	0,11	0,10	0,13	0,10
R 8	1,0	0,8	0,5	0,7	H 6	–	–	0,08	0,16
R 10	1,1	1,2	0,5	0,8					
Mittel	1,0	1,2	0,6	0,7		0,09	0,12	0,10	0,10
s	± 0,4	± 0,3	± 0,2	± 0,2		± 0,02	± 0,03	± 0,03	± 0,03
Ø % vom Gesamt-N	0,8	1,1	0,5	0,6		1,4	3,5	0,5	1,3

Als Vorstufe des Allantoins zeigt die Harnsäure im wesentlichen eine ähnliche Tendenz wie dieses (Tabelle 6). So ist bei der Mehrzahl der Rinder die Ausscheidung in den Zulageperioden erhöht. (In beiden Perioden zeigen jeweils 2 Tiere ein entgegengesetztes Verhalten, so daß die statistische Prüfung der Beziehung keine Sicherung ergibt.)

Bei den Schafen wiederum führt weder die Saccharose- noch die Cellulosezulage zu einer gesicherten Änderung der Harnsäureausscheidung.

An den Gesamt-N-Ausscheidungen ist die Harnsäure nur zu 0,5–3,5% beteiligt.

Die Ausscheidungen an Gesamt-Kreatinin werden bei den Rindern durch die Kohlenhydratzulagen praktisch nicht beeinflußt (Tabelle 7).

Tabelle 7

24-Stunden-Ausscheidungen an Gesamtkreatinin-N in Grundfutter- und Saccharose- bzw. Cellulosezulageperiode bei Rindern (R) und Schafen (H)

Tier	GF g N	Sacch. g N	GF g N	Cell g N	Tier	GF g N	Sacch. g N	GF g N	Cell. g N
R 1	1,7	1,6	–	–	H 7	0,19	0,15	–	0,14
R 2	1,9	1,9	1,7	1,6	H 8	0,20	0,17	–	0,12
R 3	1,9	2,0	1,5	1,4	H 9	0,16	0,14	0,11	0,18
R 4	2,0	2,0	1,7	1,7	H 10	0,14	0,12	0,13	0,15
R 5	2,0	2,0	1,5	1,7	H 11	0,15	0,14	0,11	0,16
R 8	2,0	1,9	1,6	1,7	H 12	–	–	0,10	0,15
R 10	2,6	1,9	1,6	2,3					
Mittel	2,0	1,9	1,6	1,7		0,17	0,14	0,11	0,15
s	± 0,3	± 0,1	± 0,03	± 0,3		± 0,03	± 0,02	± 0,01	± 0,02
Ø % vom Gesamt-N	1,5	1,7	1,2	1,5		2,5	4,0	0,5	0,9

Bei den Schafen dagegen ergibt sich eine Abnahme der Kreatinin-Ausscheidungen in der Saccharosezulageperiode, während in der Cellulosezulageperiode eine Zunahme zu verzeichnen ist. Eine befriedigende Erklärung hierfür kann nicht gegeben werden. Wichtig erscheint aber der Befund, daß hier ein deutlicher Einfluß des Futters auf die Kreatininausscheidung vorliegt. Dieser Tatsache kommt besonders im Hinblick auf Untersuchungen von Niekerk und Mitarbeitern [3, 4] zur Berechnung des Gehaltes an Körpereiweiß, Körperwasser sowie fettfreier Körpermasse von lebenden Schafen aus dem Kreatiningehalt des Harns Bedeutung zu, da diese Berechnungen u. a. voraussetzen, daß Höhe und Zusammensetzung der jeweiligen Futterration keinen Einfluß auf die Kreatininausscheidung haben.

Die absoluten Ausscheidungen an Hippursäure sind bei Rindern und Schafen in den Zulageperioden deutlich erniedrigt. (R 5 in der Saccharose- und R 8 in der Cellulosezulageperiode fallen heraus.) Auf Grund der bereits früher (vgl. 2. Mitt. [2]) festgestellten Beziehung zwischen der Hippursäureausscheidung im

Tabelle 8

24-Stunden-Ausscheidungen an Hippursäure-N in Grundfutter- und Saccharose bzw. Cellulosezulageperioden bei Rindern (R) und Schafen (H)

Tier	GF g N	Sacch. g N	GF g N	Cell. g N	Tier	GF g N	Sacch. g N	GF g N	Cell. g N
R 1	5,1	4,7	–	–	H 1	1,4	0,5	–	0,6
R 2	5,4	3,6	9,2	4,7	H 2	1,1	0,8	–	0,9
R 3	4,0	4,0	7,9	3,5	H 3	1,0	0,2	1,0	1,1
R 4	4,3	2,8	8,5	3,9	H 4	1,1	0,1	1,3	0,6
R 5	3,5	6,2	9,3	7,4	H 5	1,6	0,7	1,9	0,5
R 8	5,5	4,8	5,8	6,5	H 6	–	–	1,1	0,6
R 10	5,2	3,6	7,6	4,9					
Mittel	4,7	4,2	8,1	5,2		1,2	0,5	1,3	0,7
s	± 0,8	± 1,1	± 1,3	± 1,5		± 0,3	± 0,3	± 0,4	± 0,2
∅ % vom Gesamt-N	3,6	3,9	6,1	4,4		18,7	12,8	6,4	3,9

Harn und dem Rohfasergehalt des Futters kann die Abnahme der Hippursäureausscheidung durch die Kohlenhydratzulagen dadurch erklärt werden, daß insbesondere im Pansen der mikrobielle Abbau der schwer verdaulichen Rohfaser zugunsten der Umsetzung der leichter angreifbaren Kohlenhydrate eingeschränkt wird, wodurch die Bildung und Ausscheidung von Aromaten absolut verringert ist.

Es beträgt der Anteil der N-Ausscheidung in Form von Hippursäure bei den Rindern 4–6% der Gesamt-N-Ausscheidung. Die gleichen Werte finden sich auch bei den Hammeln in den Celluloseversuchen, bei denen der Rohproteingehalt der Ration mit dem in den Rinderversuchen vergleichbar ist (s. Tabelle 1). Bei den Saccharosezulageversuchen ist die prozentuale Hippursäureausscheidung, bezogen auf die Gesamt-N-Ausscheidung, erheblich höher. Die Ursache liegt, worauf schon bei den Harnstoff- und Allantoinwerten hingewiesen wurde, in der niedrigen Rohproteinzufuhr in diesen Rationen.

Ähnlich wie die Hippursäureausscheidung ist auch die Ausscheidung an phenolischen Verbindungen bei beiden Tierarten in den Zulageperioden erniedrigt (Tabelle 9).

Eine Ausnahme ist lediglich bei den Saccharosezulageversuchen mit Schafen festzustellen, wo die Ausscheidungen unterschiedlich beeinflußt werden.

Damit findet allgemein (wenn auch bei den Schafen nicht so ausgeprägt), die durch die Kohlenhydratzulagen verringerte Umsetzung der Rohfaser ihren Niederschlag in einer Erniedrigung der Ausscheidungen an phenolischen Verbindungen und Hippursäure.

Die Gesamtkohlenhydratausscheidung wird sowohl bei den Rindern als auch bei den Schafen durch die Saccharosezulage erhöht (Tabelle 10).

Dagegen führt die Cellulosezulage zu einer (bei den Rindern statistisch gesicherten und bei den Schafen angedeuteten) Verringerung der Zuckerausscheidung. Die noch sichere Erfassung derart geringer absoluter Unterschiede, wie

Tabelle 9

24-Stunden-Ausscheidungen an phenolischen Verbindungen (bezogen auf p-Hydroxybenzoesäure) in Grundfutter- und Saccharose- bzw. Cellulosezulageperiode bei Rindern (R) und Schafen (H)

Tier	GF g C	Sacch. g C	GF g C	Cell. g C	Tier	GF g C	Sacch. g C	GF g C	Cell. g C
R 1	10,8	4,2	–	–	H 1	1,5	2,3	–	1,1
R 2	7,9	8,2	9,1	7,9	H 2	1,6	1,8	–	0,7
R 3	7,1	5,3	14,5	5,7	H 3	1,9	1,9	6,2	2,8
R 4	10,8	5,8	10,2	9,6	H 4	1,3	1,2	4,7	1,9
R 5	12,0	8,5	16,5	12,6	H 5	1,8	2,6	3,1	2,4
R 8	15,8	8,4	23,2	8,2	H 6	–	–	2,4	1,3
R 10	22,3	12,4	22,6	11,6					
Mittel	12,4	7,5	16,0	9,3		1,6	2,0	4,1	1,7
s	± 5,2	± 2,7	± 6,0	± 2,5		± 0,2	± 0,5	± 1,5	± 0,8

Tabelle 10

24-Stunden-Ausscheidungen an Gesamtkohlenhydrat-C (bezogen auf Glucose) in Grundfutter- und Saccharose- bzw. Cellulosezulageperioden bei Rindern (R) und Schafen (H)

Tier	GF g C	Sacch. g C	GF g C	Cell. g C	Tier	GF g C	Sacch. g C	GF g C	Cell. g C
R 1	2,1	2,2	–	–	H 1	0,1	0,3	–	0,3
R 2	1,2	2,4	2,3	1,9	H 2	0,2	0,3	–	0,3
R 3	1,6	2,0	2,0	1,8	H 3	0,1	0,3	0,3	0,3
R 4	1,4	1,6	2,3	2,0	H 4	0,1	0,3	0,4	0,3
R 5	1,3	2,0	2,7	2,0	H 5	0,3	0,4	0,3	0,3
R 8	1,6	1,0	4,2	1,8	H 6	–	–	0,4	0,2
R 10	1,4	2,0	2,9	2,2					
Mittel	1,5	1,9	2,7	2,0		0,2	0,3	0,4	0,3
s	± 0,3	± 0,5	± 0,8	± 0,2		± 0,1	± 0,05	± 0,08	± 0,04

sie hier auftreten, weist zugleich auf die Leistungsfähigkeit der Gesamtmethodik hin, wie allgemein die vorliegenden Untersuchungen die Brauchbarkeit der ausgearbeiteten Analysenmethodik für die Untersuchung spezieller Stoffwechselprobleme zeigen.

Zusammenfassung

Der Einfluß hoher Zulagen von Saccharose bzw. Cellulose auf die Zusammensetzung der organischen Harninhaltsstoffe bei Rindern und Schafen wurde untersucht. Sowohl durch die Cellulose- und in noch stärkerem Maße durch die Saccharosezulage wurden die C- und N-Ausscheidungen signifikant erniedrigt. Diese Abnahme an C und N kam außer durch eine Verdauungsdepressionswirkung der

Zulagen im wesentlichen durch eine erhebliche Verringerung der Ausscheidungen an Harnstoff zustande. Im Gegensatz zur Harnstoffausscheidung wurden die Ausscheidungen an Allantoin bei den Rindern sowohl durch die Saccharose- als auch durch die Cellulosezulagen signifikant erhöht. Bei den Schafen war eine Erhöhung nur angedeutet. Infolge der durch die Kohlenhydratzulagen verringerten Rohfaserverdaulichkeit waren die Ausscheidungen an Hippursäure und phenolischen Verbindungen in den Zulageperioden allgemein erniedrigt. Die Saccharosezulage führte bei beiden Tierarten zu einer signifikanten Erhöhung der Gesamtkohlenhydratausscheidung. Bei den Schafen ergab sich ein deutlicher Einfluß der Zulagen auf die Ausscheidung an Gesamtkreatinin.

Die absoluten Ausscheidungen an den wichtigsten organischen Harninhaltsstoffen (insbesondere an Harnstoff und Allantoin) wichen zwischen den verschiedenen Tieren nur wenig voneinander ab; unter vollständig vergleichbaren Haltungs- und Fütterungsbedingungen ist demgemäß mit einer bemerkenswerten Konstanz der Stoffwechselprozesse zu rechnen.

Резюме

Исследовалось влияние большой добавки сахарозы и целлюлозы на состав органических веществ мочи у крупного рогатого скота и овец. Как добавка целлюлозы, так и в еще большей степени добавка сахарозы значительно снизили выделения C и N. Это снижение C и N было вызвано, не только депрессей пищеварения добавками сахарозы и целлюлозы, а в значительной степени также и сильным уменьшением выделения мочевины. Противоположно выделению мочевины у крупного рогатого скота значительно повысилось выделение аллантоина как от добавки сахарозы, так и от целлюлозы. У овец такое повышение было мало за метно. Вследствие уменьшения переваримости сырой клетчатки от добавки углеводов в периоды этих добавок понизилось выделение гиппуровой кислоты и феноловых соединений. Добавка сахарозы вызвала у обоих видов животных значительное повышение выделения общего количества углеводов. У овец наблюдалось явное влияние добавки на выделения общего креатинина. Абсолютное выделение важнейших органических составных веществ мочи (в особенностиже выделение мочевины и аллантоина) у отдельных животных имело лишь небольшие колебания. Поэтому при вполне сравнимых условиях содержания и кормления можно расчитывать на заслуживающую внимания константность процессов обмена веществ.

Summary

Experiments were conducted to study the influence of large supplements of saccharose or cellulose on the composition of organic urinary constituents in cattle and sheep. The excretion of nitrogen and carbon was significantly reduced by cellulose supplementation and yet more strongly by additions of saccharose.

Apart from the depressive effect of these supplements on the digestibility of the basal ration the reduction, in C and N is essentially due to a considerable decrease in the release of urea. Contrary to ureal excretion the elimination of allantoin in cattle was significantly increased by supplementation with both cellulose and saccharose. In sheep the same effect was only indicated. Due to the decreased digestibility of crude fibre brought about by additions of carbohydrates the excretion of hippuric acid and phenolic compounds was generally reduced in the supplementation periods. In both species of animals saccharose supplementation resulted in a significant increase in the total amount of carbohydrates excreted In sheep both supplements were found to produce a noticeable effect on the release of total creatinine The absolute amounts of the most important organic constituents (particularly urea and allantoin) excreted in the urine were shown to be only slightly different in various animals. Under absolutely comparable housing and feeding conditions metabolic processes show a remarkable constancy.

Literaturverzeichnis

[1] NEHRING, K., und U. ZELCK: Arch. Tierernähr. **15**, 25 (1965)
[2] NEHRING, K., U. ZELCK und R. SCHIEMANN: Arch. Tierernähr. **15**, 45 (1965)
[3] NIEKERK, B. D. H. VAN, A. BENSADOUN, O. L. PALADINES und J. T. REID: J. Nutrit. **79**, 373 (1963)
[4] NIEKERK, B. D. H. VAN, J. T. REID, A. BENSADOUN und O. L. PALADINES: J. Nutrit. **79**, 463 (1963)

Eingegangen 12. Juni 1964

Aus dem Oskar-Kellner-Institut für Tierernährung Rostock
der Deutschen Akademie der Landwirtschaftswissenschaften zu Berlin
(Dir. em.: Prof. Dr. Dr. h. c. K. NEHRING)

H.-D. BOCK, K. NEHRING und G. SCHADEREIT

Über eine Anwendungsmöglichkeit der linearen Optimierung in der Tierernährung

(*Vorläufige Mitteilung*)

1. Zur Problematik

In den letzten Jahren hat sich in allen auf dem Gebiet der Futterwirtschaft führenden Ländern immer stärker die Tendenz bemerkbar gemacht, nicht nur den Prinzipien der Futter-, sondern auch der Nährstoffökonomik nachzukommen, gemäß einem wichtigen Grundsatz der Tierernährungswissenschaft, mit minimalem Futter- und Nährstoffaufwand maximale Leistungen der Nutztiere zu erzielen.

In Fragen der Eiweißversorgung ist die Beachtung dieses Grundsatzes, mit minimalem Aufwand maximale Leistungen zu erzielen, besonders wichtig, da der Nährstoff Eiweiß in absehbarer Zeit immer noch der begrenzende Faktor in der Ernährung von Mensch und Tier sein wird.

Aus den genannten Gründen ist man selbst in den Ländern mit guter Futtergrundlage dazu übergegangen, den Nährstoff Eiweiß streng rationiert einzusetzen. Das zeigen auch z. B. die neuesten von der Jowa State University vorgeschlagenen Rohproteinnormen [4] für die verschiedenen Nutzungsrichtungen in der Schweinezucht und -mast (Tabelle 1):

Tabelle 1
Von der Jowa State University empfohlene Proteinnormen für Schweine

Lebensstadium	Lebendgewichtsabschnitt in kg	Proteingehalt der Ration in %	Proteinbedarfsnormen nach KRAMP
Prestarter	bis 6	24	–
Starter	6 – 12	18 – 20	–
Absatzferkel	12 – 25	16	–
Anfangsmast	25 – 60	14	16
Endmast	60 – 95	12	13

Wie zu erkennen ist, entsprechen die Bedarfsnormen für die Mast weitgehend unseren derzeitig vorgeschlagenen [2 a].

Damit ergibt sich die Notwendigkeit, nach dem Nährstoffgehalt zu minimierende Mischfuttermittel bzw. Rezepturen für Eiweißmischungen planmäßig zu erarbeiten. Auf experimentellem Wege zu diesem Ziel zu gelangen, wird sehr zeit- und arbeitsaufwendig sein; die Lösung des Problems ist andererseits dringlich. Heute bietet sich für diese Zwecke ein Verfahren an, das seit einigen Jahren zur Untersuchung bestimmter mathematischer Modelle wirtschaftlicher Vorgänge in zunehmendem Umfang angewandt wird, nämlich die Methode der linearen Optimierung.

Im folgenden soll diese Methode erläutert werden:

Die 1947 von G. B. Danzig und Charnes in den USA konzipierte lineare Optimierung wurde immer weiter ausgebaut. Die erste Kostenminimierung einer Futtermischung nach dieser Methode erfolgte 1951 durch F. V. Waugh in den USA [9]. In Westdeutschland berichteten G. Weinschenk und E. Neander 1959 über die Anwendung dieses Verfahrens zur Berechnung eines Milchviehfutters [10].

Nach Sadowski [7] werden vier Etappen bei der Anwendung der Optimierungsrechnung unterschieden:

1. Formulierung des Modells, d. h. Aufstellung der Zielfunktion und entsprechender Bedingungsgleichungen bzw. -ungleichungen (Restriktion-Beschränkungen).
2. Lösen des Modells nach den verschiedenen Methoden, wie Differentialrechnung, lineare bzw. nichtlineare Optimierung und dynamische Optimierung.
3. Verifizierung des Modells sowie der ermittelten Lösung und
4. Ausarbeitung eines Kontrollsystems.

Das bedeutet, daß zu einer erfolgreichen Anwendung der Optimierungsrechnung die Zusammenarbeit von Spezialisten der in Frage kommenden Disziplinen notwendig ist, und zwar vor allem in der 1., 3. und 4. Etappe. Die 2. Etappe ist die Domäne des Mathematikers.

Der Zweck der linearen Optimierung für den Fall einer Futtermischung ist in der Regel, den Wert der Zielfunktion, z. B. „Preis“

$$(1)\qquad Z = p_1 x_1 + p_2 x_2 + \cdots + p_n x_n$$

minimal zu machen. In Gleichung (1) bedeuten Z den zu minimierenden Gesamtpreis der Mischung, $p_1, \ldots, p_n$ die Preise der einzelnen Futtermittel und $x_1, \ldots, x_n$ die Mengenanteile der betreffenden Futtermittel. Dabei sollen die Variablen $x_1, \ldots, x_n$ gleichzeitig einer Anzahl von linearen Ungleichungen entsprechen, z. B.:

$$(2)\qquad a_{i1} x_1 + a_{i2} x_2 + a_{i3} x_{i3} \cdots a_{in} x_i \leq 1{,}0 .$$

Ungleichung (2) stellt die Restriktion für Lysin dar. Darin bedeuten $a_{i1} \cdots a_{in}$ die Gehalte der Futtermittel $x_1 \cdots x_n$ an Lysin und $x_1 \cdots x_n$ zugleich die Mengen der betreffenden Futtermittel. Die Summe dieser Produkte soll gleich oder größer als 1,0% sein, d. h. die Mischung soll 1,0% oder mehr Lysin enthalten. *Für jede Restriktion, der das Futter entsprechen soll*, muß eine derartige Ungleichung aufgestellt werden. Bedingung ist, daß *keine der Variablen* $x_1 \cdots x_n < 0$. Das lineare Ungleichungssystem wird durch die *Einführung neuer Variablen*, der sog. Schlupfvariablen (Entscheidungsveränderlichen), in ein Gleichungssystem überführt. Aus diesem System werden so viele Variable als Gleichungen vorhanden sind, ausgerechnet, dabei werden die übrigen Variablen gleich null gesetzt. Die ausgerechneten Variablen werden in die Zielfunktion [Gleichung (1)] eingesetzt. Dieses Verfahren wird nach einer bestimmten mathematischen Verfahrensweise (Algorithmus) solange wiederholt, bis der Wert der Preisfunktion minimal geworden ist. Falls das Problem überhaupt eine Lösung hat, wird sie nach einer endlichen Anzahl von Rechenschritten erreicht. Zur Bewältigung des selbst bei kleineren Modellen erheblichen Rechenaufwandes ist eine elektronische Rechenmaschine notwendig, da ein Rechenschritt schon bei einem kleineren Problem (z. B. 10 Futtermittel und 10 Ungleichungen) 450 Einzeloperationen (Additionen, Multiplikationen, Vergleich usw.) erfordert.

Die Vorteile dieser Methode gegenüber der üblichen Berechnungsweise liegen darin, daß die Rechenanlage eine beliebige Zahl von Futtermitteln gleichzeitig übersehen und bewerten kann, schnell und genau rechnet und keins der eingegebenen Daten vernachlässigt. Zum Beispiel wird der Rohfettgehalt eines Futtermittels mit der gleichen Genauigkeit berücksichtigt wie eine in diesem Futtermittel enthaltene essentielle AS oder dessen Nettoenergie. Die resultierende Mischung erfüllt dann alle geforderten Bedingungen, z. B. zum billigsten Rohstoffpreis.

Die Anwendung der linearen Optimierung in der Mischfutterindustrie bedeutet den Übergang von der Produkten- oder Rohstoffrezeptur (z. B. x % Getreide, y % Hefe, z % Fischmehl usw.) zur Nährstoffrezeptur, d. h. den Übergang von der geschlossenen zur offenen Formel; dabei können gleichzeitig die jeweils preisgünstigsten Futtermittel unter Berücksichtigung des Nähr- und Wirkstoffbedarfs der in Frage kommenden Tierarten mit ihren Leistungsrichtungen eingesetzt werden.

Dazu müssen nach Becher et al. [1] folgende Voraussetzungen gegeben sein:

1. Die näherungsweise Kenntnis aller essentiellen Nährstoffe, des Gehaltes an diesen Inhaltsstoffen in den einzelnen Futtermitteln sowie des Bedarfs der Tiere an diesen Stoffen für die verschiedenen Leistungen.
2. Die Einbeziehung von Mineralstoffen, Spurenelementen, Vitaminen, essentiellen Aminosäuren (AS) und anderen Wirkstoffkonzentraten in Form preiswürdiger, standardisierter Rohstoffe; damit wird der Wirk- und Mineralstoffgehalt der Futtermittel für die Eignung als Mischfutterkomponente in der Optimierungsrechnung faktisch bedeutungslos.
3. Eine möglichst große Auswahl an Futtermitteln.
4. Die Berücksichtigung der jeweiligen Rohstoffpreise.

2. Material und Methodik

Im Oskar-Kellner-Institut wurde ebenfalls mit der Anwendung dieser Methode begonnen, zunächst jedoch zur Optimierung der Zusammensetzung von Eiweißfuttermischungen nach AS-Bedarfszahlen in Modellversuchen an Albinoratten, um einigen mit dem Eiweißstoffwechsel zusammenhängenden Fragestellungen nachzugehen.

Ökonomische Gesichtspunkte, wie Preisfunktionen blieben weitgehend unberücksichtigt. Als Zielfunktion wurde eine optimale AS-Zusammensetzung entsprechend dem Bedarf einer Albinoratte bei minimalem Rohproteingehalt der Mischung gewählt.

$$Z = x_1 y_1 + x_2 y_2 + \cdots + x_n y_n \rightarrow \text{Min.}$$

Z_i = Rohproteingehalt der Mischung
x_i = Rohproteingehalt ($i = 1, 2$ bis n)
x = Futtermittel

Für diese ersten Modellversuche wurden Futterwert-, Nährstoff- und Wirkstofftabellen entnommene Analysendaten für die Nährstoffe Rohprotein und Rohfaser sowie für die essentiellen AS verwendet, um erste Anhaltspunkte über die Brauchbarkeit der Methode für diese Fragen zu erhalten.

Die dem täglichen Nährstoffbedarf einer Albinoratte entsprechenden Restriktionen sind Tabelle 2 zu entnehmen.

Tabelle 2

Restriktionen für die lineare Optimierung von Eiweißfuttermischungen auf der Grundlage des Nährstoff- und Aminosäurenbedarfs der Albinoratte

Lysin	≧ 1,00%
Arginin	≧ 0,20%
Histidin	≧ 0,40%
Isoleucin	≧ 0,50%
Leucin	≧ 0,90%
Methionin +.Cystin	≧ 0,59%
Threonin	≧ 0,59%
Tryptophan	≧ 0,20%
Phenylalanin + Tyrosin	≧ 0,69%
Valin	≧ 0,69%
Getreide (Roggen, Gerste, Hafer, Weizen)	≧ 65% und ≦ 80%
Roggen	≦ 30%
Weizenkleie	≦ 10%
Fischmehl	≧ 3% und ≦ 5%
Extraktionsschrot (Baumwoll, Erdnuß, Sesam, Soja, Sonnenblumen)	≦ 5%
Rapsextraktionsschrot	≦ 3%
Luzernegrünmehl	≦ 2%
Fleischknochenmehl, Casein, Trockenmagermilch, Tierkörpermehl	≦ 2%
Futterhefe	≦ 5%
Rohfasergehalt	≦ 6%
Gewicht	= 100

Diese Restriktionen für die aufgeführten Futtermittel erfolgten unter Berücksichtigung der für Schweine wirtschaftlich vertretbaren prozentualen Anteile an Mischungskomponenten.

Die Optimierungsrechnung wurde mit einem ZRA-1 ausgeführt[1].

[1] Für die gute Unterstützung durch das Rechenzentrum des Institutes für Schiffbau, Rostock sei auch an dieser Stelle gedankt.

3. Ergebnisse und Diskussion

Von den in 41 Iterationsschritten erhaltenen Lösungen befinden sich die brauchbaren in Tabelle 3.

Aus insgesamt 24 ins Programm eingegebenen Futtermitteln mit ihren Rohprotein-, Rohfaser- und AS-Gehaltswerten gelangten 14 in die Lösung, aus der die Mischungen 29, 30, 34, 38, 39 und 41 zur Kontrolle ausgewählt wurden. Wie erwähnt, besteht nach SADOWSKI [7] die 4. Etappe bei der Anwendung der Optimierungsrechnung in der Ausarbeitung eines Kontrollsystems, mit dessen Hilfe die Brauchbarkeit der ermittelten Lösung(en) zu überprüfen ist. Diese Kontrolle erfolgte in N-Bilanzversuchen an wachsenden Albinoratten zur Bestimmung der biologischen Wertigkeit des Eiweißes nach der in unserem Institut modifizierten N-Bilanzmethode [5, 2] von THOMAS [8] und MITCHELL [3].

Die erzielten Ergebnisse sind in Tabelle 4 zu finden.

Tabelle 4
Kontrolle der linearen Optimierung von Eiweißfuttermischungen im N-Bilanzversuch an Albinoratten zur Bestimmung der biologischen Wertigkeit (BW)

Mischung	*n*	Biologische Wertigkeit
29	8	73,4 ± 0,86
30	7	73,7 ± 0,86
34	6	76,1 ± 1,4
38	8	77,7 ± 1,2
39	6	76,8 ± 2,0
41	7	81,5 ± 0,86

Es zeigt sich, daß mit der Minimierung des Rohproteingehaltes die BW der Proteinmischungen steigt bzw. umgekehrt, d. h. die eingegebene Zielfunktion wird durch die Kontrolle des BW-Versuches verifiziert.

Es muß nochmals betont werden, daß die eingegebenen AS-Zahlen der Literatur (Tabellenwerken) entnommen und demzufolge mit allen hieraus resultierenden Fehlermöglichkeiten behaftet sind. Unter Berücksichtigung dessen können diese ersten Ergebnisse als zufriedenstellend beurteilt werden, zumal die gleichfalls der Literatur entnommenen AS-Bedarfszahlen für Albinoratten nicht als gesichert anzusprechen sind.

Weiterhin ist zu beachten, daß bei der Programmierung des Modells, d. h. bei der Aufstellung der Zielfunktionen und Restriktionen, folgende Unterstellungen erfolgen:

1. Es liegt eine lineare und additive Wirkung aller essentiellen AS auf den Eiweißwert der zu optimierenden Futtermischungen vor,
2. alle in das Programm eingegebenen AS und anderen Inhaltsstoffe der einzelnen Futtermittel fungieren unabhängig voneinander.

Da diese Unterstellungen aus mathematisch-methodischen Gründen notwendig sind, kann die Lösung derartiger Modelle damit immer nur zu Näherungswerten führen.

Tabelle 3

Lösung der linearen Optimierung [Angaben in % (lufttrocken)]

	28	29	30	32	33	34	35	36	37	38	39	40	41
Rohprotein % errechnet	20,3	19,7	19,3	18,3	18,1	17,9	17,9	17,5	17,3	16,9	16,8	16,7	16,7
Fischmehl	3,3	5,0	5,0	5,0	5,0	5,0	5,0	5,0	5,0	5,0	5,0	5,0	5,0
Blutmehl	4,3	2,9	2,1	—	—	—	—	—	—	—	—	—	—
Tierkörpermehl	—	—	—	—	—	—	—	—	—	—	—	—	—
Fleischknochenmehl	2,0	2,0	—	—	—	—	—	—	—	—	—	—	—
Casein	—	—	2,0	1,9	1,9	—	—	—	0,6	0,3	0,04	0,1	0,6
Trockenmagermilch	—	—	—	—	—	1,0	1,0	1,0	0,3	0,6	2,0	1,9	1,4
Futterhefe (Torula)	5,0	5,0	5,0	5,0	5,0	5,0	4,8	2,1	—	—	—	—	—
Sonnenblumenextrakt-Schrot	—	—	—	—	—	—	—	4,0	4,6	4,8	4,5	4,5	4,4
Sesamextraktionsschrot	5,0	2,3	1,1	2,2	3,3	4,1	4,3	—	—	—	—	—	—
Baumwollsaatextrakt-Schrot	—	—	—	—	—	—	—	—	—	—	—	—	—
Rapsextrakt-Schrot	—	—	—	—	—	—	—	—	—	—	—	—	—
Futtererbsen (Korn)	—	—	—	12,3	16,5	19,6	20,0	22,9	24,4	24,3	23,5	23,5	23,6
Luzernegrünmehl	—	—	—	—	—	—	—	—	—	—	—	—	—
Weizen	27,5	26,2	26,0	30,0	30,0	30,0	30,0	30,0	30, 0	12,1	11,0	—	—
Weizenfuttermehl	15,3	17,7	19,8	8,6	4,2	0,3	—	—	—	—	—	—	—
Gerste	—	—	—	—	—	—	—	—	—	—	—	15,2	35,0
Roggen	—	—	—	—	1,9	2,8	3,0	9,1	11,2	30,0	30,0	30,0	30,0
Hafer	37,5	38,9	39,0	35,0	33,1	32,2	31,9	25,9	23,9	22,9	24,0	19,8	—
Aminosäuregehalte													
Arginin	1,10	1,03	0,98	1,12	1,19	1,23	1,22	1,26	1,28	1,24	1,22	1,20	1,17
Histidin	0,54	0,47	0,46	0,40	0,40	0,40	0,40	0,41	0,40	0,41	0,40	0,41	0,43
Isoleucin	0,82	0,81	0,88	0,92	0,91	0,91	0,91	0,91	0,91	0,90	0,90	0,90	0,91
Leucin	1,59	1,49	1,49	1,40	1,38	1,38	1,38	1,35	1,35	1,31	1,30	1,29	1,29
Lysin	1,00	1,00	1,00	1,00	1,00	1,00	1,00	1,00	1,00	1,00	1,00	1,00	1,00
Methionin + Cystin	0,59	0,59	0,59	0,59	0,59	0,59	0,59	0,59	0,59	0,59	0,59	0,59	0,59
Phenylalanin + Tyrosin	1,62	1,54	1,58	1,65	1,65	1,65	1,65	1,54	1,52	1,47	1,46	1,44	1,41
Threonin	0,74	0,70	0,69	0,68	0,67	0,68	0,67	0,66	0,64	0,64	0,63	0,65	0,67
Tryptophan	0,24	0,24	0,24	0,23	0,22	0,22	0,22	0,22	0,21	0,20	0,20	0,20	0,20
Valin	1,07	1,00	1,02	0,97	0,95	0,95	0,95	0,95	0,95	0,95	0,95	0,96	0,97

Trotz dieser Einschränkung haben die bisherigen Versuche die Erkenntnisse bestätigt, die bereits vorher bei Untersuchungen zum Problem der Qualitätsbewertung von Futterproteinen gewonnen worden waren.

Tabelle 3 zeigt, daß bei den eingegebenen Restriktionen für die essentiellen AS die bisher als limitierend bekannten AS Methionin + Cystin und Lysin genau mit ihren Grenzwerten in die Lösungen eingegangen sind. Die Restriktionen für Methionin + Cystin $\geq$ 0,59% ergibt jedesmal 0,59%, die Restriktion für Lysin $\geq$ 1,0% bei allen Lösungen genau 1,0% der Futtermischungen. Alle anderen acht essentiellen AS liegen dann in den optimierten Mischungen z. T. erheblich über dem in Rechnung gestellten Bedarf der Versuchstiere (s. Tabelle 2).

Damit wird einmal mehr – diesmals allerdings von einer ganz anderen Grundlage aus – bestätigt, daß Methionin + Cystin sowie Lysin in fast allen Futtermitteln die den Eiweißwert am stärksten beeinflussenden AS darstellen. In unserem Institut vorgenommene vergleichende Untersuchungen an 20 Eiweißfutterstoffen von großer Variabilität in der Nährstoffzusammensetzung ergaben eine enge Korrelation zwischen der an Ratten ermittelten jeweiligen BW und dem entsprechenden Gehalt des Futtermittels an Methionin + Cystin sowie Lysin [11]. Demnach gilt auch in der Eiweißversorgung das Gesetz vom Minimum. Insbesondere in Eiweißfuttermischungen ist damit zu rechnen, daß stets Lysin und Methionin die limitierenden AS darstellen und mit Erfüllung des Bedarfes an diesen AS die Gewähr gegeben ist, daß auch die anderen AS im Überschuß vorhanden sind.

Weitere Optimierungsrechnungen bestätigen ferner, daß bei Ausschaltung dieser 3 AS Tryptophan und Histidin die nächstfolgenden limitierenden AS sind. Diese Erkenntnisse führen zu wichtigen Konsequenzen für die nächsten Arbeiten auf dem Gebiet der AS-Analytik und der Optimierung von Eiweißfuttermischungen. So müßte es in Zukunft für praktische Zwecke ausreichen, sich zur Beurteilung der Eiweißqualität von Futterstoffen auf die analytische Erfassung der 3 AS Lysin, Methionin + Cystin an Stelle der bisher 10 essentiellen AS zu beschränken. Für die lineare Optimierung von Eiweißfuttermischungen sollten zukünftig ebenfalls Restriktionen für die drei genannten AS genügen. Die sich daraus ergebenden Vereinfachungen sind von nicht geringer Bedeutung.

Abgesehen von diesen Ergebnissen erscheint es jedoch notwendig, einige kritische Bemerkungen über die Möglichkeiten, die heute in der Anwendung der linearen Optimierung von Futtermischungen liegen, hinzuzufügen, da gegenwärtig die Gefahr besteht, diese Methode zu überschätzen.

Wie alle mathematischen Methoden ist auch die lineare Optimierung nur dann voll leistungsfähig, wenn das eingegebene Programm und die Informationsdaten (z. B. Analysenwerte) präzise sind. Leider steht dem die noch vorhandene Unkenntnis über viele Bedarfswerte der verschiedenen Tierarten mit ihren Leistungsrichtungen an den einzelnen Nähr- und Wirkstoffen gegenüber.

Auch ist bekannt, daß man mit Durchschnittsgehalten für die ernährungsphysiologisch wichtigen Stoffe (besonders Proteingehalt) verschiedener Futtermittel als Eingabedaten für die Optimierungsrechnung Fehler riskiert, deren Ausmaß beträchtlich sein kann.

So können z. B. die Proteingehaltswerte des Winterweizens je nach genetischen und ökologischen Bedingungen zwischen 10 und 22% schwanken [6].

Selbst bei Futtermitteln tierischen Ursprungs gibt es z. T. größere Schwankungen im Proteingehalt, wie z. B. bei Fischmehlen von 50 bis 70%. Das bedeutet, daß von jedem in die Optimierungsrechnung einbezogenen Futterstoff die Analysendaten vorliegen müssen und daß demzufolge zumindest alle größeren Mischfutterbetriebe mit eigenen funktionstüchtigen Untersuchungslabors ausgerüstet und wissenschaftlich geleitet werden müssen.

Darüber hinaus ist über die Verfügbarkeit einiger Nähr- und Wirkstoffe, vor allem auch der AS, aus den verschiedenen Futterstoffen ebenfalls kaum etwas bekannt. Ferner muß bei vielen Inhaltsstoffen für das mathematische Modell gegenwärtig noch mit additiven Wirkungen gerechnet werden, obwohl es sich in einigen Fällen sicher um Wechselwirkungen handelt.

Schließlich sind viele Fragen über Bedeutung und Verwertung einzelner Inhaltsstoffe heute überhaupt noch nicht in Zahlenwerten darstellbar. So ist z. B. bekannt, daß P-Gaben aus organischen Verbindungen von Küken besser verwertet werden als anorganische Phosphorverbindungen. Bei einem Zusatz von 5% Fett zu Geflügelmischfutter sind Herkunft und Fettsäurezusammensetzung des Fettzusatzes auch keinesfalls gleichgültig. Beispiele dieser Art lassen sich vielfach anführen.

Alle diese unwägbaren Faktoren geben zu erkennen, daß noch sehr viel wissenschaftliche Arbeit zu leisten ist, bis die Methode der linearen Optimierung auf dem Gebiet der Tierernährung selbst „optimal" anwendbar sein wird.

Zusammenfassung

Nach Darlegung der Methode der linearen Optimierung wird das Ergebnis orientierender Versuche über die lineare Optimierung von Eiweißfuttermischungen mitgeteilt.

Die Überprüfung einer Auswahl der optimierten Lösungen in N-Bilanzversuchen an wachsenden Albinoratten ergab die Brauchbarkeit dieses Verfahrens für die Zusammensetzung von biologisch hochwertigen Eiweißfuttergemischen und bestätigte bzw. festigte die Kenntnisse über den Einfluß einzelner essentieller Aminosäuren auf den Eiweißwert von Futterproteinen. Weitere im Zusammenhang mit der Anwendung der Methode in der Tierernährungswissenschaft auftretende Probleme werden diskutiert.

Резюме

Излагается метод линеарного оптимирования, после чего сообщаются результаты ориентировочных опытов линеарного оптимирования смесей белковых кормов.

Проверка выбора оптимированных растворов в балансовых опытах с N на растущих белых крысах подтвердила пригодность этого способа для составления биологически высокоценных белковых кормовых смесей, подтвердила и упрочила знания о влиянии отдельных незаменимых аминокислот на ценность белка кормовых протеинов. В дальнейшем обсуждаются прочие проблемы, возникающие в питании животных и стоящие в связи с применением метода.

Summary

The author describes a method of linear optimation and reports the results of orienting experiments studying the linear optimation of mixed protein diets. Nitrogen balance studies with growing albino rats carried out to check a selection of optimized solutions showed that this method can be suitably used to determine the composition of mixed protein diets having a high biological value. These experiments also served to confirm and deepen existing knowledge about the influence of different essential amino acids on the protein value of dietary proteins. Further problems relating to the use of this method in animal nutrition are discussed.

Literaturverzeichnis

[1] BECHER, R., W. PRINZ H. SCHMIDTBORN und H. ZUCKER: Kraftfutter **46**, 107–117 (1963)
[2] HORSZCZARUK, F., und H.-D. BOCK: Z. f. Versuchstierkde. **2**, 126–131 (1963)
[2a] KRAMP, J.: Tagungsberichte der DAL Berlin **63**, 123–143 (1964)
[3] MITCHELL, H. H.: J. Biol. Chem. **58**, 873–903 (1924)
[4] NEAGLE, L., und V. HAYS: Feedstuffs **36**, Nr. 44, S. 8 (1963)
[5] NEHRING, K., und H.-D. BOCK: Arch. Tierernähr. **11**, 370–389 (1961)
[6] NEHRING, K.: Berichte und Vorträge der DAL Berlin, VI/1963, 103–145 (1964)
[7] SADOWSKI, W.: Theorie und Methoden der Optimierungsrechnung in der Wirtschaft, Verlag „Die Wirtschaft", Berlin 1963
[8] THOMAS, K.: Arch. Anat. u. Physiol., Physiol. Abt. 219–302 (1909)
[9] WAUGH, F. V.: J. Farm. Economics **33**, 299 (1951) zir. n. BECHER et al.
[10] WEINSCHENK, G., und E. NEANDER: Kraftfutter **43**, 60 (1960)
[11] WÜNSCHE, J., und H.-D. BOCK: Arch. Tierernähr. **15**, 103–111 (1965)

Eingegangen: 17. Juli 1964

Aus dem Oskar-Kellner-Institut für Tierernährung Rostock
der Deutschen Akademie der Landwirtschaftswissenschaften zu Berlin
(Dir. em. Prof. Dr. Dr. h. c. K. Nehring)

J. Wünsche und H.-D. Bock

Beitrag zur Qualitätsbeurteilung von Futterproteinen

Seitdem K. Thomas [34] 1909 die „Biologische Wertigkeit" (BW) als relatives Maß für die Qualitätsbeurteilung von Futterproteinen eingeführt hatte, wurden in der Folgezeit viele verschiedene Maßstäbe zur Bestimmung des Eiweißwertes erarbeitet und vorgeschlagen. Die allen Maßstäben zugrunde liegenden Methoden beruhen entweder auf Tierexperimenten [3, 5, 6, 10, 18, 19, 21, 30], auf der Verwertung der Aminosäuren (AS) durch Mikroorganismen [9, 12, 13, 26, 32, 33] oder aber auf Berechnungen zur Ermittlung der Eiweißwertigkeit aus dem Gehalt an essentiellen Aminosäuren [16, 20, 22, 31]. Vor- und Nachteile aller bisherigen Verfahren sind hinlänglich diskutiert worden [1, 4, 24].

Die Erkenntnisse und Erfahrungen der letzten Jahre einerseits sowie die sich im Hinblick auf die Entwicklung einer modernen Mischfutterindustrie – z. B. Anwendung mathematischer Modelle – abzeichnenden Aufgabenstellungen andererseits lassen erwarten, daß man durch Erfassung der komplexen Zusammenhänge zwischen dem im Tierversuch ermittelten Eiweißwert eines Futterstoffes und seinem Gehalt an den essentiellen AS zu einer Beurteilung der Eiweißqualität gelangen und damit Wege für den rationellen Einsatz wertvoller Eiweißfutterstoffe über den Weg der Mischfutterbereitung finden kann.

In der vorliegenden Arbeit soll an einem für die Gesamtheit aller Eiweißfutterstoffe repräsentativen Material geprüft werden, ob die im Tierversuch ermittelte BW zu den auf analytischem Wege bestimmbaren essentiellen AS in Beziehung steht. Und zwar sollten sowohl der Grad der Abhängigkeit als auch der Einfluß, den die einzelnen essentiellen AS auf die BW ausüben, untersucht werden.

Untersuchungsmaterial und -methoden

Das Untersuchungsprogramm umfaßte insgesamt 29 Futtermittel:

Fischmehl	Futtererbsen	Maiskeimkuchen	Roggen
Dorschmehl	Süßlupinen (weiße)	Erdnußexpeller	Roggenkleie
Magermilchpulver	Ackerbohnen	Sonnenblumenextraktionsschrot	Gerstenschrot
Molkeneiweiß		Rapsextraktionsschrot	Weizenschrot
Tierkörpermehl	Trockengrünluzerne	Sesamextraktionsschrot	Weizenkleie
Federmehl	Trockengrünhafer	Kokosextraktionsschrot	Hafer
		Erdnußextraktionsschrot	Mais
Futterhefe		Sojaextraktionsschrot	
		Palmkernextraktionsschrot	
		Crambeextraktionsschrot	

Von diesen Futtermitteln erfolgte die Bestimmung der BW nach dem in unserem Institut üblichen N-Bilanzverfahren an wachsenden Albinoratten [23, 27] und die Analyse auf den Gehalt an essentiellen AS in den Total-Hydrolysaten (Säurehydrolysaten) nach der mikrobiologischen Methode [36, 38].

Der mögliche Zusammenhang zwischen den AS-Gehalten und der BW dieser Futtermittel wurde mit Hilfe der multiplen Korrelations- und Regressionsrechnung [15, 35] ermittelt.

Ergebnisse und Diskussion

In der Tabelle 1 sind die untersuchten Futtermittel – nach Gruppen geordnet – mit ihren Trockensubstanz-, Rohprotein- und AS-Gehalten sowie mit der an Ratten ermittelten BW dargestellt.

Signifikant positive Korrelationen zeigten sich zwischen der BW und den Gehalten an Methionin + Cystin[1] sowie Tryptophan; nach Weglassung der Getreideproteine auch zwischen der BW und Lysin sowie Threonin. Bei den anderen essentiellen AS ergaben sich keine statistisch gesicherten Beziehungen zum Eiweißwert. Wegen seiner bei enzymatischen in vitro-Versuchen beobachteten niedrigen Verfügbarkeit wurde auch das Histidin als eine die BW mitbestimmende AS angesehen. Es war somit gerechtfertigt, sich bei der Berechnung der Mehrfachregression von vornherein auf diese fünf AS zu beschränken.

Bei Einbeziehung aller 29 Futtermittel in die Berechnungen ergab sich zwischen den AS Histidin ($= x_1$), Lysin ($= x_2$), Tryptophan ($= x_3$), Methionin + Cystin ($= x_4$) und Threonin ($= x_5$) und der BW ($= Y$) folgende Regressionsgleichung:

$$(1) \qquad Y = 29{,}24 + 0{,}14\,x_1 - 0{,}38\,x_2 + 2{,}78\,x_3 + 10{,}14\,x_4 + 1{,}41\,x_5.$$

Diese Gleichung kann physiologisch nicht gedeutet werden, da der Regressionskoeffizient für Lysin ein negatives Vorzeichen aufweist; woraus gefolgert werden müßte, daß Lysin die BW negativ beeinflußt. Als Ursache für das Auftreten eines negativen Regressionskoeffizienten für Lysin muß die Einbeziehung der im Verhältnis zur Futtermittelauswahl großen Zahl an Getreideproben – von 29 Futtermitteln allein sieben Getreideprodukte – angesehen werden. Das würde eine innerhalb des zu prüfenden Futtermittel-Sortiments unzulässige Schwergewichtsverlagerung auf die in ihrer Nährstoffzusammensetzung im allgemeinen uniformen Getreideprodukte, die ohnehin nicht als eigentliche Eiweißfuttermittel angesprochen werden können, bedeuten.

Da außerdem bei allen Getreideproteinen Lysin die limitierende AS ist, Ratten jedoch das Getreideprotein durchschnittlich wesentlich besser verwerten als Schweine [10, 27] – die Ratte hat im Vergleich zum Schwein einen geringeren Lysin-, dafür aber einen höheren Methioninbedarf –, erwies es sich als notwendig

[1] Cystin ist in der Lage, Methionin z. T. zu ersetzen. Aus diesem Grunde wurden die Methionin- und Cystingehalte addiert, jedoch nur bis maximal zum doppelten Methioningehalt. Der bei verschiedenen Futtermitteln darüber hinaus noch vorhandene Cystin-Überschuß dürfte kaum noch als methioninwirksam anzusehen sein.

und gerechtfertigt, die sieben Getreideprodukte (Nr. 23–29) für die Beurteilung der Qualität von Futterproteinen auszuklammern.

Zwischen den verbleibenden 22 Futterproteinen (ohne Getreide) und der BW ergab sich folgende Regression:

$$(2) \qquad Y = 23{,}38 - 0{,}30\,x_1 + 1{,}26\,x_2 + 2{,}81\,x_3 + 9{,}90\,x_4 + 0{,}09\,x_5.$$

Schaltet man nacheinander das einen negativen Koeffizienten aufweisende Histidin (Regressionskoeffizient = −0,30), das die BW gleichfalls nur wenig beeinflussende Threonin (Regressionskoeffizient = + 0,09) und Tryptophan, das auf Grund seines niedrigen absoluten Gehaltes (vgl. Tabelle 1) ebenfalls nur von geringem Einfluß auf die Höhe der BW ist, aus den Regressionsgleichungen aus, so erhält man folgende Beziehungen zur BW:

$$(3) \qquad Y = 22{,}98 + 1{,}24\,x_2 + 2{,}72\,x_3 + 9{,}88\,x_4 + 0{,}08\,x_5 \pm 6{,}6$$

$$(4) \qquad Y = 23{,}06 + 1{,}25\,x_2 + 2{,}93\,x_3 + 9{,}86\,x_4 \pm 6{,}6$$

$$(5) \qquad Y = 24{,}80 + 1{,}33\,x_2 + 10{,}33\,x_4 \pm 6{,}6$$

$$R = +\,0{,}88$$

Die die Abweichung zwischen experimentell ermittelten und statistisch errechneten BW-Werten widerspiegelnde Streuung erhöht sich nicht, wenn die BW statt in Abhängigkeit von ursprünglich 5 AS nur in Abhängigkeit vom Lysin- und Methionin + Cystin-Gehalt errechnet wird. Daraus geht deutlich hervor, daß die BW in der gewählten Kollektion an Eiweißfutterstoffen praktisch nur vom Gehalt an diesen beiden AS bestimmt wird. Man kann sich daher zur Beurteilung der Eiweißqualität für praktische Zwecke auf die Gehalte an Lysin und Methionin + Cystin beschränken. Der Analysenaufwand kann damit wesentlich herabgesetzt werden.

Die Gleichungen zeigen ferner, daß Methionin + Cystin (x_4) den stärksten Einfluß auf die BW ausüben und daß das Lysin (x_2) demgegenüber – zumindest bei Ratten – an Bedeutung zurücktritt.

Wollte man auch noch auf das Lysin verzichten und die BW nur noch in Abhängigkeit von den Methionin + Cystingehalten berechnen, so würde man, wie aus der folgenden Regressionsgleichung hervorgeht, eine deutliche Erhöhung der Streuung in Kauf nehmen müssen.

$$(6) \qquad Y = 29{,}93 + 11{,}39\,x_4 \pm 7{,}3.$$

Bei der Qualitätsbeurteilung von Futterproteinen den Lysingehalt zu vernachlässigen, hieße, die Genauigkeit der Aussage in nicht zu vertretendem Umfang herabzumindern. Ein weiterer Umstand, der eine Einbeziehung des Lysins in die Regressionsgleichungen zur Berechnung der BW notwendig erscheinen läßt, ist der im Verhältnis zur Ratte höhere Lysinbedarf des Schweines, der bei einer Übertragung der hier dargestellten Beziehungen auf die Eiweißversorgung des Schweines unbedingt berücksichtigt werden muß.

Die noch verhältnismäßig hohe Streuung von ± 6,6 ist vor allem dadurch bedingt, daß bei Crambeextraktionsschrot und Palmkernextraktionsschrot die im

Tabelle 1

Trockensubstanz-, Rohprotein- und Aminosäurengehalte sowie an Ratten ermittelte biologische Wertigkeit von 29 Futtermitteln

Lfd. Nr.	Futtermittel	Tr.S. %	Rohprotein (Tr.S.) %	g/16 g N Arginin	Histidin	Lysin	Phenylalanin	Tryptophan	Methionin	Cystin	Threonin	Valin	Leucin	Isoleucin	BW (Ratten)
1	Fischmehl	90,91	69,49	5,9	2,6	8,7	4,1	1,2	2,8	0,7	4,4	5,6	7,4	5,3	80,9 ± 1,9*
2	Dorschmehl	92,61	69,54	7,0	2,3	8,9	4,4	1,2	3,1	1,0	4,8	6,0	7,9	6,0	80,0 ± 1,7
3	Magermilchpulver	92,28	35,88	3,7	2,8	8,7	5,1	1,4	3,0	0,6	4,9	7,1	10,6	7,4	84,0 ± 2,3
4	Molkeneiweiß	91,35	45,63	3,9	2,2	9,9	3,9	1,9	2,6	2,6	5,7	6,8	13,3	7,7	85,0 ± 1,0
5	Tierkörpermehl	93,06	63,79	7,3	1,8	7,4	3,4	0,7	1,6	0,4	3,8	4,6	6,9	3,9	51,4 ± 1,0
6	Federmehl	96,42	66,31	5,4	0,6	1,2	3,9	0,3	0,4	6,6	4,0	8,0	7,6	4,8	39,8 ± 2,1
7	Futterhefe	91,74	45,37	5,8	1,7	7,8	4,5	1,0	1,1	0,6	4,7	5,7	6,4	6,2	59,0 ± 1,8
8	Futtererbsen	90,57	22,05	11,4	3,0	8,5	5,7	1,1	0,9	1,3	4,7	6,4	9,0	6,4	48,0 ± 1,4
9	Süßlupinen, weiße	92,14	33,71	11,4	2,4	6,1	3,6	0,9	0,8	1,9	4,1	4,6	7,2	5,4	49,0 ± 2,0
10	Ackerbohnen	91,75	27,66	9,7	2,4	7,2	4,3	0,9	0,8	0,6	4,0	5,7	7,6	5,9	43,2 ± 1,8
11	Luzernegrünmehl	91,87	20,02	5,0	2,0	6,1	4,8	1,7	1,2	0,7	4,6	7,0	8,1	5,8	55,5 ± 1,1
12	Trockengrünhafer	92,89	11,44	3,8	1,9	4,4	4,5	2,1	1,4	0,6	4,3	6,3	6,9	5,8	52,3 ± 2,1
13	Maiskeimkuchen	96,23	23,08	7,1	4,2	4,2	4,4	1,1	1,3	1,8	4,4	6,4	8,3	4,3	59,3 ± 2,0
14	Erdnußexpeller	91,07	50,48	12,5	2,3	3,5	5,2	1,0	1,1	2,1	2,9	4,5	6,4	4,0	56,1 ± 1,8
15	Sonnenblumenextraktionsschrot	91,24	45,67	9,6	2,5	4,5	4,8	1,6	2,1	1,4	4,4	6,0	6,8	5,6	71,0 ± 1,6
16	Rapsextraktionsschrot	90,37	37,75	6,5	3,0	6,3	4,1	1,2	1,5	4,4	4,9	5,7	7,5	4,9	69,2 ± 1,5
17	Sesamextraktionsschrot	90,60	47,44	10,9	2,6	3,1	4,5	1,5	2,2	1,4	4,1	6,2	7,3	6,4	68,0 ± 1,2
18	Kokosextraktionsschrot	91,79	24,42	12,2	1,8	2,8	4,3	0,8	1,6	2,0	3,3	5,7	6,7	4,1	60,5 ± 1,8
19	Erdnußextraktionsschrot	95,22	57,36	12,2	2,4	3,5	5,2	1,0	0,9	1,9	2,9	4,8	6,5	4,0	47,5 ± 0,8
20	Sojaextraktionsschrot	88,72	52,13	7,7	2,5	7,0	5,0	1,3	1,0	1,2	4,2	5,3	7,1	5,9	56,8 ± 2,2
20a	Sojaextraktionsschrot (getoastet)	89,12	52,36	7,8	2,6	6,8	4,4	1,2	1,4	1,9	4,4	5,8	7,7	6,0	68,6 ± 1,3
21	Palmkernextraktionsschrot	87,41	21,18	13,6	1,8	4,0	3,8	0,8	1,7	2,5	3,4	5,4	7,2	4,1	51,0 ± 2,1

22	Crambeextraktionsschrot	94,86	34,17	6,8	2,7	5,9	4,5	1,1	1,1	1,2	4,8	4,9	6,2	4,8	37,5 ± 1,7
23	Roggenschrot	88,84	10,17	5,1	2,0	3,8	4,0	1,2	1,2	1,7	3,9	5,1	6,0	4,4	84,2 ± 0,9
24	Roggenkleie	88,35	14,26	6,7	2,8	4,7	3,9	0,8	1,4	1,0	4,5	5,8	6,1	4,7	76,5 ± 2,6
25	Weizenschrot	90,90	18,62	4,8	2,3	2,6	4,5	1,0	1,3	1,0	3,2	4,6	6,4	4,5	63,9 ± 1,2
26	Weizenkleie	91,40	20,14	5,5	2,4	4,0	3,4	1,4	1,0	1,5	3,7	5,1	5,7	4,0	70,4 ± 2,6
27	Gerstenschrot	88,89	11,81	5,1	1,9	3,1	4,0	1,1	1,2	1,7	4,0	5,2	6,5	4,4	74,8 ± 1,6
28	Hafer	88,35	10,36	6,0	2,1	3,8	4,5	1,0	1,4	3,4	3,6	5,7	7,8	4,8	70,3 ± 2,0
29	Mais	89,59	9,98	4,3	2,9	2,9	4,5	0,8	1,6	2,5	3,9	5,3	13,6	4,5	68,3 ± 1,2

$$* \; m = \pm \sqrt{\frac{\Sigma (x - \bar{x})^2}{n\,(n-1)}}$$

Tierversuch ermittelte BW Abweichungen von $-16{,}8$ bzw. $-14{,}2$ BW-Einheiten gegenüber der berechneten BW aufweist.

Die Gründe für die hohen Abweichungen dürften in folgendem zu sehen sein:

Aus der Literatur [2] ist bekannt, daß Crambe die Futterverwertung mindernde Stoffe (Thioglucoside) enthält, die sich mittels Methanol- oder Wasserextraktion entfernen lassen. Eigene Untersuchungen ergaben gleichfalls das Vorhandensein von schädigend wirkenden Stoffen, die die Verwertung des Proteins beeinträchtigen (   ).

Ähnliche Verhältnisse scheinen beim Palmkernextraktionsschrot vorzuliegen. In diesem Zusammenhang sei auf die ebenfalls schlechte energetische Verwertung dieses Futterstoffes durch Ratten hingewiesen, die auf den hohen Cellulosegehalt und die damit verbundene niedrige Verdaulichkeit zurückzuführen sein dürfte [29]. Damit erscheint es richtig, diese beiden Futterstoffe auszuklammern.

Bei dem für diese Untersuchungen zur Verfügung stehenden Sojaextraktionsschrot handelte es sich um ein unbehandeltes („ungetoastetes") Produkt. Sojaextraktionsschrot enthält jedoch bekanntlich einen die Eiweißverwertung mindernden Inhibitor [8, **11**, **17**], der die Verfügbarkeit der entscheidenden AS Lysin und Methionin + Cystin für den tierischen Organismus z. T. beträchtlich verschlechtert [28]. Da Dampferhitzen („Toasten") eine Zerstörung dieses Inhibitors bewirkt, werden die wichtigsten AS erst *nach* dieser Behandlung im tierischen Organismus im sonst üblichen Umfang resorbierbar.

Es war daher folgerichtig, an Stelle der Werte für das unbehandelte Sojaextraktionsschrot die des früher schon von uns untersuchten [28] „getoasteten" Materials einzusetzen (Tabelle 1, Nr. 20a).

Die Prüfung der Zusammenhänge zwischen den AS-Gehalten und der BW unter Heranziehung der verbleibenden 20 Futtermittel (*ohne* Crambe- und Palmkernextraktionsschrot, *mit* „getoastetem" Sojaextraktionsschrot) ergab bei sukzessivem Ausschalten von Tryptophan, Histidin und Threonin wiederum eine gleichbleibende Streuung, was nochmals zeigt, daß diese AS keinen *entscheidenden* Einfluß auf die Höhe der BW ausüben.

In Abhängigkeit vom Lysin ($= x_2$)- und Methionin + Cystin ($= x_4$)-Gehalt wurde folgende Beziehung zur BW ($= Y$) ermittelt:

(7) $$Y = 27{,}39 + 0{,}91\,x_2 + 11{,}06\,x_4 \pm 4{,}5$$
$$R = +\,0{,}94.$$

Die Streuung hat sich nach Ausschalten der oben genannten Futtermittel von ± 6,6 (± 11,1%) auf ± 4,5 (± 7,4%) verringert, der multiple Korrelationskoeffizient R von + 0,88 auf + 0,94 erhöht. Es besteht somit eine hochsignifikante Beziehung zwischen den Lysin- und Methionin + Cystin-Gehalten einerseits und der im Tierversuch ermittelten BW. Aus dem Gehalt an diesen AS läßt sich die BW eines Futtermittels mit einer Streuung von ± 5 BW-Einheiten berechnen.

Bei im Stoffwechselkastensystem nach HORSZCZARUK und BOCK [14] durchgeführten N-Bilanzversuchen an Albinoratten zur Bestimmung der BW ergab sich für bisher 66 Futterproteine eine durchschnittliche Streuung

$$s = \pm\sqrt{\frac{\Sigma\,(x - \bar{x})^2}{n - 1}}$$

von ± 4,1 BW-Einheiten (= ± 5,9%).

Die mikrobiologische AS-Bestimmung weist eine durchschnittliche Streuung von ± 5% auf [38].

Auf Grund der in den Bestimmungsmethoden liegenden Fehlerbreite ist somit eine weitere Verminderung der Streuung nicht zu erwarten.

Aus Gleichung 7 geht wiederum hervor, daß Methionin + Cystin einen wesentlich stärkeren Einfluß auf die BW ausüben als Lysin. Der von NEHRING [25] unter Heranziehung von z. T. anderen Futtermitteln ($n = 25$) und unter Benutzung von Lysin ($= x_2$) und Methionin + $^1/_2$ Cystin ($= x_4$) dargestellte Zusammenhang zur BW ($= Y$)

$$Y = 25{,}76 + 1{,}43\,x_2 + 12{,}01\,x_4 \pm 6{,}2$$
$$R = +\,0{,}91$$

zeigt prinzipielle Übereinstimmung mit den hier erhaltenen Ergebnissen.

Die an einem breiten Untersuchungsmaterial aufgefundenen engen Beziehungen zwischen der im Tierversuch bestimmten BW und den in den Säurehydrolysaten der Futtermittel ermittelten Gesamtgehalten an Lysin und Methionin + Cystin lassen erkennen, daß die Verfügbarkeit dieser AS offenbar nur eine untergeordnete Rolle spielt. In früher von uns durchgeführten Untersuchungen [37] waren die nach enzymatischer Hydrolyse mikrobiologisch verfügbaren AS für BW-Berechnungen, die sich über ein breites Futtermittelspektrum erstreckten, weniger gut geeignet als die in den Total-Hydrolysaten vorhandenen Gesamtgehalte an AS. Innerhalb gleicher Futtermittelarten wiesen jedoch die enzymatisch verfügbaren AS engere Korrelationen zur BW auf als die Gesamt-AS-Gehalte.

Wenn auch die in den aufgestellten Regressionsgleichungen zum Ausdruck kommenden Beziehungen noch einer Bestätigung bzw. Ergänzung durch entsprechende Eiweißwertbestimmungen an Schwein und Geflügel bedürfen, ist unseres Erachtens auf diesem Wege jedoch grundsätzlich eine für praktische

Zwecke ausreichende Beurteilung der Eiweißqualität von einzelnen Futterproteinen möglich.

Darüber hinaus kommt diesen Ergebnissen noch eine weitere Bedeutung zu. Für die Kostenminimierung von Mischfuttermitteln mit Hilfe der linearen Optimierung berücksichtigt man hinsichtlich der AS gegenwärtig im allgemeinen noch den Gehalt der Futtermittel an allen zehn essentiellen AS. Das hier vorliegende Material zeigt, daß es genügen müßte, die Programmierung mit den genannten drei AS vorzunehmen. Diese Hypothese ist inzwischen durch die ersten Ergebnisse der Arbeiten über die Anwendung der linearen Optimierung für die Rezeptierung von Eiweißmischungen bestätigt worden [7]. Alle bisherigen Lösungen ergeben, daß bei Minimierung der AS Lysin und Methionin + Cystin entsprechend dem Bedarf des tierischen Organismus alle anderen essentiellen AS in den optimierten Mischungen in über dem jeweiligen Bedarf liegenden Mengen vorhanden sind. Zu gegebener Zeit wird darüber ausführlich berichtet werden.

Zusammenfassung

An einem breiten und repräsentativen Sortiment von insgesamt 29 Futterproteinen wurden auf mikrobiologischem Wege der jeweilige Gehalt an den essentiellen Aminosäuren (AS) und gleichzeitig an Albinoratten die entsprechende biologische Wertigkeit (BW) des Eiweißes bestimmt. Mit Hilfe der multiplen Regressions- und Korrelationrechnung erfolgte eine Prüfung auf bestehende Beziehungen zwischen AS-Gehalt und BW jedes Futtermittels. Nach aus dargelegten Gründen vorgenommener Ausschaltung der Getreideproben und einiger anderer Futtermittel (Crambe- und Palmkernextraktionsschrot) ergaben sich bei nunmehr 20 Futtermitteln mit $R = +0{,}94$ statistisch hoch gesicherte Korrelationen zwischen der BW und den entsprechenden Lysin- und Methionin + Cystin-Gehalten. Die anderen AS des untersuchten Futtermittelsortiments hatten keinen meßbaren Einfluß auf die Eiweißqualität.

Aus den Gehalten an Lysin und Methionin + Cystin läßt sich ohne Berücksichtigung ihrer Verfügbarkeit die BW mit einer Streuung von $\pm$ 5 BW-Einheiten berechnen. Methionin + Cystin üben einen wesentlich stärkeren Einfluß auf die BW aus als Lysin.

Da das vorliegende Futtermittelsortiment als repräsentativ anzusehen ist, kann der für die praktische Beurteilung der Eiweißqualität von Futterstoffen erforderliche Analysenaufwand auf die Bestimmung dieser drei AS beschränkt werden.

Резюме

Работая с обширным представительным ассортиментом, в общей сложности, из 29 протеинов корма, мы определяли с микробиологическим сбособа содержание незаменимых аминокислот (АК) и одновременно с этим на белых крысах соответствующую биологическую ценность (БЦ) белка. При помощи многократных регрессивных и коррелятивных вычислений было проведено исследование на имеющееся соотношение между содержанием АК и БЦ каждого корма. После выключения по изложенным выше причинам проб зерновых и некоторых других кормов (крамбовый и экстрагированный шрот пальмовых семян) были получены для 20 кормов с R = + 0,94 статистически надежно выверенные корреляции между БЦ и соответствующим содержанием лизина и метионин + цистин. Прочие АК исследованного ассортимента кормов не оказывали сколько-нибудь заметного влияния на качество белка.

Из содержания лизина и метионин + цистин можно вычислать БЦ без учета ее доступности, при колебании от ± 5 единиц БЦ. Метионин + цистин оказывают значительно большее влияние на БЦ, чем лизин.

Так как имеющийся ассортимент кормов является представительным, то число анализов для практической оценки качества белка кормов может быть ограничено определением этих трех АК.

Summary

The content of essential amino acids in dietary protein was determined by microbiological methods on a broad and representative assortment of **29** feed proteins. Simultaneously, the corresponding biological values of these proteins were determined with albino rats. Possible relationships existing between the content of essential amino acids and the biological value of each dietary protein were studied by utilizing a calculation of multiple regression and correlation. For various reasons indicated here all grain samples and some other feedstuffs (crambe oil meal and palm kernel oil meal) were eliminated, and the statistically firmly established correlation between the biological values and the corresponding content of lysine and methionine plus cystine in the remaining **20** feedstuffs was found to be $R = + 0{,}94$. The other essential amino acids contained in the feedstuffs studied had no measurable effect on the protein quality.

The biological value of these proteins can be calculated from the content of lysine and methionine plus cystine (irrespective of their availability) with a standard deviation of ± **5** biological value-units. Methionine plus cystine were found to influence the biological value much more strongly than lysine.

Since the range of feedingstuffs used in these experiments can be regarded as representative the number of analyses necessary for the practical evaluation of protein quality can be reduced to these **3** essential amino acids.

Literaturverzeichnis

[1] Adrian, J., und A. Rerat: Méthodes d'évaluation de la valeur nutritive des proteines. Centre Nat. Rech. Sci. Paris **1958**, Nr. **1**, **1–94**

[2] Anonym: Feedstuffs **35**, Nr. **39**, S. **32** (**1963**)

[3] Arnould, R.: L'utilisation des proteines pour la croissance. Diss. Univ. de Louvain, 109 S. (**1961**)

[4] Bender, A. E.: Proc. Nutrit. Soc. **17**, 85–91 (1958)

[5] Bender, A. E.: Brit. J. Nutrit. **10**, **135–143** (**1956**)

[6] Bender, A. E., und D. S. Miller: Biochem. J. **53**, VII (**1953**)

[7] Bock, H.-D., K. Nehring und G. Schadereit: Arch. Tierernähr. **15**, **93–101** (**1965**)

[8] Borchers, R.: J. Nutrit. **75**, 330–334 (1961)
[9] Ford, J. E.: Brit. J. Nutrit. **14**, 485–497 (1960)
[10] Gebhardt, G.: Die Bewertung des Futtereiweißes nach dem N-Bilanz-Verfahren an wachsenden Tieren. 160 S. (1963), Habil.-Schrift, Univ. Halle
[11] Haines, P. C., und R. L. Lyman: J. Nutrit. **74**, 445–452 (1961)
[12] Halevy, S., und N. Grossowicz: Proc. Soc. Exper. Biol. and Med. **82**, 567–571 (1953)
[13] Horn, M. J., A. E. Blum und M. Womack: J. Nutrit. **52**, 375–381 (1954)
[14] Horszczaruk, F., und H.-D. Bock: Z. Versuchstierkd. **2**, 126–131 (1963)
[15] Koller, S.: Statistische Auswertungsmethoden. In: H. M. Rauen: Biochemisches Taschenbuch 1184–1266 (1956), Berlin, Göttingen, Heidelberg, Verlag Springer
[16] Korpáczy, J., K. Lindner und K. Varga: Qualit. Plant. et Vegetab. **8**, 130–138 (1961)
[17] Liener, I. E.: Effect of heat on plant proteins. In: A. M. Altschul: Processed plant protein foodstuffs 79–129 (1958), New York, Academic Press Inc.
[18] Mangold, E., und A. Columbus: Landw. Vers.-Stat. **129**, 110–123 (1938)
[19] Mitchell, H. H.: J. Biol. Chem. **58**, 872–903 (1923/24)
[20] Mitchell, H. H.: Wiss. Abh. Dt. Akad. Landwirtsch.-Wiss. Berlin V/**2**, 279–325 (1954)
[21] Mitchell, H. H., und G. G. Carman: Amer. J. Physiol. **76**, 398–410 (1926)
[22] Mitchell, H. H., und R. J. Block: J. Biol. Chem. **163**, 599–620 (1946)
[23] Nehring, K.: Arch. Tierernähr. 5. Beih. 110–126 (1954)
[24] Nehring, K.: Die Bestimmung der biologischen Wertigkeit des Eiweißes. Sitz.-Ber. Dt. Akad. Landwirtsch.-Wiss. Berlin **8**, H. 11, 34–43 (1959)
[25] Nehring, K.: Berichte und Vorträge Dt. Akad. Landwirtsch.-Wiss. Berlin, **VI/1963**, 103–145 (1964)
[26] Nehring, K., und J. Wünsche: Z. Tierphysiol., Tierernähr. u. Futtermittelkunde **14**, 55–65 (1959)
[27] Nehring, K., und H.-D. Bock, Arch. Tierernähr. **11**, 370–392 (1961)
[28] Nehring, K., H.-D. Bock und J. Wünsche: Die Nahrung **7**, 233–242 (1963)
[29] Nehring, K., R. Schiemann, L. Hoffmann und W. Jentsch: Arch. Tierernähr. **13**, 119–132 (1963)
[30] Osborne, T. B., L. B. Mendel und E. L. Ferry: J. Biol. Chem. **37**, 223–229 (1919)
[31] Oser, B. L.: J. Amer. Dietet. Assoc. **27**, 396–402 (1951)
[32] Rosen, G. D., und W. R. Fernell: Brit. J. Nutrit. **10**, 156–169 (1956)
[33] Stott, J. A., H. Smith und G. D. Rosen: Brit. J. Nutrit. **17**, 227–233 (1963)
[34] Thomas, K.: Arch. Anat. u. Physiol., Physiol. Abt. 219–302 (1909)
[35] Weber, E.: Grundriß der biologischen Statistik. 4. Aufl., 566 S. (1961), Jena, VEB Fischer-Verl.
[36] Wünsche, J.: Wiss. Abh. Dt. Akad. Landwirtsch.-Wiss. Berlin **37**, 164–177 (1958)
[37] Wünsche, J.: Tagungsberichte Dt. Akad. Landwirtsch.-Wiss. Berlin **63**, 111–120 (1964)
[38] Wünsche, J.: Tagungsberichte Dt. Akad. Landwirtsch.-Wiss. Berlin **64**, 23–31 (1964)

Eingegangen am 2. 7. 1964

Aus dem Institut für Agrikulturchemie und Bodenkunde der Universität Rostock
(Direktor: Prof. Dr. Dr. h. c. K. Nehring)

K. Nehring und I. Schröder

Untersuchungen zur enzymatischen Hydrolyse von Eiweißfutterstoffen in vitro

4. Mitteilung

Über die enzymatische Freisetzung der Aminosäuren aus Eiweißfutterstoffen

1. Einleitung

Optimale Aminosäureausnutzung und Proteinsynthese können im Organismus nur eintreten, wenn die Aminosäuren am Ort der Synthese in bestimmten Mengenverhältnissen und gleichzeitig zur Verfügung stehen. Bei gestörten Aminosäurerelationen erfolgt dagegen die Proteinsynthese zögernd oder unzureichend oder beim Fehlen einiger essentieller Aminosäuren verfallen die anderen dem oxydativen Abbau, wobei es gleichgültig ist, ob die fehlenden Aminosäuren nicht in der notwendigen Menge im Protein vorhanden sind, oder ob sie enzymatisch nicht oder nur verzögert freigesetzt werden können.

So konnte durch Tierversuche bestätigt werden, daß bei einer zeitlich unterschiedlichen Verabreichung von Aminosäuren oder Proteinen bei Ergänzungsversuchen die Tiere ein wesentlich geringeres oder kein Wachstum zeigten [vgl. u. a. **3, 4, 7, 8, 9, 10, 11, 13**].

Die Ermittlung der Freisetzungsraten der Aminosäuren aus Eiweißfutterstoffen ist mittels tierexperimenteller Versuche sehr schwierig durchzuführen. Bei in vitro-Untersuchungen muß jedoch immer berücksichtigt werden, daß die Verhältnisse im tierischen Organismus nur annähernd wiedergegeben werden können.

Größere Unterschiede in der Freisetzung von Aminosäuren dürften aber auch durch in vitro-Methoden erfaßt werden, insbesondere dann, wenn es sich darum handelt, reproduzierbare Werte zu erhalten. Der Vorteil der in-vitro-Untersuchungen wird augenscheinlich, wenn es darum geht, Analysen der Verdauungsrückstände durchzuführen, die bei Tierversuchen durch die Magen- und Darmsekrete und unkontrollierbaren Fäulnisvorgänge sehr erschwert werden und bis heute kaum befriedigend durchgeführt werden können.

Aus den wenigen Arbeiten, die sich mit der Bestimmung der verfügbaren Aminosäuren in vitro befaßten, können keine Aussagen über die Zusammensetzung der größeren Bruchstücke („Polypeptide") und des enzymatischen Rückstandes entnommen werden.

2. Methodik

Um durch die Untersuchungen einen größeren Überblick zu erhalten, wurden von den verschiedenen Gruppen der Futterstoffe einzelne Vertreter für die Untersuchung ausgewählt. So kamen von den Grünfutterstoffen die Luzerne (Rohprotein 19,6%), von den Körnern und Samen die Sommergerste (Rohprotein 9,7%), von den Leguminosen die gelbe Süßlupine „Weiko III" (Rohprotein 44,8%), als Vertreter der Extraktionsschrote das Rapsextraktionsschrot (Rohprotein 36,6%) und als tierischer Futterstoff das Fleischmehl (Rohprotein 78,1%) zur Untersuchung.

Wie aus unserer 1. Mitteilung [14] ersichtlich ist, ist die Beschaffenheit des Untersuchungsmaterials bei enzymatischen Untersuchungen von nicht unwesentlicher Bedeutung. Von diesen Futterstoffen wurden daher Gerste, Lupine, Luzerne und Fleischmehl unter unserer Kontrolle für die Untersuchungen vorbereitet, d. h. vorsichtig bei maximal 50–60 °C getrocknet und anschließend auf eine Korngröße von maximal 0,4 mm gebracht.

Über das Rapsextraktionsschrot kann als Handelsprodukt in dieser Hinsicht keine Aussage gemacht werden. Es wurde lediglich bis zu einer Korngröße von maximal 0,4 mm zerkleinert.

Zur Untersuchung der enzymatischen Freisetzung der Aminosäuren aus den Eiweißfutterstoffen und der Zusammensetzung der Peptide und ungespaltenen Proteine wurden, wie bereits in der Mitteilung 1 dargelegt wurde, folgende drei Fraktionen unterschieden:

Fraktion I ... Aminosäuren und niedere Peptide
Fraktion II ... „Polypeptide"
Fraktion III ... Proteine

Diese enzymatischen Fraktionen wurden zur Lösung aller Peptidbindungen einer anschließenden Säurehydrolyse unterworfen (vgl. Mitteilung 2 [15]).

Da in der Fraktion I außer den freien auch noch peptidartiggebundene Aminosäuren vorhanden sind, war auch hier eine anschließende Säurehydrolyse erforderlich, um die bei der quantitativen papierchromatographischen Bestimmung störenden Peptide zu hydrolysieren. Da jedoch in der Fraktion I die verfügbaren Aminosäuren enthalten sind, nach der Säurehydrolyse die peptidartiggebundenen von den freien Aminosäuren nicht mehr unterschieden werden können, werden demgemäß auch die Aminosäuren der niederen Peptide mit erfaßt. Es darf jedoch aus folgenden Gründen angenommen werden, daß die in Fraktion I vorkommenden Aminosäuren und niederen Peptide als von den Tieren verwertbar angesehen werden können:

a) wurde nach der Methode zur Extraktion von „freien Aminosäuren" aus biologischem Material gearbeitet, die von verschiedenen Autoren angegeben wird [1, 2, 5, 17]
b) werden auch bei mikrobiologischen Bestimmungen von Aminosäuren durch die Mikroorganismen peptidartiggebundene Aminosäuren (niedere Peptide) verwertet und wie die mikrobiologischen Untersuchungen von WÜNSCHE [18] zeigen, mit dem Tierversuch bei Fischmehlen gute Übereinstimmung in der BW erzielt und
c) dürfte auch im Magen-Darm-Traktus des tierischen Organismus eine totale Hydrolyse des Eiweißes in Aminosäuren nicht stattfinden, da nach Erepsinverdauung noch bis 12% peptidartiggebundener Stickstoff nachgewiesen

werden konnte [12], so daß anzunehmen ist, daß niedere Peptide von bestimmter Größe an von der Darmwand resorbiert werden können.

Um einen Einblick in den Ablauf der enzymatischen Hydrolyse im tierischen Organismus zu bekommen, wurde die Dauer der peptischen Hydrolyse zwischen 10 Minuten und 24 Stunden variiert und die der tryptischen Hydrolyse zwischen 3 Stunden und 48 Stunden. Entsprechend den Vorgängen im Magen-Darm-Traktus wurde einmal die rein peptische Hydrolyse „(Magenverdauung"), zum andern die Wirkung des Trypsins nach erfolgter peptischer Vorhydrolyse betrachtet. Die Wirkung des Trypsins allein auf das native Futtermitteleiweiß wurde nicht weiter untersucht, weil bekanntlich einmal Trypsin natives Eiweiß nur in geringerem Umfang angreifen kann und zum andern auch in den Verdauungsorganen der Trypsinwirkung die peptische Verdauung vorgeschaltet ist.

Unter tryptischer Hydrolyse wird somit im folgenden eine kombinierte peptisch-tryptische Hydrolyse verstanden, wobei jeder tryptischen immer eine 3stündige peptische Hydrolyse vorausging. Zur Unterscheidung von der reinen tryptischen Hydrolyse wird daher für diese kombinierte Hydrolyse die Formulierung „tryptische" Hydrolyse gewählt.

In den einzelnen Fraktionen der fünf Futterstoffe wurden jeweils 15 Aminosäuren quantitativ papierchromatographisch bestimmt. Für diese vergleichenden Untersuchungen wurde die eindimensionale aufsteigende Methode angewandt. Die Trennung der 15 Aminosäuren erfolgte mittels vier verschiedener Lösungsmittelgemische.

Die Chromatogramme (Streifen) wurden mit Ninhydrin entwickelt, eluiert und die Extinktion photometrisch bestimmt. Die Auswertung erfolgte jeweils an Hand einer Standardlösung, die unter gleichen Bedingungen gelaufen hatte. Es wurde mit 2- bis 5facher Wiederholung (für jede Bestimmung jeweils fünf Auftragungen) gearbeitet, wobei die zweite, dritte, vierte und fünfte Wiederholung an verschiedenen Tagen durchgeführt, d. h. jeweils wieder auf einen neuen Standard bezogen wurde.

3. Ergebnisse

Die Aminosäureanalysen der Fraktionen I und II wurden in den Tabellen 1 und 7 zusammengestellt. Die dort angeführten Werte bringen den Prozentgehalt der jeweiligen Aminosäuren (bezogen auf den Gesamtgehalt der drei Fraktionen) zum Ausdruck. Durch Berücksichtigung der freien Aminosäuren in den ursprünglichen Futterstoffen wurden alle Werte der jeweiligen Fraktion und Aminosäuren direkt miteinander vergleichbar.

Im folgenden soll eine Auswertung der Tabellen vorgenommen werden.

3.1. Fraktion I

Aus der Fraktion I der verschiedenen Futterstoffe ist die Freisetzung der Aminosäuren und niederen Peptide ersichtlich, die durch die Fermente Pepsin und Trypsin bei gestaffelten Hydrolysezeiten bewirkt wird. Die Hydrolysezeiten wurden so gewählt, daß sowohl die Geschwindigkeit der Freisetzung der Amino-

Tabelle 1

Fraktion I

Gehalt der Säurehydrolysate an Aminosäuren in % vom Gesamtgehalt aller Fraktionen

Aminosäuren	Luzerne				Raps				Gerste				Lupine				Fleischmehl			
	10^{m}* P*	24^{h} P	3^{h} T*	48^{h} T	10^{m} P	24^{h} P	3^{h} T	48^{h} T	10^{m} P	24^{h} P	3^{h} T	48^{h} T	10^{m} P	24^{h} P	3^{h} T	48^{h} T	10^{m} P	24^{h} P	3^{h} T	48^{h} T
Leucin/Isoleucin	11	45	43	56	5	31	34	62	15	46	51	53	28	42	48	66	29	57	90	92
Phenylalanin	11	43	46	49	2	28	43	75	17	39	50	52	25	53	50	79	26	63	87	90
Threonin	13	44	40	49	2	24	23	50	11	41	25	40	30	48	39	59	28	48	70	74
Histidin	7	21	24	50	0	15	23	43	3	16	27	26	24	32	36	53	2	32	74	71
Lysin	2	24	22	29	0	13	19	49	7	31	27	38	15	23	29	37	14	38	69	70
Valin	8	43	37	51	0	32	30	67	14	41	46	50	25	43	39	60	24	49	85	91
Methionin	0	46	25	27	0	25	42	66	0	26	42	42	0	37	30	49	32	72	95	93
Cystin	15	10	35	46	4	20	12	50	24	28	30	34	0	7	10	48	0	22	61	61
Tyrosin	14	37	49	61	9	29	41	76	20	35	47	54	34	54	38	70	29	61	88	88
Arginin	12	31	34	35	6	32	26	51	7	28	17	37	22	34	39	50	11	41	74	81
Alanin	9	39	37	43	4	30	31	53	8	36	33	39	28	48	38	54	21	45	76	81
Glycin	7	34	33	34	2	17	22	51	4	27	19	36	28	32	30	55	15	32	71	82
Serin	8	37	33	38	4	28	15	64	12	36	19	21	26	36	26	51	9	31	61	71
Glutaminsäure	8	34	24	34	2	33	15	63	13	43	36	35	17	18	19	47	17	43	66	74
Asparaginsäure	19	23	25	30	2	38	28	54	0	19	16	19	28	37	25	45	20	45	64	79
Summe		511		632		395		874		492		576		544		823		679		1198

* m = Minuten, P = peptische Hydrolyse, T = tryptische Hydrolyse

säuren als auch die maximal erreichbare Freisetzung während der peptischen (24^{h}P)- und der „tryptischen“ (48^{h}T)-Hydrolyse beurteilt werden kann.

3.1.1. Die Geschwindigkeit der Freisetzung der Aminosäuren

Zur Beurteilung der Geschwindigkeit der Freisetzung der Aminosäuren sind offensichtlich die kürzeren Hydrolysezeiten von besonderer Bedeutung. Sie wurde daher im peptischen Bereich nach einer kurzfristigen Hydrolyse von 10 Minuten und im „tryptischen“ Bereich von 3 Stunden bestimmt. Jeder tryptischen Hydrolyse ging entsprechend den Vorgängen im tierischen Organismus eine 3stündige peptische voraus.

Bei allgemeiner Betrachtung der Tabelle 1 ist ersichtlich, daß erwartungsgemäß die Freisetzung von 10^{m}P nach der „48^{h}T“ Hydrolyse zunimmt. In der Freisetzung der Aminosäuren während der 24^{h}P und „3^{h}T“-Hydrolyse unterscheidet sich das Fleischmehl von den pflanzlichen Futterstoffen dadurch, daß alle Aminosäuren wesentlich schneller freigesetzt werden. Auffallend ist bei Raps, im Gegensatz zu den anderen vier Futterstoffen, die äußerst geringe Freisetzung nach der 10^{m}P-Hydrolyse.

Bei der speziellen Betrachtung wurden zur besseren Übersicht die mit unterschiedlicher Geschwindigkeit freigesetzten Aminosäuren jeweils in drei Gruppen zusammengefaßt:

Aminosäuren mit beschleunigter Freisetzung
„ mit mittlerer Freisetzungsgeschwindigkeit
„ mit verzögerter Freisetzung

Bei dieser Betrachtung kann von zwei verschiedenen Gesichtspunkten eine Auswertung vorgenommen werden:

1. Die Bewertung der Freisetzung der Aminosäuren bei den verschiedenen Futterstoffen.
2. Die Bewertung der Freisetzung der verschiedenen Aminosäuren innerhalb eines jeden Futterstoffes.

3.1.1.1. Die Bewertung der Freisetzung der Aminosäuren bei den verschiedenen Futterstoffen

a) Freisetzung nach der 10^{m}P-Hydrolyse

Von den fünf Futterstoffen werden insbesondere die Aminosäuren der Lupine und des Fleischmehls bevorzugt freigesetzt. Ausnahmen sind die Aminosäuren Cystin und Methionin bei der Lupine und Histidin, Serin und Cystin bei Fleischmehl, die verzögert freigesetzt werden. Die Freisetzung der Aminosäuren beim Raps ist dadurch gekennzeichnet, daß sämtliche Aminosäuren ohne Ausnahme zu den verzögert freigesetzten gerechnet werden müssen, ein Zeichen für den langsamen Angriff des Pepsins. Eine Mittelstellung nehmen die Futterstoffe Luzerne und Gerste ein, deren Aminosäuren zum überwiegenden Teil eine mittlere Freisetzungsgeschwindigkeit haben, während ein geringerer Teil (jeweils fünf Aminosäuren) verzögert freigesetzt wird. Cystin bildet bei Gerste eine Ausnahme.

b) Freisetzung nach der „3hT"-Hydrolyse

Die kurzfristige „tryptische" Hydrolyse ist dadurch gekennzeichnet, daß lediglich die Aminosäuren des Fleischmehls im Gegensatz zu den pflanzlichen Futterstoffen bevorzugt freigesetzt werden, ein Beweis für die schnelle Aufspaltung des Fleischmehls, insbesondere im „tryptischen Bereich". Raps ist wiederum ein Futterstoff, dessen Aminosäuren nur allmählich freigesetzt werden, während Luzerne, Gerste und Lupine zwischen Fleischmehl und Raps eine Mittelstellung beziehen. Ihre Aminosäuren besitzen zum überwiegenden Teil eine mittlere Freisetzungsgeschwindigkeit. Die Auswertung wurde in Tabelle 2 zusammengestellt.

Zusammenfassend darf festgestellt werden, daß bei Fleischmehl als tierischem Futterstoff im Gegensatz zu den pflanzlichen Futterstoffen das Protein wesentlich schneller zu verfügbaren Aminosäuren abgebaut wird. Es folgt von den pflanzlichen Futterstoffen die Lupine, die sich dadurch auszeichnet, daß bereits nach kurzer peptischer Hydrolyse die peptisch spaltbaren Peptidbindungen im wesentlichen gelöst werden. Sie behauptet auch im „tryptischen Bereich" ihre vorrangige Stellung vor den anderen pflanzlichen Futterstoffen. Es folgen Luzerne und Gerste, die in der Geschwindigkeit des enzymatischen Abbaus etwa dieselbe Stellung innehaben. Das Rapsprotein zeichnet sich durch einen langsameren, aber recht weitgehenden Abbau zu verfügbaren Aminosäuren aus.

3.1.1.2. Die Bewertung der Freisetzung der Aminosäuren innerhalb eines jeden Futterstoffes

Aus den Freisetzungsraten der Aminosäuren bei den kürzeren Hydrolysezeiten der Tabelle 1 geht hervor, daß im peptischen Bereich freigesetzt werden:

bevorzugt

Tyrosin	bei	5	Futterstoffen
Leucin/Isoleucin	„	3	„
Threonin	„	3	„
Asparaginsäure	„	3	„
Phenylalanin	„	2	„
Cystin	„	2	„
Arginin	„	2	„
Alanin	„	2	„

verzögert

Methionin	bei	4	Futterstoffen
Lysin	„	3	„
Histidin	„	3	„
Cystin	„	2	„
Glycin	„	2	„
Asparaginsäure	„	2	„

Eine mittlere Freisetzungsgeschwindigkeit wurde im peptischen Bereich festgestellt bei den Aminosäuren

Serin	bei	5	Futterstoffen
Glutaminsäure	„	4	„
Valin	„	3	„

Tabelle 2

Bewertung der Freisetzung der Aminosäuren durch Vergleich der Futterstoffe

Peptische Hydrolyse ($10^m P$)

bevorzugte Freisetzung					mittlere Freisetzung					verzögerte Freisetzung				
Luzerne	Raps	Gerste	Lupine	Fleischm.	Luzerne	Raps	Gerste	Lupine	Fleischm.	Luzerne	Raps	Gerste	Lupine	Fleischm
–	–	Cys.	Leu/I. Phe. Thr. His. Tyr. Arg. Lys. Val. Ala. Glu. Asp. Gly. Ser.	Leu/I. Phe. Thr. Tyr. Lys. Met. Val. Ala. Glu.	Leu/I. Phe. Thr. His. Cys. Tyr. Arg. Ala. Glu. Asp.	–	Leu/I. Phe. Thr. Tyr. Lys. Val. Ala. Glu. Ser.	–	Arg. Asp. Gly.	Lys. Met. Val. Gly. Ser.	Leu/I. Phe. Thr. His. Cys. Tyr. Arg. Lys. Met. Val. Ala. Glu. Asp. Gly. Ser.	His. Arg. Met. Asp. Gly.	Cys. Met.	His. Cys. Ser.

„Tryptische" Hydrolyse ($3^h T$)

Luzerne	Raps	Gerste	Lupine	Fleischm.	Luzerne	Raps	Gerste	Lupine	Fleischm.	Luzerne	Raps	Gerste	Lupine	Fleischm
–	–	–	–	Leu/I. Phe. Thr. His. Cys. Tyr. Arg. Lys. Met. Val. Ala Glu. Asp. Gly. Ser.	Leu/I. Phe. Thr. Cys. Tyr. Arg. Val. Ala. Gly. Ser.	Phe. Tyr. Met. Ala.	Leu/I. Phe. Cys. Tyr. Lys. Met. Val. Ala. Glu.	Leu/I. Phe. Thr. His. Tyr. Arg. Lys. Val. Ala. Gly. Ser.	–	His. Lys. Met. Glu. Asp.	Leu/I. Thr. His. Cys. Arg. Lys. Val. Glu. Asp. Gly. Ser.	Thr. His. Arg. Asp. Gly. Ser.	Cys. Met. Glu. Asp.	–

Histidin	bei	2	Futterstoffen
Leucin/Isoleucin	„	2	„
Phenylalanin	„	2	„
Arginin	„	2	„
Lysin	„	2	„
Alanin	„	2	„
Glycin	„	2	„

Im „tryptischen Bereich" wurden freigesetzt

bevorzugt

Tyrosin	bei	5	Futterstoffen
Phenylalanin	„	5	„
Leucin/Isoleucin	„	5	„
Valin	„	5	„
Threonin	„	3	„
Methionin	„	3	„
Alanin	„	3	„

verzögert

Cystin	bei	3	Futterstoffen
Glutaminsäure	„	3	„
Serin	„	3	„
Histidin	„	2	„
Lysin	„	2	„
Glycin	„	2	„
Asparaginsäure	„	2	„

Eine mittlere Freisetzungsgeschwindigkeit wurde festgestellt bei den Aminosäuren

Lysin	bei	3	Futterstoffen
Histidin	„	3	„
Arginin	„	3	„
Asparaginsäure	„	3	„
Glycin	„	3	„
Threonin	„	2	„
Cystin	„	2	„
Serin	„	2	„
Alanin	„	2	„
Glutaminsäure	„	2	„

Bei dieser Betrachtung verdienen folgende Aminosäuren besondere Aufmerksamkeit.

Tyrosin zeichnet sich durch ein sehr schnelles Freiwerden aus, das übereinstimmend bei allen Futterstoffen sowohl im peptischen als auch im „tryptischen" Bereich zu erkennen ist.

Phenylalanin, Leucin/Isoleucin und Valin gehören im „tryptischen Bereich" übereinstimmend bei den fünf Futterstoffen ebenfalls zu den bevorzugt freigesetzten Aminosäuren, während Valin im peptischen Bereich nur eine mittlere Freisetzungsgeschwindigkeit besitzt Lysin und Histidin werden im peptischen und „tryptischen" Bereich verzögert freigesetzt bzw. besitzen eine mittlere Freisetzungsgeschwindigkeit.

Methionin wird im peptischen langsam, im „tryptischen" schneller freigesetzt. Arginin im peptischen dagegen eher bevorzugt, während es im „tryptischen Bereich" nicht zu dieser Gruppe von Aminosäuren gehört. Asparaginsäure wird durch eine kurze peptische Hydrolyse aus drei Futterstoffen schnell, durch eine „tryptische" Hydrolyse dagegen langsam freigesetzt bzw. hat eine mittlere Freisetzungsgeschwindigkeit. Glutaminsäure besitzt im peptischen Bereich zum überwiegenden Teil eine mittlere Freisetzungsgeschwindigkeit, während sie im „tryptischen" eher verzögert freigesetzt wird.

3.1.2. Die maximal erreichbare Freisetzung der Aminosäuren

Während die Geschwindigkeit der Freisetzung der Aminosäuren bei kürzeren Hydrolysezeiten bestimmt wurde, erfolgt die Ermittlung der maximal erreichbaren Freisetzung nach einer 24^{h}P- und einer „48^{h}T"-Hydrolyse.

Auch bei dieser Betrachtung kann eine Auswertung von zwei Gesichtspunkten aus erfolgen.

3.1.2.1. Die Bewertung der Freisetzung der Aminosäuren bei den verschiedenen Futterstoffen

a) Freisetzung nach 24^{h}P-Hydrolyse

Zur Bewertung der Freisetzung der Aminosäuren während der peptischen Verdauung durch Vergleich der verschiedenen Futterstoffe diente die Einteilung in

Aminosäuren mit guter Freisetzung (I)
Aminosäuren mit mittlerer Freisetzung (II)
Aminosäuren mit mäßiger Freisetzung (III)

Die Auswertung wurde an Hand der Tabelle 1 vorgenommen und in Tabelle 3 zusammengestellt.

Wie nach den Ergebnissen der kurzfristigen peptischen Hydrolyse von 10 Minuten zu erwarten war, kann auch nach 24^{h}P-Hydrolyse die Freisetzung fast aller Aminosäuren des tierischen Futterstoffes als gut bezeichnet werden; Ausnahmen sind Cystin und Serin.

Eine wesentlich langsamere Freisetzung ergibt sich bei den pflanzlichen Futterstoffen. Hier folgt als erste die Lupine, deren Aminosäuren zum überwiegenden Teil in die Gruppe I, zum geringeren in die Gruppe II eingestuft werden können. Ausnahmen sind Cystin und Glutaminsäure. Die Aminosäuren des Raps gehören zum überwiegenden Teil in die Gruppe II bzw. Gruppe III.

Eine Mittelstellung nehmen Luzerne und Gerste ein. Ausnahmen sind bei Luzerne Cystin und Asparaginsäure, bei Gerste Histidin, Methionin und Asparaginsäure, die zur Gruppe III gehören.

b) Freisetzung nach „48^{h}T"-Hydrolyse

Zur Bewertung der Freisetzung der Aminosäuren nach „48^{h}T"-Hydrolyse, d. h. im Endstadium der Verdauung, durch Vergleich der verschiedenen Futterstoffe

Tabelle 3

Freisetzung der Aminosäuren nach 24hP-Hydrolyse

Bewertung der Freisetzung durch Vergleich der verschiedenen Futterstoffe

Aminosäuren mit guter Freisetzung					Aminosäuren mit mittlerer Freisetzung					Aminosäuren mit mäßiger Freisetzung				
Luz.	Raps	Gerste	Lupine	Fleischm.	Luz.	Raps	Gerste	Lupine	Fleischm.	Luz.	Raps	Gerste	Lupine	Fleischm.
Val.	–	Cys.	Phe.	Leu/I.	Leu/I.	Cys.	Leu/I.	Leu/I.	Cys.	Cys.	Leu/I.	His.	Cys.	–
Gly.		Lys.	Thr.	Phe.	Phe.	Arg.	Phe.	Arg.	Ser.	Asp.	Phe.	Met.	Met.	
Ser.		Val.	His.	Thr.	Thr.	Val.	Thr.	Lys.			Thr.	Asp.		
		Glu.	Tyr.	His.	His.	Glu.	Tyr.	Met.			His.			
		Ser.	Val.	Tyr.	Tyr.	Asp.	Arg.	Asp.			Tyr.			
			Ala.	Arg.	Arg.	Ser.	Ala.				Lys.			
			Gly.	Lys.	Lys.		Gly.				Met.			
			Ser.	Met.	Met.						Ala.			
				Val.	Ala.						Gly.			
				Ala.	Glu.									
				Glu.										
				Asp.										
				Gly.										

Tabelle 4

Freisetzung der Aminosäuren nach „48hT"-Hydrolyse, Bewertung der Freisetzung durch Vergleich der verschiedenen Futterstoffe

gute Freisetzung					mittlere Freisetzung					mäßige Freisetzung				
Luz.	Raps	Gerste	Lupine	Fleischm.	Luz.	Raps	Gerste	Lupine	Fleischm.	Luz.	Raps	Gerste	Lupine	Fleischm.
—	—	—	—	Leu/I.	His.	Leu/I.	—	Leu/I.	—	Leu/I.	—	Leu/I.	Lys.	—
				Phe.	Thr.	Phe.		Phe.		Phe.		Phe.		
				Thr.		Lys.		Thr.		Lys.		Thr.		
				His.		Thr.		His.		Val.		His.		
				Lys.		His.		Val.		Met.		Lys.		
				Val.		Val.		Met.		Cys.		Val.		
				Met.		Met.		Cys.		Tyr.		Met.		
				Cys.		Cys.		Tyr.		Arg.		Cys.		
				Tyr.		Tyr.		Arg.		Ala.		Tyr.		
				Arg.		Arg.		Ala.		Gly.		Arg.		
				Ala.		Ala.		Gly.		Ser.		Ala.		
				Gly.		Gly.		Ser.		Glu.		Gly.		
				Ser.		Ser.		Glu.		Asp.		Ser.		
				Glu.		Glu.		Asp.				Glu.		
				Asp.		Asp.						Asp.		

diente wieder die gleiche Einteilung. Die Auswertung wurde an Hand der Tabelle 1 vorgenommen und in Tabelle 4 zusammengestellt.

Auch nach der „48hT"-Hydrolyse kann die Freisetzung der Aminosäuren des tierischen Futterstoffes als gut bezeichnet werden. Bei den pflanzlichen folgen Lupine und Raps, deren Aminosäuren zur Gruppe II gerechnet werden müssen, während die Aminosäuren der Futterstoffe Luzerne und Gerste im tryptischen Bereich zur Gruppe III gehören. Auffallend ist die Verschiebung des Freisetzungsgrades der Aminosäuren aus Raps im „tryptischen Bereich" gegenüber Luzerne und Gerste. Während die beiden letzteren Futterstoffe im Endstadium der peptischen Verdauung in die mittlere Gruppe eingestuft werden müssen, gehören sie im „tryptischen Bereich" in die Gruppe III, während Raps in Gruppe II gelangt.

3.1.2.2. Die Bewertung der Freisetzung der Aminosäuren innerhalb eines jeden Futterstoffes

a) Die Bewertung nach 24hP-Hydrolyse

Eine Zusammenstellung der Aminosäurewerte erfolgte in Tabelle 5.

Tabelle 5

Gehalt der Säurehydrolysate an Aminosäuren in % vom Gesamtgehalt aller Fraktionen nach 24^h P-Hydrolyse. Vergleich der Aminosäuren innerhalb eines jeden Futterstoffes

	Luzerne	Raps	Gerste	Lupine	Fleisch-mehl
Leu./I.	45	31	46	42	57
Phe.	43	28	39	53	63
Thr.	44	24	41	48	48
His.	21	15	16	32	32
Lys.	24	13	31	23	38
Val.	43	32	41	43	49
Met.	46	25	26	37	72
Cys.	10	20	28	7	22
Tyr.	37	29	35	54	61
Arg.	31	32	28	34	41
Ala.	39	30	36	48	45
Gly.	34	17	27	32	32
Ser.	37	28	36	36	31
Glu.	34	33	43	18	43
Asp.	23	38	19	37	45

Wie aus der Tabelle 5 ersichtlich ist, ergeben sich beim Vergleich der Aminosäuren, die nach 24hP-Hydrolyse freigesetzt werden, hinsichtlich ihrer Gruppierung bei den einzelnen Futterstoffen gewisse Unterschiede.

Im Durchschnitt kann die Freisetzung als gut bezeichnet werden bei den Aminosäuren: Leucin/Isoleucin, Phenylalanin, Threonin, Valin, Tyrosin und Alanin.

Die Freisetzung ist geringer bei den Aminosäuren: Methionin, Serin, Glutaminsäure und Asparaginsäure
und mäßig bei den Aminosäuren: Histidin, Lysin, Cystin, Arginin und Glycin.

b) Die Bewertung nach „48^hT"-Hydrolyse

Aus den in Tabelle 6 angeführten Aminosäurewerten der Fraktion I ist folgendes ersichtlich:

Die Freisetzung kann im Mittel als gut bezeichnet werden bei den Aminosäuren
Leucin/Isoleucin, Phenylalanin, Valin, Tyrosin,
sie ist geringer bei den Aminosäuren
Threonin, Arginin, Alanin, Glycin
und ist mäßig bei den Aminosäuren
Histidin, Lysin, Cystin, Serin, Glutaminsäure und Asparaginsäure.

Methionin scheint je nach Art der Futterstoffe bevorzugt wie auch verzögert freigesetzt zu werden.

Tabelle 6

Gehalt der Säurehydrolysate an Aminosäuren in % vom Gesamtgehalt aller Fraktionen nach „48^hT" Hydrolyse. Vergleich der Aminosäuren innerhalb eines jeden Futterstoffes

	Luzerne	Raps	Gerste	Lupine	Fleischmehl
Leu. I.	56	62	53	66	92
Phe.	49	75	52	79	90
Thr.	49	50	40	59	74
His.	50	43	26	53	71
Lys.	29	49	38	37	70
Val.	51	67	50	60	91
Met.	27	66	42	49	93
Cys.	46	50	34	48	61
Tyr.	61	76	54	70	88
Arg.	35	51	37	50	81
Ala.	43	53	39	54	81
Gly.	34	51	36	55	82
Ser.	38	64	21	51	71
Glu.	34	63	35	47	74
Asp.	30	54	19	45	79

Beim Vergleich der Freisetzung der Aminosäuren im Endstadium der peptischen und tryptischen Verdauung ist die annähernd gleiche Gruppierung auffallend. Lediglich Verschiebungen zwischen benachbarten Gruppen sind vorhanden, die aber außer Threonin und Arginin die nicht essentiellen Aminosäuren betreffen. Die bevorzugte oder verzögerte Freisetzung von essentiellen Aminosäuren im peptischen und im „tryptischen Bereich" unterscheiden sich daher qualitativ nicht, sondern lediglich quantitativ.

3.2. Fraktion II

Die Fraktion II, deren Gehalt an Aminosäuren in der Tabelle 7 zusammengestellt ist, gibt die Zusammensetzung der bei der enzymatischen Hydrolyse entstandenen größeren Bruchstücke, der „Polypeptide", wieder. Aus der Summe der Aminosäuren des jeweiligen Hydrolysats geht hervor, daß die Konzentration an Aminosäuren in der Fraktion II im peptischen Bereich bei den pflanzlichen Futterstoffen von der kurzen zur längeren Hydrolysezeit – von 10^{m}P bis 24^{h}P – zunimmt, im Gegensatz zum Fleischmehl, bei dem die Konzentration abnimmt. Während also bei den pflanzlichen Futterstoffen Peptide schneller abgespalten als weiter hydrolysiert werden, da offenbar die Grenze der peptischen Spaltbarkeit erreicht ist, sind beim tierischen Futterstoff bereits nach kurzer Hydrolysezeit die Proteine in „Polypeptide" hydrolysiert und bei längerer Einwirkung des Ferments werden weitere Aminosäuren oder Peptide abgespalten. Das bedeutet, daß bei den ersteren die Aufspaltung der Proteine nur allmählich vor sich geht, jedoch schneller verläuft als die weitere Aufspaltung in Aminosäuren bzw. niedere Peptide. Beim Fleischmehl geht die Spaltung zu den Peptiden schneller vor sich und bei längerer Einwirkung des Pepsins werden die Peptide weiter bis zu den Bruchstücken der Fraktion I gespalten.

Auch bei der folgenden „tryptischen" Hydrolyse sin dwiederum auffallende Unterschiede zwischen den pflanzlichen Futterstoffen und dem Fleischmehl vorhanden.

Während bei den ersteren die Konzentration der Aminosäuren in den „Polypeptiden" von der 24^{h}P- zur „3^{h}T"-Hydrolyse weiterhin zunimmt – bei Raps bleibt der Gehalt praktisch gleich – fällt sie beim Fleischmehl stark ab, bis nach „48^{h}T"-Hydrolyse das Minimum erreicht wird. Dieses Absinken der Aminosäurekonzentration von der „3^{h}"- zur „48^{h}"-Hydrolyse ist auch bei den pflanzlichen Futterstoffen festzustellen, aber unterschiedlich ausgeprägt. Während bei der Lupine und beim Raps eine stärkere Abnahme vorhanden ist, ist sie bei Luzerne und Gerste nur schwach angedeutet. Bei den letzteren beiden Futterstoffen ist also bereits nach der „3^{h}T"-Hydrolyse die Abspaltung der Aminosäuren und niederen Peptide im wesentlichen zum Stillstand gekommen; hingegen unterliegen bei Raps, Lupine und Fleischmehl die in den ersten Stunden der „tryptischen" Hydrolyse abgespaltenen „Polypeptide" während einer längeren Einwirkungszeit des Ferments einer weiteren Aufspaltung.

Diese aus der Gesamtbilanz ermittelte Gesetzmäßigkeit tritt bei den meisten Aminosäuren in Erscheinung.

Einige Aminosäuren weichen jedoch von dieser Gesamttendenz ab und bilden Ausnahmen, die im folgenden kurz angeführt werden sollen:

Während bei der Luzerne im allgemeinen die Tendenz besteht, daß von der „3^{h}T"-Hydrolyse die Konzentration an Aminosäuren leicht sinkt, bilden Glycin, Serin und Methionin insofern Ausnahmen, als ihre Konzentration von der „3^{h}T"- bis zur „48^{h}T"-Hydrolyse ansteigt, eine weitere Abspaltung dieser Aminosäuren also trotz längerer Hydrolyse nicht zu erzielen ist.

Diese zunächst ansteigende und von der „3^{h}T"-Hydrolyse an absinkende Tendenz der Konzentration an Aminosäuren ist auch bei den Futterstoffen Raps und

Tabelle 7

Fraktion II

Gehalt der Säurehydrolysate an Aminosäuren in % vom Gesamtgehalt aller Fraktionen

Aminosäuren	Luzerne				Raps				Gerste				Lupine				Fleischmehl			
	10m* P*	24h P	3h T*	48h T	10m P	24h P	3h T	48h T	10m P	24h P	3h T	48h T	10m P	24h P	3h T	48h T	10m P	24h P	3h T	48h T
Leucin/Isoleucin	9	10	29	18	31	38	36	20	13	21	34	35	17	35	44	30	50	36	9	8
Phenylalanin	6	7	19	21	31	36	29	7	9	18	34	34	15	31	42	16	50	29	10	8
Threonin	23	19	36	33	30	41	43	26	14	27	54	48	26	41	54	33	43	35	16	14
Histidin	28	26	40	20	34	62	43	37	19	28	41	49	23	40	48	33	51	47	8	17
Lysin	16	20	42	40	41	59	49	34	10	34	60	53	23	49	54	51	54	48	22	21
Valin	15	14	32	27	34	34	38	13	25	24	38	44	21	43	53	36	55	44	13	9
Methionin	0	13	25	32	30	30	31	15	19	13	35	43	11	31	55	39	52	25	5	7
Cystin	22	48	65	54	57	65	60	40	32	72	70	67	25	65	86	50	72	75	40	39
Tyrosin	13	21	24	19	23	39	33	11	17	24	34	31	19	38	58	27	47	32	12	12
Arginin	22	34	48	48	37	42	49	28	14	38	69	50	16	48	55	48	55	47	20	14
Alanin	13	18	35	32	31	40	43	28	16	25	46	44	25	36	54	40	45	44	17	15
Glycin	16	31	30	41	39	55	50	31	19	30	54	47	28	53	66	41	36	57	19	14
Serin	18	26	35	44	35	45	56	25	15	32	58	64	34	47	68	46	52	49	22	15
Glutaminsäure	19	31	47	45	48	29	57	25	24	28	53	56	30	54	74	50	56	46	25	19
Asparaginsäure	32	38	56	52	17	43	53	38	19	34	63	64	23	43	69	52	52	44	29	15
Summe	252	356	563	526	518	658	670	378	265	448	743	729	336	654	880	592	770	658	267	227

* m = Minuten, P = peptische Hydrolyse, T = tryptische Hydrolyse

Lupine vorhanden. Während bei der Lupine kaum wesentliche Abweichungen einzelner Aminosäuren bestehen, sind bei Raps Ausnahmen vorhanden:

Bei Phenylalanin haben die Werte bis zur „48^hT"-Hydrolyse auffällig stark abgenommen, im Gegensatz zu den übrigen Aminosäuren. Histidin und Glutaminsäure weisen insofern Unregelmäßigkeiten auf, als bei der ersten Aminosäure während der 24^hP-Hydrolyse der Wert sehr stark ansteigt und dann normal verläuft – also Histidin bei längerer peptischer Hydrolyse in geringerem Maße abgespalten wird – und bei der letzteren umgekehrt während der 24^hP-Hydrolyse der Wert stark absinkt, um dann normal zu verlaufen – also Glutaminsäure bei längerer peptischer Hydrolyse wahrscheinlich bevorzugt abgespalten wird, im Gegensatz zur „tryptischen" Hydrolyse.

Bei Gerste ist die oben erwähnte Tendenz der Abnahme der Konzentration an Aminosäuren während der „48^hT"-Hydrolyse nur noch schwach angedeutet. Arginin macht insofern eine Ausnahme, als der Wert während dieser Hydrolysezeit wesentlich stärker absinkt als bei den anderen Aminosäuren.

Fleischmehl unterscheidet sich von den pflanzlichen Futterstoffen dadurch, daß die Konzentration von der 10^mP- zur „48^hT"-Hydrolyse laufend abnimmt. Ausnahmen bestehen bei Histidin und Glycin. Bei der ersteren Aminosäure ist während der „48^hT"-, bei der letzten während der 24^hP-Hydrolyse eine Zunahme der Konzentration auffallend. Diese Zunahmen könnten auf mangelhafte Abspaltung der Aminosäuren während der peptischen und „tryptischen" Hydrolyse zurückgeführt werden.

4. Diskussion der Ergebnisse

Wenn nach diesen Betrachtungen die Frage nach dem Wert der betreffenden Futterstoffe für den tierischen Organismus gestellt wird, so ist zunächst festzustellen, daß der Grad der enzymatischen Aufspaltung wie auch der zeitliche Verlauf bei den Futterstoffen sehr verschieden sind. Es kann aber z. Z. noch nicht gesagt werden, ob die Proteinsynthese im Organismus, d. h. die Verwertung des zugeführten Futterproteins durch eine schnellere (Fleischmehl) oder durch eine langsamere Freisetzung der Aminosäuren (Raps) beeinflußt wird.

Von ganz wesentlichem Einfluß dürfte jedoch sicherlich der Freisetzungsgrad der Aminosäuren im Endstadium der Verdauung sein, d. h. nach „48^hT"-Hydrolyse.

Dieser Freisetzungsgrad ist aus der Fraktion I ersichtlich. Die Aminosäuren dieser Fraktion können als verfügbar bezeichnet werden. Aussagen über die Verwertung der in Lösung vorhandenen größeren Spaltstücke der Fraktion II sind jedoch nicht ohne weiteres möglich, da nicht bekannt ist, wieweit die löslichen Hydrolyseprodukte im tierischen Organismus weiter gespalten und verwertet werden können. Es darf jedoch angenommen werden, daß eine weitere Spaltung in vitro auf Grund der Gleichgewichtseinstellung bzw. der Hemmung durch Hydrolyseprodukte behindert ist, daß aber in vivo infolge der laufenden Resorption durch die Darmwand und damit bewirkten Gleichgewichtsverschiebung ein weiterer Teil der Fraktion II aufgespalten und verwertet werden kann.

Bei der Bewertung der Freisetzung der Aminosäuren im Endstadium der Verdauung durch Vergleich der einzelnen Futterstoffe soll daher auch die Fraktion II mitberücksichtigt werden.

Bei dieser Bewertung, die also sowohl die freigesetzten Aminosäuren als auch die Peptide in gleichem Maße berücksichtigt, wurden die Aminosäuren aus den Fraktionen I und II nach „48hT"-Hydrolyse addiert und die Summen in Tabelle 8 zusammengestellt.

Tabelle 8

Freisetzungsgrad der Aminosäuren nach „48hT" durch Berücksichtigung der Fraktionen I und II. Gehalt an Aminosäuren in % vom Gesamtgehalt aller Fraktionen

	Luzerne	Raps	Gerste	Lupine	Fleischmehl
Leu./I.	74	82	88	96	100
Phe.	70	82	86	95	98
Thr.	82	76	88	92	88
His.	70	80	75	86	88
Lys.	69	83	91	88	91
Val.	78	80	94	96	100
Met.	57	81	85	88	100
Cys.	100	90	100	98	100
Tyr.	80	87	85	97	100
Arg.	*83*	*79*	*87*	*98*	*95*
Durchschnitt	76	82	88	93	96
Ala.	75	81	83	94	96
Gly.	75	82	83	96	96
Ser.	82	89	85	97	86
Glu.	79	88	91	97	93
Asp.	*82*	*92*	*83*	*97*	*94*
Durchschnitt unter Berücksichtigung aller **Aminosäuren**	77	84	87	94	95

Wie aus der Tabelle ersichtlich ist, nimmt bei Berücksichtigung der Fraktionen I und II der Freisetzungsgrad der Aminosäuren in der angegebenen Reihenfolge von Luzerne nach Raps, Gerste, Lupine und Fleischmehl zu, sowohl bei Berücksichtigung der essentiellen und halbessentiellen als auch aller Aminosäuren.

Es treten jedoch bei den einzelnen Aminosäuren nicht unwesentliche Verschiebungen auf.

Da der Wert des Proteins durch die essentiellen und halbessentiellen Aminosäuren beeinflußt werden kann, sollen auch nur diese betrachtet werden. Während die Aminosäuren Leucin/Isoleucin, Phenylalanin und Valin bei den fünf Futterstoffen im allgemeinen dem Gesamtdurchschnitt entsprechen, liegen die Werte der Aminosäuren Threonin bei Raps, Histidin bei Gerste, Lysin und Methionin bei Luzerne und Tyrosin bei Gerste in unterschiedlichem Maße niedriger und die Werte der Aminosäuren Cystin bei Luzerne und Gerste und Arginin bei Luzerne und Lupine sind erhöht. Auffallend niedrig liegen die Werte der limitierenden Aminosäuren Lysin und Methionin bei Luzerne.

Abschließend sollen die Arbeiten von DENTON-ELVEHJEM [6] und WÜNSCHE [17] angeführt werden, die sich mit der Bestimmung der enzymatisch freisetzbaren Aminosäuren befassen und die einen gewissen Vergleich mit unseren Untersuchungen ermöglichen.

DENTON-ELVEHJEM ermittelten die enzymatische Freisetzung der Aminosäuren aus Rindfleisch, Casein und Zein durch mikrobiologische Untersuchungen nach der Hydrolyse mit kristallinem Pepsin, Pankreas- und Duodenal-Präparaten. Sie fanden, daß während einer 3^hP-Verdauung die Proteine des Rindfleisches schneller in mikrobiologisch verfügbare Aminosäuren abgebaut werden als die des Caseins und des Zeins, wobei Arginin, Threonin und Valin als Ausnahmen bezeichnet werden.

Auffallend ist der hohe Gehalt an Arginin, der fast so hoch ist wie nach „24^hT"-Verdauung. Eine Erklärung hierfür kann nicht gegeben werden. Während des zweiten Verdauungsstadiums wurde wiederum die schnellere Aufspaltung des Rindfleischproteins augenscheinlich. Die Aminosäuren Isoleucin und Methionin wurden aus Casein und Zein langsamer in Freiheit gesetzt als aus Rindfleisch.

Beim Vergleich der Freisetzung der Aminosäuren innerhalb der Proteine wurde gefunden, daß Histidin aus Rindfleisch, Histidin, Isoleucin und Methionin aus Casein und Isoleucin, Methionin und Histidin aus Zein langsamer freigesetzt werden.

Bevorzugt freigesetzt werden nach „24^hT"-Verdauung aus Rindfleisch Arginin, Lysin, Methionin, Phenylalanin – doch sind die Unterschiede zu den anderen Aminosäuren, von Histidin abgesehen, gering –

aus Casein, Arginin, Leucin, Phenylalanin, Threonin, Tryptophan und

aus Zein, Arginin, Leucin, Phenylalanin, Threonin, Tryptophan und Valin.

Die Ergebnisse von DENTON-ELVEHJEM, WÜNSCHE – der die Freisetzung der Aminosäuren im Endstadium der Verdauung nach Pepsin-, Trypsin- und Mucosa-Behandlung bestimmte – und unseren Untersuchungen wurden in Tabelle 9 zusammengestellt, um einen Vergleich zu ermöglichen. Die beiden ersteren Untersuchungen erstreckten sich auf mikrobiologische und die letzteren auf rein chemische Bestimmungen.

Wie aus der Tabelle hervorgeht, kann die Übereinstimmung bei den drei Untersuchungen hinsichtlich des Vergleichs der Verfügbarkeit der Aminosäuren innerhalb eines jeden Stoffes im allgemeinen als befriedigend angesehen werden; grundsätzliche Unterschiede sind mit Ausnahme von Isoleucin bei den Untersuchungen von DENTON-ELVEHJEM und WÜNSCHE nicht vorhanden, lediglich Verschiebungen zwischen benachbarten Gruppen. So wurde das Arginin bei unseren Untersuchungen nicht in dem Maße bevorzugt freigesetzt, wie bei DENTON-ELVEHJEM, während das Valin und Phenylalanin eindeutig zu dieser Gruppe gehören. Bei Methionin besteht insofern Übereinstimmung als diese Aminosäure sowohl bevorzugt als auch verzögert freigesetzt zu werden scheint.

Tabelle 9

Enzymatische Verfügbarkeit nach „tryptischer Verdauung"

Untersuchung von	Substrat	bevorzugte Freisetzung I	mittlere Freisetzung II	verzögerte Freisetzung III
DENTON und ELVEHJEM (mikrobiologisch nach enzymatischer Hydrolyse)	Rindfleisch Casein Zein	Arg., Phe., Thr., Leu., Try., Lys. (bei Rindfleisch), Val. (bei Zein), Met. (bei Rindfleisch)	Val., Lys. (bei Casein)	His., Isol., Met.
WÜNSCHE (mikrobiologisch nach enzymatischer Hydrolyse)	Fischmehle	Arg., Try. Thr., Leu. Isol.	Phe., Try., Met., Val.	His., Lys., Cys.
NEHRING und SCHRÖDER (chemisch nach enzymatischer- und Säurehydrolyse)	Fleischmehl Luzerne Lupine Gerste Raps	Try., Leu/I., Phe., Val., Met. (bei Fleischmehl und Raps)	Arg., Gly. Ala. Thr.	His., Lys., Cys., Ser., Asp., Glu., Met.

Zusammenfassung

Der enzymatische Abbau der Proteine aus Eiweißfutterstoffen wurde in vitro durch Bestimmung der Freisetzungsgeschwindigkeit der Aminosäuren und der maximal erreichbaren Freisetzung untersucht. Zur Anwendung kamen Rohfermente des Magens (Pepsin) und der Pankreas (Trypsin). Zur Bestimmung der enzymatischen Verfügbarkeit der Aminosäuren und der Aminosäurezusammensetzung der noch erhaltenen Peptidketten wurden zwei Fraktionen des enzymatischen Hydrolysats untersucht. Es wurden folgende Ergebnisse erhalten:

1. Die Freisetzungsgeschwindigkeit der Aminosäuren bei der peptischen und tryptischen Hydrolyse ist recht unterschiedlich. Fleischmehl unterscheidet sich von den pflanzlichen Futterstoffen dadurch, daß es wesentlich schneller zu verfügbaren Aminosäuren abgebaut wird, während Raps sich durch einen langsamen Abbau auszeichnet.

2. Beim Vergleich der Aminosäuren innerhalb der einzelnen Futterstoffe ergaben sich durch quantitative Bestimmung von 15 Aminosäuren charakteristische und sehr unterschiedliche Freisetzungsraten. So wurden hinsichtlich der Freisetzung der Aminosäuren im Endstadium der Verdauung nach 48stündiger tryptischer Hydrolyse die Aminosäuren in drei Gruppen eingeteilt: Aminosäuren mit guter Freisetzung – Leucin/Isoleucin, Phenylalanin, Valin und Tyrosin, Aminosäuren mit mittlerer Freisetzung – Threonin, Arginin, Alanin, Glycin und Aminosäuren mit mäßiger Freisetzung – Histidin, Lysin, Methionin (mit Ausnahme von Fleischprotein und Raps), Cystin, Serin, Glutaminsäure und Asparaginsäure.

3. Bei Beurteilung der maximal erreichbaren Spaltung ergab sich beim Vergleich verschiedener Futterstoffe und Berücksichtigung der Polypeptide die ansteigende Reihenfolge: Luzerne, Raps, Gerste, Lupine und Fleischmehl.

4. Die Untersuchung der Aminosäurezusammensetzung der im Hydrolysat vorhandenen höheren Peptide zeigte, daß die durch die Summe aller Aminosäuren gegebene Tendenz für vier verschiedene Hydrolysezeiten durch die meisten Aminosäuren befolgt wird.

5. Die verhältnismäßig gute Übereinstimmung mit den Ergebnissen, die durch mikrobiologische Bestimmungsverfahren erhalten wurde, lassen die angegebene Methodik zur Bestimmung der Verfügbarkeit der Aminosäuren in aufgespaltenen enzymatischen Hydrolysaten als geeignet erscheinen.

Резюме

Энзиматическое расщепление протеинов из белковых кормовых веществ исследовалось в vitro путем определения скорости освобождения аминовых кислот и максимально достигаемого освобождения. Для этого применялись сырые ферменты желудка (пепсин) и поджелудочной железы (трипсин). Для определения энзиматической доступности аминовых кислот и состава аминокислот сохранившихся цепочек пептидов исследовались две фракции энзиматического гидролизата.

При этом были получены следующие результаты:

1. Скорость освобождения аминокислот при гидролизе пепсином и трипсином показывает значительные различия. Мясная мука отличается от растительных кормовых средств тем, что она значительно скорее распадается на соответствующие аминокислоты; рапс, напротив, распадается медленно.

2. При сравнении 15 аминокислот в отдельных кормовых веществах путем количественного определения были получены характерные и сильно различающиеся доли освободившихся кислот. Таким путем аминокислоты были подразделены в отношении освобождения их в конечной стадии пищеварения после трипсинового тидролиза в течение 48 часов на три группы: аминокислоты с хорошей освобождаемостью — лейцин/изолейцин, фенилаланин, валин, тирозин; аминокислоты со средней освобождаемостью — треонин, аргинин, аланин, глицин; аминокислоты с умеренной освобождаемостью — гистидин, лизин, метионин (за исключением мясного протеина и рапса), цистин, серин, глютаминовая кислота, аспарагиновая кислота.

3. При оценке максимально достижимого расщепления получается при сравнивании различных кормовых веществ и при учете полипептидов такое чередование в повышающемся ряду: люцерна, рапс, ячмень, люпин, мясная мука.

4. Исследование состава аминокислот высших пептидов, содержащихся в гидролизате, показало, что тенденция их к четырем различным моментам гидролиза, проявляющаяся у суммы всех аминокислот, обнаруживается у большинства аминокислот.

5. Сравнительно хорошее совпадение с результатами, получаемое микробиологическими способами определения, дает основание для принятия указанной методики к определению доступности аминовых кислот в расщепленных энзиматических гидролизатах как пригодной для этого цели.

Summary

The enzymatic decomposition of protein from protein feeds was studied in vitro by determining the rate of liberation and the maximum attainable liberation of amino acids. The agents used were crude enzymes from the stomach (pepsin) and the pancreas (trypsin). For determining the enzymatic availability of the amino acids and the amino acid components of the residual peptide chains 2 fractions of the enzymatic hydrolysate were investigated. The following results were obtained:

1. The liberation rates of amino acids in peptic and tryptic hydrolysis differ widely. Meat meal differs from other vegetable feedstuffs in being much more rapidly converted into available amino acids while rape seed is characterized by a slow rate of degradation.

2. On comparing the amino acids obtained from the same feedstuffs, characteristic and widely varying rates of liberation were found by quantitative determination of 15 amino acids. Relative to the liberation of amino acids at the final stage of digestion after a 48-hour period of tryptic hydrolysis, the amino acids were divided into 3 groups. 1. Amino acids exhibiting good liberation: leucine/isoleucine, phenyl alanine, valine and tyrosine. 2. Amino acids exhibiting medium liberation: threonine, arginine, alanine, glycine. 3. Amino acids exhibiting moderate liberation: histidine, lysine, methionine (with the exception of meat – and rape seed protein), cystine, serine, glutamic acid and aspartic acid.

3. On evaluating the maximum attainable degradation of amino acids different feedstuffs were compared, with due consideration of their polypeptide composition and found to form a series of increasing order viz. lucerne, rape seed, barley lupine and meat meal.

4. Studies of the amino acid composition of higher peptides contained in the hydrolysate have shown that most amino acids follow the general tendency of development during 4 different periods of hydrolysis established from the overall results of all amino acids.

5. The fact that the above results were in good agreement with results obtained by using microbiological methods of determination suggests that the technique just described is suitable for determining the availability of amino acids in degraded enzymatic hydrolysates.

Literaturverzeichnis

[1] ARGEN, G., und T. NILSON: Acta chem. scand. **3**, 525 (1949)
[2] AWAPARA, J.: Arch. of Biochem. **19**, 172 (1948)
[3] BERG, C. P., und W. C. ROSE: J. Biol. Chem. **82**, 479 (1929)
[4] CANNON, P. R., u. a.: Fed. Proc. **6**, 390 (1947)
[5] DENT, C. E., W. STEPKA und F. C. STEWARD: Nature (London) **160**, 683 (1947)
[6] DENTON, A. E., und C. A. ELVEHJEM: J. Nutrit. **49**, 221 (1953)
[7] ELMAN, R.: Proc. Soc. Exp. Biol. Med. **40**, 484 (1939)
[8] GEIGER, E.: J. Nutrit. **36**, 813 (1948)
[9] GEIGER, E.: J. Nutrit. **34**, 97 (1947)
[10] GEIGER, E., und E. B. HAGERTY: Fed. Proc. **9**, 359 (1950)
[11] HENDERSON, R., und R. S. HARRIS: Fed. Proc. **8**, 385 (1949)
[12] HENRIQUES, V., und J. K. GJALDBÄK: zitiert in „Aminosäuren und ihre Bedeutung für Ernährung und Therapie" von H. W. Bansi und L. Ludwig, Verlag Th. Steinkopff, Dresden und Leipzig 1951
[13] HENRY, K. M., und S.K. KON: J. Dairy Res. **14**, 330 (1946)
[14] NEHRING, K., und I. SCHRÖDER: Arch. f. Tierernähr. **12**, 305 (1962)
[15] NEHRING, K., und I. SCHRÖDER: Die Pharmazie **18**, 142 (1963)
[16] NEHRING, K., und I. SCHRÖDER: Arch. f. Tierernähr. **14** (1964) im Druck
[17] ROBERTS, E., und G. H. TISHKOFF: Science (Lancaster, Pa.) **109**, 15 (1949)
[18] WÜNSCHE, J.: Dissertation, Leipzig 1957

Eingegangen am 12. August 1964

Zur Veröffentlichung werden angenommen:

Originalmanuskripte, die in anderen Zeitschriften noch nicht veröffentlicht worden sind und in gleicher Form auch nicht in anderen Zeitschriften erscheinen werden. Der Umfang soll höchstens 1 Druckbogen (16 Druckseiten) betragen. Bei umfangreicheren Manuskripten müssen besondere Vereinbarungen mit den Herstellern und dem Verlag getroffen werden.

Kurze Originalmitteilungen über wesentliche, neue Forschungsergebnisse. Umfang im allgemeinen höchstens eine Druckseite. Kurze Originalmitteilungen werden beschleunigt veröffentlicht.

Kritische Sammelberichte nach Vereinbarung mit den Herausgebern.

Manuskriptsendungen sind zu richten an Prof. Dr. HANS BERGNER, Institut für Tierernährungslehre der Landwirtschaftlich-Gärtnerischen Fakultät der Humboldt-Universität zu Berlin, 104 Berlin 4, Invalidenstraße 42. Die Verfasser werden gebeten, ihre Manuskripte zweizeilig mit Schreibmaschine geschrieben, druckfertig einzureichen. Das Institut, aus dem die Arbeit stammt, wird mit dem Namen der Autoren im Titel der Arbeit vermerkt. Wünscht der Autor eine andere Anschrift, so kann sie in einer Fußnote angegeben werden.

Am Schluß des Manuskripts soll der Autor seine Ergebnisse diskutieren und kurz zusammenfassen.

Im Manuskript sind Autorennamen rot zu unterstreichen. Kursivschrift bitten wir zu unterwellen. Kleindruck wird durch einen senkrechten roten Strich am Rand gekennzeichnet. Literaturangaben erfolgen im Text mit dem Namen des Autors und dem Jahr der Veröffentlichung, bei mehreren Arbeiten im gleichen Jahr zusätzlich mit a, b c, usw. in der Reihenfolge, wie die Arbeiten im Literaturverzeichnis angeordnet sind, z. B. MEYER (1958 a). Im Literaturverzeichnis werden die Arbeiten, alphabetisch nach dem Namen des ersten Autors geordnet, in folgender Weise zitiert: Name, Vorname des Autors (bei Frauen ein Vorname ausgeschrieben), Zeitschrift, Band, Seitenzahl Jahreszahl.

Abbildungen sind auf das unbedingt Notwendige zu beschränken und dem Manuskript gesondert beizufügen. Hinweislinien, Buchstaben usw. sind nur mit Bleistift einzutragen. Bei Fotografien soll hierfür ein Deckblatt verwendet werden. Der Text zu den Abbildungen wird auf einem besonderen Blatt zusammengestellt.

Die Verfasser erhalten von ihren Beiträgen 50 Sonderdrucke kostenlos. Darüber hinaus können bis zu 100 Sonderdrucke gegen Berechnung bezogen werden. Wir bitten, Bestellungen bei Rückgabe der Korrekturfahnen zu übergeben.

Das Archiv für Tierernährung erscheint jährlich in einem Band zu sechs Heften. Herausgeber: Prof. Dr. habil. ANDREAS HOCK, Institut für Biochemie der Veterinärmedizinischen Fakultät der Humboldt-Universität zu Berlin, 104 Berlin 4, Reinhardtstraße 4 und Prof. Dr. habil. HANS BERGNER, Institut für Tierernährungslehre der Landwirtschaftlich-Gärtnerischen Fakultät der Humboldt-Universität zu Berlin, 104 Berlin 4, Invalidenstraße 42, Tel.: 420018. Verlag: Akademie-Verlag GmbH, 108 Berlin 8, Leipziger Straße 3-4, Tel.: 22 04 41, Telex-Nr. 011773 Postscheckkonto: Berlin 350 21. Bestellnummer dieses Heftes: 1010/15/2. Bezugspreis je Heft MDN 8,50 zuzüglich Porto und Versandkosten. Alle Rechte vorbehalten. Nachdruck, auch auszugsweise, ist nur mit Genehmigung des Verlages gestattet. Veröffentlicht unter der Lizenznummer 1274 des Presseamtes beim Vorsitzenden des Ministerrates der Deutschen Demokratischen Republik. Gesamtherstellung: IV/2/14 • VEB Werkdruck Gräfenhainichen.

ARCHIV FÜR TIERERNÄHRUNG

15. BAND

HEFT **3**

AKADEMIE-VERLAG · BERLIN

INHALT

Institut für Tierzuchtforschung Dummerstorf b. Rostock
Deutsche Akademie der Landwirtschaftswissenschaften zu Berlin
(Direktor: Dipl.-Landw. W. BOENIGK)

B. PIATKOWSKI

Der Proteinstoffwechsel von hochträchtigen Zwillingsfärsen, die verschieden intensiv aufgezogen wurden

Der Proteinstoffwechsel während des letzten Abschnitts der Gravidität ist bislang an hochleistenden Milchkühen [9] sowie an Zwillingsfärsen bei intensiver Aufzucht [12] untersucht worden. Dabei zeigte sich, daß der Proteinbedarf der Färsen während der letzten drei Trächtigkeitswochen höher lag als der bei Kühen. In den letzten Jahren sind nun Ergebnisse bekannt geworden, die eine weniger intensive Aufzucht als physiologisch und ökonomisch günstiger erscheinen lassen (HANSSON [1, 2], MUDRA [7, 8]). In vorangegangenen Untersuchungen fanden wir, daß die Zwillingsfärsen schwacher Aufzuchtintensität das Futter etwas besser verdauen (nur bei den Kohlenhydraten waren die Differenzen signifikant) und den für die Produktion verfügbaren Proteinanteil signifikant günstiger verwerten als die intensiv aufgezogenen Partner (PIATKOWSKI und KORIATH [13]).

In dieser Versuchsreihe galt es daher zu prüfen, ob eine unterschiedliche Aufzuchtintensität von der Milchperiode bis 12 Wochen der dem Abkalben einen Einfluß auf den Proteinstoffwechsel während der Hochträchtigkeit ausübt und wie die schwach ernährten Partner auf ein hohes Nährstoffangebot während dieser Zeit reagieren.

1. Methodik und Material

1.1. Tiermaterial

Als Versuchstiere wurden 3 Paar Zwillinge eingesetzt, von denen jeweils ein Partner 100%, der andere 70% der Nährstoffgabe vom 14. Lebenstag bis 12 Wochen vor dem voraussichtlichen Abkalbedatum erhielt. Die Tiere gelangten in den Versuch, nachdem allen das gleiche Nährstoffangebot zuteil wurde. Die Versuchstiere A–F sind im Alter von 21 Monaten besamt worden, zwei weitere Färsen (G, H), die entsprechend den Standardtieren (100%) ernährt und bereits im Alter von 15 Monaten besamt wurden, gelangten außerdem zum Einsatz.

Tabelle 1

Tiermaterial

Stall-Nr.	im Versuch	Aufzucht-intensität	Geburtsdatum	Deckdatum	Abkalbedatum	Lebendgewicht Versbeginn kg	Lebendgewicht vor Kalbung kg
1–47	A	H	22. 3. 61	20. 2. 63	10. 11. 63	505	567
1–48	D	N	22. 3. 61	4. 1. 63	11. 10. 63	450	526
1–65	B	H	24. 4. 61	28. 1. 63	3. 11. 63	529	579
1–66	E	N	24. 4. 61	31. 1. 63	2. 11. 63	455	538
1–41	C	H	14. 3. 61	19. 1. 63	25. 8. 63*	558	587
1–42	F	N	14. 3. 61	20. 12. 62	23. 9. 63	487	554
2–87	H	H	14. 10. 61	12. 1. 63	14. 10. 64	505	538
2–95	G	H	11. 10. 61	23. 1. 63	30. 10. 64	509	543

H = 100%; N = 70%

* Kuh C kalbte 1 Monat zu früh. Die Ursache hierfür konnte nicht eindeutig festgestellt werden.

1.2. Fütterung

Alle Färsen erhielten zu Versuchsbeginn – also 12 Wochen vor dem Abkalben – die gleiche Ration: 4,5 kg künstlich getrocknetes Kleegras, 12 kg Grünroggensilage, 1 kg Weizenkleie, 1 kg Kartoffelschrot, 0,2 kg Erdnußextraktionsschrot und 0,1 kg Mineralstoffgemisch. Nur die jüngeren Tiere G und H waren nicht in der Lage, die gesamte Futtermenge aufzunehmen (vgl. 2,2 Nettoenergiegehalt der Ration). Der P-Gehalt der Tagesration betrug ca. 40 g und ist daher als optimal anzusehen [11], der Ca-Gehalt ca. 80 g.

Die chemische Zusammensetzung der Futterstoffe ist aus Tabelle 2 ersichtlich.

Tabelle 2

Chemische Zusammensetzung der Futterstoffe

	Tr.-Subst.	in 100 g Tr.-Subst. Org. Subst.	Roh-prot.	Roh-fett	Roh-faser	N-fr. E	Asche	Ca	P
Kleegras	90,80	91,86	19,71	2,54	24,27	50,34	8,14	1,13	0,20
Roggensilage	16,89	88,55	12,13	3,80	36,04	35,92	11,45	0,69	0,36
Weizenkleie	87,13	94,74	17,56	4,32	6,93	65,93	5,26	0,02	0,63
Kartoffelschrot	88,91	92,72	8,89	0,47	3,57	79,80	7,28	0,21	0,25
Erdnußextraktionsschrot	90,47	93,75	47,36	1,26	10,68	33,95	6,75	0,06	0,33

Das verwendete Kleegras entstammte einer Fläche und wurde in der Rema-Rosin-Anlage künstlich getrocknet. Der hohe Rohprotein- und der niedrige Rohfasergehalt weisen auf eine gute Qualität hin. Die Konservierung des Grünroggens erfolgte im Hochsilo. Für den gesamten Versuch standen somit einheitliche Futterposten zur Verfügung.

1.3. Technische Durchführung

Die Tiere verbrachten die gesamte Zeit auf den Versuchsständen. Jede Färse wurde bis fünfmal in einer 10tägigen Sammelperiode im Stoffwechselgeschirr gehalten. Die Haltung der Tiere und die Technik des getrennten Sammelns von Kot und Harn geschah nach bereits beschriebenen Richtlinien [10].

2. Versuchsergebnisse

2.1. Die Verdaulichkeit

Wie bereits erwähnt, erhielten alle Färsen ab 12. Woche vor dem voraussichtlichen Abkalbetermin die gleiche Nährstoffmenge.

Tabelle 3

Die Verdaulichkeit der organischen Substanz nach unterschiedlicher Aufzuchtintensität bei gleichem Nährstoffangebot

Tier	Aufzucht	Versuch 3.	4.	5.	6.	7.
A	H	69,6	68,3	67,3	67,8	68,1
B	H	71,7	71,8	71,3	70,7	72,3
C	H	71,5	—	—	—	—
D	N	70,6	70,1	69,5	67,7	68,3
E	N	—	69,9	70,9	68,4	71,4
F	N	71,9	70,8	68,9	—	—

Nachdem vorher die niedrig versorgten Partner eine leicht verbesserte Verdaulichkeit der Ration erkennen ließen, war von Interesse, ob diese Tendenz bei gleichem Fütterungsniveau beibehalten wird. Aus den Ergebnissen der Tabelle 3 lassen sich keinerlei Differenzen zwischen den beiden Gruppen erkennen. Die unterschiedliche Aufzuchtintensität übt demnach keinen Einfluß auf das Verdauungsvermögen im folgenden Abschnitt optimaler Nährstoffversorgung aus.

2.2. Der Nettoenergiegehalt der Ration

An Hand der gefundenen verdaulichen Nährstoffe und der Formel nach HOFFMANN [3], deren Brauchbarkeit in einem früheren Versuch nachgewiesen werden konnte [14], läßt sich der Nettoenergiegehalt der Ration feststellen. Da sich die

VK der einzelnen Tiere kaum unterschieden, wurden die verdaulichen Nährstoffe aller Versuche zugrunde gelegt. Die Berechnung der Nettoenergie erfolgte nach der Gleichung
Nettoenergie $= 1{,}70\,x_1 + 7{,}40\,x_2 + 0{,}05\,x_3 + 2{,}12\,x_4$
(x_1 = verd. Rohprotein; x_2 = verd. Rohfett; x_3 = verd. Rohfaser; x_4 = verd. N-fr. E.).

Die Ration der Färsen A – F enthielt danach 3811 g-StW, die von G und H 3210 g-StW. Die aufgenommene Nettoenergie ist besonders bei den jungen Färsen überraschend niedrig. Die Höhe der Ration war jedoch so bemessen, daß sie von den Tieren gerade noch ohne Rückwaage aufgenommen wurde. Die eingesetzten Futterstoffe waren guter Qualität.

2.3. Der Proteinstoffwechsel

N-Ansatz und N-Verwertung liegen 3 Monate vor dem Abkalben ungewöhnlich hoch (vgl. Tabelle 4). Dies wird besonders deutlich bei den zwei restriktiv aufgezogenen Partnern D und F, aber auch bei Tier B. Diese Werte wurden gefunden, nachdem die Färsen bereits 14 Tage das hohe Nährstoffangebot in der Vorperiode erhielten. Die Verwertung des für die Produktion verfügbaren N ist bis auf die bei Tier A als günstig anzusehen. Diese ermittelte Größe hängt aber in starkem Maße vom N-Angebot in der Ration ab; die N-Zufuhr für das Tier A ist demnach zu hoch.

Tabelle 4

N-Ansatz und N-Verwertung bei trächtigen Färsen 3 Monate vor dem Abkalben

Tier und Vers.	Wochen vor Kalben	N im Futter	N im Kot	N verdaut		N im Harn	N Ansatz	N für Produktion	N Verwertung in %	
		g	g	g	%	g	g	g	a	b
A_3	13	186,1	67,3	118,8	63,8	98,9	19,9	74,7	16,8	26,6
A_4	11	191,5	78,5	113,0	59,0	81,0	32,0	68,5	28,4	46,8
B_3	12	184,5	61,6	122,9	66,6	88,4	34,5	76,7	28,1	45,0
B_4	10	185,4	65,3	120,1	64,8	63,9	56,2	74,5	47,1	75,4
C_3	10	181,9	59,5	122,4	67,3	83,9	38,5	73,7	31,5	52,2
D_3	9	186,1	64,6	121,5	65,3	72,1	49,4	82,2	40,7	60,1
E_4	10	191,5	71,9	119,6	62,5	68,5	51,1	79,9	42,8	64,0

a) Des verd. N b) Des für die Produktion verfügbaren N

Die Werte der Tabellen 5 und 6 weisen aus, daß in den folgenden Versuchen diese hohe N-Anlagerung nicht mehr bei allen Tieren festgestellt werden kann, d. h., daß nach dem ersten Abschnitt der optimalen Fütterung der Nachholbedarf gedeckt sein kann.

Das wird bei den restriktiv aufgezogenen Tieren D und E im Abschnitt 8 bis 4 Wochen vor dem Abkalben sehr deutlich. Bei gleichem Nährstoffangebot wie in Tabelle 3 betragen die retenierten N-Mengen bei den Tieren A, E und D 21 bis 38 g, bei B und F hingegen 52 bis 60 g. Demnach ist in jeder „Ansatzgruppe" ein Tier jeder Aufzuchtvariante vertreten. Entsprechend hoch liegt bei den zwei letztgenannten Tieren auch die N-Verwertung.

Tabelle 5

N-Ansatz und N-Verwertung hochträchtiger Färsen* 8–4 Wochen vor dem Abkalben

Tier und Vers.	Wochen vor Kalben	N im Futter	im Kot	verdaut		im Harn	Ansatz	für Produktion	Verwertung in %	
		g	g	g	%	g	g	g	a	b
A_5	7	187,0	74,1	112,9	60,4	74,3	38,6	66,1	34,2	58,4
A_6	6	183,5	76,0	107,5	58,6	81,6	25,9	60,5	24,1	42,9
A_7	4	178,0	71,7	106,3	59,7	81,6	24,7	58,5	23,2	42,2
B_5	8	185,1	66,4	118,7	64,1	69,7	49,0	71,7	41,3	68,4
B_6	6	184,5	65,6	118,9	64,4	58,5	60,4	71,1	50,8	85,0
B_7	5	183,5	59,4	124,1	67,6	71,0	53,1	75,8	42,8	70,0

* Vorher intensive Aufzucht.

a) Des verd. N b) Des für die Produktion verfügbaren N

Tabelle 6

N-Ansatz und N-Verwertung hochträchtiger Färsen* 8–4 Wochen vor dem Abkalben

Tier und Vers.	Wochen vor Kalben	N im Futter	im Kot	verdaut		im Harn	Ansatz	für Produktion	Verwertung in %	
		g	g	g	%	g	g	g	a	b
D_4	7	191,5	74,3	117,2	61,2	81,5	35,7	76,7	30,5	46,6
D_5	4	191,7	77,1	114,4	59,8	82,2	27,4	71,0	24,0	38,6
E_5	8	191,7	70,9	120,8	63,0	87,1	33,7	79,3	27,9	42,5
E_6	7	194,9	73,4	121,5	62,3	100,0	21,5	79,3	17,7	27,1
E_7	5	195,8	68,7	127,1	65,0	95,4	31,7	83,7	24,5	37,9
F_3	6	173,8	57,6	116,2	66,7	64,0	52,2	73,2	44,9	71,3
F_4	4	191,5	72,6	119,0	62,2	66,9	52,1	74,5	43,8	70,0

* Vorher restriktive Aufzucht.

a) Des verd. N b) Des für die Produktion verfügbaren N

Die gleiche Tendenz weist Tabelle 7 auf, die die Ergebnisse im letzten Trächtigkeitsmonat enthält; Tier B und F sind wiederum mit einer unvermindert hohen Retention und Verwertung vertreten im Gegensatz zu den Färsen A, D und E.

Tabelle 7

N-Ansatz und N-Verwertung hochträchtiger Färsen während der letzten 3 Wochen vor dem Abkalben

Tier und Vers.	Wochen vor Kalben	N im Futter g	N im Kot g	N verdaut g	N verdaut %	N im Harn g	N Ansatz g	N für Produktion g	Verwertung in % a	Verwertung in % b
A_8	2	186,7	79,0	107,7	57,8	76,5	31,2	58,2	29,0	53,6
B_8	3	178,0	60,8	117,2	65,8	68,8	48,4	67,8	41,3	71,4
B_9	1	156,7	51,3	105,4	67,2	52,4	53,0	54,9	50,3	96,6
D_6	3	194,2	79,1	115,1	59,3	84,8	30,0	70,8	26,1	42,4
E_8	3	191,2	70,6	120,6	63,1	89,4	31,2	75,1	25,9	41,6
E_9	1	188,7	68,7	120,0	63,6	77,8	42,2	73,0	35,2	57,8
F_5	2	185,7	72,0	113,3	61,1	56,1	57,0	66,1	50,3	86,3

a) Des verd. N b) Des für die Produktion verfügbaren N

Wie in früheren Untersuchungen steigt in der letzten Trächtigkeitswoche die N-Retention an, was deutlich im Versuch E_9 zum Ausdruck kommt.

Insgesamt gesehen treten bei gleichem Nährstoffangebot große Differenzen im N-Ansatz und in der N-Verwertung auf, die nicht mit der vorangegangenen Fütterungsintensität während der Aufzucht in Zusammenhang zu bringen sind.

Tabelle 8

N-Ansatz und N-Verwertung intensiv aufgezogener hochträchtiger Färsen bei früher Bedeckung

Tier und Vers.	Wochen vor Kalben	N im Futter g	N im Kot g	N verdaut g	N verdaut %	N im Harn g	N Ansatz g	N für Produktion g	Verwertung in % a	Verwertung in % b
G_1	8	146,1	53,3	92,8	63,5	48,4	44,4	48,8	47,8	91,0
G_2	6	150,0	53,7	96,3	68,0	52,9	43,3	51,7	45,0	83,6
G_3	4	163,8	61,5	102,3	60,0	54,8	47,5	57,1	46,4	83,2
G_4	2	163,1	60,0	103,1	63,2	50,4	51,7	56,0	50,1	92,3
H_1	6	164,8	52,6	112,2	68,1	82,0	30,2	67,8	27,0	44,5
H_2	4	173,3	63,7	109,5	63,3	88,4	21,1	63,3	19,3	33,4
H_3	2	167,0	64,8	102,2	58,7	67,3	34,9	54,8	34,1	63,7

a) Des verd. N b) Des für die Produktion verfügbaren N

Das gleiche Bild ergibt sich auch aus Tabelle 8. Zwei intensiv aufgezogene Färsen, gleichen Alters und mit 15 Monaten bedeckt, zeigen ein verschiedenes Ansatzniveau. Die absolute Retention unterscheidet sich nicht von Zwillingspaaren, die mit 21 Monaten zugelassen wurden. Ein Einfluß einer frühzeitigen Bedeckung kann demnach nicht erkannt werden.

Als Tiere mit einem hohen N-Ansatz schälen sich die Färsen B, F, G und evtl. C auf Grund der ersten Bilanzversuches (C_3) heraus, im Gegensatz zu den Färsen A, D, E und H. Dementsprechend wurden für die Berechnung des Zusammenhangs zwischen N-Retention und der Zeit zwei Gruppen gebildet. Das Ergebnis ist der Abb. 1 zu entnehmen.

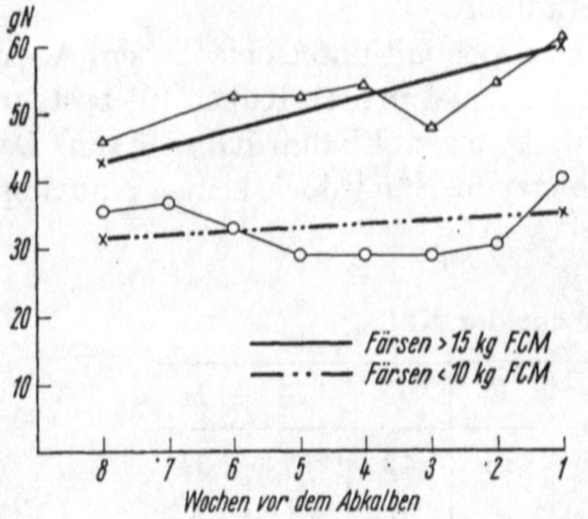

Abb. 1. N-Retention bei hochträchtigen Färsen

Bei den Tieren mit höherem Ansatzniveau kann mit Hilfe der Trendberechnung im Verlaufe der letzten 9 Wochen vor dem Abkalben ein Anstieg festgestellt werden, der geradlinig verläuft. Bei den Tieren mit niedrigem Niveau bleibt die Höhe der Retention unverändert. In der Abbildung wird jedoch sichtbar, daß auch hier ein Anstieg während der letzten Trächtigkeitswoche (vgl. Mittelwerte der „Ansatzgruppen") eintritt, der durch die statistische Berechnung überdeckt wird.

3. Diskussion der Ergebnisse

Der in Abb. 1 dargestellte Verlauf der Retention der Färsen B, C, F und G unterscheidet sich in zweierlei Hinsicht von dem früher ermittelten (vgl. Abb. 2): a) Der Anstieg je Zeiteinheit ist nicht progressiv, sondern linear b) der absolute Ansatz im Abschnitt 9–6 Wochen vor dem Abkalben liegt deutlich höher. Beide

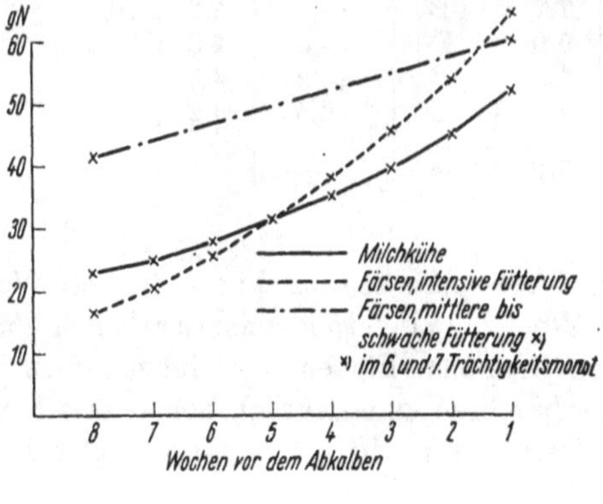

Abb. 2. N-Retention von Kühen und Färsen verschiedener Aufzuchtintensität während der letzten 8 Wochen der Gravidität

Abweichungen scheinen auf die gleiche Ursache zurückzuführen zu sein. Die Färsen gleicher Aufzuchtintensität im früheren Versuch [12] befanden sich 10 Wochen vor Versuchsbeginn auf der Weide mit gutem Aufwuchs. Das Nährstoffangebot war daher weit höher als das für die hier verwendeten Tiere [13], die besonders im 1. Abschnitt bei höherer Fütterungsintensität einen Nachholbedarf erkennen ließen. Als Folge davon wird der kurvenmäßige Verlauf des N-Ansatzes nicht mehr sichtbar, er erscheint geradlinig.

Weiterhin bildeten sich hier zwei Gruppen mit unterschiedlichem Ansatzniveau heraus. Auf Grund der Versuche mit hochleistenden Kühen [9] besteht die Annahme, daß hierauf das Geburtsgewicht einen Einfluß haben kann. Das in Tabelle 9 enthaltene Geburtsgewicht bietet hierfür jedoch keinen Anhaltspunkt.

Tabelle 9

Geburtsgewicht und Geschlecht der Kälber

Tier	A	D	B	E	F	G	H
kg	31	35	33	36	42	37	34
♀	♀	♀	♀	♂	♂	♀	♀

Ein Zusammenhang zwischen dem zunächst nicht zu erklärenden unterschiedlichen Ergebnis deutete sich erst an, als die Milchleistung zu Beginn der Laktation dazu in Beziehung gesetzt wurde. Dies geschah, indem die am 15. und 16. Tag der Laktation festgestellte Leistung als Bezugsbasis diente. Die Tiere waren zu diesem Zeitpunkt alle in einem gesundheitlich einwandfreien Zustand, so daß diesbezügliche Einflüsse auf die Milchleistung entfallen.

Tabelle 10

Milchleistung am 15. und .16 Tag der Laktation

Tiere mit niedrigem N-Ansatz				Tiere mit hohem N-Ansatz			
Tier	tägl. Milchleistung kg	Fett %	FCM kg	Tier	tägl. Milchleistung kg	Fett %	FCM kg
A	7,3	4,1	7,4	B	19,1	4,2	20,0
E	9,3	3,8	9,0	C	14,3	4,3	14,9
D	7,6	3,9	7,5	F	13,2	4,3	13,8
H	8,1	3,6	7,6	G	16,4	4,2	17,1
⌀			7,9	⌀			16,5

Die in Tabelle 9 enthaltenen Werte sind kennzeichnend für den Verlauf der Laktation während der ersten 8 Wochen und zeigen einen deutlichen Unterschied in der Milchleistung der beiden Gruppen. Färsen mit einem hohen N-Ansatz während der Hochträchtigkeit erbrachten eine deutlich höhere Milchleistung zu Beginn der Laktation als die Tiere mit niedrigem N-Ansatz. Der Einfluß der

Intensität der Aufzucht ist überdeckt von der Fähigkeit des Tieres, das im Futter enthaltene Protein weniger oder besser zu verwerten. Dieser Befund wird durch die früheren Untersuchungen an sieben Färsen gleicher Aufzuchtintensität [12] gestützt, da alle Tiere eine Anfangsleistung von über 15 kg FCM aufwiesen. Für die Färsen mit dem niedrigen N-Ansatz ergibt sich – wenn man eine Verwertung des für die Produktion verfügbaren Proteins von 55–60% zugrunde legt – ein Rohproteinbedarf von ca. 360 g zusätzlich zum Erhaltungsbedarf. Dies nähert sich den Empfehlungen einer Reihe von Autoren (JAKOBSON [4], LENKEIT [5], N. R. C., zitiert nach MAYNARD und LOOSLI [6]). Demnach kämen diese Vorschläge nur für Tiere mit niedriger Leistung in Betracht. Da dieser Teil für die Produktion von geringem Interesse ist, erscheint es als zweckmäßig, die Werte der Färsengruppe mit dem höheren N-Ansatz als Grundlage für die weitere Berechnung zu verwenden.

Danach ergibt sich für die einzelnen Abschnitte der in Tabelle 11 enthaltene Bedarf an verdaulichem Rohprotein. Hierbei wurde wie früher eine Verwertung des für die Produktion verfügbaren N von 57,5% angenommen.

Tabelle 11

Bedarf an verdaulichem Rohprotein während der Hochträchtigkeit

Wochen vor Abkalkung	Retention (g) N	Retention (g) Protein	Bedarf an verdaulichem Rohprotein (g) zusätzlich	Bedarf an verdaulichem Rohprotein (g) einschließlich Erhaltungsbedarf*
8	43,0	269	467	740
7	45,0	281	488	761
6	47,5	297	516	789
5	50,0	313	544	817
4	52,5	328	570	843
3	55,0	344	598	871
2	57,5	359	624	897
1	60,0	375	652	925

* Lebendgewicht von 500 kg.

Die ermittelten Bedarfswerte liegen besonders im Abschnitt 60–40 Tage vor dem Abkalben deutlich höher als bei Färsen mit vorangegangener guter Fütterung. Die daraus resultierende Proteinversorgung, die während der Hochträchtigkeit von besonderer Bedeutung ist, enthält Tabelle 12.

Diese Empfehlungen beziehen sich auf die Proteinversorgung. Eine der Milchmenge entsprechende Nettoenergiezufuhr wird nach eigenen Feststellungen nur bei Kühen in mittlerem Futterzustand möglich sein. Färsen waren nicht in der Lage, so große Futtermengen in Form von gutem Heu, Silage und Kraftfutter aufzunehmen, um eine dem Proteinangebot korrespondierende StW-Menge zu verzehren. Hochträchtige Färsen im Alter von 2 bzw. $2^1/_2$ Jahren nahmen ca. 3200

Tabelle 12

Proteinversorgung hochträchtiger Kühe und Färsen

Abschnitt	Tage vor Abkalbung	entsprechend kg Milch (3,5%)		
		Kühe	Färsen*	Färsen**
1	60–40	5	5	8
2	40–20	7	8	10
3	20–0	10	12	12

* Vorher intensive Aufzucht
** Vorher restriktive Aufzucht

bzw. 3800 g-StW auf. Der Einsatz von Grundfutterstoffen geringerer Qualität kann sich infolge des relativ niedrigen Futteraufnahmevermögens somit limitierend auf die Nettoenergieversorgung auswirken.

Zusammenfassung

In diesem Versuch wurde der Proteinstoffwechsel hochträchtiger Färsen verschiedener Aufzuchtintensität geprüft. Dafür standen drei Zwillingspaare zur Verfügung, von denen jeweils ein Partner als Standardtier 100%, der andere nur 70% der Nährstoffe vom 14. Lebenstag bis 12 Wochen vor dem Abkalben erhielt. Die Färsen sind im Alter von 21 Monaten besamt worden. Außerdem wurden zwei weitere Zwillingspartner eingesetzt, deren Aufzucht zwar intensiv (100%) war, die Besamung aber bereits im Alter von 15 Monaten erfolgte. Es zeigte sich, daß die unterschiedliche Aufzuchtintensität und frühe Besamung keinen Einfluß auf das Niveau des Proteinstoffwechsels erkennen ließen. Der verschieden hohe N-Ansatz ergab vielmehr eine deutliche Beziehung zur Milchleistung zu Beginn der Laktation: Färsen mit einer folgenden Leistung von 15 kg FCM und darüber wiesen eine höhere Retention auf als solche, die nur 10 kg FCM und weniger erreichten. Bei letzteren wurden in der achten bis letzten Woche vor dem Abkalben unverändert 32–34 g N täglich angesetzt, bei ersteren hingegen in der gleichen Zeit 43; 45; 47,5; 50; 52,2; 55; 57,5 und 60 g N. Für die Praxis ergibt sich hieraus folgendes: Färsen, die im 6. und 7. Trächtigkeitsmonat ein mittleres bis niedriges Nährstoffangebot hatten, sind während der drei 20-Tage-Abschnitte der letzten 60 Tage der Trächtigkeit entsprechend einer Milchleistung von 8, 10 und 12 kg mit Protein zu versorgen. Die Aufnahme an Nettoenergie belief sich bei Färsen, die im Alter von 2 bzw. $2^1/_2$ Jahren abkalbten, auf 3200 bzw. 3800 g-StW. Infolge des relativ geringen Futteraufnahmevermögens sind zur Bedarfsdeckung Grundfutterstoffe guter Qualität einzusetzen.

Herrn Dr. Lenschow und Herrn Dr. Koriath danke ich für die Überlassung der Versuchstiere aus einem langfristigen Fütterungsversuch, Herrn Prof. Dr. Steger und Herrn Dr. Rasch für die Unterstützung, die sie mir bei der Durchführung zuteil werden ließen.

Резюме

В опытах исследовался обмен протеиновых веществ у стельных телок разной интенсивности разведения. Для этого имелись в распоряжении три пары телок-близнецов, причем в каждой паре одна телка, как стандартная, получала 100%, а другая только 70% питательных веществ, начиная с 14-го дня жизни и до периода в 12 недель до отела. Телки осеменялись искусственно в возрасте в 21 месяц. Кроме того, имелись еще две особые пары телок-близнецов, выращивание которых было вполне интенсивным (100%), но искусственное осеменение их производилось уже в возрасте 15 месяцев.

Опыты показали, что ни разница в интенсивности выращивания, ни раннее осеменение не оказывали никакого влияния на уровень обмена протеиновых веществ. Однако, существует определенная связь между усвоением N и молочной производительностью в начале лактации: телки с производительностью в последующем в 15 кг. и выше того в доильных установках типа елочка обнаруживали более высокое удерживание, нежели телки, дававшие в установках елочка только 10 кг. молока. В этой второй группе телок в период от 8-ой до послелней недели перед отелом ежедневная прибавка N составляла неизменно 32–34 г., а в первой группе за тоже время 43; 45; 47,5; 50; 52,2; 55; 57,5 и 60 г. N. Отсюда получается для практики следующий вывод: телки, имеющие на шестом и седьмом месяце стельности среднее и низкое количество питательных веществ, следует снабжать протеином в течение двадцатидневных периодов последних 60 дней стельности соответственно молочной производительности в 8,10 и 12 кг. Приток чистой энергии у телок при отеле в возрасте 2–2½ лет составлял соответственно 3.200 и 3.800 г. СтВ. Вследствие относительно небольшой возможности принятия корма следует применять для покрытия их потребности основные кормà высокого качества.

Summary

This experiment was performed to study the protein metabolism of heifers heavy in calf reared at different levels of intensity. 3 twin pairs of heifers were available for this experiment. From the 14th day of age until the final 12 weeks before calving one partner of each pair serving as standard animal received 100%, the other 70% of the nutrients given. The heifers were inseminated at the age of 21 months. Additionally, 2 other twin partners were used which were reared at the same level of intensity (100%) but were already inseminated at the age of 15 months. Differences in the intensity of rearing and early insemination proved to have no influence on the level of protein metabolism. Differences in the level of nitrogen retention, however, were found to be obviously related to the milking performance of these heifers at the beginning of lactation: Heifers with a subsequent milk production of 15 kg FCM or more displayed a higher N retention than those yielding only 10 kg FCM or less. In these heifers the daily amount of nitrogen retained (32 to 34 g) remained unchanged from the 8th week until the last week before calving. During the same period, however, the nitrogen retention in the former group of heifers was 43, 45, 47.5, 50, 52.2, 55, 57.5 and 60 g N. These results suggest the following conclusions for practical work: Heifers having received a medium or low supply of nutrients during the 6th and 7th months of gestation should be supplied with protein rations, during the three 20-day periods of the last 60 days of gestation, corresponding to protein requirements for a milk produktion of 8,10 and 12 kg respectively. The net energy uptake of heifers calving at the age of 2 or $2^1/_2$ years amounted to 3200 or 3800 g SE. Due to their comparatively small food capacity heifers should be fed high-quality basal foodstuffs to meet their food requirements.

Literaturverzeichnis

[1] HANSSON, A.: Züchtungskunde **25**, 200–207 (1953/54)
[2] HANSSON, A.: Züchtungskunde **34**, 435–450 (1962)
[3] HOFFMANN, L.: Proceedings 2nd Symposium on Energy Metabolism. Wageningen 11. bis 15. Sept. **1961**, S. 261–270
[4] JAKOBSEN, P. E.: Protein bekov og protein syntese ved fester dannelse hos drovtyggere. 299. beretning fra forsogslaboratoriet **1957**, S. 1–89
[5] LENKEIT, W.: Einführung in die Ernährungsphysiologie der Haustiere. Ferdinand Enke Verlag, Stuttgart 1953
[6] MAYNARD, L. K., und J. K. LOOSLI: Animal Nutrition. McGraw-Hill Book Company INC. New York, Toronto, London 1956
[7] MUDRA, K.: Albrecht-Thaer-Arch. **1**, 59–111 (1956)
[8] MUDRA, K.: Arch. Tierzucht **1**, 315–353 (1958)
[9] PIATKOWSKI, B.: Arch. Tierernähr. **12**, 75–92 (1962)
[10] PIATKOWSKI, B.: Arch. Tierernähr. **13**, 103–106 (1963)
[11] PIATKOWSKI, B.: Arch. Tierernähr. **12**, 281–290 (1962)
[12] PIATKOWSKI, B., und D. RASCH: Arch. Tierernähr. **14**, 47–54 (1964)
[13] PIATKOWSKI, B., und G. KORIATH: Arch. Tierzucht **8**, Nr. 5/6. (1965)
[14] PIATKOWSKI, B., H. STEGER und F. PÜSCHEL: Arch. Tierernähr. **14**, 367–374 (1964)

Eingegangen: 14. September 1964

Aus dem Institut für Tierernährung der Friedrich-Schiller-Universität Jena
(Direktor: Prof. Dr. habil. A. HENNIG)

K. GRUHN und M. ANKE

Veränderungen des Rohnährstoff-, Aminosäure- und Mineralstoffgehaltes beim Huhn während der Entwicklung vom Eintagsküken zur Junghenne

1. Einleitung

Die optimale Versorgung des rasch wachsenden Geflügels mit Aminosäuren und Mineralstoffen setzt die Kenntnis des Bedarfes an diesen Substanzen voraus. Diese Angaben sind unvollkommen. Das trifft sowohl für die einzelnen Geflügelarten als auch für die verschiedenen Altersgruppen zu. Durch Körperanalysen des betreffenden Geflügels können Informationen über den Bedarf erhalten werden. BEACH und Mitarbeiter [4] zählten zu den ersten Autoren, die den Aminosäurebedarf auf der Grundlage von Körperanalysen festzulegen versuchten. Diese Methode ist von mehreren Wissenschaftlern [20, 21, 23] weiter ausgebaut worden. So gaben 1954 WILLIAMS und Mitarbeiter [33] Bedarfszahlen für Aminosäuren bekannt. HENNIG und Mitarbeiter [13] erprobten diese Methode bei Schweinen.

Bei dem intensiv wachsenden Geflügel sind in den letzten Jahren Mangelerscheinungen verschiedener Art unter praktischen Fütterungs- und Haltungsbedingungen beobachtet bzw. experimentell erzeugt worden. Es gibt Hinweise, daß der Bedarf an verschiedenen Nähr- und Wirkstoffen während einzelner Abschnitte des Wachstums nicht gleich ist [3, 16, 17, 24]. In der vorliegenden Arbeit wurden in federlosen Kükenkörpern verschiedenen Alters die Hauptnährstoffe, Aminosäuren, Mengen- und Spurenelemente bestimmt, um Informationen über den Bedarf an diesen Substanzen in den einzelnen Altersstadien zu erhalten.

2. Material und Methode

Als Versuchstiere wurden Küken der Kreuzung Sussex ♂ × Leghorn ♀ verwendet. Die Zusammenstellung der Futterrationen erfolgte nach den Bedarfsnormen von WERNER [32]. In Abständen von 14 Tagen wurden vier Küken getötet und in Daunen bzw. Federn und den federlosen Körper zerlegt.

Das Trocknen der zerkleinerten Körper erfolgte bei 65 °C im Trockenschrank. Das homogenisierte Material wurde zur Analyse verwandt. Die Bestimmung der Rohnährstoffe erfolgte nach dem Weender Verfahren. Zur quantitativen Bestimmung der Aminosäuren wurde das homogenisierte Ausgangsmaterial mit 6 n HCl (500 ml auf 200 mg Substanz-N) 24 Stunden am Rückflußkühler bei 120 °C hydrolysiert. Nach Entfernung der HCl durch Vakuumdestillation bei etwa 50 °C wurde der Rückstand mit bidestilliertem Wasser in 25-ml-Meßkolben überführt. Die Trennung der neutralen Aminosäuren erfolgte papierchromatographisch eindimensional aufsteigend mit o-Cresol pH 8,4. Glutamin- und Asparaginsäure wurden papierelektrophoretisch [31] und die basischen Aminosäuren säulenchromatographisch [18] getrennt. Die quantitative Auswertung erfolgte mit Ninhydrin [10] bzw. mit Ninhydrin-Hydrindantin-Reagenz nach MOORE und STEIN [22]. Tryptophan wurde aus der Ursubstanz mit p-Dimethylaminobenzaldehyd nach SPIES und CHAMBERS [28] bestimmt.

Die Analyse der Mengen- und Spurenelemente erfolgte nach der von ANKE [2] gegebenen Vorschrift. Ca wurde als Ca-Oxalat gefällt und mit Permanganat titriert. Na und K kamen flammenphotometrisch unter Verwendung einer Ausgleichslösung zur Bestimmung. Die Analyse der restlichen Elemente geschah colorimetrisch. Mg wurde mit Titangelb [27], P nach der Vanadin-Molybdatmethode [26], Fe mit α,α'-Dipyridyl, Zn mit Dithizon, Cu als Cu-Diäthyldithiocarbaminat, Mn als Permanganat und Mo mit Rhodanid bestimmt [2].

3. Zusammensetzung der federlosen Kükenkörper

3.1. Rohnährstoffgehalt

Die chemische Zusammensetzung des Körpers wird vom Alter und der Wachstumsintensität des Tieres beeinflußt. Letztere ist auch von der Nährstoffzufuhr abhängig.

Mit zunehmendem Alter erhöhte sich der Trockensubstanzgehalt der Küken von 23,7% beim Eintagsküken auf 31,0% bei der 12 Wochen alten Junghenne (Tabelle 1).

Tabelle 1

Der Rohnährstoffgehalt und die Masse federloser Küken verschiedenen Alters

Alter in Tagen	Schlupf	14	28	42	56	70	85
Wasser [%]	76,3	73,8	72,6	71,6	71,0	70,5	69,0
Rohprotein [%]	13,4	16,6	15,8	16,5	16,5	17,2	17,5
Rohfett [%]	8,6	4,7	5,5	6,0	6,9	6,7	7,8
Rohasche [%]	1,8	4,2	4,4	4,5	4,8	4,9	4,9
g Trockensubstanz je Küken	9,2	34,6	43,1	108,2	120,1	205,0	316,5

Bezieht man den Nährstoffgehalt der federlosen Hühnerkörper auf Frischsubstanz, dann steigt der Rohprotein- und Rohaschegehalt mit zunehmendem Alter kontinuierlich an. Das gleiche gilt für den Rohfettanteil, wenn man den Wert für Eintagsküken ausklammert.

Wird die Trockensubstanz als Bezugsbasis des Nährstoffgehaltes gewählt, dann bleibt der Rohprotein- und Rohaschegehalt mit Ausnahme des Rohaschegehaltes der Eintagsküken in den einzelnen Altersstadien nahezu gleich (Abb. 1).

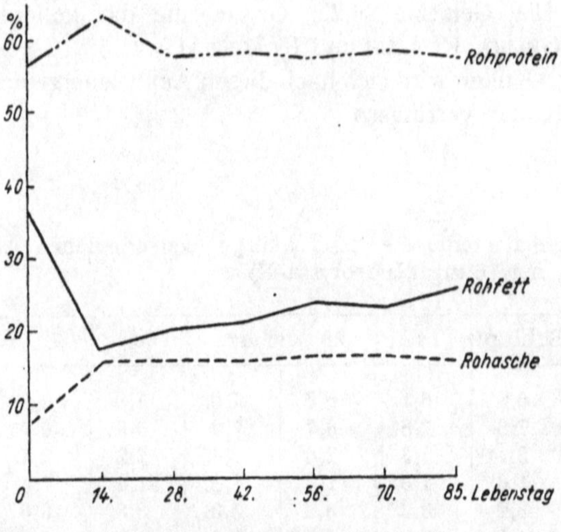

Abb. 1. Der Rohnährstoffgehalt der Küken (bezogen auf Trockensubstanz)

Lediglich der Rohfettanteil der Küken erhöhte sich von der 2. bis zur 12. Lebenswoche ständig, ohne jedoch den im Eintagsküken gefundenen Rohfettwert zu erreichen. In gleichem Maße wie der Rohfettgehalt des Hühnerkörpers zunahm, verringerte sich der Anteil N-freier Extraktstoffe, der am 28. Lebenstag 6,4 und am 85. 2,2% betrug.

Aus diesen Befunden kann abgeleitet werden, daß der Roheiweiß- und Mineralstoffbedarf zur Produktion des federfreien Zuwachses vom 28. bis 85. Lebenstag gleich bleibt. Der Mineralstoffbedarf der Küken vom Schlupf bis zum 28. Lebenstag ist höher als in den folgenden Lebenswochen.

3.2. Eiweiß

In der Tabelle 2 werden die ermittelten Aminosäurewerte der federlosen Kükenkörper mitgeteilt. Während der ersten 28 Lebenstage veränderte sich der Lysin-, Tryptophan-, Threonin-, Methionin-, Cystin-, Gesamtleucin- und Tyrosingehalt des federfreien Körpers nicht. Demgegenüber nahmen die Werte für Arginin, Histidin, Valin, Phenylalanin, Alanin, Glutaminsäure und Serin zu und die für Glycin und Asparaginsäure ab. Von der 4. bis 12. Lebenswoche erhöhte sich der Threonin-, Valin- und Tyrosingehalt, der Arginin-, Gesamtleucin-, Glycin-, Alanin-, Glutaminsäure- und Serinanteil verringerte sich.

Während der ersten 85 Lebenstage veränderte sich die Konzentration der S-haltigen Aminosäuren im federfreien Körper am wenigsten, die des Glycins am stärksten. Die Abnahme des Glycingehaltes am Gesamtkörpereiweiß kann damit erklärt werden, daß der Anteil kollagenhaltiger Substanzen im Körper mit dem

Alter abnimmt. Das beweisen die Ergebnisse von DICKERSON [6]. Nach seinen Untersuchungen enthielten 100 g frische Brustmuskulatur von Rhodeländer Küken nach dem Schlupf 230 mg Kollagen-N, im Alter von 4 Wochen waren nur noch 80 mg vorhanden. Diese kollagenen Stoffe sind glycinreich; so enthält nach McCOY und Mitarbeiter [19] Gelatine 26,2% Glycin und das kollagenhaltige Maschinenleimleder nach GRUHN, RUBACH und KRACHT [11] 21,5% Glycin im Eiweiß. Der Glycinbedarf der Küken wird sich nach diesen Analysenergebnissen mit zunehmendem Alter der Küken verringern.

Tabelle 2

Der Aminosäuregehalt federloser Kükenkörper verschiedenen Alters (Aminosäuren in mg/16 mg Hydrolysat-N)

Alter in Tagen	Schlupf	14	28	42	56	70	85
Lysin	6,3	6,1	6,5	7,0	7,8	6,8	7,5
Arginin	7,8	7,8	8,7	7,4	6,9	6,7	6,5
Histidin	2,1	2,3	2,4	2,4	2,2	2,4	2,2
Tryptophan	1,6	1,5	1,6	1,3	1,4	1,5	1,4
Threonin	3,2	3,3	3,2	3,3	3,8	3,6	3,7
Valin	4,8	5,0	5,5	6,2	5,3	6,0	6,4
Methionin	2,9	2,9	2,9	2,9	2,6	2,6	2,7
Cystin	1,1	0,9	1,1	1,1	1,2	1,0	1,1
Leucin und Isoleucin	12,6	12,7	13,9	13,1	12,0	10,9	10,4
Phenylalanin	4,8	5,6	5,6	4,2	4,0	3,9	4,6
Tyrosin	2,7	3,0	2,6	2,7	3,1	3,3	3,7
Glycin	9,5	7,5	7,0	5,9	4,8	3,7	3,7
Alanin	5,3	6,0	5,9	4,8	4,0	3,7	3,7
Glutaminsäure	11,7	12,1	12,2	12,2	11,8	10,5	12,8
Asparaginsäure	7,2	7,1	6,9	7,3	6,7	7,2	6,4
Serin	3,9	4,2	4,6	5,2	4,5	3,0	3,3

3.3. Mengen- und Spurenelemente

Der Mg-, Fe-, Mn-, Cu- und Mo-Gehalt der Küken ist vom Alter abhängig. Der höchste Anteil wurde bei den ersten vier dieser Elemente am 14. und der niedrigste am 85. Lebenstag gefunden (Tabelle 3). Die Abnahme des Fe-Gehaltes mit zunehmendem Alter ist besonders auffällig. Der Cu-, Mn- und Mg-Gehalt verringerte sich in dieser Reihenfolge langsamer. Demgegenüber blieb der P-, K-, Na- und Zn-Anteil während der 2. bis 12. Lebenswoche konstant, während sich der Ca-Anteil langsam erhöhte. Die Fe-, Cu-, Mn- und Mg-Versorgung des Huhnes in den ersten zwei Lebenswochen wird demzufolge besonders beachtet werden müssen. Dieser Gesichtspunkt ist um so wichtiger, da sich der Rohascheanteil der Küken vom Schlupf bis zum 14. Lebenstag mehr als verdoppelt.

Tabelle 3

Der Mengen- und Spurenelementgehalt federloser Küken verschiedenen Alters bezogen auf Trockensubstanz

Alter in Tagen	Schlupf	14	28	42	56	70	85
Ca [g/kg]	13,6	26,1	25,4	28,0	28,8	36,5	32,6
Mg [g/kg]	2,07	4,09	3,43	2,45	2,69	1,80	1,74
P [g/kg]	12,8	20,2	17,8	20,7	20,0	20,1	20,8
K [g/kg]	2,0	10,7	9,5	10,0	10,0	10,9	8,6
Na [g/kg]	7,8	7,0	5,7	5,8	5,2	5,7	5,0
Fe [g/kg]	0,119	3,340	2,929	1,265	0,619	0,302	0,138
Mn [ppm]	2	27	25	25	21	20	7
Zn [ppm]	37	87	84	—	—	76	75
Cu [ppm]	8,9	21,1	18,6	17,8	12,6	9,7	5,6
Mo [ppm]	0,08	0,75	1,02	0,50	0,55	0,42	0,26

Bezieht man den Mineralstoffgehalt des federlosen Körpers auf den Aschegehalt (Abb. 2), dann zeigt sich, daß die Aschezusammensetzung beim Ca in den ersten 56 Lebenstagen fast gleich bleibt. Der Mg-Anteil erniedrigte sich ab dem 14. Lebenstag und der Cu-Gehalt ab dem 42. Lebenstag. Bei den Elementen P und Na wurde die höchste Konzentration in der Rohasche der Eintagsküken gefunden. In den späteren Lebensabschnitten blieb ihre Menge nahezu konstant. Das gleiche Ergebnis zeigte sich beim K, allerdings mit dem Unterschied, daß hier die Rohasche des frisch geschlüpften Kükens am wenigsten K besaß.

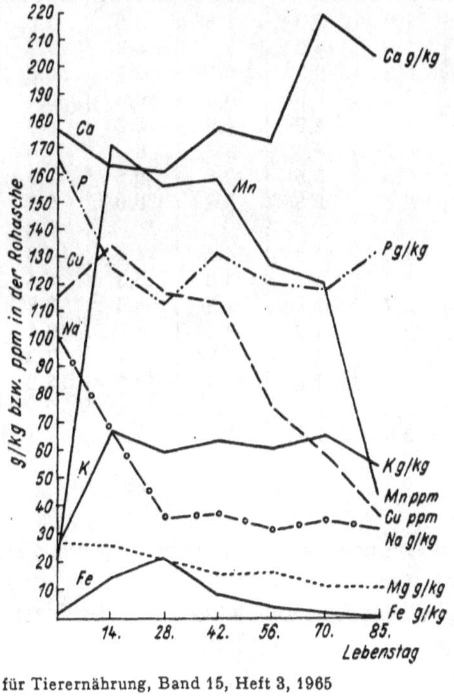

Abb. 2. Der Mengen- und Spurenelementgehalt des federfreien Hühnerkörpers bezogen auf Rohasche

Die Mn-, Fe- und Mo-Werte der Rohasche waren beim Eintagsküken am niedrigsten, stiegen bis zur zweiten bzw. vierten Lebenswoche stark an und verringerten sich anschließend bis zum 85. Lebenstag wieder auf die Werte zum Zeitpunkt des Schlupfes.

4. Zusammensetzung der Federn

4.1. Eiweiß

In der Tabelle 4 wird der Aminosäuregehalt des Eiweißes der Kükenfedern mitgeteilt. Mit zunehmendem Alter der Tiere verringert sich ihr Lysingehalt, während der der meisten anderen Aminosäuren zunimmt. Entgegen den abnehmenden Glycinwerten im federlosen Gesamtkörper (Tabelle 2) steigt der Glycingehalt im Keratin des Gefieders älterer Küken. Nach Versuchen von FISHER und Mitarbeiter [8] muß Glycin als wichtiger Federbestandteil angesehen werden. Ein Glycinzusatz zur Kükenration könnte den Keratingehalt der Federn erhöhen.

Tabelle 4

Der Aminosäuregehalt des Federeiweißes in Abhängigkeit vom Alter der Küken (Aminosäuren in mg/16 mg Hydrolysat-N)

Alter in Tagen	Schlupf	14	28	42	56	70	85
Lysin	2,1	1,9	1,9	1,8	1,6	1,5	1,4
Arginin	6,8	7,0	7,2	7,2	6,9	7,1	7,1
Histidin	0,5	0,6	0,7	0,7	0,7	0,8	0,8
Tryptophan	0,5	0,5	0,5	0,5	0,5	0,4	0,5
Threonin	4,4	4,7	4,9	4,8	5,2	5,0	5,6
Valin	7,8	8,0	8,4	8,3	8,4	8,6	8,0
Methionin	0,5	0,6	0,5	0,6	0,6	0,6	0,6
Cystin	9,4	9,6	9,3	9,8	9,9	9,7	9,6
Leucin und Isoleucin	13,4	14,0	14,2	14,4	14,4	14,6	15,4
Phenylalanin	4,8	5,0	4,8	5,0	5,3	5,4	5,6
Tyrosin	2,7	2,7	2,9	2,8	3,0	3,3	3,7
Glycin	7,2	7,4	7,7	8,1	8,9	9,1	10,6
Alanin	4,7	5,6	5,6	5,7	7,4	7,3	8,4
Serin	11,4	11,4	11,4	12,3	12,7	13,2	12,3
Glutaminsäure	9,2	9,2	8,4	9,1	8,4	9,5	10,4
Asparaginsäure	7,1	8,0	7,7	7,4	7,3	7,3	7,9

Da der N-Gehalt sowohl in den Daunen der sehr jungen Tiere als auch in den Federn älterer Küken etwa gleich war, kann angenommen werden, daß das Gefieder der geschlüpften und wenige Wochen alten Küken N-Substanzen enthält, die keine Aminosäuren sind.

4.2. Mengen- und Spurenelemente

Der Rohaschegehalt der Federn ist, verglichen mit dem des Körpers, außerordentlich niedrig (Tabelle 5). Er stieg von 0,92% in der Trockensubstanz am 1. Lebenstag bis auf 2,0% am 42. Lebenstag, um dann wieder auf 1,0% am Ende der 12. Lebenswoche zu fallen.

Tabelle 5

Der Mengen- und Spurenelementgehalt der Federn von Küken verschiedenen Alters bezogen auf Trockensubstanz

Alter in Tagen	Schlupf	14	28	42	56	70	85
Rohasche [%]	0,92	1,3	1,4	2,0	1,5	1,5	1,0
Mg [ppm]	4676	4623	3583	1795	1564	433	339
P [ppm]	1309	1447	1641	1576	1439	1085	696
K [ppm]	1220	1300	1490	1710	1503	1221	600
Na [ppm]	800	1202	1400	1900	1720	1400	830
Fe [ppm]	145	946	728	920	623	614	335
Mn [ppm]	2	4	13	22	18	13	5
Zn [ppm]	500	371	238	173	210	134	119
Cu [ppm]	23,5	14,1	14,2	9,9	12,2	7,3	7,3
Mo [ppm]	0,69	0,74	0,19	0,19	0,20	0,23	0,20

In ähnlicher Weise reagierten auch die Elemente P, K, Na, Fe und Mn, bei denen die höchsten Gehaltszahlen in der Feder während der 6. Lebenswoche gefunden wurden. Demgegenüber waren die Federn der Eintagsküken am Mg-, Zn-, Cu- und mit gewissen Einschränkungen auch am Mo-reichsten von allen untersuchten Entwicklungsstadien. Mit zunehmendem Alter verringerte sich der Anteil dieser Elemente.

Bei der Betrachtung dieser Zahlen ist der hohe Zn-Gehalt des Gefieders der Eintagsküken besonders auffällig.

Bezieht man den Anteil der einzelnen Elemente auf die Rohasche, dann zeigt sich die Veränderung der Aschezusammensetzung des Gefieders während der ersten 85 Lebenstage. Am eindrucksvollsten verändert sich der Mg-Gehalt der Feder (Abb. 3). Während des 1. Lebenstages bestand ihre Rohasche zu mehr als 50% aus Mg. Der Mg-Anteil der Federasche verringerte sich mit zunehmendem Alter sehr stark und erreichte seine niedrigste Konzentration am 70. Lebenstag. In ähnlicher Weise verschob sich auch der Cu-, Mo-, P-, K- und Zn-Gehalt der Federasche. Bei diesen Elementen ist aber der Abfall vom 1. bis 85. Lebenstag viel geringer als beim Mg. Der Na-Gehalt der Federasche veränderte sich während des Untersuchungszeitraumes nur wenig; der Fe-Anteil erhöhte sich bis zum 14. Lebenstag und sank dann allmählich wieder. Ganz anders verhielt sich die Mn-Konzentration in der Federasche. Sie betrug beim Schlupf 217 ppm und erhöhte sich bis zum 56. Lebenstag auf 1200 ppm, um dann wieder bis 500 ppm am 85. Lebenstag abzusinken.

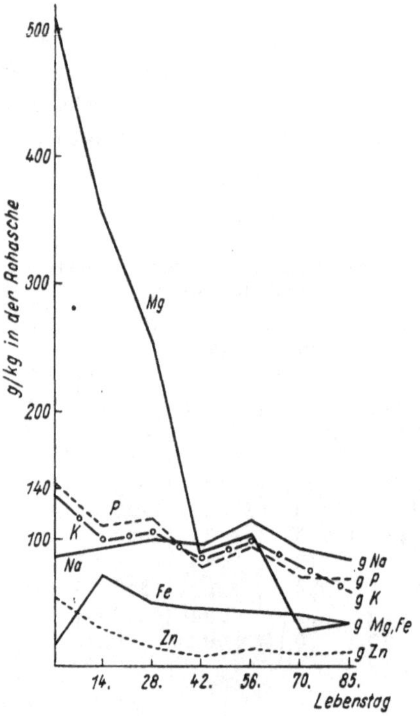

Abb. 3. Der Mengen- und Spurenelmentgehalt des Hühnergefieders bezogen auf Rohasche

5. Diskussion

Die Zusammensetzung des Eiweißes der Hähnchen verändert sich während des Versuchszeitraumes, dies trifft jedoch nicht auf alle Aminosäuren zu. Der Anteil an basischen Aminosäuren und Tryptophan wird durch das Wachstum nicht beeinflußt, obwohl sich innerhalb des Körpers Veränderungen ergeben. So nimmt z. B. der Lysingehalt der Federn mit dem Älterwerden der Tiere ab, während er im federfreien Körper ansteigt.

Die Werte für Threonin und Valin steigen mit zunehmendem Alter; der Anstieg ist im Körper größer als in den Federn.

Die schwefelhaltigen Aminosäuren verändern ihren Anteil nicht, aber zur Produktion des Gefieders ist ein hoher Cystingehalt im Futter während der Befiederung notwendig. Diese Auffassung erfährt eine Stützung durch die Arbeiten von Wilson und Lewis [34]. Diese Autoren weisen auf die Beziehungen zwischen dem Cystingehalt und dem Wachstum von Haaren und Federn hin. Dieser Befund ist auch für die Mauser von Bedeutung [1]. Während des Federwechsels hat die Henne einen höheren Bedarf an S-haltigen Aminosäuren.

Die Aminosäuren Phenylalanin und Tyrosin veränderten sich während des Wachstums nicht. Grau [9] ermittelte den Gehalt an aromatischen Aminosäuren im Körper frisch geschlüpfter Küken und in solchen, die fünf Tage älter waren bis zum 30. Lebenstag. Der durchschnittliche Gehalt an Phenylalanin betrug

5,6% des Eiweißes und stimmt mit den hier gefundenen Werten überein. Der Tyrosingehalt von 3,3% des Körpereiweißes liegt dagegen etwas höher als der von uns in den ersten 28 Lebenstagen ermittelte Tyrosinwert.

Das Entwicklungsstadium übt auf den Glycingehalt den größten Einfluß aus. Obwohl die Werte für das Federeiweiß mit dem Alter zunehmen, verringert sich der Glycingehalt des Kükens. DOUGLAS und Mitarbeiter [7] konnten durch Glycingaben bei einer methioninarmen Sojaschrotration das Wachstum der Broiler verbessern. Der Glycinbedarf ist nach diesen Autoren von verschiedenen Faktoren abhängig und liegt höher als die NRC-Norm [25], die 1% der Futterration beträgt. In einer Arbeit von HENNIG und Mitarbeiter [12] ist nach Gegenüberstellung der NRC-Norm mit den Versuchsergebnissen aus Urbana [14] ersichtlich, daß die Bedarfswerte erheblich voneinander abweichen. Die Befunde von KLAIN und JOHNSON [15] engen das Problem des Glycinbedarfes ein.

Betrachtet man das Aminosäurespektrum bis zur 4. Lebenswoche, so zeigt sich, daß am 28. Lebenstag ein gewisser Entwicklungsstand im Eiweißaufbau erreicht ist. Diese Auffassung wird durch Ergebnisse der Muskelanalyse unterstützt. Die Zusammensetzung der Muskulatur ist nach etwa vier Lebenswochen der des erwachsenen Huhnes sehr ähnlich [6].

Der Bedarf des Huhnes an Mengen- und Spurenelementen wird, wenn man von der Zusammensetzung des Körpers ausgeht, in den verschiedenen Entwicklungsstadien unterschiedlich sein. Vor allem in den ersten 14 Lebenstagen muß er bei den Elementen K, Fe, Mn und Cu höher als in den nachfolgenden Abschnitten sein, da sich die Asche der Hühner mit diesen Elementen anreichert. Auch dem Zn-Anteil der Ration sollte besondere Aufmerksamkeit geschenkt werden, da dieses Element zur Federbildung benötigt wird [5]. Der Mineralstoffbedarf des Huhnes wird nach sechs Lebenswochen niedriger als in dem vorangegangenen Abschnitt sein, da die Bildung des Skeletts bis zu diesem Zeitpunkt und die des Gefieders bis zur 8. Lebenswoche im wesentlichen abgeschlossen ist.

Nach den vorliegenden Körperanalysen und der einschlägigen Literatur ist es anzustreben, daß die Bedarfszahlen für Aminosäuren, Mengen- und Spurenelemente für die Kükenaufzucht in drei Abschnitte unterteilt werden und zwar bis zur 4., 8. und von der 8. bis 16. Lebenswoche. Die Verwirklichung in der Praxis dürfte bei einer gut funktionierenden Mischfutterproduktion kaum auf Schwierigkeiten stoßen.

Zusammenfassung

In der vorliegenden Arbeit wurden bei Hühnerküken die federlosen Gesamtkörper und die Federn im Abstand von 14 Tagen vom Schlupf bis zur 12. Lebenswoche auf ihren Gehalt an Nährstoffen, Aminosäuren und Mengen- und Spurenelementen untersucht.

1. Der Trockensubstanzgehalt der Körper erhöhte sich von 23,7% des Eintagskükens auf 31,0% bei der 12 Wochen alten Junghenne. Mit zunehmendem Alter stieg der Rohprotein-, Rohfett- und Ascheanteil.

2. Von den 17 untersuchten Aminosäuren verändern sich im befiederten Gesamtkörper die basischen, sauren, schwefelhaltigen und aromatischen Aminosäuren kaum. Die größte prozentuale Abnahme erfährt das Glycin während des Wachstums.

3. Der Mengen- und Spurenelementgehalt des federlosen Tieres hängt – bezogen auf Trockensubstanz – vom Alter ab. Er ist bei den Elementen Mg, Fe, Mn, Cu bzw. Mo am 14. bzw. 28. Lebenstag am höchsten und nimmt dann bis zum 85. Lebenstag kontinuierlich ab. Demgegenüber blieb der P-, K-, Na- und Zn-Anteil nahezu konstant, während sich der Ca-Gehalt langsam erhöhte.

4. Die Versuchsergebnisse werden diskutiert, mit der einschlägigen Literatur verglichen und Vorschläge unterbreitet, drei Futtermischungen für Junghühner vom Schlupf bis zur legereifen Henne herzustellen.

Резюме

В работе исследовалось с промежутками в 14 дней, считая со дня выхода из скорлупы, содержание питательных веществ, аминокислот, элементов и микроэлементов в теле цыплят без перьев и в перьях до возраста их в 12 недель:

1. Содержание сухого вещества в теле птиц повысилось с 23,7% у однодневных цыплят до 31% у молодых кур в возрасте 12 недель. С возрастом в теле птицы повышается доля сырого протеина, сырого жира и зольных веществ.

2. Из 17 исследованных аминокислот в оперенном теле птицы почти не изменяются основные, кислые, а также содержащие серу и ароматические аминокислоты. Наибольшее процентное понижение происходит у глицина во время роста.

3. Содержание элементов и микроэлементов в расчете на сухое вещество у неоперенной птицы зависит от ее возраста. Для элементов Mg, Fe, Mn, Cu, Mo оно является наивысшим на 14–28-ой день, непрерывно понижаясь затем до 85-го дня. Содержание P, K, Na и Zn оставалось почти постоянным, содержание же Ca постепенно повышалось.

4. Далее излагается дискуссия результатов опытов, производится сравнемие их с данными в соответствующей литературе и вносится предложение изготовлять три смеси кормовых веществ для молодых кур, начиная с момента выхода их из яйца до достижения ими возраста яйценоскости.

Summary

In the present study the amount of nutrients, amino-acids as well as major and trace elements contained in the featherless total bodies and the feathers of female chicks was investigated at 2-week intervals in the period from hatching until the 12th week of age.

1. The content of dry matter in the body increased from 23.7% in dayold chicks to 31% in 12-week-old poults. The content of crude protein, crude fat and ash rose with increasing age.

2. Of the 17 amino-acids studied the proportion of basic, acidic, sulphurous and aromatic amino-acids contained in the feathered total bodies of these chicks hardly altered. Glycine was found to undergo the most marked proportional decrease during this growing period.

3. The content of major and trace elements in the featherless bodies of the chicks, – relative to their content in dry matter – was dependent on the age of the animal. The content of the elements Mg, Fe, Mn, Cu and Mo was found to be highest on the 14th and 28th days of age and then declined continuously until the 85th day while the proportion of P, K, Na and Zn remained nearly constant and the content of Ca slowly increased.

4. Experimental results are discussed and compared with data obtained from relevant literature. Suggestions are made as to the preparation of 3 standard types of food mixtures to be used in poult feeding (from hatching until the onset of egg production).

Literaturverzeichnis

[1] ALMQUIST, H. J.: Proteins and amino acids in animal nutrition. U. S. Industrial Chemicals Co., 4th edition, 1957, S. 14

[2] ANKE, M.: Der Mengen- und Spurenelementgehalt des Rinderhaares als Indikator der Calcium-, Magnesium-, Phosphor-, Kalium-, Natrium-, Eisen-, Zink-, Mangan-, Kupfer-, Molybdän- und Kobaltversorgung. Habil-Schrift, Landw. Fakultät Jena 1965

[3] ASKELSON, C. E., und S. L. BALLOUN: Poultry Sci. **42**, 140–146 (1963)

[4] BEACH, E. F., S. S. BERNSTEIN und I. G. MACY: J. Pediatrics **19**, 190–200 (1941)

[5] BERG, L. R., G. E. BEARSE und L. H. MERRILL: Poultry Sci. **41**, 1627 (1962)

[6] DICKERSON, J. W. T.: Biochem. J. **75**, 33–37 (1960)

[7] DOUGLAS, C. R., H. J. HOCHREICH und R. H. HARMS: Poultry Sci. **37**, 620–626, (1958)

[8] FISHER, H., H. M. SCOTT und B. C. JOHNSON: J. Nutrition **55**, 415–430 (1955)

[9] GRAU, C. R.: J. Biol. Chem. **168**, 485–488 (1947)

[10] GRUHN, K.: Wissenschaftl. Zeitschr. d. Friedrich-Schiller-Universität Jena, Math.-nat. Reihe **9**, 593–603 (1959/60)

[11] GRUHN, K., G. RUBACH und W. KRACHT: Arch. Tierzucht **7**, 135–153 (1964)

[12] HENNIG, A., K. GRUHN, M. ANKE und H. JEROCH: Arch. Geflügelzucht und Kleintierkunde **10**, 326–348 (1961)

[13] HENNIG, A., K. GRUHN und W. KRACHT: Wissenschaftl. Zeitschr. der Friedrich-Schiller-Universität Jena, Math.-nat. Reihe **12**, 125–137, (1963)

[14] KLAIN, G. J., H. M. SCOTT und B. C. JOHNSON: Poultry Sci. **37**, 976–982 (1958)

[15] KLAIN, G., und B. C. JOHNSON: J. Biol. Chem. **237**, 123–126 (1962).

[16] KRAVIS, E. M., und M. R. KARE: Poultry Sci. **39**, 13–15 (1960)

[17] MARION, J. E., und H. M. EDWARDS, jr.: J. Nutrition **79**, 53–61 (1963)

[18] MATTHIAS, W.: J. Chromatography **6**, 333–342 (1961)

[19] MCCOY, T. A., M. K. jr. PATTERSON und S. H. WENDER: Arch. Biochem. Biophys. **43**, 485–491 (1953)

[20] Mitchell, H. H., und R. J. Block: J. Biol. Chem. **163**, 599–620 (1946)
[21] Mitchell, H. H.: In: A. A. Albanese: Protein and amino acid nutrition. Academic press inc. New York and London 1959, S. 11ff.
[22] Moore, S., und W. H. Stein: J. Biol. Chem. **211**, 907–913 (1954)
[23] Munks, B., A. Robinson, E. F. Beach und H. H. Williams: Poultry Sci. **24**, 459–468 (1945)
[24] Nelson, T. S., und L. C. Norris: Poultry Sci. **40**, 392–395 (1961)
[25] NRC-Normen: I. Nutrient requirements of poultry. National Academy of Sciences-National Research Council, Publication 301 (1954)
[26] Scheffer, F., und H. Pajenkamp: Zeitschr. Pflanzenernährung **56**, 2–8 (1952)
[27] Schilling, G.: Landw. Versuchs- u. Untersuchungswesen **3**, 236–244 (1957)
[28] Spies, J. R., und D. C. Chambers: Anal. Chem. **21**, 1249–1266 (1949)
[29] Vohra, P., und F. H. Kratzer: Arch. Biochem. Biophys. **68**, 76–80 (1957)
[30] Vohra, P., und F. H. Kratzer: Poultry Sci. **38**, 280–281 (1959)
[31] Wagner, J.: Naturwiss. **45**, 110–111 (1958)
[32] Werner, A.: Beispiel und Tabellen zur Futterberechnung. VEB Deutscher Landwirtschaftsverlag 1962, S. 59ff.
[33] Williams, H. H., L. V. Curtin, J. Abraham, J. K. Loosli und L. A. Maynard: J. Biol. Chem. **208**, 277–286 (1954)
[34] Wilson, R. H., und H. B. Lewis: J. Biol. Chem. **73**, 543–553 (1927)

Eingegangen: 24. 8. 1964

Aus dem Institut für Tierzucht der Hochschule für Landwirtschaft Bernburg
(Dir. Prof. Dr. habil. SCHWARK)

K. KIRMSE

Untersuchungen über den Einfluß von Futterkonsistenz und Fütterungsintensität auf die Mast- und Schlachtleistung beim Schwein unter besonderer Berücksichtigung der Vorratsfütterung mit fließfähigem Futter

1. Einleitung

Die volkswirtschaftliche Aufgabenstellung einer weiteren Verbesserung in der Versorgung der Bevölkerung mit tierischen Erzeugnissen fordert die Erhöhung und Konzentration der Tierbestände verbunden mit einem schrittweisen Übergang zu industriemäßigen Produktionsmethoden, die eine Steigerung der Arbeitsproduktivität bei gleichzeitiger Erleichterung der Arbeit gewährleisten.

Die Schweinemast bietet günstige Voraussetzungen, um mit Hilfe neuer Haltungsformen durch eine intensive Belegung der Ställe, Vollmechanisierung oder Teilautomatisierung der Fütterungs- und Entmistungsarbeiten in Mastanlagen mit mehr als 3000 Plätzen, den Arbeitsaufwand zur Erzeugung von 1 dt Zuwachs auf 1 Stunde zu senken, was für eine Arbeitskraft eine Jahresproduktion von 4000 dt Lebendvieh bedeuten würde.

Im Augenblick kann im Gebiet unserer Republik mit einer Arbeitsproduktivität von 18 bis 20 AKh je dt Zuwachs gerechnet werden.

Der allmähliche Übergang zur Mast der Schweine in großen Produktionseinheiten mit der damit in Verbindung stehenden Entwicklung und Durchsetzung neuer Technologien in der Fütterung und Haltung, ist somit als eine objektive Notwendigkeit zu betrachten.

Die Großbuchtenhaltung der Mastschweine mit der Möglichkeit einer intensiveren Stallraumbelegung und der damit verbundenen Verbilligung des Stallplatzes bei besseren Gegebenheiten für die Mechanisierung der Fütterungs- und Entmistungsarbeiten wird sich deshalb immer stärker durchsetzen.

Trotz der Priorität der Forderungen nach einer ständig steigenden Arbeitsproduktivität, müssen die biologischen Belange des Schweines zur Gewährleistung optimaler Mastleistungen grundsätzlich beachtet werden.

Die Entwicklung vollmechanisierter Fütterungsverfahren hat diesem Gesichtspunkt Rechnung zu tragen.

Nach Untersuchungen von KRÜGER und TSCHIERSCHKE [24, 62, 63, 64, 65, 66] wird eine industriemäßige Schweinemast mit einer Produktivität von 1000, 2000 und mehr Tieren pro Arbeitskraft nur bei Realisierung folgender Bedingungen möglich sein:

1. Anwendung einer Vorratsfütterung mit trockener oder fließfähiger Futterkonsistenz, da bei feuchtkrümeliger Fütterung trotz des Einsatzes aller ge-

gebenen Mechanisierung auch zukünftig von einer Person nicht mehr als 750 Schweine betreut werden können.
2. Automatisierung der Fütterungs- und Entmistungsarbeiten.

Über die Auswirkungen der Vorratsfütterung der Mastschweine mit Trockenfutter in Automaten auf die Mast- und Schlachtleistungen liegen zahlreiche Versuchsergebnisse vor [10, 11, 17, 43, 53, 57].

Trotz der großen Bedeutung der Trockenfütterung und der auch in unserer Republik angestrebten Erweiterung der bestehenden Trocknungskapazitäten, mit der Absicht, in vermehrtem Maße wirtschaftseigene Futtermittel künstlich zu trocknen, wird in den kommenden Jahren die Fütterung von Hackfrüchten, Hackfrucht-Grünfutter-Mischsilagen, Naßschnitzeln, Melasse, Leimleder, Fischsilagen usw. eine nicht zu verdrängende Stellung in der Schweinemast einnehmen. Der höhere Wassergehalt dieser Futtermittel zwingt bei der Verabreichung an das Tier zu einer Konsistenz, die sich zwischen feuchtkrümelig und fließfähig bewegt.

Die Konsistenzbereiche des Futters dürfen nicht allein von technischen Forderungen festgelegt werden. Entsprechend den zur Verfügung stehenden Futtermitteln gilt es, den zweckmäßigsten Konsistenzbereich zu finden, der für die gewählte Fütterungsintensität optimale Mast- und Schlachtleistungen ohne eine Erhöhung im Futteraufwand und die erforderliche Pumpfähigkeit der Mischungen gewährleistet.

Über die Auswirkungen bei zeitlich unbegrenzter Aufnahmemöglichkeit fließfähiger Futtermischungen aus Hackfrüchten (Kartoffelmast) auf die Ansatzleistungen des Schweines lagen bisher in der Literatur keine Ergebnisse vor.

Die beachtlichen Unterschiede im Trockensubstanzgehalt und damit in der Nährstoffkonzentration bei gleichen Konsistenzen zwischen reinen Kraftfuttergemischen und Gemischen mit Kartoffelanteil zeigt die Tabelle 1.

Tabelle 1

Trockensubstanzgehalte verschiedener Futtermischungen gleicher Konsistenz

Konsistenzbezeichnung	Verhältnis von Trockenfutter: Wasser (bei reinem Kraftfuttergemisch	Zugesetzte Wassermenge in kg auf 1 kg Kraftfuttergemisch	Trockensubstanzgehalt der Futtermischung in %	Verhältnis von Futtergemisch: Wasser (Futtergemisch bestehend aus 1 kg Kraftfutter 5 kg Kartoffeln)	Zugesetzte Wassermenge auf 1 kg Futtergemisch	Trockensubstanzgehalt der Futtermischung in %
1. feucht-krümelig	1 : 1,0	1	43,0	1 : 0,4	0,4	23,3
2. dick-breiig	1 : 1,5	1,5	34,0	1 : 0,6	0,6	20,4
3. dünn-breiig	1 : 2,0	2,0	28,6	1 : 0,8	0,8	18,2
4. suppig	1 : 3,5	3,5	19,1	1 : 1,5	1,5	13,1

Es ist Aufgabe der durchgeführten Untersuchungen, einen Beitrag zur Klärung dieses noch offenstehenden Fragengebietes zu leisten.

2. Ergebnisse vorliegender Literatur

Die bisher durchgeführten Versuche mit Mastschweinen zur Klärung von Fragen hinsichtlich einer zweckmäßigen Fütterungsintensität und eines gegenüber dem Tier vertretbaren Konsistenzbereiches des Futters, waren im wesentlichen von dem Bemühen getragen, Wege zur Verbesserung der Mechanisierung und der gesamten Arbeitswirtschaft der Fütterung zu finden.

Mit dem Problem der Futterkonsistenz befaßten sich bisher vor allem Scholz und Siegl [45, 48, 49], Piatkowski und Otto [34, 36, 37, 38], Laube und Weissbach [26].

Die von Laube und Weissbach [26] formulierte Schlußfolgerung, daß „die Wahl des anzuwendenden Futterbefeuchtungsgrades allein nach hygienischen und arbeitswirtschaftlichen Gesichtspunkten erfolgen kann", bleibt auf den Einsatz von Kraftfuttermischungen beschränkt.

Vom Standpunkt der Tierernährung ist es sehr wichtig zu wissen, bis zu welcher Konsistenzgrenze in den Futtermischungen gegangen werden kann, um sowohl den Forderungen der Technik hinsichtlich der Fließfähigkeit der Gemische als auch den Forderungen zur Erzielung einer guten Futterverwertung gerecht werden zu können.

Geeignete Kennzahlen zur eindeutigen Bestimmung der Konsistenz konnten nach Tschierschke [62, 63] für die Futtergemische in der Schweinefütterung auf Grund ihrer Inhomogenität noch nicht gefunden werden.

Um eine Vergleichbarkeit der in der Schweinemast in Anwendung kommenden Konsistenzen zu ermöglichen, ist neben dem Futter : Wasserverhältnis stets der Trockensubstanzgehalt der Mischung mit anzugeben (siehe Tabelle 1).

Die Höhe des Trockensubstanzgehaltes beeinflußt die Nährstoffkonzentration einer Mischung und damit auch die Auswirkungen auf die Ansatzleistungen des Schweines.

Geeignete Kennzahlen zur Festlegung der Konsistenzen wären auch technischerseits von großem Interesse.

Wie Tschierschke [62] feststellte, liegen z. B. bei der Beförderung von Wirtschaftsfuttermischungen in Leitungen die Druckverluste bei unterschiedlich verwendeten Rohrmaterial stets höher als bei Gerstenschrotmischungen.

Die bisher vorherrschende Lehrbuchmeinung, daß allein die feuchtkrümelige Futterkonsistenz für die Zunahme und Futterverwertung des Schweines optimal sei, wird sich einer Korrektur unterziehen müssen.

Folgende Frage ist im Rahmen der vorliegenden Untersuchungen von Wichtigkeit und sollte einer Beantwortung zugeführt werden

Begrenzen zunehmende Wassermengen im Futter bei unterschiedlicher Fütterungsintensität, hervorgerufen durch Vorrats- oder Rationsfütterung, eine optimale Futter- und Nährstoffaufnahme des Tieres und wirken sie sich ungünstig auf die Futterverwertung aus?

Auf nachstehende Veröffentlichungen [26, 34, 36, 37, 38, 45, 48, 49] stützend kann hierzu zusammenfassend folgendes gesagt werden.

Bei dreimaliger oder Vorratsfütterung mit fließfähigen Kraftfuttergemischen bis zu einem Futter: Wasserverhältnis von 1 : 3 konnten außer einem leichten prozentualen Anstieg im Fettansatz und Wassergehalt des Fleisches und bei Kartoffelmast mit dünnbreiiger Konsistenz (1 : 1) niedrigeren Eiweißgehalt des Fleisches keine negativen Einflüsse auf die Mast- und Schlachtleistungen gefunden werden.

Erhöhter Wasserzusatz in der Tagesration scheint die Verdaulichkeit des aufgenommenen Futters nicht zu senken, sondern lediglich das Aufnahmevolumen für die benötigten Futter- und Nährstoffmengen besonders bei rationierter Zuteilung der Mahlzeiten zu beschränken.

Die Konsistenz und Nährstoffkonzentration des Futters und die Intensität der Fütterung nehmen in ihrer Gesamtheit und durch ihre spezifischen Einzelwirkungen Einfluß auf die Mast- und Schlachtleistung des Schweines.

Eine scharfe Abgrenzung dieser drei Begriffe, besonders in ihren Auswirkungen auf die gewünschten Nutzleistungen des Tieres, wird nur schwer möglich sein. Vielmehr bestehen zwischen ihnen zahlreiche Zusammenhänge und Übergänge.

Die Nährstoffkonzentration eines Futtermittels wird vom Wassergehalt und der Relation der Hauptnährstoffe im Futtermittel beeinflußt. Letztere ist ausschlaggebend für die angestrebte Verwertungsrichtung im Tierkörper. Eine hohe Nährstoffkonzentration für die Gesamtnährstoffe liegt z. B. bei getrockneten Zuckerrüben, für das verdauliche Rohprotein z. B. bei Luzerneheumehl vor.

Die Fütterungsintensität wird durch qualitative und quantitative Zufuhr der für das Wachstum des Schweines erforderlichen Nährstoffe gekennzeichnet und hat damit Einfluß auf die Tageszunahmen, die Verwertung des aufgenommenen Futters und die Relation des Fleisch- und Fettansatzes im Tierkörper [56].

Um die gewünschten Ansatzleistungen beim Schwein zu erzielen, die seit einer Reihe von Jahren im Weltmaßstab durch einen zunehmenden Fleischanteil im Schlachtprodukt bei abnehmendem Futteraufwand zur Erzeugung einer Dezitonne Schlachtschwein gekennzeichnet sind, bestehen verschiedene Möglichkeiten der Variation in der Fütterungsintensität.

Weniger [67] versteht z. B. unter einer Verringerung derselben die „Einschränkung der täglichen Gaben an Kohlenhydraten bei absolut gleichbleibender Eiweißgabe", wobei ein verminderter Fettansatz bei gleicher Höhe der Fleischbildung eintreten kann.

In der gleichen Arbeit werden von Weniger folgende Maßnahmen für eine Einschränkung der Kohlenhydratzufuhr besprochen:

a) Quantitative Verringerung der Futtergaben durch Ausfall von ein oder zwei Mahlzeiten pro Woche;
b) Beimengung rohfaserreicherer Futtermittel wie Kleie, Heumehl, Maiskolbenschrot usw. in die Tagesration und damit verbundene Reduzierung der Nährstoffkonzentration (besonders der Kohlenhydratbestandteile);
c) Rationierung der täglichen Futtergaben.

Schumm [56] sieht die Möglichkeiten zur Erzielung einer bestimmten Schlachtqualität fütterungs-technisch in der „maximalen Ausschöpfung des Fleischbildungsvermögens" und in „den Fettansatz hemmenden Vorkehrungen", wozu er die

a) „Einschränkung bzw. Rationierung der täglichen Futtermenge auf ein unterhalb der Sättigungsgrenze liegendes Niveau (Fütterungsintensität etwa 80–90% der Sattfütterung);
b) Verringerung der Nährstoffkonzentration (Kohlenhydratbestandteile) durch entsprechende Zusammensetzung der Futterration unter Verwendung von Futtermitteln mit erhöhtem Rohfasergehalt" rechnet.

Aus der sehr zahlreichen Literatur des In- und Auslandes zu dem Problemkreis einer zweckmäßigen Fütterungsintensität kann über die im Zusammenhang mit den vorliegenden Untersuchungen stehenden Gebiete folgendes zusammengefaßt gesagt werden:

Die unterschiedliche Veranlagung der Tiere hinsichtlich des Futteraufnahmevermögens, des Erhaltungsbedarfes und der Fleisch-Fettbildung wirkt sich erschwerend auf die Anwendung fütterungstechnischer Maßnahmen mit dem Ziel einer guten Futterverwertung und einer hohen Fleischausbeute im Schlachtprodukt aus, wobei Vorratsfütterung Kenntnisse darüber fordert, wie mit Hilfe entsprechender Zusammensetzung der Futterrationen eine zweckmäßige quantitative und qualitative Zufuhr der für das Wachstum des Schweines erforderlichen Nährstoffe erzielt werden kann.

Trotz der Erkenntnis, daß die Ursachen für Unterschiede im Gesamtansatz beim Schwein mehr genetisch als fütterungstechnisch zu suchen sind [14, 18, 21, 27, 58, 60, 67, 69, 71), ist eine Einflußnahme auf die gewünschten Leistungsergebnisse mit Hilfe der Fütterung möglich. Ein in seinen Eigenschaften bekanntes und ausgeglichenes Tiermaterial erhöht die Wirksamkeit der auf hohe Fleischausbeute und gute Futterverwertung gerichteten Fütterung.

Es scheinen keine gesicherten Beziehungen zwischen der Höhe im Tagesfutterverzehr und der Futterverwertung einerseits und zwischen der täglichen Zunahme und dem Fettansatz andererseits zu bestehen [43, 70].

Ein hoher Futterverzehr hat keine schlechtere Futterausnutzung zur Folge. In der Relation zwischen dem Fleisch- und Fettansatzvermögen existieren alle Variationen von einem zum anderen Extrem [70, 71].

Vorratsfütterung mit über den gesamten Mastablauf gleichbleibender energiereicher Futterzusammensetzung erhöht zwar die Tageszunahmen, intensiviert aber die Fettablagerung und verschlechtert die Futterverwertung [19, 22, 32, 50, 53, 58, 59].

Der Fütterung bis zur vollen Sättigung zwecks Ausnützung vorhandener Wachstumsintensität bis zu 50 kg mit anschließend verhaltener Endmast [14, 21, 32, 35, 43, 44] stehen die Ergebnisse einer eingeschränkten Fütterungsintensität auf 65 % bis 60 kg und intensiver Endmast gegenüber [12, 20, 67]. Beide Verfahren ergaben positive Auswirkungen auf die gewünschten Mast- und Schlachtleistungen.

Bei Vorratsfütterung mit Trockenfutter verhindert ansteigender Rohfasergehalt in der Tagesration eine volle physiologische bei gleichzeitiger mechanischer Sättigung, wobei parallellaufend die Verdaulichkeit der organischen Substanz abnimmt [2, 31]. Der optimale Bereich des Rohfaseranteils liegt im Mastabschnitt von 40 bis 110 kg zwischen 7–8 %, um bei ab libitum Fütterung einen erhöhten Fettansatz zu verhindern, ohne gleichzeitig die Mastleistungen negativ zu beeinflussen [2, 3, 4, 13, 21, 25, 28, 42, 53, 57].

Rohfaseranteile sowohl unter 5 % als auch über 8 % wirken sich ungünstig auf den Digestionsverlauf aus. Verschiedene Rohfaserherkünfte haben unterschiedlichen Einfluß auf die Mastleistungen [31, 56].

Bestehende Beziehungen zwischen Tageszunahme und Futterverwertung begrenzen den Wert der „eingeschränkten Fütterung", die, durch verringerte Gesamtnährstoffzufuhr mittels Rationskürzungen oder erhöhter Rohfaseranteile eine Verlängerung der Mast, verbunden mit einem größeren Erhaltungsfutteranteil und einer schlechteren Futterverwertung ein unausgeglicheneres Tiermaterial zur Folge haben kann, wobei nicht immer die angestrebte günstige Beeinflussung des Fleisch-Fettansatzes erreicht wird [14, 15, 43]. Diese Ergebnisse treffen auch für die Methode des Ausfalls von ein bis zwei Mahlzeiten pro Woche zu, wobei eine teilweise Verbesserung der Futterverwertung erzielt wurde [1, 5, 6, 7, 8, 46, 47, 53, 61).

Eine Sattfütterung ist einer begrenzten Futterzuteilung unter Ausnutzung des vorhandenen Wachstumsvermögens zur Erzielung einer schnelleren und gleichmäßigen Entwicklung der Tiere bis zum Mastendgewicht besonders bei erhöhter Tierzahl pro Freßplatz unbedingt vorzuziehen. Dabei gilt es, die für das jeweilige Wachstumsstadium der Tiere optimale Gesamtnährstoffzufuhr durch entsprechende Zusammensetzung der Tagesration (Eiweiß, Rohfaseranteile, Wasserzusatz) zu treffen um gleichzeitig die Möglichkeit eines verstärkten Fettansatzes zu unterbinden, ohne die Tageszunahmen zu reduzieren und die Futterverwertung zu verschlechtern.

Eine jeweils den höchstmöglichen Fleischansatz deckende Eiweißversorgung hat für die geforderten Mast- und Schlachtleistungen günstigste Auswirkungen. Eiweiß- und Gesamtnährstoffmangel bewirken besonders bei jüngeren Tieren das Gegenteil, auch hinsichtlich der Schlachtqualität [16, 18, 23, 29, 30, 39, 41, 55, 68].

Auf die Gefahren negativer Beeinflussung und die Möglichkeiten einer positiven Einflußnahme auf die qualitativen Eigenschaften des Fleisches mittels Fütterung und Haltung ist in Zukunft vermehrt Obacht zu geben [9, 14, 15, 32, 33, 40, 41, 51, 52, 54].

Die Bedeutung der Vorratsfütterung nimmt mit dem Übergang zur industriemäßigen Schweinemast zu. Ihre Vorzüge sind in folgendem zu sehen:

a) gleichbleibende Fütterungsintensität infolge der Möglichkeit längerer Futteraufnahmezeiten durch das Einzeltier.
b) Größere Ausgeglichenheit im Wachstum des gesamten Tierbestandes bis zum Mastendgewicht, da durch das Zurückgehen der Abdrängungsgefahr auch schwächere Tiere und langsame Fresser zu einer befriedigenden Ausbildung gelangen können.
c) Längere Freßzeiten ermöglichen den teilweisen und gelenkten Einsatz rohfaserhaltiger und voluminöser Futtermittel und fließfähiger Futtermischungen ohne durch die dabei zusätzlich entstehende physiologische Belastung der Tiere eine Einschränkung in den geforderten Mastleistungen hinnehmen zu müssen. Vielmehr bestehen Aussichten auf eine Verbesserung der Schlachtleistung im angestrebten Sinn und auf eine Senkung der Futterkosten pro 1 kg Lebendgewichtszunahme.

3. Durchführung der Versuche

3.1. Aufgabenstellung

Die Hauptaufgabe der vorliegenden Untersuchungen bestand darin, die Reaktion des Tierkörpers hinsichtlich der gewünschten Mastleistungen unter den Bedingungen einer Vorratsfütterung mit unterschiedlicher Futterkonsistenz bei zeitlich unbegrenzter Futteraufnahme durch das Einzeltier im Vergleich zur Rationsfütterung zu ermitteln.

Folgende Einzelfragen sollten dabei einer Beantwortung zugeführt werden:

1. Wie unterscheiden sich Vorratsfütterung und Rationsfütterung bei Kartoffelmast bei unterschiedlicher Konsistenz des Futters in ihrem Einfluß auf
   a) die tägliche Futter- und Wasseraufnahme
   b) die Tageszunahmen
   c) die Futterverwertung
   d) die Schlachtleistungen des Schweines?
2. Welche Konsistenzbereiche können bei Kartoffelmast unter Berücksichtigung der geforderten tierischen Leistungen Anwendung finden?
3. Wie verhalten sich die Schweine bei Selbstfütterung im Vergleich zur Rationsfütterung hinsichtlich der zeitlichen Verteilung der Futteraufnahme und der Ruhezeiten im Tagesablauf?
4. Bestehen Unterschiede in der Haltbarkeit bei Kraftfutter-Kartoffelfuttermischungen mit verschiedener Konsistenz hinsichtlich der Veränderung ihres pH-Wertes und des Gärbeginns?

3.2. Tiermaterial

Für die Versuchsdurchführung wurden insgesamt 79 männliche deutsche Edelschweine aus dem Mastbestand der Herdbuchzucht des Akademiegutes Bernburg herangezogen.

3.3. Versuchsmethodik

Die Gruppenversuche mit jeweils zwei Durchgängen liefen nach folgendem Versuchsplan (Tabelle 2) in der Zeit vom Juli 1960 bis Dezember 1961 ab.

Tabelle 2

Versuchsplan (Fütterungsart: Kartoffelmast)

Versuchsgruppen		Tierzahl	Verhältnis Futter: Wasser	Konsistenzbezeichnung	Ø Trockensubstanzgehalt der Futtermischung in %
	I/1	11	1 : 0,4	feuchtkrümelig	23,3
Vorrats-	I/2	10	1 : 0,6	dickbreiig	20,4
fütterung	I/3	12	1 : 0,8	dünnbreiig	18,1
	I/4	8	1 : 1,5	suppig	13,1
	II/1	9	1 : 0,4	feuchtkrümelig	23,2
Rations-	II/2	9	1 : 0,6	dickbreiig	20,4
fütterung	II/3	10	1: 0,8	dünnbreiig	18,1
	II/4	10	1 : 1,5	suppig	13,1

Bemerkung:

Eine jahreszeitlich bedingte Wechselwirkung auf die ermittelten Mast- und Schlachtleistungsergebnisse konnte bei der statistischen Verrechnung der Versuche nicht gefunden werden.

Die zwei Hauptaufgaben der Fütterung bestanden darin, einmal die Konsistenzgrenze für optimale Ansatzleistungen zu erkennen und zum anderen evtl. Unterschiede bei gleicher Konsistenz und unterschiedlicher Methodik (Vorrats- und Rationsfütterung) ausfindig zu machen.

Da in den vorliegenden Versuchen neben der Futtermethode das Wasser als intensitätsmindernder Faktor anzusehen ist, galt es, zur Erkennung der Auswirkungen des Wassers folgende Voraussetzung zu schaffen:

1. Festliegende Relationen zwischen der Höhe der täglichen Futtergaben und den dazugehörigen Wassermengen.
2. Getrennte Erfassung des von den Tieren zusätzlich aufgenommenen Tränkwassers.

Mit zunehmendem Gewicht der Tiere erhöhte sich der Kartoffelanteil in der Gesamttagesration und damit der Wassergehalt.

Mit Hilfe einer Tabelle wurde die Differenzierung der Wasserzuteilung in Abhängigkeit von der jeweiligen Kartoffelmenge zur Erzielung gleicher Konsistenz für alle Gewichtsklassen festgelegt.

Neben Kartoffeln (frisch gedämpft oder siliert) kam täglich pro Tier 1 kg Kraftfuttergemisch folgender Zusammensetzung zum Einsatz:

Tabelle 3

	Tiergewicht		
	40–50 kg %	50–70 kg %	70–110 kg %
Gerste	53	50	68
Hafer	10	10	–
Kleie (Weizen)	10	15	15
Eiweißkonzentrat	12	10	10
Fischmehl	8	8	6
Futterkalk	2	2	1
Heumehl	5	5	–

Hinsichtlich der Fütterungsmethode ist zu erwähnen, daß täglich zweimal gefüttert wurde. Die Festlegung der Rationshöhe pro Bucht erfolgte vor jeder Mahlzeit. Die nachstehenden Bedingungen wurden konsequent eingehalten.

Die Zumessung der Futtermenge der Rationsgruppen war auf eine Leerung des Troges innerhalb einer $^3/_4$ Stunde ausgerichtet, wogegen die Versuchsgruppen mit Vorratsfütterung den Trog bis zum Abend nicht ausfressen konnten.

Durch Kürzung der Futtergabe am Nachmittag wurde eine Leerung bis zum nächsten Morgen erwirkt.

Die Versuchstiere wurden bis zu einem durchschnittlichen Mastendgewicht von 115 kg ausgemästet. Das durchschnittliche Schlachthausgewicht lag bei 110 kg, wobei der niedrigste und höchste Gruppendurchschnitt 108,75 kg und 112,44 kg betrug.

Die Methodik der Schlachtung ist an anderer Stelle [151, 152, 158, 164, 194, 195, 196] bereits ausführlich beschrieben worden, worauf hier verwiesen werden soll.

4. Ergebnisse der Untersuchungen

Die Tabellen enthalten die Durchschnittsergebnisse der einzelnen Versuchsgruppen in absoluten und prozentualen Werten. Während die Zahlen über den täglichen Futter- und Nährstoffverzehr und die Futterverwertung Gruppendurchschnittswerte darstellen, bauen sich die Mittelwerte der täglichen Zunahmen und der Schlachtleistungen auf Einzelmessungen auf.

Von 15 Merkmalen der Versuchsgruppen wurde zur Überprüfung der vorgefundenen Unterschiede eine varianzanalytische Verrechnung durchgeführt.

4.1. Vergleich der Mastleistungen zwischen Vorratsfütterung und rationierter Fütterung bei Kartoffelschnellmast unter den Bedingungen unterschiedlicher Futterkonsistenz

4.11. Täglicher Futter- und Nährstoffverzehr

Die durchschnittlichen täglichen Gesamtfuttermengen einschließlich zugegebenem Wasser (Tabelle 4) ergaben zwischen feuchtkrümeliger und dickbreiiger Konsistenz keine statistische Sicherung. Die Unterschiede zu den restlichen Gruppen mit dünnbreiiger und suppiger Konsistenz sind hoch gesichert, ebenfalls die Differenzen zwischen Vorrats- und Rationsfütterung.

Der starke Anstieg der Futterwassermenge ist nicht allein zwischen den unterschiedlichen Konsistenzen, sondern auch zwischen den einzelnen Gewichtsklassen festzustellen, wobei besonders bei Vorratsfütterung in den letzten Gewichtsklassen eine gewisse Stagnation bzw. ein Rückgang in der Futteraufnahme gefunden wurde, der unabhängig von der Höhe der zugegebenen Wassermenge zu sein scheint.

Tabelle 4

Durchschnittliche tägliche Futtermengen pro Tier einschließlich zugegebener Wassermenge bei Kartoffelschnellmast in kg
(Die Zahlen sind die Durchschnittswerte der beiden Wiederholungen)

	Vorratsfütterung				Rationsfütterung			
	I/1	I/2	I/3	I/4	II/1	II/2	II/3	II/4
40– 50 kg	7,67	7,74	11,35	14,34	6,38	8,29	8,37	10,44
50– 60 kg	10,76	10,75	12,79	17,92	8,15	8,10	10,72	12,73
60– 70 kg	11,45	13,04	15,25	20,57	8,34	8,63	11,87	15,64
70– 80 kg	13,09	15,70	15,08	19,12	9,94	8,44	12,19	17,02
80– 90 kg	10,62	17,04	17,34	20,40	12,31	10,13	13,10	17,18
90–100 kg	12,35	15,19	19,33	21,95	12,09	13,28	14,37	14,12
100–110 kg	13,12	12,82	18,73	18,83	12,09	12,37	16,03	15,38
Gruppendurchschnitt	11,058	11,713	15,342	18,179	9,585	9,665	12,194	14,23
Prozent	100	105,9	138,7	164,4	100	100,8	127,2	148,5
Prozent	115,6*	122,2*	160,1*	189,7*	86,7**	87,4**	110,3**	128,8**

* Die 2. Zeile gibt die Prozentwerte im Vergleich zur Versuchsgruppe II/1 an.
** Die 2. Zeile gibt die Prozentwerte im Vergleich zur Versuchsgruppe I/1 an.

Die durchschnittliche tägliche Futtermenge pro Tier ohne Wasser (Tabelle 5) fällt bei Vorratsfütterung bis zur suppigen Konsistenz lediglich um 5,1%, bei Rationsfütterung dagegen um 17,5%.

Tabelle 5

Durchschnittliche tägliche Futtermengen pro Tier ohne zugegebene Wassermenge bei Kartoffelschnellmast in kg
(Die Zahlen sind die Durchschnittswerte der beiden Wiederholungen)

	Vorratsfütterung				Rationsfütterung			
	I/1	I/2	I/3	I/4	II/1	II/2	II/3	II/4
40– 50 kg	5,44	4,70	6,44	6,16	4,47	5,04	4,38	4,24
50– 60 kg	7,87	6,83	7,28	7,47	5,87	4,92	5,96	4,94
60– 70 kg	8,43	8,46	9,07	8,77	5,96	5,33	6,71	6,32
70– 80 kg	9,70	9,99	8,81	8,22	7,22	5,18	5,91	7,01
80– 90 kg	7,97	11,29	10,25	8,83	9,06	6,38	7,51	7,14
90–100 kg	9,06	9,98	11,53	9,33	8,89	8,53	8,31	5,73
100–110 kg	9,74	8,00	11,16	8,03	8,91	7,73	9,42	6,23
Gruppendurchschnitt	8,161	7,549	8,984	7,743	6,969	6,021	6,906	5,752
Prozent	100	92,5	110,1	94,9	100	86,4	99,1	82,5
Prozent	117,1*	108,3*	128,9*	111,1*	85,4**	73,8**	84,6**	70,5**

* Bezogen auf II/1. ** Bezogen auf I/1.

Die erforderliche Nährstoffbedarfsdeckung gelingt den Tieren trotz ansteigender Futterwassermengen im wesentlichen bei Vorratsfütterung, wogegen bei Rationierung der täglichen Futtermenge sich das Wasser auf eine normale Futteraufnahme einschränkend auswirkt.

Zwischen beiden Futtermethoden liegt wiederum dreifache Signifikanz vor.

Die Unterschiede zwischen 1, 2, 3 und 4 konnten lediglich von der dritten zur vierten Variante mit $P < 5\%$ gesichert werden.

Der tägliche Nährstoffverzehr (Tabelle 6) zeigt die gleiche Tendenz wie die Futteraufnahme ohne Wasserzugabe auch in der varianzanalytischen Verrechnung. Von der für das Schwein wahrscheinlich optimal dünnbreiigen Fütterung zur wirtschaftlich nicht vertretbaren suppigen Konsistenz ist das Absinken im Nährstoffverzehr mit $P < 1\%$ signifikant. Zwischen den beiden Futtermethoden liegt ebenfalls Signifikanz vor.

Tabelle 6

Der tägliche Nährstoffverzehr je Tier

	Wiederholung	Kartoffelschnellmast							
		Vorratsfütterung				Rationsfütterung			
		I/1	I/2	I/3	I/4	II/1	II/2	II/3	II/4
⌀ täglich verbrauchtes verdauliches Rohprotein je Tier in g	1	226,73	245,06	242,76	231,03	217,23	208,56	213,86	206,78
	2.	234,24	218,42	241,59	225,12	216,91	200,71	216,15	198,73
	⌀	230,49	231,74	242,18	228,08	217,07	204,64	215,01	202,76
	%	100	100,5	105,1	99,0	100	94,3	99,0	93,4
	%	106,2*	106,8*	111,6*	105,1*	94,2**	88,8**	93,3**	88,0**
⌀ täglich verbrauchter Gesamtnährstoff je Tier in g	1.	2016,71	2283,14	2245,65	2086,99	1861,59	1719,91	1806,43	1657,93
	2	2139,35	1913,77	2259,47	1990.39	1856,27	1591,67	1843,95	1560,03
	⌀	2078,03	2098,46	2252,56	2038,69	1858,93	1655,79	1825,19	1608,98
	%	100	101,0	108,4	98,1	100	89,07	98,2	86,6
	%	111,8*	112,9*	121,2*	109,7*	89,4**	79,7**	87,8**	77,4**
⌀ täglich verbrauchte Trockenmasse je Tier in g	1.	2390,74	2694,11	2652,04	2498,20	2216,63	2057,60	2154,71	1992,34
	2	2528,40	2270,89	2263,23	2361,20	2210,66	1913,66	2196,83	1878,14
	⌀	2459,57	2482,50	2657,63	2429,70	2213,65	1985,63	2175,77	1935,24
	%	100	100,9	108,0	98,8	100	89,7	98,3	87,4
	%	111,1*	112,1*	120,0*	109,8*	90,0	80,7**	88,5**	78,7**

* Bezogen auf II/1. ** Bezogen auf I/1.

4.12. Tägliche Wasseraufnahme

Eine Übersicht der durchschnittlichen täglichen Wasseraufnahme der Tiere aufgeschlüsselt nach zugegebenem Wasser in der Futterration und Tränkwasser bringt die Tabelle 7.

Tabelle 7

Durchschnittliche tägliche aufgenommene Gesamtwassermenge pro Tier bei Kartoffelschnellmast in kg
(Die Zahlen sind die Durchschnittswerte der beiden Wiederholungen)

	Vorratsfütterung				Rationsfütterung			
	I/1	I/2	I/3	I/4	II/1	II/2	II/3	II/4
Gruppendurchschnitte:								
zugegebenes Wasser	2,897	4,164	6,345	10,436	2,616	3,644	5,288	8,486
Tränkwasser	1,031	1,448	0,783	0,251	1,255	1,130	0,458	0,300
Gesamtwasser	3,928	5,612	7,128	10,687	3,871	4,774	5,746	8,786
Prozent	100	142,9	181,5	272,1	100	123,3	148,4	227,0
Prozent	101,5*	145,0*	184,1*	276,1*	98,5**	121,5**	146,3**	223,7**

* Bezogen auf II/1. ** Bezogen auf I/1.

Ansteigende Futterwassermengen reduzieren das Tränkwasser auf ein Minimum. Bei dünnbreiiger Konsistenz und Vorratsfütterung werden noch 0,7 Liter Tränkwasser je Tier und Tag aufgenommen.

4.13. Tageszunahmen

Die täglichen Zunahmen (Tabelle 8) spiegeln die aufgenommenen Futter- und Nährstoffmengen wider und bestätigen die bekannten hochgesicherten Korrelationen zwischen Tagesfutterverzehr und Tageszunahme.

Tabelle 8

Durchschnittliche tägliche Zunahmen in g im Mastabschnitt von 40–110 kg bei Kartoffelschnellmast

	Vorratsfütterung				Rationsfütterung			
	I/1	I/2	I/3	I/4	II/1	II/2	II/3	II/4
gesamt	666,40	667,70	656,69	629,0	628,09	580,71	584,63	476,63
%	100	100,2	98,5	94,4	100	92,4	93,1	75,9
%	106,1*	106,3*	104,6*	100,1*	94,2**	87,1**	87,7**	71,5**

* Bezogen auf II/1. ** Bezogen auf I/1.

Die Verrechnung der von jedem Tier gewogenen Einzelwerte brachte zwischen der Zunahme bei Vorrats- und Rationsfütterung eine mit $P < 0{,}1\%$ gesicherte Differenz.

Damit wird die eindeutige Überlegenheit der Ansatzleistung bei Vorratsfütterung bewiesen.

Zwischen den ersten drei Varianten der Konsistenz liegt keine Sicherung vor, dagegen ist der Rückgang in der Tageszunahme zur suppigen Fütterung mit $P < 0{,}1\%$ signifikant.

Der Leistungsrückgang von der feuchtkrümeligen bis zur dünnbreiigen Konsistenz mit durchschnittlich 18% Trockensubstanzgehalt in der Tagesration ist bei Vorratsfütterung wirtschaftlich unbedeutend und darf von der Praxis nicht überbewertet werden.

Die Versuchsgruppen mit Rationsfütterung zeigten im gleichen Konsistenzbereich bereits stärkere Abnahme im Tagesansatz, weshalb die Anwendung fließfähiger Futtermischungen mit mindestens 18% Trockensubstanzgehalt ohne Einschränkung nur bei Vorratsfütterung empfohlen werden kann.

4.14. Futterverwertung

Über die Gruppendurchschnittswerte des Futter- und Nährstoffverbrauchs je 1 kg Zuwachs (Tabelle 9 und 10) kann folgendes zusammengefaßt gesagt werden.

Tabelle 9

Futterverbrauch je 1 kg Zuwachs (Kraftfutter, Kartoffeln und Gesamtfutter) bei Kartoffelschnellmast in kg

	Vorratsfütterung				Rationsfütterung			
	I/1	I/2	I/3	I/4	II/1	II/2	II/3	II/4
				Kraftfutter				
Gesamt ∅	1,52	1,34	1,57	1,70	1,66	1,76	1,76	2,05
Prozent	100	88,2	103,3	111,8	100	106,0	106,0	123,5
Prozent	91,6*	80,7*	94,6*	102,4*	109,2**	115,8**	115,8**	134,9**
				Kartoffeln				
Gesamt ∅	10,87	10,75	11,15	11,57	9,43	8,36	9,81	9,99
Prozent	100	98,9	102,6	106,4	100	88,6	104,0	105,9
Prozent	115,3*	114,0*	118,2*	122,7*	96,8**	76,9**	90,2**	91,9**
				Gesamtfutter				
Gesamt ∅	12,37	12,08	12,72	13,27	11,08	10,12	11,57	12,04
Prozent	100	97,6	102,8	107,3	100	91,3	104,4	108,7
Prozent	116,6*	109,0*	114,8*	119,8*	89,6**	81,8**	93,5**	97,3**

* Bezogen auf II/1. ** Bezogen auf I/1.

Tabelle 10

Verbrauch an Gesamtnährstoffen und verdaulichem Rohprotein pro 1 kg Zuwachs bei Kartoffelschnellmast in g

	Vorratsfütterung				Rationsfütterung			
	I/1	I/2	I/3	I/4	II/1	II/2	II/3	II/4
	Gesamtnährstoff je 1 kg Zuwachs							
Gesamt ø	3110	3050	3190	3360	2920	2770	3050	3270
Prozent	100	98,1	102,6	108,0	100	94,9	104,4	112,0
Prozent	106,5*	104,4*	109,2*	115,1*	93,9**	89,1**	98,1**	105,1**
	verdauliches Rohprotein je 1 kg Zuwachs							
Gesamt ø	348	342	344	385	350	355	371	416
Prozent	100	95,4	98,8	110,6	100	101,4	106,0	118,8
Prozent	99,4*	97,7*	98,3*	110,0*	100,6**	102,0**	106,6**	119,5**

* Bezogen auf II/1. ** Bezogen auf I/1.

Die Versuchsgruppen mit rationierter Fütterung schneiden geringfügig günstiger als die mit Vorratsfütterung ab.

Die Differenzen zwischen diesen beiden Futtermethoden konnten statistisch nicht gesichert werden.

Diese Erkenntnis ist von ausschlaggebender Bedeutung für die praktische Anwendung der Vorratsfütterung in der Schweinemast. Vorratsfütterung hat beim Einsatz wirtschaftseigener Futtermittel mit geringerer Nährstoffkonzentration höhere Futteraufnahme und Tageszunahme der Tiere, aber keine schlechtere Futterverwertung zur Folge.

In Großbuchtenanlagen mit erhöhter Tierzahl pro Freßplatz ist somit eine Bevorratung wirtschaftseigener Futtermittel (besonders Hackfrüchte und Mischsilagen) in den Großtrögen oder Futterautomaten für wenigstens einen Tag möglich.

Das Tier kann beliebig und zeitlich unbegrenzt die weniger konzentrierten Futtermittel aufnehmen, wodurch eine optimale Zufuhr der benötigten Nährstoffmengen gegeben ist. Bei richtiger Zusammensetzung der Futtermischung hinsichtlich der Relation zwischen Kraft- und Grundfutter kann damit ein gleichmäßiges Wachstum der Tiere unter voller Ausnutzung der im Tier vorhandenen Anlagen erzielt werden. Mit dem gleichen Futteraufwand konnten bei suppiger Konsistenz mit Vorratsfütterung noch 629 g, bei Rationsfütterung lediglich 476 g Tageszunahme erzielt werden.

Hinsichtlich der erreichbaren Leistungen in der Tageszunahme und Futterverwertung wird der zu empfehlende Konsistenzbereich für Vorratsfütterung bei Kartoffelschnellmast zwischen dick- und dünnbreiigem Futter mit etwa 19% Trockensubstanzgehalt zu suchen sein.

Unter den Voraussetzungen rationierter Fütterung sind fließfähige Futtergemische weniger geeignet, hier zeigt feuchtkrümeliges Futter die besten Mastergebnisse.

4.2. Der Einfluß unterschiedlicher Futterkonsistenz und Fütterungsintensität auf die Schlachtleistung

Die varianzanalytische Verrechnung folgender Merkmale der Schlachtleistung (Fettgehalt des Schinkens, Schinken- und Speckanteil an der Schlachthälfte in Prozent, Kotelettaugenfläche in cm², Speckdicke aus 11 Einzelmaßen in cm (Rücken, Querschnitt, Schinken), Rückenspeckdicke aus 5 Einzelmaßen in cm, Jodzahl von Speck und Flomen, Wasserbindungsvermögen des Kotelettmuskels) ergab lediglich beim Speck in % zur Schlachthälfte eine dreifache und bei den kombinierten Speckdickenmaßen von Rücken, Querschnitt und Schinken eine doppelte statistische Sicherung zwischen Vorrats- und Rationsfütterung, womit der bereits bekannte erhöhte Fettansatz bei freier Futteraufnahme bestätigt wurde. Da in den Fleischleistungen (Kotelett und Schinken) zwischen den Futtermethoden und Konsistenzen keine gesicherten Veränderungen festgestellt werden konnten, kann der vermehrte Fettansatz bei erhöhtem Wasseranteil im Futtergemisch als zusätzliche Fettbildung angesehen werden.

5. Schlußfolgerungen

1. Die Schweinemast bietet günstige Voraussetzungen, um mit Hilfe neuer Haltungsformen durch eine intensive Belegung der Ställe, Vollmechanisierung oder Teilautomatisierung der Fütterungs- und Entmistungsarbeiten in großen Mastanlagen, den Arbeitsaufwand zur Erzeugung von 1 dt Zuwachs bis auf eine Stunde bei gleichzeitiger Erleichterung der Arbeit zu senken.

2. Vorliegende Untersuchungen hatten die Aufgabe, den Einfluß der Vorrats- und Rationsfütterung bei unterschiedlicher Futterkonsistenz auf die Mast- und Schlachtleistungen des Schweines zu ermitteln. Weiterhin sollten Ergebnisse über das Verhalten der Tiere im Tagesablauf bei beliebiger Aufnahme von Futter unterschiedlicher Konsistenz und die Haltbarkeit fließfähiger Futtermischungen gefunden werden.

3. In der Großbuchtenhaltung wird die fließfähige Vorratsfütterung bei der Wirtschaftsmast mit Saftfuttermitteln unter Anwendung von Vorratströgen und teilautomatischen stationären Fütterungseinrichtungen an Bedeutung zunehmen.

Die Vorteile der Vorratsfütterung sind neben der intensiven Stallraumausnutzung in der gleichbleibenden Fütterungsintensität, den längeren Futteraufnahmezeiten und den damit möglichen Einsatz voluminöser Futtermittel zu sehen.

Gleichzeitig kann eine größere Ausgeglichenheit im Wachstum der Tiere und eine Senkung der Futterkosten pro 1 kg Zuwachs bei günstigen Schlachtleistungen erzielt werden. Dabei ist entsprechend der zur Verfügung stehenden Futtermittel der zweckmäßigste Konsistenzbereich zu wählen, der eine Fütterungsintensität für optimale Mast- und Schlachtleistungen ohne Erhöhung im Futteraufwand und die erforderliche Pumpfähigkeit der Mischungen gewährleistet.

4. Der Tagesverzehr des Schweines liegt bei Vorratsfütterung mit Kraftfutter-Kartoffelgemischen von der feuchtkrümeligen bis zur suppigen Konsistenz signifikant mit 1 bis 2 kg pro Tier über dem der Rationsfütterung. In den oberen Gewichtsklassen kann das Schwein bei dünnbreiiger Konsistenz insgesamt täglich bis ca. 19 kg Futtergemisch aufnehmen.

5. Die Möglichkeit zur unbegrenzten Futteraufnahme fließfähiger Mischungen von 20 bis 18% Trockensubstanzgehalt (dick- bis dünnbreiige Konsistenz) befähigt das Schwein, den mit zunehmender Erhöhung der Tagesration ansteigenden Wasserzusatz durch entsprechenden Mehrverzehr zu kompensieren, und eine im Vergleich zur feuchtkrümeligen Fütterung analog optimale Nährstoffaufnahme zu garantieren. Die statistische Verrechnung bestätigt diese Feststellung. Signifikante Unterschiede in der Futter- und Nährstoffaufnahme liegen lediglich zur suppigen Konsistenz vor.

6. Die Wasserzugabe zum Kraftfutter-Kartoffelgemisch im Gewichtsabschnitt von 40 bis 110 kg soll 5 bis 7,5 Liter pro Tier und Tag nicht überschreiten, wobei in den ersten Wochen der Mast eine Reduzierung zu empfehlen ist. Wie aus der Literatur hervorgeht, ist die Fließfähigkeit dick- bis dünnbreiiger Gemische gewährleistet. Im vorliegenden Konsistenzbereich ist für das Schwein die Möglichkeit einer zusätzlichen Tränkwasseraufnahme, die täglich bei ca. 1 Liter liegt, zu empfehlen.

7. Die Überlegenheit der freien Futteraufnahme zeigt sich in höheren täglichen Gewichtszunahmen, die gegenüber der Rationsfütterung etwa 80 g betragen (Differenzen mit $P < 0{,}1\%$ gesichert) und innerhalb des optimalen Konsistenzbereiches eine Verkürzung der Mastzeit um 2 Wochen ermöglichen.

8. Der Futteraufwand für 1 kg Gewichtszunahme liegt bei Vorratsfütterung mit fließfähigen Kraftfutter-Kartoffelgemischen geringfügig über den Ergebnissen, die bei rationierter Zuteilung des Tagesverzehrs erzielt wurden, wobei die Unterschiede zwischen beiden Futtermethoden statistisch nicht gesichert werden konnten. Diese Tatsache ist für die Anwendung einer Vorratsfütterung in den sozialistischen landwirtschaftlichen Großbetrieben bedeutungsvoll. Der Vorteil einer freien Futteraufnahme scheint mit der Reduzierung der Nährstoffkonzentration zuzunehmen.

9. Bei der Anwendung rationierter Fütterung sind fließfähige Gemische weniger geeignet. Hier zeigt feuchtkrümeliges Futter die besten Mastergebnisse, die jedoch unter denen der Vorratsfütterung liegen.

10. Die Schlachtleistungen des Schweines werden von der freien Aufnahme fließfähigen Futters nicht negativ beeinflußt. Die Tendenz eines vermehrten Fettansatzes, der sich bei Vorratsfütterung und gleichzeitig zunehmendem Wasseranteil in der Tagesration zeigte, schmälert nicht die Fleischleistung und die Fleisch- und Speckqualität.

11. Vorratsfütterung mit fließfähigen Gemischen gestattet dem Schwein (gegenüber Trockenfütterung) einen schnelleren Verzehr pro Zeiteinheit. Die in

kürzeren Zeitabständen wiederkehrende Futteraufnahme und das Festhalten des Schweines an bestimmte Freßzeiten am Vor- und Nachmittag begrenzen die Tierzahl pro Freßplatz auf 2 bis 4.

Der kombinierte Kotfreßgang mit durchgehendem Vorratstrog und angrenzender Liegefläche wird aus diesem Grunde in der Praxis mehr und mehr Eingang finden. Diese Aufstallungsform gewährleistet dem Schwein im Tagesablauf einen hohen Anteil an Ruhezeit.

12. Futtermischungen mit frisch gedämpften Kartoffeln, die zum Zeitpunkt der Aufbereitung bereits erkaltet sind, können auch im Sommer bei Außentemperaturen über 20 °C bis zu 12 Stunden in Großtrögen aufbewahrt werden, ohne einen negativen Einfluß auf den Futterwert befürchten zu müssen, wenn der pH-Wert der Mischung nicht unter 5,0 absinkt. Bei Silokartoffelanteil im Gemisch bleiben pH-Wert und Säuregehalt des Futters lange konstant (zwischen pH 4,5 bis 4,0), was für den Einsatz in den warmen Sommermonaten von Vorteil ist.

13. Strebt man höchste Arbeitsproduktivität mit Hilfe einer Automatisierung der Fütterungsarbeiten im Rahmen industriemäßiger Schweinemast an, so kann die Anwendung der Vorratsfütterung mit fließfähigen Kraftfutter-Kartoffelgemischen bis zur dünnbreiigen Konsistenz befürwortet werden. Die hier im Bereich von 18 bis 20% Trockensubstanzanteil vorliegende Fütterungsintensität gewährleistet außer einer geringen Erhöhung im Fettansatz optimale Mast- und Schlachtleistungen ohne nachteilige Auswirkungen im Futteraufwand, wenn durch Anbringung von Freßgittern und Abstreifleisten an den Vorratströgen einer Futtervergeudung vorgebeugt wird.

Zusammenfassung

Die Untersuchungen zur Klärung der Reaktion des Schweines hinsichtlich der gewünschten Mast- und Schlachtleistungen unter den Bedingungen einer Vorratsfütterung mit Kratfutter-Kartoffelgemischen unterschiedlicher Konsistenz bei zeitlich unbegrenzter Futteraufnahme durch das Einzeltier zeigten im Vergleich zur Rationsfütterung folgende Ergebnisse:

1. Der Tagesverzehr liegt bei den Vorratsfütterungsgruppen signifikant mit 1 bis 2 kg pro Tier über der Aufnahme bei Rationsfütterung (in allen geprüften Konsistenzbereichen).

2. Fließfähige Mischungen mit 18 bis 20% Trockensubstanzgehalt (dünn- bis dickbreiige Konsistenz) befähigen das Schwein im Vergleich zur feuchtkrümeligen Fütterung zu einer analog optimalen Nährstoffaufnahme bei ad-libitum Fütterung.

3. Die Wasserzugabe zum Futtergemisch soll pro Tier und Tag 7,5 Liter nicht überschreiten. Die Möglichkeit zusätzlicher Tränkwasseraufnahme durch das Tier ist erforderlich.

4. Vorratsfütterung gewährleistet gegenüber Rationsfütterung 80 g höhere Tageszunahmen (Differenzen mit $P < 0{,}1\%$ gesichert).

5. Im Futteraufwand für 1 kg Gewichstzuwachs liegt zwischen beiden Futtermethoden keine Signifikanz vor.

Der Vorteil einer freien Futteraufnahme scheint mit der Reduzierung der Nährstoffkonzentration zuzunehmen.

6. Die Schlachtleistungen des Schweines werden von der freien Aufnahme fließfähigen Futters nicht negativ beeinflußt. Die Tendenz eines vermehrten Fettansatzes schmälert nicht die Fleischleistung und die Fleisch- und Speckqualität.

7. Fließfähige Gemische gestatten gegenüber Trockenfutter einen schnelleren Verzehr pro Zeiteinheit, wobei die Futteraufnahme durch das Einzeltier in kürzeren Zeitabständen wiederkehrt.

8. Sind im Gemisch Silokartoffeln enthälten, so bleiben pH-Wert und Säuregehalt des Futters lange konstant (zwischen pH 4,5 bis 4,0), was für den Einsatz in den warmen Sommermonaten von Vorteil ist.

Frisch gedämpfte Kartoffeln müssen zum Zeitpunkt der Aufbereitung bereits erkaltet sein, wenn das Futter bei Außentemperaturen über 20 °C bis 12 Stunden in Großtrögen aufbewahrt werden soll.

Резюме

Исследования реакции свиньи в направлении желаемой откормочной и убойной продукции в условиях кормления с запасом смесью концентрированных кормов и картофеля различной консистенции при неограниченном времени для скармливания отдельным животным дали, по сравнению с кормлением рационами, следующие результаты:

1. Дневное потребление в группах кормления с запасом оказывается бо́льшим на 1–2 кг. на голову, нежели при кормлении рационами (при всех исследовавшихся консистенциях).

2. Текучие смеси с содержанием 18–20% сухого вещества (при консистенциях от жидкой до густой кашеобразной) создают для свиньи возможность оптимального потребления корма, — по сравнению с влажно-крошащимся кормом.

3. Придача воды к кормовым смесям не должна превышать 7.5 литра на животное в день. Однако, является необходимым создать возможность дополнительного поения животных.

4. Кормление с запасом гарантирует ежедневный прирост живоговеса, бо́льший на 80 г., чем при кормлении рационами (при обеспечении разницы $P < 0{,}1\,\%$).

5. В отношении расхода корма на 1 кг. прироста при обоих методах кормления значительной разницы не наблюдалось. Преимущества свободного скармливания возрастают с понижением концентрации питательных веществ.

6. На убойную производительность свиньи свободное скармливание текучего корма не оказывает отрицательного влияния. Тенденция к увеличению отложения жира не умаляет производства мяса, а также качества мяса и сала.

7. При текучих смесях, — по сравнению с сухим кормом, — скармливание в единицу времени происходит быстрее, причем поедание корма отдельными животными повторяется через более короткие промежутки времени.

8. Если в смеси содержится силосный картофель, то величина pH и содержание кислоты в корме остаются долгое время постоянными (pH между 4,5–4,0), что создает преимущества при применении его в теплые летние месяцы.

Свежезапаренный картофель следует охладить уже к моменту приготовления, если корм должен храниться при температурах свыше 20° до 12 часов.

Summary

Experiments were conducted to clarify the response of swine to stock feeding of mixed potato/concentrate diets of varying consistency by estimating the desired fattening performance and carcase composition of these pigs. The individual animals were fed ad libitum. In comparison with ration feeding the following results were obtained:

1. The daily food consumption in groups where stock feeding was practiced, was significantly higher (1 to 2 kg per animal) than the food intake in ration feeding (for all kinds of food consistency tested).

2. Dissolved food mixtures containing 18% to 20% of dry matter (liquid or semisolid pulpy consistency) enable pigs to ingest the same optimum amounts of nutrients as if they were fed wet crumbled food.

3. The addition of water to the food mixture should not exceed a daily amount of 7.5 litres per animal. It is necessary that the animals are given the possibility of drinking additional quantities of water.

4. Stock feeding ensures daily gains that are 80 g higher than those obtained in ration feeding (Deviations were found to be $P < 0.1\%$).

5. The two feeding techniques were not found to differ significantly in the amount of food required for a weight gain of 1 kg. Advantages arising from unrestricted food intake seem to increase with the decrease in the nutrient concentration of the diet.

6. An unrestricted intake of dissolved food does not exert a negative influence on the carcase quality of pigs. The tendency of these pigs towards an increased fat development does not impair their meat performance and the quality of meat and bacon.

7. Unlike dry food dissolved food mixtures allow a more rapid food consumption per unit time as individual animals ingest food at more frequent intervals.

8. If the food mixture contains silage potatoes both the pH and the acid content of the feed remain constant for a long time (with a pH ranging from 4.5 to 4.0) which is particularly advantageous for the use of such food during the warm summer months. If the feed is to be kept in big troughs for as long as 12 hours at outdoor temperatures exceeding 20 °C, freshly steamed potatoes must be cooled off before being used in the preparation of the diet.

Literaturverzeichnis

[1] Anonym: Schweinezucht und -mast **6**, 7, 113 (1958)
[2] Axelsson, J.: Archiv für Tierernährung **5**, 1–16 (1955)
[3] Axelsson, J., und S. Eriksson: Journal of Animal Science **12**, 881 (1953)
[4] Bohman, V. R., J. E. Hunter und J. Mc. Cormick: Journ. Anim. Science **14**, 499–506 (1955)
[5] Braude, R., und J. G. Rowell: J. Agric. Sci. **48**, 3 (1957)
[6] Claus, A.: Schweinezucht und -mast **6**, 12, 189–190 (1958)
[7] Comberg, G., und M. Koallick: DDL **7**, 7, 348–352 (1956)
[8] Comberg, G., und H. Löffelbein: Züchtungskunde Bd. **30**, 108–118 (1958)
[9] Coretti, K.: Die Fleischwirtschaft **13**, 12, 1012–1022 (1961)
[10] Fewson, D.: Kraftfutter **45**, 3, 120–122 (1962)
[11] Fewson, D., und A. Fischer: Ztschr. für Tierphysiologie, Tierernährung und Futtermittelkunde **13**, 5, 257–266 (1958)
[12] Gysel, A.: Schweiz. landw. Monatshefte **35**, 291–293
[13] Hanson, L. J., D. E. Becker, S. W. Terrill A. Jensen: Journal of Animal Science **15**, 830–839
[14] Haring, F.: Futter und Fütterung **64**, 517–526 (1956)
[15] Haring, F.: Futter und Fütterung **7**, 516 (1956)
[16] Havermann, H.: Mitteilungen der DLG **11**, 366–368 (1962)
[17] Heitkamp, J.: Schweinezucht und -mast **8**, 7, 123 (1960)
[18] Hencken, H., und H. H. Freese: Schweinezucht und -mast **8**, 4, 61–63 (1960)
[19] Hofmann, P., und P. Matzke: Mittlg. Bayer. Landesanstalt für Tierzucht in Grub **8**, 43 (1960)
[20] Jordan, D. E., W. M. Beeson und J. R. Wiley: Journal of Animal Science **15**, 869–890
[21] Kirsch, W., und K. Splittgerber: Tierzüchter, Futter und Fütterung **8**, 497 (1956)
[22] Kliesch, J., und E. Silber: Mitt. d. DLG 723–724 (1956)
[23] Korschun, W. P.: Szetschenow J. Physiol. UdSSR **42**, 406–409 (April 1956)
[24] Krüger, H., und M. Tschierschke: DDL **6**, 295–299 (1960)
[25] Kumanow, St., und St. Kanew: Zeitschrift wiss. Forschungsinstitut Sofia **20**, Nr. 2, 3–24 (1953)
[26] Laube, W., und F. Weissbach: Tierzucht **6**, 277–282 (1963)
[27] Lucas, J. A. M., und A. F. C. Calder: J. agric. Sci. **47**, 287–323, (Mai 1956)
[28] Merkel, R. A., R. W. Bray, R. H. Grummer, P. W. Phillips und G. Bohstedt: Journ. of anim. Science **17**, 2–12 und 13–19 (1958)
[29] Morgan, J. T., F. R. Green, R. A. Costain und E. R. Williams: J. agrio. Sci. **52**, 170–175, April (1959)
[30] Noland, P. R., und K. W. Scott: J. Animal Sci. **19**, 67–74, Februar (1960)
[31] Nordfeldt, S.: Kungl. Landbruckshögskolans **21**, 2–29 (1954)
[32] v. Ostertag, R., und F. Schönberg: Verlag F. Enke, Stuttgart 1955
[33] Oslage, H. J.: Futter und Fütterung **8**, 25–27 (1957)
[34] Otto, E., und B. Piatkowski: Archiv für Tierernährung **10**, 3, 221–228 (1960)
[35] Pecht: Schweinezucht und -mast **4**, 61–62 (1956)
[36] Piatkowski, B.: Tierzucht **4**, 164–166 (1959)
[37] Piatkowski, B., und E. Otto: Archiv für Tierernährung **9**, 350–368 (1959)
[38] Piatkowski, B., und E. Otto: Tierzucht **2**, 59–61 (1960)
[39] Richter, K.: Schweinezucht und -mast **8**, 203–204 (1960)
[40] Richter, K., K. L. Cranz und H. J. Oslage: Züchtungskunde **28**, 93–103 (1956)
[41] Richter, K., und H. J. Osla-ge: Züchtungskunde S. 99–113, (1955)
[42] Robins-on, K. L.: Pig ming **6**, 11/1958, S. 32–33
[43] Siegl, O.: Archiv für Tierzucht **3**, 512–528 (1960)

[44] SIEGL, O.: Archiv für Tierzucht **5**, 1, 56–68 (1962)
[45] SIEGL, O.: Archiv für Tierzucht **5**, 307–321 (1962)
[46] SIEGL, O.: Tierzucht **4**, 156–159 (1962)
[47] SCHOLZ, K., und O. SIEGL: Tierzucht **5**, 153–156 (1955)
[48] SCHOLZ, K., und O. SIEGL: DDL **10**, 492–497 (1958)
[49] SCHOLZ, K., und O. SIEGL: DDL **10**, 507–511 (1959)
[50] SCHÖN, L.: Futter und Fütterung **11**, 49–54 und 60–62 (1960)
[51] SCHÖN, L., und M. STOSIEK: Fleischwirtschaft **10**, 550, 678, 769 (1958)
[52] SCHÖN, L., und M. STOSIEK: Fleischwirtschaft **11**, 739 (1959)
[53] SCHREMMER, H.: Diss. 1961, Hochschule f. Landw. Bernburg
[54] SPANN, Z.: Der Tierzüchter **8**, 266 (1956)
[55] SCHUMM, H. R.: Diss. Halle 1955
[56] SCHUMM, H. R.: Wiss. Ztschr. d. Univ. Jena, Jg. 10 (1960/61), math. naturwiss. Reihe, Heft 1/2
[57] SCHUMM, H. R., und H. SCHREMMER: Jb. d. Arb.-Gem. f. Fütterungsberatung **3**, 402–414 (1960/61)
[58] STAHL, W.: Schweinezucht und -mast **2**, 151–153 (1954)
[59] THIKÖTTER: Schweinezucht und -mast 171–173 (1958)
[60] THOMKE, S.: Ztschr. f. Tierphysiologie, Tierernährung und Futtermittelkunde **13**, 2, 110–126 (1958)
[61] TSCHIDERER, K.: II. Tätigkeitsbericht der Schweineversuchs- und Prüfanstalt in Wien (1956)
[62] TSCHIERSCHKE, M.: Deutsche Agrartechnik **10**, 8, 352–354 (1960)
[63] TSCHIERSCHKE, M.: Potsdam-Bornim, Abschlußbericht 31/3 (1961), Plan-Nr. 170123 h-0-08
[64] TSCHIERSCHKE, M., und H. KRÜGER: DAL zu Berlin, Inst. f. Landtechnik Potsdam-Bornim (1963) H. Nr. 16
[65] TSCHIERSCHKE, M., und H. KRÜGER: DAL zu Berlin, Inst. für Landtechnik Potsdam-Bornim (1963), unveröffentlicht
[66] TSCHIERSCHKE, M., und H. KRÜGER: (1963) unveröffentlicht
[67] WENIGER, J. H.: Ztschr. für Tierphysiologie, Tierernährung und Futtermittelkunde **16**, 153–170 (1961)
[68] WENIGER, J. H.: Untersuchungen über die Futterverwertung verschiedener Schweinerassen bei unterschiedlicher Ernährung. Kühn-Archiv **67**, 87–143 (1953)
[69] WODE, E.: Schweinezucht und -mast **8**, 2, 21–24 (1960)
[70] WUSSOW, W., und F. GROSSE: Archiv für Tierzucht **2**, 6, 427–438 (1959)
[71] WUSSOW, W., und F. GROSSE: Archiv für Tierzucht **5**, 1, 31–37 (1962)

Eingegangen: 24. Juni 1964

Aus dem Institut für Lebensmittelchemie und -technologie der Humboldt-Universität zu Berlin (Dir. Prof. Dr. CL. FRANZKE)

CL. FRANZKE, G. HEDER und I. SCHULTZE

Zur Stabilisierung von Fetten in Geflügelmastfutter mit Antioxydantien

In ständig steigendem Ausmaß werden heute Futtergemische, insbesondere für Geflügel, unter Zusatz von Fett hergestellt, wobei vorzugsweise die verhältnismäßig schwer absetzbaren Schlachtfette wie Schmalz und Talg Verwendung finden [17]. Mit der Zumischung von Fett zu Futtermitteln erhebt sich die Frage nach der Lagerbeständigkeit derartiger Produkte. Insbesondere ist dabei daran zu denken, daß die Oxydationsanfälligkeit des Fettes in diesen Futtermischungen durch den Zusatz von Mineralstoffen unter Umständen wesentlich erhöht wird (prooxydative Wirkung bestimmter Schwermetall-Ionen). Wie aus zahlreichen Untersuchungen hervorgeht, wirken stark anoxydierte Fette wachstumshemmend bzw. sogar toxisch. Dabei dürften diese schädlichen Effekte sowohl auf unphysiologische Sekundärprodukte der Fettautoxydation als auch auf die Zerstörung essentieller Stoffe wie z. B. Vitamin E und Carotinoide während der Autoxydation zurückzuführen sein. Insbesondere bei Küken wird nach Verabfolgung von überlagertem Futter mit hohem Peroxydgehalt das Krankheitsbild der Enzephalomalazie beobachtet, das durch Lähmungserscheinungen und Blutaustritt in das Kleinhirn gekennzeichnet ist [5]. Während von zahlreichen Autoren als Ursache dieser Krankheitssymptome Vitamin E-Mangel – offenbar als Folge einer fortgeschrittenen Fettautoxydation im Futter – angesehen wird [1, 2, 6, 7, 8, 14, 18, 19, 20] sieht. L. PROHÁSZKA [15] die Ursache dieser Krankheitserscheinungen als Lipochrommangel im Futter – insbesondere als Mangel an speziellen Carotinoiden – an, der gleichfalls eine Folgeerscheinung fortgeschrittener Fettautoxydation sein könnte.

Unter Berücksichtigung der stabilisierenden Wirkung von Tocopherol auf Carotinoide [3, 9] und angesichts der Tatsache, daß durch Verabfolgung von Antioxydantien ein therapeutischer Effekt gegenüber diesen Ausfallserscheinungen zu erreichen ist [7, 10, 15], erscheint es geboten, durch Einsatz solcher Substanzen zum Futterfett bzw. zum Gesamtfutter die unerwünschten Autoxydationsvorgänge von vornherein auszuschalten.

In der vorliegenden Arbeit soll ergänzend zu bereits vorliegenden Untersuchungen [16] die Möglichkeit des Einsatzes von Santoquin (6-Äthoxy-2, 2, 4-trimethyl-1, 2-dihydrochinolin) als Antioxydans für fettreiches Geflügelmastfutter, dessen carotinstabilisierende Wirkung in Luzernegrünmehl [11] und dessen antioxydative Wirkung gegenüber Fischölen bekannt ist [12, 13], überprüft werden. Weiterhin soll die Art der Zugabe des Santoquins zum Futter – aufgesprüht bzw. in der Fettkomponente gelöst – im Vergleich zur Wirksamkeit von Propylgallat untersucht werden.

A. Untersuchungen an reinen Fettsubstanzen

Um die stabilisierende Wirkung des Santoquins im Vergleich zu einem bei reinen Fetten recht wirksamen Antioxydans, Propylgallat, zu testen, sollen zunächst einige Untersuchungen an reinen Fettsubstanzen durchgeführt werden.

1. Versuchssubstanzen

Als Versuchssubstanzen werden Schweineschmalz (Handelsqualität II) sowie Methyloleat (hergestellt aus Ölsäure nach C. G. YOUNGS und B. M. CRAIG [22]) eingesetzt.

Tabelle 1

Kennzahlen der eingesetzten Substrate

Substrat	Säurezahl	Verseifungs-zahl	Jodzahl (Kaufmann)	Peroxyd-zahl
Ölsäuremethylester	0,4	191,8	85,1	1,0
Schweineschmalz	0,2	198,5	54,0	unter 1,0

Als Antioxydantien dienen Propylgallat (Lieferfirma Naarden, Holland) und Santoquin (ungarisches Präparat)*.

2. Versuchsdurchführung

Die Modellsubstanzen werden in formgleichen Petrischalen unter verschiedenen Bedingungen (Tageslicht, künstliches Raumlicht, Brutschrank 45 °C und künstliches Licht) mit und ohne Zusatz von Antioxydantien der Autoxydation überlassen. Der Verlauf der Autoxydation wird durch Bestimmung der Peroxydzahlen [4] (ausgedrückt in ml n/500 Natriumthiosulfatlösung je g Fett) bzw. des 2-Thiobarbitursäuretestes [21] (ausgedrückt als μg Malondialdehyd** je g Fett) verfolgt.

* Das hier verwendete „Santoquin" wurde uns von Herrn Dr. L. PROHÁSZKA vom Veterinärforschungsinstitut der Ungarischen Akademie der Wissenschaften zur Verfügung gestellt, wofür an dieser Stelle herzlich gedankt sei.

** Entsprechende Eichkurven wurden zuvor mit reinem Malondialdehyd aufgestellt.

3. Versuchsergebnisse

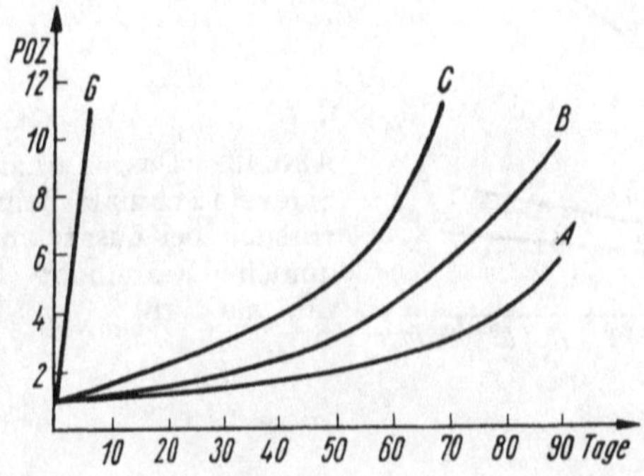

Abb. 1. Das Verhalten von Ölsäuremethylester beim Standversuch bei Zusatz von Santoquin bei Tageslicht (Peroxydzahl als Maß)

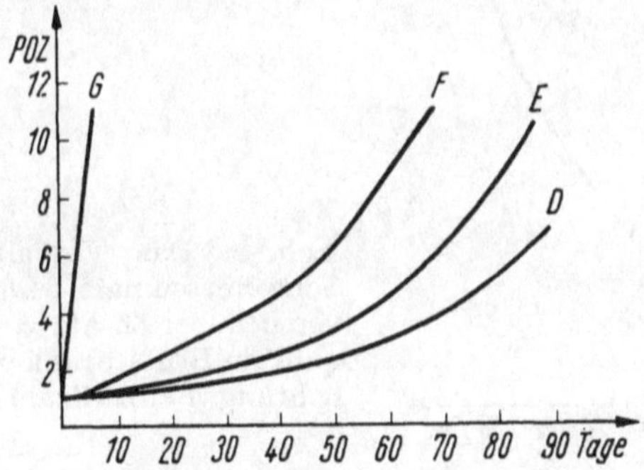

Abb. 2. Das Verhalten von Ölsäuremethylester beim Standversuch bei Zusatz von Propylgallat bei Tageslicht (Peroxydzahl als Maß)

Erläuterungen*:

Kurve bzw. Probe	Substrat	Antioxydans	Konzentration des Antioxydans %
A	Ölsäuremethylester	Santoquin	0,1
B	,,	,,	0,05
C	,,	,,	0,01
D	,,	Propylgallat	0,1
E	,,	,,	0,05
F	,,	,,	0,01
G	,,	–	–

* Die Erläuterungen beziehen sich auf Abb. 1 und 2 sowie auf Tabelle 2

Abb. 1 und 2 zeigen, wie erwartet, deutlich den konzentrationsabhängigen antioxydativen Effekt von Santoquin und Propylgallat, wobei die stabilisierende Wirkung beider Antioxydantien bei gleicher Konzentration praktisch wesentliche Unterschiede nicht erkennen läßt.

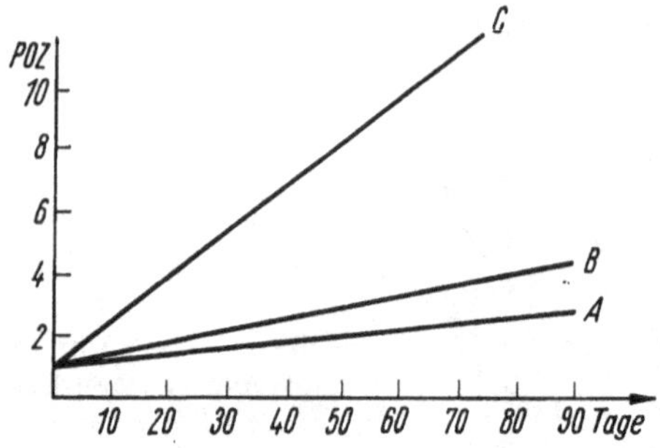

Abb. 3. Das Verhalten von Schweineschmalz beim Standversuch bei Zusatz von Santoquin bei Raumlicht (Peroxydzahl als Maß)

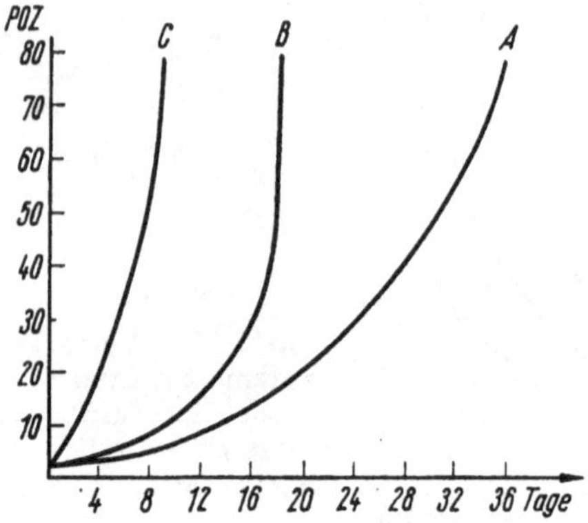

Abb. 4. Das Verhalten von Schweineschmalz beim Standversuch bei Zusatz von Santoquin im Brutschrank unter Belichtung (Peroxydzahl als Maß)

Erläuterungen*

Kurve bzw. Probe	Substrat	Santoquin %
A	Schmalz	0,05
B	,,	0,01
C	,,	—

* Die Erläuterungen beziehen sich auf die Abb. 3 und 4 sowie auf Tabelle 3

Aus Abb. 3 ist der gute Stabilisationseffekt des Santoquins bei Schmalz ersichtlich. Die abgestufte Inhibitionswirkung des Santoquins in Abhängigkeit von der Konzentration kommt sowohl in Abb. 3 (Autoxydation bei Raumlicht und Zimmertemperatur) als auch unter forcierten Autoxydationsbedingungen (Brutschrank, Kunstlicht: 45 °C) deutlich zum Ausdruck (Abb. 4).

Über die Bildung von Malondialdehyd als Sekundärprodukt der Autoxydation von Methyloleat und Schmalz unterrichten Tabellen 2 und 3.

Tabelle 2
Bildung von Carbonylverbindungen bei der Autoxydation von Ölsäuremethylester unter verschiedenen Zusätzen bei Tageslicht (Messung bei 530 nm)
µg Malondialdehyd / g Ölsäuremethylester

Zeit	Probe						
Tage	A	B	C	D	E	F	G
–	1,2	1,2	1,2	1,2	1,0	1,2	1,3
14	1,2	1,3	1,2	1,2	1,3	1,2	11,5
24	1,5	1,2	1,6	1,7	1,5	1,9	12,8
28	1,6	1,3	1,9	1,6	1,5	1,9	14,0

Erläuterungen siehe Abb. 2.

Tabelle 3
Bildung von Carbonylverbindungen bei der Autoxydation von Schmalz unter verschiedenen Zusätzen im Brutschrank unter Belichtung (Messung bei 530 nm)
µg Malondialdehyd / g Schmalz

Zeit	Probe		
Tage	A	B	C
–	0,8	0,9	0,8
8	1,2	1,2	16,0
11	1,3	1,4	21,3
13	1,5	1,9	26,2

Erläuterungen siehe Abb. 4.

Wie ein Vergleich der Tabellen 2 und 3 lehrt, ist die Malondialdehydbildung bei den unstabilisierten Proben mit fortschreitender Autoxydation charakteristisch ausgeprägt. Unter forcierten Versuchsbedingungen, wie sie im Brutschrank herrschen, ist die Carbonylbildung im unstabilisierten Schmalz deutlich stärker als im Methyloleat, das bei Tageslicht und Raumtemperatur zur Autoxydation angesetzt wurde. In beiden Fällen wirken sich jedoch auch hier Zusätze von Santoquin in Konzentrationen von 0,1, 0,05 und 0,01% auf die Bildung von Malondialdehyd verzögernd aus, wobei sich jedoch nur geringfügige Abstufungen erkennen lassen. Aus Tabelle 2 ist weiterhin ersichtlich, daß sowohl Santoquin als auch Propylgallat die Malondialdehydbildung in vergleichbarem Maße verhindern. Die Carbonylbildung läuft etwa der Peroxydbildung proportional.

Über den Einfluß des Lichtes auf die Autoxydation von Methyloleat unterrichtet Abb. 5.

Wie Abb. 5 erkennen läßt, besitzen Santoquin und Propylgallat bei Anwendung gleicher Konzentrationen etwa den gleichen antioxydativen Effekt. Wie zu erwarten, laufen bei Dunkelheit die Autoxydationsvorgänge sehr langsam ab.

Zusammenfassend zeigen die vorliegenden Versuche, daß Santoquin und Propylgallat bei der Autoxydation von reinen Fettsubstanzen etwa eine gleich starke Inhibitionswirkung besitzen.

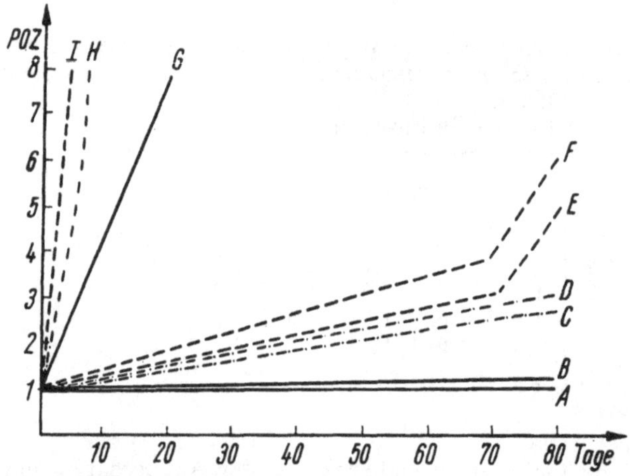

Abb. 5. Das Verhalten von Ölsäuremethylester beim Standversuch bei Zusatz von Santoquin und Propylgallat und unterschiedlicher Belichtung, ausgedrückt durch die Peroxydzahl

Erläuterungen

Kurve	Substrat	Antioxydans	Konzentration %	Lichtverhältnisse
A	Ölsäuremethylester	Propylgallat	0,05	Dunkelheit
B	,,	Santoquin	0,05	Dunkelheit
C	,,	Santoquin	0,05	Raumlicht
D	,,	Propylgallat	0,05	Raumlicht
E	,,	Santoquin	0,05	Tageslicht
F	,,	Propylgallat	0,05	Tageslicht
G	,,	–	–	Dunkelheit
H	,,	–	–	Raumlicht
I	,,	–	–	Tageslicht

B. Untersuchungen an Futtermischungen

1. Versuchssubstanzen

Das Geflügelmastfutter wird nach folgender, den Bedingungen der Futterpraxis angepaßter Rezeptur [17] hergestellt:

20% Maisschrot
20% Weizenschrot
13% Gerstenschrot
4% Standard-Mineralstoffgemisch
3% Bierhefe
5% Fischmehl
15% Erdnußexpeller
5% Tierkörpermehl
4% Magermilchpulver
2% Grünmehl
1% Vitamin-Antibiotika-konzentrat
8% Fett (Schmalz)

Als Zusatzfett wird käufliches Schweineschmalz (Qualität II) verwendet, das in Tabelle 1 analytisch gekennzeichnet ist.

Um den Einfluß des Mineralstoffgehaltes auf die Autoxydation sowohl des in den Teilkomponenten vorhandenen als auch des zugesetzten Fettes zu prüfen, wird die Zusammensetzung des Futters variiert. Bei mehreren Proben unterbleibt daher der Fett- oder Mineralstoffzusatz. Die für jede einzelne Futtermischung benötigten Teilposten werden, gut zerkleinert, nach der Rezeptur eingewogen und vermischt.

Die homogene Verteilung des Schmalzes im Grundfutter wird durch intensives Untermischen und Einkneten des verflüssigten Fettes mit der Hand erreicht.

Tabelle 4

Wasser- und Fettgehalt der eingesetzten Futterkomponenten

Komponente	Fett in Tr.-S. %	Wasser %
Maisschrot	4,2	11,7
Weizenschrot	1,7	11,8
Gerstenschrot	3,2	12,8
Erdnußexpeller	0,6	8,3
Fischmehl	7,4	9,3
Tierkörpermehl	10,3	8,2
Magermilchpulver	0,05	8,2
Standard-Mineralstoffgemisch	–	1,6
Bierhefe	0,03	11,7
Grünmehl	2,3	8,9

Über die genaue Zusammensetzung des Mineralstoffgemisches unterrichtet Tabelle 5.

Tabelle 5

Zusammensetzung des Standard-Mineralstoffgemisches

Komponente	Gewichtsanteil %
Kohlensaurer Kalk	51,7
Dicalciumphosphat	30,0
Kochsalz	15,0
Eisensulfat	1,5
Mangansulfat	1,0
Magnesiumsulfat	0,5
Kupfersulfat	0,3

Im eingesetzten Vitamin/Antibiotika-Konzentrat sind folgende Verbindungen enthalten:

Vitamin A, Vitamin D_2, Oxytetracyclin, Rivopon S, und Vitamin K.

2. Versuchsdurchführung

Die einzelnen Proben werden, den Gegebenheiten der Praxis angepaßt (Aufbewahrung in Papiersäcken u. ä.), in lichtundurchlässigen, mit Papier abgedeckten Schalen bei 25 °C gelagert. In bestimmten Zeitabständen werden Proben zur Bestimmung der Peroxydzahlen entnommen.

Zur Bestimmung der Peroxydzahlen hat sich auf Grund früherer eigener Erfahrungen die nachfolgende Methode am besten bewährt.

Arbeitsvorschrift: 5 g Futter werden in einem Erlenmeyerkolben mit Schliffstopfen mit einem Gemisch von 20 ml Chloroform und 20 ml Eisessig versetzt. Nach gutem Verschluß des Kolbens wird kräftig umgeschüttelt und die Mischung zur erschöpfenden Fettextraktion 1 Std. stehen gelassen. Anschließend wird durch ein Faltenfilter in einen Enghals-Erlenmeyerkolben filtiert. Von dem Filtrat werden 20 ml mit einer Pipette in einen 200 ml-Erlenmeyerkolben gebracht und am Rückfluß zum Sieden erhitzt. Wenn die Chloroformdämpfe das untere Ende des Kühlers erreicht haben, lüftet man denselben kurz und fügt 1,6ml wäßrige Kaliumjodidlösung (10 g Kaliumjodid in 13 ml Wasser) zu und erhitzt 3 min am Rückflußkühler. Nach Abkühlung unter fließendem Wasser werden 50 ml Wasser zugesetzt und in bekannter Weise das ausgeschiedene Jod mit n/500 Natriumthiosulfatlösung (Stärke als Indikator) austitriert.

Die Peroxydzahlen werden als ml n/500 Natriumthiosulfat je g Futter ausgedrückt.

Da das Futtergemisch auf Grund seiner recht komplizierten Zusammensetzung für die Bildung von Malondialdehyd während der Lagerung zahlreiche Möglichkeiten bietet, dürfte die Korrelation zwischen Malondialdehyd und dem Grad der Fettautoxydation im Futter ihre Eindeutigkeit und damit ihren Aussagewert verlieren. Orientierende Versuche bestätigten das auch. Auf eine Bestimmung des Malondialdehyds im Futter, die für den Praktiker zur physiologischen Beurteilung von Futtermitteln zweifellos von Interesse ist, ohne dabei die Herkunft der genannten Verbindung zu berücksichtigen, wird in der vorliegenden Arbeit verzichtet. Es ist beabsichtigt, in einer späteren Arbeit darüber zu berichten.

Über die Zusammensetzung der zu untersuchenden Futterproben unterrichtet Tabelle 6. Die darin angeführte Grundmischung entspricht der mitgeteilten Rezeptur (s. Abschnitt B. 1) ohne Mineralstoff- und Fettzusatz.

Der Zusatz der Antioxydantien erfolgt durch Aufsprühen in petrolätherischen bzw. alkoholischen Lösungen, die die berechneten Mengen an Santoquin bzw. Propylgallat enthalten. Bei den Proben G, H, K und L wurde vergleichend das jeweilige Antioxydans in Fett gelöst in das Futter eingearbeitet.

Vergleichende Untersuchungen der Autoxydationsneigung der Futterproben in Abhängigkeit von der Methodik des Zusatzes der Fettstabilisatoren lehren, daß in dieser Hinsicht nennenswerte Unterschiede nicht auftreten, so daß hier auf eine gesonderte Darstellung der Ergebnisse verzichtet werden kann.

Die Autoxydationsneigung der Futterproben kommt in Abb. 6 zum Ausdruck. Die Peroxydzahlen sind bewußt auf 1 g Futter bezogen angegeben, da die allgemein gebräuchliche Umrechnung auf den Fettgehalt bei den Proben ohne Fett-

Tabelle 6

Zusammensetzung der Futterproben

Probe		Fettzusatz 8 %	Mineralstoffzusatz	Santoquin	Propylgallat
				je 0,05 % auf Fettzusatz bezogen	
A	Grundmischung	−	−	−	−
B	„	−	−	−	+
C	„	−	−	+	−
D	„	−	+	−	+
E	„	−	+	+	−
F	„	+	−	−	−
G	„	+	−	−	+
H	„	+	−	+	−
I	„	+	+	−	−
K	„	+	+	−	+
L	„	+	+	+	−

zusatz zu relativ großen Unsicherheiten führt. Für die Praxis dürfte auch außerdem der Peroxydgehalt pro Gramm Futter von ausschlaggebendem Interesse sein.

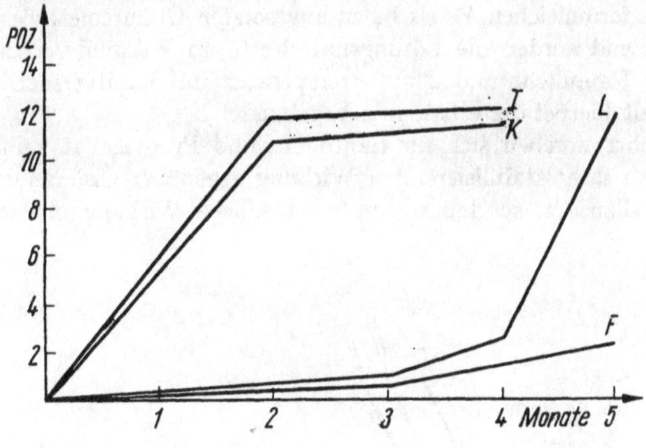

Abb. 6. Die Autoxydationsanfälligkeit von fetthaltigem Mischfutter, ausgedrückt durch die Peroxydzahl

Wie Abb. 6 zeigt, steigt die Peroxydzahl für die Grundmischung + Fettzusatz (Kurve F) bei fünfmonatiger Lagerung nur geringfügig an. Demgegenüber sind die Peroxydzahlen einer Probe, die aus Grundmischung + Fett + Mineralstoffgemisch (Kurve I) besteht, signifikant erhöht. Die recht unterschiedliche Wirkung von Santoquin und Propylgallat bei fett- und mineralstoffhaltigen Futtermischungen tritt in den Kurven K und L der Abb. 6 deutlich in Erscheinung.

Die Peroxydzahlen der übrigen Proben liegen nach fünfmonatiger Lagerung unter 1. Lediglich Probe D (Grundmischung + Mineralstoffgemisch + Propylgallat) zeigt einen geringen Anstieg der Peroxydzahl auf 1,5, der in Parallelität zu den Ergebnissen mit fetthaltigem Mischfutter die geringe Wirkung dieses Stabilisators erkennen läßt.

Bei Überschreitung der Lagerfrist von 4 Monaten erhöht sich auch die Peroxydzahl für die mit Santoquin stabilisierte Futterprobe (Kurve L) signifikant; eine ausgesprochene Schutzwirkung durch Santoquin in der verwendeten Konzentration ergibt sich nach Abb. 6 für einen Zeitraum von 3 bis 4 Monaten, bei Einhaltung der hier gegebenen Lagerungsbedingungen.

Um den hier beobachteten unterschiedlichen Inhibierungseffekt der Autoxydation durch die beiden Antioxydantien im Mischfutter näher zu untersuchen, wird an einem Ölsäuremethylester mit der Ausgangsperoxydzahl 0 die Autoxydationsanfälligkeit bei Zusatz der im Mineralstoffgemisch enthaltenen Schwermetallionen und der Antioxydantien Santoquin und Propylgallat geprüft. Die eingesetzten Mengen an Schwermetallionen und Antioxydantien werden dabei unter Heranziehung der in Tabelle 5 mitgeteilten Zusammensetzung des Standard-Mineralstoffgemisches den im fetthaltigen Mischfutter herrschenden Konzentrationsverhältnissen angepaßt.

Die zur Anwendung kommenden Schwermetallsalze $FeCl_3 \cdot 6\,H_2O$, $MnCl_2 \cdot 4\,H_2O$ und $CuCl_2 \cdot 2\,H_2O$ sowie die Antioxydantien werden in methanolischen Lösungen (0,5 ml) dem in formgleichen Petrischalen angesetzten Ölsäuremethylester zugegeben. Anschließend werden die Lösungsmittelreste im Vakuum vertrieben und die Proben bei Raumlicht und Zimmertemperatur im Standversuch gelagert. Abb. 7 vermittelt hierbei die erhaltenen Ergebnisse.

Wie Abb. 7 lehrt, ergeben sich für Santoquin und Propylgallat keine Unterschiede bezüglich ihrer stabilisierenden Wirkung gegenüber Ölsäuremethylester mit Schwermetallzusatz, so daß die unterschiedliche Wirkung beider Stabili-

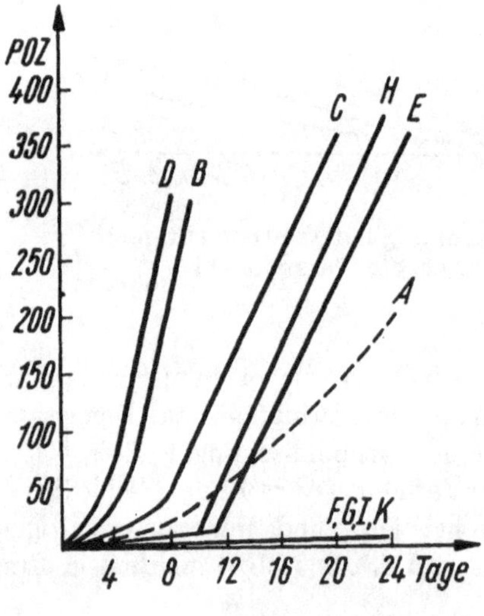

Abb. 7 Der Autoxydationsverlauf von Ölsäuremethylester bei Zusatz von Schwermetallionen und Antioxydantien, ausgedrückt durch die Peroxydzahl

Erläuterungen

Kurve	Substrat	Schwermetall-zusatz	Antioxydanszusatz
A	Ölsäuremethylester	–	–
B	,,	0,08 % Fe^{+++}	–
C	,,	0,12 % Mn^{++}	–
D	,,	0,025 % Cu^{++}	–
E	,,	0,08 % Fe^{+++}	0,05 % Santoquin
F	,,	0,12 % Mn^{++}	0,05 % Santoquin
G	,,	0,025 % Cu^{++}	0,05 % Santoquin
H	,,	0,08 % Fe^{+++}	0,05 % Propylgallat
I	,,	0,12 % Mn^{++}	0,05 % Propylgallat
K	,,	0,025 % Cu^{++}	0,05 % Propylgallat

satoren im Futter auf andere Effekte der Inaktivierung von Propylgallat zurückzuführen sind. Abb. 7 zeigt weiterhin, daß beiden Antioxydantien eine ausgezeichnete Inhibierung der prooxydativen Wirkung von Kupfer- und Mangan-Ionen zukommt, während der prooxydative Effekt der Eisen-Ionen nur für kurze Zeit unterdrückt wird.

Schlußfolgerungen für die Praxis

Die durchgeführten Untersuchungen zeigen, daß Santoquin und Propylgallat sowohl bei reinen als auch bei Metallionen (Fe^{+++}, Mn^{++} und Cu^{++}) enthaltenden Fettsubstraten (Schmalz bzw. Methyloleat) etwa die gleiche antioxydative Wirkung entfalten. Demnach sind Santoquin und Propylgallat für die Stabilisierung reiner Fette gleichermaßen gut geeignet.

Bei der Autoxydation fetthaltiger Futtermittel erweist sich jedoch nur Santoquin als wirksamer Inhibitor für einen Zeitraum bis zu 4 Monaten, während Propylgallat hierbei praktisch einen Stabilisierungseffekt nicht mehr erkennen läßt. Für die Praxis ist daher zur Fettstabilisierung von fettreichem Geflügelmastfutter dem Santoquin der Vorzug zu geben.

Die durchgeführten Untersuchungen zeigen weiterhin, daß ein fettreiches Geflügelmastfutter, dem der Mineralstoffanteil noch nicht zugegeben ist, nach viermonatiger Lagerung praktisch wesentliche autoxydative Fettveränderungen noch nicht erkennen läßt. Dieser Befund ist durchaus erklärlich, da unter den gegebenen Bedingungen der Einfluß der im Mineralstoffgemisch vorkommenden prooxydativ wirkenden Ionen (wie z. B. Fe^{+++}, Mn^{++} und Cu^{++}) nicht in Erscheinung treten kann. Für die Praxis läßt sich hieraus ableiten, daß man – unter der Voraussetzung, daß ein nicht bereits anoxydiertes Fett in das Futter eingearbeitet wird – theoretisch auf den Einsatz von Antioxydantien verzichten kann, wenn man den aus ernährungsphysiologischen Gründen notwendigen Zusatz von Mineralstoffen erst kurz vor Verabfolgung des Futters an die Tiere in das fetthaltige Futtergemisch einarbeitet, was aber im Hinblick auf die industrielle Herstellung eines direkt verabfolgbaren Mischfutters einen Rückschritt darstellt.

Zusammenfassung

1. Es wird gezeigt, daß Santoquin und Propylgallat sich gleichermaßen gut zur Stabilisierung reiner Fette eignen.

2. Zur Stabilisierung von fettreichem Geflügelmastfutter eignet sich nur Santoquin, während Propylgallat hier kaum wirksam ist.

3. Die Stabilisierung von fettreichem Geflügelmastfutter erübrigt sich, wenn der aus ernährungsphysiologischen Gründen notwendige Zusatz des Mineralstoffgemisches erst kurz vor der Verabfolgung dem fettreichen Mastfutter zugesetzt wird.

Резюме

1. В работе показано, что сантоквин и пропилгаллат в одинаковой мере оказываются пригодными для стабилизации чистых жиров.

2. Для стабилизации обогащенного жирами птичьего корма является пригодным только сантоквин, а пропилгаллат почти не оказывает здесь никакого действия.

3. Стабилизация обогащенного жирами корма для откармливания птицы оказывается излишней, если придача смеси минеральных веществ, являющаяся необходимой по физиологическим причинам, будет проводиться к обогащенному жирами корму непосредственно перед его распределением.

Summary

1. Santoquine and propyl gallate are shown to be equally suitable for a stabilization of pure fats.

2. Santoquine is also suitable to be employed for stabilizing high-fat diets for fattening poultry while propyl gallate is hardly effective in this case.

3. Stabilization of high-fat diets for poultry fattening is unnecessary if supplementation of the fattening food with the mineral mixture which is essential for nutritional reasons, is carried out shortly before feeding.

Literaturverzeichnis

[1] DAM, H.: J. Proc. Soc. exp. Med. **52**, 285 (1963)
[2] DAM, H.: J. Nutrit. **28**, 297 (1944)
[3] DAM, H.: Pharmacol. Rev. **9**, 1 (1957)
[4] FRANZKE, CL.: Z. Lebensmittel-Unters. u. -Forsch. **103**, 108 (1956)
[5] FRITSCHE, K.: Geflügelkrankheiten, 2. Aufl., Verlag P. Parey, Berlin 1962
[6] GÜRTLER, H.: Mh. Veterinärmed. **16**, 487 (1961)
[7] MACHLIN, L. J.: Poultry Sci. **40**, 1631 (1961)
[8] MACHLIN, L. J., und R. S. GORDON: Proc. Soc. exp. Biol. Med. **103**, 659 (1960)
[9] MARCINKA, K., und L. LANDAU: Sbornik sceskoslov. Zemedelskych ved., zivocisna vynoba **3** (31), 453 (1958), ref. in Chem. Zbl. **130**, 11975 (1959)

[10] MERTZ, W., und K. SCHWARTZ: Proc. Soc. exp. Biol. Med. **98**, 808 (1958)
[11] MITCHELL, H. L., R. E. BEAUCHENE und R. E. SILKER: J. agric. Food Chem. **2**, 939 (1954)
[12] OLCOTT, H. S.: J. Amer. Oil Chemists' Soc. **35**, 597 (1958)
[13] OLCOTT, H. S., und F. EINSETT: J. Amer. Oil Chemists' Soc. **35**, 159, 161 (1958)
[14] PAPPENHEIMER, I., und J. GOETTSCH: J. exp. Med. **53**, 11 (1934)
[15] PROHÁSZKA, L.: Mh. Veterinärmed. (Zusatzheft) **18**, 25 (1963)
[16] PROHÁSZKA, L., D. AMBRUS und S. JUHÁSZ: Magyar A'llatorvosok Lapja **18**, 232 (1963)
[17] SCHAAF, A.: Tierzucht **14**, 544 (1960); **15**, 465 (1961)
[18] SINGSEN, E. P., L. D. MATTERSON, A. KONZEFF und R. H. BRUNELL: Poultry Sci. **33**, 192 (1954)
[19] SINGSEN, E. P., R. H. BRUNELL, L. D. MATTERSON, A. KONZEFF und E. J. JUNGHERR: Poultry Sci. **34**, 262 (1955)
[20] SINGSEN, E. P., L. M. POTTER, L. D. MATTERSON, R. H. BRUNELL und A. KONZEFF: Poultry Sci. **34**, 1075 (1955)
[21] Vgl. TÄUFEL, K., und R. ZIMMERMANN: Fette, Seifen, Anstrichmittel **61**, 836 (1959)
[22] YOUNGS, C. G., und B. M. CRAIG: J. Amer. Oil Chemists' Soc. **28**, 521 (1951)

Die vorliegende Arbeit wurde auf Anregung von Herrn Dr. A. SCHAAF vom Institut für Tierzuchtforschung Dummerstorf, Abt. Eliteleistungsbuch Berlin, durchgeführt, dem wir auch die Beschaffung des Untersuchungsmaterials verdanken.

Eingegangen: 30. Juni 1964

Anmerkung der Verfasser:

Die experimentellen Ergebnisse der in den beiden von Herrn Dr. A. SCHAAF veröffentlichten Artikeln „Die Verbesserung der Lagerungsfähigkeit von fetthaltigen Mischfuttermitteln durch Antioxydantien" (Tierzucht, **19**, 148 (1965)) sowie „Der Einfluß einiger Antioxydantien auf die Lagerfähigkeit von fetthaltigem Hühnermastfutter" (Archiv für Gepflügelzucht und Kleintierkunde, **14**, 129 (1965)) sind dem Manuskript der vorliegenden Arbeit entnommen und ohne unser Wissen von Herrn Dr. SCHAAF in den beiden vorgenannten Zeitschriften publiziert worden. Herr Dr. SCHAAF war von uns informiert, daß wir diese ausschließlich von uns erzielten experimentellen Ergebnisse in **dieser** Zeitschrift zum Abdruck bringen wollten. Herr Dr. SCHAAF war an der Durchführung der chemischen Untersuchungen, über die er berichtet, nicht beteiligt.

Aus dem Oskar-Kellner-Institut für Tierernährung Rostock
(Direktor emerit.: Prof. Dr. Dr. h. c. K. NEHRING)

K. NEHRING, B. HOFFMANN und I. NERGE

Über den Futterwert verschiedener Ölsaatrückstände, insbesondere ausländischer Herkunft

I. Mitteilung

Rückstände der Sonnenblumenverarbeitung

1. Einleitung

Die Rückstände der Verarbeitung der verschiedenen Ölsaaten und Früchte gehören zu den wertvollsten Futtermitteln, die sich größtenteils durch hohen Proteingehalt und günstige Verdaulichkeit auszeichnen. Sie bildeten früher den Hauptanteil in den Milchleistungsfuttermitteln; in den letzten Jahren hat man ihnen als Mischkomponenten bei der Herstellung der Eiweißkonzentrate für die Schweine- und Geflügelhaltung eine nicht unwesentliche Beachtung eingeräumt und so haben sie in immer stärkerem Umfange auch bei der Fütterung dieser beiden Tierarten Bedeutung erlangt.

Da diese Rückstände seit langem bekannt sind, liegen umfangreiche Untersuchungen über Zusammensetzung, Verdaulichkeit und Futterwert vor. Es ist jedoch die Frage, ob die aus den älteren Untersuchungen stammenden Angaben, wie sie sich u. a. bei M. KLING [5, 6] finden, noch heute ihre Gültigkeit haben, oder ob nicht durch die verschiedenartigsten Einflüsse, sei es durch Züchtung, Anbau, Verarbeitung usw., Änderungen in der Zusammensetzung und im Futterwert eingetreten sind, die bei dem praktischen Einsatz in der Fütterung Beachtung finden müssen. Es ist hier vor allem der Einfluß der Züchtung herauszustellen, deren Arbeiten sich heute nicht nur auf die Verbesserung der Ertragsleistungen erstrecken, sondern bei der in immer stärkerem Maße die Fragen der Qualität gestellt werden. Die Forderungen, die in dieser Hinsicht an die Züchtung der Futterpflanzen erhoben werden, haben auch ihren Niederschlag in dem Programm für die Züchtung neuer landwirtschaftlicher und gärtnerischer Kulturpflanzen gefunden, das von der Sektion Pflanzenzüchtung und der Sektion Acker- und Pflanzenbau und Pflanzenschutz der DAL erarbeitet worden ist.

Besondere Ansprüche werden in diesem Programm an den Eiweißgehalt wie auch die Eiweißqualität der Futterpflanzen gestellt. Es haben bekanntlich die Arbeiten auf diesem Gebiet gezeigt, daß für die Beurteilung des Wertes der Futterpflanzen nicht allein die Kenntnis des Proteingehaltes notwendig ist, sondern desgleichen auch der Eiweißqualität, wie sie durch den Gehalt an essentiellen Aminosäuren bzw. die biologische Wertigkeit des Eiweißes gekennzeichnet werden kann.

Die Angaben in der Literatur in dieser Richtung sind aber nicht als ausreichend anzusehen, wie es z. B. auch aus den Futterwerttabellen der DLG (Vitamine und Aminosäure) hervorgeht. Es ist eine wichtige Aufgabe der Wissenschaft, die notwendigen Unterlagen zu erweitern und ihre Sicherheit zu gewährleisten; denn nicht alle Angaben, die in der Literatur für den Gehalt an Aminosäuren gemacht worden sind, sind als zuverlässig anzusehen.

In der Außenstelle Leipzig des Instituts ist in den Jahren 1953–1955 eine Anzahl in- und ausländischer Ölsaatrückstände auf ihre Zusanmensetzung untersucht und die Verdaulichkeit in Versuchen an Schafen, zum Teil auch an Schweinen und Pferden untersucht worden. Über die Ergebnisse hat E.-R. Franke [1] berichtet, so daß hier von der Wiedergabe der Ergebnisse Abstand genommen werden kann.

Bei den laufenden Futtermitteluntersuchungen, die im Rahmen der Futtermittelkontrolle in dem früheren Institut für landwirtschaftliches Versuchs- und Untersuchungswesen Rostock[1] wie auch bei den Arbeiten des Oskar-Kellner-Instituts für Tierernährung durchgeführt wurden, ist des weiteren in den letzten 15 Jahren ein umfangreiches Material über die Zusammensetzung und den Futterwert der verschiedenen Ölsaatrückstände angefallen. Dies ist noch durch Untersuchungsproben ergänzt worden, die bei Importlieferungen für diesen Zweck besonders gezogen worden sind. Über die bei diesen Untersuchungen erhaltenen Ergebnisse soll in den folgenden Mitteilungen 1–3 berichtet werden.

Die Untersuchungen erstrecken sich einmal auf den Gehalt an Rohnährstoffen (nach der Weender Futtermittelanlayse ermittelt). In einer Anzahl von Proben sind die Untersuchungen auf die Bestimmung des Gehaltes an Gerüstsubstanzen ausgedehnt worden (Bestimmungsverfahren siehe bei K. Nehring [9]). Versuche zur Bestimmung der Verdaulichkeit konnten in diesem Zusammenhang nur in beschränktem Umfange durchgeführt werden, wobei die Versuche dann jedoch auf den Vergleich des Verdauungsvermögens der verschiedenen Tierarten ausgedehnt wurden. Eine Reihe von Ölsaatrückständen ist systematisch auf den Gehalt an Aminosäuren wie die Höhe der biologischen Wertigkeit des Eiweißes untersucht worden. Der größte Teil der Proben stammte, wie bereits erwähnt wurde, aus Importlieferungen.

Umfangreiche Untersuchungen sind im besonderen über die Zusammensetzung und den Futterwert der Sonnenblumensamen bzw. ihrer Verarbeitungsrückstände durchgeführt worden und zwar vor allem, weil hier durch die Pflanzenzüchtung in den letzten Jahren große Erfolge erzielt worden sind, die wesentliche Änderungen in der Zusammensetzung der Samen wie der aus ihnen anfallenden Verarbeitungsrückstände mit sich gebracht haben, so daß die in der Literatur vorliegenden Werte nicht mehr als zutreffend angesehen werden können. Es soll demgemäß in der 1. Mitteilung über die bei diesen Produkten erhaltenen Ergebnisse berichtet werden.

[1] Diese Untersuchungen sind in dem Institut für landwirtschaftliche Versuchs- und Untersuchungswesen von Herrn Dr. Wallis und dem technischen Assistenten Herrn E. Schmidt ausgeführt worden, denen auch an dieser Stelle der beste Dank für ihre Arbeit ausgesprochen werden soll.

2. Zusammensetzung von Sonnenblumensamen

In den Futterwerttabellen der DLG für Wiederkäuer (3. Aufl. 1961) [2] bzw. für Schweine (2. Aufl. 1961) [3] finden sich folgende Angaben über die Zusammensetzung und Verdaulichkeit der Sonnenblumensamen bzw. ihrer Verarbeitungsrückstände (Tabelle 1):

Hiernach ist die Zusammensetzung der Samen wie auch der Extraktionsrückstände aus der unentschälten Saat als nicht besonders günstig zu beurteilen. Bei einem Fettgehalt von 25% im Samen liegt der Rohfasergehalt recht hoch und er kann in den Extraktionsrückständen Werte von mehr als 40% erreichen. Demzufolge ist hier die Verdaulichkeit der organischen Substanz insgesamt mit 39% recht ungünstig, nur für das Rohprotein liegt die Verdaulichkeit hoch. Dieses ungünstige Ergebnis ist vor allem auf den hohen Anteil an Schalen in den Sonnenblumen zurückzuführen, der mit ca. 45% angegeben wird und dessen Gesamtverdaulichkeit mit 13 sehr niedrig liegt.

Der Futterwert dieser unentschälten Rückstände liegt demgemäß recht niedrig, so daß immer wieder gefordert worden ist, daß für Futterzwecke nur Produkte aus entschälter Saat verwendet werden sollten. In diesen Produkten sind naturgemäß die Zusammensetzung und die Verdaulichkeit wesentlich günstiger, wie auch aus den in Tabelle 1 gemachten Angaben hervorgeht.

Man wird jedoch feststellen können, daß die in der DLG-Tabelle angegebenen Werte heute nicht mehr als zutreffend angesehen werden können; denn in der Zwischenzeit sind durch die Arbeiten der Pflanzenzüchtung, die insbesondere durch die Arbeiten der sowjetischen Pflanzenzüchtung (Krasnodar) vorangetrieben worden sind, ganz wesentliche Verbesserungen bezüglich des Gehaltes an wertbestimmenden Bestandteilen, insbesondere an Fett und Eiweiß, erreicht worden, die vor allem dadurch bedingt sind, daß der Anteil an Schalen mehr und mehr zurückgedrängt worden ist.

Infolgedessen sollen Angaben über die Zusammensetzung von Neuzüchtungen der Sonnenblumen an Hand von Material gemacht werden, das uns insbesondere von züchterischer Seite zur Verfügung gestellt worden ist (Tabelle 2).

Die Übersicht läßt klar erkennen, daß mit der starken Minderung des Schalenanteiles die Zusammensetzung des Samens sich weitgehend geändert hat. Insbesondere ist der Gehalt an Rohfaser von ca. 28% bei den früheren Saaten auf unter 15% bei den Neuzüchtungen zurückgegangen. Demgegenüber ist ein starker Anstieg im Fettgehalt festzustellen und gleichzeitig ist insbesondere in den ungarischen Züchtungen der Gehalt an Rohprotein deutlich erhöht worden. Neben diesen Verschiebungen, die durch den wechselnden Schalenanteil bedingt sind, sind aber auch Änderungen in der Zusammensetzung der Kerne eingetreten. Der Gehalt an Fett und Eiweiß zusammen in den Kernen liegt bei den neuen Züchtungen übereinstimmend bei ca. 70% (auf einen Trockensubstanzgehalt von 90% bezogen) bzw. bei mehr als 80% in der Trockensubstanz gegenüber 58 bzw. 67% bei den früheren Sorten. Die Werte für die Zusammensetzung der Kerne zeigen weiterhin, daß auch im Verhältnis von Protein zu Fett nicht unerhebliche Unterschiede in den verschiedenen Neuzüchtungen auftreten können. Bei den sowjeti-

Tabelle 1

Zusammensetzung und Verdaulichkeit von Verarbeitungsrückständen der Sonnenblumensamen (nach Angaben der Futtermitteltabellen der DLG)

		Tierart	Trock. Subst.	Organ. Subst.	Roh-protein	Roh-fett	Roh-faser	NFE	Roh-asche	verdaul. Roh-protein	Stärke-wert bzw. Gesamt-nährstoff
		I. Sonnenblumensamen									
unentschält	Zusammen-setzung (%)		91,6	88,7	15,3	25,9	28,6	18,9	2,9		
	Verd. Coeff.	Wiederkäuer		55	85	98	18	28		13,0	77,1
		Schwein		(66)	(94)	(92)	(25)	(71)		14,4	89,8
		II. Sonnenblumenextraktionsschrot									
unentschält	Zusammen-setzung (%)		89,3	84,5	21,9	0,9	39,5	22,2	4,8		
teilweise entschält	,,		90,1	84,0	37,4	1,9	22,8	21,9	6,1		
entschält	,,		91,7	85,4	41,5	1,1	16,5	26,3	6,3		
unentschält	Verd. Coeff.	Wiederkäuer		39	84	89	7	28		18,4	18,3
teilweise entschält	,,	,,		(62)	(85)	61	20	67		31,8	44,6
entschält	,,	,,		74	86	70	44	68		35,7	57,5
teilweise entschält	,,	Schwein		46	82	48	—	46		30,7	42,9
entschält	,,	,,		(72)	(90)	(50)	(25)	73		37,4	60,8
		III. Sonnenblumenschalen									
	Zusammen-setzung (%)		86,4	84,5	3,7	1,6	56,9	22,3	1,9		
	Verd. Coeff.	Wiederkäuer		13	19	58	13	23		0,7	(−18,0)

Tabelle 2
Zusammensetzung von Sonnenblumensamen

	Rohnährstoffe in %							Schalen-anteil %
	Trock. Subst.	Organ. Subst.	Roh-protein	Roh-fett	Roh-faser	NFE	Roh-asche	
K. NEHRING, W. SCHRAMM und J. SCHÜTTE (1942)								
Kerne	90,0	86,9	27,9	31,2	2,8	25,0	3,1	
Schalen	90,0	88,3	4,5	1,1	57,9	24,8	1,7	
Samen	90,0	87,5	17,4	17,7	27,4	25,0	2,5	45,0
Bernburg Samen								
Ostsonne (1960)	90,0	86,4	19,9	27,0	24,9	14,6	3,6	42
Stamm PF_1 (1961)	90,0	86,5	19,2	35,2	18,1	14,0	3,5	29
UdSSR								
Stamm 8931 (1961)								
Kerne	90,0	87,2	19,7	50,9	2,4	14,2	2,8	
Schalen	90,0	85,9	5,6	5,3	50,4	24,6	4,1	
Samen	90,0	86,9	15,9	38,6	15,4	17,0	3,1	27
SU 2 (1962)								
Kerne	90,0	87,5	20 6	56,6	4,1	6,2	2,5	
Schalen	90,0	87,9	5,6	3,3	52,2	26,8	2,1	
Samen	90,0	87,6	17,0	43,3	18,7	8,6	2,4	26,7
Peredovik (1963)								
Samen	90,0	87,4	17,5	46,4	11,6	11,9	2,6	21,7
Ungarn								
U I (1963)								
Kerne	90,0	85,6	34,2	35,6	2,4	13,4	4,4	
Schalen	90,0	88,7	3,3	0,7	61,9	22,8	1,3	
Samen	90,0	86,8	22,5	25,0	22,3	17,0	3,2	38,0
U II (1963)								
Kerne	90,0	86,0	30,7	40,4	3,2	11,7	4,0	
Schalen	90,0	87,8	4,8	1,3	56,7	25,0	2,2	
Samen	90,0	86,4	24,4	31,0	16,0	15,0	3,6	23,9

schen Züchtungen lag augenscheinlich der Schwerpunkt der Arbeit in Richtung der Erhöhung des Ölgehaltes; bei den ungarischen ist dagegen auch der Gehalt an Rohprotein erheblich angestiegen. Es ist also möglich, je nach dem in Aussicht genommenen Ziel der Züchtung auf Fett- oder auf Eiweißgehalt die Ergebnisse in bestimmte Richtung festzulegen. Aber auch in der Zusammensetzung des

Schalenanteiles sind bestimmte Unterschiede zu erkennen. Dies zeigt die außerordentlich großen Möglichkeiten, die der Pflanzenzüchtung bei den Sonnenblumen speziell gegeben sind.

Errechnet man auf Grund der Zusammensetzung der Samen die Zusammensetzung der daraus herzustellenden Extraktionsschrote unter der Voraussetzung, daß diesen alles Fett bis auf 1% entzogen wird, so ergeben sich folgende Werte für die Zusammensetzung (Tabelle 3):

Tabelle 3

Sonnenblumenextraktionsschrote
(aus unentschälter Saat)

	Trock. Subst. %	Organ. Subst. %	Roh-protein %	Roh-fett %	Roh-faser %	NFE %	Roh-asche %
DLG-Tabelle	90,0	85,2	22,1	0,9	39,7	22,5	4,8
aus Ölsamen	90,0	85,0	27,9	1,0	35,1	21,0	5,0
Stamm PF_1	90,0	84,3	31,0	1,0	29,5	22,8	5,7
8931	90,0	83,4	34,1	1,0	23,5	24,8	6,6
Ungarn I	90,0	85,6	30,8	1,0	30,5	23,3	4,4
Ungarn II	90,0	84,6	36,8	1,0	24,2	22,6	5,4

Diese Tabelle läßt deutlich die wesentlich günstigere Zusammensetzung der jetzigen Verarbeitungsrückstände gegenüber den früher angefallenen Produkten erkennen. Der Gehalt an Rohprotein ist wesentlich angestiegen; der Gehalt an Rohfaser dagegen hat sich von 40% auf ca. 23–25% vermindert. Das läßt erwarten, daß auch die Verarbeitungsrückstände aus der unentschälten Saat eine wesentlich höhere Verdaulichkeit aufweisen werden.

Ob in der Zusammensetzung der Gerüstsubstanzen (vgl. hierzu die Werte in Tabelle 4) auch bestimmte Änderungen eingetreten sind, läßt sich nicht sagen. Es ist zwar in den ungarischen Herkünften der Gehalt an Gerüstsubstanzen in den Schalen bestimmt worden, aber Vergleichswerte aus früheren Untersuchungen liegen nicht vor. Der Anteil an Lignin in Höhe von ca. 20–25% des Gesamtgehaltes an Gerüstsubstanzen ist als nicht ungünstig anzusehen.

3. Zusammensetzung und Futterwert der Verarbeitungsrückstände der Sonnenblumensamen

Es ist von einer größeren Zahl von Sonnenblumenextraktionsschroten (insgesamt ca. 30) die Zusammensetzung bestimmt worden. Die Werte sind in der Tabelle 4 zusammengestellt (Tabelle 4).

Die älteren Untersuchungen der Rückstände aus unentschälter Saat aus den Jahren 1942–1943 lassen den hohen Rohfasergehalt erkennen. Bei den damals durchgeführten Verdauungsversuchen (K. NEHRING, W. SCHRAMM und J. SCHÜTTE [7]) sind folgende Verdauungskoeffizienten (Tabelle 5) erhalten worden.

Tabelle 4

Zusammensetzung der Sonnenblumenrückstände

Zeit	Bezeichnung	Herkunft	Rohnährstoffe in % Trock. Subst.	Organ. Subst.	Roh-protein	Roh-fett	Roh-faser	NFE	Roh-asche	V. C. Roh-protein	Gerüstsubstanzen in % Roh-cellulose	Pentosane	Lignin	Gesamt	RKH* %
1942/1943	Sonnenblumen--extraktionsschrot unentschält	Deutschland	89,8	85,2	20,7	0,8	40,2	23,5	4,6						
			(87,6 bis 92,4)		(17,5 bis 23,3)	(0,5 bis 1,0)	(36,9 bis 48,0)	(18,5 bis 27,2)	(3,8 bis 6,0)						
1953/1960	– unentschält	(5)	90,8	86,6	18,3	1,6	42,2	24,5	4,2	85,1					
			(82,6 bis 93,5)		(15,1 bis 19,3)	(1,0 bis 2,5)	(39,3 bis 45,7)	(18,8 bis 31,3)	(3,7 bis 4,8)						
	– z. T. entschält	(5)	88,6	83,6	22,3	1,9	34,8	24,6	5,0	87,9					
			(84,8 bis 90,6)		(15,3 bis 30,9)	(1,2 bis 3,8)	(32,5 bis 38,3)	(19,8 bis 27,6)	(3,7 bis 6,5)						
	– entschält	(4)	90,7	85,8	26,4	1,9	25,6	31,9	4,9	84,3					
			(88,3 bis 93,8)		(20,3 bis 33,9)	(0,6 bis 3,3)	(23,6 bis 27,5)	(28,4 bis 36,7)	(4,1 bis 6,1)						
1962	– entschält	Rumänien	91,0	83,8	35,3	2,4	18,6	27,5	7,2		16,4	10,0	8,9	35,3	10,8
1963	– unentschält	Rumänien	90,0	84,4	36,4	0,4	28,0	19,6	5,6						
		Rumänien	90,0	83,5	39,8	0,5	18,4	24,8	6,5						
1963	– entschält	Ungarn	90,0	83,5	40,7	0,4	12,0	30,4	6,5						
			90,0	83,3	41,2	0,6	15,0	26,5	6,7		14,8	9,5	7,5	31,8	9,7
	– entschält	Bulgarien	90,0	83,4	33,4	0,7	17,6	31,7	6,6						
	– entschält	Argentinien	90,0	83,9	34,5	0,9	21,1	27,4	6,1	88,6	18,4	11,1	10,2	39,7	8,8
	-expeller	Argentinien	90,0	84,9	38,4	4,0	14,4	28,1	5,1	92,4	14,8	10,3	8,0	33,1	9,4
1963	-extraktionsschrot	? (4)	90,0	83,8	38,5	1,0	17,7	26,6	6,2						
					(29,2 bis 45,0)	(0,4 bis 1,0)	(10,0 bis 27,1)	(23,0 bis 28,4)	(5,5 bis 7,4)						

* RKH = Restkohlenhydrate.

Tabelle 5

Verdaulichkeit von Sonnenblumenextraktionsschrot

	Trock. Subst.	Organ. Subst.	Roh-protein	Roh-fett	Roh-faser	NFE	Roh-asche	verdaul. Rohpro-tein	Stärkewert
	I. Zusammensetzung in %								
Sonnenblumenextraktionsschrot									
1. unentschälte Saat	100,0	94,6	27,0	0,7	41,2	25,7	5,4		
2. aufgearbeitet	100,0	92,3	35,1	2,2	25,3	29,7	7,7		
Sonnenblumenschalen	100,0	97,7	4,2	1,0	67,5	25,0	2,3		
	II. Verdauungskoeffizienten								
Sonnenblumenextraktionsschrot									
1. unentschälte Saat		42,1	84,6	84,5	11,5	46,2		22,8	27,4
2. aufgearbeitet		62,6	89,6	60,9	20,4	66,8		31,5	50,0
Sonnenblumenschalen		18,7	36,9	50,0	18,9	14,0		1,6	(−20,4)

Bei dem Extraktionsschrot aus der unentschälten Saat sind bei dem hohen Gehalt an Rohfaser mit Ausnahme des Rohproteins niedrige Verdauungskoeffizienten erhalten worden, die demgemäß auch einen niedrigen Stärkewert bedingen. Bei den Sonnenblumenschalen ergab sich eine Gesamtverdaulichkeit von weniger als 20%, so daß sich bei einem Rohfaserabzug von 0,58 ein negativer Stärkewert errechnete.

Im aufgearbeiteten Extraktionsschrot war durch das Absieben ein erheblicher Teil der Schalen entfernt worden, was sich im Anstieg des Proteingehaltes und im Rückgang des Rohfasergehaltes deutlich erkennen ließ. Der Verdaulichkeitsversuch ergab demgemäß wesentlich günstigere Werte für die Verdaulichkeit und einen höheren Stärkewert.

Auch in den Jahren nach **1945** (s. Tabelle **4**) sind zunächst die Untersuchungsergebnisse ungünstig geblieben, wie die Werte aus den Jahren **1953/1960** zeigen, trotzdem es sich teilweise um Proben aus mehr oder minder stark entschälter Saat gehandelt haben soll.

In den Proben der letzten Jahre (**1962/63**) ist jedoch eine ganz erhebliche Verbesserung in der Zusammensetzung der Sonnenblumenrückstände festzustellen, obwohl es sich bei den Proben aus Rumänien und Bulgarien teilweise um Produkte aus unentschälter Saat gehandelt hat. Bei den anderen Herkünften liegt bei niedrigem Rohfasergehalt der Proteingehalt recht günstig. Hier wirkt sich die günstigere Zusammensetzung der neuen Sonnenblumenzüchtungen aus.

In einigen Proben ist der Gehalt an Gerüstsubstanzen bestimmt worden; sie entsprechen den Werten, die nach dem Rohfasergehalt zu erwarten sind. Insbesondere ergibt sich eine eindeutige Beziehung zwischen Rohfasergehalt und Cellulosegehalt. Der Anteil an Lignin an der Gesamtgerüstsubstanz liegt auch hier bei 20–25%.

In zwei der untersuchten Extraktionsschrote ist die Verdaulichkeit der Nährstoffe in Versuchen mit Hammeln bestimmt worden[1]. Die Ergebnisse waren folgende (Tabelle 6):

Tabelle 6

Ergebnisse der Verdaulichkeitsversuche

	Trock. Subst.	Organ. Subst.	Roh-protein	Roh-fett	Roh-faser	NFE	Roh-asche
I. Ungarisches Sonnenblumenextraktionsschrot							
Zusammensetzung in %	90,0	83,5	40,6	0,4	12,0	30,5	6,5
Verdauungskoeffizienten		80,9	87,0	61,5	60,9	81,1	
II. Rumänisches Sonnenblumenextraktionsschrot							
Zusammensetzung in %	90,0	84,4	36,4	0,7	28,0	19,3	5,6
Verdauungskoeffizienten		74,2	87,9	44,1	61,5	67,9	

In dem Extraktionsschrot ungarischer Herkunft liegt bei niedrigem Rohfasergehalt die Verdaulichkeit recht hoch, trotzdem es sich nach dem äußeren Befund um eine Probe aus nur teilweise entschälter Saat handelt. Aber auch bei dem Extraktionsschrot aus Rumänien wurde bei einem erhöhten Rohfasergehalt immerhin eine Gesamtverdaulichkeit von 74 erhalten, die noch als durchaus günstig zu bewerten ist. Die Verdaulichkeit des Rohproteins lag bei beiden Proben mit 87% sehr hoch; sie erwies sich also auch hier als unabhängig vom Rohfasergehalt.

Auf Grund der Verdauungskoeffizienten ergab sich folgender Gehalt an verdaulichen Nährstoffen (Tabelle 7):

Tabelle 7

Gehalt an verdaulichen Nährstoffen

Sonnen-blumen-extraktions-schrot	Trock. Subst. %	verdaul. Roh-protein %	Stärke-wert	
ungarisches	90,0	35,4	62,5	(Wertigkeit 95)
rumänisches	90,0	32,0	56,2	(Wertigkeit 92)

Bei dem hohen Gehalt an Rohprotein und seiner günstigen Verdaulichkeit erscheint die Frage nach der Qualität des Sonnenblumenproteins von besonderem Interesse. Bei der Bestimmung des Gehaltes an essentiellen Aminosäuren ergaben sich folgende Werte (Tabelle 8).

[1] Die Verdauungsversuche sind im Institut für Agrikulturchemie und Bodenkunde Rostock von Herrn Dr. S. Poppe durchgeführt worden, dem hierfür gleichfalls unser bester Dank ausgesprochen werden soll.

Tabelle 8

Gehalt an essentiellen Aminosäuren
g/100 g Protein

	Sonnenblumenkerne (extrahiert)		Sonnenblumenextraktionsschrot			Extraktionsschrot	Expeller
	SU 8931	Ungarn II	Ungarn	Rumänien	Bulgarien	Argentinien	Argentinien
Rohprotein % Tr.-Subst.	54,0	62,2	45,7	44,9	37,1	38,3	42,8
Arginin	10,2	9,5	0,6	10,4	8,6	9,1	9,0
Histidin	2,6	2,3	2,5	2,6	2,5	2,4	2,2
Isoleucin	6,7	7,2	5,6	5,6	6,1	5,2	5,0
Leucin	5,6	6,7	6,8	6,8	6,4	6,9	6,2
Lysin	3,7	4,1	4,5	3,7	3,7	3,6	3,5
Methionin	2,1	2,0	2,1	2,1	2,0	2,0	1,7
Cystin	2,7	1,3	1,4	1,1	2,6	1,5	1,2
Phenylalanin	5,1	4,7	4,8	4,6	4,8	4,2	4,2
Tyrosin	2,5	2,2	2,4	2,1	2,1	1,9	1,9
Threonin	4,2	3,8	4,4	4,0	4,3	4,0	3,8
Tryptophan	1,7	1,5	1,6	1,3	1,5	1,6	1,3
Valin	6,0	5,6	6,0	5,8	(3,6)	5,9	5,6
B. W. (Ratte)			71,0	61,4	72,8		

Es zeigt sich somit, daß das Sonnenblumenprotein durch einen relativ günstigen Gehalt an Lysin und Methionin ausgezeichnet ist, der im groben Durchschnitt wie folgt eingeschätzt wird:

	%
Gehalt an Lysin	3,7 bis 4,5
,, ,, Methionin	1,7 bis 2,1
,, ,, Cystin	1,0 bis 2,6

Diesen günstigen Gehalten entspricht auch eine biologische Wertigkeit des Eiweißes von rd. 70 (vgl. hierzu auch die 3. Mitteilung).

Es muß also dem Sonnenblumenprotein eine für ein pflanzliches Protein recht günstige Qualität zugeschrieben werden, so daß die Sonnenblumenrückstände bei einem günstigen Proteingehalt auch für den Einsatz in der Schweine- und Geflügelhaltung als geeignet angesehen werden können. Dies ergibt sich auch aus Beobachtungen aus dem rumänischen Versuchsgut Fundulea bei Bukarest, bei denen sich in der Schweinemast eine durchschnittliche Zunahme von mehr als 500 g je Tier und Tag ergab, wobei bei den Tieren über 40 kg das Sonnenblumenextraktionsschrot nahezu das einzige Eiweißfuttermittel darstellte.

Während der Fertigstellung des Berichtes erschien eine Arbeit von J. F. Tkatschew und Mitarbeitern [8] aus dem landwirtschaftlichen Institut im Kubangebiet (SU), die sich mit dem Einfluß der Verarbeitungstemperatur beim Pressen der Sonnenblumen auf Zusammensetzung und Verdaulichkeit der Rückstände beschäftigte. Da es sich um Produkte aus den neuen Züchtungen handeln dürfte, erscheinen die dort gemachten Angaben von Interesse, so daß sie hier wiedergegeben werden sollen (Tabelle 9).

Tabelle 9

Sonnenblumenexpeller

Verarbeitung	t°	Organ. Subst.	Rohprotein	Rohfett	Rohfaser	NFE	Asche	Lysin
I. Zusammensetzung in % der Trockensubstanz								
harte	125–135°	93,55	50,10	7,82	11,12	24,51	6,45	1,95
normale	115–125°	93,24	53,86	5,84	9,65	23,89	6,76	2,50
weiche	101–105°	93,74	54,86	5,23	10,81	22,84	6,26	2,87
II. Verdauungskoeffizienten (Schweine)								
harte		75,37	80,96	78,95	51,03	74,44		
normale		78,95	83,38	85,66	51,50	80,02		
weiche		84,60	89,90	91,43	51,93	85,08		

Zunächst ergab sich eine sehr günstige Zusammensetzung der Produkte ganz allgemein, die vor allem in dem hohen Gehalt an Rohprotein von mehr als 50% (in Trock.-Subst.) und dem niedrigen Rohfasergehalt von 10–11% zum Ausdruck kam. Demgemäß ließ sich auch in den Verdauungsversuchen an Schweinen eine hohe Verdaulichkeit (insbesondere für das Rohprotein) feststellen, wobei sich ein deutlicher Einfluß der Verarbeitungstemperatur auf die Verdaulichkeit ergeben hat. Bei Erhöhung der Temperatur auf über 130° ist ein deutlicher Rückgang in der Verdaulichkeit eingetreten.

Aus den Verdauungskoeffizienten ließen sich folgende Gehalte an verdaulichen Nährstoffen errechnen:

Verarbeitung	Trock.-Subst. %	verdaul. Rohprotein %	Gesamtnährstoff
harte	90,0	37,9	70,8
normale	90,0	40,4	72,5
weiche	90,0	44,4	76,8

Das Ergebnis der Untersuchungen unterstreicht, daß es sich bei den Rückständen aus der Verarbeitung der neuen Sonnenblumensorten um hochwertige Futterstoffe handelt, die mit gutem Erfolg auch in der Schweinehaltung Verwendung finden dürften.

Es ist somit der Futterwert der heutigen Rückstände der Sonnenblumenverarbeitung als Folge der erfolgreichen Arbeit der Pflanzenzüchter wesentlich höher einzuschätzen als der der früheren Verarbeitungsrückstände.

Um so mehr wird man auch hier mit aller Dringlichkeit die Forderung stellen müssen, insbesondere wenn man an einen Einsatz dieser Produkte in der Schweine- und Geflügelhaltung denkt, die Samen zu schälen, um Produkte von günstiger Zusammensetzung und hoher Verdaulichkeit zu erhalten, die dann vornehmlich als Mischkomponenten bei der Herstellung von Eiweißkonzentrat für die Schweine- und Geflügelfütterung zur Verwendung kommen und dazu beitragen, einen Anteil an wertvollem, tierischem Eiweiß einzusparen.

Bis zur Entwicklung einer geeigneten Technologie in den Ölmühlen wird man auch an eine gewisse Wertverbesserung durch Sieben denken können, evtl. auch durch Abtrennung der leichten Schalenanteile durch einen Windsichter. Bei einem Produkt ungarischer Herkunft sind Siebversuche mit dem Ziel durchgeführt worden, über diesen Weg eine gewisse Abtrennung des Schalenanteiles zu erreichen. Es wurde mit einem 1-mm-Sieb gearbeitet; dabei wurden folgende Ergebnisse erhalten (Tabelle 10):

Tabelle 10

Auftrennung von Sonnenblumenextraktionsschrot durch Sieben (⌀ 1 mm)

	Anteil	Rohnährstoffe in %						
	%	Trock.-Subst.	Organ. Subst.	Roh-protein	Roh-fett	Roh-faser	NFE	Roh-asche
Ausgangs-material	–	90,0	83,3	38,0	0,6	16,8	27,9	6,7
abgesiebt	60,0	90,0	82,6	43,8	0,4	10,0	28,4	7,4
Rückstand	40,0	90,0	84,3	29,2	0,7	27,1	27,3	5,7

Durch das Sieben ist somit eine Trennung in zwei Anteile von erheblich verschiedener Zusammensetzung erreicht worden. Bei dem abgesiebten Anteil, der ca. 60% beträgt, ist ein deutlicher Anstieg im Proteingehalt auf 44% (d. h. nahezu 50% in der Trockensubstanz) erhalten worden, während der Rohfasergehalt auf 10% zurückgegangen ist. Bei diesem Produkt ist eine recht günstige Verdaulichkeit auch bei Schweinen zu erwarten.

Im Siebrückstand ist ein Anstieg des Rohfasergehaltes auf 27% bei einem gleichzeitigen Rückgang des Proteingehaltes auf 29% eingetreten. Aber auch dieses Produkt ist immerhin seiner Zusammensetzung nach noch günstiger einzuschätzen als die früheren Extraktionsschrote aus unentschälter Saat, so daß es durchaus Verwendung in der Rinderfütterung finden könnte.

Zum Schluß dieser Mitteilung soll noch auf den günstigen Mineralstoffgehalt der Sonnenblumenrückstände hingewiesen werden. Bei den früher in Rostock durchgeführten Untersuchungen wurden folgende Werte für den Gehalt an Kalk und Phosphorsäure erhalten (Tabelle 11).

In den Extraktionsschroten liegt der Gehalt an Kalk und vor allem an Phosphorsäure hoch; in den Schalen ist Phosphorsäure nur in geringen Mengen vorhanden.

Tabelle 11

	Trock.-Subst. %	Ca %	P %
Sonnenblumen-extraktionsschrot			
aus unentschälter Saat	90,0	0,53	0,55
aufgearbeitet	90,0	0,68	0,76
Sonnenblumenschalen	90,0	0,40	0,06

Im Rahmen der jetzt durchgeführten Untersuchungen sind auch einige Bestimmungen des Gehaltes an Ca und P in den verschiedenen Produkten durchgeführt worden. Die Ergebnisse befinden sich in der Tabelle 12:

Tabelle 12
Gehalt an Mineralstoffen

	Trock.-Subst. %	Ca %	P %
Sonnenblumenkerne (SU 2)	90,0	0,29	0,41
Sonnenblumenschalen		0,29	0,30
Sonnenblumensamen (Peredovik)		0,27	0,30
Sonnenblumenextraktionsschrot			
Ungarn I	90,0	0,33	0,63
Rumänien 1		0,42	0,50
2		0,36	0,56
3		0,56	0,52
DLG-Tabelle (teilweise entschält)		0,44	0,83

Im Zusammenhang mit den geringeren Mineralstoffgehalten in den Neuzüchtungen liegt der Gehalt an Calcium etwas niedriger. Hingegen ist der Gehalt an P in den Extraktionsschroten als durchaus günstig zu beurteilen. Im Vergleich zu den in der DLG-Tabelle (Mineralstoffe) angegebenen Werte liegen die jetzt gefundenen Werte jedoch etwas niedriger.

4. Zusammenfassung

Im Rahmen von Untersuchungen über die Zusammensetzung und den Futterwert von Ölsaatrückständen ist eine größere Zahl von Proben von Verarbeitungsrückständen der Sonnenblumensamen zur Untersuchung gebracht worden. Die Ergebnisse lassen sich wie folgt zusammenfassen:

1. In der Zusammensetzung der Sonnenblumensamen sind gegenüber früher ganz wesentliche Unterschiede vorhanden, die in erster Linie auf die Erfolge der Pflanzenzüchtung zurückzuführen sind. Der Anteil an Schalen ist gegenüber 45% in den alten Herkünften auf weniger als 25% in den Neuzüchtungen zurückgegangen. Auch die Zusammensetzung der Kerne selbst ist günstig verändert worden; der Anteil an Rohfett und Rohprotein zusammen ist hier auf über 70% gegenüber weniger als 60% in den alten Züchtungen angestiegen.

2. Die günstigere Zusammensetzung der Samen hat sich in einer erheblichen Verbesserung der Zusammensetzung der Extraktionsschrote ausgewirkt. Der Gehalt an Rohfaser ist entsprechend zurückgegangen, der Gehalt an Rohprotein dagegen wesentlich angestiegen.
3. Die Verdauungsversuche an Hammeln ergaben für die Verdaulichkeit der organischen Substanz des Extraktionsschrotes aus unentschälter Saat Werte von mehr als 70%, aus entschälter Saat von ca. 80%, während die Verdaulichkeit des Rohproteins bei 87% lag.
4. Die Zusammensetzung des Sonnenblumenproteins erwies sich für ein pflanzliches Protein als durchaus günstig, so daß die Verarbeitungsrückstände der Sonnenblumen aus entschälter Saat bei ihrer hohen Verdaulichkeit als Eiweißfuttermittel mit gutem Erfolg in der Schweine- und Geflügelhaltung zum Einsatz gelangen können.
5. Die Entschälung der Sonnenblumensamen ist im Interesse der Wertverbesserung der Rückstände mit aller Dringlichkeit zu fordern.

Резюме

В рамках изучения состава и кормовой ценности остатков от переработки масличных семян исследовалось большое число проб остатков от переработки семян подсолнечника. Результаты этих исследований резюмируются следующим образом:

1. В составе современных семян подсолнечника отмечается, по сравнению с прежними, весьма значительная разница, которую следует отнести в первую очередь за счет успехов селекции растений. На долю шелухи во вновь выведенных сортах приходится меньше 25% – против 45% в старых сортах. Также и состав семян изменился к лучшему. Содержание сырого жира и сырого протеина в семенах составляет, считая вместе, свыше 70% – против ниже 60% в старых сортах.

2. Более благоприятный состав семян нашел свое отражение в значительном улучшении состава экстракционного шрота. Содержание сырого волокна понизилось, а содержание сырого протеина значительно повысилось.

3. В опытах с переваримостью (с баранами) было получено свыше 70% для переваримости органических веществ экстракционного шрота из нелущенных семян, около 80% из лущенных, а для переваримости сырого протеина 87%.

4. Состав протеина семян подсолнечника, как растительного протеина, является вполне благопрятным, так что остатки от переработки подсолнечных семян, освобожденных от шелухи, с большим успехом могут применяться как белковый корм для свиней и птицы.

5. Проблему освобождения семян подсолнечника от шелухи следует настойчиво подвигать к разрешению в интересах повышения ценности остатков переработки.

Summary

For the purpose of experiments studying the composition and food value of oil seed residues, a variety of samples from residues of sunflower seeds after oil extraction were submitted for investigation. The results obtained are summarized as follows:

1. The composition of present-day sunflower seeds differs markedly from that of older varieties. This is, in the first place, due to improvements in plant breeding. The proportion of hulls constituting 45% in old varieties has been reduced to less than 25% in new varieties. Similarly, the composition of kernels has been favourably influenced so that the total amount of both crude fat and crude protein now exceeds 70% whereas it was less than 60% in old varieties.

2. The more favourable composition of sunflower seeds has led to a considerably improved composition of oil meals. Their content in crude fibre decreased accordingly while a considerable increase in the content of crude protein could be observed.

3. Digestibility experiments (on wether sheep) have shown that the values for the digestibility of organic matter in oil meals obtained from non-decorticated seeds exceeded 70%. The digestibility of organic matter in decorticated seeds was about 80% while the digestibility of crude protein was found to be about 87%.

4. Among the vegetable proteins sunflower protein proved to be of a quite favourable composition. Due to their high digestibility residues obtained from decorticated sunflower seeds after oil extraction may thus be profitably employed as protein concentrates in the management of pigs and poultry.

5. For the purpose of improving the quality of residues the decortication of sunflower seeds should be made an imperative requirement.

Literaturverzeichnis

[1] Franke, E.-R.: Z. f. Landw. Vers.- und Untersuchungswesen **2**, 416–440 (1956)
[2] Futterwerttabellen der DLG – Wiederkäuer – Arb. der DLG., Bd. **17**, 3. Aufl. (1961)
[3] Futterwerttabellen der DLG. – Schweine – Arb. der DLG., Bd. 50, 2. Aufl. (1961)
[4] Futterwerttabellen der DLG. – Mineralstoffe – Arb. der DLG., Bd. 62 (1960)
[5] Kling, M.: Die Handelsfuttermittel; Verlag G. Ulmer, Stuttgart 1928
[6] Kling, M.: Die Handelsfuttermittel; Ergänzungsband; Verlag G. Ulmer, Stuttgart 1936
[7] Nehring, K., W. Schramm und J. Schütte: Z. f. Tierern. u. Futtermittelkd. **7**, 171–186 (1943)
[8] Tkatschew, J. F., G. A. Taranenkow, W. J. Swjaginzew und A. P. Batschikalo: Viehwirtschaft (russ.) **7**, 74 (1964)
[9] K. Nehring: Agrikulturchem. Untersuchungsmethoden, 3.Aufl. Verlag P. Parey, Hamburg S. 152ff. (1960)

Eingegangen: 5. Oktober 1964

Aus dem Oskar-Kellner-Institut für Tierernährung Rostock
(Direktor emerit.: Prof. Dr. Dr. h. c. K. NEHRING)

K. NEHRING, I. NERGE und B. HOFFMANN

Über den Futterwert verschiedener Ölsaatrückstände, insbesondere ausländischer Herkunft

II. Mitteilung

Rückstände aus Erdnuß, Sojabohne, Baumwollsaat, Leinsamen, Palmkern, Kokosnuß, Babassunuß und Crambesaat

Nachdem in der ersten Mitteilung [7] über die Zusammensetzung und den Futterwert von Sonnenblumen und deren Verarbeitungsrückstände berichtet worden ist, sollen in dieser Mitteilung die Ergebnisse der Untersuchung der anderen Ölsaatrückstände zusammengestellt werden, die gleichfalls größtenteils aus Importlieferungen stammten.

Es sind Rückstände der Verarbeitung von
Erdnüssen,
Sojabohnen,
Baumwollsaat,
Leinsaat,
Früchten der Ölpalmen
u. a.
zur Untersuchung gebracht worden.

1. Rückstände der Verarbeitung von Erdnüssen

Der Import von Rückständen der Erdnußverarbeitung in der DDR wie auch in allen Ländern mit hoher tierischer Produktion hat in den letzten Jahren großen Umfang angenommen. Demzufolge ist auch eine größere Anzahl von derartigen Produkten (nahezu 30) von verschiedener Herkunft zur Untersuchung gekommen. Den Hauptanteil nahmen dabei Proben indischer Herkunft ein, wobei es sich größtenteils um Produkte aus entschälter Saat gehandelt hat. Die Ergebnisse sind in Tabelle 1 zusammengestellt.

Die Erdnußrückstände müssen zu den nährstoffreichsten Eiweißfuttermitteln pflanzlicher Herkunft gerechnet werden, wobei die Unterschiede zwischen den verschiedenen Proben sich in recht engen Grenzen halten. Der Gehalt an Rohprotein liegt im großen Durchschnitt zwischen 44 und 51%. Die Erdnußexpeller zeichnen sich durch einen erhöhten Fettgehalt (4–7%) aus.

Je nachdem, ob es sich um ein Produkt aus entschälter oder nur teilweise entschälter Saat handelt, schwankt der Rohfasergehalt in gewissen Grenzen. Bei den Proben aus entschälter Saat liegt er unter 5%; bei Rückständen aus teilweise entschälter Saat kann er 10% überschreiten. Im Verhältnis zum Rohfasergehalt liegt der Gehalt an Lignin relativ hoch und er kann bei den Rückständen aus der teilweise entschälten Saat bis 7% erreichen; er beträgt ca. 25–30% des gesamten Anteils an Gerüstsubstanzen.

Tabelle 1
Zusammensetzung der Verarbeitungsrückstände der Erdnuß

Zeit	Bezeichnung	Herkunft	(n)	Rohnährstoffe in %							V. C.	Gerüstsubstanzen in %				RKH*
				Trock.-Subst.	Organ. Subst.	Roh-protein	Rohfett	Roh-faser	NFE	Roh-asche	Roh-pro-tein	Roh-cellulose	Pen-tosane	Lignin	Gesamt	%
1948/1960	Erdnußextraktionsschrot	—	(10)	89,1	85,1	46,2	1,4	5,6	31,9	4,0	(94,2)					
				(84,8 bis 90,3)		(42,2 bis 48,6)	(0,5 bis 3,2)	(3,2 bis 9,2)	(29,6 bis 34,4)	(3,6 bis 4,9)						
1962	Erdnußextraktionsschrot (aus entschälter Saat)	Indien	(5)	91,1	85,2	50,9	1,0	3,8	29,5	5,9						
				(89,6 bis 92,1)		(48,8 bis 52,8)	(0,6 bis 1,4)	(3,1 bis 5,0)	(28,7 bis 30,7)	(5,5 bis 6,2)						
	(aus z. T. entschälter Saat)	Indien	(6)	92,6	85,7	44,6	1,3	12,7	27,1	6,9						
				(92,4 bis 92,8)		(42,5 bis 46,0)	(0,6 bis 1,9)	(11,8 bis 13,8)	(25,4 bis 29,4)	(6,1 bis 7,4)						
1963	Erdnußextraktionsschrot	Brasilien	—	90,0	85,6	49,7	0,5	12,6	22,8	4,4	93,5	11,3	6,7	6,9	24,9	10,5
1963	Erdnußextraktionsschrot	Argentinien	—	90,0	83,3	51,3	1,3	3,7	27,0	6,7	93,8					
1962	Erdnußextraktionsschrot	W.-Dtschl.	—	90,0	84,6	51,0.	0,6	5,2	27,8	5,4		5,9	6,5	4,1	16,5	16,5
1962	Erdnußexpeller	Indien	(4)	91,9	84,7	44,0	4,2	11,0	25,5	7,2	95,9					
				(91,0 bis 92,8)		(42,5 bis 46,0)	(1,1 bis 5,8)	(10,0 bis 11,3)	(24,0 bis 30,0)	(6,5 bis 8,0)						
1963	Erdnußexpeller	Brasilien	—	90,0	85,9	53,5	7,1	3,4	21,9	4,1	95,2	5,8	5,4	2,9	14,1	11,2
1963	Erdnußexpeller	Argentinien	—	90,0	85,8	52,9	7,5	3,5	21,9	4,2	93,6					
1962	Erdnußexpeller	W.-Dtschl.	—	90,0	81,6	41,7	5,8	10,0	24,1	8,4	i/M	10,0	9,6	7,6	27,2	6,9
1962	Erdnüsse	—	—	94,8	92,7	26,6	48,2	6,6	11,3	2,1	94,3	4,0	6,4	3,4	13,8	4,1
1962	Erdnußschalen	—	—	90,0	87,3	4,2	0,8	65,8	16,5	2,7		40,6	15,9	27,0	83,5	(−1,2)

* RKH = Restkohlenhydrate.

In den Erdnußschalen liegt der Gehalt an Rohfaser über 60% ; dies weist darauf hin, in welchem Umfang der Gehalt an Rohfaser durch den Schalenanteil beeinflußt werden kann. Bemerkenswert ist, daß bei der Rohfaserbestimmung in den Erdnußschalen ein erheblicher Anteil des Gehaltes an Lignin und Pentosanen erfaßt sein muß, während sonst im allgemeinen eine gute Übereinstimmung zwischen Rohfaser- und Cellulosegehalt zu beobachten ist. Der Gehalt an Restkohlenhydraten ist auf null heruntergegangen.

Bei dem niedrigen Rohfasergehalt der zur Untersuchung gelangten Proben ist eine hohe Verdaulichkeit zu erwarten. Dies ergibt sich auch aus den Werten, die in der Literatur für die Verdaulichkeit der Erdnußrückstände angegeben sind. So findet man in den Futtermitteltabellen der DLG [3, 4] folgende Angaben (Tabelle 2):

Tabelle 2

Verdaulichkeit der Verarbeitungsrückstände der Erdnuß (lt. DLG-Tabelle)

	Roh-faser %	Verdauungskoeffizienten					verdaul. Roh-protein %	Stärkewert
		Organ. Subst.	Roh-protein	Roh-fett	Roh-faser	NFE		
				I. Wiederkäuer				
Erdnußextraktionsschrot aus entschälter Saat	4,8	91	92	51	90	92	45,4	73,6
Erdnußkuchen bzw. -expeller aus entschälter Saat	5,0	82	89	93	14	78	43,5	74,3
aus teilweise entschälter Saat	11,3	85	91	91	50	88	39,9	74,2
Erdnußschalen	61,8	14	36	97	11	12	2,0	(−21,6)
				II. Schweine				
								Gesamt-nähr-stoff
Erdnußextraktionsschrot aus entschälter Saat	4,8	87	91	28	63	89	45,0	74,3
Erdnußkuchen aus entschälter Saat	5,0	89	91	80	74	89	44,5	82,4

Die Erdnußrückstände zeichnen sich somit durch eine günstige Verdaulichkeit für die gesamte organische Substanz wie auch für das Rohprotein aus (vgl. hierzu auch Tabelle 13), so daß der Gehalt an verdaulichem Rohprotein wie auch an Stärkewert hoch liegt. Diese Rückstände können zu den nährstoffreichsten Futterstoffen gerechnet werden.

Es ist jedoch darauf hinzuweisen, daß die Zusammensetzung des Proteins der Erdnüsse eine ungünstige ist und der Gehalt an essentiellen Aminosäuren, insbesondere an Lysin und Methionin, niedrig liegt, worauf noch in der 3. Mitteilung gesondert eingegangen werden soll.

Tabelle 3

Zusammensetzung der Verarbeitungsrückstände der Sojabohnen

Zeit	Bezeichnung	Herkunft	(n)	Rohnährstoffe in % Trock.-Subst.	Organ. Subst.	Roh-protein	Roh-fett	Roh-faser	NFE	Roh-asche	V. C. Roh-pro-tein	Gerüstsubstanzen in % Roh-cellulose	Pento-sane	Lignin	Gesamt	RKH %
1952/1954	Sojaextraktionsschrot	—	(21)	88,0 (86,5 bis 87,4)	82,7	44,5 (44,4 bis 46,6)	1,1 (0,5 bis 2,1)	6,1 (7,7 bis 7,9)	31,0 (27,7 bis 29,6)	5,3 (5,6 bis 6,0)	(95,1)					
1955/1960	Sojaextraktionsschrot	—	(12)	88,8 (85,5 bis 91,3)	83,3	44,5 (42,4 bis 47,3)	0,8 (0,5 bis 1,3)	6,1 (4,6 bis 7,8)	31,9 (27,3 bis 35,1)	5,5 (5,0 bis 6,1)	(93,5)					
1962	Sojaextraktionsschrot	W.-Dtschl.	(5)	86,7 (86,5 bis 87,4)	81,0	45,4 (44,5 bis 46,6)	0,7 (0,6 bis 0,9)	6,0 (5,7 bis 6,3)	28,9 (27,7 bis 29,6)	5,7 (5,6 bis 6,0)						
1961	Sojaextraktionsschrot (ungetoastet)	W.-Dtschl.	—	90,0	83,9	47,1	0,5	6,5	29,8	6,1						
	Sojaextraktionsschrot (getoastet)	W.-Dtschl.	—	90,0	84,0	46,9	0,6	6,0	30,5	6,0						
1962	Sojaextraktionsschrot (getoastet)	W.-Dtschl.	—	90,0	84,5	46,8	1,0	5,3	31,4	5,5		7,7	14,7	5,0	27,4	9,3
1963	Sojaextraktionsschrot (getoastet)	USA	—	90,0	84,0	46,6	0,8	6,4	30,2	6,0	93,2					
1963	Sojaextraktionsschrot (getoastet)	Brasilien	—	90,0	84,8	50,2	0,7	5,7	28,2	5,2	93,9	7,5	6,5	3,1	17,1	16,8
1963	Sojaextraktionsschrot (pellettiert)	USA	—	90,0	79,9	37,2	1,2	13,0	28,5	10,1	79,3	13,2	8,6	6,9	28,7	12,8
1963	Sojaexpeller	Argentinien	—	90,0	84,5	42,9	1,0	5,3	35,3	5,5	88,9	8,7	13,1	7,7	29,5	11,1
1962	Sojabohnen			90,1	85,7	37,0	18,3	6,5	23,9	4,4		5,1	12,3	4,1	21,5	8,9

2. Rückstände der Sojabohnenverarbeitung

Auch von Sojabohnenrückständen, die in erheblichem Umfang in die DDR zur Einfuhr gelangt sind, ist eine größere Zahl von Proben zur Untersuchung gekommen. Die Ergebnisse finden sich in der Tabelle 3.

In der Zusammensetzung der Sojabohnenextraktionschrote sind nur geringe Unterschiede festzustellen. Der Gehalt an Rohprotein liegt bei den meisten Proben zwischen 44 und 50% und er weicht auch in den verschiedenen Jahren nur wenig voneinander ab. Der Rohfasergehalt schwankt im allgemeinen nur zwischen 4–6%. Bei dieser günstigen Zusammensetzung wurde auch eine hohe Proteinverdaulichkeit (mit Pepsin/HCl bestimmt) mit Werten über 90% festgestellt. Durch das Dampferhitzen (Toasten) wurde die Zusammensetzung nicht geändert.

Die beiden untersuchten Proben von Sojabohnenexpeller bzw. -pellets zeigen dagegen eine etwas ungünstigere Zusammensetzung. Der Rohfasergehalt betrug in der letzten Probe ca. 13%; die Proteinverdaulichkeit lag demgemäß etwas niedriger.

Aus der Analyse der Gerüstsubstanzen ergab sich, daß zwischen Rohfaser- und Cellulosegehalt eine enge Beziehung vorhanden ist. Der Ligningehalt liegt im Mittel bei ca. 20% des Gesamtgehaltes an Gerüstsubstanzen und ist allgemein gesehen als niedrig zu bezeichnen.

Bei dieser günstigen Zusammensetzung ist auch hier mit einer günstigen Verdaulichkeit zu rechnen, was sich in den zahlreich durchgeführten Verdauungsversuchen bestätigt hat. In den Futtermitteltabellen der DLG finden sich folgende Angaben (Tabelle 4):

Tabelle 4

Verdaulichkeit der Verarbeitungsrückstände der Sojabohnen (lt. DLG-Tabelle)

	Roh-faser %	Verdauungskoeffizienten Organ. Subst.	Roh-protein	Roh-fett	Roh-faser	NFE	verdaul. Roh-protein %	Stärkewert
			I. Wiederkäuer					
Sojabohnenextraktions-schrot	5,7	93	94	52	77	91	42,7	69,5
Sojabohnenkuchen bzw. -expeller	4,8	89	91	89	54	93	39,7	76,6
			II. Schwein					
								Gesamt-nähr-stoff
Sojabohnenextraktions-schrot	5,7	89	90	14	78	92	40,9	71,9
Sojabohnenkuchen	4,8	88	88	67	75	91	38,4	77,3

Tabelle 5

Zusammensetzung der Verarbeitungsrückstände von Baumwollsaat

Zeit	Bezeichnung	Herkunft	(n)	Trock.-Subst.	Organ. Subst.	Rohnährstoffe in % Roh-protein	Roh-fett	Roh-faser	NFE	Roh-asche	Gerüstsubstanzen in % Roh-cellulose	Pento-sane	Lignin	Gesamt	RKH %	V. C. Roh-pro-tein
1962	Baumwollsaat	Indien	–	90,0	82,5	36,9	0,7	14,1	30,8	7,5	13,5	10,9	8,3	32,7	12,2	85,6
1963	– -extraktionsschrot	,,	–	90,0	82,5	39,2	0,8	11,9	30,6	7,5	24,3	16,4	16,4	57,1	5,3	82,8
1964	,, (unentschält)	W.-Dtschl.	–	90,0	85,7	22,7	0,6	25,9	36,5	4,3						79,0
1963	– -pellets	USA	–	90,0	83,9	42,9	4,3	15,3	21,4	6,1						85,5
1943	– -expeller	Indien	–	90,0	85,0	37,2	6,8	12,8	28,2	5,0						
1953/1955	– -kuchen	–	(7)	91,3 (90,4 bis 92,4)	84,8	43,4 (38,3 bis 53,2)	7,1 (5,1 bis 9,0)	9,9 (8,4 bis 12,1)	24,4 (19,3 bis 28,7)	6,5 (5,1 bis 8,5)						
1964	– ,,	W.-Dtschl.	–	90,0	85,6	25,5	4,8	25,0	30,3	4,4	22,8	13,5	13,4	49,7	5,6	82,8

Die Verdaulichkeit der Sojabohnenrückstände ist bei den Wiederkäuern wie bei den Schweinen sehr hoch, so daß sie zu den hochwertigsten Kraftfuttermitteln gerechnet werden und bei allen Tierarten zum Einsatz gelangen können.

Die biologische Wertigkeit des Sojabohnenproteins kann durch das Dampferhitzen, durch das die Wirksamkeit eines Trypsininhibitors ausgeschaltet wird, nicht unerheblich erhöht werden, so daß die Qualität des Proteins im dampferhitzten Sojaextraktionsschrot als durchaus günstig angesehen werden kann. Bezüglich Einzelheiten sei auf die III. Mitteilung hingewiesen.

3. Verarbeitungsrückstände der Baumwollsaat

Hier sind insgesamt **13** Proben der verschiedensten Herkunft zur Untersuchung gekommen. Die Ergebnisse sind in Tabelle **5** wiedergegeben.

Die Zusammensetzung wie auch der Futterwert der Baumwollsaatrückstände sind im starken Maße davon abhängig, ob die Produkte aus entschälter oder unentschälter Saat gewonnen wurde. Bei ersteren liegt bei einem Rohfasergehalt von **10–15%**

der Rohproteingehalt zwischen 37–43%. Bei den Produkten aus unentschälter Saat geht mit steigendem Rohfasergehalt (bis 25%) der Gehalt an Rohprotein erheblich zurück. Der Rohfasergehalt zeigt eine gute Parallelität zum Cellulosegehalt. Der Ligningehalt kann bei den Rückständen aus unentschälter Saat eine beträchtliche Höhe (ca. 15%) erreichen; er beträgt bis zu 30% der Gesamtmenge der Gerüstsubstanzen. Die Verdaulichkeit des Rohproteins liegt mit 80–85% deutlich niedriger als bei den bisher besprochenen Produkten.

Für die Verdaulichkeit wurden den Futtermitteltabellen der DLG folgende Werte entnommen (Tabelle 6):

Tabelle 6
Verdaulichkeit der Verarbeitungsrückstände von Baumwollsaat (lt. DLG-Tabelle)

	Rohfaser %	Verdauungskoeffizienten					verdaul. Rohprotein %	Stärkewert
		Organ. Subst.	Rohprotein	Rohfett	Rohfaser	NFE		
I. Wiederkäuer								
Baumwollsaatextraktionsschrot								
aus entschälter Saat	9,6	74	83	64	60	68	36,0	57,7
aus unentschälter Saat	22,5	(57)	(70)	(81)	(36)	(61)	15,9	38,3
Baumwollsaatkuchen bzw. -expeller aus unentschälter Saat	8,0	(70)	(73)	(91)	(37)	(70)	32,7	65,6
II. Schwein								Gesamtnährstoff
Baumwollsaatextraktionsschrot								
aus entschälter Saat	9,6	80	85	88	35	90	36,9	66,7
aus unentschälter Saat	18,8	42	73	73	5	35	21,4	(37,1)
Baumwollsaatkuchen aus entschälter Saat	8,0	76	86	90	31	69	38,5	73,7

Beim Vergleich der Verdauungskoeffizienten mit den Werten bei den Erdnuß- oder Sojabohnenrückständen ist deutlich eine geringere Verdaulichkeit der Baumwollsaatrückstände festzustellen. Die Gesamtverdaulichkeit liegt bei den Proben aus entschälter Saat bei ca. 75%, bei der aus unentschälter Saat noch wesentlich niedriger. Demgemäß liegt der Gehalt an Stärkewert deutlich niedriger.

4. Rückstände der Leinsaatverarbeitung

Hier ist nur eine kleinere Anzahl von Proben ausländischer Herkunft und zwar größtenteils Leinsaatexpeller indischer Herkunft zur Untersuchung gekommen. Das Ergebnis war folgendes (Tabelle 7):

Tabelle 7

Zusammensetzung der Verarbeitungsrückstände von Leinsaat

Zeit	Bezeichnung	Herkunft	(n)	Rohnährstoffe in % Trock.-Subst.	Organ. Subst.	Roh-protein	Roh-fett	Roh-faser	NFE	Roh-asche	Gerüstsubstanzen in % Roh-cellulose	Pento-sane	Lignin	Gesamt	RKH %	V. C. Roh-protein
1962	Leinsaat		—	91,5	87,7	21,9	34,4	8,3	23,1	3,8	6,1	7,2	7,3	20,6	10,8	
1963	— -extraktionsschrot	Argentinien		90,0	84,3	34,3	2,4	12,2	35,4	5,7	10,6	13,5	8,9	33,0	14,6	83,9
1962	— -expeller	Indien	(6)	91,6	84,2	32,1	8,8	7,9	35,4	7,4						
				(90,3 bis 92,5)		(31,0 bis 33,3)	(7,7 bis 9,9)	(7,3 bis 10,2)	(32,7 bis 37,4)	(6,3 bis 9,0)						
1963	— „	Argentinien	—	90,0	84,5	43,5	5,5	4,6	30,9	5,5						89,7
1953/1955	Leinsaat-	E.-R.	(8)	86,9	80,1	33,6	0,8	8,4	37,3	6,8						
	— -extraktionsschrot	Franke [2]		(83,7 bis 88,5)	(76,8 bis 81,8)	(31,4 bis 35,2)	(0,6 bis 1,0)	(7,6 bis 8,1)	(34,2 bis 40,4)	(6,6 bis 6,9)						

Bei den Leinsaatexpellern indischer Herkunft schwankt die Zusammensetzung relativ wenig. Bei etwas höherem Rohfasergehalt liegt der Gehalt an Rohfett relativ hoch, während der Proteingehalt sich auf einer mittleren Höhe von 32% hält. Eine günstigere Zusammensetzung weist die Expellerprobe aus Argentinien auf.

Die Proteinverdaulichkeit liegt allgemein noch durchaus günstig. Dabei ist der bei der Gerüstsubstanzanalyse erhaltene Anteil an Lignin von 25–30% an der Gesamtheit der Gerüstsubstanzen relativ hoch.

Über die Verdaulichkeit der Leinsaatrückstände liegen verhältnismäßig wenige Angaben vor. In den Futtermitteltabellen der DLG finden sich folgende Werte (Tabelle 8).

Für Ölsaatrückstände liegt die Verdaulichkeit mit einem Wert von 77% für die organische Substanz (Wiederkäuer) auf einer mäßigen Höhe, wobei jedoch auch hier die Proteinverdaulichkeit mit ca. 85% deutlich höher liegt. Über die bei eigenen Untersuchungen erhaltenen Verdauungswerte wird später (S. 223) berichtet werden, desgleichen auch über den Gehalt an Aminosäuren und über die biologische Wertigkeit des Leinsaatproteins (s. III. Mitteilung).

Tabelle 8

Verdaulichkeit der Verarbeitungsrückstände von Leinsaat (lt. DLG-Tabelle)

	Rohfaser %	Verdauungskoeffizienten: Organ. Subst.	Roh-protein	Roh-fett	Roh-faser	NFE	verdaul. Roh-protein %	Stärkewert
				I. Wiederkäuer				
Leinextraktionsschrot	9,6	76	88	68	26	76	31,5	61,2
Leinkuchen bzw. -expeller	8,9	77	82	88	40	80	27,5	65,8
				II. Schweine				Gesamtnährstoff
Leinextraktionsschrot	9,6	84	86	66	51	91	30,8	72,8
Leinkuchen bzw. -expeller	8,9	78	85	84	40	80	28,5	69,2

Bezüglich der Bekömmlichkeit dieser Rückstände sei bemerkt, daß sich in den Importlieferungen aus Indien vielfach die Gegenwart von Mowrahmehl feststellen ließ, dessen Vorhandensein als nicht unbedenklich anzusehen ist. Derartige Produkte sind zur Herstellung von Kälbernährmehlen auszuschalten; sonst kann ihr Einsatz in kleineren Mengen vorgenommen werden.

5. Rückstände der Früchte von Ölpalmen

Die hier untersuchten Proben sind fast ausschließlich über Westdeutschland importiert worden. Die größte Zahl der Untersuchungen sind mit Palmkernrückständen durchgeführt worden. Die erhaltenen Ergebnisse sind in der Tabelle 9 zusammengestellt (Tabelle 9).

Im Gegensatz zu den bisher untersuchten Ölsaatrückständen liegt bei diesen Produkten der Gehalt an Rohprotein (ca. 18–22%) wesentlich niedriger, der Gehalt an Rohfaser mit 14–18% deutlich höher. Die Unterschiede in der Zusammensetzung der verschiedenen Rückstände sind nicht groß. Die hier festgestellten Werte stimmen gut mit den Angaben in der Literatur überein.

Von erheblichem Interesse erscheint hier das Ergebnis der Gerüstsubstanzanalyse. Während im allgemeinen die Gehalte an Cellulose und auch an Rohfaser weitgehend übereinstimmen, liegt besonders in den Palmkernrückständen der Gehalt an Cellulose wesentlich höher als der Rohfasergehalt und kann Werte von über 30% erreichen. Auch im Babassukuchen ist ein gegenüber dem Rohfasergehalt erhöhter Cellulosegehalt festzustellen, während in den Kokosnußrückständen, wie sonst üblich, der Gehalt an Cellulose auf etwa der gleichen Höhe liegt wie der Rohfasergehalt. Auch der Ligningehalt liegt bei den Palmkernrückständen relativ hoch, so daß der Gesamtanteil an Gerüstsubstanz bei diesen

Tabelle 9

Zusammensetzung der Verarbeitungsrückstände der Früchte von Ölpalmen

Zeit	Bezeichnung	Herkunft	Rohnährstoffe in %							V. C.	Gerüstsubstanzen in %				RKH
			Trock.-Subst.	Organ. Subst.	Roh-protein	Roh-fett	Roh-faser	NFE	Roh-asche	Roh-pro-tein	Roh-cellulose	Pento-sane	Lignin	Gesamt	%
	Palmkern	Import													
1962	– -extraktionsschrot	W.-Dtschl.	90,0	86,3	18,8	2,1	17,9	47,5	3,7		29,9	6,4	9,5	45,8	19,6
1963	,,	,,	90,0	86,5	18,0	1,3	15,4	51,8	3,5	72,9					
1964	,,	,,	90,0	86,4	15,9	0,8	17,3	52,4	3,6	75,4	31,1	4,0	9,9	45,0	24,7
1962	– -expeller	,,	90,0	86,3	18,9	5,7	15,2	46,5	3,7		28,7	4,9	7,6	41,2	20,5
1964	,,	,,	90,0	85,4	19,8	4,8	16,3	44,5	4,6	86,2	23,4	3,3	8,9	35,6	25,2
1963	– -kuchen	,,	90,0	86,3	20,7	5,9	18,1	41,6	3,7	83,4	28,5	4,4	8,8	41,7	18,0
1964	,,	,,	90,0	86,3	17,6	6,1	16,6	46,0	3,7	85,1	27,0	3,7	8,8	39,5	23,1
	Kokos														
1960	– -extraktionsschrot	–	90,0	83,0	22,7	1,0	13,5	45,8	7,0						
1962	,,	W.-Dtschl.	90,0	83,0	22,8	1,4	17,8	41,0	7,0		16,4	7,5	4,2	28,1	30,7
1960	– -kuchen	,,	84,4	79,3	18,6	5,4	16,0	39,3	5,1	84,7					
1963	– ,,	,,	90,0	83,8	20,5	5,5	16,1	41,7	6,2	85,5	16,2	3,5	5,4	25,1	32,7
1964	Babassukuchen	,,	90,0	85,0	22,0	5,9	16,2	40,9	5,0	89,2	22,9	4,6	7,1	34,6	22,5

Rückständen bis auf 40–45% ansteigt und damit ca. 50% der fettfreien Trockensubstanz ausmacht. Im Kokosextraktionsschrot liegt dagegen der Gehalt an Lignin relativ niedrig und erreicht nicht 20% der Gesamtmenge an Gerüstsubstanzen.

Zur Beurteilung der Verdaulichkeit sind auch hier die Werte der DLG-Tabelle entnommen worden (Tabelle 10):

Tabelle 10
Verdaulichkeit der Verarbeitungsrückstände der Früchte der Ölpalmen (lt. DLG-Tabelle)

	Rohfaser %	Verdauungskoeffizienten Organ. Subst.	Rohprotein	Rohfett	Rohfaser	NFE	verdaul. Rohprotein %	Stärkewert
				I. Wiederkäuer				
Palmkernextraktionsschrot	19,0	79	74	94	53	95	13,9	63,3
Palmkernkuchen	17,9	73	75	86	34	84	12,8	65,3
Kokosextraktionsschrot	15,0	80	82	98	60	85	17,2	61,3
Kokoskuchen	13,5	86	84	96	72	89	17,8	75,4
Babassuextraktionsschrot	18,0	77	81	47	65	80	19,8	62,5
Babassukuchen	15,7	74	86	99	28	71	19,7	65,6
				II. Schweine				
								Gesamtnährstoff
Palmkernextraktionsschrot		70	67	38	52	80	12,6	59,2
Palmkernkuchen		71	70	76	48	79	12,0	65,6
Kokosextraktionsschrot		86	82	–	94	91	17,2	70,3
Kokoskuchen		77	74	79	47	89	15,7	71,3

Im Zusammenhang mit dem erhöhten Gehalt an Rohfaser bzw. den Gerüstsubstanzen liegt die Verdaulichkeit der Palmkernrückstände niedriger als die der übrigen Rückstände, dann folgt der Babassukuchen, während die Verdaulichkeit der Kokosnußrückstände trotz des Rohfasergehaltes von 15% bei den Wiederkäuern wie bei den Schweinen günstig liegt. Dies dürfte mit dem niedrigen Ligningehalt dieser Rückstände zusammenhängen. Auf dieses Problem wird bei der Besprechung der von uns durchgeführten Verdauungsversuche (s. Tabelle 13) noch eingegangen werden.

6. Rückstände der Verarbeitung von Crambesaat

Als letztes von den Ölsaatrückständen soll hier das Crambeextraktionsschrot bzw. die damit erhaltenen Untersuchungsergebnisse wiedergegeben werden. Der

Anbau der Crambe als Ölfrucht soll in Zukunft, nachdem es gelungen ist, ertragreiche Sorten zu züchten, die auch in unserem Klima gedeihen, einen gewissen Raum einnehmen, so daß die erhaltenen Ergebnisse, obgleich es sich nur um vorläufige Ergebnisse handelt, von Interesse sein dürften.

Es wurden folgende Ergebnisse für die Zusammensetzung erhalten:

Tabelle 11

Zusammensetzung von Crambeextraktionsschrot

	Gehalt an Rohnährstoffen in %							Gerüstsubstanzen in %				RKH
	Trock.-Subst.	Organ. Subst.	Rohprotein	Rohfett	Rohfaser	NFE	Rohasche	Zellulose	Pentosane	Lignin	Gesamt	%
unbehandelt	90,0	83,5	33,0	1,9	19,3	29,3	6,5	12,0	11,0	8,6	31,6	17,0
extrahiert	90,0	84,2	36,3	1,8	24,9	21,2	5,8					

Der Rohproteingehalt des Crambeextraktionsschrotes entspricht dem unserer übrigen einheimischen Ölsaatrückständen (Rapsextraktionsschrot); der Rohfasergehalt liegt etwas hoch, so daß die Entschälung erwünscht ist.

Die Bestimmung der Verdaulichkeit der Cramberückstände stieß bisher auf gewisse Schwierigkeiten, da die Tiere (Schafe und Ratten) das unbehandelte Schrot nur ungern fraßen. Dies ist nach den Untersuchungen von Daxenbichler und Mitarbeitern [1] auf die Gegenwart von Thioglykosiden zurückzuführen, die toxisch wirken können. Der Gehalt an Senföl (als Allylsenföl berechnet), wurde von uns (H. Wittenburg, H.-D. Bock und K. Nehring [9]) mit 0,59% gefunden, wobei papierchromatographisch sich die Gegenwart von fünf verschiedenen Thioglykosiden nachweisen ließ.

Es ist möglich, die ungünstig wirkenden Bestandteile durch Extraktion mit Methylalkohol zu entfernen [9]. Die Zusammensetzung eines derartig extrahierten Produktes ist in Tabelle 11 angegeben. Nach der Extraktion wurde das Schrot von den Tieren ohne Schwierigkeit genommen, während die Aufnahme des unbehandelten Extraktionsrückstandes abgelehnt wurde. Die biologische Wertigkeit des Eiweißes des Crambeextraktionsschrotes wurde durch die Extraktion wesentlich verbessert (vgl. III. Mitteilung). Entsprechende Verdauungsversuche mit dem extrahierten Produkt müssen noch durchgeführt werden.

7. Die Verdaulichkeit der Ölsaatrückstände durch die verschiedenen Tierarten

Im Rahmen der systematischen Arbeiten über die energetische Verwertung der Futterstoffe im Oskar-Kellner-Institut Rostock ist eine Anzahl von Ölsaatrückständen in Respirationsversuchen an verschiedenen Tierarten zur Untersuchung gebracht worden. Über das Ergebnis wurde in verschiedenen Mitteilungen berichtet (siehe K. NEHRING und Mitarbeiter [8]). Bei diesen Untersuchungen wurde auch jeweils die Verdaulichkeit der untersuchten Produkte bei den verschiedenen Tierarten bestimmt, so daß hier eine vergleichende Betrachtung möglich ist.

Im Anschluß an die vorhergehenden Darlegungen soll das Ergebnis der Verdauungsversuche hier kurz zusammengefaßt werden (Tabelle 12):

Tabelle 12

Zusammensetzung der Ölsaatrückstände

	Gehalt an Rohnährstoffen in %							Gerüstsubstanzen in %			RKH	
	Trock.-Subst.	Organ. Subst.	Rohprotein	Rohfett	Rohfaser	NFE	Rohasche	Roh-cellulose	Pentosane	Lignin	%	Brennwert cal/g org. Subst.
Erdnußextraktionsschrot	90,0	84,6	51,0	0,6	5,3	27,7	5,4	5,9	6,5	3,6	17,0	4987
Erdnußexpeller	90,0	81,6	41,8	5,8	10,0	24,0	8,4	10,0	9,6	7,5	6,9	5239
Sojabohnen	90,0	85,6	36,9	18,3	6,5	23,9	4,4	5,4	5,2	4,1	15,7	5939
Sojabohnenextraktionsschrot	90,0	84,5	46,8	1,0	5,3	31,4	5,5	7,7	14,6	5,0	9,4	5043
Leinextraktionsschrot	90,0	84,7	30,2	9,2	10,2	35,1	5,3	10,6	11,0	7,6	16,1	5290
Kokosextraktionsschrot	90,0	83,0	22,8	1,4	17,8	41,0	7,0	16,4	7,6	4,2	30,6	4670
Palmkernextraktionsschrot	90,0	85,4	18,8	2,1	17,9	46,6	4,6	29,9	6,4	9,5	18,7	4740
Palmkernexpeller	90,0	86,3	18,0	5,7	15,2	47,4	3,7	28,7	4,9	7,6	21,4	4890

Die erhaltenen Ergebnisse entsprechen praktisch den vorher angegebenen Werten.

Die Verdauungsversuche sind in der üblichen Weise als Differenzversuche mit 4–6 Tieren und zwar an folgenden Tierarten durchgeführt worden:

Rind,
Schaf,
Kaninchen,
Schwein,
Ratte.

Die Ergebnisse finden sich in der Tabelle 13, wobei die Angabe der Verdauungskoeffizienten auf die Werte der organischen Substanz und des Rohproteins begrenzt worden ist.

Betrachtet man die Ergebnisse, so ist zunächst festzustellen, daß bei den Futterstoffen mit niedrigem Rohfaser- bzw. Ligningehalt (Erdnußextraktionsschrot, Sojabohnen und -extraktionsschrot) bei fast allen Tierarten gleich hohe Verdauungskoeffizienten gefunden worden sind. Nur bei den Kaninchen liegt die Verdaulichkeit des Sojabohnenextraktionsschrotes etwas niedriger. Je höher jedoch der Gehalt an Rohfaser bzw. an Gerüstsubstanzen ansteigt, um so stärker

Tabelle 13

Verdaulichkeit von Ölsaatrückständen

	Rind		Schaf		Kaninch.		Schwein		Ratte	
	Organ. Subst.	Roh-protein	Organ. Subst.	Roh-protein	Organ. Subst.	Roh-protein	Organ. Subst.	Roh protein	Organ. Subst.	Roh-protein
Erdnußextraktionsschrot	87,6	91,0	86,7	91,6	80,1	82,3	87,6	88,7	84,8	84,0
Erdnußexpeller	74,1	86,5	79,2	88,3	76,2	83,7	76,8	82,1	73,5	83,0
Sojabohnen	86,0	91,6	91,0	90,9	77,3	74,2	82,6	79,5	81,7	76,4
Sojaextraktionsschrot	87,2	91,5	90,0	91,7	69,0	62,0	82,3	78,2	75,0	75,8
Leinextraktionsschrot	71,4	85,0	76,0	84,4	65,0	68,8	65,5	73,7	65,1	68,1
Kokosextraktionsschrot	80,9	78,5	82,9	78,0	71,6	56,4	75,4	60,0	70,7	47,4
Palmkernextraktionsschrot	73,9	78,0	73,4	73,3	52,4	61,7	64,3	51,9	41,4	43,9
Palmkernexpeller	76,4	65,7	79,2	75,4	63,4	63,8	74,3	49,1	55,4	46,5

machen sich Unterschiede zwischen den verschiedenen Tierarten bemerkbar. So liegt z. B. bei Erdnußexpeller mit einem Rohfasergehalt von 10,0 bzw. einem Ligningehalt von 7,3% die Verdaulichkeit bei allen Tierarten deutlich niedriger als beim Erdnußextraktionsschrot mit den niedrigen Gehaltswerten, wobei die Unterschiede von Schaf zu Rind, Kaninchen, Schwein, Ratte immer stärker werden.

Die Wiederkäuer (Schaf und Rind) zeichnen sich bei allen Rückständen durch eine hohe Verdaulichkeit aus. Die anderen Tierarten bleiben mit zunehmendem Rohfasergehalt immer mehr in ihrem Verdauungsvermögen zurück. Dabei gibt sich deutlich zu erkennen, daß es nicht so sehr auf den Gehalt an Rohfaser ankommt, sondern daß den einzelnen Gerüstsubstanzen eine spezifische Wirkung zukommt, und zwar gilt das für den Gehalt an Lignin und Cellulose. Dabei erscheinen die Verhältnisse bei den Kokos- und Palmkernrückständen, die etwa einen gleichen Rohfasergehalt, aber einen unterschiedlichen Gehalt an Cellulose und Lignin besitzen, von besonderem Interesse. So ist die Verdaulichkeit des Kokosextraktionsschrotes auch bei Ratte und Schwein verhältnismäßig hoch; hier liegt der Ligningehalt niedrig. Die Palmkernrückstände hingegen zeichneten sich gegenüber den anderen Ölsaatrückständen durch einen etwas erhöhten Ligningehalt, vor allem aber auch durch einen wesentlich höheren Cellulosegehalt aus. Dieser wirkt sich mindernd auf die Verdaulichkeit aus, wobei insbesondere der erhöhte Cellulosegehalt das Verdauungsvermögen der Ratte erheblich herabsetzt.

So gibt hier erst die Kenntnis des Gehalts an den einzelnen Gerüstsubstanzen die Erklärungsmöglichkeit für die verschiedene Verdaulichkeit bei den einzelnen Ölsaatrückständen. Dies weist mit aller Dringlichkeit auf die Notwendigkeit hin, diese Produkte für den Einsatz bei Schweinen (das gleiche dürfte bei dem Einsatz für Geflügel gelten) möglichst weitgehend zu entschälen bzw. minderwertige Produkte vom Einsatz bei diesen Tieren auszuschalten.

Was für die Gesamtverdaulichkeit zu erkennen ist, gilt auch im gleichen Maße für die Verdaulichkeit des Rohproteins. Hier liegt die Verdaulichkeit beim Schwein gegenüber der beim Rind bei allen untersuchten Futterstoffen deutlich niedriger und in noch stärkerem Maße ist dies bei der Ratte der Fall. Die Unterschiede werden um so größer, je niedriger die Gesamtverdaulichkeit liegt. Besonders niedrig liegt die Rohproteinverdaulichkeit bei den Rückständen der Kokos- und Palmkernverarbeitung, deren Verwendung bei der Herstellung von Eiweißkonzentraten für die Schweine- und Geflügelhaltung abgelehnt werden sollte (vgl. hierzu auch die III. Mitteilung).

Aus den Verdauungskoeffizienten läßt sich der Gehalt an verdaulichem Rohprotein errechnen. Der energetische Produktionswert ist bei diesen Produkten direkt in Respirationsversuchen in Form von NK_F bestimmt worden, aus denen sich der Stärkewert errechnen läßt. Dabei wurde so vorgegangen, daß der energetische Produktionswert der Stärke beim Rind mit **2356** NK_F und beim Schwein mit **3080** NK_F als Vergleichsmaßstab eingesetzt wurde. Des weiteren wurde der Gehalt an KELLNER-Einheiten (KE) für die verschiedenen Produkte errechnet, für die vom OSKAR-KELLNER-Institut (K. NEHRING [6]) Rostock ein Wert von **2500** NK_F für alle Tierarten vorgeschlagen worden ist.

Die erhaltenen Werte sind in der folgenden Tabelle 14 zusammengestellt:

Tabelle 14

Gehalt an verdaulichem Rohprotein und Nettoenergie in verschiedenen Ölsaatrückständen

	Rind				Schwein			
	verdaul. Rohprot.	NK_F	Stärke-wert	Kellner-Einheit	verdaul. Rohprot.	NK_F	„Stärke-wert“	Kellner-Einheit
Erdnußextraktionsschrot	41,8	1556	66,0	62,2	40,7	1868	60,6	74,7
Erdnußexpeller	32,5	1381	58,6	55,2	30,9	2000	64,9	80,0
Sojabohnen	30,4	2280	96,8	91,2	26,3	2603	84,5	104,1
Sojaextraktionsschrot	38,5	1364	57,7	54,6	32,9	1704	55,3	68,2
Leinextraktionsschrot	23,1	1730	73,4	69,2	20,0	1983	64,4	79,3
Kokosextraktionsschrot	16,1	1389	59,4	55,6	12,3	1304	42,3	52,2
Palmkernextraktionsschrot	13,2	1657	70,3	66,3	8,8	1310	42,5	52,4
Palmkernexpeller	10,6	1539	65,5	61,6	8,0	1967	63,9	78,5

In Abhängigkeit von Rohproteingehalt und -verdaulichkeit sind jeweils beim Gehalt an verdaulichem Rohprotein große Unterschiede zwischen den verschiedenen Produkten vorhanden. Bei den zuerst aufgeführten Produkten (Rückstände der Erdnuß- und Sojabohnenverarbeitung) liegen die Gehalte hoch. Die Rückstände der Verarbeitung der Kokosnüsse und der übrigen Ölsaatrückstände weisen einen mäßigen bzw. niedrigen Gehalt an verdaulichem Rohprotein auf. Zwischen beiden Tierarten verstärken sich die Unterschiede bei ansteigendem

Gehalt an Gerüstsubstanzen in diesen Produkten. Die Gehalte liegen ganz allgemein beim Schwein niedriger als beim Rind.

Hingegen ist das energetische Produktionsvermögen beim Schwein deutlich höher als beim Rind (oder beim Schaf); so beträgt z. B. der energetische Produktionswert von 1 kg Stärke

beim Rind	2356 NK_F
beim Schwein	3080 NK_F.

Demgemäß liegt beim Schwein der Gehalt an NK_F in den Futterstoffen mit geringen Ausnahmen höher als beim Rind. Das gleiche gilt, wenn man das energetische Produktionsvermögen in Form von Kellner-Einheiten angibt. Bezieht man diese jedoch, wie es beim Stärkewert der Fall ist, auf das energetische Produktionsvermögen, das der Stärke bei den verschiedenen Tierarten zukommt, so sind nur noch geringe Unterschiede zwischen den Tierarten vorhanden. Will man also den energetischen Produktionswert der Futterstoffe als die vielleicht wichtigste Kennzahl eindeutig kennzeichnen, so wird man die Angabe in NK_F oder Kellner-Einheiten vorziehen.

8. Gehalt an Mineralstoffen

In einigen der untersuchten Ölsaatrückständen sind Bestimmungen des Ca- und P-Gehaltes durchgeführt worden. Die Ergebnisse sind in Tabelle 15 angegeben:

Tabelle 15

Gehalt an Mineralstoffen in Ölsaatrückständen

	Trock.-Subst. %	Ca %	P %
Erdnußextraktionsschrot (Brasilien)	90,0	0,23	0,33
Baumwollsaatextraktionsschrot (Indien)		0,50	0,46
Sojaextraktionsschrot		0,34	0,34
Kokosextraktionsschrot (aus Westdeutschland)		0,37	0,34
Babassukuchen (aus Westdeutschland)		0,24	0,50
Palmkernextraktionsschrot (aus Westdeutschland)		0,37	0,34
Crambeextraktionsschrot (inländ. Herkunft)		1,15	0,54

In Übereinstimmung mit sonst vorliegenden Untersuchungen (DLG-Tabelle — Mineralstoffe) — [5], ist der P-Gehalt in den verschiedenen Ölsaatrückständen als durchaus günstig zu bezeichnen, während der Ca-Gehalt auf mäßiger Höhe liegt. Nur bei dem Crambeextraktionsschrot wurde ein erhöhter Ca-Gehalt von über 1% festgestellt.

Zusammenfassung

1. Es ist eine größere Zahl von Verarbeitungsrückständen der Ölsaaten, vornehmlich aus Importlieferungen verschiedenster Herkunft, zur Untersuchung auf Zusammensetzung und z. T. auch auf Verdaulichkeit gekommen.

2. Es wurden Rückstände von folgenden Ölsaaten untersucht:

Erdnuß
Sojabohnen
Baumwollsaat
Leinsamen
Palmkerne
Kokosnuß
Babassunuß
Crambesaat

3. Die erhaltenen Werte für den Gehalt an Rohnährstoffen, Gerüstsubstanzen, Verdaulichkeit, Gehalte an verdaulichem Rohprotein wie auch an Energie sind angegeben.

4. Die Untersuchungen auf den Gehalt an Rohnährstoffen haben im allgemeinen die bisher vorliegenden Werte bestätigt.

5. Bei den Verdaulichkeitsversuchen ließ sich ein deutlicher Einfluß des Gehaltes an den einzelnen Gerüstsubstanzen auf die Verdaulichkeit erkennen, der sich bei den einzelnen Tierarten verschieden stark äußerte.

Резюме

1. Было получено большое количество проб остатков переработки семян масличных растений, главным образом от ввозных поставок различного происхождения, с целью исследования состава, и отчасти переваримости.

2. Исследовались остатки следующих масличных семян:

Земляного ореха	Пальмовых семян
Соевых бобов	Кокосового ореха
Хлопковых семян	Бабассового ореха
Льняных семян	Семян крамбе

3. В работе приводятся даннс по содержанию сырых питательных веществ, основных веществ, по переваримости, по содержанию переваримого сырого протеина и по энергии.

4. Исследования по содержанию сырых питательных веществ, в общем, подтвердили прежнои данные.

5. В опытах с определением переваримости выявилось определенное влияние содержания отдельных основных веществ на переваримость, которое различно проявлялось у отдельных видов животных.

Summary

1. A variety of residues from the extraction of predominantly imported oil seeds of various origin were submitted for an investigation of their composition and, partly, of their digestibility.

2. Residues from the following oil seeds were investigated:

Ground nut	palm nut
soya bean	coconut
cotton seed	Babussu nut
linseed	Crambe seed

3. Values obtained for the content of crude nutrients, reticular components and digestible crude protein as well as values of the digestibility and energy content are indicated.

4. Investigations for the content of crude nutrients in general confirmed already existing results.

5. In these digestibility experiments the content of different reticular substances was found to have a definite influence on the digestibility varying in degree in different animal species.

Literaturverzeichnis

[1] DAXENBICHLER, M. E., CH. VAN ETTEN und J. A. WOLFF: J. of Org. Chem. **26**, 4168 (1961)

[2] FRANKE, E.-R.: Z. f. Landw. Vers.- und Untersuchungswesen **2**, 416–440 (1956)

[3] Futtermitteltabelle der DLG – Wiederkäuer – Arb. d. DLG., Bd. 17, 3. Aufl. (1961)

[4] Futtermitteltabelle der DLG – Schweine – Arb. d. DLG., Bd. 50, 2. Aufl. (1961)

[5] Futtermitteltabelle der DLG – Mineralstoffe – Arb. d. DLG., Bd. 62 (1960)

[6] NEHRING, K.: Wiss. Abh. d. DAL, Berlin V, **2**, 195–200 (1954)

[7] NEHRING, K., B. HOFFMANN und J. NERGE: Archiv Tierernähr. **15**, 195–209 (1965)

[8] NEHRING, K., L. HOFFMANN, R. SCHIEMANN und W. JENTSCH: Arch. f. Tierernähr. **13**, 193–213 (1963)

[9] WITTENBURG, H., H.-D. BOCK und K. NEHRING: Die Dtsch. Landw. 1964 (im Druck)

Eingegangen: 5. Oktober 1964

Zur Veröffentlichung werden angenommen:

Originalmanuskripte, die in anderen Zeitschriften noch nicht veröffentlicht worden sind und in gleicher Form auch nicht in anderen Zeitschriften erscheinen werden. Der Umfang soll höchstens 1 Druckbogen (16 Druckseiten) betragen. Bei umfangreicheren Manuskripten müssen besondere Vereinbarungen mit den Herstellern und dem Verlag getroffen werden.

Kurze Originalmitteilungen über wesentliche, neue Forschungsergebnisse. Umfang im allgemeinen höchstens eine Druckseite. Kurze Originalmitteilungen werden beschleunigt veröffentlicht.

Kritische Sammelberichte nach Vereinbarung mit den Herausgebern.

Manuskriptsendungen sind zu richten an Prof. Dr. HANS BERGNER, Institut für Tierernährungslehre der Landwirtschaftlich-Gärtnerischen Fakultät der Humboldt-Universität zu Berlin, 104 Berlin 4, Invalidenstraße 42. Die Verfasser werden gebeten, ihre Manuskripte zweizeilig mit Schreibmaschine geschrieben, druckfertig einzureichen. Das Institut, aus dem die Arbeit stammt, wird mit dem Namen der Autoren im Titel der Arbeit vermerkt. Wünscht der Autor eine andere Anschrift, so kann sie in einer Fußnote angegeben werden.

Am Schluß des Manuskripts soll der Autor seine Ergebnisse diskutieren und kurz zusammenfassen.

Im Manuskript sind Autorennamen rot zu unterstreichen. Kursivschrift bitten wir zu unterwellen. Kleindruck wird durch einen senkrechten roten Strich am Rand gekennzeichnet. Literaturangaben erfolgen im Text mit dem Namen des Autors und dem Jahr der Veröffentlichung, bei mehreren Arbeiten im gleichen Jahr zusätzlich mit a, b, c, usw. in der Reihenfolge, wie die Arbeiten im Literaturverzeichnis angeordnet sind, z. B. MEYER (1958 a). Im Literaturverzeichnis werden die Arbeiten, alphabetisch nach dem Namen des ersten Autors geordnet, in folgender Weise zitiert: Name, Vorname des Autors (bei Frauen ein Vorname ausgeschrieben), Zeitschrift, Band, Seitenzahl, Jahreszahl.

Abbildungen sind auf das unbedingt Notwendige zu beschränken und dem Manuskript gesondert beizufügen. Hinweislinien, Buchstaben usw. sind nur mit Bleistift einzutragen. Bei Fotografien soll hierfür ein Deckblatt verwendet werden. Der Text zu den Abbildungen wird auf einem besonderen Blatt zusammengestellt.

Die Verfasser erhalten von ihren Beiträgen 50 Sonderdrucke kostenlos. Darüber hinaus können bis zu 100 Sonderdrucke gegen Berechnung bezogen werden. Wir bitten, Bestellungen bei Rückgabe der Korrekturfahnen zu übergeben.

Das Archiv für Tierernährung erscheint jährlich in einem Band zu sechs Heften. Herausgeber: Prof. Dr. habil. ANDREAS HOCK, Institut für Biochemie der Veterinärmedizinischen Fakultät der Humboldt-Universität zu Berlin, 104 Berlin 4, Reinhardtstraße 4 und Prof. Dr. habil. HANS BERGNER, Institut für Tierernährungslehre der Landwirtschaftlich-Gärtnerischen Fakultät der Humboldt-Universität zu Berlin, 104 Berlin 4, Invalidenstraße 42, Tel.: 420018. Verlag: Akademie-Verlag GmbH, 108 Berlin 8, Leipziger Straße 3-4, Tel.: 22 04 41, Telex-Nr. 011773 Postscheckkonto: Berlin 350 21. Bestellnummer dieses Heftes: 1010/15/3. Bezugspreis je Heft MDN 8,50 zuzüglich Porto und Versandkosten. Veröffentlicht unter der Lizenznummer 1274 des Presseamtes beim Vorsitzenden des Ministerrates der Deutschen Demokratischen Republik. Gesamtherstellung: IV/2/14 • VEB Werkdruck Gräfenhainichen.

ARCHIV FÜR TIERERNÄHRUNG

BEGRÜNDET VON

ERNST MANGOLD

HERAUSGEGEBEN VON

ANDREAS HOCK · HANS BERGNER

15. BAND

HEFT 4

AKADEMIE-VERLAG · BERLIN

INHALT

Aus dem Institut für Tierernährungslehre der Humboldt-Universität zu Berlin
(ehem. Direktor: Prof. Dr. A. Hock)

H. Bergner und A. Hock

Nucleinsäurestoffwechsel und Phosphatumsatz in der Leber

4. Mitteilung:

Der ^{32}P-Einbau in die Fraktionen des säurelöslichen Phosphors, Lipoidphosphors, Nucleinsäurephosphors und Eiweißphosphors der Rattenleber unter verschiedenen Ernährungsbedingungen

1. Einleitung

In der vorliegenden Mitteilung untersuchten wir nach ^{32}P-Injektionen an Ratten die spezifische ^{32}P-Aktivität des säurelöslichen Phosphors, des Lipoidphosphors, des Nucleinsäurephosphors (NSP) und des Eiweißphosphors in der Leber.

Die Versuchstiere erhielten einerseits unterschiedliche Eiweißdiäten, und andererseits sollten die ^{32}P-Einbaubedingungen sowohl bei kontinuierlicher Fütterung, als auch unter den Bedingungen des Hungers sowie der Wiederauffütterung geprüft werden.

2. Material und Methodik

Den Versuchen dienten in überwiegendem Maße dieselben Versuchstiere, wie sie in der vorhergehenden 3. Mitteilung [2] beschrieben wurden. Es waren ausschließlich wachsende Albinoratten, die entweder sofort nach dem Absetzen mit den Versuchsdiäten gefüttert wurden (Gr. **47–53** und **74–76**), oder solche Tiere, die nach dem Absetzen erst einige Wochen mit einer optimalen Zuchtdiät[1] ernährt worden waren (Gr. **54–73** und **77–88**).

Die Haltung der Versuchstiere erfolgte in Einzelkäfigen. Die verwendeten Diäten sind in nachstehender Übersicht verzeichnet.

Alle Diäten enthielten 3% Sojaöl und 5% Strohmehl (mit Ausnahme der Diät Nr. 6, die kein Strohmehl enthielt). Die Mineralstoff- und Vitaminergänzungen waren optimal. Genaue Angaben darüber sind in Tabelle 1 der 1. Mitteilung [1] enthalten. Die Ergänzung der Diätbestandteile zu 100% Gesamtdiät erfolgte stets durch aufgeschlossene Kartoffelstärke (Rubaquell). Die Diäten und das Trinkwasser verabreichten wir ad libitum.

In allen Versuchen diente die Diät 1a als Kontrolldiät. Die Fütterungsdauer der Versuchsdiät, die Tierzahl je Versuchsgruppe und die Körpermasse der Versuchstiere ist in den Ergebnistabellen angegeben.

[1] Pelletiertes Mischfutter für Laboratoriumstiere des VEAB Kraftfuttermischwerk Wolgast.

Versuchsdiäten

Nr. der Diät	Bezeichnung der Diät	Anteil des Proteinträgers	Rohproteingehalt der Diät in %
1a	Milch 15	45,4% Magermilchpulver	15
1b	Milch 10	30,2% Magermilchpulver	10
1c	Milch 5	15 % Magermilchpulver	5
2	eiweißfrei	–	–
3b	Hefe	30 % Torula-Trockenhefe	15
5	Gelatine	18 % Gelatine	18
6	Mais	93,3% Maisschrot	8,7

Zur Prüfung des ^{32}P-Einbaus in die verschiedenen Phosphatfraktionen erhielten die Versuchstiere 2,5 µC ^{32}P (als trägerfreies $Na_2H\,^{32}PO_4$) in 1 ml physiologischer Kochsalzlösung[1] je 100 g Ratte i. p. injiziert. Die Impulsratenmessungen erfolgten nach der gleichen Methodik, wie sie in der 1. Mitteilung [1] beschrieben wurde. Die Isolierung der verschiedenen P-Fraktionen wurde in der vorhergehenden 3. Mitteilung [2] erläutert.

Zu den Versuchsergebnissen der einzelnen Gruppen wurden stets die mittleren Fehler der Mittelwerte

$$m\,x = \pm \sqrt{\frac{\Sigma(\bar{x} - x)^2}{n(n-1)}}$$

berechnet. Der Fehler eines zusammengesetzten Wertes wurde als mittlerer Fehler eines zusammengesetzten Ergebnisses nach dem „Gauß'schen Fehlerfortpflanzungsgesetz"

$$\Delta R = \sqrt{\frac{\partial R}{x}\Delta x^2 + \frac{\partial R}{y}\Delta y^2 + \frac{\partial R}{z}\Delta z^2}$$

ermittelt.

Die Prüfung der Ergebnisse hinsichtlich ihrer statistischen Sicherheit erfolgte nach dem *t*-Test-Verfahren.

3. Ergebnisse und ihre Diskussion

Aus Tabelle 1 ist ersichtlich, daß sowohl bei 2stündiger, als auch bei 24stündiger Einbauzeit keine diätbedingten Unterschiede der ^{32}P-Aktivität in den verschiedenen Phosphatfraktionen zu verzeichnen waren.

Nach der 2- und 24stündigen Einbauzeit bei gleichzeitiger Fütterung sollte im nächsten Versuch die ^{32}P-Einbaurate während eines 24stündigen Einbaus ohne Fütterung geprüft werden.

Die Variante 2stündiger Phosphateinbau mit oder ohne Fütterung konnte entfallen, da die Versuchstiere in den ersten 2 Stunden nach der Injektion kaum Futter aufnehmen, wenn sie bis zum Injektionszeitpunkt normal gefüttert worden sind. Die Auswahl der Diäten für den nächsten Versuch erfolgte in

[1] Die Gr. 81–84 erhielten 10 µC ^{32}P/100g.

Tabelle 1

Spezifische ^{32}P-Aktivität von verschiedenen Phosphatfraktionen der Rattenleber

Nr. der Versuchsgruppen		47	48	49	50
Diät	Nr.	1a	3b	1b	6
	Bezeichnung	Milch 15	Hefe	Milch 10	Mais
Tierzahl		10	10	10	10
Versuchstage		24	24	15	15
Ø Masse	Versuchsanfang in g	43,8 ± 1,2	43,1 ± 0,6	44,0 ± 1,7	42,8 ± 1,8
Ø Masse	Versuchsende in g	111,2 ± 3,9	84,2 ± 2,3	70,0 ± 1,68	52,5 ± 2,47
^{32}P-Einbauzeit		2 Std.	2 Std.	24 Std. mit Fütterung	24 Std. mit Fütterung
I./Min.	je 100 g Ratte injiziert	208000	208000	100000	100000
$\frac{\text{I./Min.}}{100\ \gamma\ \text{P}}$	säurelöslicher P	444 ± 18,1	406 ± 30,8	51 ± 10,0	63 ± 6,7
	Lipoid-P	139 ± 12,6	132 ± 14,6	61 ± 10,6	70 ± 7,1
	NS – P	62 ± 3,9	55 ± 5,1	26,1 ± 4,1	35,6 ± 5,3
	Eiweiß-P	73 ± 4,2	84 ± 14,5	38,3 ± 8,1	49,4 ± 10,0
$\frac{\text{I./Min.}}{100\ \gamma\ \text{P}}$ (bei 100000 I./Min. Injektion)	säurelöslicher P	214 ± 8,7	195 ± 14,8	51 ± 10,0	63 ± 6,7
	Lipoid-P	67 ± 6,1	63 ± 7,0	61 ± 10,6	70 ± 7,1
	NS-P	29,8 ± 1,9	26,4 ± 2,6	26,1 ± 4,1	35,6 ± 5,3
	Eiweiß-P	35,1 ± 2,0	40,4 ± 7,0	38,3 ± 8,1	49,4 ± 10,0

extremer Richtung, indem neben der Kontrolldiät die eiweißfreie Diät und die Gelatinediät gewählt wurden.

Wenn durch unterschiedliche Eiweißernährung bedingte ^{32}P-Einbauunterschiede zu erwarten waren, so mußten sie durch Verwendung dieser Diäten erkennbar sein.

Die Ergebnisse sind in Tabelle 2 verzeichnet.

Der erwartete Effekt diätbedingter ^{32}P-Einbau-Unterschiede trat bei dieser Versuchsanordnung nicht ein. Wie aus Tabelle 2 zu entnehmen ist, stimmten die spezifischen Aktivitäten des Nucleinsäurephosphors und Lipoidphosphors aller Gruppen überein. Im Falle des säurelöslichen Phosphors sowie des Eiweißphosphors lagen die Werte der Kontrollgruppe höher als diejenigen der beiden Versuchsgruppen. Infolge der hohen Streuung ergab sich aber nur für die spezifische Aktivität des Eiweißphosphors der Kontrollgruppe (39,5 I./Min.) eine signifikante Differenz ($P < 0{,}05$) gegenüber dem entsprechenden Vergleichswert der Versuchsgruppe 53 (Gelatinediät, 19,1 I./Min.).

Zwischen den Gruppen 49 und 50 (24stündiger Einbau mit Fütterung) (Tabelle 1) und den Gruppen 51–53 (24stündiger Einbau ohne Fütterung) (Tabelle 2) war ebenfalls kein unterschiedlicher ^{32}P-Einbau festzustellen.

Tabelle 2

Spezifische ^{32}P-Aktivität von verschiedenen Phosphatfraktionen der Rattenleber

		51	52	53
Nr. der Versuchsgruppen		51	52	53
Diät	Nr.	1a	2	5
	Bezeichnung	Milch 15	eiweißfrei	Gelatine
Tierzahl		6	6	5
Versuchstage		7	7	7
Ø Masse	Versuchsanfang in g	32,7 ± 0,76	35,6 ± 1,41	32,4 ± 0,32
Ø Masse	Versuchsende in g	50,8 ± 2,10	25,5 ± 0,68	25,2 ± 0,81
^{32}P-Einbauzeit		24 Std. nicht gefüttert	24 Std. nicht gefüttert	24 Std. nicht gefüttert
I./Min.	je 100 g Ratte injiziert	314000	314000	314000
I./Min. / 100 γ P	säurelösl. P	299 ± 80	224 ± 17	191 ± 19
	Lipoid-P	268 ± 38	277 ± 23	245 ± 15
	NS-P	122 ± 42	117 ± 10	120 ± 19
	Eiweiß-P	124 ± 18	93 ± 32	60 ± 17
I./Min. / 100 γ P (bei 100000 I./Min. Injektion)	säurelösl. P	95 ± 25	71 ± 5,4	61 ± 6,0
	Lipoid-P	85 ± 12	88 ± 7,3	78 ± 6,0
	NS-P	38,8 ± 13	37,2 ± 3,2	38,2 ± 6,0
	Eiweiß-P	39,5 ± 5,7	29,6 ± 10	19,1 ± 5,4

Um die Wirkung der extremen Diäten auch bei kurzfristigen ^{32}P-Einbauzeiten zu überprüfen, wurden im nächsten Versuch neben der normalen Magermilchpulverdiät die eiweißfreie Diät und die Magermilchpulverdiät mit 5% Rohprotein verwendet. Die Ergebnisse dieses Versuches sind in Tabelle 3 zusammengestellt.

Die Signifikanzberechnungen der in Tabelle 3 verzeichneten Daten ergaben nur für den säurelöslichen Phosphor zwischen den Gruppen 74 (Kontrolle) und der Gruppe 76 (eiweißfrei) einen statistisch gesicherten Unterschied. Die spezifische Aktivität der Gruppe 76 lag 30% höher als diejenige der Kontrolle ($P < 0{,}05$).

Die Ursache der höheren spezifischen Aktivität des säurelöslichen P in der eiweißfrei ernährten Gruppe dürfte darin zu suchen sein, daß infolge eines rascheren Umsatzes der markierten PO_4^{---}-Ionen in der säurelöslichen P-Fraktion der Leber während der ersten Stunden nach der Injektion eine höhere Markierungsrate zustande kommt.

Den bisherigen Ergebnissen Rechnung tragend, sollte in den nächsten Versuchsreihen das Reaktionsvermögen der Leber auf eine unterschiedliche Eiweißernährung empfindlicher gestaltet werden. Die Versuchs- und Kontrolltiere waren mit gleicher Diät vorgefüttert (Zuchtdiät) und erhielten dann 30 bzw. 48 Stunden

Tabelle 3

Spezifische ^{32}P-Aktivität von verschiedenen Phosphatfraktionen der Rattenleber

Nr. der Versuchsgruppe		74	75	76
Diät	Nr.	1a	1b	2
	Bezeichnung	Milch 15	Milch 5	eiweißfrei
Tierzahl		10	10	10
Versuchstage		13	13	13
Ø Masse	Versuchsanfang in g	57,6 ± 1,7	64,5 ± 2,5	74,2 ± 1,7
Ø Masse	Versuchsende in g	83,4 ± 2,5	59,9 ± 2,7	59,2 ± 1,2
^{32}P-Einbauzeit		2 Std.	2 Std.	2 Std.
I./Min.	je 100 g Ratte injiziert	110000	110000	110000
	säurelösl. P	223 ± 26,9	246 ± 32,2	291 ± 12,7
$\frac{\text{I./Min.}}{100\,\gamma\,\text{P}}$	Lipoid-P	73,1 ± 5,9	100 ± 14,9	82,2 ± 3,6
	NS-P	28,8 ± 2,8	25,6 ± 2,8	31,0 ± 3,2
	Eiweiß-P	—*	51,0 ± 3,4	48,4 ± 6,1
$\frac{\text{I./Min.}}{100\,\gamma\,\text{P}}$	säurelösl. P	203 ± 23,6	224 ± 29,3	265 ± 11,5
	Lipoid-P	66,8 ± 5,4	91,0 ± 13,5	75,0 ± 3,3
(bei	NS-P	26,1 ± 2,5	23,4 ± 2,5	28,1 ± 2,9
100000/I. Injektion)	Eiweiß-P	—*	47,3 ± 3,1	44,0 ± 5,5

* Wert fehlt aus technischen Gründen.

keine Nahrung. Sie wurden anschließend mit ^{32}P injiziert und danach sofort mit ihrer Versuchs- bzw. Kontrolldiät gefüttert. Infolge der Hungerzeit begannen die Tiere verhältnismäßig schnell mit der Futteraufnahme. Die Ergebnisse von zwei Versuchsdoppelreihen sind in Tabelle 4 wiedergegeben.

Die Signifikanzberechnungen zu den Ergebnissen der Tabelle 4 zeigen, daß sowohl zwischen der Kontrollgruppe Nr. 54 und der Versuchsgruppe Nr. 55 als auch zwischen der Kontrollgruppe Nr. 56 und der Versuchsgruppe Nr. 57 (nur beim Eiweißphosphor ist die Differenz $P < 0{,}05$) keine signifikanten ^{32}P-Einbauunterschiede zu erhalten waren. Die spezifische Aktivität in den Phosphatfraktionen der Kontrollgruppe Nr. 54 (30 Stunden gehungert) war höher als in der Kontrollgruppe Nr. 56 (48 Stunden gehungert).

Der *t*-Test ergab für diese Unterschiede folgende Ergebnisse:

säurelöslicher Phosphor	$P > 0{,}05$
Lipoidphosphor	$P < 0{,}05$
Nucleinsäurephosphor	$P < 0{,}01$
Eiweißphosphor	$P < 0{,}01$

Betrachtet man die mit der Magermilchpulverdiät gefütterten Kontrollgruppen 49, 51, 54 und 55, so findet man nach einer Einbauzeit von 24 Stunden im Durchschnitt für den säurelöslichen Phosphor eine spezifische Aktivität von 59,1 $\frac{\text{I./Min.}}{100\,\gamma\,\text{P}}$;

Tabelle 4

Spezifische ^{32}P-Aktivität von verschiedenen Phosphatfraktionen der Rattenleber (Gruppe 54 und 55 hungerten 30 Std., Gruppe 56 und 57 hungerten 48 Std. vor Versuchsbeginn)

Nr. der Versuchsgruppen		54	55	56	57
Diät	Nr.	1a	2	1a	5
	Bezeichnung	Milch 15	eiweißfrei	Milch 15	Gelatine
Tierzahl		9	7	10	9
Ø Masse in g		78,4 ± 3,7	80,8 ± 6,4	125,0 ± 8,8	129,1 ± 9,7
^{32}P-Einbauzeit		24 Std.	24 Std.	24 Std.	24 Std.
I./Min.	je 100 g Ratte injiziert	77000	77000	137000	137000
$\frac{\text{I./Min.}}{100\,\gamma\,\text{P}}$	säurelöslicher P	39,2 ± 3,9	43,6 ± 3,3	55,2 ± 3,9	56,3 ± 5,8
	Lipoid-P	44,9 ± 6,1	41,5 ± 4,7	52,6 ± 4,1	52,9 ± 6,3
	NS-P	32,2 ± 5,4	22,0 ± 2,2	27,2 ± 3,8	21,8 ± 2,1
	Eiweiß-P	99,0 ± 20,6	76,3 ± 23,3	48,0 ± 7,2	181 ± 5,7
$\frac{\text{I./Min.}}{100\,\gamma\,\text{P}}$ (bei 100000 I./Min.Injekt.)	säurelöslicher P	50,9 ± 5,1	56,6 ± 4,3	40,3 ± 2,8	41,1 ± 4,2
	Lipoid-P	58,3 ± 7,9	53,9 ± 6,1	38,4 ± 3,0	38,6 ± 4,6
	NS-P	41,9 ± 7,0	28,6 ± 2,9	19,8 ± 2,8	15,9 ± 1,5
	Eiweiß-P	129 ± 26,7	99,0 ± 30	35,1 ± 5,3	132 ± 41

für den Lipoid-P = 60,6; für den Nucleinsäure-P = 31,6 und für den Eiweiß-P $= 60{,}5\ \frac{\text{I./Min.}}{100\,\gamma\,\text{P}}$.

Die Betrachtung der Ergebnisse in den Tabellen 1, 2 und 4 zeigt, daß nach 24 Stunden die ^{32}P-Markierungen des säurelöslichen P und des Lipoid-P in jeder Gruppe auf gleicher Höhe sind. Infolge des raschen P-Umsatzes in diesen Fraktionen hat sich anscheinend die ^{32}P-Markierung hier völlig ausgeglichen. Dagegen liegt die spezifische Aktivität des Nucleinsäurephosphors im Vergleich zu den anderen zwei Fraktionen nur auf halber Höhe. Hieraus geht hervor, daß der Nucleinsäurephosphor langsamer umgesetzt wird.

Diese Überlegung sowie eine genaue Analyse der Ergebnisse in den Tabellen 1, 2 und 4 ließ erkennen, daß in Abhängigkeit von der Ernährung Unterschiede im Verhältnis der spezifischen Aktivität der verschiedenen Phosphatfraktionen vorhanden sind.

Wenn nach 24stündigem ^{32}P-Einbau gleiche spezifische Aktivitäten des säurelöslichen- und Lipoid-P innerhalb jeder Gruppe vorliegen, so zeigen die Werte des NS-Phosphors und Eiweißphosphors erhebliche Schwankungen. Daraus schlußfolgernd wurden für jede Gruppe zwei Quotienten berechnet:

$$1.\ \text{Quotient} = \frac{\text{spezifische Aktivität (säurelöslicher P + Lipoid-P)} : 2}{\text{spezifische Aktivität NS-P}}$$

$$2.\ \text{Quotient} = \frac{\text{spezifische Aktivität (säurelöslicher P + Lipoid-P)} : 2}{\text{spezifische Aktivität Eiweiß-P}}$$

Wenn der Quotient sehr groß ist, hat die im Nenner stehende P-Fraktion im Vergleich zum säurelöslichen und Lipoid-P nur wenig Umsetzungen erfahren. Ist der Quotient klein, so ist der NS-Umsatz bzw. Eiweißumsatz rasch verlaufen. Die spezifische Aktivität des säurelöslichen Phosphors und des Lipoid-P werden so gemeinsam als Bezugsbasis zugrunde gelegt. In Tabelle 5 sind nun die entsprechenden Quotienten zusammengestellt. Sie werden im folgenden abgekürzt als NS-P-Quotient bzw. Eiweiß-P-Quotient bezeichnet.

Tabelle 5

Quotienten aus den spezifischen Aktivitäten der P-Fraktionen unter verschiedenen Ernährungsbedingungen bei 24 Stunden ^{32}P-Einbau

$$\text{NS-P-Quotient} = \frac{\text{spezif. Akt. (säurelösl. P + Lipoid-P) : 2}}{\text{spezif. Akt. NS-P}}$$

$$\text{Eiweiß-P-Quotient} = \frac{\text{spezif. Akt. (säurelösl.P + Lipoid-P) : 2}}{\text{spezif. Akt. Eiweiß-P}}$$

Gruppe Nr.	Diät	Bemerkungen	NS-P-Quotient	Eiweiß-P-Quotient
49	Milch 10	während Einbau gefüttert	2,14 ± 0,46	1,46 ± 0,38
50	Mais	während Einbau gefüttert	1,87 ± 0,31	1,36 ± 0,29
51	Milch 15	während Einbau nicht gefüttert	2,32 ± 0,85	2,28 ± 0,48
52	eiweißfrei	während Einbau nicht gefüttert	2,14 ± 0,22	2,69 ± 0,94
53	Gelatine	während Einbau nicht gefüttert	1,82 ± 0,25	3,64 ± 1,06
54	Milch 15	vor Injektion 30 Std. gehungert	1,31 ± 0,24	0,42 ± 0,09
55	eiweißfrei	vor Injektion 30 Std. gehungert	1,93 + 0,23	0,56 ± 0,17
56	Milch 15	vor Injektion 48 Std. gehungert	1,99 ± 0,30	1,12 ± 0,18
57	Gelatine	vor Injektion 48 Std. gehungert	2,50 ± 0,31	0,30 ± 0,12

Die Quotienten der Gruppen 49 und 50 (bis zur Tötung gefüttert) sind nicht unterschiedlich. Wenn die Tiere während des 24stündigen ^{32}P-Einbaus nicht gefüttert werden (Gruppe 51–53), so ändert sich der NS-P-Quotient nicht, jedoch der Eiweiß-P-Quotient steigt an, besonders dann, wenn die Tiere eiweißfrei bzw. mit Gelatinediät ernährt worden waren. Dieser Befund bedeutet, daß im Falle einer schlechten Eiweißernährung in einer nachfolgenden Hungerperiode die Leber wenig Proteine zur Eiweißsynthese erhält. Sie bildet dagegen viel Proteine, wenn die Tiere vor der Injektion 30 oder 48 Stunden hungern und während des ^{32}-Einbaus gefüttert werden (Gruppe 54–47). So ist der niedrigere Eiweiß-P-Quotient der Gruppe 54 mit $P < 0{,}01$ und derjenige von Gruppe 56 mit $P < 0{,}05$ vom entsprechenden Quotienten der Gruppe 51 verschieden. Der Unterschied zwischen den beiden eiweißfrei ernährten Gruppen 52 und 55 ist nicht signifikant

($P > 0{,}05$), dagegen trifft dies für die Gelatinediätgruppen Nr. 53 und 57 zu ($P < 0{,}01$). Die Quotienten des Nucleinsäurephosphors waren bei schlechter Eiweißernährung im Vergleich zu den Kontrollen nur nichtsignifikant unterschiedlich.

An Hand der bisherigen Ergebnisse ergab sich die Frage, ob eventuell ursprünglich vorhandene ^{32}P-Einbauunterschiede infolge langer Einbauzeiten wieder ausgeglichen werden.

Der folgende Versuch sollte Auskunft über den Verlauf des ^{32}P-Einbaus in den ersten Stunden nach der Injektion geben.

Hierzu wurden 30 Ratten, die bis dahin mit der Zuchtdiät ernährt worden waren, 4 Tage mit Diät 1a gefüttert, mit ^{32}P injiziert und in Zeitabständen von $^1/_2$ bis 8 Stunden getötet Die Ergebnisse sind in Tabelle 6 dargestellt. Die Werte der spezifischen Aktivität (bezogen auf 100000 I./Min. Injektionsdosis) aus Tabelle 6 sind in Abb. 1 graphisch aufgezeichnet.

Aus Tabelle 6 und Abb. 1 ist zu entnehmen, daß die Markierung des säurelöslichen Phosphors der Leber in den ersten Stunden nach der Injektion sehr stark in linearer Form abnimmt. Bei den anderen drei Phosphatfraktionen zeigt die spezifische Aktivität des Lipoid-P den stärksten Anstieg. Ihm folgt der Anstieg der ^{32}P-Aktivität des Eiweißphosphors. Die niedrigste ^{32}P-Einbaurate hat der Nucleinsäurephosphor aufzuweisen.

Den Ergebnissen der Abb. 1 entsprechend wurde in den folgenden Versuchen nach einer Hungerperiode von 48 Stunden eine Einbauzeit von 2 bzw. 4 Stunden geprüft. Beobachtungen der Futteraufnahme zeigten, daß die Mehrzahl der hungrigen Tiere sofort nach der Injektion mit dem Fressen beginnt. In den Gruppen 67 bis 69 verzehrten die Versuchsratten in 4 Stunden im Durchschnitt 1,22–1,36 g Futter je Tier. Ein Einfluß der Diät auf die Verzehrsleistung war nicht festzustellen. Die Ergebnisse sind in Tabelle 7 dargelegt.

In den Gruppen 64–66 hat die Kontrollgruppe in allen vier Phosphatfraktionen eine höhere spezifische Aktivität aufzuweisen, jedoch ist infolge der geringen Tierzahl nur die Differenz im Falle des Lipoidphosphors zwischen den Gruppen 64 und 65 signifikant ($P < 0{,}05$).

Die Ergebnistabelle zeigt weiter, daß nach 4stündigem Einbau die spezifische Aktivität des säurelöslichen Phosphors zwischen den Gruppen 67 und 68 nicht unterschiedlich war, dagegen ist sie in Gruppe 69 bei geringerem P-Anteil (ein Drittel des normalen P-Gehaltes) in der Diät erniedrigt ($P < 0{,}05$). Die spezifische Aktivität des Lipoid-P ist zwischen allen drei Gruppen nicht signifikant unterschiedlich. In der Nucleinsäurenfraktion ist die Impulsrate in der Kontrollgruppe am höchsten und von Gruppe 68 signifikant verschieden ($P < 0{,}01$).

Die Differenz zwischen den Gruppen 67 und 69 war nicht signifikant. Die spezifische Aktivität des Eiweißphosphors lag in den Gruppen 67 und 68 gegenüber Gruppe 69 übereinstimmend höher

$$(\text{Gruppe } 67:69 = P < 0{,}001; \quad \text{Gruppe } 68:69 = P < 0{,}05).$$

Es kann festgestellt werden, daß der säurelösliche Phosphor und der Eiweißphosphor in der Leber bei P-Mangelernährung eine niedrigere spezifische ^{32}P-Aktivität besitzen. Wahrscheinlich werden diese Fraktionen unter P-Mangel-

Tabelle 6

^{32}P-Einbau in verschiedene Fraktionen der Rattenleber in den ersten Stunden nach der Injektion

(Alle Tiere erhielten 4 Tage Diät 1a, während des ^{32}P-Einbaues nicht gefüttert)

Nr. der Versuchsgruppen		58	59	60	61	62	63
Tierzahl		5	5	5	5	5	5
Ø Masse in g		116 ± 10	118 ± 7,3	118 ± 6,1	116 ± 11,3	164,3 ± 13,3	160,6 ± 10,7
^{32}P-Einbauzeit		1/2 Std.	1 Std.	2 Std.	4 Std.	6 Std.	8 Std.
I./Min. je 100 g Ratte injiziert		235000	235000	235000	235000	266000	266000
I./Min. / 100 γ P	säurelöslicher P	661 ± 46	623 ± 31	498 ± 33	417 ± 14	—*	—*
	Lipiod-P	41,0 ± 10,6	98,4 ± 12	121 ± 18	208 ± 18	298 ± 16	360 ± 6,1
	NS-P	23,0 ± 6,1	50,0 ± 5,5	70,0 ± 12	78,9 ± 6,7	138 ± 24	125 ± 7,5
	Eiweiß-P	67,7 ± 20	77,8 ± 10	76,2 ± 8,9	138 ± 14	219 ± 19	234 ± 12,5
I./Min. / 100 γ P (bei 100000 I./Min. Injekt.)	säurelöslicher P	281 ± 19,5	265 ± 13,2	212 ± 14	178 ± 6,0	—	—
	Lipoid-P	17,5 ± 4,5	41,9 ± 5,1	51,5 ± 7,8	88,6 ± 10,0	111 ± 6,0	135 ± 2,3
	NS-P	9,8 ± 2,6	21,3 ± 2,3	29,8 ± 5,1	33,6 ± 2,8	51,9 ± 9,0	47,0 ± 2,8
	Eiweiß-P	28,8 ± 8,5	33,1 ± 4,3	32,5 ± 3,8	59 ± 6,0	82,3 ± 7,1	88,0 ± 4,7

* Aus technischen Gründen keine Werte.

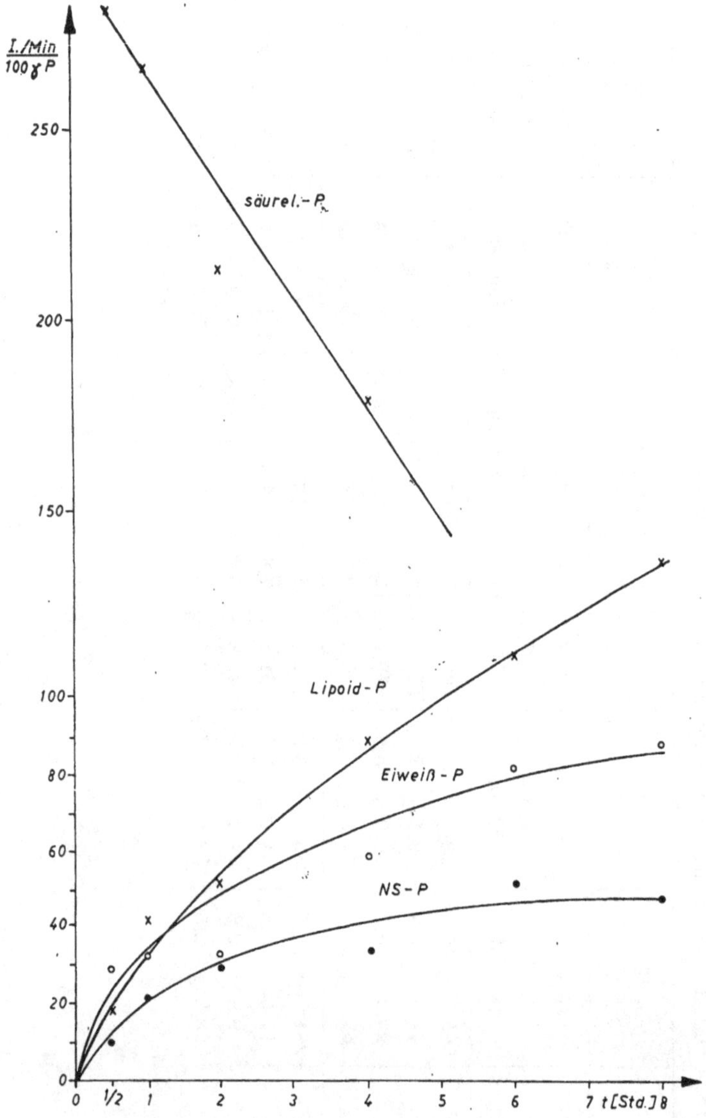

Abb. 1. ^{32}P-Einbau in verschiedene Phosphatfraktionen der Leber in den ersten Stunden nach der Injektion (Ratten normal ernährt, jeder Meßpunkt = Ø von 5 Einzelwerten)

bedingungen einen verzögerten Umsatz erfahren. Dagegen bleibt der ^{32}P-Einbau in den Nucleinsäurephosphor und Lipoidphosphor unter den hier gewählten Bedingungen eines P-Mangels in der Diät während einer 4stündigen Wiederauffütterungsperiode unbeeinflußt.

Die in Tabelle 6 und Abb. 1 verzeichneten Versuchsergebnisse (^{32}P-Einbau in den ersten Stunden nach der Injektion) wurden an Tieren erhalten, die bis zur

Tabelle 7

Spezifische ^{32}P-Aktivität von verschiedenen Phosphatfraktionen der Rattenleber

(Alle Tiere hungerten 48 Std. vor Versuchsbeginn und wurden während des Einbaus mit ihrer Diät gefüttert)

Nr. der Versuchsgruppen		64	65	66	67	68	69
Diät	Nr.	1a	2	5	1a	2	2
	Bezeichnung	Milch 15	eiweißfrei	Gelatine	Milch 15	eiweißfrei	eiweißfrei wenig P
Tierzahl		4	5	5	8	8	8
∅ Masse in g		76,0 ± 7,0	70,2 ± 6,2	78,5 ± 7,7	114,1 ± 6,2	114,1 ± 5,6	109,2 ± 8,4
^{32}P-Einbauzeit		2 Std.	2 Std.	2 Std.	4 Std.	4 Std.	4 Std.
I./Min. je 100 g Ratte injiziert		520000	520000	520000	200000	200000	200000
$\frac{\text{I./Min.}}{100\,\gamma\,\text{P}}$	säurelöslicher P	2200 ± 880	1350 ± 323	1360 ± 246	397 ± 21,5	415 ± 38,7	332 ± 18,5
	Lipoid-P	378 ± 40	167 ± 33	281 ± 81	205 ± 11,7	193 ± 8,8	170 ± 16,6
	NS-P	105 ± 13,3	74,0 ± 15,0	91 ± 19	65 ± 4,3	49,8 ± 2,9	55,7 ± 2,2
	Eiweiß-P	237 ± 45	152 ± 15,5	184 ± 33	209 ± 14,2	248 ± 52,0	83,3 ± 6,2
$\frac{\text{I./Min.}}{100\,\gamma\,\text{P}}$	säurelöslicher P	443 ± 169	260 ± 62	262 ± 47	198 ± 10,7	207 ± 19,3	166 ± 9,2
bei 100000)	Lipoid-P	72,7 ± 7,7	32,1 ± 11,9	54,2 ± 9,5	102,5 ± 5,8	96,5 ± 4,4	82,5 ± 8,4
I./Min.Injekt.)	NS-P	20,2 ± 2,6	14,2 ± 2,9	17,5 ± 3,7	32,5 ± 2,1	24,9 ± 1,4	27,8 ± 1,1
	Eiweiß-P	45,6 ± 8,6	29,2 ± 3,0	35,4 ± 6,3	104,5 ± 5,3	103,5 ± 26,0	41,7 ± 3,1

^{32}P-Injektion eine normale Fütterung erhalten hatten. Der nächste Versuch sollte an Hungertieren während der Wiederauffütterung durchgeführt werden. Die in Tab. 8 verzeichneten Versuchsgruppen 70–73 hungerten 48 Stunden, wurden dann mit ^{32}P injiziert und erhielten Diät 1a. Je 8 Tiere töteten wir nach einer halben Stunde, 1, 2 bzw. 4 Stunden. Die Ergebnisse der Tabelle 8 sind in Abb. 2 graphisch dargestellt.

In Abb. 2 ist im Vergleich zu Abb. 1 auffällig, daß bei den Tieren nach der 48stündigen Hungerzeit in den Fraktionen des Lipoid-P, des Eiweiß-P und NS-P

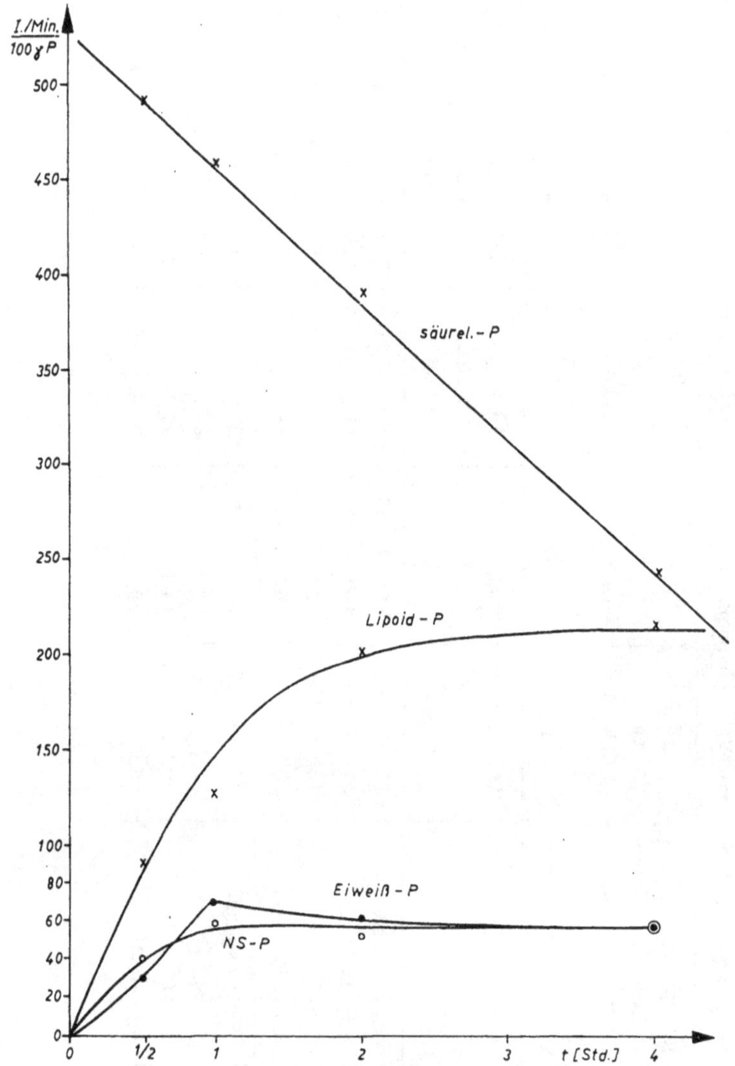

Abb. 2. ^{32}P-Einbau in verschiedene Phosphatfraktionen der Leber in den ersten Stunden nach der Injektion (Tiere hungerten 48 Std. und erhielten während des Einbaus Diät 1a, jeder Meßpunkt = ∅ von 8 Einzelwerten)

Tabelle 8

^{32}P-Einbau in verschiedene Phosphatfraktionen der Rattenleber in den ersten Stunden nach der Injektion
(Alle Tiere waren mit Zuchtdiät ernährt worden, hungerten 48 Std. vor Versuchsbeginn und wurden während des ^{32}P-Einbaus mit Diät 1a gefüttert)

Nr. der Versuchsgruppen		70	71	72	73
Diät	Nr.	1a	1a	1a	1a
	Bezeichnung	Milch 15	Milch 15	Milch 15	Milch 15
Tierzahl		8	8	8	8
Ø Masse in g		184,9 ± 12,0	178,8 ± 7,2	178,4 ± 5,4	173,9 ± 6,4
^{32}P-Einbauzeit		1/2 Std.	1 Std.	2 Std.	4 Std.
I./Min.	je 100 g Ratte injiziert	250000	250000	250000	250000
I./Min. / 100 γ P	säurelöslicher P	1232 ± 160	1141 ± 46,8	974 ± 79,9	608 ± 20,4
	Lipoid-P	223 ± 45,6	317 ± 23,1	499 ± 71,3	538 ± 69,6
	NS-P	101 ± 9,9	147 ± 25	129 ± 10,5	146 ± 5,9
	Eiweiß-P	74,2 ± 14,0	178 ± 38	155 ± 27,1	145 ± 18,3
I./Min. / 100 γ P (bei 100000 I./Min.Injekt.)	säurelöslicher P	491 ± 64	458 ± 18,7	389 ± 31,9	243 ± 8,2
	Lipoid-P	89,3 ± 18,2	127 ± 9,2	200 ± 28,5	215 ± 27,8
	NS-P	40,5 ± 4,0	58,9 ± 10,0	51,8 ± 4,2	58,2 ± 2,4
	Eiweiß-P	29,8 ± 5,6	71,3 ± 15,2	62,1 ± 10,8	58,0 ± 7,3

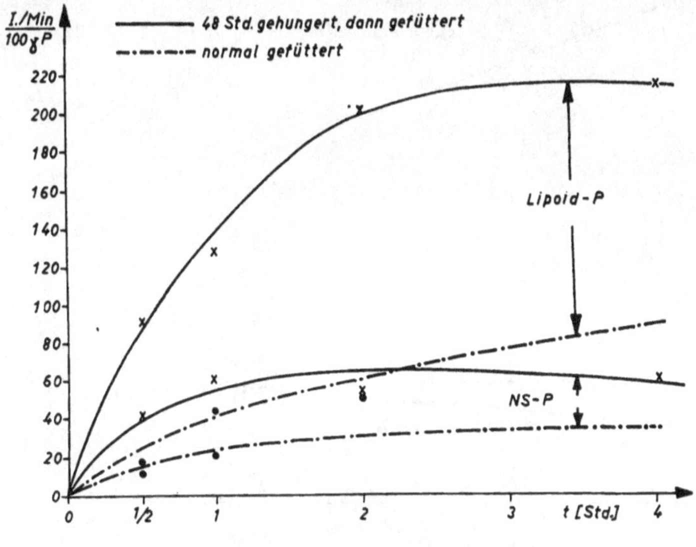

Abb. 3. Zunahme der spezifischen ^{32}P-Aktivität des Lipoid- und Nucleinsäurephosphors in den ersten 4 Stunden nach der Injektion

die spezifischen ³²P-Aktivitäten in der 1. Stunde nach der Injektion einen sehr starken Anfangsanstieg zeigen. Die spezifischen Aktivitäten des NS-P und des Eiweiß-P steigen dann nicht weiter an.

Dagegen war in Abb. 2 in diesen Fraktionen eine Erhöhung bis zur 6. Stunde nach der Injektion zu beobachten. Ein direkter Vergleich des Verlaufs der ³²P-Einbauraten zwischen den normal gefütterten Tieren und den entsprechenden Tieren in der Wiederauffütterungsperiode ist in den Abb. 3 und 4 wiedergegeben.

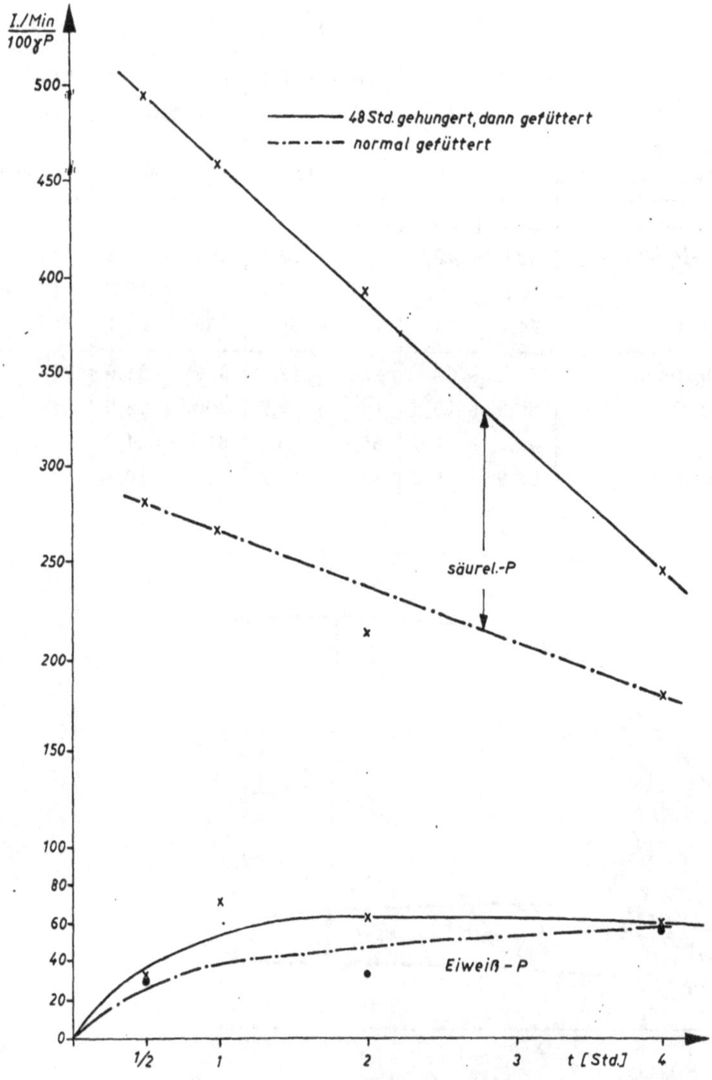

Abb. 4. Zunahme der spezifischen ^{32}P-Aktivität des säurelöslichen und Eiweißphosphors in den ersten 4 Stunden nach der Injektion

Die spezifische Aktivität des Lipoid-P in Abb. 3 steigt im Falle der Wiederauffütterung nach 2 Stunden nicht mehr nennenswert an. Dagegen ist bei normaler Fütterung eine sehr langsame Erhöhung der ^{32}P-Einbaurate in den Lipoid-P festzustellen, die noch nach 4 Stunden andauert. Trotzdem erreicht sie nicht die Höhe wie die Vergleichsgruppe in der Wiederauffütterungsperiode Die spezifische ^{32}P-Aktivität des säurelöslichen Phosphors nimmt in beiden Versuchen linear mit der Zeit ab (Abb. 4). Jedoch ist auch hier die höhere Umsatzgeschwindigkeit des Phosphors bei den Hungertieren während der Wiederauffütterung zu beobachten.

Die spezifische Aktivität des säurelöslichen P erniedrigte sich während der Wiederauffütterung in 210 Minuten auf die Hälfte, dagegen bei normaler Ernährung erst in 285 Minuten.

In allen Fällen war die spezifische Aktivität unter den Bedingungen der Wiederauffütterung höher, die geringsten Unterschiede waren beim Eiweißphosphor zu beobachten.

In einem weiteren Versuch sollten die ^{32}P-Einbauraten nach einer 24stündigen Hungerzeit geprüft werden.

Tabelle 9

Spezifische ^{32}P-Aktivität von verschiedenen Phosphatfraktionen der Rattenleber
(Alle Tiere erhielten 3 Tage die Diät 1a, die Gruppen 77–79 hungerten dann 24 Std. vor der ^{32}P-Injektion und Gruppe 80 wurde mit Diät 1a weitergefüttert)

Nr. der Versuchsgruppen		77	78	79	80
Diät während	Nr.	gehungert	1a	2	1a
^{32}P-Einbau	Bezeichnung	gehungert	Milch 15	eiweißfrei	Milch 15
Tierzahl		8	8	8	7
⌀ Masse in g		192,1 ± 6,4	202,2 ± 18	210,0 ± 11,2	185,4, ±,9,2
^{32}P-Einbauzeit		2 Std.	2 Std.	2 Std.	2 Std.
I./Min.	je 100 g Ratte injiziert	180000	180000	180000	180000
$\frac{\text{I./Min.}}{100\,\gamma\ \text{P}}$	säurelöslicher P	726 ± 100	1122 ± 192	971 ± 38	697 ± 99
	Lipoid-P	464 ± 53	614 ± 137	514 ± 70	367 ± 76
	NS-P	80,3 ± 12,8	106 ± 15,1	106 ± 16	87 ± 15,4
	Eiweiß-P	135 ± 9,2	225 ± 63	230 ± 21	134 ± 17
$\frac{\text{I./Min.}}{100\,\gamma\ \text{P}}$	säurelöslicher P	404 ± 55	625 ± 106	540 ± 21,1	387 ± 55
	Lipoid-P	258 ± 29,5	341 ± 76	276 ± 39	204 ± 42
bei 100000	NS-P	44,6 ± 7,1	58,9 ± 8,4	58,9 ± 8,9	48,4 ± 8,6
(I./Min. Injekt.)	Eiweiß-P	75,0 ± 5,1	125 ± 35	128 ± 11,7	74,5 ± 9,5

Es gelangten vier Parallelgruppen zur Untersuchung:

Gruppe 77 24 Stunden gehungert und 2stündigen ^{32}P-Einbau während des Hungerns;

Gruppe 78 und 79 24 Stunden gehungert, dann 1 Stunde mit der Versuchs- bzw. Kontrolldiät gefüttert, dann folgt ein 2stündiger ^{32}P-Einbau bei weiterer Fütterung;

Gruppe 80 nicht gehungert (Kontrolldiät)

Die Ergebnisse dieses Versuches zeigt Tabelle 9.

Die spezifische Aktivität aller P-Fraktionen liegt in Gruppe 77 (gehungert) und in Gruppe 80 (normal gefüttert) fast übereinstimmend niedriger als in den Gruppen 78 und 79, die nach einer 24stündigen Hungerzeit während des ^{32}P-Einbaus gefüttert wurden. Signifikante Differenzen waren in der Fraktion des säurelöslichen P zwischen den Gruppen 79 und 80 sowie 78 und 80 ($P < 0{,}05$) und in der Eiweißphosphorfraktion zwischen den Gruppen 79 und 80 ($P < 0{,}01$) und 77 und 79 ($P < 0{,}001$) festzustellen. Die eiweißfreie Diät (Gruppe 79) beeinflußte im Vergleich zur Milchdiät (Gruppe 78) die ^{32}P-Einbaurate in den verschiedenen P-Fraktionen während der kurzen Wiederauffütterungsperiode nicht.

In zwei weiteren Versuchen prüften wir den Einfluß einer mehrtägigen Hungerperiode auf den ^{32}P-Einbau. Die Versuchstiere der Gruppen 82, 83 und 84 hungerten 72 Stunden. Gruppe 81 (Kontrollgruppe) erhielt während dieser Zeit die

Tabelle 10

Spezifische ^{32}P-Aktivität von verschiedenen Phosphatfraktionen der Rattenleber

(Gruppe 82–84 hungerten 72 Std., Gruppe 83 und 84 erhielten vor der ^{32}P-Injektion 1 h Diät 1a)

Nr. der Versuchsgruppen		81	82	83	84
Diät 3 Tage vor der ^{32}P-Injektion		1a	gehungert	gehungert	gehungert
Diät nach ^{32}P-Injektion		1a	gehungert	1a	1a
Tierzahl		8	8	8	8
∅ Masse je Tier in g		96,7 ± 4,4	57,8 ± 2,8	78,7 ± 5,0	77,6 ± 5,0
^{32}P-Einbauzeit		1 Std.	1 Std.	1 Std.	2 Std.
I./Min. je 100 g Ratte injiziert		1000000	1000000	1000000	1000000
I./Min. / 100 γ P	säurelöslicher P	1275 ± 155	2056 ± 239	1685 ± 276	2337 ± 366
	Lipoid-P	333 ± 32	534 ± 36	384 ± 32	703 ± 62
	NS-P	262 ± 72	204 ± 33	181 ± 14	267 ± 25
	Eiweiß-P	276 ± 16	346 ± 32	281 ± 61	291 ± 21
I./Min. / 100 γ P (bei 100000 I./Min. Injekt.)	säurelöslicher P	128 ± 15,5	206 ± 24	168 ± 27,6	234 ± 37
	Lipoid-P	33,3 ± 3,2	54,4 ± 3,6	38,4 ± 3,2	70,3 ± 6,2
	NS-P	26,2 ± 7,2	20,4 ± 3,3	18,1 ± 1,4	26,7 ± 2,5
	Eiweiß-P	27,6 ± 1,6	34,6 ± 3,2	28,1 ± 6,1	29,1 ± 2,1

Diät 1a. Die Tiere der Gruppen 83 und 84 erhielten nach der 3tägigen Hungerperiode eine Stunde vor der ^{32}P-Injektion ebenfalls die Diät 1a. In der Gruppe Nr. 84 wurde eine Einbauzeit von 2 Stunden und in den übrigen Gruppen von 1 Stunde gewählt. Die Versuchsergebnisse sind in Tabelle 10 zusammengestellt. Die Hungertiere (Gruppe 82) hatten im Vergleich zur Kontrollgruppe im säurelöslichen Phosphor und im Lipoid-Phosphor eine signifikant (säurelöslicher Phosphor $P < 0{,}05$, Lipoid-Phosphor $P < 0{,}001$) höhere spezifische Aktivität aufzuweisen.

In der Leber der Hungertiere dürfte demnach ein rascherer Lipoid-P-Umsatz vorliegen, der wahrscheinlich infolge des Zusammenhanges zwischen Lipoid-Umsatz und ATP-abhängigen Reaktionen gleichzeitig mit einem beschleunigten Wechsel des säurelöslichen P gekoppelt ist.

Die Werte des NS-P und Eiweiß-P waren in den Gruppen 81 und 82 nicht signifikant unterschiedlich. Die Wiederauffütterung nach der 3tägigen Hungerperiode ergab in Gruppe 83 gegenüber der Kontrollgruppe (Nr. 81) nur nicht signifikant erhöhte Werte des Lipoid-P und säurelöslichen P.

Aus Tabelle 10 ist weiterhin ersichtlich, daß in der Wiederauffütterungsperiode der ^{32}P-Einbau von der 1. zur 2. Stunde (Gruppe 87 und 88) noch in allen

Tabelle 11

Spezifische ^{32}P-Aktivität von verschiedenen Phosphatfraktionen der Rattenleber
(Alle Tiere erhielten 10 Tage vor der ^{32}P-Injektion Diät 1a, Gruppe 86–88 hungerten vor der Injektion 1–3 Tage und erhielten 1 Std. vor der Injektion Diät 1a)

Nr. der Versuchsgruppen		85	86	87	88
Tage vor der Injektion gehungert		nicht gehungert	1	2	3
Diät nach der ^{32}P-Injektion		1a	1a	1a	1a
Tierzahl		8	8	8	8
∅ Masse je Tier in g		147,4 ± 4,63	146,2 ± 8,40	122,3 ± 8,14	119,9 ± 4,54
^{32}P-Einbauzeit		2 Std.	2 Std.	2 Std.	2 Std.
I./Min. je 100 g Ratte injiziert		180000	180000	180000	180000
I./Min. / 100 γ P	säurelöslicher P	463 ± 109	513 ± 58	492 ± 50	574 ± 32
	Lipoid-P	155 ± 26	213 ± 50	139 ± 15	168 ± 14
	NS-P	51,2 ± 8,9	54,0 ± 5,9	48,2 ± 4,9	62,3 ± 5,6
	Eiweiß-P	140 ± 26	99,8 ± 7,9	84,4 ± 6,9	107,0 ± 6,4
I./Min. / 100 γ P (bei 100000 I./Min. Injekt.)	säurelöslicher P	257 ± 61	285 ± 32	274 ± 28	320 ± 18
	Lipoid-P	106 ± 14,4	118 ± 28	77 ± 8,3	94 ± 7,8
	NS-P	28,5 ± 4,9	30,0 ± 3,3	26,6 ± 2,7	34,7 ± 3,1
	Eiweiß-P	78,0 ± 14,5	55,5 ± 4,4	47,0 ± 3,8	59,4 ± 3,5

Fraktionen ansteigt. Dieser Anstieg ist für die Fraktion des Lipoid-P mit $P < 0{,}001$ und für den Nucleinsäurephosphor mit $P < 0{,}01$ signifikant.

Die Versuchsgruppen 85–88 (Tabelle 11) erhielten 10 Tage lang Diät 1a, dann hungerten die Gruppen 86–87 einen, zwei bzw. drei Tage, und die Kontrollgruppe 85 wurde normal weiter ernährt. Eine Stunde vor der ^{32}-P-Injektion und auch während der 2stündigen ^{32}-P-Einbauzeit wurden alle Tiere mit der Diät 1a gefüttert. Die Daten der Tabelle 11 zeigen, daß die Hungertiere unter den Bedingungen der Wiederauffütterung keine signifikant unterschiedlichen Einbauraten aufweisen. Anscheinend regeneriert sich der P-Umsatz der geprüften P-Fraktionen auch nach mehrtägiger Hungerzeit in der nachfolgenden Wiederauffütterung sehr schnell.

Zusammenfassung

Wachsende Ratten erhielten unterschiedliche Eiweißdiäten oder wurden unter Hungerbedingungen bzw. dem Stadium der Wiederauffütterung untersucht. Sie erhielten eine $Na_2H^{32}PO_4$-Injektion (trägerfreie Lösung), und der ^{32}P-Einbau wurde in den Fraktionen des säurelöslichen P, Lipoid-P, Nucleinsäure-P und Eiweiß-P der Leber gemessen. Nach 24stündiger Einbauzeit lagen die spezifischen Aktivitäten des säurelöslichen P und Lipoid-P unabhängig von den Diäten auf gleicher Höhe. Es wurden folgende zwei Quotienten berechnet:

$$\text{NS-P-Quotient} = \frac{\text{spezifische Aktivität (säurelöslicher P + Lipoid-P) : 2}}{\text{spezifische Aktivität NS-P}}$$

$$\text{Eiweiß-P-Quotient} = \frac{\text{spezifische Aktivität (säurelöslicher P + Lipoid-P) : 2}}{\text{spezifische Aktivität Eiweiß-P}}$$

Die NS-P-Quotienten waren unter allen geprüften Ernährungsbedingungen recht stabil und lagen zwischen 1,3 und 2,3. Der Eiweiß-P-Quotient steigt bei schlechter Eiweißernährung (Gelatinediät) auf 3,6 an und erniedrigt sich dagegen bei guter Eiweißsyntheseleistung der Leber (wenn die Tiere 30 oder 48 Stunden gehungert hatten und nach der ^{32}-P-Injektion gefüttert wurden) auf 0,4 bzw. 0,3. Weiterhin wurde der Verlauf des ^{32}P-Einbaus in die vier P-Fraktionen während der ersten Stunden nach der Injektion sowohl bei normaler Fütterung als auch während der Wiederauffütterungsperiode nach einer 48stündigen Hungerzeit geprüft (Abb. 1 und 2).

Nach langen Hungerzeiten (72 Stunden) regenerierte sich der ^{32}P-Einbau während der Wiederauffütterung sehr schnell zu den Normalwerten. Von den vier untersuchten Fraktionen zeigt der ^{32}P-Einbau des Nucleinsäurephosphors unter allen geprüften Bedingungen die größte Konstanz.

Резюме

Растущие крысы получали разные белковые диэты и исследовались в условиях голодания или же в стадии возобновленного кормления. Они получали инъекцию $Na_2H^{32}PO_4$ (раствор без носителей), причем измерялось поступление ^{32}P во фракции кислотнорастворимого P, липоидного P, P нуклеиновой кислоты и белкового P печени. Через 24 часа после поступления спепифическая активность кислоторастворимого P и липоидного P были независимо от диэты на одинаковой высоте. Были вычислены следующие два соотношения:

Соотношение NS-P =

$$= \frac{\text{специфич. активность (кислотнорастворимый P + липоидный P)}:2}{\text{специфич. активность}}$$

Соотношение белкового P =

$$= \frac{\text{специфич. активность (кислотнорастворимый P + липоидный P)}:2}{\text{специфич. актипность белкового P}}$$

Соотношения оказались вполне стабильными во всех испытанных условиях кормления и колебались между 1,3 и 2,3. Белковое соотношение P возрастает при плохом белковом питании (диэта с желатином) до 3,6 и понижается при хорошем синтезе белка печенью (после того как животные кормились после голодания в течение 30 или 48 часов и после инъекции P) до 0,4–0,3.

Далее исследовался процесс включения ^{32}P в четыре фракции в первые часы после инъекции как при нормальном питании, так и во время периода возобновления кормления после 48-часового голодания (рис. 1 и 2).

После продолжительного периода голодания (72 часа) весьма быстро возобновилось включение ^{32}P до нормальных величин. Из четырех исследованных фракций наибольшую костантность при всех испытанных условиях обнаруживет включение ^{32}P фосфора нуклеиновой кислоты.

Summary

Growing rats were fed different protein diets and then investigated under conditions of starvation and during the period of re-feeding. They were given an injection of $Na_2H^{32}PO_4$ (carrierfree solution) and subsequently, the ^{32}P incorporation into different fractions of acid-soluble P, lipoid P, nucleic-acid P and protein P of the liver was measured. After a 24-hour incorporation period the specific activities of acid-soluble P and lipoid P were at the same level irrespective of the diets given. The following two quotients were derived:

$$\text{NA-P quotient} = \frac{\text{specific activity (acid-soluble P + lipoid P)}:2}{\text{spec. activity NA-P}}$$

$$\text{Protein-P quotient} = \frac{\text{spec. activity (acid-soluble P + lipoid P)}:2}{\text{spec. protein-P activity}}$$

Under all dietary conditions tested the NA-P quotients were quite stable ranging from 1.3 to 2.3. With low-protein diets (gelatine diet) the protein-P quotient rose to 3.6 while with a high efficiency of protein synthesis in the liver (when the animals had been starved for a period of 30 and 48 hours respectively and were then re-fed following a ^{32}P-injection) it was decreased to 0.4 or 0.3. Additionally,

the ^{32}P incorporation levels of all 4 fractions were checked during the first hours after injection both under ordinary dietary conditions and during the period of re-feeding, following a 48-hour period of starvation (figure 1 and 2).
After prolonged periods of starvation (72 hours) the incorporation of ^{32}P rapidly returned to normal during the period of re-feeding. Under all conditions tested the ^{32}P incorporation into the NA-P fraction proved to be the most constant one among the 4 fractions investigated.

Literaturverzeichnis

[1] BERGNER, H., und A. HOCK: Archiv für Tierernähr. **14**, **67** (**1964**)
[2] BERGNER, H., und A. HOCK: Archiv für Tierernähr. **14**, **469** (**1964**)

Eingegangen: 27. Juni 1964

Den technischen Assistentinnen CH. JOCHINTKE, I. BRAUER und U. KITTLER sei an dieser Stelle für ihre fleißige Mitarbeit gedankt.

Aus dem Max-Planck-Institut für Tierzucht und Tierernährung Mariensee/Trenthorst
(Direktor: Prof. Dr. M. Witt)

J. Schröder

Einfluß von Eisen- und Kupfersulfat auf die Zuchtleistung der Sauen*

Der Erfolg der Schweineproduktion ist weitgehend von der Ferkelerzeugung abhängig. Nach Witt (1963) führt die Ferkelerzeugung nur dann zu einem wirtschaftlichen Erfolg, wenn je Sau und Jahr mehr als 16 Ferkel aufgezogen werden.

Die Aufzuchtleistungen der Sauen sind abhängig von der Zahl der geborenen und aufgezogenen Ferkel. Im allgemeinen liegt die Fruchtbarkeit bei den deutschen Schweinerassen verhältnismäßig hoch. Nach dem Jahresbericht der ADS (1962) wurden 1962 in den Herdbuchbeständen je Sau und Jahr 21,9 Ferkel geboren. Die Steigerung der Fruchtbarkeit über die Züchtung ist nach Lauprecht und Döring (1953) nur in geringem Umfang möglich, denn die Heritabilität der Anzahl der Ferkel im ersten Wurf liegt nur bei 10–15%. Eine Erhöhung der Zahl der geborenen Ferkel je Wurf führt nach Stahl (1956) zur Verringerung der Geburtsgewichte und zur Vergrößerung der Aufzuchtverluste. Nach Behrens (1957) verenden 50 bis 100% der Ferkel mit einem Geburtsgewicht zwischen 0,5 und 1,0 kg. Caroll und Krider (1956) berichten auf Grund amerikanischer Untersuchungen über ähnliche Ergebnisse. Es kommt somit in Zukunft weniger darauf an, die Fruchtbarkeit zu steigern, als vielmehr die geborenen Ferkel mit möglichst geringen Verlusten aufzuziehen.

Von den zahlreichen Ursachen der Ferkelverluste soll hier nur die Anämie der Ferkel, die durch den Mangel an Eisen, Kupfer und Vitaminen hervorgerufen wird, behandelt werden. Nach Behrens (1954) ist bei den neugeborenen Ferkeln die sogenannte „physiologische Anämie" fast immer vorhanden. Venn und Mitarb. (1947) geben an, daß ein Ferkel bei der Geburt etwa 50 mg Eisen enthält und daß es bei intensivem Wachstum je Tag 7 mg Eisen aufnehmen müßte. Nach Habersang (1952) enthalten 1000 cm^3 Sauenmilch jedoch nur 0,899 mg Eisen.

Bedingt durch die begrenzte Milchleistung der Sauen und die geringe Aufnahmefähigkeit der Ferkel nehmen die Tiere je Tag in der Regel mit der Milch weniger als 1 mg Eisen auf. Die ständige Minderaufnahme von Eisen führt dann zur „pathologischen Anämie". Nach Behrens (1954) werden davon zumeist die bestentwickelten Ferkel eines Wurfes befallen. Diese Krankheit äußert sich in einer blassen Hautfarbe, Mattigkeit, Säugeunlust, Abmagerung, Durchfall und endet in vielen Fällen innerhalb von wenigen Tagen mit dem Tod der Tiere. Über die Bekämpfung der Anämie der Ferkel nach der Geburt, auf die hier nicht weiter eingegangen werden soll, berichten Behrens (1954, 1958, 1962, 1963), Behrens und Lauprecht (1963), Buysse (1962), Herin (1962), Turek und Haiger (1963), Unshelm und Prehn (1964).

Zur Bildung des Blutfarbstoffes, von Hämoglobin, ist nach Habersang (1952) neben Eisen auch Kupfer notwendig. Kupfer verhindert die Ablagerung des Eisens

* Herrn Prof. Dr. M. Witt zum 65. Geburtstag gewidmet.

in der Leber und unterstützt es bei dem Hämoglobinaufbau. Beide Metalle sollen für das intrauterine und postnatale Wachstum des Neugeborenen mit verantwortlich sein und einen Infektionsschutz gewährleisten. Kupfer soll ferner die Ausnutzung des Nahrungseisens begünstigen, die Glycolyse und Diastase sowie die Wirkung der Vitamine aus der B-Gruppe beeinflussen. Nach KIRCHGESSNER (1961) wird durch Kupfer auch die Ausnutzung des Nahrungseiweißes verbessert.

Über die Beeinflussung des Eisen- und Kupfergehaltes der Sauenmilch durch Eisen-, Kupfer- und Vitaminbeifütterung hat HABERSANG (1952) ausführlich auf Grund von umfangreichen Literaturstudien und eigenen Untersuchungen berichtet. Er kommt zu der Schlußfolgerung, daß der Eisen- und Kupfergehalt der Milch durch die Fütterung zu beeinflussen ist. Der Einfluß des Eisens im Futter auf den Eisengehalt der Milch soll jedoch erst nach einer Anlaufzeit von 12 bis 14 Tagen feststellbar sein. Die beste Wirkung soll erreicht werden, wenn neben diesen Metallen gleichzeitig die Vitamine A, B und D verabreicht werden.

Nach URBANYJ (1941), VENN und Mitarb. (1947), NESENI (1956) und JAROW (1964) kann durch die Eisen-Kupfer-Beifütterung während der Trächtigkeit der Sau die Wurfgröße erhöht werden. HABERSANG (1952) findet, da die Eisen- und Kupferbeifütterung nur 4 Wochen vor dem Abferkeln, d. h. nach der Eireifung und Befruchtung, stattgefunden hat, für diese Erscheinung keine Erklärung. Er hält es für sehr unwahrscheinlich, daß in dieser Zeit noch Fruchtresorptionen erfolgen.

Nach dänischen und ungarischen Untersuchungen sollen laut HABERSANG das Wurfgewicht bei der Geburt und die Wurfgewichte in der Säugezeit durch Eisen- und Kupferbeifütterung während der Trächtigkeit der Sauen erhöht werden. HABERSANG (1952), NESENI (1956) und JAROW (1964) konnten diese Feststellungen in ihren Untersuchungen bestätigen. Darüber hinaus wurde von diesen Autoren ermittelt, daß die Zahl der Totgeburten, besonders, wenn mit dem Eisen und Kupfer gleichzeitig auch Vitamine verabreicht werden, zurückgeht. RYDBERG und Mitarb. (1959) konnten bei der Injektion von 10 ml (50 mg/ml) Eisendextran 2 bis 4 Wochen vor der Abferkelung jedoch keinen Einfluß auf die Geburtsgewichte der Ferkel und die Wurfgröße feststellen.

Die erwähnten Versuche zur Ermittlung des Einflusses der Eisen- und Kupferbeifütterung auf die Zuchtleistung der Sau wurden in der Regel nur an einer geringen Anzahl von Würfen, bei sehr unterschiedlicher, zum Teil knapper Ernährung der Muttertiere und in einem verhältnismäßig kurzen Zeitabschnitt durchgeführt. In Anbetracht der Wichtigkeit dieser Frage für die Ferkelaufzucht hat das Max-Planck-Institut für Tierzucht und Tierernährung Mariensee einen 10 Jahre dauernden Versuch mit 470 Würfen durchgeführt, um festzustellen, welchen Einfluß eine Eisen-Kupfersulfatbeifütterung auf die Zuchtleistung der Sau bei qualitativ und quantitativ den Normen entsprechender Ernährung hat.

1. Versuchsdurchführung

Der Versuch wurde in den Jahren 1953 bis 1963 durchgeführt. Insgesamt wurden 470 Würfe mit 5101 Ferkeln kontrolliert. Davon entfallen 374 Würfe mit 4190 Ferkeln auf Herdbuchsauen der Rasse veredeltes Landschwein, 58 Würfe mit 551 Ferkeln auf Nicht-Herdbuchsauen der gleichen Rasse und 38 Würfe mit 360 Ferkeln auf die belgische Rasse Piétrain.

Bei den Würfen der Herdbuchsauen erhielt nur eine Hälfte der Muttertiere während der Versuchszeit, die sich über mehrere Würfe erstreckte, eine Eisen-

Kupfersulfatgabe, die andere Hälfte der Sauen bekam diesen Zusatz nicht und wurde als Vergleichsgruppe betrachtet. Die Auswahl der Tiere für die jeweilige Gruppe erfolgte nach dem Zufall. Bei den Nicht-Herdbuchsauen der Rassen veredeltes Landschwein und Piétrain wurde das Eisen-Kupfersulfat im Wechsel verabreicht, d. h. bei einem Wurf bekamen die Muttertiere Eisen-Kupfersulfat, bei dem folgenden nicht. Dieser Wechsel wurde solange vorgenommen, bis die Tiere aus der Zucht ausschieden.

Die Beifütterung des Eisen-Kupfersulfats begann 4 Wochen vor dem Abferkeln und dauerte bis zum Absetzen der Ferkel (Absetzalter der Ferkel = acht Wochen). Bei der Geburt wurde, um Verstopfungen bei den Muttertieren zu verhüten, die Verabreichung der Metallsalze für 3 bis 6 Tage unterbrochen. Das Eisen- und Kupfersulfat wurde in Mengen von 5 g im Verhältnis 9: 1 – das entspricht 900 mg Eisen und 125 mg Kupfer – je Tier und Tag verabreicht.

Die Fütterung und Haltung der hochtragenden und säugenden Sauen war in allen Gruppen, besonders in der Nährstoffversorgung, gleich. Ein Teil der Tiere bekam jedoch neben Schrot als Grundfutter Sauerkartoffeln, der andere Teil nur Schrot. Die Fütterungsart wurde bei der Auswertung der Versuchsergebnisse berücksichtigt. Die Zusammensetzung der Schrotmischungen, die während der ganzen Versuchsdauer unverändert blieb, ist in Tabelle 1 aufgeführt.

Tabelle 1

Zusammensetzung und Nährstoffgehalt der Schrotmischungen für niedertragende und säugende Sauen sowie für Ferkel

%	niedertragende Sauen	hochtragende und säugende Sauen Grundfutter:		Ferkelschrot-mischung
		Sauer-kartoffeln	nur Schrot	
Gerstenschrot	62	50	50	54
Haferschrot	15	10	12	27*
Troblako	–	5	5	–
Weizenkleie	–	10	10	–
Fischmehl	20	–	8	10
Erdnußschrot	–	–	5	–
Eiweißkonzentrat	–	15	–	–
Trockenhefe	–	–	7	7
Sojaschrot	–	7	–	–
Knochenmehl	–	–	–	1
Holzkohle	–	–	–	1
Gelitakalk	3	3	3	–
	100	100	100	100
1 kg enthält:				
verd. Eiweiß g	178	170	145	145
GN g	669	648	652	693

* Spelzen abgesiebt.

Die Schrotmischungen entsprachen somit im Eiweiß- und GN-Gehalt weitgehend den Normen. Auch der Vitamingehalt der Ration war durch die Beigabe von Trockenhefe und Troblako in den Schrotmischungen ausreichend. Die niedertragenden Sauen bekamen im Sommer neben 1 bis 1,5 kg Schrot etwa 6 Stunden Weidegang. Im Winter erhielten die Tiere an Stelle des Weideganges Sauerkartoffeln bzw. Futterrüben. Hochtragende und säugende Sauen bekamen keinen Weidegang. Alle hochtragenden Sauen wurden 4 Wochen vor der Abferkelung auf Vorbereitung in Einzelhaltung und -fütterung gestellt. Während dieser Zeit wurde die Futterzuteilung so bemessen, daß die Tiere in gutem Ernährungszustand zum Abferkeln kamen. Die Sauen, die während der Säugezeit als Grundfutter Sauerkartoffeln bekamen, erhielten neben rd. 8 kg Kartoffelsilage als Beifutter 1 kg Schrot und für je drei Ferkel ein weiteres Kilogramm Schrot. An Sauen, die nur mit Schrot gefüttert wurden, wurde je Ferkel rd. 0,6 kg Schrot je Tag verabreicht. In beiden Fällen erhielt danach z. B. eine Sau mit zehn Ferkeln rd. 850 g verd. Eiweiß in rd. 4000 g GN. Diese Mengen entsprechen sowohl im Eiweiß als auch im Gehalt an GN den Empfehlungen von RICHTER (1961). Nach dem Absetzen der Ferkel wurden alle Sauen, soweit sie in der Zucht verblieben, sofort in der ersten Rausche belegt.

Zur Ermittlung der Zuchtleistung wurde bei der Geburt der Ferkel das Wurfgewicht, das Gewicht des einzelnen Ferkels, die Zahl der insgesamt geborenen Ferkel und die Zahl der totgeborenen Tiere festgestellt. Weiterhin wurden bis zum Absetzen des Wurfes die Ferkel wöchentlich einzeln gewogen und die Ferkelverluste registriert. Im Alter von 21 Tagen bis zum 56. Lebenstag bekamen die Tiere das in der Tabelle Nr. 1 angeführte Ferkelschrot. Untersuchungen über den Hämoglobingehalt des Blutes der Muttertiere bzw. der Ferkel erfolgten nicht.

2. Versuchsergebnisse

Im allgemeinen entsprechen die Herdbuchsauen nicht nur typmäßig dem Zuchtziel, sondern sie haben auch eine recht gute Fruchtbarkeit und Aufzuchtleistung aufzuweisen. Die Nicht-Herdbuchtiere kommen wohl formmäßig dem Zuchtziel sehr nahe, sie erreichen jedoch nicht die Fruchtbarkeit und Aufzuchtleistung der Herdbuchsauen. Bei der Versuchsanstellung wurde vermutet, daß die Eisen- und Kupfersulfatbeifütterung Tiere mit einer geringeren Fruchtbarkeit und Aufzuchtleistung stärker beeinflussen würde als Sauen mit höherer Fruchtbarkeit. Um die Unterschiede genau zu erfassen, wurde das gesamte Material der veredelten Landschweine in Herdbuchtiere und Nicht-Herdbuchtiere unterteilt. Die Piétrains, die in der Fruchtbarkeit in etwa den Nicht-Herdbuchtieren der vL-Rasse gleichkommen, in der Aufzuchtleistung jedoch diesen etwas unterlegen sind, wurden ebenfalls als gesonderte Gruppe behandelt.

2.1. Herdbuchsauen

2.1.1. Aufzuchtleistung der Sauen ohne Berücksichtigung der Fütterungsart und Weidehaltung

Bei der Prüfung der Versuchsergebnisse kam es zunächst darauf an, festzustellen, welchen Einfluß die Eisen- und Kupfersulfatbeifütterung auf die Zuchtleistung der Sauen hat, wenn die Fütterungsart der hochtragenden und säugenden Sauen und die Weidehaltung der niedertragenden Sauen unberücksichtigt bleibt. Das Ergebnis der Untersuchungen ist in Tabelle 2 zusammengefaßt.

Tabelle 2

Einfluß der Eisen- und Kupfersulfatbeifütterung auf die Zuchtleistung der Sauen ohne Berücksichtigung der Weideperiode und Fütterungsart während der Säugezeit (Herdbuchtiere)

		ohne Eisen- und Kupfersulfat		mit Eisen- und Kupfersulfat		ohne Eisen- und Kupfersulfat = 100
		$\bar{x}$	s	$\bar{x}$	s	
		Bei der Geburt				
Zahl der Würfe		190		184		
Ferkel geboren, insgesamt		2166		2024		
davon je Wurf:						
a) insgesamt	Stück	11,4	2,43	11,0	2,42	96,5
b) lebend	Stück	10,6	2,21	10,4	2,29	98,1
c) totgeboren	Stück	0,77	1,04	0,61	0,98	79,2
Wurfgewicht	kg	14,4	–	14,1	–	97,9
Gewicht je Ferkel	kg	1,26	0,179	1,28	0,173	101,6
		4. Lebenswoche (28 Tage)				
Ferkel je Wurf	Stück	9,4	–	9,2	–	97,9
Wurfgewicht	kg	60,16	–	60,66	–	100,8
Gewicht je Ferkel	kg	6,40	0,867	6,59	0,958	103,0
Ferkelverluste*	%	10,1	10,66	10,6	10,36	
		8. Lebenswoche (56 Tage)				
Ferkel je Wurf	Stück	9,2	–	9,0	–	97,8
Wurfgewicht	kg	139,47	–	140,95	–	101,1
Gewicht je Ferkel	kg	15,16	2,347	15,66	2,384	103,3
Ferkelverluste* (von Geburt bis 56. Tag)	%	12,17	11,153	12,54	11,028	

* Ohne Totgeburten.

Die Zahl der geborenen Ferkel je Wurf, die in beiden Gruppen sehr günstig war, lag – wie aus Tabelle 2 hervorgeht – bei den Sauen ohne Eisen- und Kupfersulfatbeifütterung bei 11,4 und in der Versuchsgruppe bei 11,0 Tieren. Auch die Zahl der lebendgeborenen Ferkel war noch, trotz der etwas geringeren Zahl der Totgeburten, in der Versuchsgruppe mit 10,4 Ferkeln niedriger als in der Vergleichsgruppe. Das Wurfgewicht, das sehr stark von der Anzahl der Ferkel im Wurf beeinflußt wird, bewegte sich mit 14,4 und 14,1 kg in beiden Gruppen praktisch auf gleicher Ebene. Das Geburtsgewicht je Ferkel war mit 1,28 kg in der Versuchsgruppe um 20 g höher als in der Vergleichsgruppe. Die aufgeführten Differenzen zwischen den Mittelwerten der Gruppen erwiesen sich jedoch als nicht signifikant. Am Ende der 4. Lebenswoche lebten in der Vergleichsgruppe noch 9,4 und in der Versuchsgruppe 9,2 Ferkel je Wurf. Das durchschnittliche Ferkelgewicht lag am 28. Tag in der Versuchsgruppe um 19 g höher als in der Vergleichsruppe. Diese Gewichtsdifferenz erwies sich auch bei diesem Merkmal als nicht signifikant. In den Ferkelverlusten ergaben sich zwischen den Gruppen-Mittelwerten ebenfalls keine signifikanten Unterschiede. Von der 4. bis zum Ende der 8. Lebenswoche sind noch in jeder Gruppe 0,2 Ferkel je Wurf verendet. Das Wurfgewicht erhöhte sich bis zum Absetzen in der Vergleichsgruppe auf 139,47 kg und in der Versuchsgruppe auf 140,95 kg. Die Differenz zwischen den Mittelwerten der Gruppen ist jedoch statistisch nicht gesichert. Dagegen war das durchschnittliche Ferkelgewicht am Ende der 8. Lebenswoche in der Versuchsgruppe mit 15,66 kg um 0,5 kg signifikant (5%) höher als in der Vergleichsgruppe. Die Ferkelverluste während der gesamten Säugeperiode lagen mit 12,17 bzw. 12,54% sehr günstig und unterscheiden sich nicht signifikant.

2.1.2. Aufzuchtleistung der Sauen bei Schrotfütterung ohne Berücksichtigung der Weidehaltung

Nachdem die Auswertung ergab, daß die Eisen- und Kupfersulfatbeifütterung ohne Berücksichtigung von Fütterungsart und Weidegang mit Ausnahme des 8-Wochengewichtes der Ferkel keinen Einfluß auf die Zuchtleistung hatte, wurde weiter geprüft, ob eine Eisen- und Kupfersulfatgabe in Verbindung mit der Fütterungsart die Zuchtleistung der Tiere beeinflußt. In Tabelle 3 ist das Ergebnis, das bei reiner Schrotfütterung während der Tragezeit und Säugeperiode, jedoch ohne Berücksichtigung des Weideganges ermittelt wurde, zusammengefaßt.

Ohne Eisen- und Kupfersulfatbeifütterung wurden, wie aus Tabelle 3 zu ersehen ist, in der Vergleichsgruppe je Wurf 11,5 und in der Versuchsgruppe mit Eisen- und Kupfersulfatbeifütterung 10,5 Ferkel geboren. Auch die Zahl der lebendgeborenen Ferkel je Wurf lag mit 9,8 Tieren in der Versuchsgruppe niedriger als in der Vergleichsgruppe. Das Geburtsgewicht je Ferkel war in der Versuchsgruppe mit 1,31 kg um 40 g höher als in der Vergleichsgruppe. Alle erwähnten Differenzen zwischen den Mittelwerten der Gruppen erwiesen sich jedoch als nicht signifikant. Die Zahl der lebenden Ferkel am Ende der 4. Lebenswoche verringerte sich auf 9,5 in der Vergleichsgruppe und auf 9,0 Tiere in der Versuchsgruppe. Das durchschnittliche Ferkelgewicht lag in der Versuchsgruppe mit 6,42 kg um 21 g höher als in der Vergleichsgruppe. Beide Differenzen zwischen den Gruppen-Mittelwerten sind statistisch nicht gesichert. Die Ferkelverluste von der Geburt bis zur 4. Lebenswoche waren mit 7,51 bzw. 7,60% in beiden Gruppen sehr gering und

Tabelle 3

Einfluß der Eisen- und Kupfersulfatbeifütterung auf die Zuchtleistung der Sauen unter Berücksichtigung der Fütterungsart (ohne Berücksichtigung des Weideganges

Fütterungsart: nur Schrot (Herdbuchsauen)

		ohne Eisen- und Kupfersulfat		mit Eisen- und Kupfersulfat		ohne Eisen- und Kupfersulfat = 100
		$\bar{x}$	s	$\bar{x}$	s	
		Bei der Geburt				
Zahl der Würfe:		45	–	44	–	
Ferkel geboren, insgesamt		518	–	462	–	
davon je Wurf						
a) insgesamt	Stück	11,5	2,45	10,5	2,36	91,3
b) lebend	Stück	10,4	2,35	9,8	2,01	94,2
c) totgeboren	Stück	1,07	1,055	0,70	1,131	65,4
Wurfgewicht	kg	14,6	–	13,8	–	94,5
Gewicht je Ferkel	kg	1,27	0,196	1,31	0,175	103,1
		4. Lebenswoche (28 Tage)				
Ferkel je Wurf	Stück	9,5	–	9,0	–	94,7
Wurfgewicht	kg	59,00	–	57,78	–	97,9
Gewicht je Ferkel	kg	6,21	0,807	6,42	0,917	103,4
Ferkelverluste*	%	7,51	9,841	7,60	8,931	
		8. Lebenswoche (56 Tage)				
Ferkel je Wurf	Stück	9,3	–	8,8	–	94,6
Wurfgewicht	kg	134,38	–	132,88	–	98,9
Gewicht je Ferkel	kg	14,45	2,042	15,10	2,304	104,5
Ferkelverluste* (von Geburt bis 56. Tag)	%	9,54	10,582	9,45	10,023	

* Ohne Totgeburten.

unterscheiden sich praktisch nicht. Auch am Ende der 8. Lebenswoche ergaben sich zwischen den Gruppen in der Anzahl der Ferkel je Wurf, im Wurfgewicht, im Durchschnittsgewicht je Ferkel und in den Aufzuchtverlusten keine signifikanten Differenzen.

2.1.3. Aufzuchtleistung der Sauen bei Kartoffel-Schrotfütterung ohne Berücksichtigung der Weidehaltung

In Tabelle 4 sind die Ergebnisse der Eisen- und Kupfersulfatbeifütterung bei Verfütterung von Sauerkartoffeln und Schrot an hochtragende und säugende Sauen zusammengefaßt. Der Weidegang der Tiere blieb auch hier unberücksichtigt.

Tabelle 4

Einfluß der Eisen- und Kupfersulfatbeifütterung auf die Zuchtleistung der Sauen unter Berücksichtigung der Fütterungsart (jedoch ohne Berücksichtigung des Weideganges [Herdbuchtiere])

Fütterungsart: Sauerkartoffeln + Schrot

		ohne Eisen- und Kupfersulfat		mit Eisen- und Kupfersulfat		ohne Eisen- und Kupfersulfat = 100
		$\bar{x}$	s	$\bar{x}$	s	
		Bei der Geburt				
Zahl der Würfe		145	–	140	–	–
Ferkel geboren, insgesamt		1653	–	1568	–	–
davon je Wurf:						
a) insgesamt	Stück	11,4	2,43	11,2	2,43	98,2
b) lebend	Stück	10,7	2,17	10,6	2,35	99,1
c) totgeboren	Stück	0,68	1,028	0,59	0,929	86,8
Wurfgewicht	kg	14,2	–	14,3	–	100,7
Gewicht je Ferkel	kg	1,25	0,173	1,28	0,173	102,4
		4. Lebenswoche (28 Tage)				
Ferkel je Wurf	Stück	9,4	–	9,2	–	97,8
Wurfgewicht	kg	60,72	–	61,09	–	100,6
Gewicht je Ferkel	kg	6,46	0,878	6,64	0,968	102,8
Ferkelverluste*	%	10,91	10,812	11,55	10,622	
		8. Lebenswoche (56 Tage)				
Ferkel je Wurf	Stück	9,2	–	9,0	–	97,8
Wurfgewicht	kg	141,50	–	142,47	–	100,7
Gewicht je Ferkel	kg	15,38	2,431	15,83	2,390	102,9
Ferkelverluste* (von Geburt bis 56. Tag)	%	12,93	11,254	13,51	11,183	

* Ohne Totgeburten.

Die Zahl der geborenen Ferkel je Wurf war auch in diesem Fall mit 11,4 bzw. 11,2 Tieren recht günstig. Auch die Totgeburten je Wurf mit 0,68 Tieren in der Vergleichsgruppe und 0,59 Tieren in der Versuchsgruppe waren sehr niedrig. Durch die gleiche Anzahl der Ferkel je Wurf in beiden Gruppen lag auch das Wurfgewicht mit 14,2 bzw. 14,3 kg auf gleicher Höhe. Das durchschnittliche Ferkelgewicht je Wurf war in der Versuchsgruppe mit 1,28 kg um 30 g höher als in der Vergleichsgruppe. Der Unterschied zwischen den Mittelwerten der Gruppen ergab jedoch keine Signifikanz. Mit 9,4 Ferkeln je Wurf war am Ende der 4. Lebenswoche die Vergleichsgruppe der Versuchsgruppe um 0,2 Ferkel überlegen. Das Wurfgewicht und das Vierwochengewicht je Ferkel lagen in der Versuchsgruppe um 0,6 bzw. 2,8% höher als in der Vergleichsgruppe. Dagegen waren die Abgangsverluste in der Versuchsgruppe etwas höher als in der Vergleichsgruppe. Die Differenzen zwischen den Mittelwerten der beiden Gruppen sind jedoch in allen Merkmalen äußerst niedrig und nicht signifikant. Am Ende der Säugeperiode waren in der Vergleichsgruppe noch 9,2 und in der Versuchsgruppe noch 9,0 Ferkel je Wurf am Leben. Das Wurfgewicht lag in der Versuchsgruppe um 0,7% höher als in der Vergleichsgruppe.

Durch das etwas höhere Wurfgewicht und die niedrigere Ferkelzahl war das Durchschnittsgewicht je Ferkel am Ende der 8. Lebenswoche in der Versuchsgruppe mit 15,83 kg um 0,45 kg signifikant (5%) höher als in der Vergleichsgruppe. Die Aufzuchtverluste, die in beiden Gruppen als günstig anzusehen sind, unterscheiden sich nicht signifikant.

2.1.4. Aufzuchtleistung der Sauen unter Berücksichtigung der Fütterungsart und Weidehaltung

Neseni (1956) konnte bei seinen Untersuchungen feststellen, daß die Wirkung der Eisen- und Kupferbeifütterung mehr vom Standort als von der Jahreszeit abhängig ist. Das vorliegende Untersuchungsmaterial über die Herdbuchsauen wurde in dem Institutsbetrieb Mecklenhorst und das der Nicht-Herdbuchtiere und der Piétrains in Mariensee ermittelt. Da dieses Material getrennt nach diesen Gruppen ausgewertet wurde, erübrigt sich eine weitere Unterteilung nach Standorten.

Eine Unterteilung des Materials nach Jahreszeiten erschien ebenfalls nicht notwendig, weil die Haltung mit Ausnahme der Weideperiode ganzjährig gleich war. Es wurde jedoch vermutet, daß der Weidegang der niedertragenden Sauen im Zusammenhang mit der Eisen-Kupfersulfatgabe einen Einfluß auf die Zuchtleistung haben könnte. Daher wurde das Material in dieser Richtung ausgewertet. Als Weideperiode wurde die Zeit vom 1. Mai bis 30. September angenommen. Die Auswertung erfolgte nach den verschiedenen Fütterungsarten.

In Tabelle 5 sind die Einflüsse der Eisen- und Kupfersulfatbeifütterung auf die Zuchtleistungen der Tiere, die niedertragend Weidegang und hochtragend sowie in der Säugeperiode nur Schrot bekamen, zusammengefaßt.

Die Zahl der geborenen Ferkel lag in der Versuchsgruppe, die Eisen- und Kupfersulfat bekam und Weidegang erhielt, mit 10,1 Ferkeln um 1 Ferkel niedriger als in der Vergleichsgruppe. Die Totgeburten je Wurf waren mit 0,43 Ferkeln allerdings um rd. 0,7 Ferkel geringer als bei den Vergleichstieren. Die Unterschiede zeigten jedoch keine Signifikanz. Das Geburtsgewicht je Ferkel war in beiden Gruppen mit 1,28 bzw. 1,27 kg völlig gleich. Mit 9,3 Ferkeln je Wurf war die Vergleichsgruppe auch am Ende der 4. Lebenswoche der Versuchsgruppe um 0,7 Ferkel überlegen. Das Wurfgewicht, das durchschnittliche Ferkelgewicht und die Ferkelverluste lagen um diese Zeit in der Versuchsgruppe etwas ungünstiger als in der Vergleichsgruppe. Es konnten jedoch keine signifikanten Unterschiede zwischen den Mittelwerten der Gruppen festgestellt werden. Am Ende der Säugeperiode waren in der Versuchsgruppe je Wurf noch 8,5 und in der Vergleichsgruppe noch 9,1 Ferkel. Die Ferkelgewichte lagen mit 14,59 kg in beiden Gruppen gleich, die Ferkelverluste waren in der Versuchsgruppe um 2,7% höher als in der Vergleichsgruppe. Diese Differenz ist jedoch auch hier nicht signifikant.

Tabelle 5

Einfluß der Eisen- und Kupfersulfatbeifütterung auf die Zuchtleistung der Sauen unter Berücksichtigung der Fütterungsart und des Weideganges

Fütterungsart: nur Schrot + Weidegang während der Trächtigkeit
(Herdbuchtiere)

		ohne Eisen- und Kupfersulfat $\bar{x}$	ohne Eisen- und Kupfersulfat s	mit Eisen- und Kupfersulfat $\bar{x}$	mit Eisen- und Kupfersulfat s	ohne Eisen- und Kupfersulfat = 100
			Bei der Geburt			
Zahl der Würfe		30	–	14	–	–
Ferkel geboren, insgesamt		333	–	141	–	–
davon je Wurf:						
a) insgesamt	Stück	11,1	2,22	10,1	2,56	91,0
b) lebend	Stück	9,97	2,14	9,6	2,62	96,3
c) totgeboren	Stück	1,17	1,08	0,43	0,64	36,8
Wurfgewicht	kg	14,2	–	12,8	–	90,1
Gewicht je Ferkel	kg	1,28	0,214	1,27	0,188	99,2
			4. Lebenswoche (28 Tage)			
Ferkel je Wurf	Stück	9,3	–	8,6	–	92,5
Wurfgewicht	kg	58,6	–	51,7	–	88,2
Gewicht je Ferkel	kg	6,30	0,845	6,01	1,040	95,4
Ferkelverluste*	%	6,0	8,33	8,8	9,66	
			8. Lebenswoche (56 Tage)			
Ferkel je Wurf	Stück	9,1	–	8,5	–	93,4
Wurfgewicht	kg	132,8	–	124,0	–	93,4
Gewicht je Ferkel	kg	14,59	2,23	14,59	2,62	100,0
Ferkelverluste* (von Geburt bis 56. Tag)	%	7,5	8,53	10,2	11,8	

* Ohne Totgeburten.

Auf die tabellarische Darstellung der Aufzuchtergebnisse, die bei Schrotfütterung, jedoch ohne Weidehaltung, der niedertragenden Sauen erreicht wurden, kann hier verzichtet werden. Die Auswertung zeigte, daß bei Schrotfütterung ohne Weidehaltung der Muttertiere in der Versuchsgruppe, die das Eisen- und Kupfersulfat bekam, die Zahl der Ferkel je Wurf bei der Geburt niedriger war als in der Vergleichsgruppe. Nur das Geburtsgewicht je Ferkel lag mit 1,32 kg um 60 g höher als in der Vergleichsgruppe. Die Differenzen in den Mittelwerten erwiesen sich jedoch als nicht signifikant. Auch am Ende der 4. und 8. Lebenswoche konnten keine signifikanten Unterschiede in der Zahl der Ferkel, dem Durchschnittsgewicht je Ferkel und den Ferkelverlusten zwischen den Gruppen festgestellt werden.

Der Einfluß der Eisen- und Kupfersulfatgabe auf die Zuchtleistung der Tiere bei Kartoffel-Schrotfütterung mit Weidehaltung der niedertragenden Sauen wurde an 79 Vergleichs- und 82 Versuchswürfen geprüft. Das Ergebnis ist in Tabelle 6 enthalten.

Tabelle 6

Einfluß der Eisen- und Kupfersulfatbeifütterung auf die Zuchtleistung der Sauen unter Berücksichtigung der Fütterungsart und Weidehaltung

Fütterungsart: Kartoffeln + Schrot, Weidehaltung während der Trächtigkeit (Herdbuchtiere)

		ohne Eisen- und Kupfersulfat		mit Eisen- und Kupfersulfat		ohne Eisen- und Kupfer-sulfat = 100
		$\bar{x}$	s	$\bar{x}$	s	
		Bei der Geburt				
Zahl der Würfe		79	–	82	–	
Ferkel geboren, insgesamt		916	–	910	–	
davon je Wurf:						
a) insgesamt	Stück	11,6	2,64	11,1	2,52	95,7
b) lebend	Stück	10,9	2,29	10,5	2,41	96,3
c) totgeboren	Stück	0,72	0,98	0,65	1,00	90,3
Wurfgewicht	kg	14,4	–	14,2	–	98,6
Gewicht je Ferkel	kg	1,24	0,153	1,28	0,169	103,2
		4. Lebenswoche (28 Tage)				
Ferkel je Wurf	Stück	9,5	–	9,3	–	97,9
Wurfgewicht	kg	60,2	–	60,0	–	99,7
Gewicht je Ferkel	kg	6,34	0,880	6,67	0,951	105,2
Ferkelverluste*	%	11,3	12,3	10,7	9,84	
		8. Lebenswoche (56 Tage)				
Ferkel je Wurf	Stück	9,3	–	9,1	–	97,8
Wurfgewicht	kg	139,0	–	144,1	–	103,7
Gewicht je Ferkel	kg	14,95	2,48	15,84	2,30	106,0
Ferkelverluste* (von Geburt bis 56. Tag)	%	13,2	12,5	12,6	10,5	

* Ohne Totgeburten.

Der Tabelle 6 ist zu entnehmen, daß in der Vergleichsgruppe insgesamt je Wurf 11,6 und in der Versuchsgruppe 11,1 Ferkel geboren wurden. Auch die Zahl der lebendgeborenen Ferkel lag mit 10,5 Ferkeln jeWurf in der Versuchsgruppe um 0,4 Ferkel niedriger als in der Vergleichsgruppe. Das durchschnittliche Ferkelgewicht bei der Geburt war jedoch mit 1,24 kg in der Vergleichsgruppe um 40 g niedriger als in der Versuchsgruppe. Die Differenzen zwischen den Mittelwerten der betrachteten Merkmale erwiesen sich jedoch als nicht signifikant. Bis zum Ende der 4. Lebenswoche waren in der Vergleichsgruppe noch 9,5 Ferkel und in der Versuchsgruppe 9,3 Tiere vorhanden. Die Ferkel der Versuchsgruppe waren mit 6,67 kg um 0,33 kg signifikant (5%) schwerer als die der Vergleichsgruppe.

In den Aufzuchtverlusten bestanden keine statistisch gesicherten Unterschiede zwischen den Gruppen. Von der 4. bis 8. Lebenswoche ging die Zahl der Ferkel je Wurf auf 9,3 bzw. 9,1 Tiere noch weiter zurück. Die Differenz der Durchschnittsgewichte der Ferkel vergrößerte sich zugunsten der Versuchstiere auf 0,89 kg. Dieser Unterschied erwies sich als signifikant (5%).

Bei der Kartoffel-Schrotfütterung an hochtragende und säugende Sauen wurde ebenfalls überprüft, welchen Einfluß die Eisen- und Kupfersulfatgabe auf die Zuchtleistung hat, wenn die niedertragenden Tiere keinen Weidegang bekommen. Dabei ergab sich, daß die Zahl der Ferkel je Wurf bei der Geburt mit 11,1 bzw. 11,2 Tieren in beiden Gruppen gleich war. Mit 10,7 Ferkeln je Wurf wurden in der Versuchsgruppe 0,3 Ferkel mehr lebend geboren als in der Vergleichsgruppe. In den Geburtsgewichten je Ferkel bestanden zwischen den Gruppen keine Unterschiede. Bis zum Ende der 4. Lebenswoche wurden in der Vergleichsgruppe 9,3 und in der Versuchsgruppe 9,2 Ferkel aufgezogen. Die Vierwochengewichte lagen in beiden Gruppen mit 6,61 kg völlig gleich. Am Ende der 8. Lebenswoche waren in beiden Gruppen noch 9 Ferkel je Wurf am Leben. Die Wurfgewichte und durchschnittlichen Ferkelgewichte lagen in beiden Gruppen auf gleicher Höhe. Die Aufzuchtverluste waren mit 14,8% in der Versuchsgruppe um 2,2% höher als in der Vergleichsgruppe. Der Unterschied ist jedoch statistisch nicht gesichert.

2.2. Nicht-Herdbuchtiere der Rasse vL

VENN und Mitarb. (1947) sowie HABERSANG (1952) verfütterten wechselweise Eisen bzw. Eisen-Kupfersulfat an trächtige Sauen und konnten dabei an einem geringeren Tiermaterial die Wirkung der Beifütterung auf die Zuchtleistung feststellen. Da im Institut nur eine geringe Anzahl von nicht-herdbuchfähigen Tieren vorhanden war, wurde um die Wirkung der Eisen- und Kupfersulfatbeifütterung auf die Aufzuchtleistung bei weniger fruchtbaren Tieren feststellen zu können, eine wechselweise Verabreichung des Eisen-Kupfersulfats an die Nicht-Herdbuchtiere vorgenommen. Da alle Tiere im Institutsbetrieb Mariensee gleich gefüttert wurden und auch zu gleichen Teilen Weidegang bekamen, war eine Unterteilung des Materials nach Fütterungsart und Weidegang nicht notwendig. Die Ergebnisse der wechselweisen Beifütterung des Eisen-Kupfersulfats sind in Tabelle 7 enthalten.

Die Anzahl der geborenen Ferkel je Wurf war in der Vergleichsgruppe mit 9,3 um 0,4 Tiere niedriger als in der Versuchsgruppe. Auch die Zahl der lebendgeborenen Ferkel je Wurf, die in der Versuchsgruppe 9,1 und in der Vergleichsgruppe 8,5 Tiere betrug, war hier, wie auch die Anzahl der insgesamt geborenen Ferkel, niedriger als bei den Herdbuchtieren. Die Totgeburten je Wurf haben sich trotz der geringeren Ferkelzahl nicht vermindert. Das Geburtsgewicht war mit 1,3 kg in beiden Gruppen gleich. Die aufgezogenen Ferkel je Wurf bis zum Ende der 4. Lebenswoche verringerten sich in der Vergleichsgruppe auf 7 und in der Versuchsgruppe auf 7,8 Tiere. Das Durchschnittsgewicht je Ferkel war mit 6,6 bzw. 6,5 kg in beiden Gruppen sehr gut und gleich. Am Ende der 8 Lebenswoche

Tabelle 7

Einfluß der wechselweisen Verfütterung von Eisen- und Kupfersulfat auf die Zuchtleistung der Sauen, ohne Berücksichtigung der Fütterungsart (Nicht-Herdbuchtiere)

		ohne Eisen- und Kupfersulfat		mit Eisen- und Kupfersulfat		ohne Eisen- und Kupfersulfat = 100
		$\bar{x}$	s	$\bar{x}$	s	
				Bei der Geburt		
Zahl der Würfe		29	–	29	–	
Ferkel geboren, insgesamt		270	–	281	–	
davon je Wurf:						
a) insgesamt	Stück	9,3	3,14	9,7	2,15	104,3
b) lebend	Stück	8,5	3,04	9,1	2,33	107,1
c) totgeboren	Stück	0,8	1,38	0,6	1,18	75,0
Wurfgewicht	kg	12,0	–	12,4	–	103,3
Gewicht je Ferkel	kg	1,3	0,235	1,3	0,195	100,0
				4. Lebenswoche (28 Tage)		
Ferkel je Wurf	Stück	7,0	–	7,8	–	111,4
Wurfgewicht	kg	46,0	–	51,4	–	111,7
Gewicht je Ferkel	kg	6,6	1,40	6,5	1,21	98,5
Ferkelverluste*	%	16,7	19,88	12,5	16,90	–
				8. Lebenswoche (56 Tage)		
Ferkel je Wurf	Stück	6,5	–	7,5	–	115,4
Wurfgewicht	kg	97,5	–	113,7	–	116,6
Gewicht je Ferkel	kg	14,9	2,95	15,0	2,86	100,7
Ferkelverluste* (Geburt bis 56. Tag)	%	24,1	23,6	16,4	19,4	

* Ohne Totgeburten.

waren in der Versuchsgruppe noch 7,5 und in der Vergleichsgruppe nur noch 6,5 Tiere je Wurf vorhanden. Die Aufzuchtverluste lagen somit in der Vergleichsgruppe mit 24% absolut um rd. 8% höher als in der Versuchsgruppe. Die Unterschiede zwischen den Mittelwerten der Gruppen sind jedoch in allen Fällen statistisch nicht gesichert.

2.3. Piétrain

Bei der Rasse Piétrain, die in der Fruchtbarkeit und dem Aufzuchtvermögen in der Regel noch unter den Leistungen der Nicht-Herdbuchtiere der Rasse vL liegt, konnten nur 38 Würfe geprüft werden. Die Verabreichung des Eisen- und Kupfersulfats erfolgte wechselweise. Eine Unterteilung der Würfe nach Fütterungsart und Weidehaltung wurde auch in diesem Fall nicht vorgenommen, weil die Tiere nur in dem Institutsbetrieb Mariensee unter gleichen Bedingungen gehalten wurden.

Die Aufzuchtleistung der Tiere ist in Tabelle 8 enthalten.

Tabelle 8

Einfluß der wechselweisen Verfütterung von Eisen- und Kupfersulfat auf die Zuchtleistung der Sauen ohne Berücksichtigung der Fütterungsart (Piétrain)

		ohne Eisen- und Kupfersulfat		mit Eisen- und Kupfersulfat		ohne Eisen- und Kupfersulfat = 100
		$\bar{x}$	s	$\bar{x}$	s	
		Bei der Geburt				
Zahl der Würfe		19	–	19	–	
Ferkel geboren, insgesamt		181	–	179	–	
davon je Wurf:						
a) insgesamt	Stück	9,5	2,19	9,4	3,02	98,9
b) lebend	Stück	9,2	2,34	9,2	3,20	100,0
c) totgeboren	Stück	0,3	0,45	0,2	0,45	66,7
Wurfgewicht	kg	11,6	–	11,5	–	99,1
Gewicht je Ferkel	kg	1,2	0,205	1,3	0,195	108,3
		4. Lebenswoche (28 Tage)				
Ferkel je Wurf	Stück	6,8	–	7,4	–	108,8
Wurfgewicht	kg	38,5	–	45,8	–	119,0
Gewicht je Ferkel	kg	5,7	1,52	6,3	1,25	110,5
Ferkelverluste*	%	25,9	25,3	15,6	17,95	
		8. Lebenswoche (56 Tage)				
Ferkel je Wurf	Stück	6,4	–	7,4	–	115,6
Wurfgewicht	kg	91,2	–	116,2	–	127,4
Gewicht je Ferkel	kg	13,8	2,99	16,0	1,82	115,9
Ferkelverluste* (von Geburt bis 56. Tag)	%	30,0	29,1	15,6	17,95	

* Ohne Totgeburten.

Mit 9,5 Ferkeln in der Vergleichs- und 9,4 Ferkeln in der Versuchsgruppe war, wie der Tabelle Nr. 8 zu entnehmen ist, die Anzahl der geborenen Ferkel je Wurf praktisch gleich groß. Auch die Zahl der lebendgeborenen Tiere je Wurf war mit 9,2 Ferkeln in beiden Gruppen gleich und verhältnismäßig günstig. Die Totgeburten waren in der Versuchsgruppe um 0,1 Ferkel je Wurf niedriger und das Geburtsgewicht je Ferkel um 100 g höher als in der Vergleichsgruppe Die Unterschiede zwischen den Mittelwerten der Gruppen sind jedoch nicht signifikant

Die Ferkelverluste waren bis zum Ende der 4. Lebenswoche mit 25,9% in der Vergleichsgruppe und 15,6% in der Versuchsgruppe recht hoch, so daß nur noch 6,8 Ferkel in der Vergleichsgruppe und 7,4 Ferkel in der Versuchsgruppe zu dieser Zeit vorhanden waren. Die Ferkel der Versuchsgruppe waren am Ende der 4. Lebenswoche um 0,6 kg schwerer als in der Vergleichsgruppe. Es ergab sich jedoch keine Signifikanz zwischen den Gruppen-Mittelwerten. Bis zum Ende der

8. Lebenswoche verringerte sich die Zahl der Ferkel je Wurf in der Vergleichsgruppe auf 6,4 Tiere. Die Wurfstärke in der Versuchsgruppe lag bei 7,4 Ferkeln. Die Ferkelverluste in der Vergleichsgruppe erhöhten sich auf 30%. Trotz der verhältnismäßig hohen Unterschiede zwischen den Mittelwerten der Gruppen in der Anzahl der Ferkel je Wurf und der Abgangsverluste am Ende der 8. Lebenswoche sind diese Differenzen nicht signifikant. Das Absetzgewicht je Ferkel war jedoch in der Versuchsgruppe mit 16,0 kg um 2,2 kg signifikant (1%) höher als in der Vergleichsgruppe.

3. Diskussion der Versuchsergebnisse

Es wurde untersucht, welchen Einfluß eine tägliche orale Eisen- und Kupfersulfatgabe von 5 g im Verhältnis 9 : 1 von 4 Wochen vor bis 8 Wochen nach dem Abferkeln bei normalen Haltungsbedingungen auf die Aufzuchtleistung von Herdbuch- und Nicht-Herdbuchsauen der Rassen veredeltes Landschwein und Piétrain hat. Ausgangsbasis dieser Untersuchungen waren die Ergebnisse früherer Arbeiten, in denen an zum Teil geringeren Tierzahlen festgestellt wurde, daß bei Verabreichung von Eisen- und Kupfersulfat 14 bis 28 Tage vor der Abferkelung der Sauen die Zahl der lebenden und toten Ferkel je Wurf und die Gewichtsentwicklung der Ferkel während der Säugeperiode günstig beeinflußt werden kann. Die an unserem Material ermittelten Versuchsergebnisse an 470 Würfen mit insgesamt 5101 Ferkeln zeigten jedoch, daß man die Zahl der geborenen Ferkel mit und ohne Berücksichtigung der Fütterungsart der hochtragenden und säugenden sowie der Haltung der niedertragenden Sauen bei einer biologisch vollwertigen und ausreichenden Ernährung der Tiere durch eine Beigabe von 5 g Eisen- und Kupfersulfat 4 Wochen vor der Abferkelung nicht beeinflussen kann. Dieses Ergebnis wurde sowohl bei sehr fruchtbaren Herdbuchsauen als auch bei den weniger fruchtbaren Nicht-Herdbuchsauen der Rassen vL und Piétrain übereinstimmend festgestellt. Wie HABERSANG (1952) schon ausführte, gibt es dafür, daß die Fruchtbarkeit gesteigert wird, wenn das Eisen- und Kupfersulfat 14 bis 28 Tage vor der Geburt verabreicht wird, keine physiologische Erklärung.

Eisen soll nur in beschränktem Maße resorbierbar sein. Unter dieser Voraussetzung ist jedoch anzunehmen, daß bei den Tieren, die 4 Wochen vor bis 8 Wochen nach dem Abferkeln die Eisen- und Kupfersulfatgabe bekamen, die Körperreserven an diesen Metallen zum Zeitpunkt der Belegung höher waren als bei den Vergleichstieren. Darüber hinaus kommt bei den Herdbuchtieren der veredelten Landschweinrasse noch hinzu, daß (ohne wechselweise Verabreichung des Eisen-Kupfersulfats) den gleichen Tieren, die Cu^{++} und Fe^{+++} erhielten im folgenden Wurf, d. h. in der gleichen Trächtigkeitsperiode wieder 4 Wochen vor dem Abferkeln Eisen- und Kupfersulfat verabreicht wurde. Diese Tiere verfügten somit während der Zeit der Befruchtung, zu Anfang der Tragezeit und im letzten Teil der Trächtigkeit, in der die Entwicklung der Embryonen besonders intensiv verläuft, über größere Mengen an Eisen und Kupfer als die Vergleichstiere. Würde ein Einfluß von Eisen und Kupfer auf die Befruchtungsrate bzw. Fruchtbarkeit vorliegen, dann hätte dieser besonders bei den Herdbuchsauen zur Auswirkung kommen müssen.

Im Gegensatz zu anderen Versuchsergebnissen konnte bei diesen Untersuchungen, auch bei der Aufgliederung des Materials nach Fruchtbarkeit der Muttertiere, Fütterungsarten und Haltungsbedingungen der niedertragenden und hochtragenden Sauen, kein Einfluß der Eisen- und Kupfersulfatgaben auf die Anzahl der Totgeburten festgestellt werden. Dieses Ergebnis dürfte dadurch zu erklären sein, daß alle Tiere über die Fütterung die entsprechenden Nahrungs- und Aufbaustoffe, die zur Erhaltung und Entwicklung der Foeten notwendig sind, erhalten haben.

Auf Grund neuerer Untersuchungen von Kirchgessner (1961) und Jucker (1961) kann durch eine zusätzliche Kupfergabe die Ausnutzung des Nahrungseiweißes verbessert werden. Es wurde daher vermutet, daß die Verabfolgung von Kupfersulfat im letzten Monat der Trächtigkeit, d. h. in der Zeit, in der die Entwicklung der Foeten sehr intensiv ist, das Geburtsgewicht der Ferkel günstig beeinflußt werden könnte. Die Auswertung dieses Versuches ergab jedoch, daß die in diesem Versuch verabreichten täglichen Mengen an Eisen und Kupfer (900/125 mg) das Geburtsgewicht der Ferkel weder bei den sehr fruchtbaren Herdbuchtieren noch bei den weniger fruchtbaren Nicht-Herdbuchtieren der Rassen vL und Piétrain beeinflussen konnten. Teague (1961) ermittelte in seinem Generationenversuch mit Sauen, von denen der eine Teil nur mit pflanzlichem Eiweiß, der andere mit tierischem und pflanzlichem Eiweiß gefüttert wurde, daß die Geburtsgewichte der Ferkel aus den Sauen, die mit pflanzlichem und tierischem Eiweiß gefüttert wurden, signifikant höher waren als bei den Tieren, deren Mütter nur pflanzliches Eiweiß bekamen. Bei den vorliegenden Untersuchungen erhielten nicht nur die hochtragenden, sondern auch die niedertragenden Sauen mengen- und qualitätsmäßig genügend Eiweiß zugeteilt. Das Eiweißbeifutter bestand, besonders bei den niedertragenden Sauen, wie aus Tabelle 1 zu ersehen ist, nur aus Fischmehl. Die biologisch vollwertige Eiweißgabe, die in diesem Versuch verabreicht wurde, reichte wahrscheinlich aus, die Wachstumskapazität der Foeten auch ohne Eisen- und Kupfersulfatgabe voll auszuschöpfen. Eine weitere Möglichkeit der Unwirksamkeit der Eisen- und Kupfersulfatgabe auf das Geburtsgewicht kann darin liegen, daß insbesondere die Kupfergabe von 125 mg je Tier und Tag zu niedrig bemessen war; denn Jucker (1961) konnte in seinen Mastversuchen mit Schweinen, die je Kilogramm lufttrockenes Futter 125, 250 und 375 mg Kupfer bekamen, mit steigender Kupfergabe eine Erhöhung der Tageszunahmen feststellen.

Der Einfluß der Eisen-Kupfersulfatgabe auf die Aufzuchtergebnisse und die Gesamtentwicklung von der Geburt bis zum Absetzen der Ferkel ist nicht eindeutig. Besonders in den Aufzuchtverlusten konnten auch bei Berücksichtigung der Fruchtbarkeit der Muttertiere, Fütterungsart und Haltungsbedingungen der Sauen weder im Ferkelalter von 4 Wochen noch im Alter von 8 Wochen statistisch gesicherte Unterschiede zwischen den Gruppen „mit" oder „ohne" Eisen- und Kupfersulfatbeifütterung festgestellt werden.

Läßt man die Unterteilung des Materials nach Fütterungsart und Haltungsbedingungen unberücksichtigt und vergleicht nur die Gruppen „mit" bzw. „ohne"

Eisen- und Kupfersulfatbeifütterung, dann ergeben sich zwischen den Gruppen in den Vierwochengewichten der Ferkel keine Unterschiede. Bei der Unterteilung des an Herdbuchtieren gesammelten Materials nach Futterarten konnte jedoch bei den Ferkeln, deren Mütter während der Vorbereitungs- und Säugeperiode Eisen- und Kupfersulfat erhielten und mit Kartoffeln und Schrot gefüttert wurden, bei Weidehaltung der niedertragenden Sauen ein um 0,33 kg signifikant höheres Vierwochengewicht festgestellt werden als bei den Tieren, deren Mütter gleichgehalten wurden, aber kein Eisen- und Kupfersulfat bekamen. Dieses Ergebnis bestätigt die Untersuchungen von MERTEN (1959), daß die Eisen-Kupferversorgung der Ferkel über das Muttertier sehr begrenzt ist und deshalb auf eine Behandlung der Ferkel nach der Geburt mit einem Eisenpräparat nicht verzichtet werden kann.

Ohne Aufgliederung des Materials bei den Herdbuchsauen nach Fütterungsart und Weidehaltung der Tiere konnte festgestellt werden, daß die Ferkel, deren Mütter Eisen- und Kupfersulfat bekamen, am Ende der Säugeperiode signifikant schwerer waren als die Vergleichstiere. Bei der Aufgliederung des Materials nach Fütterungsarten ergab sich jedoch, daß eine Wirkung des Eisen- und Kupfersulfats auf das 8-Wochengewicht der Tiere nur dann vorliegt, wenn die Muttertiere während der Säugeperiode mit Sauerkartoffeln und Schrot gefüttert werden. Bei reiner Schrotfütterung der Muttertiere war keine Wirkung dieser Beigabe auf das 8-Wochengewicht festzustellen. Bei der Rasse Piétrain ergab sich ein sehr hoher Einfluß der Eisen- und Kupfersulfatgaben auf das 8-Wochengewicht der Ferkel. Bei der Durchführung einer so großen Anzahl von Vergleichen ist zu erwarten, daß in einigen Fällen eine rein zufällige Überschreitung der Signifikanzgrenzen auftritt. Die Betrachtung der hier festgestellten signifikanten Differenzen zeigt jedoch, daß es sich dabei im wesentlichen um das 4- und 8-Wochengewicht der Ferkel bei bestimmter Fütterung und Rasse handelt. Die hier festgestellten signifikanten Differenzen sind daher nur schwer als rein zufällig zu erklären und können deshalb als verläßlich angesehen werden.

Da keine Untersuchungen über den Eisen- und Kupfergehalt der Milch und den Hämoglobingehalt im Blut vorgenommen wurden, muß nach VENN und Mitarb. (1947) angenommen werden, daß die Muttertiere, die während der Säugeperiode eine zusätzliche Eisen- und Kupfergabe erhielten, auch große Mengen dieser Metalle über den Kot ausgeschieden haben. Die Ferkel konnten dann durch Wühlen im Kot ihrer Muttertiere sehr wahrscheinlich ihr Defizit an diesen Metallen ausgleichen. Sicherlich hätte man den gleichen Erfolg erzielt, wenn man den Ferkeln eisenhaltige Rasenerde zur Verfügung gestellt hätte.

Zusammenfassung

An 470 Würfen mit insgesamt 5101 Ferkeln der Rassen veredeltes Landschwein und Piétrain wurde der Einfluß einer Eisen- und Kupfersulfatgabe in Höhe von 5 g je Tier und Tag (Verhältnis 9 : 1) bei oraler Verabreichung 4 Wochen vor bis 8 Wochen nach dem Abferkeln auf die Zuchtleistung der Tiere untersucht.

Bei qualitativ und quantitativ guter Ernährung der niedertragenden, hochtragenden und säugenden Sauen konnte kein Einfluß der Eisen- und Kupfersulfatgabe auf die Zahl der insgesamt geborenen Ferkel, der lebend- bzw. totgeborenen Ferkel und der Aufzuchtverluste festgestellt werden. Auf das 4-Wochengewicht je Ferkel zeigte sich nur bei Weidehaltung der niedertragenden Sauen und Kartoffel-Schrotfütterung der hochtragenden und säugenden Sauen ein positiver Einfluß der Eisen- und Kupfersulfatgabe. Das 8-Wochengewicht der Ferkel wurde dann durch die Eisen- und Kupfersulfatgabe günstig beeinflußt, wenn während der Säugeperiode an die Muttertiere Sauerkartoffeln und Schrot verfüttert wurden. Bei den Piétrainschweinen ergab sich ein signifikant-positiver Einfluß der Eisen- und Kupfersulfatgabe auf das Absetzgewicht, unabhängig von der Art der Fütterung. Dieser Effekt dürfte jedoch nicht durch die direkte Versorgung der Ferkel mit Eisen und Kupfer über die Milch der Muttertiere, sondern durch die Aufnahme der vom Muttertier über den Kot ausgeschiedenen Mengen an Eisen uud Kupfer zu erklären sein.

Резюме

Исследования охватили собой 470 опоросов в общей сложности с 5101 поросенком улучшенной местной породы и породы пиетрен, причем свиноматкам путем введения в рот скармливалось сернокислое железо и медный купорос дачами по 5 г в день на животное (при соотношении 9: 1) в течение периода 4 недели до опороса — 8 недель после него. Изучалось действие этих дач на племенную производительность животных.

При хорошем качественном и количественном кормлении свиноматок в начальной и поздней стадии беременности, а также подсосных маток не было установлено никакого влияния дач сернокислого железа и медного купороса на общее число полученных поросят, а также на число живых и мертворожденных поросят и на потери их при выращивании. На вес поросят в возрасте четырех недель было установлено положительное влияние сернокислого железа и медного купороса только при содержании свиноматок в начальной стадии беременности на выгоне и при кормлении свиноматок в поздней стадии беременности, а равно подсосных свиноматок картофелем и штором. Ню вес поросят в возрасте 8 недель дачи сернокислого железа оказывали благоприятное влияние только в том случае, если свиноматки во время подсосного периода получал ина корм картофельный силос и шротом. У свиней пиетрен наблюдалось значительное положительное влияние сернокилсого железа и медного купороса на вес поросят при отнятии их от матки, и притом не независимо от вида кормления. Этот результат объясняется, однако, не непосредственным снабжением поросят через молоко свиноматок железом и медью, а усвоением поросятами железа и меди, выделявшихся затем в кале свиноматок.

Summary

Experiments on 470 litters totalling 5101 piglings of the breeds – Improved Land Race Pig – and – Piétrain – were carried out to study the effect of supplements of iron and copper sulphates on the breeding producticity of these animals. Iron and copper sulphates were given orally in amounts of 5 gm per day/animal (at a ratio of 9 : 1) over a period from 4 weeks before to 8 weeks after farrowing.

If suckling sows, heavy-in-pig sows as well as sows being in the early stages of pregnancy are liberally fed good-quality diets supplementation with iron and copper proved to be of no influence on the number of live-born and still-born piglings, on the total number of piglings born and did not affect losses among the rearing stock. Additions of iron and copper sulphates were only found to have a positive effect on the weights of litters at four weeks old if sows in the early stages of pregnancy were reared on pasture grazing and heavy-in-pig sows and suckling sows were fed diets of crushed grains and potatoes. The weights of litters at eight weeks old were favourably influenced by supplements of iron and copper sulphates if dams were fed soured potatoes and crushed grain during the sucking period. In Piétrain pigs supplementation with iron and copper produced a significantly positive effect on the weaning weight of piglings irrespective of the type of feeding used. However, this effect is not likely to be due to the direct supply of piglings with iron and copper through the milk of the suckling sow but is rather accounted for by the uptake of certain amounts of iron and copper from the faeces excreted by the dam.

Literaturverzeichnis

ADS: Ergebnisse der Schweinezucht- und -Mastleistungprüfungen (1962).
Behrens, H.: Deutsche Tierärztl. Wochenschrift **61**, Nr. 13/14 (1954).
Behrens, H.: Futter und Fütterung **8**, H. 9 (1957).
Behrens, H.: Deutsche Tierärztl. Wochenschrift **65** (1958).
Behrens, H.: Mitt. Tierhalt. 13–16 (1962).
Behrens, H.: Tierärztliche Umschau **18** (1963).
Behrens, H., und E. Lauprecht: Deutsche Tierärztl. Wochenschrift **70** (1963).
Buysse, F.: Ref. Züchtungskunde **35**, H. 5 (1962).
Caroll, W. E., und J. L. Krider: Swine-Production, II. Edition (1956).
Habersang, M.: Der Eisen-Kupfergehalt der Schweinemilch, seine Beeinflussung durch Mineralstoff- und Vitaminbeifütterung und seine Bedeutung für das Ferkel. Diss. aus der Chemisch-physiologischen Anstalt der Freien Universität Berlin (1952).
Herin, R. A.: Ref. Züchtungskunde **35**, H. 5 (1962).
Jarow, I. I.: Westnik seljskochosjaistwennoj nauki, Heft 1 (1964).
Jucker, H.: Mitt. aus dem Gebiet der Lebensmitteluntersuchung und Hygiene (1961).
Kirchgessner, M.: Bayerisches Landwirtschaftl. Jahrbuch **38** (1961).
Lauprecht, E., und H. Döring: Ztschr. f. Tierzüchtung u. Züchtungsbiologie **62**, 12–14 (1953).
Merten, G.: Zur Möglichkeit einer prävantiven Eisen-Versorgung der Ferkel über das Muttertier mittels eines Eisen-Dextran-Komplexes (Myofer). Aus dem Institut für Zoonosenforschung an der Johann-Wolfgang-Goethe-Universität Frankfurt/Main (1959).

NESENI, R.: Archiv für Tierernährung **7**, H. 3 (1956).
RYDBERG, M. E., SELF, H. L., KOWALCZYK, T., und R. H. GRUMMER: Journal of Animal Science, **18** (1959).
STAHL, W.: Mitt. der DLG Nr. **33** (1956).
TEAGUE, H. S.: Neue Entwicklung auf dem Gebiet der Schweinefütterung in den Vereinigten Staaten. Neue Erkenntnisse in der Verfütterung von Sojaschrot, Vorträge zur Tagung am 13. und 14. November 1961 in Hamburg (1961).
TUREK, E., und A. HAIGER: Schweinezucht und Schweinemast **11**, H. 2 (1963).
UNSHELM, J., und J. PREHN: Deutsche Tierärztl. Wochenschrift 71 (1964).
URBANI, L.: Ref. Züchtungskunde **16**, 256 (1941).
VENN, J. A. I., MCCANCE, R. A., and E. M. WIDDOWSON: Iron in metabolism in piglet anemia, zitiert bei HABERSANG (1947).
WITT, M.: Aktuelle Probleme der Schweinefütterung und Schweinezucht. Schriftenreihe des Max-Planck-Instituts für Tierzucht und Tierernährung Mariensee Heft 15 (1963).

Eingegangen: 8. Oktober 1964

Institut für Tierzuchtforschung Dummerstorf b. Rostock
der Deutschen Akademie der Landwirtschaftswissenschaften zu Berlin
(Direktor: Dipl. agr. W. Boenigk)

H. Steger und B. Piatkowski

Ernährungsstudien an Kälbern

1. Mitteilung

Vergleichende Untersuchungen über den Einsatz von Dorschleberöl verschiedener Gewinnung auf den Vitamin-A- und Fettstoffwechsel von Kälbern

Aus Arbeiten der Literatur [1, 13] geht hervor, daß Dorschleberöl in der Ration Stoffwechsel und Gesundheit der Tiere beeinflußt. Eine Verfütterung von Lebertran an Kälber zur Auffettung der Magermilch verursachte Bewegungsstörungen, Leberschädigungen (gelbliche Verfärbung) und einen veränderten Fettgehalt der Leber (Steger u. a. [8]). Wir untersuchten daher, inwieweit die Art der Gewinnung von Dorschleberöl (Siedetran- oder Gefrierverfahren nach Johnson [3]) von Einfluß auf die Veränderung bei der Lagerung und auf den Vitamin-A- und Fettstoffwechsel sind.

1. Material und Methodik

1.1. Gewinnung des Leberöls

Zu diesem Zweck ließen wir in unserem Beisein aus frisch angelandeter Dorschleber nach dem Gefrier- und dem Siedeverfahren Leberöl herstellen. Zunächst wurde die gesamte Leber im Fleischwolf zerkleinert, gut durchmischt und ein Teil davon nach dem Gefrierverfahren, das von Rübenberg u. a. [7] etwas modifiziert wurde, aufgearbeitet. Nach Abkühlen der Masse im Druckkühler auf −26 °C und Zerkleinerung durch eine Schnecke gelangte die Dorschleber in eine Auftauvorrichtung, um dort auf +5 °C angewärmt zu werden. Von Kohlensäure umgeben, floß nun die Masse in eine kontinuierlich arbeitende Schälzentrifuge, die Öl und Graxe voneinander trennte. Der andere Teil der zerkleinerten Fischleber wurde zur Gewinnung von Siedetran im Autoklav auf 70 °C erhitzt und sodann ebenfalls in der Schälzentrifuge Öl und Graxe voneinander geschieden. Die so erhaltenen Dorschleberöle lagerten wir bei +6° im Kühlschrank ein. Die Untersuchung der Öle erfolgte 3 Tage nach ihrer Herstellung sowie 2 und 6 Monate nach der Einlagerung im Kühlschrank. Der Hauptteil dieser Öle wurde nach zweimonatiger Lagerung an Kälber verfüttert.

1.2. Fütterung und Tiermaterial

Für den Versuch standen 12 Kälber im Alter von 7 bis 10 Tagen zur Verfügung die wir in drei Gruppen unterteilten.

Tabelle 1

Versuchsgruppen

Gruppe	Tier-Nr.	Fettersatz	Menge je Tier u. Tag g
I	101–103	Dorschleberöl*	50
II	104–106	Dorschleberöl**	50
III	107–112	Maisöl	50

* Nach dem Gefrierverfahren.
** Nach dem Siedeverfahren.

Die Menge von 50 g Dorschleberöl je Tier und Tag wurde gewählt, weil die übliche Fütterungsdosis von 100 g Aufzuchtpräparat („Wirkmil") lt. TGL [7] 50 g Dorschleberöl enthalten soll.

Neben den in Tabelle 1 angegebenen Mengen Leberöl bzw. Maisöl erhielten die Kälber zusätzlich in der zweiten Lebenswoche 5 l Vollmilch mit einem Fettgehalt von 2% und 2 l Magermilch, in der dritten 4 und 3 l, in der vierten 3 und 5 l, in der fünften 2 und 6 l sowie ad libitum Kälberaufzuchtfutter. Die Fischöle wurden den Tieren fein emulgiert in der warmen Tränkmilch verabreicht. Die Haltung der Kälber erfolgte in Einzelboxen.

2. Ergebnisse

2.1. Untersuchung der Dorschleberöle und des Maisöls

Aus den in Tabelle 2 verzeichneten sowie weiteren hier nicht aufgeführten Ergebnissen (papierchromatographischen Arbeiten) über Fettsäure- und Glyceridzusammensetzung der nach verschiedenen Verfahren hergestellten Dorschleberöle geht einwandfrei hervor, daß beide weitgehend gleichartig zusammengesetzt sind. Lediglich im Unverseifbaren liegt beim Siedetran der Cholesteringehalt etwas höher, da bei entsprechender Ausschmelztemperatur mehr Sterine in Lösung gehen. Wie aus der Abbildung 1 sehr deutlich zu erkennen ist, besitzt der nach dem Gefrierverfahren hergestellte Tran eine schnellere Oxydationsbereitschaft, worauf der etwas steilere Anstieg der Peroxydzahl während der Lagerung hinweist. Auch die Haltbarkeit des Vitamins A ist gegenüber dem Siedetran verringert (Abb. 2). Zu ganz ähnlichen Befunden gelangte auch PAPENFUSS [5].

Offenbar wird diese Oxydationsbereitschaft durch eine an Eiweiß gebundene Substanz bewirkt. Durch den Siedeprozeß scheint sie denaturiert zu werden und dann nicht mehr im gleichen Maße wirksam zu sein. Weiterhin ist bemerkenswert, daß durch die Anwendung von Wärme die Lipolyse etwas angeregt wird, denn wir fanden im Siedetran einen doppelt so hohen Säuregrad wie beim Gefriertran. Im Verlauf der Lagerung ist der prozentuale Anstieg bei beiden Ölen jedoch kaum unterschiedlich und dürfte in dieser Größenordnung nur von untergeordneter

Herrn Dipl.-Chem. RÜBENBERG, Saßnitz, danken wir für die Überlassung der Proben.

Tabelle 2

Kennzahlen von Dorschleberöl verschiedener Gewinnung und unterschiedlicher Lagerungsdauer

Art des Öles	Dorschleberöl						Maisöl
	Gefrierverfahren			Siedeverfahren			
Lagerdauer bis zur Untersuchung	sofort	2 Monate	6 Monate	sofort	2 Monate	6 Monate	Isolierung 14 Tage *n.* Herstellung Untersuchung sofort
Säuregrad	0,8	0,9	1,08	1,60	1,60	2,06	0,7
Verseifungszahl	183,8	183,1	183,0	184,8	184,6	184,5	193,1
Jodzahl *n.* Kaufmann	159,2	160,1	160,2	159,2	160,5	159,3	119,8
Peroxydzahl *n.* WHEELER (10)	·2,7	3,45	7,4	2,6	3,3	5,2	—
Unverseifbares	1,49%	1,50%	1,52%	1,41%	1,40%	1,45%	1,86%
Cholesterin	0,88%	—	—	1,08%	—	—	0,67%
Sp. des Cholesterinacetates	113,1°	—	—	113,5°	—	—	126,3°
Vitamin A I.E./1 g	386	316	252	392	349,8	338	198*

* Dem Maisöl wurde synthetisches Vit. A zugesetzt.

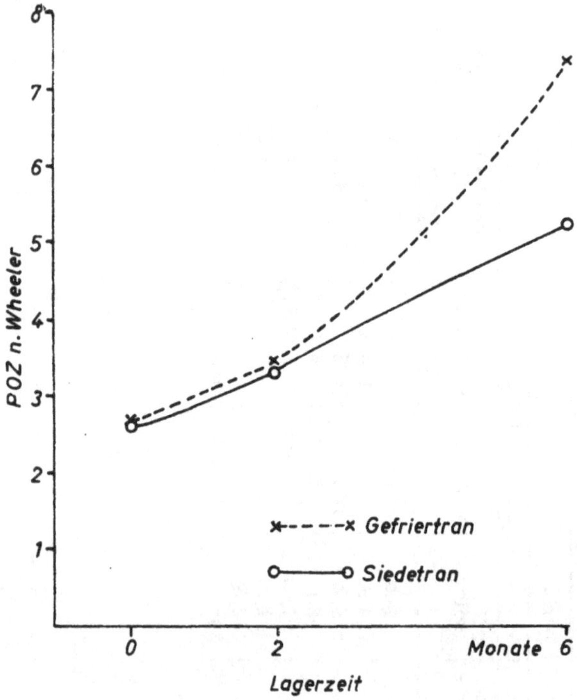

Abb. 1. Verlauf der POZ nach Wheeler für Gefrier- und Siedetran während einer Lagerung von 6 Monaten bei + 6 °C

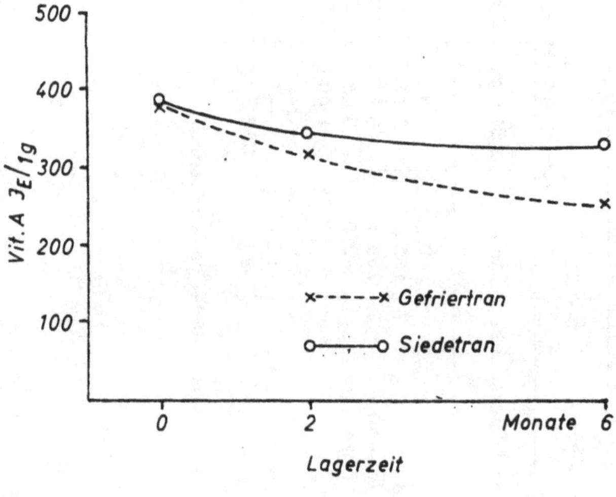

Abb. 2. Verlauf des Vitamin-A-Gehaltes (IE/lg) für Gefrier- und Siedetran während einer Lagerung von 6 Monaten bei + 6 °C

Bedeutung sein. Nach diesen Befunden besteht in bezug auf Zusammensetzung, Qualität und Lagerfähigkeit absolut kein Anlaß, dem Gefriertran vor dem Siedetran einen Vorzug einzuräumen. Im Gegenteil, der mit weniger Material- und Kostenaufwand herstellbare Siedetran besitzt – wie auch Papenfuss [5] fand – eine etwas bessere Lagerfähigkeit und Stabilität im Vitamin-A-Gehalt.

2.2 Ergebnisse des Fütterungsversuches

Die Resultate waren sehr eindeutig. Die Tiere der Gruppen I und II ließen am 7. Versuchstag ungeachtet der Gewinnungsart des Dorschleberöls im Gegensatz zu der Vergleichsgruppe mit Maisöl Störungen im Allgemeinbefinden (beschleunigte Atmung, schwankender Gang, Zittern, Liegenbleiben beim Futterangebot) und Rückgang in der Futteraufnahme erkennen. Davon wurden mehr oder weniger alle 6 Kälber betroffen. Die Tiere **101** und **106** starben am 10. bzw. 11. Versuchstag. Während bei Kalb **106** die ersten Störungen schon am 6. Fütterungstag auftraten, die wir mit Gaben von Vitamin E und Antibiotika zu behandeln versuchten, beobachteten wir beim Tier **101** bis zum 10. Fütterungstag keine auffälligen Symptome. Am 11. Versuchstag fiel es nach der Morgenfütterung um und verstarb unter heftigem Zittern. Nach 10 Versuchstagen zeigte auch das Kalb **104** Störungen im Allgemeinbefinden, so daß innerhalb dieses Zeitraumes alle Kälber durch die Lebertranfütterung erkrankten. Nach Verabreichung von 30 mg Vitamin E und 100 mg Antibiotika (Oxytetracyclin) trat im Allgemeinbefinden dieser Tiere eine sichtliche Besserung ein.

2.3. Physiologische Befunde

Im Blut der mit Gefrier- und Siededorschleberöl sowie mit Maisöl gefütterten Kälber wurde der Gehalt an Vitamin A, Cholesterin [15] und veresterten Fettsäuren [8] bestimmt. Die Blutentnahme erfolgte stets 3 Stunden nach dem Tränken.

Tabelle 3

Der Gehalt an Vitamin A (I.E. 100 ml) und veresterten Fettsäuren (mg/100 ml) im Blutserum

Gruppe	Versuchsbeginn		nach 10 Tagen	
	Vitamin A	Veresterte Fettsäuren	Vitamin A	Veresterte Fettsäuren
I	119	375	31	120
II	122	401	27	179
III	135	407	130	330

Aus diesen Befunden (Tabelle 3 und 4) geht hervor, daß durch die Fütterung von Lebertran der Vitamin-A-, Cholesterin- und Fettsäureesterspiegel stark gesenkt wird. Beim Maisöl konnten wir das nicht beobachten. Nach einer Fütterungszeit von 10 Tagen waren alle Kälber, die Fischöl erhalten hatten, stark erkrankt bzw. verendet und die Lipoidsubstanzen ihres Serums in dieser kurzen Zeit bedenklich abgesunken.

Die rapide Verminderung der Blutlipoide, der Cholesterinestersturz sowie das anormal weite Verhältnis freies Cholesterin : Cholesterinester lassen vermuten, daß die Leberölfütterung eine Fettresorptionsstörung auslöste. Auch nach Absetzen

Tabelle 4

Cholesterinspiegel im Blutserum (mg/100 ml)

Gruppe	Versuchsbeginn				nach 10 Tagen			
	gesamt	freies	ver-estertes	Verhältnis 1 :	gesamt	freies	ver-estertes	Verhältnis 1 :
I	195	42	153	3,60	149	10	139	13,9
II	233	48	185	3,85	184	15	169	11,0
III	237	49	188	3,85	234	51	181	3,55

dieses Futters blieb offenbar eine Leberschädigung zurück, von der sich die Tiere nur langsam erholten. Diese Vermutungen fanden insofern ihre Bestätigung, als bei den verendeten und bei den geschlachteten Tieren, die von der Dorschleberölfütterung abgesetzt waren, eine mehr oder weniger starke gelbe Leberatrophie festgestellt werden konnte. Der Vitamin-A-Spiegel dieser Lebern war wieder angestiegen. Wir fanden Werte von 72 bis 87 I.E./g Substanz. Tiere der Maisöl-Gruppe verfügten über einen doppelt so hohen Gehalt (168 I.E./g).

3. Besprechung der Ergebnisse und Schlußfolgerungen

Die aufgeführten Untersuchungen bestätigen bereits früher erhaltene Ergebnisse [8], daß die Fütterung von Fischöl an Kälber zum Zwecke des Fettersatzes eine ungünstige bzw. schädliche Wirkung ausübt.

Die Tiere leiden an Bewegungsstörungen und mangelndem Appetit. Der Gehalt an Vitamin A im Blutserum fällt von 120 I.E. auf 29 I.E., der an veresterten Fettsäuren von 389 mg auf 150 mg. Die Ursachen, die zur Veränderung der chemisch-physiologischen Vorgänge führten, sind bislang nicht genügend aufgeklärt, doch weisen WEBER u. a. [1, 12, 13] nach, daß ein höherer Anteil an Polyensäuren, besonders Linolsäure, die Resorption und Verwertung des Vitamin E herabsetzt. Bei Vitamin-E-Mangel wird nicht mehr die Bildung von Arachidonsäure aus Linolsäure gehemmt. Lebern von Vitamin-E-Mangeltieren besitzen daher einen höheren Gehalt an Arachidonsäure (BERNHARD u. a. [2]). Aus den Untersuchungen von MCKAY u. a. [4] geht hervor, daß 5% Dorschleberöl in der Ration das RES hemmen, eventuell durch die Äthylester der langkettigen Fettsäuren. Bei α-Tocopherol-Verabreichung wird diese Wirkung herabgesetzt. Daß die Beeinflussung jedoch komplex sein muß, zeigen der Abfall des Vitamin-A-Gehaltes sowie das stark erweiterte Verhältnis von freiem zu verestertem Cholesterin der eigenen Untersuchungen. Die Art der Gewinnung des Dorschleberöles blieb hierbei ohne Einfluß. Hinsichtlich des Vitamin-A-Abbaues und seiner Oxydationsbereitschaft ist das nach dem Siedeverfahren gewonnene Fischleberöl günstiger zu beurteilen als das des Gefrierverfahrens.

Zusammenfassung

Die Untersuchung von nach dem Siede- und Gefrierverfahren hergestellten Dorschlebertran ergab keine nennenswerten Unterschiede in der Qualität und Art der Zusammensetzung. Gefriertran wies eine etwas größere Oxydationsbereitschaft und etwas schlechtere Haltbarkeit des Vitamin A auf. In einem Fütterungsversuch konnte gezeigt werden, daß Dorschleberöl (50 g je Tier und Tag) als Fettaufwertungsstoff in der vollmilchsparenden Kälberaufzucht nicht empfohlen werden kann, da die Tiere erkrankten oder verstarben. Blutserumuntersuchungen ergaben eine fütterungsbedingte Abnahme von Vitamin A (von 120 I.E. Vitamin A/100 ml auf 29 I.E.) und der veresterten Fettsäuren (von 388 mg auf 150 mg/100 ml) sowie des freien Cholesterins (von 45 mg auf 13 mg/100 ml). Fischöle und ausschließlich damit hergestellte Präparate sind daher für die Fütterung an Kälber zum Zwecke des Fettersatzes ungeeignet.

Резюме

Исследование жира трески, полученного варкой и замораживанием, не обнаружило никакой разницы в отношении качества и содержания. У вымороженного жира наблюдалась несколько большая наклонность к окислению и пониженная сохранноспособность витамина A. В кормовых опытах было показано, что дачи жира из печени трески (по 50 г на животное в день) при экономном кормлении телят цельным молоком рекомендовать нельзя, так как животные заболевают и дохнут. Исследования сыворотки крови животных обнаружили уменьшение витамина A (со 120 I.E. вит. A/100 мл. до 29 I.E.) и обратившихся в сложные эфиры жировых кислот (с 388 мг до 150 мг/100 мл.), а также свободного холестерина (с 45 мг. до 13 мг./100 мл.). Таким образом, рыбьи жиры и приготовленные из них препараты оказываются непригодными для кормления телят с целью замены жира.

Summary

Cod liver oils prepared by either the boiling or freezing technique were not found to show any appreciable differences in their quality and chemical composition. Vitamin A prepared from cod liver oil by the freezing technique proved to be somewhat more readily oxidizable and less stable on storage. A feeding experiment showed that cod liver oil (50 mg per animal/day) used as substitute for whole milk fat cannot be recommended for the rearing of calves as all animals receiving the diet fell ill or died. Investigations of blood sera revealed a food-induced decrease in vitamin A (from 120 I.U. of vitamin A per 100 ml to 29 I.U. per 100 ml) and esterified fatty acids (from 388 mg to 150 mg/100 ml) and free cholesterol (from 45 mg to 13 mg/100 ml). Fish oils and feeds prepared exclusively from fish oil are hence unsuitable to be used as substitutes for fat in feeding calves.

Literaturverzeichnis

[1] Anonym: Oxidized cod liver oil and the reticuloendothelial system. Nutrit. Review **22**, Nr. 8, 249 (1964)
[2] BERNHARD, K., S. LEISINGER und W. PEDERSON: Int. Z. Vitaminforsch. Bern **34**, 134 (1964)
[3] JOHNSON, E. M.: Pat.-Nr. 1519779 vom 14. 6. 1924
[4] MCKAY, W. MARGARETTEN und J. ROTHENBERG: Lab. Invest **13**, 54 (1964) zitiert nach (1)
[5] PAPENFUSS, H.-J.: Fischereiforschung, Inform. f. d. Praxis **9**, 6–20 (1960)
[6] PIATKOWSKI, B.: Ernährungsstudien an Kälbern. Tag.-Ber. Dt. Akad. Landwirtsch.-Wiss. Berlin Nr. 70. 77–83 (1964)
[7] RÜBENBERG, L., und H. MÜCKE: DWP 9118 Gruppe 23a, 2–30 h, 2/20
[8] STEGER, H., B. PIATKOWSKI und F. PÜSCHEL: Arch. f. Tierzucht **6**, 5/6, 426–423 (1963)
[9] STERN, J., und B. SHOPIRO: Brit. J. clin. Path. **6**, 158 (1953).
[10] TGL: Mitteilungsblatt Standardisierung (Landw. Erfassung u. Forstwirtsch.). Fachbereich **80**, Heft 1, 36–37 (1962)
[11] WEBER, F., H. WEISER und O. WISS: Z. f. Ernährungswissenschaft **4**, 245 (1964)
[12] WEBER, F., und H. WEISER: Int. Z. Vitaminforsch. (Bern) **34**, 134 (1964)
[13] WEBER, F., und O. WISS: Helv. physiol. pharmacol. Acta **21**, 131–141 (1963)
[14] WHEELER, D. H.: DGF-Einheitsmethoden C–IV, 6a (1961)
15] ZACK, B., R. C. DICKMANN, E. G. WHITE, H. BURNELT und J. P. CHORNEY: Amer. J. clin. Path. **24**, 1357 (1954); siehe K. HINSBERG und K. LANG: Med. Chemie, Verlag Urban und Schwarzenberg, München, Berlin, Wien 1957

Eingegangen: 21. Oktober 1964

Institut für Tierzuchtforschung Dummerstorf b. Rostock
Deutsche Akademie der Landwirtschaftswissenschaften zu Berlin
(Direktor: Dipl.-Landw. W. Boenigk)

B. Piatkowski, F. Püschel, H. Jung und W. Schröder[1]

Ernährungsstudien an Kälbern

2. Mitteilung

Verdaulichkeit und Verwertung von Rückständen der Milchzuckerherstellung (Molkeneiweißtränke) bei Kälbern und wachsenden Schweinen

Zahlreiche Untersuchungen verfolgen das Ziel, das vorhandene Eiweiß zweckmäßig einzusetzen und die Eiweißreserven zu erweitern. Im vorliegenden Versuch war zu überprüfen, welche Tiere (Kalb oder Schwein) die Rückstände der Milchzuckerherstellung günstiger verwerten. Die Klärung des zweckmäßigsten Einsatzes ist von Bedeutung, da allein im Bezirk Rostock jährlich ca. 30000 dt dieser Rückstände anfallen.

1. Versuchsdurchführung

1.1. Tiere

Für den Versuch wurden 16 Kälber der Rasse „Deutsches schwarzbuntes Rind" im Alter von 8 Wochen herangezogen; sie wiesen zu Versuchsbeginn ein durchschnittliches Lebendgewicht von 73 kg auf. Weiterhin standen 8 Schweine der Rasse „Deutsches veredeltes Landschwein" mit einem Lebendgewicht von 55 kg zur Verfügung.

1.2. Molkeneiweißtränke (MET)

Molke, aus der Milchzucker gewonnen werden soll, wird bei 95 °C unter Ca-Zusatz durch Ausflockung enteiweißt. Dieses Molkeneiweiß wies nach weiterer Entwässerung einen Trockensubstanzgehalt von ca. 17% auf. Molkenkonzentrat ist der eingedampfte Rückstand der enteiweißten Flüssigkeit, der nach dem Kristallisieren des Milchzuckers und anschließendem Zentrifugieren verbleibt. Beide Produkte wurden zu einer Molkeneiweißtränke (MET) mit Hilfe einer Umlaufpumpe in der Molkerei wie folgt gemischt: 1800 g Molkeneiweiß + 200 g Molkenkonzentrat + 2000 g Wasser. 2 l heißes Wasser wurden kurz vor der Verabreichung an die Kälber hinzugefügt, so daß auch im Winter eine ausreichende Tränktemperatur gewährleistet war. Schweine erhielten die MET unverdünnt. Die zu vergleichenden Futterstoffe wiesen die in Tabelle 1 verzeichnete chemische Zusammensetzung auf.

[1] Leiter der Molkerei Tessin b. Rostock.

Tabelle 1

Chemische Zusammensetzung von Magermilch (MM) und Molkeneiweißtränke (MET) (in %)

	Tr.-S.	Org.S.	Rohprotein	Fett	N-fr.E.	Milchzucker	Asche	Ca	P	Na	K
MET*	11,14	8,43	4,08	0,04	4,23	0,60	2,80	0,87	0,30	0,15	0,25
MET**	7,43	5,56	2,72	0,03	2,84	0,40	1,87	0,58	0,21	0,10	0,17
MM	8,93	8,13	3,16	0,10	4,87	4,61	0,70	0,12	0,09	0,05	0,14

* Unverdünnt.
** Verdünnt.

1.3. Futterration

Die Ration der Kälber bestand aus 6 l MM bzw. 6 l MET, Kälbermischfutter und künstlich getrocknetem Gras. Die Schweine erhielten 3 l MM bzw. 2,4 MET (unverdünnt) und Gerste. Die Zulage der festen Futterstoffe erfolgte bei jedem Einzeltier nach Bedarf.

1.4. Versuchsdurchführung

Die Kälber standen von der 8.–16. Lebenswoche im Fütterungsversuch (Einzelfütterung) und gelangten in der 10.–12. Lebenswoche in einen Stoffwechselversuch (Sammelperiode 8 Tage). Die Schweine wurden im Gewichtsabschnitt von 55–80 kg im langfristigen Stoffwechselversuch gehalten, der drei 7tägige Sammelperioden umfaßte. Die Fütterung der Versuchstiere erfolgte täglich um 7 und 16 Uhr. In den Verdaulichkeitsuntersuchungen wurde stets die Verdaulichkeit der Nährstoffe der gemischten Ration ermittelt.

2. Versuchsergebnisse

2.1. Gewichtszuwachs

Wenngleich der Gewichtszuwachs nur einen oberflächlichen Hinweis für den Futterwert geben kann, so wird doch deutlich, daß die Differenz zwischen den beiden Kälbergruppen größer ($P < 0,05$) ist als bei Schweinen.

Tabelle 2

Durchschnittlicher täglicher Gewichtszuwachs bei Kälbern und Schweinen (in g)

	Kälber	Schweine
MET	590	784
MM	735*	807

* $P < 0,05$.

2.2. Verdaulichkeit der Ration

2.2.1. Kälber

Die gefundenen Werte enthält die Tabelle 3. Infolge des höheren Ascheanteils der MET war eine verringerte scheinbare Verdaulichkeit der Trockensubstanz ($P < 0{,}05$) zu erwarten, sie liegt aber auch bei der organischen Substanz um 6 Einheiten (8%), bei Rohprotein um 5,7 Einheiten (7%) signifikant niedriger als bei MM.

Tabelle 3

Verdaulichkeit der Nährstoffe der gemischten Ration in %

Futterstoffe	Tr.S.	Org. S.	Roh-protein	Roh-fett	Roh-faser	N-fr. E.	Asche
MET-Ration	67,4	72,0	75,7	27,4	20,9	79,7	43,5
MM-Ration	77,2*	78,2*	81,4*	33,0	32,1	84,0	67,4

* $P < 0{,}05$%.

2.2.2. Schweine

Die bei Kälbern festgestellte Differenz zwischen MET und MM ist hier nicht mehr vorhanden. Nur beim Rohprotein liegt in allen Versuchen die Verdaulichkeit nicht signifikant um 2,1–2,5 Einheiten niedriger.

Tabelle 4

Verdaulichkeit der Nährstoffe der gemischten Ration in %

Versuch	Futter	Tr.S.	Org.S.	Roh-prot.	Roh-fett	Roh-faser	N-fr. E.	Asche
I	MET-Ration	84,3	85,8	78,5	17,9	26,1	91,6	49,2
	MM-Ration	84,6	86,2	80,6	28,5	20,0	91,6	49,0
II	MET-Ration	82,8	84,4	78,2	20,9	17,2	90,4	43,4
	MM-Ration	83,4	85,0	80,8	15,2	13,1	90,8	47,6
III	MET-Ration	83,0	84,6	77,7	7,6	11,8	91,2	46,0
	MM-Ration	83,8	85,3	80,3	8,2	16,6	91,3	49,6

2.3. N-Ansatz und -Verwertung

2.3.1. Kälber

Nachdem gefunden wurde, daß die N-Verdaulichkeit der MET-Ration bei Kälbern um 7% tiefer liegt, ist der Tabelle 5 auch eine schlechtere Verwertung des verdauten N zu entnehmen. Die Differenz ist signifikant und beträgt 7,6%.

Die gefundenen Ansatzwerte entsprechen auch dem durchschnittlichen Gewichtszuwachs (MM – 735 g, MET – 590 g).

Tabelle 5

N-Ansatz und N-Verwertung bei Kälbern (je Tier und Tag)

	MET-Ration	MM-Ration
Futter g N	68,1	71,7
Kot g N	16,6	13,2
verdaut g N	51,5	58,5
Harn g N	34,9	35,2
Ansatz g N	16,6	23,3
Verwertung des verdauten N in %	32,2	39,8*

* $P < 0,05$.

2.3.2. Schweine

Der N-Ansatz zwischen den Versuchsgruppen läßt keinen Einfluß des Futterproteins erkennen. MM ist in keinem Falle der MET überlegen, im letzten Versuch deutet sich in der MET-Gruppe sogar ein höherer N-Ansatz und eine bessere N-Verwertung an.

Tabelle 6

N-Ansatz und -Verwertung bei Schweinen (je Tier und Tag)

	I. Versuch		II. Versuch		III. Versuch	
	MET	MM	MET	MM	MET	MM
Futter g N	44,3	46,4	45,2	47,9	46,8	49,4
Kot g N	10,1	8,9	9,5	9,2	10,2	9,7
verdaut g N	34,2	37,5	35,7	38,7	36,6	39,7
Harn g N	18,0	20,7	18,1	20,4	17,0	22,1
Ansatz g N	16,1	16,8	17,6	18,3	19,6	17,6
Verwertung des verdauten N in %	47,1	45,0	49,5	47,2	53,5	44,3

Offensichtlich wird die leicht verringerte N-Verdaulichkeit durch die etwas bessere N-Verwertung wieder kompensiert. Der durchschnittliche N-Ansatz beträgt 17,7 g für MET und 17,6 g für Magermilch, die durchschnittliche Verwertung des verdauten N = 50,1% (MET) bzw. 45,5% (Magermilch).

2.4. Kotkonsistenz und Gesundheitszustand

Bei Verfütterung von MET war bei beiden Tierarten die Kotkonsistenz weicher als bei MM. Ein Schwein reagierte während der ersten 2 Tage nach der Futterumstellung mit Durchfall. Etwa 10 Tage nach Versuchsbeginn wurden bei zwei Schweinen der MET-Fütterung Anzeichen einer Hauterkrankung deutlich, ohne daß die Futteraufnahme beeinträchtigt war. Durch eine tägliche Zugabe von 1,2 g $ZnSO_4 \cdot 7 H_2O$ gingen die Symptome zurück, verschwanden jedoch im Versuchszeitraum nicht vollständig.

3. Besprechung der Ergebnisse

Aus diesem vergleichenden Versuch geht hervor, daß Kälber im Gegensatz zu Schweinen das Protein der MET-Ration signifikant schlechter verdauen und verwerten als das Protein der Magermilchration. An Schweinen konnte lediglich eine schwache, nicht signifikante Depression der Rohproteinverdaulichkeit der MET-Ration gefunden werden, die aber durch eine leicht verbesserte Verwertung des verdauten Proteins wieder aufgehoben wurde. Offensichtlich ist für den Wiederkäuer die physikalische Beschaffenheit des Proteins von Bedeutung. Inwieweit diese im MET für den Wiederkäuer ungünstig ist, muß in weiteren Versuchen geklärt werden. Auf Grund der Versuchsergebnisse ist der Einsatz von MET bei Schweinen ernährungsphysiologisch zweckmäßiger. 1 dt Molkeneiweiß (18% Trockensubstanz) entspricht hinsichtlich der Futterwirkung 2 dt frischer Magermilch in der Schweinefütterung. Durch das beschriebene Mischungsverhältnis von Molkeneiweiß und Molkenkonzentrat wird durch letzteres der Ca-Gehalt beachtlich erhöht. Die bei 2 Schweinen aufgetretenen Erscheinungen von Hauterkrankungen konnten durch Zinkgaben zurückgedrängt werden. Daher erscheint es als zweckmäßig, den bisherigen Anteil an Molkenkonzentrat um 50% zugunsten von Molkeneiweiß zu senken, d. h., daß sich dann die MET aus 47,5% Molkeneiweiß + 2,5% Molkenkonzentrat + 50% Wasser zusammensetzt.

Zusammenfassung

In einem kombinierten Fütterungs- und Stoffwechselversuch an 16 Kälbern und 8 wachsenden Schweinen wurde geprüft, bei welcher Tierart Molkeneiweißtränke (MET) am zweckmäßigsten einzusetzen ist. MET ist aus Rückständen der Milchzuckerindustrie (45% Molkeneiweiß + 5% Molkenkonzentrat + 50% Wasser) mit Hilfe einer Umlaufpumpe hergestellt worden. Kälber verdauten und verwerteten das Protein von MET-Rationen signifikant schlechter als das von Magermilchrationen. Bei Schweinen traten zwischen beiden Futterstoffen keine Differenzen auf. Die leicht verminderte Proteinverdaulichkeit der MET-Ration beim Schwein wurde durch die etwas bessere Verwertung kompensiert. Die in den Stoffwechselversuchen gefundenen Ergebnisse fanden auch im durchschnittlichen täglichen Zuwachs ihren Ausdruck: Kälber – 735 bzw. 590 g, Schweine – 807 bzw. 784 g bei Magermilch bzw. MET. Auf Grund der vorliegenden Untersuchung ist MET mit einem geringen Anteil von Molkenkonzentrat (47,5% Molkeneiweiß + 2,5% Molkenkonzentrat und 50% Wasser) in der Schweine- und nicht in der Kälberfütterung einzusetzen.

Резюме

В комбинированных опытах по кормлению и обмену веществ с 16 телятами и с 8 растущими подсвинками производилось исследование, какому виду животных целесообразнее скармливать содержащую протеин молочную сыворотку (МСП). МСП изготовляется из остатков консервной молочно-сахарной промышленности при помощи циркуляционного насоса (45% протеиновой молочной сыворотки + 5% концентрата молочной сыворотки + 50% воды). Телята переваривали и усваивали протеин рационов с МСП значительно хуже, нежели протеин рационов со снятым молоком. У свиней разницы между обоими кормовыми средствами не наблюдалось. Небольшое уменьшение переваримости протеина у свиней в рационах с МСП компенсировалось несколько лучшим усвоением. Результаты, установленные в опытах с обменом веществ, нашли отражение также и в ежедневном среднем приросте: он составлял у телят 735 и 590 г., у свиней 807 и 784 г. соответственно при снятом молоке и МСП. На основании произведенных исследований рекомендуется вводить МСП с небольшой придачей концентрата молочной сыворотки (47,5% содержащей протеин молочной сыворотки + 2,5% концентрата молочной сыворотки и 50% воды) в корм для свиней, но не для телят.

Summary

In a combined feeding and metabolism experiment on 16 calves and 8 growing pigs whey protein fluid (MET) was tested for its suitability as feed for various species of animals. MET had been prepared from by-products of the milk sugar industry (45% whey protein + 5% whey concentrate + 50% water) by using a rotary pump. In calves the digestibility and utilization of protein from MET rations is poorer than that of protein obtained from skim milk rations. No differences between these two feeding stuffs were found to occur in pigs. The slightly diminished digestibility of protein from MET rations in pigs was balanced by its somewhat higher utilization. Results obtained from these metabolism experiments are confirmed by the average daily gains of these animals receiving proteins from either skim milk or MET rations: Calves — 735 g and 590 g, pigs — 807 g and 784 g respectively. Judging from the present study MET containing a smaller proportion of whey concentrate (47,5% whey protein + 2,5% whey concentrate + 50% water) may be used for feeding pigs but should not be employed in raising calves.

Eingegangen: 21. Oktober 1964

Aus dem Oskar-Kellner-Institut für Tierernährung Rostock
(Direktor emer.: Prof. Dr. Dr. h. c. K. NEHRING)

K. NEHRING und M. BEYER

Über Zusammensetzung und Futterwert von Grün- und Rauhfutterstoffen

1. Mitteilung

Der Futterwert von Grünroggen in Abhängigkeit von Schnittzeit, N-Düngung und Sorte

In dem früheren Institut für landwirtschaftliches Versuchs- und Untersuchungswesen Rostock sind in den Jahren 1950–1962 zahlreiche Untersuchungen über Zusammensetzung und Futterwert verschiedenartiger Futterstoffe, die in den landwirtschaftlichen Betrieben selbst erzeugt worden sind, insbesondere von den verschiedenen Grünfutterstoffen, Zwischenfrüchten und Rauhfutterstoffen durchgeführt worden, die ein umfangreiches Zahlenmaterial zur Beurteilung dieser Futterstoffe in Abhängigkeit von Vegetation, Düngung und anderen Faktoren ergeben haben. Es waren Arbeiten, die im Rahmen von Forschungsaufträgen, Diplom- und Dissertationsthemen durchgeführt worden sind und an denen eine größere Zahl von Mitarbeitern beteiligt gewesen ist.

Das bei diesen Arbeiten angefallene Material, das bisher nur z. T. veröffentlicht worden ist, wurde von uns zusammenfassend aufgearbeitet, um die hierbei erhaltenen Unterlagen der Allgemeinheit für die Beurteilung dieser Futterstoffe zur Verfügung stellen zu können. In verschiedenen Mitteilungen soll hierüber berichtet werden.

In der 1. Mitteilung werden die bei den Untersuchungen mit Winterroggenzwischenfrucht erhaltenen Ergebnisse zur Darstellung gebracht, weil hier im Rahmen von verschiedenen Forschungsthemen ein besonders umfangreiches Material erarbeitet worden ist, das dann im Rahmen von Untersuchungen über die Anwendung des Verfahrens der kontinuierlichen Bestimmung der Verdaulichkeit von Grünfutterstoffen noch erheblich erweitert wurde.

Es liegt hier ein Material vor, das in ganz verschiedener Art angefallen ist, und zwar sind es einmal Untersuchungsergebnisse, die im Rahmen von Arbeiten über die Abhängigkeit des Futterroggens von Schnittzeit, Düngung und Sorte in verschiedenen Versuchsjahren erhalten worden ist, und weiterhin Ergebnisse, die bei den systematischen Untersuchungen zur kontinuierlichen Verdaulichkeitsbestimmung erarbeitet wurden. Bei den kontinuierlichen Versuchen ist es durch die Untersuchung der laufend anfallenden Proben möglich, die Beziehungen zwischen Entwicklungszustand, Zusammensetzung und Verdaulichkeit usw. genauer zu erfassen und festzulegen, wobei in diesem besonderen Falle noch der Einfluß verschieden hoher Stickstoffdüngung in den Kreis der Untersuchungen einbezogen worden ist. Hierbei ist die Möglichkeit gegeben, die erhaltenen Ergebnisse mit den Ergebnissen der Versuche, die nach dem üblichen statischen Verfahren durchgeführt worden sind, miteinander zu vergleichen und zu kontrollieren.

Es sind folgende Versuche zur Auswertung gekommen:

1. Kontinuierlicher Versuch 1962
   16 Schnittzeiten
   2 N-Varianten (60 und 120 kg N/ha)
2. Schnittzeitenversuche 1960
   3 Schnittzeiten
   N-Gabe = 80 kg/ha
3. N-Steigerungsversuche 1962 a
   3 Schnittzeiten
   3 N-Varianten (40, 80 und 160 kg N/ha)
4. N-Steigerungsversuch 1962 b
   5 Schnittzeiten
   4 N-Variationen (60, 90, 120 und 150 kg N/ha)

Die Durchführung der Versuche zur Bestimmung der Verdaulichkeit von Grünfutterstoffen nach dem kontinuierlichen Verfahren ist in der üblichen Weise vorgenommen worden (Schafversuche), wie es von uns an anderer Stelle K. NEHRING [1] beschrieben worden ist.

Es wurden während der Zeit, in der der Grünroggen zum Schnitt kam, die entsprechenden Mengen täglich geschnitten und in abgewogenen Mengen möglichst in gleicher Höhe (auf Trockensubstanz bezogen) verfüttert, die Kotmengen täglich gesammelt und analysiert. Die Ergebnisse wurden nach dem Verfahren der gleitenden Mittelwerte verarbeitet, wobei eine Verschiebung der Ausscheidungen zwischen Futteraufnahme und Kotausscheidung von 2 Tagen in Rechnung gestellt worden ist.

Zur Auswertung können hier nur die erhaltenen Werte auszugsweise herangezogen und besprochen werden. Es sind fünf Schnittzeiten ausgewählt worden, die durch bestimmte Angaben charakterisiert werden können, wobei gleichzeitig die festgestellten Erträge in der folgenden Tabelle 1 mit angegeben sind.

Bei fortschreitender Vegetation sind die Erträge stetig angestiegen und haben sich bei der niedrigen N-Gabe von 60 kg/ha nahezu verdoppelt, bei der hohen N-Gabe von 120 kg noch weiterhin erhöht. Der Trockensubstanzgehalt der grünen Masse lag bei der hohen N-Gabe deutlich niedriger als bei der geringen.

Über den Einfluß der Schnittzeit auf den Gehalt an Rohnährstoffen sind folgende Feststellungen (Tabelle 2) getroffen worden.

Mit Verschiebung der Schnittzeit treten regelmäßige Änderungen im Gehalt an den einzelnen Rohnährstoffen auf. Bei der niedrigen N-Gabe geht mit fortschreitender Vegetation der Rohproteingehalt von 16,5 auf 10,3% zurück, der Gehalt an Rohasche gleichfalls von 9,0 auf 6,2; der Gehalt an Rohfett ändert sich nur wenig. Demgegenüber steigt der Gehalt an Rohfaser von 22% bei der

Tabelle 1

Versuche mit Grünroggen (kontinuierlicher Versuch)

Schnittzeiten und Erträge

	Beginn des Schossens I	Schossen II	Grannen-spitzen III	1–25% freie Ähren IV	25–65% freie Ähren V
Schnittdatum	9. 5.	13. 5.	16. 5.	19. 5.	22. 5.
Tage	4	3	3	3	3
			N-Gabe = 60 kg/ha		
Grünertrag dt/ha	162,5	195,4	209,6	235,5	263,2
Trocken-substanz %	15,2	15,1	16,7	17,2	17,7
Ertrag an Trocken-substanz dt	24,7	29,5	35,0	40,5	46,6
			N-Gabe = 120 kg/ha		
Grünertrag dt	198,6	250,4	299,3	330,3	353,4
Trocken-substanz %	13,6	13,5	14,9	15,2	15,9
Ertrag an Trocken-substanz dt	27,0	33,8	44,6	50,2	56,2

Tabelle 2

Zusammensetzung in % der Trockensubstanz

	Beginn des Schossens I	Schossen II	Grannen-spitzen III	1–25% freie Ähren IV	25–65% freie Ähren V
			N-Düngung = 60 kg/ha		
Organ. Substanz	91,0	91,6	93,0	93,6	93,8
Rohprotein	16,5	14,3	12,4	11,4	10,3
Rohfett	3,7	3,5	3,3	3,0	2,8
Rohfaser	22,4	25,4	26,5	28,0	30,3
NFE	48,3	48,4	50,9	51,2	50,4
Rohasche	9,0	8,4	7,0	6,4	6,2
			N-Düngung = 120 kg/ha		
Organ. Substanz	90,1	91,1	92,4	92,5	93,0
Rohprotein	21,7	18,3	15,5	14,4	13,3
Rohfett	4,1	4,3	4,0	3,5	3,2
Rohfaser	23,2	24,7	26,2	29,2	31,5
NFE	41,1	43,8	46,7	45,4	45,1
Rohasche	9,9	8,9	7,6	7,5	7,0

ersten Schnittzeit auf über 30% bei der letzten Schnittzeit an, während die Änderungen im Gehalt an N-freien Extraktstoffen nur gering sind.

Die entsprechenden Änderungen treten auch bei der erhöhten N-Gabe auf. Erwartungsgemäß liegt hier der Gehalt an Rohprotein wesentlich höher als bei der niedrigen N-Gabe. Bemerkenswert ist weiter, daß trotz des erhöhten Rohproteingehaltes der Gehalt an Rohfaser in gewissem Umfang durch die ansteigende N-Gabe erhöht worden ist. Der Anstieg an diesen Verbindungen ist praktisch auf Kosten der N-freien Extraktstoffe vor sich gegangen, deren Gehalt demgemäß bei der erhöhten N-Düngung erheblich zurückgeht.

Diese Änderungen in der Zusammensetzung vollziehen sich in diesem Versuch regelmäßig die ganze Untersuchungszeit über. Nur beim Rohproteingehalt treten gewisse Unregelmäßigkeiten ein; im letzten Teil der Entwicklung vollzieht sich dessen Rückgang wesentlich langsamer. Noch stärker tritt dies bei der erhöhten N-Gabe in Erscheinung, wie die folgende Abbildung zeigt.

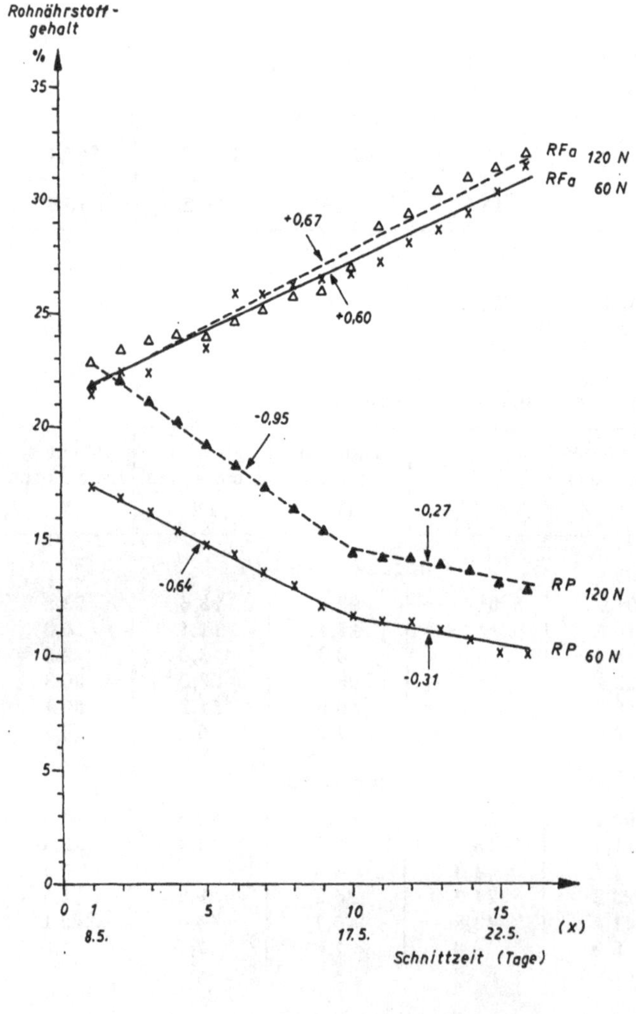

Abbildung 1

Das bedeutet, daß bei der erhöhten N-Gabe sich die Schnittzeit länger herausziehen läßt. Trotz des höheren Gehaltes an Rohfaser wurde das Material dieser N-Variante 3–4 Tage länger von den Versuchstieren gefressen als der Roggen mit der niedrigen N-Gabe.

Bei der Durchführung der Verdauungsversuche wurden folgende Werte für die Verdaulichkeit bei den verschiedenen Schnitt-Terminen festgestellt (Tabelle 3):

Tabelle 3
Schnittzeit und Verdaulichkeit

	Beginn des Schossens I	Schossen II	Grannenspitzen III	Beginn des Ährenschiebens IV	im Ährenschieben V
			N-Gabe = 60 kg N/ha		
Rohfaser %	22,4	25,4	26,5	28,0	30,3
Verd. Coeff.					
Organ. Substanz	82,2	80,5	77,9	74,5	71,7
Rohprotein	78,4	75,8	72,2	69,3	67,9
Rohfett	67,8	68,3	68,5	69,7	71,2
Rohfaser	82,9	80,9	77,1	73,1	70,0
NFE	84,2	82,6	80,4	76,7	73,5
			N-Gabe = 120 kg N/ha		
Rohfaser %	23,3	24,7	26,2	29,2	31,5
Verd. Coeff.					
Organ. Substanz	82,3	80,4	78,9	76,6	73,1
Rohprotein	82,6	79,1	75,9	75,4	74,4
Rohfett	67,2	68,0	69,8	70,8	69,9
Rohfaser	83,6	81,5	80,4	78,1	73,9
NFE	82,8	81,5	79,8	76,4	72,4

Es ist zunächst festzustellen, daß bei früher Schnittzeit die Verdaulichkeit des Grünroggens ganz allgemein sehr hoch liegt. Bei den ersten Schnittzeiten I und II (bis 13. 5; Beginn des Schossens) wurde eine Gesamtverdaulichkeit von über 80% erhalten. Bis zum Ende der Versuchszeit geht mit ansteigendem Gehalt an Rohfaser die Verdaulichkeit regelmäßig bis auf 71 bzw. 73% zurück. Dabei liegt die Verdaulichkeit der N-freien Extraktstoffe besonders günstig. Zwischen den beiden Varianten mit verschieden hohen N-Gaben ergeben sich zwar nur geringe, aber immerhin charakteristische Unterschiede, die wir auch bei anderen Gramineen (Grünhafer) feststellen konnten. Während bei den ersten beiden Schnitten Unterschiede in der Verdaulichkeit in beiden Versuchsreihen kaum in Erscheinung traten, geht dann der Rückgang in der Verdaulichkeit des Grünroggens bei der hohen N-Gabe langsamer vor sich, so daß beim letzten Schnittermin die Verdaulichkeit bei der Variante mit der hohen N-Gabe günstiger liegt. Einen eindeutigen Einfluß erlangt die unterschiedliche N-Düngung vor allem auf die Verdaulichkeit des Rohproteins. Für die gesamte Untersuchungszeit liegt diese bei der hohen N-Gabe wesentlich höher. Aber auch für die Rohfaser ergab sich bei der höheren N-Gabe trotz des erhöhten Gehaltes überraschenderweise eine Verbesserung der Verdaulichkeit, die als gesichert angesehen werden kann. Es soll versucht werden, mit Hilfe der Gerüstsubstanzanalyse einen Einblick in den Aufbau der Rohfaser zu erhalten, um erkennen zu können, ob hier bestimmte Verschiebungen in ihrer Zusammensetzung vorhanden sind, die für dieses etwas überraschende Ergebnis verantwortlich gemacht werden können.

Die Ergebnisse des kontinuierlichen Versuches geben eine günstige Gelegenheit, auf rechnerischem Wege den Beziehungen zwischen der Zusammensetzung und Verdaulichkeit nachzugehen.

Bei Anwendung der Regressionsrechnung wurden für die Beziehungen zwischen Verdaulichkeit und Schnittzeit folgende Gleichungen erhalten, wobei die Zahl der Tage (x) von dem ersten Schnittdatum an gerechnet wurde (Tabelle 4).

Tabelle 4

Regressionsgleichungen für die Beziehungen zwischen Verdaulichkeit (y) und Schnittzeit (x)

N-Gabe		r	Streuung
organische Substanz			
60 kg N/ha	$y = 85{,}0 - 0{,}86\,x$	$-0{,}98$	$\pm 0{,}8$
120 kg N/ha	$y = 84{,}4 - 0{,}69\,x$	$-0{,}96$	$\pm 1{,}0$
Rohprotein			
60 kg N/ha	$y = 80{,}5 - 0{,}88\,x$	$-0{,}97$	$\pm 1{,}0$
120 kg N/ha	$y = 83{,}4 - 0{,}66\,x$	$-0{,}93$	$\pm 1{,}3$
Rohfett			
60 kg N/ha	$y = 66{,}6 + 0{,}29\,x$	$+0{,}67$	$\pm 1{,}3$
120 kg N/ha	$y = 66{,}4 + 0{,}31\,x$	$+0{,}71$	$\pm 1{,}5$
Rohfaser			
60 kg N/ha	$y = 86{,}3 - 1{,}07\,x$	$-0{,}99$	$\pm 0{,}8$
120 kg N/ha	$y = 85{,}7 - 0{,}70\,x$	$-0{,}93$	$\pm 1{,}3$
NFE			
60 kg N/ha	$y = 87{,}2 - 0{,}87\,x$	$-0{,}98$	$\pm 0{,}9$
120 kg N/ha	$y = 85{,}7 - 0{,}80\,x$	$-0{,}95$	$\pm 1{,}2$

Aus den Regressionsgleichungen läßt sich einmal ablesen, daß praktisch bei allen Nährstoffen (mit Ausnahme des Rohfetts) ein regelmäßiger Rückgang in der Verdaulichkeit mit fortlaufender Schnittzeit vor sich gegangen ist. Dieser nahezu ideale Fall wird sich naturgemäß nicht immer reproduzieren lassen, da die Entwicklung in Abhängigkeit von den Witterungsverhältnissen in den einzelnen Jahren verschieden schnell vor sich gehen kann.

Wichtig sind des weiteren die Änderungen in der Verdaulichkeit, die sich unter dem Einfluß der verschiedenen N-Gaben aus den Gleichungen zu erkennen geben. Bei der Verdaulichkeit der organischen Substanz, des Rohproteins und der Rohfaser zeigte sich deutlich, daß der Rückgang in der Verdaulichkeit, der durch die fortschreitende Vegetation bedingt ist, bei der erhöhten N-Gabe wesentlich langsamer vor sich geht. Das bedeutet, daß man den Rückgang in der Verdaulichkeit durch eine hohe N-Gabe in gewissem Umfang verzögern und dadurch die Einsatzzeit des Grünroggens verlängern kann. Bei den N-freien Extraktstoffen sind dagegen nur geringe Differenzen vorhanden.

Als der Nährstoff, der im besonderen Maße die Höhe der Verdaulichkeit bestimmt, ist die Rohfaser zu nennen. Bei der rechnerischen Auswertung der Versuchsergebnisse ergaben sich folgende Regressionsgleichungen für die Beziehungen zwischen Rohfasergehalt und Verdaulichkeit:

Beziehungen zwischen Rohfasergehalt (x) und Verdaulichkeit der organischen Substanz (y)

kg N/ha	(n)		r	Streuung	
60	(16)	$y = 113{,}9 - 1{,}38\,x$	$-0{,}95$	$\pm 1{,}2$	(1)
120	(16)	$y = 105{,}4 - 1{,}01\,x$	$-0{,}96$	$\pm 1{,}0$	(2)
im Mittel		$y = 108{,}7 - 1{,}16\,x$	$-0{,}93$	$\pm 1{,}4$	(3)

Die hohen Werte für die Korrelationskoeffizienten r sowie die niedrige Streuung zeigen die starke Abhängigkeit der Verdaulichkeit vom Gehalt an Rohfaser an. Dabei ist auch hier wiederum zu erkennen, daß der Rückgang der Verdaulichkeit in Abhängigkeit vom Rohfasergehalt bei höherer N-Gabe weniger stark ausgeprägt ist als bei niedriger N-Gabe. Je 1% Rohfaser geht diese bei der niedrigen N-Gabe um 1,38%, bei höherer N-Gabe dagegen nur um 1,01% zurück.

Neben den kontinuierlich durchgeführten Versuchen sind, wie bereits am Anfang mitgeteilt wurde, drei weitere Versuche mit verschiedenen N-Gaben[1] in die Auswertung einbezogen worden, in deren Verlauf die entsprechenden Verdauungsversuche in 2–3facher Wiederholung durchgeführt worden sind. Es sind hier jeweils drei Schnittzeiten mit verschiedenen N-Gaben kombiniert worden. Es können auch hier nicht alle erhaltenen Werte angegeben werden; es werden vielmehr die Ergebnisse zusammengefaßt besprochen, wobei eine Angleichung an die Schnittzeiten der kontinuierlichen Versuche angestrebt worden ist.

Bei der Untersuchung des Gehaltes an Rohnährstoffen wurden im Mittel von 40 Einzeluntersuchungen folgende Ergebnisse (Tabelle 5) erhalten.

Die in diesen Versuchen erhaltenen Werte für die Zusammensetzung des Grünroggens entsprechen praktisch vollständig den Werten, die beim kontinuierlichen Versuch erhalten wurden. Der letzte Schnitt (VI) entspricht einem Vegetationsstadium, das sich an den Versuchsabschnitt V des kontinuierlichen Versuches anschließt. Da bei den statischen Versuchen die Unterschiede in den Schnitt-

[1] Diese Untersuchungen sind von Dipl. Landw. Helga Birr und Dipl.-Landw. Dr. W. Schwarz durchgeführt worden.

Tabelle 5

Einfluß von Schnittzeit und N-Düngung auf den Gehalt an Rohnährstoffen ($n = 40$)

Schnittzeit	Beginn des Schossens I	Beginn des Ährenschiebens IV	90–100 % Ähren frei VI
N-Gabe: 40 bis 60 kg/ha			
Organische Substanz	90,5	92,3	94,4
Rohprotein	17,1	12,5	8,9
Rohfett	5,8	3,1	3,2
Rohfaser	21,5	28,1	33,0
NFE	48,1	48,6	49,3
Rohasche	9,5	7,7	5,6
N-Gabe: 80 bis 90 kg/ha			
Organische Substanz	90,3	91,9	93,7
Rohprotein	20,1	15,4	11,0
Rohfett	4,1	3,5	2,8
Rohfaser	21,6	28,1	34,6
NFE	44,5	44,9	45,3
Rohasche	9,7	8,1	6,3
N-Gabe: 120 kg/ha			
Organische Substanz	90,1	91,9	94,0
Rohprotein	23,4	16,7	11,4
Rohfett	4,5	3,8	2,8
Rohfaser	22,1	28,4	34,4
NFE	41,1	43,0	45,4
Rohasche	9,9	8,1	6,0
N-Gabe: 160 kg/ha			
Organische Substanz	88,2	90,4	93,1
Rohprotein	26,2	18,9	12,6
Rohfett	4,7	3,9	2,9
Rohfaser	21,0	28,1	34,3
NFE	36,3	39,5	43,3
Rohasche	11,8	9,6	6,9

zeiten wie auch in der Höhe der N-Gabe stärker sind, wurden entsprechend größere Differenzen zwischen den verschiedenen Proben erhalten. Insbesondere ist auch der Proteingehalt bei der N-Düngung von 160 kg/ha wesentlich gegenüber der N-Gabe von 120 kg angestiegen.

Auch mit diesen Materialien sind die entsprechenden Verdaulichkeitsversuche durchgeführt worden. Für die Auswertung sind hier die Versuche herangezogen, die mit der N-Gabe von 80 kg/ha durchgeführt worden sind ($n = 26$). Die Ergebnisse sind in der Tabelle 6 zusammengestellt:

Tabelle 6

Schnittzeit und Verdaulichkeit
(statische Versuche)

N-Gabe: 80 kg/ha

	Beginn des Schossens I	Beginn des Ährenschiebens IV	90–100% Ähren frei VI
Rohprotein %	18,7	14,1	11,1
Rohfaser %	21,9	28,4	35,5
Zahl der Versuche	6	7	13
	Verdauungskoeffizienten		
Organische Substanz	82,5	75,1	70,1
Rohprotein	80,2	72,6	68,0
Rohfett	68,2	67,1	65,1
Rohfaser	84,9	78,3	73,4
NFE	83,3	74,5	68,5

Auch hier gibt sich deutlich der Einfluß der fortschreitenden Vegetation zu erkennen. Mit Anstieg des Rohfasergehaltes geht die Verdaulichkeit bei allen Nährstoffen zurück. Vergleicht man die hier erhaltenen Ergebnisse mit den im kontinuierlichen Versuch erhaltenen (Tabelle 3), so ergibt sich eine weitgehende Übereinstimmung. So sind bei der Schnittzeit VI die niedrigsten Verdauungskoeffizienten erhalten worden.

Auch bei diesen Versuchen ist eine Auswertung der Ergebnisse nach der Regressionsanalyse erfolgt, wobei hier noch fünf weitere Versuche hinzugenommen sind. Bei dem überragenden Einfluß des Rohfasergehaltes sind in der Gleichung die Beziehungen zwischen Rohfasergehalt (x) und Verdaulichkeit der organischen Substanz (y) zur Darstellung gekommen:

$$y = 104{,}5 - 1{,}02\,x \qquad r = -0{,}94 \qquad \text{Streuung} \pm 1{,}7 \tag{4}$$

Vergleicht man diese Gleichung mit der entsprechenden (3) bei den kontinuierlichen Versuchen

$$y = 108{,}7 - 1{,}16\,x \qquad -0{,}93 \qquad \pm 1{,}4,$$

so ergibt sich eine weitgehende Übereinstimmung zwischen den beiden Gleichungen.

Dies läßt sich vielleicht noch deutlicher aus der folgenden kleinen Übersicht erkennen, deren Werte nach den beiden Gleichungen für verschiedene Rohfasergehalte errechnet worden sind.

Rohfasergehalt und Verdaulichkeit der organischen Substanz (errechnet)

Rohfasergehalt %		22	26	30	34
Verdaulichkeit der organischen Substanz nach Gleichung	(3)	82,1	78,0	73,9	69,8
	(4)	83,2	78,5	73,9	69,3

Dieses Ergebnis ist von ganz wesentlicher Bedeutung für die Methodik der Verdaulichkeitsbestimmungen, denn

a) im kontinuierlichen Verdaulichkeitsversuch wurde der Grünroggen frisch, in den statischen (klassischen) Versuchen dagegen nach Trocknung bei 60–70 °C im Umlauftrockner verfüttert. Die Trocknung hat demgemäß keinen Einfluß auf die Verdaulichkeit. Es soll jedoch bemerkt werden, daß zwei Versuchsreihen ausgeschaltet werden mußten, weil infolge zu dichter Lagerung im Trockenschrank die Trocknung sich über mehrere Tage hinzog und dadurch eine deutliche Minderung der Verdaulichkeit eingetreten war.

b) die ganz verschiedenartige Versuchsmethodik des kontinuierlichen Verfahrens und der üblichen Versuchsdurchführung führte zu einer vollständigen Übereinstimmung.

Das bedeutet, daß durch einen kontinuierlichen Versuch eine größere Zahl von statischen Verdaulichkeitsversuchen ersetzt werden kann. Es lassen sich auch hier die vorliegenden Zusammenhänge deutlicher erkennen.

Bei Zusammenfassung der beiden obigen Gleichungen ergibt sich folgende Regressionsgleichung für die Gesamtzahl der 63 Versuche:

$$y = 107{,}0 - 1{,}10\,x \qquad \overset{r}{-0{,}95} \qquad \pm 1{,}6 \tag{5}$$

Bei der Höhe der Korrelationskoeffizienten r (0,95) lassen sich somit Verdauungskoeffizienten für die organische Substanz errechnen, die praktisch innerhalb einer normalen Streubreite mit den im Tierversuch erhaltenen übereinstimmen.

Das gleiche Verfahren der mathematischen Auswertung wurde für die Abhängigkeit der Verdaulichkeit des Rohproteins (y) vom Gehalt an Rohprotein (x) angewandt. Bei dem kontinuierlichen Versuch ergaben sich dabei folgende Gleichungen:

N-Gabe kg/ha	(n)	Regressionsgleichung	r/R	Streuung	
60	(16)	$y = 50{,}2 + 1{,}74\,x$	+ 0,96	± 0,9	(6)
120	(16)	$y = 61{,}1 + 0{,}99\,x$	+ 0,98	± 0,7	(7)
insgesamt	(32)	$y = 39{,}9 + 3{,}44\,x - 0{,}068\,x^2$	0,88	± 0,9	(8)

Die hohen Werte für die Korrelationskoeffizienten x zeigen, daß zwischen Rohproteingehalt und Rohproteinverdaulichkeit eindeutige Beziehungen bestehen; die niedrigen Werte für die Streuung lassen erkennen, daß die Verdaulichkeit sich mit recht großer Genauigkeit errechnen läßt.

Betrachtet man die Gleichungen im einzelnen, so zeigt sich, daß für eng begrenzte Proteinintervalle gesicherte lineare Beziehungen errechnet werden können. Für den gesamten Bereich ist die Abhängigkeit zwischen Rohproteingehalt und Rohproteinverdaulichkeit aber nur mit einer quadratischen Gleichung zu erfassen (8).

Die quadratische Gleichung sagt aus, daß mit fallendem Rohproteingehalt die Rohproteinverdaulichkeit sich progressiv vermindert.

Die Versuche nach dem statischen Verfahren sind in ähnlicher Weise verarbeitet worden; es wurden folgende Regressionsgleichungen für die Abhängigkeit der Proteinverdaulichkeit (y) vom Proteingehalt erhalten, wobei 26 Versuche zur Auswertung herangezogen worden sind:

$$y = 33{,}9 + 3{,}85\,x - 0{,}075\,x^2 \qquad R = 0{,}96 \qquad \text{Streuung } \pm 2{,}0\,. \qquad (9)$$

Diese Gleichung zeigt eine weitgehende Übereinstimmung mit der bei dem kontinuierlichen Verdaulichkeitsversuch erhaltenen Gleichung 8. Die erhöhte Streuung von $\pm$ 2,0 läßt erwartungsgemäß erkennen, daß hier die Unsicherheit der einzelnen Werte eine etwas größere ist als bei dem kontinuierlichen Verfahren.

Es wurde dann versucht, das Ergebnis der gesamten Versuche ($32 + 26 = 58$) gemeinsam zu verrechnen. Das Ergebnis ist in der folgenden Gleichung zusammengefaßt worden:

$$y = 31{,}7 + 4{,}26\,x - 0{,}088\,x^2 \qquad R = 0{,}99 \qquad \pm 1{,}1\,. \qquad (10)$$

Die folgende Abb. 2, die die drei Regressionskurven mit Angaben der Einzelwerte wiedergibt, läßt erkennen, daß im kontinuierlichen Versuch etwas höhere Werte für die Verdaulichkeit als bei den statischen Versuchen erhalten worden sind, bei denen der Grünroggen in getrocknetem Zustand zur Verfütterung kam.

Die letzte Regressionsgleichung (10) paßt sich dem gesamten Material sehr günstig an und gibt die Beziehungen zwischen Rohproteingehalt und -verdaulichkeit in recht großer Übereinstimmung mit den experimentellen Werten wieder.

Dies ergibt sich auch aus der folgenden Tabelle 7, in der die experimentell und rechnerisch ermittelten Werte gegenübergestellt worden sind.

Die Tabelle läßt erkennen, daß die experimentell bestimmten und rechnerisch ermittelten Werte für die Verdaulichkeit innerhalb einer Spannbreite von 1% übereinstimmen.

Aus dem Gehalt an Rohnährstoffen und der Verdaulichkeit läßt sich der Gehalt an verdaulichen Nährstoffen und an Stärkewert errechnen. Nachfolgend sind die erhaltenen Werte an verdaulichem Rohprotein bzw. an Stärkewert aus dem kontinuierlichen Versuch zusammengestellt worden (Tabelle 8).

Die Werte, die im kontinuierlichen Versuch erhalten worden sind, lassen deutlich erkennen, daß mit den Änderungen in der chemischen Zusammensetzung infolge der fortschreitenden Vegetation entsprechende Veränderungen im Gehalt an verdaulichem Rohprotein verbunden sind. Zwischen dem Gehalt an Rohprotein und verdaulichem Rohprotein besteht eine sehr hoch gesicherte lineare

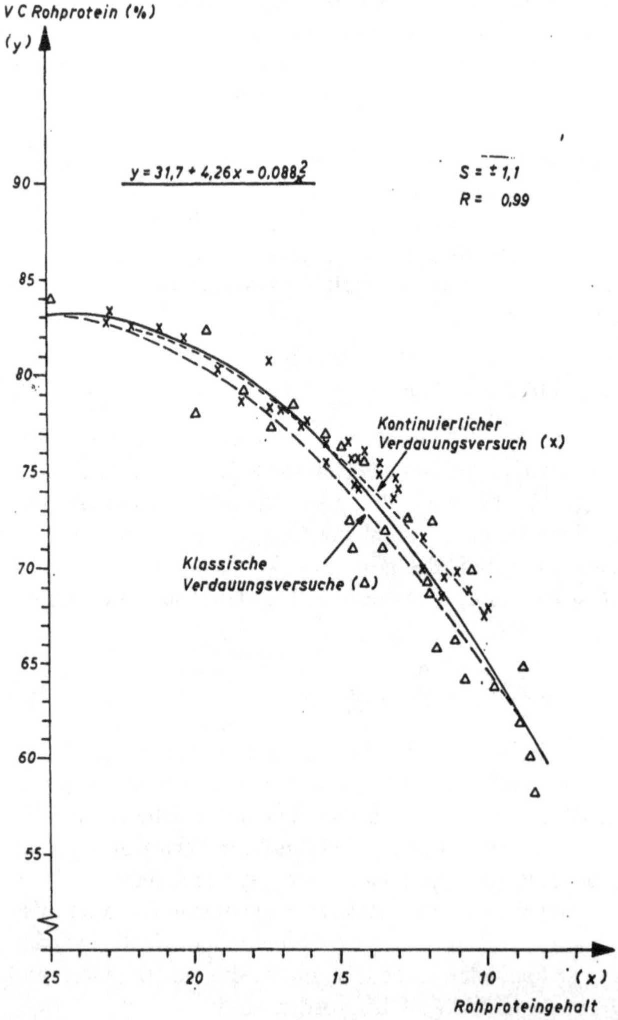

Abbildung 2

Abhängigkeit mit einem Regressionskoeffizienten von nahezu 1,00. Die Änderungen im Stärkewert in Abhängigkeit von der fortschreitenden Vegetation sind bei der niedrigen N-Gabe (Differenz von Schnittzeit I und V 10,7 Einheiten) höher als bei der hohen N-Gabe (Differenz 9,1 Einheiten). Hier macht sich der etwas verlangsamte Rückgang in der Verdaulichkeit bemerkbar, der bei dem Material mit der höheren N-Variante festzustellen war.

Aus den statischen Versuchen ist als Beispiel das Ergebnis eines Versuches aus dem Jahre 1962 über den Einfluß von Schnittzeit und N-Düngung auf Grünroggen in der Tabelle 9 dargestellt.

In Verbindung mit der späten Schnittzeit sind die Unterschiede im Gehalt an verdaulichem Rohprotein und Stärkewert hier insgesamt wesentlich größer als

Tabelle 7

Abhängigkeit zwischen Rohproteingehalt und Rohproteinverdaulichkeit

Rohproteingehalt (in % d. Tr.S.)	Rohproteinverdaulichkeit (%) experimentell n	VC		errechnet	Differenz
24,9 (24,0 – 24,9)	1	84,0	–	83,2	+ 0,8
22,5 (22,0 – 22,9)	2	83,0	± 0,4	82,9	+ 0,1
21,2 (21,0 – 21,9)	1	82,5	–	82,5	± 0,0
20,3 (20,0 – 20,9)	1	82,0	–	81,9	+ 0,1
19,5 (19,0 – 19,9)	3	80,0	± 1,4	81,3	– 1,3
18,4 (18,0 – 18,9)	2	79,0	± 0,3	80,3	– 1,3
17,4 (17,0 – 17,0)	3	78,8	± 1,0	79,2	– 0,4
16,5 (16,0 – 16,9)	4	78,0	± 0,3	78,0	± 0,0
15,5 (15,0 – 15,9)	3	76,4	± 0,5	76,6	– 0,2
14,5 (14,0 – 14,9)	10	74,9	± 0,6	75,0	– 0,1
13,4 (13,0 – 13,9)	7	73,8	± 0,6	73,0	+ 0,8
12,3 (12,0 – 12,9)	4	70,7	± 0,9	70,8	– 0,1
11,5 (11,0 – 11,9)	7	69,0	± 0,9	69,1	– 0,1
10,4 (10,0 – 10,9)	6	67,0	± 1,0	66,5	+ 0,5
8,7 (8,0 – 9,9)	4	61,2	± 1,6	62,1	– 0,9

Tabelle 8

Gehalt an verdaulichen Nährstoffen (kontinuierlicher Versuch)

Schnittzeit	I 9,5	II 13,5	III 16,5	IV 19,5	V 22,5	
			N-Gabe = 60 kg/ha			
Rohprotein %	16,5	14,3	12,4	11,4	10,3	
Rohfaser %	22,4	25,4	26,5	28,0	30,3	
verdauliches Rohprotein %	13,0	10,8	8,9	7,9	7,0	
Stärkewert	69,7	67,9	66,1	62,5	59,0	(Rohfaserabzug $f = 0,29$)
			N-Gabe = 120 kg/ha			
Rohprotein %	21,7	18,3	15,5	14,4	13,3	
Rohfaser %	23,2	24,7	26,2	29,2	31,5	
verdauliches Rohprotein %	17,9	14,5	11,8	10,8	9,9	
Stärkewert	68,8	67,8	67,1	63,7	59,7	

im kontinuierlichen Versuch; sie ordnen sich aber praktisch in die Ergebnisse dieser Versuchsreihe ein.

Auch hier ergibt sich die Frage, ob es möglich ist, die rechnerischen Beziehungen zwischen Zusammensetzung und Gehalt an verdaulichen Nährstoffen festzulegen.

Tabelle 9

Einfluß von Schnittzeit und N-Gabe auf den Gehalt an verdaulichen Nährstoffen

	N-Gabe kg/ha	I 4.5	IV 12.5	VI 23.5
Rohfaser %	40	22,2	28,4	35,5
	80	21,4	28,5	35,6
	160	22,0	27,0	33,0
Rohprotein %	40	16,5	11,8	8,4
	80	21,5	15,2	11,1
	160	24,9	19,4	14,7
verdauliches Rohprotein %	40	13,0	7,8	4,9
	80	16,1	10,9	7,2
	160	21,0	15,0	10,7
Stärkewert	40	69,5	59,2	50,9
	80	70,4	62,1	48,9
	160	66,5	59,2	54,0

Bei den hohen Werten für die Korrelationskoefffzienten r für die Abhängigkeit der Rohproteinverdaulichkeit von Rohproteingehalt (Gleichung 10) wird man erwarten können, daß zwischen Rohproteingehalt (x) und den Gehaltswerten an verdaulichem Rohprotein (y) gleichfalls enge Beziehungen bestehen werden, die sich durch eine Regressionsgleichung erfassen lassen. Die Regressionsberechnungen mit Hilfe aller Wertepaare (32 + 26 = kontinuierliche + statische Versuche) für den Petkuser Roggen führen zu folgendem Ergebnis:

$$y = -3{,}2 + 0{,}97\,x \qquad \overset{r}{+\,1{,}0} \tag{11}$$

Die Gleichung bedeutet praktisch, daß ein Anteil an 3,2% Rohprotein als unverdaulich anzusehen ist und daß der darüber hinausgehende Anteil zu 97% als vollverdaulich anzusprechen ist.

Diese gute Übereinstimmung zwischen den experimentell ermittelten und rechnerisch erhaltenen Werten ergibt sich auch aus der folgenden Tabelle, in der die entsprechenden Angaben gegenübergestellt worden sind.

Es ist also eine volle Übereinstimmung zwischen den experimentell bestimmten und den errechneten Werten für den Gehalt an verdaulichem Rohprotein festzustellen, wobei auch nach beiden Gleichungen praktisch die gleichen Werte erhalten worden sind. Es ist somit möglich, den Gehalt an verdaulichem Rohprotein beim Grünroggen aus dem Rohproteingehalt mit großer Genauigkeit zu errechnen.

Als letzte Möglichkeit gilt es zu erörtern, ob es möglich ist, auch den Gehalt an Stärkewert als Maßstab für den energetischen Produktionswert aus dem Gehalt an Rohnährstoffen zu errechnen. Hier sind in die gesamten Versuchsergebnisse noch weitere fünf Ergebnisse aus einem Sortenversuch in die Verrechnung einbezogen worden, so daß insgesamt 63 Werte zur Verfügung stehen.

Tabelle 10

Abhängigkeit zwischen Rohproteingehalt und Gehalt an verdaulichem Rohprotein

Rohprotein-gehalt (in % der Tr.S.)	n	Gehalt an verdaulichem Rohprotein			Differenz experimentell errechnet absolut
		experimentelle Werte	errechnet nach Gleichung 11	errechnet VC nach Gleichung 10	
%		%	%	%	%
24,9	1	20,9	21,0	20,8	−0,1
22,6	2	18,7 ± 0,4	18,7	18,7	0,0
21,2	1	17,5	17,4	17,5	+0,1
20,3	1	16,6	16,5	16,6	+0,1
19,5	3	15,7 ± 0,2	15,7	15,8	0,0
18,3	2	14,5 ± 0,1	14,5	14,6	0,0
17,4	3	13,7 ± 0,2	13,7	13,8	0,0
16,6	4	12,9 ± 0,1	12,9	12,9	0,0
15,5	3	11,8 ± 0,1	11,8	11,9	0,0
14,5	10	10,9 ± 0,1	10,9	10,9	0,0
13,4	7	9,9 ± 0,1	9,8	9,8	+0,1
12,3	4	8,7 ± 0,2	8,7	8,7	0,0
11,5	7	8,0 ± 0,1	8,0	7,9	0,0
10,4	6	6,9 ± 0,2	6,9	6,9	0,0
8,7	4	5,3 ± 0,2	5,2	5,4	+0,1

Da aus den vorher dargestellten Ergebnissen immer wieder der entscheidende Einfluß der Rohfaser hervorgegangen ist, wurde im besonderen den Beziehungen zwischen Rohfasergehalt und Stärkewert nachgegangen. Die Regressionsanalyse führte zu folgendem Ergebnis für die Beziehungen zwischen Rohfasergehalt (x) und Stärkewert (y):

	r	Streuung	
$y = 98{,}5 - 1{,}28\,x$	$-\,0{,}94$	$\pm\,1{,}9\,.$	(12)

Für die Abhängigkeit des Stärkewertes vom Rohfasergehalt errechnet sich somit ein hoher Korrelationskoeffizient $r = 0{,}94$ und eine Streuung von $\pm\,1{,}9$, die etwa den Streuungen bei den Tierversuchen entspricht.

Wendet man diese Gleichung auf das Ergebnis des kontinuierlichen Versuches an und wertet die Varianten mit den verschiedenen N-Gehalten gesondert aus, so ergeben sich folgende relativen Abweichungen zwischen den experimentellen und errechneten Werten:

N-Gabe:	60 kg/ha	+ 0,7 ± 0,5%
	120 kg/ha	+ 2,2 ± 0,5%

Diese Abweichungen lassen zwar die Tendenz erkennen, daß mit erhöhter N-Gabe die Verdaulichkeit und der Stärkewert etwas ansteigen; aber sie zeigen andererseits auch, daß diese Änderungen sich in den üblichen Grenzen halten, so daß sie nicht besonders berücksichtigt zu werden brauchen.

Die gute Übereinstimmung zwischen den experimentell bestimmten und den nach der Regressionsgleichung erhaltenen Werten gibt sich auch aus der folgenden Tabelle 11 zu erkennen, in der die Ergebnisse der gesamten Versuche gegenübergestellt sind:

Tabelle 11

Rohfasergehalt und Stärkewertgehalt

Rohfasergehalt (in % der Tr.S.)	*n*	Stärkewert errechnet		Differenz experimentell errechnet
		nach Kellner	aus den Regressionsgleichungen	
21,5*	3	70,3 ± 1,0	71,0	−0,7
22,3	5	68,9 ± 0,6	70,0	−1,1
23,6	7	68,5 ± 0,3	68,3	+0,2
24,6	2	68,0 ± 0,4	67,0	+1,0
25,7	5	67,3 ± 0,5	65,6	+1,7
26,4	7	65,0 ± 1,0	64,7	+0,3
27,7	3	63,1 ± 0,9	63,1	±0,0
28,3	4	60,8 ± 1,1	62,3	−1,5
29,3	6	61,3 ± 0,6	61,0	+0,3
30,3	2	60,7 ± 1,9	59,7	+1,0
31,5	7	58,6 ± 0,6	58,2	+0,4
32,3	3	58,4 ± 0,3	57,2	+1,2
33,3	3	53,4 ± 1,3	55,9	−2,5
34,4	2	53,6 ± 1,0	54,5	−0,9
35,6	2	53,8 ± 0,4	52,9	+0,9

* Durchschnitt aller Werte zwischen 21,0 und 21,9, 22,0 und 22,9 usw.

Stellt man abschließend die festgestellten bzw. errechneten Werte für den Stärkewert in den Zusammenhang mit der Entwicklung bzw. den Vegetationszustand des Grünroggens fest, so ergibt sich folgendes Bild (Tabelle 12).

In der relativ kurzen Wachstumsspanne von rd. 14 Tagen, in der sich die Erntezeit des Grünroggens zusammendrängt, kann im Zusammenhang mit den Änderungen im Rohfasergehalt der Stärkewert erheblichen Verschiebungen (71–54) unterliegen.

Tabelle 12

Gehalt an Stärkewert im Grünroggen (in der Trockensubstanz)

	Rohfaser %	Stärkewert (in Tr.S.) errechnet	
		nach Kellner	aus den Regressionsgleichungen
Vor dem Schossen	21,5	70,5 ± 1,0	71,0
im Schossen	24,6	68,0 ± 0,4	67,0
vor Ährenschieben	27,7	63,1 ± 0,9	63,1
im Ährenschieben	31,5	58,6 ± 0,6	58,2
Ende des Ährenschiebens	34,4	53,6 ± 1,0	54,5

Der Gehalt an Rohprotein bzw. verdaulichem Rohprotein ist abgesehen vom Vegetationszustand von der zur Verfügung stehenden N-Menge abhängig und kann durch eine N-Düngung stark beeinflußt werden. Diese Beziehungen zwischen Vegetationszustand, N-Düngung und Gehalt sollen in der Tabelle 13 dargestellt werden.

Noch stärker als beim Stärkewert tritt hier der Einfluß der fortschreitenden Vegetation in Erscheinung; in diesem kurzem Wachstumsabschnitt von zwei Wochen geht praktisch der Gehalt an verdaulichem Rohprotein unabhängig von der N-Düngungsstufe auf die Hälfte und darunter zurück. Durch die steigenden N-Gaben kann dabei eine wesentliche Erhöhung des Gehaltes an verdaulichem Rohprotein erreicht werden.

Tabelle 13

Gehalt an Rohprotein und verdaulichem Rohprotein (in der Tr.S.) in Grünroggen in Abhängigkeit von der Schnittzeit und der N-Düngung

Vegetationszustand	Rohproteingehalt in % N-Gabe je ha			verdaul. Rohprotein in % N-Gabe je ha		
	60 kg N	90 kg N	120 kg N	60 kg N	90 kg N	120 kg N
Vor dem Schossen	**16,8**	**20,1**	**23,4**	**13,1**	**16,3**	**19,5**
im Schossen	**14,8**	**18,3**	**21,0**	**11,2**	**14,5**	**17,2**
vor Ährenschieben	**11,6**	**15,8**	**16,7**	**8,0**	**12,1**	**13,0**
im Ährenschieben	**9,9**	**11,7**	**13,3**	**6,4**	**8,1**	**9,7**
Ende des Ährenschiebens	**9,5**	**11,0**	**12,5**	**6,0**	**7,5**	**8,9**

In den beiden Tabellen 12 und 13 ist gewissermaßen das gesamte Ergebnis unserer Untersuchungen über den Futterwert des Grünroggens wiedergegeben. Die hier angegebenen Werte ermöglichen eine weitgehende Beurteilung des Futterwertes für den praktischen Einsatz in der Fütterung. Sie lassen den hohen Wert dieses Produktes als Energieträger wie auch beim Einsatz höherer N-Mengen als Eiweißträger erkennen.

Die bei diesen Untersuchungen erhaltenen Ergebnisse sollen nachfolgend mit den in der Literatur angegebenen Werten verglichen werden. Es wird hierzu auf die Angaben in den Futterwerttabellen der DLG zurückgegriffen. Beim Vergleich der Werte aus der DLG-Tabelle [2] mit den Werten, die sich aus unseren Regressionsgleichungen auf Grund der in den DLG-Tabellen angegebenen Gehaltswerte errechnen ließen, ergab sich folgendes Bild (Tabelle 14).

Es ist hier zunächst darauf hinzuweisen, daß zwar die Zahl der Nährstoffanalysen in der DLG-Tabelle eine durchaus genügende ist, um repräsentative Durchschnittswerte zu erhalten; aber die Zahl der durchgeführten Verdauungsversuche mit je zwei in jedem Entwicklungsabschnitt ist so klein, daß hier mit erheblichen Unsicherheiten zu rechnen ist. Des weiteren ist zu bemerken, daß die Zusammensetzung der für die Verdauungsversuche benutzten Proben von den angegebenen Durchschnittswerten, die sich aus dem Durchschnitt der Gesamtanalyse ergeben haben, mehr oder weniger abweichen kann. Die Differenzen zwischen den Werten der DLG-Tabelle und den nach unseren Regressions-

Tabelle 14

Nährstoffgehalt in Grünroggen nach DLG-Tabelle und errechnet

Vegetationszustand	TrS. %	Rohnährstoffe in % der TrS. Rohprotein	Rohfett	Rohfaser	NFE	Rohasche	n	Verd. Coeff. Organ. Subst.	Rohprotein	Stärkewert	Verdauliches % Rohprotein
vor dem Schossen	15,2	18,4	4,6	23,7	42,1	11,2	(2)	77	74	63,2	13,8
(n = 56)					errechnet		→	81	80	68,2	14,6
im Schossen	18,3	12,0	3,3	32,2	45,4	7,1	(2)	71	65	56,8	7,7
(n = 73)					errechnet		→	72	70	57,3	8,4
nach dem Schossen	21,9	10,5	3,6	35,2	43,4	7,3	(2)	63	60	47,5	6,4
(n = 4)					errechnet		→	68	67	53,4	7,0

gleichungen errechneten liegen unter 10%; dies ist eine Übereinstimmung, die unter den vorliegenden Verhältnissen als durchaus befriedigend angesehen werden kann.

Im Rahmen der Untersuchungen über den Futterwert des Grünroggens sind auch einige Sortenversuche durchgeführt worden, in denen der Frage nachgegangen werden sollte, ob in der Zusammensetzung und in der Verdaulichkeit des Grünroggens zwischen den verschiedenen Sorten gesicherte Unterschiede bestehen. Als Vergleichssorte diente der normale Petkuser Roggen (Petka). An weiteren Sorten kamen zur Untersuchung:

Bernburger Futterroggen
Tetra Roggen
Petkuser Grünschnitt
Champagner Roggen

Da nicht in allen Versuchsreihen sämtliche Sorten zum Anbau gekommen sind bzw. aus verschiedenen Gründen einige Versuchsreihen ausgeschaltet werden mußten, ist es nicht möglich gewesen, die Sorten direkt miteinander zu vergleichen. Es sind vielmehr in den einzelnen Versuchen die Ergebnisse jeweils dem Petkuser Normalroggen gegenübergestellt worden, der, wie schon gesagt wurde, in allen Versuchsreihen als Vergleichssorte zum Anbau gelangte. Es können also die einzelnen Sorten nur im Vergleich zum Petkuser Normalroggen beurteilt werden.

Nachfolgend sind die Ergebnisse aus diesen Untersuchungen zusammengefaßt dargestellt (Tabelle 15).

Wie hieraus zu ersehen ist, sind gegenüber dem Petkuser Roggen nur beim Bernburger Futterroggen und beim Champagner Roggen als gesichert anzusehende Differenzen im Gehalt an Rohprotein und Rohfaser erhalten worden, welche Sorten bei gleichem Vegetationsstadium eine etwas günstigere Zusammensetzung aufwiesen, wobei die Unterschiede jedoch nicht wesentlich sind. Bei den anderen Sorten (Tetraroggen und Petkuser Grünschnitt) sind praktisch die gleichen Werte für die Zusammensetzung festgestellt worden.

Tabelle 15

Vergleich von Petkuser Roggen

Sorte	n	Rohnährstoffe in % der Trockensubst. Organ. Subst.	Roh-protein	Roh-fett	Roh-faser	NFE	Roh-asche
a) Gegen Bernburger Futterroggen und Tetraroggen							
Petkuser Normalroggen	11	92,7	11,1	2,8	34,2	44,6	7,3
Bernburger Futterroggen	11	92,7	12,6	3,0	32,6	44,5	7,3
Tetraroggen	11	92,5	11,1	2,7	34,6	44,1	7,5
Differenz gegen Petkuser Roggen							
Bernburger Futterroggen			+1,5*		−1,6*		
Tetraroggen			0		+0,4		
b) Gegen Petkuser Grünschnitt							
Petkuser Normalroggen	6	93,0	12,3	2,9	31,2	46,5	7,0
Petkuser Grünschnitt	6	93,0	12,1	3,1	30,7	47,0	7,0
			−0,2		−0,5		
c) Gegen Champagner Roggen							
Petkuser Normalroggen	3	93,1	12,4	2,9	30,4	47,5	6,9
Champagner Roggen	3	91,8	13,9	3,2	26,9	47,9	8,2
			+1,5**		− 3,5*		

* Grenzdifferenz < 5%.
** Grenzdifferenz < 1%.

Ein Vergleich der erhaltenen Verdauungskoeffizienten in bezug auf den Einfluß des verschiedenen Vegetationszustandes bei den verglichenen Sorten ist wegen der geringen Zahl der vorhandenen Proben in den einzelnen Entwicklungsabschnitten nur schwer durchführbar. Es soll daher der Vergleich derart vorgenommen werden, daß die bei den verschiedenen Sorten im Verdauungsversuch erhaltenen Verdauungskoeffizienten den nach den Regressionsgleichungen für den Petkuser Normalroggen errechneten Werte gegenübergestellt werden. Dieser Vergleich ist in der folgenden Tabelle **16** durchgeführt worden.

Die Zusammenstellung zeigt, daß bei der Verdaulichkeit der organischen Substanz praktisch eine volle Übereinstimmung der experimentell ermittelten mit den errechneten Werten vorliegt. Dies gilt für alle Sorten.

Hingegen sind bei der Proteinverdaulichkeit zwischen dem Champagner Roggen und Tetraroggen gegenüber dem Petkuser Roggen gewisse Unterschiede festzustellen; die Verdauungskoeffizienten liegen hier etwas niedriger. Aber auch diese Differenzen, wenn man sie als gesichert ansehen kann, sind nicht so groß, daß sie für die praktische Fütterung stärker ins Gewicht fallen.

Dies geht auch daraus hervor, daß bei Einbeziehung sämtlicher Versuchsergebnisse für die Berechnung eine fast vollständige Übereinstimmung in den

Tabelle 16

Vergleich der experimentell bestimmten Verdauungskoeffizienten zu den aus den Regressionsgleichungen ermittelten (relative Werte)

Petkuser Normal Roggen (63)	Bernburger Futterroggen (9)	Tetraroggen (6)	Champagner Roggen (3)	Petkuser Grünschnittroggen (7)
Verdauungskoeffizienten der organischen Substanz (relativ) (Regressionsgleichung $y = 107{,}0 - 1{,}10\,x$)				
100,0	101,3 ±1,5	98,5 ±1,8	98,2 ±1,8	100,6 ±0,6
Verdauungskoeffizienten des Rohproteins (relativ) (Regressionsgleichung $y = 31{,}7 + 4{,}26\,x - 0{,}088\,x^2$)				
100,0	98,4 ±1,7*	94,3 ±1,5*	95,7 ±1,6	99,5 ±1,2

* Grenzdifferenz < 5.

Verdauungskoeffizienten bzw. in den Gehalten im Vergleich zu den mit den nach der Regressionsgleichung erhaltenen Werten besteht.

Dieses Ergebnis stellt wiederum unter Beweis, daß die Abhängigkeit der Verdaulichkeit der organischen Substanz beim Grünroggen ganz allgemein und des Rohproteins im besonderen wie auch die Höhe des Stärkewertes von der Zusammensetzung insbesondere vom Gehalt an Rohfaser bzw. an Rohprotein bei den verschiedenen Sorten in dem gleichen Umfang gegeben ist.

Es erscheint also möglich, für die Berechnung der Verdaulichkeit wie des Stärkewertes aus den Gehalt an Rohfaser bzw. an Rohprotein für alle Sorten die gleichen Regressionsgleichungen anzuwenden. Es sind auch hier die Gehalte an Rohfaser in gleicher Weise für alle Sorten für die Verdaulichkeit und für den Stärkewert bestimmend, so daß auf die Sortenfrage keine besondere Rücksicht zu nehmen ist.

Abschließend soll noch kurz auf die Ertragsleistungen eingegangen werden, die in den verschiedenen Versuchsreihen in Abhängigkeit von der Schnittzeit und der N-Düngung festgestellt worden sind, um damit einen Einblick in die futterökonomische Bedeutung des Futterroggenanbaues zu erhalten. Zunächst sollen hierfür die bei den kontinuierlichen Versuchen erhaltenen Ergebnisse ausgewertet werden (Tabelle 17).

Die Zahlen lassen die Nährstoffleistung des Roggens als Winterzwischenfrucht und die starke Wachstumsintensität deutlich hervortreten. Innerhalb der kurzen Zeit von 14 Tagen hat sich der Ertrag an Trockensubstanz nahezu verdoppelt, bei der hohen N-Gabe sogar mehr als verdoppelt.

Demgegenüber hält sich allerdings die Auswirkung auf den Rohproteinertrag in wesentlich engerem Rahmen, da mit fortschreitender Vegetation der Roh-

Tabelle 17

Ertragsleistung des Grünroggens beim kontinuierlichen Versuch

	N-Gabe kg/ha	Beginn des Schossens	Schossen	vor dem Ähren-schieben	im Ähren-schieben	Mitte des Ähren-schiebens
Schnittzeit		9.5	13.5	16.5	19.5	22.5
Tage		4	3	3	3	3
Erträge in Trockensubstanz (dt/ha)	60	24,7 (100)	29,5	35,0 (142)	40,5	46,6 (189)
	120	27,0 (100)	33,8	44,6 (165)	50,2	56,2 (208)
	(relativ)	(109)	(115)	(127)	(124)	(121)
Rohprotein (kg/ha)	60	408 (100)	422	432 (106)	462	480 (118)
	120	585 (100)	618	691 (118)	720	746 (128)
	(relativ)	(143)	(146)	(160)	(156)	(155)
verdauliches Rohprotein kg/ha	60	320 (100)	320	312 (98)	320	326 (102)
	120	483 (100)	489	524 (108)	543	555 (115)
	(relativ)	(151)	(153)	(168)	(169)	(170)
Stärkewert kg/ha	60	1723 (100)	2004	2312 (134)	2532	2747 (159)
	120	1859 (100)	2293	2993 (161)	3197	3355 (180)
	(relativ)	(108)	(114)	(129)	(126)	(122)

proteingehalt nicht unerheblich zurückgeht. Dies tritt noch stärker bei den Erträgen an verdaulichem Rohprotein in Erscheinung. Bei der niedrigen N-Gabe werden die höchsten Erträge an verdaulichem Rohprotein schon bei der ersten Schnittzeit zu Beginn des Schossens erhalten und bereits hier ein Ertrag erzielt, der sich praktisch nicht mehr ändert. Beim Stärkewertertrag hingegen wirkt sich der Anstieg in dem Ertrag an Trockensubstanz wesentlich stärker aus als der Rückgang im Stärkewertgehalt, so daß immerhin ein Anstieg im Stärkewertertrag um nahezu 60% erreicht wird.

Noch größer sind die Ertragsauswirkungen, die unter dem Einfluß bei erhöhten N-Gaben eintreten; hier treten die Auswirkungen mit fortschreitender Vegetation noch verstärkt in Erscheinung.

In ähnlicher Weise sind die Ertragsleistungen beim Schnittzeiten- und N-Düngungsversuch 1962 ausgewertet worden (Tabelle 18).

Es sind hier etwa die gleichen Ertragsleistungen in Abhängigkeit von der Schnittzeit erhalten worden wie beim kontinuierlichen Versuch. Bei der verlängerten Untersuchungszeit sind die Unterschiede in den Leistungen bei den unterschiedlichen Schnittzeiten noch größer wie dort.

Die N-Gaben wurden in diesem Versuch von 40 bis 160 kg N/ha gestaffelt. Demzufolge sind auch die Auswirkungen auf die Ertragsleistungen ausgeprägter als im vorher besprochenen Versuch. In der Leistung an verdaulichem Rohprotein ist mehr als eine Verdoppelung gegenüber der Gabe von 40 kg N auf-

Tabelle 18

Ertragsleistung des Grünroggens

Schnittzeiten- und N-Düngungsversuch 1962

N-Gabe kg/ha	Beginn des Schossens	Beginn des Ähren-schiebens	Ende des Ähren-schiebens	Beginn des Schossens	Beginn des Ähren-schiebens	Ende des Ähren-schiebens
Schnitt-datum	4.5.	12.5.	23.5.	4.5.	12.5.	23.5.
Erträge an Trockensubstanz (dt/ha)				relativ (N-Gabe von 40 kg = 100)		
40	22,5 (100)	35,2 (156)	51,8 (230)	100	100	100
180	26,8 (100)	40,1 (150)	60,6 (226)	119	114	117
160	32,7 (100)	44,6 (136)	59,2 (181)	145	127	114
Erträge an Rohprotein (kg/ha)					relativ	
40	372 (100)	415 (112)	436 (117)	100	100	100
80	575 (100)	608 (106)	671 (117)	155	146	154
160	815 (100)	863 (106)	869 (107)	219	208	199
Erträge an verdaulichem Rohprotein (kg/ha)					relativ	
40	293 (100)	274 (94)	254 (87)	100	100	100
80	431 (100)	436 (101)	435 (101)	147	159	171
160	685 (100)	668 (98)	631 (92)	234	244	248
Erträge an Stärkewert (kg/ha)					relativ	
40	1563 (100)	2035 (130)	2636 (169)	100	100	100
80	1886 (100)	2492 (132)	2963 (157)	121	122	112
160	2174 (100)	2641 (121)	3200 (147)	139	130	121

getreten. Dabei ist auch hier festzustellen, daß bereits in dem ersten Versuchsabschnitt (Beginn des Schossens) die höchsten Ertragsleistungen an verdaulichem Rohprotein erhalten worden sind. Hier tritt sogar beim Fortschreiten des Wachstums ein Rückgang in den Erträgen in Erscheinung. Insgesamt lassen diese Versuche erkennen, daß zwar auch in der späteren Entwicklungszeit eine bestimmte N-Aufnahme stattgefunden hat; aber diese wird durch den Rückgang in der Verdaulichkeit mehr als ausgeglichen.

Liegt unter den verschiedenen Bedingungen der Schwerpunkt bei der Erzeugung von Futterstoffen in der Gewinnung von hochwertigen eiweißreichem Grünfutter bzw. Trockengrünfutter, so ist der Schnitt möglichst früh vorzunehmen. Hier liegen die Erträge an verdaulichem Rohprotein am günstigsten. Mit zunehmender Vegetation steigt dagegen der Ertrag an Stärkewert weiter an und man wird die Schnittzeit verlängern können, wenn es darauf ankommt, möglichst hohe Erträge an Stärkewerten zu erreichen. Demzufolge wird naturgemäß das Verhältnis von verdaulichem Rohprotein zu Stärkewert ein immer weiteres, wie die folgenden Angaben zeigen:

Verhältnis von verdaulichem Rohprotein zu Stärkewert

N-Gabe	Beginn des Schossens	Beginn des Ährenschiebens	Ende des Ährenschieben
40 kg/ha	1 : 5,3	1 : 7,4	1 : 10,7
80 kh/ha	1 : 4,4	1 : 5,7	1 : 6,8
160 kg/ha	1 : 3,2	1 : 4,0	1 : 5,1

In der ersten Schnittzeit zu Beginn des Schossens ist unabhängig von der Höhe der N-Düngung ein enges Verhältnis von verdaulichem Rohprotein zu Stärkewert vorhanden. Im Verlauf der weiteren Vegetation erweitert sich dieses Verhältnis immer mehr, bis es sich bei der letzten Schnittzeit bis auf 1 : 10 erweitert. Durch eine verstärkte N-Düngung kann allerdings auch bei den späteren Schnittzeiten ein engeres Verhältnis erreicht werden.

Faßt man die bei diesen Untersuchungen festgestellten Ertragsleistungen zusammen, so ergeben sich für eine mittlere Schnittzeit bei den verschiedenen N-Gaben folgende Werte.

Tabelle 19
Ertragsleistung des Grünroggens (Beginn des Ährenschiebens) bei verschiedener N-Düngung

N-Gabe kg/ha	Trocken-substanz dt/ha	Rohprotein kg/ha	verdauliches Rohprotein kg/ha	Stärkewert dt/ha
40	35,2	415	274	20,4
60*	(35,1)	(432)	(312)	(23,1)
80	40,1	608	436	24,9
120*	(44,6)	(681)	(524)	(29,9)
160	44,6	863	668	26,4

* Ergebnisse des kontinuierlichen Versuchs.

Wie die Tabelle ausweist, werden bei einer mittleren N-Gabe von 60 bis 80 kg Ertragsleistungen von 3,5 bis 4,0 dt an verdaulichem Rohprotein und 24 dt an Stärkewert erhalten. Dies würde einem energetischen Produktionswert von ca. 35 dt Getreide bzw. einem Ertrag an verdaulichem Rohprotein in 45 dt Getreide entsprechen. Diese Leistung wird bereits in der Wachstumszeit bis Mitte Mai erreicht. Dies zeigt das außerordentliche Leistungsvermögen, das dem Grünroggen zuzusprechen ist.

Zusammenfassung der Ergebnisse

Im Rahmen von Arbeiten über den Futterwert wirtschaftseigener Futterstoffe sind umfangreiche Untersuchungen über den Einfluß von Schnittzeit und N-Düngung auf Zusammensetzung und Verdaulichkeit des Grünroggens durchgeführt worden. Es liegen im Rahmen von statisch und kontinuierlich durchgeführten Verdauungsversuchen über 60 verschiedene Einzelergebnisse vor, deren Auswertung in erster Linie mit Hilfe der Regressionsrechnung vorgenommen wurde. Es wurden folgende Ergebnisse erhalten:

1. In den Schnittzeitversuchen ergaben sich regelmäßig verlaufende Änderungen in der Zusammensetzung in Abhängigkeit von der Vegetation, die den allgemeinen Gesetzmäßigkeiten entsprechen.

2. Die Auswertung mit Hilfe von Regressionsgleichungen führte zu verallgemeinerungsfähigen Ergebnissen, die eine weitgehende Berechnung des Futterwertes bereits aus der chemischen Zusammensetzung gestatten.

3. Die Auswertung der gesamten Versuche hat zu folgenden Regressionsgleichungen geführt:

a) Verdaulichkeit der organischen Substanz (y) und Rohfasergehalt (x):

$$y = 107{,}0 - 1{,}10\,x \quad \overset{r}{-0{,}95} \quad \pm 1{,}6 \quad (n = 63) \tag{5}$$

b) Verdaulichkeit des Rohproteins (y) und Rohproteingehalt (x):

$$y = 31{,}7 + 4{,}26\,x - 0{,}088\,x^2 \quad \overset{R}{0{,}99} \pm 1{,}0 \quad (n = 58) \tag{10}$$

c) Stärkewert (y) und Rohfasergehalt (x):

$$y = 98{,}5 - 1{,}28\,x \quad \overset{r}{-0{,}94} \quad \pm 1{,}9 \quad (n = 63) \tag{12}$$

d) verdauliches Rohprotein (y) und Rohproteingehalt (x):

$$y = -3{,}2 + 0{,}97\,x \quad \overset{r}{1{,}0} \quad \pm 0{,}2 \quad (n = 58) \tag{11}$$

4. Wie sich aus der Höhe der Korrelationskoeffizienten (r bzw. R) und der Streuung ergab, lassen sich beim Grünroggen aus dem Gehalt an Rohfaser und Rohprotein die Verdauungskoeffizienten wie der Gehalt an verdaulichem Rohprotein und Stärkewert mit ausreichender Genauigkeit errechnen.

5. Durch die N-Düngung werden die Erträge und der Gehalt an Rohprotein wesentlich erhöht und die Verdaulichkeit beträchtlich verbessert, so daß die Erträge an verdaulichem Rohprotein sich mehr als verdoppeln lassen.

6. Die Werte für den Gehalt an Stärkewert und verdaulichem Rohprotein in Abhängigkeit von der Vegetation und der N-Düngung sind in den Tabellen 12 und 13 angegeben.

7. Die Unterschiede zwischen den verschiedenen Sorten des Grünroggens sind gering; die aufgestellten Regressionsgleichungen ließen sich für alle untersuchten Sorten anwenden.

8. Bei einer mittleren Schnittzeit und einer N-Gabe von 60 bis 80 kg/ha wurden Erträge von ca. 40 dt Trockensubstanz, 4 dt verdaulichem Rohprotein und 25 dt an Stärkewert erhalten.

Резюме

В рамках исследования кормовой ценности различных производимых в собственном хозяйстве кормовых средств ставились обширные опыты, изучавшие влияние времени покоса и удобрения азотом на состав и переваримость зеленой ржи. В рамках статических и непрерывно проводившихся опытов по переваримости были получены более 60 одельных различных результатов, расценка которых проводилась главным образом при помощп регрессивных вычислений. Были получены следующие результаты:

1. В опытах со временем покоса были установлены закономерно протекающие изменсния в составе в зависимости от вегетации, соответствующие общим закономерностям.

2. Расценка при помощи регрессивных уравнений дала результаты, пригодные к обобщению, и дающие возможность широкого исчисления кормовой ценности уже по химическому составу.

3. Выводы всех опытов оказалось возможным выразить в регрессивных уравнениях.

4. Как показывает высота корреляционных коэффициентов (r и R) и колебаний, для зеленой ржи оказывается возможным с достаточной точностью высчитать коэффициенты переваримости по содержанию сырого волокна и сырого протеина, а равно и содержание переваримого сырого протеина и крахмальную ценность.

5. Азотное удобрение значительно повышает урожаи и содержание сырого протеина, значительно улучшая переваримость, так что урожаи переваромого сырого протеина повышаются более чем вдвое.

6. Данные по содержанию крахмальной ценности и переваримого сырого протеина в зависимости от вегетации и удобрения азотом приведены в таблице 12 и 13.

7. Разница между различными сортами зеленой ржи невелика. Полученные регрессивные уравнения оказалось возможным применить для всех исследованных сортов.

8. При покосе в среднем периоде и даче азота в 60—80 кг/га были получены урожаи приблизительно в 40 дт сухого вещества, 4 дт переваримого сухого протеина и 25 дт крахмала.

Summary

In the course of experiments studying the feeding value of homegrown feeds extensive trials have been carried out to investigate the influence of nitrogen fertilizing and the time of cutting on the composition and digestibility of green rye. 60 single data obtained from continuous digestibility experiments were analyzed preferably by use of regression techniques. The following results were obtained:

1. Experiments investigating green rye at different cutting periods revealed that the composition of green rye was subject to regular variations depending upon general conditions of vegetation.

2. The evaluation of these experiments by use of regression equations yielded generally applicable results which in general allowed to calculate the dietary value of these feed by their chemical composition.

3. Analytical data obtained from all these experiments were represented by regression equations (page 306).

4. Digestibility coefficients as well as the content of digestible crude protein and the starch equivalent can be calculated, to a sufficient degree of accuracy, from the content of crude fibre and crude protein in green rye. This can be seen from the level of corelation coefficients (r and R) and standard deviations.

5. N-fertilizing produces a marked increase in the yields and the content of crude protein and a considerably improved digestibility so that the yields of digestible protein are increased more than twofold.

6. Values of the content of starch equivalents and digestible crude protein in relation to state of vegetation and nitrogen fertilizing are listed in tables 12 and 13.

7. Only slight differences were found to occur between different varieties of green rye; the calculated regression equations were applicable to all rye varieties tested.

8. Using mean cutting times and a nitrogen supplementation of 60 to 80 kg per hectare yields of about 40 cwt of dry matter, 4 cwt of digestible crude protein and 25 cwt of starch equivalents were obtained.

Literaturverzeichnis

[1] NEHRING, K.: Sitzungsber. der DAL Berlin XII, 49–54 (1963)
[2] Futterwerttabellen der DLG – Wiederkäuer 3. Aufl. Arbeiten der DLG 17, (1961)

Eingegangen: 10. Oktober 1964

Aus dem Oskar-Kellner-Institut für Tierernährung Rostock
der Deutschen Akademie der Landwirtschaftswissenschaften zu Berlin
(Direktor em.: Prof. Dr. Dr. h. c. K. NEHRING)

H.-D. BOCK, J. WÜNSCHE und K. NEHRING

Über den Futterwert von verschiedenen Ölsaatrückständen, insbesondere ausländischer Herkunft

3. Mitteilung

Untersuchungen über die Eiweißqualität von Ölsaatrückständen

Einleitung

In der 1. und 2. Mitteilung [17, 18] ist über neuere Untersuchungen hinsichtlich Zusammensetzung und Futterwert verschiedener Ölsaatrückstände berichtet worden. Dabei wurde besonders herausgestellt, daß der Futterwert ganz wesentlich vom Schalenanteil, d. h. vom Gehalt an Rohfaser bzw. Gerüstsubstanzen abhängt. Die sich in den letzten Jahren immer stärker durchsetzende Züchtung schalenarmer Sonnenblumen und ihr Anbau sowie die verstärkte Verarbeitung entschälter Saaten führte zu einer beträchtlichen Steigerung des Eiweißgehaltes und zu einer Erhöhung der Verdaulichkeit der Verarbeitungsrückstände, wodurch diese Produkte auch in der Schweine- und Geflügelfütterung zunehmende Bedeutung erlangen. Das haben die Arbeiten zum Eiweißproblem und besonders über die Bedeutung der einzelnen Aminosäuren für die Verwertung der Futterproteine gezeigt [26]. Aus diesem Grunde ergab sich die Notwendigkeit, in immer stärkerem Maße auch Untersuchungen über die Eiweißqualität (Aminosäuren-Zusammensetzung und biologische Wertigkeit) der verschiedenen Ölsaatrückstände durchzuführen, um im Hinblick auf die Ergänzungswirkung der verschiedenen Eiweißfutterstoffe nährstoffökonomisch günstige Eiweißfuttermischungen zusammenstellen zu können.

Durch die Entwicklung neuer, vor allem für Serienbestimmungen geeigneter physikalisch-chemischer und mikrobiologischer Methoden zur Aminosäuren-Bestimmung hat die Zahl der Eiweißqualitätsuntersuchungen laufend zugenommen [2, 19].

Aus verschiedenen Ländern der Erde erschienen Berichte über den in Tierversuchen ermittelten Eiweißwert oder über die Aminosäurezusammensetzung einzelner landesüblicher Ölsaatrückstände [1, 6, 7, 8, 9, 10, 11, 20].

Da auch in unserem Land der Einsatz von Ölsaatrückständen im Zuge der weiteren Entwicklung unserer Mischfuttermittelindustrie, besonders zur Herstellung von preisgünstigen Eiweißfuttermischungen für die Schweine- und Geflügelfütterung, immer dringlicher wird, ist es geboten, sich Klarheit über eventuelle Unterschiede in der Eiweißqualität zwischen den verschiedenen Produkten dieser Futtermittelgruppe zu verschaffen; um in Zukunft vor allem die Ölsaatrückstände einzusetzen, die einen optimalen Nutzen versprechen.

Im Oskar-Kellner-Institut wurden daher die für unsere Mischfuttermittelindustrie in Frage kommenden Ölsaatrückstände auf ihre Eiweißqualität (biologische Wertigkeit und Gehalt an essentiellen und semi-essentiellen Aminosäuren) nach biologischen und mikrobiologischen Verfahren untersucht.

Material und Methodik

Von zwölf zum größten Teil aus Importen stammenden Ölsaatextraktionsschroten, zwei Ölsaatexpellern und einem Ölkuchen erfolgte die Bestimmung der biologischen Wertigkeit des Proteins (BW) an wachsenden Albinoratten nach der im Institut modifizierten, früher beschriebenen [14, 15] N-Bilanzmethode von Thomas [21] und Mitchell [12, 13] sowie die Bestimmung der essentiellen und semi-essentiellen Aminosäuren (AS) nach dem mikrobiologischen Verfahren [24, 25]. In 16 weiteren importierten Verarbeitungsrückständen sind nur die AS-Gehalte ermittelt worden. – Die Bestimmung der AS erfolgte sowohl nach saurer bzw. alkalischer als auch z. T. nach enzymatischer Hydrolyse.

Methodische Einzelheiten können der zitierten Literatur entnommen werden.

Ergebnisse und Diskussion

Die Rohnährstoff-Zusammensetzung des Untersuchungsmaterials geht aus der 1. bzw. 2. Mitteilung hervor.

In der folgenden Tabelle (Tabelle 1) sind die Daten über die nach der N-Bilanzmethode an wachsenden Albinoratten bestimmte BW der untersuchten Ölsaatrückstände wiedergegeben, außerdem der jeweilige auf die Trockensubstanz bezogene Rohproteingehalt, die Verdaulichkeit und – als wichtiges ernährungsphysiologisches Verwertungsmaß – die jeweilige Nettoproteinverwertung (NPU nach Mitchell [12]), die sich gemäß

$$\mathrm{NPU} = \frac{\mathrm{BW} \times \text{N-Resorbierbarkeit}}{100}$$

berechnen läßt.

Schon im Rohproteingehalt zeigen sich zwischen den einzelnen Proben erhebliche Differenzen, auf die teilweise schon in der 1. bzw. 2. Mitteilung eingegangen worden ist. So liegen die Gehaltswerte von Palmkern- und Kokosextraktionsschrot sowie Maiskeimölkuchen weit unter 30%. Diese Ölsaatrückstände sollten nicht zu den eigentlichen Eiweißfuttermitteln gezählt werden, zumal ihre BW auch nur mittelmäßig ist.

Die Sojaextraktionsschrote und die Erdnußrückstände liegen mit Rohproteingehalten von mehr als 50% über der Norm von Ölsaatrückständen. Allerdings kann nur die dampferhitzte Probe des Sojabohnenrückstandes mit einer BW von 68,6 ernährungsphysiologisch als günstig bewertet werden.

Tabelle 1

Nach der N-Bilanzmethode an wachsenden Albinoratten ermittelte biologische Wertigkeit des Eiweißes (BW) verschiedener Ölsaatrückstände

Proben	Rohprotein (in % der Tr.S.)	Anzahl der Ratten	BW	N-Verdaulichkeit %	Nettoproteinverwertung %
Sonnenblumenextraktionsschrot* I (Ungarn)	45,7	8	71,0 ± 1,6	76,5	67,2
Sonnenblumenextraktionsschrot* II (Rumänien)	44,9	6	61,4 ± 1,2	71,2	54,5
Sonnenblumenextraktionsschrot* III (Bulgarien)	37,1	6	72,8 ± 2,8	70,6	64,6
Leinexpeller (Argentinien)	48,8	4	76,8 ± 3,0	69,8	67,7
Baumwollsamenextraktionsschrot (Indien)	40,8	6	73,4 ± 1,8	64,2	60,6
Rapsextraktionsschrot	37,8	8	69,2 ± 1,5	65,7	56,3
Crambeextraktionsschrot (unbehandelt)	36,6	6	36,9 ± 1,3	62,9	23,1
Crambeextraktionsschrot (extrahiert)	40,6	6	80,5 ± 1,1	64,1	65,8
Palmkernextraktionsschrot	21,2	8	51,0 ± 2,1	64,3	41,9
Erdnußexpeller	50,5	8	56,1 ± 1,8	75,2	51,8
Erdnußextraktionsschrot	57,4	7	47,5 ± 0,8	73,5	43,3
Sesamextraktionsschrot	47,6	7	68,0 ± 1,2	76,5	64,2
Kokosextraktionsschrot	24,4	8	60,5 ± 1,8	58,4	46,0
Maiskeimölkuchen	23,1	5	59,3 ± 2,0	62,3	47,5
Sojaextraktionsschrot I	52,2	13	61,9 ± 2,3	60,6	48,9
Sojaextraktionsschrot I (dampferhitzt)	52,4	13	68,6 ± 1,3	74,3	60,2
Sojaextraktionsschrot II	52,1	8	56,8 ± 2,2	69,7	50,7
Zum Vergleich:					
Fischmehl	69,5	8	80,9 ± 1,9	75,2	75,2
Magermilchpulver	35,9	8	84,0 ± 2,3	72,2	75,5

* Entschälte Saat

In ihrer Eiweißwertigkeit liegen die Extraktionsschrote von Sonnenblumen, vorbehandelter Crambe und Baumwollsamen sowie von Leinexpeller mit Werten von über 70 am günstigsten, während die Extraktionsschrote aus unbehandelter Crambe und Erdnuß mit biologischen Wertigkeiten von unter 50 nur als mäßig bzw. minderwertig anzusprechen sind. Eine gute BW weist auch das Extraktionsschrot der landeseigenen Ölpflanze Raps mit 69,2 auf.

In der N-Verdaulichkeit ergaben sich – ähnlich wie in der 2. Mitteilung beschrieben – auch an Ratten z. T. erhebliche Unterschiede zwischen den Rückständen der verschiedenen Ölsaaten. Beim vorliegenden Material liegt die Verdaulichkeit nur bei den Sonnenblumenrückständen, den Erdnußprodukten, bei Sesam- und dem dampferhitzten Sojaextraktionsschrot über 70%. Die Verdauungswerte aller anderen Ölsaatprodukte – mit Ausnahme des Kokosextraktionsschrotes – bewegen sich zwischen 60 und 70%. Die Verdaulichkeit von Kokosextraktionsschrot ist mit 58,4% am schlechtesten.

Einen guten Überblick über den physiologischen Nutzwert eines Proteins bietet seine prozentuale Nettoproteinverwertung (NPU). Ölsaatrückstände mit NPU-Werten von über 60% kommen denen von Eiweißfutterstoffen tierischen Ursprungs (Fischmehl und Magermilchpulver s. Tabelle 1) nahe und können als gute pflanzliche Eiweißfuttermittel bezeichnet werden; Produkte mit einer Nettoproteinverwertung unter 50%, wie Kokos-, Erdnuß-, Palmkern- und unbehandeltes Crambeextraktionsschrot sowie Maiskeimölkuchen, sollten nach Möglichkeit nicht als Eiweißfutterstoffe in Mischfuttermitteln für Schweine und Geflügel verwendet werden.

Tabelle 2

In verschiedenen Ölsaatrückständen auf mikrobiologischem Wege im sauren Hydrolysat bestimmter Gehalt an essentiellen und semi-essentiellen Aminosäuren

Proben	g/100 g Rohprotein											
	Arginin	Histidin	Isoleucin	Leucin	Lysin	Methionin	Cystin	Phenyl-alanin	Tyrosin	Threonin	Trypto-phan*	Valin
Sonnenblumenextraktionsschrot I (Ungarn)	9,6	2,5	5,6	6,8	4,5	2,1	1,4	4,8	2,4	4,4	1,6	6,0
Sonnenblumenextraktionsschrot II (Rumänien)	10,4	2,6	5,6	6,8	3,7	2,1	1,1	4,6	2,1	4,0	1,3	5,8
Sonnenblumenextraktionsschrot III (Bulgarien)	8,6	2,5	6,1	6,4	3,7	2,0	2,6	4,8	2,1	4,3	1,5	3,6
Leinexpeller (Argentinien)	7,6	2,3	5,8	7,4	6,1	1,2	1,2	5,0	3,1	4,6	1,3	5,0
Baumwollsamenextraktionsschrot (Indien)	11,9	2,4	4,0	5,9	4,3	1,3	1,2	4,7	2,3	3,5	1,3	5,1
Rapsextraktionsschrot	6,5	3,0	4,9	7,5	6,3	1,5	4,4	4,1	2,4	4,9	1,2	5,7
Crambeextraktionsschrot (unbehandelt)	4,9	2,1	5,4	6,2	5,0	0,9	1,0	3,5	1,3	4,2	1,2	5,3
Crambeextraktionsschrot (extrahiert)	5,2	2,3	5,5	6,6	5,2	1,2	1,3	3,8	1,8	4,6	1,4	5,9
Palmkernextraktionsschrot	13,6	1,8	4,1	7,2	4,0	1,7	2,5	3,8	2,8	3,4	0,8	5,4
Erdnußexpeller	12,5	2,2	4,0	6,4	3,5	1,1	2,1	5,2	3,2	2,9	1,0	4,5
Erdnußextraktionsschrot	12,2	2,4	4,0	6,5	3,5	0,9	1,9	5,2	3,4	2,9	1,0	4,8
Sesamextraktionsschrot	10,9	2,6	6,4	7,3	3,1	2,2	1,4	4,5	2,6	4,1	1,5	6,2
Kokosextraktionsschrot	12,2	1,8	4,1	6,7	2,8	1,6	2,0	4,3	2,3	3,3	0,8	5,7
Maiskeimölkuchen	7,1	4,2	4,3	8,3	4,2	1,3	1,8	4,4	2,6	4,4	1,1	6,4
Sojaextraktionsschrot I	8,0	2,5	6,0	7,6	7,1	1,3	1,9	4,0	3,2	4,5	1,3	5,5
Sojaextraktionsschrot I (dampferhitzt)	7,7	2,5	6,0	7,7	6,8	1,4	1,9	4,4	3,2	4,4	1,2	5,8
Sojaextraktionsschrot II	7,7	2,5	5,9	7,1	7,0	1,0	1,2	5,0	3,3	4,2	1,3	5,3
Zum Vergleich:												
Vollei	6,8	2,4	6,4	8,5	6,9	3,1	2,4	5,2	4,0	5,0	1,3	7,2

* Tryptophan wurde nach alkalischer Hydrolyse mikrobiologisch bestimmt.

In Tabelle 2 sind die in den sauren (resp. alkalischen) Hydrolysaten dieser Ölsaatrückstände bestimmten AS-Gehaltswerte dargestellt.

Wie schon in Versuchen an 20 in der Zusammensetzung sehr unterschiedlichen Eiweißfutterstoffen nachgewiesen [26] wurde, ergaben sich auch hier gewisse korrelative Beziehungen zur im Tierversuch ermittelten Eiweißwertigkeit nur bei den AS Methionin, Cystin, Lysin und teilweise auch bei Tryptophan. Alle anderen AS sind in den Ölsaatrückständen in über dem Bedarf der Tiere liegenden Mengen vorhanden, wie aus einem Vergleich mit der AS-Zusammensetzung des Volleiproteins zu erkennen ist.

Neben Sesam, das bekanntlich einen für pflanzliche Proteine hohen Methioningehalt aufweist, enthalten die drei Extraktionsschrote aus entschälten Sonnenblumensamen mit 2,1 bzw. 2,0% den höchsten Gehalt an Methionin. Dementsprechend ist auch die BW dieser Produkte (bis auf die Probe II) bei mittleren Lysingehalten gut. Die niedrigere BW von Sonnenblumenextraktionsschrot II dürfte, abgesehen von seinem ungünstigen Gehalt an den limitierenden AS (Lysin, Methionin und Cystin) aus seinem im Vergleich zu den beiden anderen Proben geringeren Tryptophangehalt zu erklären sein.

Die gute Eiweißqualität des Leinexpellers ist sicherlich vor allem auf den relativ günstigen Lysingehalt zurückzuführen; bei Rapsextraktionsschrot kommt zum günstigen Lysingehalt noch ein hoher Gehalt an Cystin hinzu.

Die Sojaextraktionsschrote zeichnen sich durch hohe Lysin- und niedrige Methioningehalte aus. Den Gegensatz dazu bildet das Sesamextraktionsschrot.

Die nur mäßige Qualität des Erdnuß- und des Kokosproteins ist eindeutig durch die niedrigen Methionin- und Lysingehalte bedingt.

Auf Grund der relativ günstigen Gehalte des Palmkernextraktionsschrotes an Methionin und Cystin sowie des mittelmäßigen Lysingehaltes ist ein höherer Eiweißwert dieses Produktes zu erwarten. Möglicherweise tritt hier der niedrige Tryptophangehalt als begrenzender Faktor auf. Eine weitere Ursache für die ungünstige BW dürfte in der Gerüstsubstanz-Zusammensetzung zu sehen sein, worauf in der 2. Mitteilung eingegangen worden ist.

In Tabelle 3 sind von einer Reihe weiterer Ölsaatrückstände, die sämtlich aus Importen stammten, die Gehalte an essentiellen und semi-essentiellen AS wiedergegeben.

Die BW wurde von diesen Proben jedoch nicht bestimmt. Aus den Gehalten an den wertbestimmenden AS Lysin, Methionin, Cystin und Tryptophan ist eine ähnliche BW abzuleiten wie bei den entsprechenden in Tabelle 1 und 2 angegebenen Produkten. Lediglich bei Leinextraktionsschrot (Argentinien) und Sojaexpeller (Argentinien) wird auf Grund der niedrigeren Lysinwerte auch eine ungünstigere BW zu erwarten sein. Hier muß eine durch die Verarbeitung bedingte Lysinschädigung angenommen werden.

In Tabelle 4 wurde der in den enzymatischen Hydrolysaten einiger Ölsaatrückstände ermittelte Gehalt an „mikrobiologisch verfügbaren" AS zusammengestellt.

Die höchste enzymatische Lysinverfügbarkeit weist die dampferhitzte Sojaextraktionsschrotprobe auf. Die anderen Werte an verfügbarem Lysin liegen z. T. erheblich tiefer.

Tabelle 3

In verschiedenen Ölsaatrückständen auf mikrobiologischem Wege im sauren Hydrolysat bestimmter Gehalt an essentiellen und semi-essentiellen Aminosäuren

Proben	Rohprotein % d. Tr.S.	g/100 g Rohprotein										
		Arginin	Histidin	Isoleucin	Leucin	Lysin	Methionin	Cystin	Phenylalanin	Tyrosin	Threonin	Tryptophan	Valin
Sonnenblumenschrot (Argentinien)	38,3	9,1	2,4	5,2	6,9	3,6	2,0	1,5	4,2	1,9	4,0	1,6	5,9
Sonnenblumenexpeller (Argentinien)	42,7	9,0	2,2	5,0	6,2	3,5	1,7	1,2	4,2	1,9	3,8	1,3	5,6
Leinextraktionsschrot (Argentinien)	38,2	10,1	2,1	5,2	5,7	4,3	1,4	1,1	4,5	2,2	4,3	1,6	5,2
Baumwollsaatkuchen (Indien)	41,3	12,1	2,4	4,2	6,1	4,5	1,2	1,2	4,8	2,2	3,5	1,4	5,3
Baumwollsamenpellets (USA)	47,7	11,9	2,5	4,2	6,2	4,3	1,5	1,3	4,9	2,5	3,8	1,4	5,3
Palmkernschrot (Westdeutschland)	20,0	11,3	1,5	3,8	6,5	2,7	1,7	0,8	3,3	1,4	3,1	0,5	5,0
Palmkernkuchen (Westdeutschland	23,0	13,3	1,7	4,3	4,8	3,4	1,7	1,1	3,4	1,6	3,1	0,8	4,8
Erdnußexpeller (Argentinien)	58,8	10,8	2,2	4,0	7,2	3,0	0,9	1,0	4,9	3,4	3,0	1,0	4,6
Erdnußschrot (Argentinien)	57,0	10,8	2,2	4,1	7,1	3,4	1,0	1,0	4,7	3,3	3,0	1,0	4,6
Erdnußexpeller (Brasilien)	59,5	11,7	2,1	4,2	6,5	3,0	1,0	1,2	5,0	3,7	2,9	1,0	4,8
Erdnußschrot (Brasilien)	55,2	12,1	2,2	4,3	6,2	3,2	1,0	1,2	4,8	3,2	2,9	1,0	4,8
Kokoskuchen (Westdeutschland)	22,8	9,6	1,7	4,0	7,0	2,7	1,6	0,8	3,7	1,5	3,3	0,7	5,2
Sojaextraktionsschrot (USA)	51,8	7,5	2,4	5,8	7,6	6,3	1,2	1,2	4,8	3,2	4,3	1,4	5,1
Sojaextraktionsschrot (Brasilien)	55,9	8,9	2,4	5,7	7,3	6,4	1,1	1,1	4,8	2,9	4,3	1,3	5,1
Sojaexpeller (Argentinien)	36,7	9,3	1,9	5,1	5,6	4,2	1,3	1,1	4,4	2,3	4,0	1,3	5,2
Soja-Pellets (USA)	41,0	7,8	2,3	5,6	7,2	6,7	1,1	1,0	4,6	2,6	4,2	1,3	5,0

Die niedrigere BW des rumänischen Sonnenblumenextraktionsschrotes (Probe II) gegenüber dem ungarischen kann mit der deutlich schlechteren Verfügbarkeit des Lysins, Methionins und Cystins in Zusammenhang gebracht werden.

Allgemein zeigt sich auch bei der Gruppe der Ölsaatrückstände, daß die enzymatische Verfügbarkeit von Lysin, Histidin, Methionin und Cystin am schlechtesten ist und bei Lysin und Histidin unter 50% der Gehalt-AS-Gehalte liegt.

Tabelle 4

In verschiedenen Ölsaatrückständen auf mikrobiologischem Wege im enzymatischen Hydrolysat bestimmter Gehalt an „verfügbaren" essentiellen und semi-essentiellen Aminosäuren

Proben	g/100 g Rohprotein											
	Arginin	Histidin	Isoleucin	Leucin	Lysin	Methionin	Cystin	Phenylalanin	Tyrosin	Threonin	Tryptophan	Valin
Sonnenblumenextraktionsschrot I (Ungarn)	8,5	1,0	4,3	5,3	1,7	1,7	0,9	3,4	2,2	3,4	1,1	4,7
Sonnenblumenextraktionsschrot II (Rumänien)	8,8	0,9	4,2	5,5	1,1	1,4	0,4	2,9	1,8	2,9	1,0	4,0
Rapsextraktionsschrot	4,0	0,7	2,4	3,7	1,3	0,8	2,5	2,4	1,7	2,9	0,6	2,8
Crambeextraktionsschrot (unbehandelt)	3,1	0,7	3,2	3,5	1,2	0,7	0,7	1,4	1,3	2,3	0,6	4,1
Crambeextraktionsschrot (extrahiert)	2,9	0,7	3,1	3,3	2,3	0,8	0,6	1,5	1,5	2,1	0,6	4,9
Palmkernextraktionsschrot	(14,8)	0,9	4,0	6,7	2,4	1,8	2,3	3,0	2,4	3,0	0,4	5,0
Erdnußexpeller	10,1	0,9	3,7	5,2	1,1	0,7	0,7	4,1	3,3	2,7	0,6	4,2
Erdnußextraktionsschrot	10,7	1,0	3,6	5,1	1,3	0,7	1,2	4,1	3,4	2,8	0,7	4,1
Sesamextraktionsschrot	7,1	0,9	3,3	4,9	1,0	1,1	0,2	3,2	2,2	3,3	0,8	4,4
Kokosextraktionsschrot	12,1	0,7	3,5	5,7	1,0	1,6	1,0	3,4	1,8	2,5	0,5	5,0
Maiskeimölkuchen	4,9	0,8	2,3	4,5	1,8	0,9	0,5	2,2	2,0	2,3	0,4	3,7
Sojaextraktionsschrot I	6,4	0,8	4,5	6,9	2,1	0,7	0,6	3,2	2,8	3,3	1,1	5,3
Sojaextraktionsschrot I (dampferhitzt)	7,4	0,9	4,7	7,2	3,6	0,9	1,1	3,5	2,9	3,5	1,2	5,6
Sojaextraktionsschrot II	7,9	0,7	4,0	5,5	2,0	0,7	0,5	3,3	2,6	3,8	0,9	3,5

( ) in Klammern gesetzter Wert ist fraglich.

Diese Beobachtung war früher schon an anderen Futterstoffen gemacht worden [16, 23].

Während es sich bei der Verbesserung der Eiweißqualität von Sojaextraktionsschrot durch Dampferhitzen um eine Beseitigung des Trypsininhibitors und eine dadurch bedingte bessere AS-Verfügbarkeit handelt [16], läßt sich die starke Erhöhung der BW beim Crambeextraktionsschrot nach einer zusätzlichen Wasser- oder Methanolextraktion aus der besseren Lysinverfügbarkeit allein nicht erklären. Offenbar spielen hier andere Einflüsse, die in der 2. Mitteilung erwähnt worden sind, eine wesentliche Rolle. Ein entsprechender Bericht darüber wird an anderer Stelle veröffentlicht [22].

Als Wertmaßstab für die Einordnung der hier untersuchten Ölsaatrückstände in eine der Eiweißqualität entsprechende Rangfolge bietet sich die in Tabelle 1 angegebene Nettoproteinverwertung an.

Die Produkte mit einer Nettoproteinverwertung von über 60%, wie Leinexpeller, Sonnenblumenextraktionsschrot I und III, behandeltes Crambeextraktionssschrot, Sesam-, Baumwollsamen- und dampferhitztes Sojaextraktionsschrot können danach als gute Eiweißfuttermittel pflanzlicher Herkunft angesehen werden. Rapsextraktionsschrot kann mit einem NPU-Wert von 56,3 ebenfalls noch als gut bezeichnet werden; es dürfte bei seinem hohen Cystingehalt eine gute Ergänzungswirkung zu Rationen mit einem zu geringen Gehalt an den S-haltigen AS erwartet werden.

Auch Brüggemann und Hamann [3] weisen darauf hin, daß Rapsextraktionsschrot ganz zu unrecht eine schlechte Beurteilung für den Einsatz in der Schweinemast erhalten hat, obwohl heute nur fettarme und weitgehend glykosidfreie Extraktionsschrote in den Handel kommen. Sie berichten, daß Gaschler [4] und Halama [5] zum Mastfutter für Schweine bei 50 kg Lebendgewicht 4% und über 50 kg 8% Rapsextraktionsschrot mit gutem Erfolg eingesetzt haben.

In den jetzigen Fertigfuttern für die Schweinemast ist daher ein gewisser Anteil im Eiweißkonzentrat vorgesehen.

Produkte mit einer unter 50% liegenden Nettoproteinverwertung, wie die Extraktionsschrote von unbehandelter Crambe, Palmkern, Kokos, Erdnuß sowie Maiskeimölkuchen, sollten im allgemeinen nicht als Eiweißfutterstoffe für Schweine und Geflügel eingesetzt werden, sondern mehr in der Rinderfütterung Verwendung finden.

Eine in volkswirtschaftlicher Sicht noch instruktivere Beurteilungsgrundlage für die untersuchten Ölsaatrückstände bieten die in Tabelle 5 aufgeführten Gehalte an verwertbarem Protein.

Sie ergeben sich aus der Multiplikation der jeweiligen Rohproteingehaltszahl mit der prozentualen Nettoproteinverwertung:

$$\text{Gehalt an verwertbarem Protein} = \frac{\text{Rohproteingehalt} \times \text{Nettoproteinverwertung}}{100}$$

Mit Hilfe dieses Verwertungsmaßes kann man den ökonomischen Nutzeffekt einer Einheit an verwertbarem Protein in den Ölsaatrückständen errechnen und danach kalkulieren, welche Importe an diesen Produkten sowohl aus nährstoffökonomischen als auch aus finzanzpolitischen Erwägungen jeweils am günstigsten sind.

Aus Tabelle 5 geht ebenfalls eindeutig hervor, daß Ölsaatrückstände mit einem unter 20% liegenden Gehalt an verwertbarem Protein, wie Palmkern-, Kokos- und unbehandeltes Crambeextraktionsschrot sowie Maiskeimölkuchen als Eiweißfuttermittel für Schweine und Geflügel nicht in Frage kommen sollten. Sie müßten ebenso wie Erdnußextraktionsschrote vorwiegend in der Rinderfütterung eingesetzt werden. Mit verwertbaren Proteingehalten von über 30% erweisen sich Leinexpeller, dampferhitztes Sojaextraktionsschrot, Sesamextraktionsschrot und Sonnenblumenextraktionsschrot als wertvolle pflanzliche Eiweißfutterstoffe, die in erheblichem Umfang die hochwertigen tierischen Produkte (Fischmehl, Milchprodukte) vertreten können.

Bei diesen Bewertungsverfahren ist allerdings die mögliche Ergänzungswirkung der Proteine und AS nicht berücksichtigt worden, ein Problem, dem sicherlich ganz wesentliche Bedeutung zukommt. Aber als Verwertungsmaßstab dürfte der Gehalt an verwertbarem Protein seinen Zweck erfüllen.

Tabelle 5
Gehalt an verwertbarem Protein von verschiedenen Ölsaatrückständen

Proben	Gehalt an verwertbarem Protein %
Sonnenblumenextraktionsschrot* I (Ungarn)	30,7
Sonnenblumenextraktionsschrot* II (Rumänien)	20,5
Sonnenblumenextraktionsschrot* III (Bulgarien)	24,0
Leinexpeller (Argentinien)	33,0
Baumwollsamenextraktionsschrot (Indien)	24,7
Rapsextraktionsschrot	21,0
Crambeextraktionsschrot (unbehandelt)	11,9
Crambeextraktionsschrot (extrahiert)	26,7
Palmkernextraktionsschrot	8,9
Erdnußexpeller	26,2
Erdnußextraktionsschrot	24,9
Sesamextraktionsschrot	30,8
Kokosextraktionsschrot	11,2
Maiskeimölkuchen	10,3
Sojaextraktionsschrot I	25,5
Sojaextraktionsschrot I (dampferhitzt)	31,5
Sojaextraktionsschrot II	26,4
Zum Vergleich:	
Fischmehl	52,3
Magermilchpulver	27,1

* Entschälte Saat

Selbstverständlich wird man auch in diesem Falle zu der bereits erwähnten Bewertung [26] nach dem Gehalt an den limitierenden essentiellen AS (Methionin + Cystin und Lysin) übergehen müssen, sobald genügend und sichere Untersuchungsdaten erarbeitet worden sind.

Zusammenfassung

Von 12 Ölsaatextraktionsschroten, 2 Ölsaatexpellern und 1 Ölkuchen wurden sowohl die Verdaulichkeit und die biologische Wertigkeit (BW) des Proteins an wachsenden Albinoratten als auch der Gehalt an essentiellen und semi-essentiellen Aminosäuren (AS) in sauren (alkalischen) und enzymatischen Hydrolysaten mikrobiologisch bestimmt. Von 16 weiteren importierten Ölsaatrückständen erfolgte nur die Bestimmung der Aminosäurenzusammensetzung. Vergleichende Betrachtungen ergaben, daß die Eiweißwertigkeit weitgehend durch den Gehalt an Methionin, Cystin, Lysin und teilweise auch Tryptophan bestimmt wird. Als Beurteilungsgrundlage für die Importwürdigkeit von Ölsaatrückständen wird vorgeschlagen, die Nettoproteinverwertung (NPU) $= \frac{\text{BW} \times \text{N-Resorbierbarkeit}}{100}$ oder den Gehalt an verwertbarem Protein $= \frac{\text{Rohproteingehalt} \times \text{NPU}}{100}$ zu benutzen. Danach kann man Leinexpeller, Sonnenblumenextraktionsschrot, Sesamextraktionsschrot und dampferhitztes Sojaextraktionsschrot als wertvolle pflanzliche Eiweißfuttermittel bezeichnen, während Palmkern-, Kokos- und unbehandeltes Crambeextraktionsschrot sowie Maiskeimölkuchen in ihrem Eiweißwert wesentlich ungünstiger zu beurteilen sind.

Резюме

У 12 видов экстрагированного шрота масличных семян, у 2 видов лущеных масличных семян и у одного видо жмыха микробиологически исследовались переваримость и биологическая ценность (БЦ) протеина на растущих белых крысах, а также содержание имеющих большее или меньшее значение аминокислот (АК) в кислых (щелочных) и энзиматических гидролизатах. У дальнейших 16 ввозных видов отходов масличных семян производилось только исследование состава аминокислот. Сравнительные исследования показали, что ценность протеина в большой степени определяется содержанием метионина, цистина, лизина, а отчасти также триптофана. В основе оценки импортной ценности отходов масличных семян предлагается пользоваться формулой нетто усвоенного протеина (НУП) $= \frac{\text{БЦ всасываемость N}}{100}$ или же пользоваться содержанием усвояемого протеина $= \frac{\text{содержание сырого протеине} \times \text{НУП}}{100}$. На этой основе можно установить, что лущеные семена льна, экстрагированный шрот семян подсолнечника, зкстрагированный шрот кунжута и пропаренный экстрагированный соевый шрот являются ценным растительным протеиновым кормом, а экстрагированный шрот пальмовых, кокосовых семян и необработанный экстрагированный шрот крамбе, а также жмыхи из зародыша зерна кукурузы в отношении ценности их протеина оказываются значительно менее благоприятными.

Summary

12 types of oil meals, 2 types of oil seed expellers and 1 oil cake were tested with growing albino rats for their digestibility and biological value (BW) of proteins and microbiologically for the content of essential and semi-essential amino acids (AS) in acid (alkaline) and enzymatic hydrolysates. Furthermore 16 samples of imported oil seed residues were only tested for their composition of amino acids. Comparative studies showed the protein value to be largely dependent on the content of methionine, cystine, lysine and, to a minor extent, tryptophan. The net protein utilization (NPU) $= \frac{\text{BW} \times \text{true digestibility of N}}{100}$

or the content of utilizable protein $= \frac{\text{crude protein content} \times \text{NPU}}{100}$ are recommended for use as a criterion in deciding whether oil seed residues are worth being imported. According to these criteria linseed expeller, sunflower oil meal, sesame oil meal and steam treated soyabean oil meal were found to be valuable vegetable protein feeds whereas the protein value of the oil meals of palm kernels, coconuts and untreated Crambe and of maize germ oil cake was found to be considerably less favourable.

Literaturverzeichnis

[1] Balasundaram, S., H. R. Cama, D. A. Malik und C. Venkateshan: J. Nutrit. **66**, 75–89 (1959)
[2] Blaizot, O., und J. Poliakoff: Oléagineux **14**, 39–46. Ref.: Landw. Zentralbl. III, **5**, 351 (1960)
[3] Brüggemann, H., und K. Hamann: Schweinezucht und Schweinemast **7**, 8–9 (1959)
[4] Gaschler, zitiert Brüggemann, H. [3] (1957)
[5] Halama, zitiert Brüggemann, H. [3] (1958)
[6] Kik, M. C.: J. Agric. Food Chem. **8**, 327–330 (1960)
[7] Krishnamurthy, K., R. Rajagopalan, M. Swaminathan und V. Subrahmanyan: Food Sci. **7**, 365–370 (1958)
[8] Krishnamurthy, K., B. R. Balica, R. Rajagopalan, M. Swaminathan und V. Subrahmanyan: Food Sci. **8**, 119–120 (1959)
[9] Krishnamurthy, K., T. N. Ramakrishnan, R. Rajagopalan, M. Swaminathan und V. Subrahmanyan: Food Sci. **8**, 316–320 (1959)
[10] Kuiken, K. A.: J. Nutrit. **46**, 13–25 (1952)
[11] Lymann, C. M., Wan Yuin Chang und J. R. Couch: J. Nutrit. **49**, 679–690 (1953)
[12] Mitchell, H. H.: J. Biol. Chem. **58**, 873–903 (1923/24
[13] Mitchell, H. H., und G. G. Carman: J. Biol. Chem. **60**, 613–620 (1924)
[14] Nehring, K.: Arch. Tierernähr. 5. Beih., 110–126 (1954)
[15] Nehring, K., und H.-D. Bock: Arch. Tierernähr. **11**, 370–392 (1961)
[16] Nehring, K., H.-D. Bock und J. Wünsche: Die Nahrung **7**, 233–242 (1963)
[17] Nehring, K., B. Hoffmann und I. Nerge: Arch. Tierernähr. **15**, 195–209 (1965)
[18] Nehring, K., I. Nerge und B. Hoffmann: Arch. Tierernähr. **15**, 211–228 (1965)
[19] Siemermann, B.: Möglichkeiten zur Verbesserung der biologischen Eiweißwertigkeit durch Kombination verschiedener Eiweißfuttermittel (Säulenchromatographische Aminosäuregehaltsbestimmungen in Soja-, Erdnuß-, Raps-, Kokos- und Palmkernschrot). 90 S., Diss. Univ. Bonn (1959)
[20] Tasker, S. K., K. Joseph, M. N. Rao, R. Rajagopalan, A. N. Sankaran und M. Swaminathan: Ann. Biochem. Exp. Med. **20**, 37–40 (1960). Ref.: Nutr. Abstr. Rev. **31**, 190 (1961)
[21] Thomas, K.: Arch. Anat. u. Physiol., Physiol. Abt. 219–302 (1909)
[22] Wittenburg, H., H.-D. Bock und K. Nehring: Die Deutsche Landwirtschaft **16**, 243–245 (1965)
[23] Wünsche, J.: Beitrag zur mikrobiologischen Untersuchung und Bewertung des Eiweißes von Futterstoffen unter besonderer Berücksichtigung der Fischmehle. 121 S. Diss. Univ. Leipzig (1958)
[24] Wünsche, J.: Wiss. Abh. Dt. Akad. Landwirtsch.-Wiss. Berlin **37**, 164–177 (1958)
[25] Wünsche, J.: Tagungsberichte Dt. Akad. Landwirtsch.-Wiss. Berlin **63**, 111–120 (1964)
[26] Wünsche, J., und H.-D. Bock: Arch. Tierernähr. **15**, 103–111 (1965)

Eingegangen: 28. Oktober 1964

Aus der Forschungsstelle für Experimentelle Onkologie
der Deutschen Akademie der Wissenschaften zu Berlin in Potsdam-Rehbrücke
(Direktor: Dr. med. habil. F. Schmidt)

F. Schmidt

Vergleichsuntersuchungen mit pelletiertem Standardfutter verschiedener Zusammensetzung und Konsistenz an AB-Mäusen

Die Wichtigkeit standardisierter optimaler Ernährung für Versuchstiere bedarf keines besonderen Hinweises mehr im Hinblick auf die Aussagekraft der erzielten Ergebnisse [1, 2]. Einer Präzisierung bedarf jedoch das Attribut „optimal": Die gesunde Entwicklung der Tiere, die Gewichtszunahme, der Einfluß auf dieFertilität und die Entwicklung der Nachkommen sind einige Kriterien für die Beurteilung. Nicht außer acht zu lassen ist dabei indessen auch die rein ökonomische Frage der Herstellungskosten, deren Höhe meistens in einem gewissen Ausmaß der Qualität proportional ist. Als optimal ist demnach ein Standardfutter anzusprechen, dessen nutritiver Wert zu seinem Preis in einem möglichst günstigen Verhältnis steht.

Bisher stand uns in der DDR als im Handel erhältliches Standardfutter für Mäuse und Ratten nur das „Nährkonzentrat" der VEB Küssnerwerke (Berlin-Weißensee) zur Verfügung, dessen Produktion vor einigen Jahren auf Anregung des Arbeitsbereichs biologische Krebsforschung des Instituts für Medizin und Biologie in Berlin-Buch und auf unsere Initiative hin aufgenommen wurde. Über erste Erfahrungen mit diesem Nährkonzentrat berichtete Horn [3]. Das „Nährkonzentrat" hat folgende Zusammensetzung:

Weizenschrot	58,0%	Fischmehl	2,0%
Magermilchpulver	25,0%	Hafermehl	2,0%
Kartoffelmehl	3,0%	Lebertran	1,0%
Hefeflocken	6,0%	Futterkalk	2,0%
Sojamehl	3,0%		

In einer früheren Publikation [4] habe ich bereits darauf hingewiesen, daß das „Nährkonzentrat" die eingangs erwähnten Kriterien eines optimalen Standardfutters keineswegs erfüllt. Auf unseren Wunsch lieferte uns deshalb das Kraftfuttermischwerk Wolgast Versuchsproben eines pelletierten Standardfutters folgender Zusammensetzung:

Weizenschrot	31,0%	Hefe	4,0%
Maisschrot	30,0%	Grünmehl	3,0%
Weizennachmehl	10,0%	Trockenmagermilch	2,0%
Fischmehl	8,0%	Wirkstoffkonzentrat	1,0%
Erdnußschrot	8,0%	Mineralstoffgemisch	3,0%

Das Mineralstoffgemisch besteht aus:

kohlensauren Futterkalk	51,7%	Eisensulfat	1,5%
Dicalcium-Phosphat	30,0%	Kupfersulfat	0,3%
Kochsalz	15,0%	Mangansulfat	1,0%
Magnesiumsulfat	0,5%		

Das Wirkstoffkonzentrat enthält pro Kilogramm (Trägersubstanz, Weizennachmehl):

1 g Oxytretracyclin
800000 I. E. Vitamin A
3000000 I. E. Vitamin D_2.

Zu den Fütterungsversuchen verwendeten wir vorzugsweise halbwüchsige AB-Mäuse (Koloniezucht), weil bei Tieren, die noch in der Entwicklung begriffen sind, Unterschiede in der Gewichtszunahme am deutlichsten in Erscheinung treten. Die Mäuse wurden in Käfigen zu je 10 Tieren gehalten und ad libitum mit Nährkonzentrat bzw. Pellets obiger Zusammensetzung gefüttert. Die Flüssigkeitszufuhr beschränkte sich ausschließlich auf Wasser.

Ergebnisse

Die Ergebnisse unserer Vergleichsuntersuchungen sind in den folgenden Tabellen zusammengestellt.

Tabelle 1

Gewichtszunahme von AB-Mäusen

a) nach einmonatiger Fütterung mit „Nährkonzentrat":

angesetzte Tierzahl	Durchschnittsgewicht bei Versuchsbeginn in g	Durchschnittsgewicht bei Versuchsende in g	durchschnittliche Gewichtszunahme in g
49	12,4	19,9	7,5
b) Fütterung mit Standardfutter (Wolgast)			
50	12,9	17,8	4,9

Tabelle 1 zeigt eine wesentlich höhere Gewichtszunahme der mit Nährkonzentrat gefütterten Mäuse[1].

Da wir jedoch feststellten, daß die aufgenommene Nahrungsmenge der mit Preßfutter (Wolgast) gefütterten Tiere wesentlich geringer war, zogen wir in Betracht, daß die geringere Gewichtszunahme nicht durch qualitative Unterschiede in der Zusammensetzung, sondern durch die wesentlich härtere Konsistenz gegenüber Nährkonzentrat verursacht war, wodurch speziell bei halbwüchsigen Tieren, deren Kiefermuskulatur noch nicht voll entwickelt ist, wesentlich weniger Futter

[1] $p = < 0{,}001$. Die statistische Auswertung wurde dankenswerterweise durch Herrn Dipl. Math. V Erhardt vorgenommen.

aufgenommen werden könnte. Wir erbaten deshalb aus Wolgast eine neue Versuchssendung gleicher Zusammensetzung, jedoch weicherer Konsistenz. Da eine Regulierung des Druckes der verwendeten Hochdruckpresse (10 bis 12 atü) nach Angabe des Lieferwerks auf große Schwierigkeiten stößt, wurde dieses Ziel durch Verwendung gröber gemahlenen Ausgangsmaterials erreicht.

In diesem zweiten Ansatz kontrollierten wir die Gewichtszunahmen nach 4 und 8 Wochen. Anschließend wurden die Weibchen unter Beibehaltung des gleichen Futters zu Männchen gegeben, um den Einfluß auf die Fertilität und die Entwicklung der Nachkommen zu prüfen.

Tabelle 2

Gewichtszunahme von AB-Mäusen

a) Fütterung mit „Nährkonzentrat"

angesetzte Tierzahl	Durchschnitts-gewicht bei Versuchsbeginn in g	durchschnittliche Gewichtszunahme nach einem Monat in g	durchschnittliche Gewichtszunahme nach 2 Monaten in g	tot nach 2 Monaten
40 ♀	13,9	3,8	5,8	10
16 ♂	19,4	0,4	3,6	4
b) Fütterung mit Standardfutter (Wolgast)				
48 ♀	14,1	4,0	5,5	8
16 ♂	17,9	4,5	6,1	8

Aus Tabelle 2 geht hervor, daß die neue Standardfuttermischung gegenüber dem „Nährkonzentrat" der VEB Küssnerwerke keinen statistisch signifikanten Unterschied hinsichtlich der Gewichtszunahme bei Verfütterung von Pellets weicherer Konsistenz erkennen läßt. Die Verwertbarkeit eines Preßfutters ist demnach bei Mäusen in hohem Maße vom Festigkeitsgrad abhängig.

Tabelle 3

Trächtigkeit, Zahl der Würfe, Zahl der Jungen und Überlebensrate der Säuglinge nach 48 Tagen:

a) Fütterung mit „Nährkonzentrat"

Zahl der Weibchen	Zahl der Trächtigen	Gesamtzahl der Säuglinge	Überlebens-rate
30	14	67	43
b) Fütterung mit Standardfutter (Wolgast)			
31	12	71	47

Nach Tabelle 3 ist die Vermehrungsrate und Entwicklung der Säuglinge bei beiden Diäten praktisch gleich.

Da der Preis des Standardfutters wesentlich niedriger liegt, ging der hier durchgeführte Vergleich eindeutig zugunsten der neuen Standard-Preßlinge aus.

Zusammenfassung

In vergleichenden Untersuchungen wurde der Einfluß von ,,Nährkonzentrat" (VEB Küssnerwerke Berlin) und eines pelletierten Standardfutters anderer Zusammensetzung (Wolgast) auf die Gewichtszunahme, die Fertilität, die Wurfzahl und die Entwicklung der Jungen von AB-Mäusen geprüft.

Es zeigte sich, daß die neuen Standardpreßlinge dem Nährkonzentrat gleichwertig sind, wenn dafür Sorge getragen wird, daß die Konsistenz der Pellets nicht zu hart ist. Die Konsistenz kann den Futterweert so stark beeinflussen, daß eine qualitativ schlechtere Futtermittelzusammensetzung zweckmäßigen Festigkeitsgrades zu höheren Gewichtszunahmen führt als eine gute Mischung zu harter Pelletierung.

Das Ergebnis dieses vergleichenden Fütterungsversuchs erscheint vor allem deshalb bemerkenswert, weil der Lieferpreis der neuen Standardpreßlinge im Vergleich zu Nährkonzentrat erheblich niedriger liegt.

Резюме

В сравнительных опытах исследовалось влияние ,,питательного концентрата" (народного завода Кюсснера, Берлин) и брикетированного стандартного корма иного состава (Вольгаст) на увеличение живого веса, плодовитость, поголовье приплода и развитие молодых мышей АБ.

Выяснилось, что новые стандартные брикеты равноценны питательному концентрату, если только учитывается то, чтобы консистенция брикетов не была слишком твердая. Консистенция может в такой степени влиять на кормовую ценность, что качественно худшее по составу кормовое средство целесообразной твердости дает большие приросты живого веса, нежели хорошая смесь слишком твердого брикетирования. Результаты этих сравнительных кормовых опытов являются примечательными прежде всего потому, что поставная цена новых стандартных брикетов составляет менее одной пятой цены питательного концентрата.

Summary

In comparative studies the effect of ,,Nährkonzentrat" (VEB-Küssnerwerke Berlin) and of standard pellets (Wolgast) consisting of other components in other percentages was examined in AB-mice in respect of gain in weight, fertility, number of litters and development of the offspring.

It was shown, that the new standard pellets being equivalent to ,,Nährkonzentrat" if is taken care in a consistency not too firm. The consistency is able to influence the nutritive value in a such degree that a composition qualitatively worse may cause a higher gain in weight than a good mixture of a consistency too firm.

The result of this comparative study is noteworthy because the price of delivery of the new standard pellets is much less in comparison to ,,Nährkonzentrat".

Literaturverzeichnis

[1] PORTER, G., und W. LANE-PETTER Breeding Laboratory Animals. Notes for Breeders of Common Laboratory Animals S 35, Academic Press, London and New York 1962.
PORTER, G., W. LANE-PETTER, und N. HORNE Z. Versuchstierk. **2**, 171 (1963)
LANE-PETTER, W., und G. PORTER, Nature [London] **198**, 1013 (1963)
[2] SPIEGEL, A.. Dtsch. med. Wschr **88**, 1203 (1963)
[3] HORN, K.-H.. Pharmazie **14**, 274 (1959)
[4] SCHMIDT, F.: Dtsch. Gesundheitswesen **15**, 1486 (1960)

Anschrift des Verfassers.
Dr. med. habil F. SCHMIDT, Forschungsstelle für Experimentelle Onkologie der Deutschen Akademie der Wissenschaften zu Berlin in Potsdam-Rehbrücke, Alice-Bloch-Str. 16

Eingegangen 9. Januar 1964

Zur Veröffentlichung werden angenommen·

Originalmanuskripte, die in anderen Zeitschriften noch nicht veröffentlicht worden sind und in gleicher Form auch nicht in anderen Zeitschriften erscheinen werden. Der Umfang soll höchstens 1 Druckbogen (16 Druckseiten) betragen. Bei umfangreicheren Manuskripten müssen besondere Vereinbarungen mit den Herstellern und dem Verlag getroffen werden.

Kurze Originalmitteilungen über wesentliche, neue Forschungsergebnisse. Umfang im allgemeinen höchstens eine Druckseite. Kurze Originalmitteilungen werden beschleunigt veröffentlicht.

Kritische Sammelberichte nach Vereinbarung mit den Herausgebern.

Manuskriptsendungen sind zu richten an Prof. Dr. HANS BERGNER, Institut für Tierernährungslehre der Landwirtschaftlich-Gärtnerischen Fakultät der Humboldt-Universität zu Berlin, 104 Berlin 4, Invalidenstraße 42. Die Verfasser werden gebeten, ihre Manuskripte zweizeilig mit Schreibmaschine geschrieben, druckfertig einzureichen. Das Institut, aus dem die Arbeit stammt, wird mit dem Namen der Autoren im Titel der Arbeit vermerkt. Wünscht der Autor eine andere Anschrift, so kann sie in einer Fußnote angegeben werden.

Am Schluß des Manuskripts soll der Autor seine Ergebnisse diskutieren und kurz zusammenfassen.

Im Manuskript sind Autorennamen rot zu unterstreichen. Kursivschrift bitten wir zu unterwellen. Kleindruck wird durch einen senkrechten roten Strich am Rand gekennzeichnet. Literaturangaben erfolgen im Text mit dem Namen des Autors und dem Jahr der Veröffentlichung, bei mehreren Arbeiten im gleichen Jahr zusätzlich mit a, b, c, usw. in der Reihenfolge, wie die Arbeiten im Literaturverzeichnis angeordnet sind, z. B. MEYER (1958 a). Im Literaturverzeichnis werden die Arbeiten, alphabetisch nach dem Namen des ersten Autors geordnet, in folgender Weise zitiert: Name, Vorname des Autors (bei Frauen ein Vorname ausgeschrieben), Zeitschrift, Band, Seitenzahl, Jahreszahl.

Abbildungen sind auf das unbedingt Notwendige zu beschränken und dem Manuskript gesondert beizufügen. Hinweislinien, Buchstaben usw. sind nur mit Bleistift einzutragen. Bei Fotografien soll hierfür ein Deckblatt verwendet werden. Der Text zu den Abbildungen wird auf einem besonderen Blatt zusammengestellt.

Die Verfasser erhalten von ihren Beiträgen 50 Sonderdrucke kostenlos. Darüber hinaus können bis zu 100 Sonderdrucke gegen Berechnung bezogen werden. Wir bitten, Bestellungen bei Rückgabe der Korrekturfahnen zu übergeben.

Das Archiv für Tierernährung erscheint jährlich in einem Band zu sechs Heften. Herausgeber · Prof. Dr. habil. ANDREAS HOCK, Institut für Biochemie der Veterinärmedizinischen Fakultät der Humboldt-Universität zu Berlin, 104 Berlin 4, Reinhardtstraße 4 und Prof. Dr. habil. HANS BERGNER, Institut für Tierernährungslehre der Landwirtschaftlich-Gärtnerischen Fakultät der Humboldt-Universität zu Berlin, 104 Berlin 4, Invalidenstraße 42, Tel.: 420018. Verlag: Akademie-Verlag GmbH, 108 Berlin 8, Leipziger Straße 3-4, Tel.: 22 04 41, Telex-Nr 011773 Postscheckkonto: Berlin 350 21. Bestellnummer dieses Heftes· 1010/15/4 Bezugspreis je Heft MDN 8,50 zuzüglich Porto und Versandkosten. Veröffentlicht unter der Lizenznummer 1274 des Presseamtes beim Vorsitzenden des Ministerrates der Deutschen Demokratischen Republik. Gesamtherstellung· IV/2/14 · VEB Werkdruck Gräfenhainichen.

ARCHIV FÜR TIERERNÄHRUNG

BEGRÜNDET VON
ERNST MANGOLD

HERAUSGEGEBEN VON
ANDREAS HOCK · HANS BERGNER

15. BAND

HEFT **5**

Oktober 1965

AKADEMIE-VERLAG · BERLIN

INHALT

Am 10. 7. 1964 wäre Herr Prof. Dr. A. WERNER 65 Jahre alt geworden. Die Arbeiten dieses Heftes sollen seinem Gedenken gewidmet sein.

Prof. Dr. A. WERNER, 1899–1958

A. Werner wurde am 10. 7. 1899 in Heidelberg geboren. Nach Ablegung der Reifeprüfung im Jahre 1917 studierte er zunächst an der Universität Heidelberg Naturwissenschaften; der Krieg unterbrach das Studium. Nach der Entlassung aus dem Heer unterzog er sich einer eingehenden Ausbildung auf zwei bäuerlichen Betrieben und dem Versuchsgut „Limburger Hof". 1921 erfolgt die Immatrikulation an der Universität Göttingen. Das Studium der Landwirtschaft wurde 1923 mit der Ablegung des Diplomexamens abgeschlossen. Schon während des Studiums fühlte sich A. Werner zur Tierernährung hingezogen. Geheimrat Prof. F. Lehmann wurde schon frühzeitig auf den an seinem Fach interessierten Studenten aufmerksam, er verschaffte ihm an seinem Institut Arbeitsmöglichkeiten und bot ihm eine Assistentenstelle an. Bereits nach zwei Jahren konnte A. Werner bei Geheimrat Lehmann promovieren.

Von 1925–1929 war A. Werner als Tierzuchtleiter in einem landwirtschaftlichen Betrieb, bei der Lüneburger Herdbuchgesellschaft und der Landwirtschaftskammer Niederschlesien tätig. In dieser Zeit wurde er sich bewußt, daß es darauf ankommt, das Wissen der Fachdisziplin auch der Praxis verständlich zu machen und sie zur Anwendung moderner Fütterungsverfahren zu bringen. Diese grundsätzliche Einstellung A. Werners veranlaßte ihn bereits damals zur Abfassung des Buches „Futter und Füttern des Milchviehs", das in hoher Auflage erschien und in der Praxis große Anerkennung fand.

Der Tätigkeit in der Landwirtschaftskammer schloß sich eine fünfjährige Assistententätigkeit im Institut für Milcherzeugung in Kiel an. Hier konnte A. Werner die reichen Erfahrungen der Göttinger Zeit und, wie er später immer wieder betonte, die vielen Anregungen aus der Praxis nutzen. Im Kieler Institut standen verschiedene Forschungsprobleme im Vordergrund. In Versuchen mit Schweinen, Masthähnchen, Mastenten und Mastrindern wurde die Einsatzfähigkeit von Magermilch und anderen Molkereirückständen geprüft.

Aus den Versuchen konnten Fütterungsbeispiele abgeleitet werden. Andererseits vermochten sie zu zeigen, daß neben Hauptnähr- und Mineralstoffen durchaus noch andere Stoffe lebenswichtig sind. Weitere Versuche von A. Werner aus der Kieler Zeit befaßten sich mit dem Einsatz des Roggens und Markstammkohls in der Viehfütterung, dem Futterwert von vollwertigen Zuckerschnitzeln, Kartoffelflocken und Ölkuchen. Bünger und Werner zählten auch zu den ersten, die versuchten, Luzerne oder Gras in getrockneter Form in der Schweinemast einzusetzen. Die damals getroffenen Feststellungen sind auch heute noch voll gültig; sie sollten vor allem von jenen beherzigt werden, die in den unzubereiteten Gräsern und Leguminosen Mastfuttermittel für Schweine sehen.

Nach Ablauf der Assistentenzeit übernahm A. Werner die Leitung des zentralen Fütterungsreferates in Berlin. Diese Zeit war für ihn zwar in fachlicher Hinsicht befriedigend, die politische Atmosphäre behagte ihm jedoch keineswegs, wie aus dem Briefwechsel mit den politisch Relegierten Eduard Meyer und Jan Gerriets zu ersehen ist. In dieser Zeit gab er mit W. Kirsch neue Futterwert- und Bedarfstabellen heraus, welche die Grundlage für die später zusammengestellten Tabellenwerke bildeten. Von großem Vorteil war, daß diese Tabellen im Gegensatz zu den KELLNERschen und in Anlehnung an F. LEHMANN Gehalts- und Bedarfswerte für Schweine enthielten.

Im Jahre 1944 wurde A. WERNER zum Direktor der Versuchsstation in Möckern ernannt. Die damaligen Verhältnisse gestatteten jedoch nicht die Fortführung der von G. KÜHN, O. KELLNER und G. FINGERLING begonnenen Arbeiten. Es konnte nur eine Versuchseinrichtung geschaffen werden, mit der eine Vereinfachung des BECKMANNschen Verfahrens zum Strohaufschluß erreicht werden sollte. Diese Arbeiten konnten jedoch nicht beendet werden. Von 1946–1949 war A. WERNER als Mitarbeiter beim Güteramt der Stadt Leipzig für die Betreuung und Einrichtung der städtischen Mastanstalten verantwortlich. Unter schwierigen Bedingungen gelang es ihm, Voraussetzungen für die Verbesserung der Versorgung der Bevölkerung mit Schweinefleisch zu schaffen.

Im Jahre 1950 wurde Prof. WERNER mit der Leitung der Abteilung Tierernährung in Leipzig-Möckern betraut. Gemeinsam mit den verdienten Mitarbeitern FINGERLINGS, HIENZSCH, KNAUT und REIFGERST wurden unter sehr schwierigen Bedingungen die Respirationsversuche aufgenommen. Daneben wurde das umfangreiche Material aus der Zeit FINGERLINGS und zum Teil auch KELLNERS zusammengestellt und publiziert (Festschrift Möckern, Bd.1).

1952 folgte A. WERNER einem Ruf an die Friedrich-Schiller-Universität Jena. Vor A. WERNER stand hier die Aufgabe, ein Institut für Tierernährung aufzubauen. In zäher, langwieriger und aufopferungsvoller Arbeit wurde diese Aufgabe bewältigt. Durch die Übernahme der vakant gewordenen Abteilung Agrobiologie konnten weitere Mitarbeiter und Räume gewonnen werden. Jedoch schuf erst die Übernahme des Universitätsgutes Remderoda die Bedingungen für die geplanten tierexperimentellen Arbeiten. Remderoda wurde zielstrebig zu einer Lehr- und Versuchsstation ausgebaut, wobei nur der persönliche Einsatz A. WERNERS und die großzügige Untersützung durch das damalige Ministerium für Land- und Forstwirtschaft den kurzfristigen Umbau der vorhandenen Ställe und Gebäude ermöglichten. Der Aufbau der Station in kurzer Zeit mit nur wenigen Mitarbeitern war einmalig. Der Name dieser Station wird deshalb immer mit dem Namen ihres ersten Direktors verbunden bleiben.

Schon vor dem Ausbau von Remderoda hatte A. WERNER begonnen, in einigen thüringischen LPG Versuchsställe und später auch Labors einzurichten. Hier sollten die experimentellen Befunde vor der Einführung in die Praxis einer Überprüfung unterzogen werden. Daneben ließ A. WERNER in mehreren LPG nährstoffökonomische Untersuchungen anstellen, um zu prüfen, ob die von KELLNER ermittelten Wertzahlen für Futterwert und -bedarf unter praktischen Bedingungen volle Gültigkeit besitzen. Es gelang ihm der Nachweis, daß, abgesehen von den Verlusten, die bei der Zubereitung und in der Krippe auftreten, das System KELLNERS für die Bewertung des Futters ausreichend ist. Nicht unerwähnt soll eine bereits 1942 verfaßte Arbeit über den Aufbau der Futterberatung bleiben. 1954 wurden diese Vorschläge ergänzt, und gemeinsam mit A. COLUMBUS erfolgten die Vorarbeiten für den Aufbau des staatlichen Fütterungsberatungsdienstes in der DDR.

Von 1953–1958 wurden in Jena zahlreiche Untersuchungen an den verschiedensten Tierarten durchgeführt. Sie wurden in dem von A. WERNER und A. Columbus herausgegebenen Jahrbuch der Arbeitsgemeinschaft für Fütterungsberatung veröffentlicht. Auf die Veröffentlichungen im einzelnen kann nicht eingegangen werden. Es sei nur an das Modell der Schlempemast der Schweine, an die Untersuchungen über die Verminderung der Eiweißfutteranteile im Schweinemastfutter und die grundlegenden Arbeiten über den Eiweißstoffwechsel weiblicher Schweine erinnert. Die Untersuchungen an Schweinen vermochten seine sicherlich noch aus den ersten Jahren bei Lehmann stammende Hypothese zu bestätigen, daß die bessere Bedarfsdeckung an weiteren essentiellen Stoffen auch die Senkung des Eiweißfutteranteiles gestattet, „welcher letztlich von Lehmann nur aus Gründen der Sicherheit so hoch gewählt wurde". In weiteren Untersuchungen konnte diese Ansicht verifiziert werden.

A. Werner hat immer die Ansicht vertreten, daß die Nettoenergie der bestimmende Faktor für die Einschätzung eines Futtermittels ist. Weiterhin sind aber neben dem Eiweißanteil und seiner Zusammensetzung auch die anderen Inhaltsstoffe für den Fütterungserfolg maßgeblich. Das Verdienst von A. Werner ist es, die Wechselwirkungen zwischen Tier und Ration durch die Futterwertmerkmale Sättigung, Schmackhaftigkeit, Bekömmlichkeit und Sonderwirkungen charakterisiert zu haben. Es wurden nicht zuletzt deshalb im Institut die Voraussetzungen für eine analytische Bearbeitung des Eiweiß- und Mineralstoffgebietes geschaffen.

Es war A. Werner nicht vergönnt, die Erfolge seiner Aufbauarbeit zu erleben. Das große Arbeitsmaß und die Belastungen der Kriegs- und Nachkriegsjahre setzten seinem Leben ein frühzeitiges Ende.

B. Märtin
Dekan der Landwirtschaftlichen Fakultät
der Friedrich-Schiller-Universität Jena

A. Hennig

Aus dem Institut für Tierernährung der Friedrich-Schiller-Universität Jena
(Direktor: Prof. Dr. A. HENNIG)

A. HENNIG

Untersuchungen über den Einfluß einer Ergänzung der mütterlichen Ration mit Ca und Zn auf die Zusammensetzung der Ferkel und der Sauenmilch

1. Mitteilung:

Entwicklung der Ferkel und Einfluß der Zulage auf den Mg-, P-, Fe-, Zn- und Gesamtaschegehalt der Sauenborsten

1. Einleitung

Die Parakeratose des Schweines war bis vor kurzem in den südlichen Bezirken der DDR eine häufig auftretende Erkrankung. Nach unseren früheren Ermittlungen in LPG und VEG wurde sie vor allem durch einen zu hohen Ca-Anteil im Futter ausgelöst (HENNIG 1960a). Da auch die Krankheit bei Saugferkeln auftritt (SCHÜTZLER 1960), wurde es für notwendig erachtet, den Einfluß der maternalen Diät auf die Zusammensetzung der neugeborenen Ferkel zu untersuchen.

In Untersuchungen an Legehennen und Enten war uns bereits der Nachweis gelungen, daß eine Supplementierung des Futters mit Vitamin A bzw. Vitamin B_{12} das Wachstum der Küken deutlich verbessert (HENNIG und Mitarb. 1963). Diese als carry-over-Effekt bezeichnete Einflußnahme der mütterlichen Diät auf das Wachstum der Nachkommen wurde auch von anderen Autoren mehrfach beobachtet (CHIN und Mitarb. 1958, BERG und Mitarb. 1962).

Ein carry-over-Effekt kann nicht nur durch Vitaminzusätze, sondern auch durch Zulagen bestimmter Mineralstoffe erzeugt werden (TURK und Mitarb. 1959, SUPPLEE und Mitarb. 1959, BLAMBERG und Mitarb. 1960, KIENHOLZ und Mitarb. 1961a, 1961b).

In der vorliegenden Arbeit sollte geprüft werden, ob die Verfütterung einer parakeratogenen Ca-reichen Ration an die Muttersauen die Zusammensetzung der geworfenen Ferkel verändert – also ein carry-over-Effekt provoziert werden kann, oder ob diese Ration erst später – also in der Laktationsperiode – durch eine Verschiebung in der Zusammensetzung der Milch das Auftreten der Parakeratose fördern kann. Durch die gleichzeitige oder getrennte Verabfolgung des prophylaktisch und kurativ wirkenden Zinks in weiteren Gruppen sollte geprüft werden, wie dieses Element den Stoffwechsel anderer Substanzen verändert, um einen Einblick in die sowohl synergistisch als auch antagonistisch auftretende Wechselwirkung der Elemente Zink und Calcium zu erhalten.

Ein weiteres Ziel der vorliegenden Arbeiten besteht in der Ermittlung bestimmter ernährungsphysiologischer Grunddaten für die Tierzuchtforschung.

Durch die von unserer Fachdisziplin leider bisher ungenügend erforschten Kennzahlen könnte die Selektion einmal untermauert und zum anderen erleichtert werden. Die vorhandenen Möglichkeiten einer komplexen Forschung auf dem Gebiet der Züchtung und Ernährung wurden kürzlich von SUNDER (1960) durch die Messung der ^{131}J-Retention an verschiedenen Linien sehr augenfällig demonstriert. Auch Versuchsergebnisse von HOFMANN und Mitarb. (1959) und HENNIG (1960c) haben die verschiedene Ansprechbarkeit der Nachkommen mehrerer Sauen auf Wirkstoffzusätze deutlich in Erscheinung treten lassen.

Über das Auftreten der Parakeratose bei Ferkeln liegen widersprechende Befunde vor (CONRAD und BEESON 1957, SCHÜTZLER 1960, LLOYD und Mitarb. 1961). Nach eigenen Erfahrungen in Remderoda und in einer Anzahl landwirtschaftlicher Betriebe kann jedoch mit Sicherheit angenommen werden, daß die Parakeratose bei Saugferkeln auftreten kann. Durch Zinkbeifütterung konnten die Hautveränderungen jeweils beseitigt werden. Ein Räudebefall lag nach veterinärmedizinischem Gutachten in einigen zweifelhaften Fällen nicht vor.

2. Methode

2.1. Untersuchungsverfahren

Die Analysenproben wurden in der üblichen Weise im Trockenschrank bei 60° getrocknet. Die Veraschung erfolgte trocken bei 500° im Muffelofen. Die Rohnährstoffe wurden nach den von WIESSMANN-NEHRING (1951) angegebenen Vorschriften bestimmt.

Für die Bestimmung der Mengen- und Spurenelemente wurden die im Institut bereits seit längerer Zeit angewandten Verfahren benutzt. Ca wurde als Oxalat gefällt und mit Kaliumpermanganat titriert (MÜLLER 1952). Für die Bestimmung des Phosphors empfahl sich das von SCHEFFER und PAJENKAMP (1952) angewandte Verfahren mit Ammoniumvanadat und Ammoniummolybdat. Magnesium wurde nach der von SCHILLING (1957) verbesserten Titangelb-Methode und Eisen sowie Zink wurden nach BARON (1954) bestimmt, Fe mit α, α'-Dipyridyl und Zink mit Dithizon.

Die zur Analyse gelangenden Borsten wurden mit Diäthyläther eine Stunde im Soxhlet extrahiert, nach der Extraktion getrocknet und anschließend mit bidestilliertem Wasser der anhaftende Schmutz eliminiert. Die statistische Auswertung der Versuchsergebnisse erfolgte nach den von LINDER (1951, 1953) und SNEDECOR (1956) gegebenen Richtlinien.

2.2. Versuchsplan

Im Versuch mit Sauen der Rasse Deutsches veredeltes Landschwein mit schwedischem Blutanteil sollte geprüft werden, wie sich eine Zulage von Zinksulfat und kohlensaurem Futterkalk auf die Zusammensetzung der Borsten der Muttertiere, der geworfenen Ferkel, der Sauenmilch und bestimmter Körperbestandteile der Ferkel in verschiedenen Altersstufen auswirkt. Gleichzeitig war beabsichtigt, Aussagen über die Zusammensetzung der Milch, der Ferkel und bestimmter Körperbestandteile zu erhalten. Bisher lagen keine Untersuchungen in dieser Richtung bei Tieren des von Herrn Prof. Dr. Dr. h. c. HOFMANN, Jena, gezüchteten Schweines vor. Die entsprechenden Ergebnisse werden in den nachfolgenden Mitteilungen wiedergegeben.

2.2.1. Versuchstiere und Versuchsdurchführung

Für die Versuche fanden 12 Sauen der Lehr- und Versuchsstation Remderoda Verwendung.

Die Sauen 151, 152, 153, 154 und 155 sowie 163, 165, 167 und 168 entstammten jeweils einem Wurf und waren annähernd gleichaltrig und unter gleichen Bedingungen in Remderoda aufgezogen worden. Beide Würfe stammten vom gleichen Eber (Neuling) ab. Die Ferkel 151 bis 155 waren aus Balsame und 163 bis 168 aus Ballista. Die Sauen 03/7, 03/9 und 6851/13 gehörten der gleichen Rasse an und waren einige Zeit vor Versuchsbeginn vom Lehr- und Versuchsgut des Instituts für Tierzucht Jena zugekauft worden. Vater dieser drei Sauen war der Eber Igor. Die Sau 6851 war aus Amanda und die beiden Wurfgeschwister aus der Sau Åsota.

Die Tiere wurden unter Beachtung des Laktations- bzw. Trächtigkeitszustandes auf die einzelnen Gruppen verteilt.

Das Futter der Versuchssauen setzte sich aus den betriebsüblichen Futtermitteln zusammen. Es wurde den Tieren täglich zugewogen, und von den einzelnen Futtermitteln wurden Proben zur Analyse gezogen. Die Kraftfutterzuteilung erfolgte nach Leistung, wobei die von WERNER und HENNIG (1962) angegebenen Richtzahlen eingehalten wurden.

Der Versuch begann am 23. Juni 1960 und wurde am 15. 7. 1961 beendet. Um den Arbeitsaufwand einzuschränken, wurde der Gehalt des Grundfutters nur im ersten Versuchsabschnitt untersucht, in welchem auch die analytischen Ermittlungen durchgeführt wurden. Die Sauen wurden auf die einzelnen Gruppen wie folgt verteilt:

Zahl der Gruppe	Zulage je Tier und Tag	Kerbnummer
I	7 g $ZnSO_4 \cdot 7\,H_2O$	6851/13, 152, 165
II	ohne	151, 155, 168
III	100 g $CaCO_3$	03/7, 03/9, 154
IV	100 g $CaCO_3$ + 7 g $ZnSO_4 \cdot 7\,H_2O$	167, 163, 153

Die Zulage des Zn wurde so gewählt, daß ein deutlicher Effekt auf den Stoffwechsel, aber keine Schädigung der Tiere durch die Zinkgabe zu erwarten war. Es wurden 7 g $ZnSO_4 \cdot 7\,H_2O$ p. a. verfüttert. Die $CaCO_3$-Zulage wurde auf 100 g festgelegt, da das 7,8% Ca enthaltende Fischmehl bereits eine ausreichende Bedarfsdeckung in allen Abschnitten sicherte und die Ergänzung mit 100 g $CaCO_3$ (DAB 6) ausreichen mußte, um einen Effekt auf den Zn-Stoffwechsel auszuüben. Später mußte jedoch auf ein Fischmehl zurückgegriffen werden, das Ca-ärmer war, jedoch wurde dieses Fischmehl erst in der zweiten Hälfte des Versuches verfüttert. Je Tag und Tier wurden verabreicht:

	Kraftfutter kg	Fischmehlanteil %
niedertragend, güst	2	5
hochtragend	3	5
säugend	5	20

Neben dem Fischmehl wurde nur Gerste gefüttert. Während der Versuchsdauer wurden eine Gersten- bzw. zwei Fischmehlherkünfte gefüttert. Es mußte leider auf eine weitere Fischmehlsendung zurückgegriffen werden, da zu Versuchsbeginn nicht ausreichend Fischmehl zu beschaffen war.

Dazu erhielten die Tiere ein Grundfutter, das sich aus verschiedenem Grünfutter und Futterrüben zusammensetzte, ad libitum verfüttert. Die verabreichten Futtermengen sind in den Versuchsprotokollen verzeichnet. Um den Umfang der Arbeit einzuschränken, wird auf eine Wiedergabe verzichtet.

Zur Sicherung der Vitamin-A-Versorgung wurden bei Rübenfütterung je Sau und Tag 10000 IE Vitamin A verabreicht. Gefüttert wurde zweimal täglich. Die Zuteilung des Tränkwassers erfolgte nach Bedarf. Das Tränkwasser wurde nicht analysiert.

Die Haltung der Sauen erfolgte in Einzelbuchten in einem sonnigen Stall. Die Ferkel wurden in Nebenbuchten gefüttert. Eine Ermittlung des Futterverzehrs der Ferkel erfolgte nicht, da nicht auszuschließen war, daß auch geringe Mengen an Sauenfutter aufgenommen wurden. Ferkel und Sauen erhielten während der Versuchszeit keinen Auslauf, um eine Aufnahme an Mineralstoffen zu verhindern. Die Sauen wurden in 14tägigem Abstand gewogen, die Ferkel jeweils am Tage der Geburt und am 28. und 56. Lebenstag. Die Entnahme der Milchprobe erfolgte nach der von uns an anderer Stelle beschriebenen Verfahren (Werner und Hennig 1960).

Die Zufuhr an den einzelnen Elementen während des relativ kurzen güsten Anschnittes und während des niedertragenden Stadiums zeigt (Tabelle 1), daß es gelungen ist, durch die Ca- bzw. Zn-Gaben das Angebot an beiden Elementen der Versuchsfrage anzupassen. Die täglichen Ca-Gaben übertreffen in der Kontrollgruppe die von Hogan (1932b) mit „hoch" angegebenen Zahlen.

Hogan (1932a, 1932b) vermerkte bereits bei Verfütterung dieser Ration deutliche Anzeichen von Hautveränderungen, welche bei den Sauen allerdings viel deutlicher in Erscheinung traten als bei den älteren Saugferkeln. Der Autor vermutete, daß die ungünstige Wirkung der Ca-Zulagen nicht auf das Ca, sondern auf Verunreinigungen im verabreichten kohlensauren Kalk zurückzuführen waren.

Um einen besseren Vergleich mit den üblichen Bedarfsangaben je Einheit Trockenmasse zu gestatten, wurde die Konzentration der einzelnen Elemente im Futter errechnet (Tabelle 2). Bei einem angenommenen Bedarf von 0,5% Ca (Lodge 1962) ist in allen Gruppen ausreichend Ca gefüttert worden. Der P-Bedarf beträgt nach den NRC-Normen 0,4%. Diese Zahl wurde im niedertragenden Stadium und auch bei hochtragenden Tieren in einigen Fällen geringfügig unterschritten. Jedoch waren keine Mangelerscheinungen zu beobachten.

Das Mg-Angebot war mit Sicherheit ausreichend, da damit gerechnet werden kann, daß der Mg-Bedarf etwa den sechsten bis zehnten Teil des Ca-Bedarfs be-

Tabelle 1
Mittlere tägliche Gabe an Ca, Mg, P, Fe und Zn je Tier und Tag

Gruppe	Ca g	Mg g	P g	Fe mg	Zn mg	Ca/P	Ca/Zn
a) niedertragend							
I	26,1	5,6	13,2	6242	1591	2,0	16,4
II	27,3	5,9	13,4	10643	152	2,0	179,6
III	61,7	5,7	13,3	8672	125	4,6	493,6
IV	60,9	5,3	12,1	11604	1622	5,0	37,5
b) hochtragend							
I	23,6	6,8	16,9	10298	1724	1,4	13,7
II	35,8	7,4	17,8	15654	161	2,0	222,4
III	63,6	6,4	17,1	9210	150	3,7	424,0
IV	76,7	7,5	18,9	945	1761	4,1	43,6
c) säugend							
I	71,1	10,6	46,8	4374	1768	1,5	40,2
II	63,5	11,2	44,2	7728	249	1,4	255,0
III	109,5	10,6	46,8	4678	237	2,3	462,0
IV	137,4	12,6	54,4	6812	1860	2,5	73,9

Tabelle 2
Mineralstoffanteil im Futter der Sauen
(bezogen auf Trockenmasse)
und verabreichte Trockenmasse je Tier und Tag

Gruppe	g Trockenmasse	Ca %	Mg %	P %	Fe ppm	Zn ppm
a) niedertragend						
I	3292	0,79	0,17	0,40	1896	483
II	3565	0,77	0,17	0,38	2985	43
III	3494	1,77	0,16	0,38	2482	36
IV	3654	1,67	0,15	0,33	3176	444
Mittel	3521					
Bedarfsnorm		0,5	0,08	0,4	(50)	–
b) hochtragend						
I	4095	0,58	0,17	0,41	2515	421
II	4496	0,80	0,16	0,40	3482	36
III	4258	1,49	0,15	0,40	2162	35
IV	4030	1,90	0,19	0,47	234	437
Mittel	4214					
c) säugend						
I	5394	1,32	0,20	0,87	811	328
II	5780	1,10	0,19	0,76	1337	43
III	5381	2,03	0,20	0,87	869	44
IV	6068	2,26	0,21	0,90	1123	307
Mittel	5638					

trägt. Das Ca/Mg-Verhältnis wird nach dem Übergang in das hochtragende Stadium und die Säugezeit in allen Gruppen enger. Durch die Ca-Zulage wird es auf etwa 10 : 1 erweitert.

Über den Eisenbedarf der Sau sind keine Unterlagen vorhanden. Wird die von UNDERWOOD (1956) für Kühe angegebene Zahl von 50 ppm herangezogen, so wurden von uns wesentlich höhere Anteile ermittelt.

Durch die Verfütterung der Rüben im ungewaschenen Zustand wurden beträchtliche Eisenmengen verabreicht. Bei Grünfuttergaben waren sie wesentlich geringer. Es wird zu prüfen sein, ob diese hohen Gaben den Fe-Gehalt der Milch erhöht haben.

Der Zinkbedarf der Sauen ist unbekannt. Mastschweine benötigen etwa 60 ppm Zn im Futter. Wird diese Zahl mit der Zufuhr in Gruppe II und III verglichen, dann ist in allen drei Abschnitten eine geringere Versorgung zu ermitteln. Der Zinkgehalt der Sauenmilch beträgt nach unseren Ermittlungen im Mittel 7,9 mg je Kilogramm. Bei höheren Leistungen (10 kg und mehr) besteht also durchaus die Möglichkeit eines Zinkmangels, da das Zinkangebot im Mittel der Versuche nur etwa das Dreifache der in der Milch ausgeschiedenen Menge beträgt.

Das Verhältnis Ca/P ist immer weiter als 1,4. Es erreicht bei niedertragenden Sauen 5,0, und es ist bereits als unphysiologisch anzusehen. Auf diese Zusammenhänge wird an anderer Stelle hingewiesen.

Das Ca/Zn-Verhältnis überschreitet in der Kontrollgruppe ohne Zulagen das von NESENI und Mitarb. (1958) für Mastschweine als optimal geforderte Verhältnis von 100–125 : 1 beträchtlich. Durch die Ca-Zulagen gelang eine Erweiterung auf etwa 450 : 1. Dieses Futter muß als parakeratogen bezeichnet werden.

Bei gemeinsamer Verfütterung des Ca und Zn wurde ein Verhältnis enger als 100 : 1 angestrebt und konnte auch in allen Fällen erreicht werden. Durch die alleinige Zulage des Zinks in Gruppe I wurde das Ca/Zn-Verhältnis sehr eng. Die mit dieser Ration gefütterten Tiere erhielten einen beträchtlichen Zinküberschuß.

Die Futteraufnahme der Tiere war verschieden, wie aus Tabelle 2 hervorgeht. Die von WERNER und HENNIG (1962) angegebenen Bedarfszahlen für Trockenmasse wurden von den niedertragenden Sauen immer erreicht. Die Mehrzahl der Tiere verzehrte mehr Futter. Da im Mittel je Sau und Tag 3521 g Trockenmasse aufgenommen wurde, bedarf der Tabellenwert von 2300 bis 2800 g einer Korrektur. Auch die hochtragenden Sauen übertreffen im Trockenmasseverzehr den mittleren Tabellenwert von 3200 g beträchtlich. Sie nahmen im Durchschnitt 4214 g Trockenmasse auf. In der neuen Auflage der Tabellen wurde bereits eine Erhöhung der Trockenmasse-Bedarfszahlen vorgenommen, jedoch erscheint diese auf Grund der Befunde dieser Versuchsreihe noch unzureichend. Der angegebene Höchstwert von 5500 g für säugende Sauen wird von dem von uns ermittelten durchschnittlichen Verzehr von 5638 g je Sau und Tag überschritten.

Diese gute Futteraufnahme der in Zwätzen gezüchteten veredelten Landschweine wurde auch von Prof. Dr. Dr. F. HOFMANN (persönliche Mitteilung) ermittelt. Da von uns verschiedenes Grundfutter verabreicht wurde, ist das gegenüber der Norm deutlich erhöhte Futteraufnahmevermögen nicht als zufällig anzusehen.

3. Ergebnisse und Diskussion der Ergebnisse

3.1. Einfluß der verschiedenen Fütterung auf Gewicht und Entwicklung der Ferkel

Während des gesamten Versuches wurden die geborenen Ferkel in vierwöchigen Abständen gewogen. Die Ferkelzahl je Wurf variierte sehr stark. Die höhere Ferkelzahl in der Kontrollgruppe und der mit Ca supplementierten Gruppe ist nach statistischer Prüfung nicht signifikant. Das gleiche gilt für die mittlere Lebendmasse der Ferkel in den verschiedenen Gruppen zu den einzelnen Wägezeitpunkten (Tabelle 3). Versuche mit höheren Ca-Gaben führten HOGAN (1932a, 1932b) und HOGAN und JOHNSON (1941) durch. Sie stellten fest, daß ein höherer Ca-Anteil (etwa 1%) sich ungünstig auf die Achtwochenmasse der Ferkel auswirkt. Da aber auch die Ergebnisse der von ihnen durchgeführten Versuchsreihe sehr streuen, sind die Resultate durch weitere Versuche zu untermauern. Von HOGAN (1932b) wurde bei den Nachkommen der mit viel Ca gefütterten Sauen Parakeratose beobachtet. Auch bei unseren Ferkeln aus Sauen der Gruppe III konnte in zwei Fällen deutlich Parakeratose festgestellt werden. Da jedoch die Hautveränderungen nicht bei allen Tieren und in sehr verschiedener Intensität vorhanden waren, muß auf weitere Schlußfolgerungen verzichtet werden.

Tabelle 3
Ferkelzahl und Lebendmasse der Ferkel

Gruppe	Würfe Anzahl	Ferkel je Wurf im Mittel Stück	Mittlere Geburtsmasse je Tier kg	Mittlere Vierwochenmasse je Tier kg	Mittlere Achtwochenmasse je Tier kg
I	7	9,4*	1,58	9,08	20,56
II	7	12,0	1,51	8,15	19,00
III	7	12,9**	1,50	7,87	18,64
IV	6	9,7	1,50	8,62	19,92

* 2 totgeboren ** 9 totgeboren

3.2. Untersuchungen der Borsten

Die Untersuchung des Haares auf bestimmte Elemente wurde anfangs in erster Linie für forensische Gutachten benutzt, da die Haare einige toxische Elemente (Blei, Arsen, Fluor) speichern (Übersicht bei HENSELL 1940). Später wurde von v. FELLENBERG (1926) erkannt, daß die Haare auch als Speicherorgan für Jod dienen. Auch für weitere heute als lebenswichtig erkannte Spurenelemente trifft dies zu. Es wurde deshalb von verschiedener Seite das Haar als Kriterium der Versorgung mit bestimmten Elementen herangezogen (BROCHART 1957, BROCHART und Mitarb. 1960, WERNER und ANKE 1960, HENNIG 1960a, 1960b, ANKE 1962). ANKE (1962) konnte in seinen Untersuchungen an Milchkühen nachweisen, daß zwischen dem Vorkommen bestimmter Elemente in Pflanzen und im Haar enge Korrelationen bestehen. Für einige Elemente (z. B. Zink) traf das allerdings nicht zu.

Der Zinkgehalt der Schweineborsten wurde von LEWIS und Mitarb. (1957a), HEIGNER und Mitarb. (1958) und HENNIG (1960a) bereits zur Testung der Zinkversorgung herangezogen und erwies sich als geeignet.

Es war zunächst zu prüfen, ob sich die Borsten einzelner Körperpartien signifikant im Zinkgehalt unterscheiden. Wir untersuchten deshalb Borsten verschiedener Körperpartien auf ihren Asche-, Mg-, P-, Fe- und Zn-Gehalt. Für die Untersuchungen wurden fünf Sauen der gleichen Rasse vom Lehr- und Versuchsgut Zwätzen benutzt.

Die Proben wurden vom Becken, Rücken und der Schulter mit einer Haarschneidemaschine abgeschnitten. Die durchgeführten Analysen zeigen, daß der Gehalt an einzelnen Elementen in den Borsten verschiedener Körperpartien variiert (Tabelle 4). Jedoch konnten nur die Unterschiede für Eisen statistisch gesichert werden. Bei den anderen Elementen wurden bei Prüfung mit der doppelten Streuungszerlegung keine signifikanten Unterschiede ermittelt.

Tabelle 4

Asche-, Mg-, P-, Fe- und Zn-Gehalt der Borsten verschiedener Körperpartien

	Becken	Rücken	Schulter
Asche %	0,85	0,92	0,85
Mg ppm	196	174	180
P ppm	214	200	208
Fe ppm	141	147	174
Zn ppm	192	196	199

Besonders geringfügig war die Streuung des Zinkgehaltes der Borsten einzelner Körperpartien. ANKE (1959) konnte im Gehalt verschiedener Spurenelemente keine gesicherten Unterschiede zwischen Schulter- und Beckenhaaren von Milchkühen ermitteln.

Für unsere weiteren Untersuchungen wurden die Borsten der Rückenpartie herangezogen. Um den Einfluß der Fütterungsart zu untersuchen, wurden jeweils am 84. Trächtigkeitstag, am Tag der Geburt der Ferkel und am 42. Laktationstag Borsten bei allen Sauen abgeschnitten. Auch vor Beginn des Versuches erfolgte eine Probenahme. Diese Werte wurden jedoch nicht für Vergleiche herangezogen, welche mit der Zulage der Elemente in Verbindung stehen, da die Tiere nicht zum gleichen Zeitpunkt gedeckt werden konnten.

Der Aschegehalt und auch sämtliche anderen untersuchten Borstenbestandteile wurden mit Hilfe der doppelten Streuungszerlegung ausgewertet, um sowohl den Einfluß der Fütterung als auch des physiologischen Stadiums des Tieres zu erfassen (Tabelle 6).

Der Aschegehalt der Borsten ist bei tragenden Tieren am höchsten, nimmt im hochtragenden Stadium ab und erfährt bis zum 42. Laktationstag eine weitere Abnahme (Tabelle 5). Der hohe Aschegehalt der Borsten zu Versuchsbeginn ist

Tabelle 5

Aschegehalt in % der Borsten im tragenden Zustand, zum Zeitpunkt der Geburt und am 42. Laktationstag der Sau

Gruppe	Versuchsbeginn	tragend	Geburt	Laktation
I Zn	1,2	1,0	1,0	0,5
II ohne	1,3	0,7	0,7	0,5
III Ca	1,3	0,9	0,7	0,5
IV Ca + Zn	1,4	1,2	1,1	0,8

überraschend, möglicherweise beruht er auf der Aufnahme von Erde, da die Tiere Auslauf auf einer Weide erhielten. Er übertrifft den von uns bei in Zwätzen gehaltenen Sauen ermittelten Aschegehalt beträchtlich (Tabelle 4).

Die statistische Verrechnung zeigt, daß die Abnahme des Aschegehaltes während der Laktationsperiode gesichert ist. Da von Laughlin und Theiss (zit. bei Dörffel 1930) auch bei milchenden Kühen eine Abnahme des Mineralstoffgehaltes der Haut während der Laktation ermittelt wurde, ist damit zu rechnen, daß die mineralischen Bestandteile der Borsten und Haare ein Depot darstellen, das während der Laktation abgebaut wird. Allerdings erfolgt bereits auch im hochtragenden Stadium eine Abnahme des Aschegehaltes, die jedoch nicht signifikant ist (Tabelle 6).

Tabelle 6

Einfluß des physiologischen Zustandes der Sau auf den Aschegehalt der Borsten (statistische Auswertung, P-Werte)

	Versuchsbeginn	tragend	Geburt
Laktation	< 0,001	< 0,01	< 0,01
Geburt	< 0,01	n. g.*	
tragend	< 0,01		

* n. g. Differenzen nicht gesichert

Die Zulage des Zn und Ca veränderte ebenfalls den Aschegehalt der Borsten. Die gemeinsame Zulage des Zn und $CaCO_3$ führte zu dem höchsten Gehalt an Asche in den Borsten. Er ist gegenüber Gruppe II und III signifikant erhöht. Da auch in Gruppe I bei alleiniger Zinkgabe allerdings nicht signifikant höhere Werte als in der Vergleichsgruppe und in der Gruppe mit $CaCO_3$ in den Borsten ermittelt wurden, ist ein Einfluß des Zinks anzunehmen, der vom Ca-Anteil der Ration abhängig ist.

Tabelle 7

Magnesiumgehalt der Borsten im tragenden Zustand, zum Zeitpunkt der Geburt und am 42. Laktationstag der Sau (ppm)

Gruppe	Versuchsbeginn	tragend	Geburt	Laktation
I Zn	260	168	150	75
II ohne	273	230*	272*	119
III Ca	242	219	170	92
IV Ca + Zn	272	218	190	153
Mittel	286	207	188	109

Tier Nr. 155 wegen sehr abweichender Werte nicht berücksichtigt.

Der Gehalt der Borsten an Mg nimmt ebenso wie der Ascheanteil vom 84. Trächtigkeitstag bis zur Geburt und während der Laktation ab (Tabelle 7). Diese Abnahme ist für die einzelnen Abschnitte mit einer Ausnahme signifikant (Tabelle 8). Für den Mg-Anteil konnte damit die gleiche Abnahme während des Untersuchungszeitraumes wie für den Ascheanteil ermittelt werden. Die Zufuhr an Mg war sowohl absolut als auch bezogen auf Futtertrockenmasse während des hochtragenden Stadiums und in der Säugezeit höher als im niedertragenden Zustand.

Tabelle 8

Einfluß des physiologischen Zustandes der Sau auf den Mg-Gehalt der Borsten (statistische Auswertung, P-Werte)

	Versuchsbeginn	tragend	Geburt
Laktation	< 0,001	< 0,001	< 0,01
Geburt	< 0,001	n. g.	
tragend	< 0,01		

Die angewandten Futterzusätze beeinflußten den Mg-Gehalt der Borsten (Tabelle 7). Der höchste Anteil wurde in der Gruppe mit $CaCO_3$ und Zn ermittelt. Er ist signifikant höher als in den übrigen. Die alleinige Zulage des Ca und des Zn senkte den Mg-Gehalt der Borsten, die Differenz ist allerdings nur für die Zn-Gruppe signifikant ($P < 0{,}05$). Die Ursache dieses gegensätzlichen Effektes bei alleiniger bzw. gemeinsamer Zulage der Elemente ist nicht bekannt.

Tabelle 9

Phosphorgehalt der Borsten im tragenden Zustand, zum Zeitpunkt der Geburt und am 42. Laktationstag der Sau (ppm)

	tragend	Geburt	Laktation	Mittel
I Zn	170	175	144	163
II ohne	162	161	164	163
III Ca	181	175	143	166
IV Ca + Zn	228	246	245	240
Mittel	186	189	174	

Der P-Gehalt der Borsten ist zwar am 42. Laktationstag geringer als zur Geburt und bei den tragenden Tieren. Die geringe Abnahme, welche allerdings nur bei Gruppe I und III festzustellen war (Tabelle 9), ist statistisch nicht gesichert. Der P-Anteil im Futter der laktierenden Sauen betrug gegenüber dem graviden Stadium etwa das Doppelte bis Dreifache und war reichlich bemessen (Tabelle 1 und 2). Durch die gemeinsame Zulage beider Elemente (Gruppe IV) wurde der P-Gehalt gegenüber allen anderen Gruppen signifikant erhöht.

Der Fe-Anteil der Borsten nimmt mit Fortschreiten der Trächtigkeit und während der Laktation bei neun von zwölf Sauen ab (Tabelle 10). Die hohen Fe-Gaben an zwei Sauen (siehe S. 334) bewirkten keine höheren Fe-Anteile in den Borsten. Diese hohen Gaben haben auch keine gerichtete Beeinflussung der anderen in den Borsten ermittelten Elemente bewirkt. Die Zusätze veränderten den Fe-Gehalt der Borste nicht signifikant.

Tabelle 10

Eisengehalt der Borsten im tragenden Zustand, zum Zeitpunkt der Geburt und am 42. Laktationstag der Sau (ppm)

Gruppe	tragend	Geburt	Laktation	Mittel
I Zn	97	68	49	71
II ohne	64	56	67	62
III Ca	62	64	32	53
IV Ca + Zn	73	37	32	47
Mittel	74	56	45	

Die Ca-Zulage führte zu einer Senkung des Zn-Anteiles im Vergleich zu den übrigen Gruppen, die gemeinsame Zulage des Zn und Ca erhöhte den Zn-Gehalt der Borsten im Vergleich zu allen anderen Gruppen (Tabelle 12). Die durch die Zn-Zulage bewirkte Speicherung des Zinks in den Borsten spiegelt den Zn-Anteil im Futter nur unvollkommen wider.

Es ist auch auf Grund der an Kühen von ANKE (1962) erhaltenen Befunde anzunehmen, daß der Zinkgehalt der Borsten bzw. Haare nicht über ein Maximum hinaus zu erhöhen ist. Auch HEIGNER und Mitarb. (1958) konnten bei ihren Versuchen mit Mastschweinen keine dem Futterzinkgehalt entsprechende Erhöhung des Zinkgehaltes der Borsten ermitteln. Der Zinkgehalt der Borsten ist demnach viel eher als Indikator des Mangels als des Überschusses im Futter anzusprechen.

Der physiologische Zustand der Sau übt keinen gesicherten Einfluß auf den Zinkgehalt der Borsten aus (Tabelle 11). Nur die Zunahme des Zinkgehalts der Borsten gegenüber Versuchsbeginn ist statistisch gesichert. Die Ursache des niedrigen Zinkgehaltes der Borsten zu Versuchsbeginn und die Ursache der ermittelten Zunahme des Zinkgehaltes der Borsten können nicht beantwortet werden, da die Zn-Gabe vor Versuchsbeginn nicht ermittelt wurde. Die verabreichten Futterzusätze haben den Zinkgehalt der Borsten beeinflußt. Die Zinkzulage erhöht signifikant den Gehalt der Borsten an Zink gegenüber der Gruppe mit Ca, jedoch nicht der Vergleichsgruppe (Tabelle 12).

Tabelle 11

Zinkgehalt der Borsten im tragenden Zustand, zum Zeitpunkt der Geburt und am 42. Laktationstag der Sau (ppm)

Gruppe		Versuchsbeginn	tragend	Geburt	Laktation	Mittel
I	Zn	171	200	208	194	193
II	ohne	163	190	190	180	181
III	Ca	141	155	180	181	164
IV	Ca + Zn	160	252	218	202	208
	Mittel	159	199	199	189	

Tabelle 12

Statistische Auswertung des Einflusses der Zulagen auf den Zinkgehalt der Borsten (P-Werte)

	$CaCO_3$ + Zn	Zn	ohne
$CaCO_3$	< 0,001	< 0,001	< 0,05
ohne	< 0,001	n. g.	
Zn	n. g.		

Zusammenfassung

An Zuchtsauen wurde in einem 14 Monate dauernden Versuch eine Grundfutterration mit Gerste und Fischmehl gefüttert. Die Sauen erhielten folgende Zulagen je Tier und Tag:

I. 7 g $ZnSO_4 \cdot 7\,H_2O$, II. ohne, III. 100 g $CaCO_3$, IV. 100 g $CaCO_3$ und 7 g $ZnSO_4 \cdot 7\,H_2O$.

Die Zulagen beeinflußten die Zahl der geborenen und abgesetzten Ferkel nicht signifikant. In den beiden mit Zn ergänzten Gruppen wurde zwar ein um 1,0 bzw. 1,5 kg höheres Achtwochengewicht gegenüber den beiden anderen Gruppen erzielt, jedoch sind die Unterschiede nicht signifikant.

Der Gehalt der Borsten verschiedener Körperpartien unterscheidet sich mit Ausnahme des Fe nur geringfügig. Trächtigkeit und Laktation beeinflussen den Mineralstoffgehalt der Borsten. Der Asche- und Mg-Anteil nimmt in allen Gruppen während Tragezeit und Laktation signifikant ab. Gegenüber der Vergleichsgruppe wurden folgende gesicherte Unterschiede ermittelt: Die gemeinsame Zulage von Zn und Ca erhöht den Asche-, Mg-, P- und Zn-Gehalt. Die Ca-Zulage senkt den Zn-Anteil und die Zn-Zulage senkt den Mg-Anteil der Borsten. Die Sauenborsten der Gruppe mit Zn enthalten signifikant mehr Zn als die der Gruppe mit Ca.

Резюме

В опытах, продолжавшихся 14 месяцев, племенным свиньям скармливался основной рацион с ячменем и рыбьей мукой. Дача концентрированного корма назначалась в зависимости от производительности. Свиноматки получали следующую добавку на голову в день:

1. 7 г. $ZnSO_4 \cdot 7 H_2O$. 2. Без добавки. 3. 100 г. $CaCO_3$. 4. 100 г. $CaCO_3$ и 7 г. $ZnSO_4 \cdot 7 H_2O$.

Добавка оказала на количество рожденных свиноматками и отнятых от них поросят лишь небольшое влияние. Хотя в обоих группах животных, получавших Zn, в возрасте восьми недель было достигнуто повышение веса на 1,0 и 1,5 кг., однако, эта разница является незначительной.

Также и по составу щетины на различных частях тела животных отмечалась лишь небольшая разница, за исключением Fe. Беременность и лактация влияют на минеральный состав щетины. Во всех группах в период беременности и лактации заметно понижалось содержание зольных веществ к Mg. По сравнению с контрольной группой, была выявлена следующая, обеспеченная данными разница: Придача Zn и Ca повышает содержание зольных веществ, Mg, P и Zn. Придача Ca понижает долю Zn, придача Zn понижает долю Mg в щетине. Щетина свиней группы с Zn содержит значительно больше Zn, нежели группы с Ca.

Summary

In a 14-month experiment breeding sows were fed a basal feeding ration consisting of fish meal and barley. The following supplements were given per day and animal: I. 7 gm of $ZnSO_4 \cdot 7 H_2O$, II. no supplementation, III. 100 gm of $CaCO_3$, IV. 100 gm of $CaCO_3$ plus 7 gm of $ZnSO_4 \cdot 7 H_2O$.

These supplements were not found to have a significant effect on the number of new-born and weanling piglets. Irrespective of the fact that in both groups supplemented with Zn the weight of animals at 8 weeks old was 1.0 to 1.5 kg higher than that obtained in the two other groups, these differences were not significant.

With the exception of Fe only slight variations were found to occur in the composition of bristles taken from various parts of the body. Pregnancy and lactation had a definite influence on the mineral content of bristles. During the period of pregnancy and lactation the ash and magnesium content was significantly reduced in all groups. In comparison with the control groups the following differences were established: A combined addition of both zinc and calcium resulted in an increased content of ash, magnesium, phosphorus, and zinc. Supplementation with Ca reduced the Zn content of bristles while additions of Zn decreased the proportion of Mg. Bristles of sows fed supplements of Zn contained significantly more Zn than those of sows in the Ca-supplemented group.

Literaturverzeichnis

Anke, M.: Wiss. Ztschr. Fr.-Schiller-Univ. Jena Math.-Nat. Reihe **12**, 101 (1963)

Anke, M.: Untersuchungen über den Spurenelementgehalt der Grünland- und Ackerpflanzen verschiedener Bodenarten sowie Maßnahmen und Verhütung von Mangelerscheinungen bei Milchkühen. Landw. Diss. Jena 1959

BARON, H.: Landw. Forsch. 6, 13 (1954)
BERG, L. R. und Mitarb.: Poultry Sc. 41, 1328 (1962)
BLAMBERG, D. L. und Mitarb.: Proc. Soc. Exp. Biol. Med. 104, 217 (1960)
BROCHART, M.: Ann. Zootechn. 6, 185 (1957)
BROCHART, M. und Mitarb.: Ann. Zootechn. 9, 5 (1960)
CHIN, D. und Mitarb.: Poultry Sc. 37, 335 (1958)
CONRAD, J. H., und W. M. BEESON: J. Anim. Sc. 16, 589 (1957)
DÖRFFEL, J.: Arch. Dermatol. 162, 621 (1930)
v. FELLENBERG, T.: Biochem. Z. 174, 355 (1926)
HEIGNER, H. und Mitarb.: Landw. Forsch. 11, 185 (1958)
HENNIG, A.: Jahrbuch AGF 3, 363 (1960a)
HENNIG, A.: Abstr. Vth. Congress Nutr. p. 41 (1960b)
HENNIG, A.: Wiss. Z. Fr.-Schiller-Univ. Jena 9, 373 (1960c)
HENNIG, A. und Mitarb.: Jahrbuch AGF 4, 313 (1963)
HENSELL, V.: Funkenspektrographische Untersuchungen über den Mineralbestand der Haare. Med. Diss., Jena 1940
HOFMANN, F. und Mitarb.: Jahrbuch AGF 2, 127 (1959)
HOGAN, A. G.: Res. Bull. Agric. Exp. Stat. Missouri Nr. 167 (1932a)
HOGAN, A. G.: Res. Bull. Agric. Exp. Stat. Missouri Nr. 168 (1932b)
HOGAN, A. G., und S. R. JOHNSON: Res. Bull. Agric. Exp. Stat. Missouri Nr. 332 (1941)
KIENHOLZ, E. W. und Mitarb.: J. Nutr. 75, 211 (1961a)
KIENHOLZ, E. W. und Mitarb.: Poultry Sc. 40, 1419 (1961b)
LEWIS, P. K. und Mitarb.: J. Anim. Sc. 16, 578 (1957a)
LINDER, A.: Statistische Methoden, Birkhäuser, Basel 1951
LINDER, A.: Planen und Auswerten von Versuchen. Birkhäuser, Basel 1953
LLOYD, L. E. und Mitarb.: J. Anim. Sc. 20, 176 (1961)
LODGE, G. A.: The Nutrition of the Lactating Sow. In: Nutrition of Pigs and Poultry. London 1962, S. 224
MÜLLER, G. O.: Praktikum der quantitativen chemischen Analyse. 2. Aufl., Leipzig 1952
NESENI, R. und Mitarb.: Arch. Tierern. 8, 285 (1958)
SCHEFFER, F., und H. PAJENKAMP: Düng. Bodenk. 56, 2 (1952)
SCHILLING, G.: Z. landw. Versuchs- u. Untersuchungswesen 3, 236 (1957)
SCHÜTZLER, H.: Mh. Vet. Med. 15, 805 (1960)
SNEDECOR, G. W.: Statistical Methods. Iowa State Coll. Press., Ames, Iowa 1956
SUNDER, J. H.: Fed. Proc. 19, 172 (1960)
SUPPLEE, W. C. und Mitarb.: Poultry Sc. 38, 1253 (1959)
TURK, D. E. und Mitarb.: Poultry Sc. 38, 1256 (1959)
UNDERWOOD, E. J.: Trace elements in human and animal nutrition, New York 1956
WERNER, A., und M. ANKE: Arch. Tierern. 10, 142 (1960)
WERNER, A., und A. HENNIG: Z. Tierern. Futterm. 15, 143 (1960)
WERNER, A., und A. HENNIG: Beispiele und Tabellen zur Futterberechnung, Berlin 1962
WIESSMANN, H., und K. NEHRING: Agrikulturchemisches Praktikum. Parey, Berlin 1951

Eingegangen: 24. April 1964

Aus dem Institut für Tierernährung der Friedrich-Schiller-Universität Jena
(Direktor: Prof. Dr. A. HENNIG)

A. HENNIG

Untersuchungen über den Einfluß einer Ergänzung der mütterlichen Ration mit Ca und Zn auf die Zusammensetzung der Ferkel und der Sauenmilch

2. Mitteilung:

Die Zusammensetzung der neugeborenen Ferkelkörper

1. Einleitung

Durch die Untersuchung der Zusammensetzung der neugeborenen Ferkel sollte geprüft werden, ob die in der 1. Mitteilung (HENNIG 1965a) verzeichneten unterschiedlichen Gaben an Ca und Zn im Futter der Mutter die Ablagerung von Zn, Ca oder anderen Elementen bzw. Nährstoffen im fötalen Stadium beeinflussen. Weiterhin war beabsichtigt, den Gehalt an verschiedenen Rohnährstoffen bei neugeborenen Ferkeln der Deutschen veredelten Landschweine schwedischen Blutanteils zu ermitteln und mit den bereits vorhandenen Ergebnissen zu vergleichen.

2. Methode

Die Fütterung der Muttertiere ist in der 1. Mitteilung (HENNIG 1965a) beschrieben worden.

Für die Analyse wurden je Wurf zwei Ferkel mittleren Gewichts benutzt. Es wurde jeweils ein männliches und weibliches Ferkel kurze Zeit nach der Geburt, ohne daß eine Milchaufnahme stattfand, getötet. Die Tiere wurden vorher mit Äther betäubt. Nach der Tötung wurden Leber, Niere, Milz und der vordere Schienbeinknochen entnommen. Der restliche Ferkelkörper wurde mit Hilfe eines Starmix homogenisiert. Die weitere Verarbeitung der Probe erfolgte in der üblichen Weise (siehe 1. Mitteilung).

3. Ergebnisse und Diskussion der Ergebnisse

Zunächst galt es zu prüfen, ob zwischen den weiblichen und männlichen Tieren Unterschiede im Anteil der analysierten Stoffgruppen bzw. Elemente bestehen, da diese Prüfung für die weitere statistische Auswertung des Materials unumgänglich war. Wie zu erwarten, konnten keine signifikanten Differenzen ermittelt werden (Tabelle 1).

Tabelle 1

Zusammensetzung der weiblichen und männlichen neugeborenen Ferkel (Mittelwerte, je 12 Tiere)

	♀	♂
Trockenmasse	281,5	278,3
Trockensubstanz %	20,33	20,48
Rohprotein %*	61,17	61,92
Rohfett %	7,0	6,8
Rohasche %	22,0	22,1
Ca g/kg	68,5	64,5
Mg g/kg	2,58	2,50
P g/kg	37,4	36,7
Fe ppm	172	175
Zn ppm	102	100

* bezogen auf Trockensubstanz

Unsere Ergebnisse stimmen im allgemeinen gut mit den von Lenkeit (1957), Berge und Indreboe (1954), Widdowson (1950), Spray und Widdowson (1949) und Radeff (1930) mitgeteilten Werten überein. Von uns wurde jedoch ein etwas höherer Asche-, Ca- und P-Anteil ermittelt. Die von uns ermittelten Nährstoffe und Elemente sind mit Ausnahme des Fe höher als die von Mitchell und Mitarb. (1931) angegebenen Gehaltszahlen in Schweineföten am Ende der 16. Trächtigkeitswoche. Dieser Unterschied mag darauf beruhen, daß unsere Ferkel wesentlich schwerer waren als die von Mitchell untersuchten Tiere. Aus diesem Grunde wurden von uns auch etwas bzw. wesentlich höhere Zahlen für das in einem mittleren Wurf in den Föten deponierte Ca und P errechnet als von Moustgaard (1962) und Mitchell und Mitarb. (1931). Bei einem mittleren Wurfgewicht von 16,789 kg werden beispielsweise 229 g Ca abgelagert (Mittel von 27 Würfen).

Die Summe der Rohasche, des Rohproteins und Rohfetts ergibt nicht die Trockenmasse. Diese Differenz von etwas über 10% verzeichneten auch Mitchell und Mitarb. (1931) und Berge und Indreboe (1954). Von den beiden norwegischen Autoren wird sie als Zucker aufgeführt. Es ist jedoch kaum anzunehmen, daß ein solch hoher Anteil an Kohlenhydraten im Körper des neugeborenen Ferkels enthalten ist.

Die Zusätze an Zn und $CaCO_3$ übten keinen signifikanten Einfluß auf das Geburtsgewicht der Ferkel aus. Auch für den Anteil an Wasser und Rohprotein der Ferkel konnte kein signifikanter Effekt vermerkt werden. Der höchste mittlere Trockensubstanzanteil wurde in den Ferkeln aus den mit Ca und Zn ergänzten Gruppen ermittelt. Der höchste Anteil an Rohprotein wurde in den beiden Gruppen gefunden, deren Mütter Zink erhielten. Der Rohfettanteil wurde durch die Ca-Zusätze signifikant verändert (Tabelle 2). Der höhere Ca-Anteil in der Ration der Mutter erhöhte den Fettgehalt, durch gleichzeitige Zinkzulage wurde offenbar der Ca-Effekt nicht beeinflußt. Die Differenzen waren gegenüber den Gruppen ohne Ca-Zulage (Ausnahme Gruppe III zu II) statistisch gesichert.

Tabelle 2

Rohnährstoffgehalt der neugeborenen Ferkel
(bezogen auf Trockensubstanz)

	Trockensubstanz %	Rohasche %	Rohprotein %	Rohfett %
I Zn	19,9	20,7	62,6	5,6
II ohne	20,6	21,5	59,6	6,5
III Ca	20,1	21,8	60,6	7,5
IV Zn + Ca	20,8	24,0	63,2	8,0

Der Aschegehalt des Ferkelkörpers wird durch die gleichzeitige Zulage von Zn und Ca gegenüber der Gruppe mit Zn signifikant erhöht. Der Ascheanteil im Gesamtkörper der Ferkel ist in der Gruppe III gesichert geringer als in der Gruppe IV. Die Erhöhung des Ascheanteiles und auch die antilipotrope Wirkung des Ca werden also durch Zinkgaben verstärkt.

Der Ca-Gehalt des Ferkelkörpers ist in der Ca/Zn-Gruppe gesichert höher als in den Gruppen I und II (Tabelle 3). Bei der getrennten Zulage beider Elemente wurde der gleiche Ca-Gehalt ermittelt, er war z. T. höher als in der Vergleichsgruppe. Durch die Fütterung mit Ca und Zn gelingt es demnach den Ca-Anteil beim neugeborenen Ferkel zu erhöhen. Bei alleiniger Ca-Zulage vermochte LENKEIT (1957) den Ca-Gehalt des Ferkelkörpers nicht gesichert zu beeinflussen.

Tabelle 3

Ca-, Mg-, P-, Fe- und Zinkgehalt der neugeborenen Ferkel
(bezogen auf Trockensubstanz)

Gruppe	Ca g/kg	Mg g/kg	P g/kg	Fe ppm	Zn ppm	Ca/P
I Zn	65,1	2,52	36,9	180	96,0	1,76
II ohne	59,4	2,40	33,2	170	86,7	1,79
III Ca	66,6	2,53	35,8	162	101,4	1,86
IV Ca + Zn	74,8	2,69	42,3	181	119,4	1,77

Der Mg-Anteil wurde durch die verschiedene Versorgung der Mütter mit Ca und Zn nicht deutlich verändert. Die ermittelten geringen Unterschiede sind als zufällig anzusehen. Zwischen dem Ca- und Mg-Gehalt des Ferkelkörpers (bezogen auf Trockensubstanz) besteht keine korrelative Beziehung, wie auch aus den Mittelwerten abzulesen ist.

Der P-Gehalt der Nachkommen unterliegt einer Beeinflussung durch die gemeinsame Zulage beider Elemente. Der P-Gehalt im Ferkelkörper ist in Gruppe IV gegenüber den anderen Gruppen signifikant erhöht. Durch diesen erhöhten P-Anteil führt der höhere Ca-Gehalt in dieser Gruppe nicht zu einer Erweiterung des Ca/P-Verhältnisses. Der Quotient ist nur in der mit Ca ergänzten Gruppe größer. Das Ca/P-Verhältnis dieser Gruppe ist jedoch durchaus noch als innerhalb der physiologischen Schwankungsbreite liegend anzusehen, da andere Autoren bei geringeren Ca-Gaben in der Tragezeit auch Ca/P-Verhältnisse über 1,85 ermittelten (MITCHELL und Mitarb. 1931, LENKEIT 1957). Bei Verfütterung phosphorarmer Rationen an tragende Sauen wurde von LENKEIT keine Senkung des P-Gehaltes im Ferkelkörper ermittelt.

Durch die Zulagen des Ca und Zn zur Futterration der Mutter läßt sich der Fe-Gehalt im Ferkelkörper nicht deutlich erhöhen oder vermindern. Das sehr unterschiedliche Fe-Angebot im Futter der nieder- und hochtragenden Sau hatte keinen Einfluß auf den Fe-Gehalt des Gesamtkörpers. Damit konnten auch bei abundanter Eisengabe die Beobachtungen der Mehrzahl anderer Autoren (Zusammenfassung HENNIG und Mitarb. 1963) und DUNCAN und LODGE (1960) bestätigt werden.

Der Fe-Gehalt der untersuchten Schweine ist etwas höher als der von LINTZEL und RADEFF (1931) analysierten Tiere. Über die Befunde an englischen Kreuzungstieren wird an anderer Stelle berichtet.

Die Ergebnisse der Zinkbestimmung im Ferkelkörper sind besonders in bezug auf die Genese der Parakeratose interessant. Der höchste Zinkgehalt findet sich in der Gruppe IV mit Ca/Zn-Ergänzung der Sauenration. Er ist signifikant höher als in allen anderen Gruppen. Es vermag aber nicht nur eine Zn-Zulage den Zn-Gehalt zu erhöhen, sondern in gleichem oder größerem Maße ist dazu die Ca-Zulage befähigt. Das Ergebnis der Varianzanalyse bestätigt, daß eine Zink-Calcium-Wechselwirkung bei der Beeinflussung der Zinkkonzentration im Ferkelkörper vorliegt. Die gesicherten Unterschiede im Zn-Gehalt vermittelt Tabelle 4.

Tabelle 4

Ergebnis der varianzanalytischen Prüfung des Zinkgehaltes des Ferkelkörpers (P-Werte)

	Ca und Zn	Ca	Zn
ohne	< 0,001	< 0,01	< 0,05
Zn	< 0,001	n. g.	
Ca	< 0,01		

Der unterschiedliche Fettgehalt der Ferkelkörper machte es erforderlich, diesen durch Umrechnung auf fettfreie Trockenmasse auszuschalten. Außerdem ist ein Vergleich auf dieser Basis vom physiologischen Standpunkt aus vorteilhafter, da das Fett zum größeren Teil als Depotfett abgelagert wird und das unterschiedliche Fettdepot unter Umständen korrelative Einflüsse verschleiert. In Tabelle 5 sind die auf fettfreie Trockenmasse umgerechneten Werte zusammengestellt. Die statistische Verrechnung (Tabelle 6) brachte in der Regel die gleichen Ergebnisse wie die Varianzanalyse der Gehaltszahlen in der Trockenmasse. Die Unterschiede zwischen den Gruppen mit und ohne Ca werden durch diese Umrechnung noch stärker sichtbar, da der Effekt des Ca auf den Fettanteil durch die Umrechnung eliminiert wurde (Tabelle 5).

Aus Tabelle 6 geht hervor, daß die Ferkel der Gruppe IV signifikant mehr Asche, Ca, P und Zn in der fettfreien Trockensubstanz enthalten als die übrigen

Tabelle 5

Zusammensetzung des Ferkelkörpers
(bezogen auf fettfreie Trockensubstanz)

Gruppe	Asche %	Ca g	Mg g	P g	Fe ppm	Zn ppm
I Zn	22,0	68,9	2,67	39,0	190	102,2
II ohne	23,1	63,4	2,56	35,4	182	92,6
III Ca	23,6	72,1	2,73	38,8	175	109,7
IV Ca + Zn	26,1	81,3	2,92	46,0	197	129,8

Tabelle 6

Varianzanalytische Auswertung der Gehaltszahlen je Einheit fettfreie Trockensubstanz

Gruppe	Asche	Ca	Mg	P	Fe	Zn
I Zn	IV	IV	–	IV	–	IV
II ohne	IV	IV	–	IV	–	III, IV
III Ca	IV	IV	–	IV	–	II, IV
IV Ca + Zn	I, II, III	I, II, III	–	I, II, III	–	I, II, III

Gruppen. Da bei getrennter Zugabe der Elemente Ca und Zn mit Ausnahme des Ca kein signifikant höherer Gehalt im fettfreien Ferkelkörper ermittelt wurde, liegt eine Wechselwirkung vor. Es werden nur dann höhere Mengen an Ca und P bei Ca-reicher Ernährung deponiert, wenn der Zinkgehalt des Futters ebenfalls sehr hoch ist. Hohe Ca-Gaben bewirken andererseits einen erhöhten Gehalt an Zink gegenüber der Vergleichsgruppe ohne Zink.

Der carry-over-Effekt des Ca wird allerdings durch höhere Zulagen im Futter erleichtert. Eine Zufütterung des Zn allein ruft eine geringere Ca-Ablagerung hervor als die Ca-Gabe. Der Effekt ist nur beim Bezug auf Trockenmasse signifikant.

Widdowson (1950) und Spray und Widdowson (1949) untersuchten 16 neugeborene Kreuzungsferkel auf ihren Mineralstoffgehalt. Aus ihren Werten, bezogen auf fettfreie Substanz, errechnen sich folgende Gehaltszahlen: Ca 67,0 g Mg 2,14 g, P 38,6 g, Fe 196 mg und Zn 67,8 mg je kg fettfreie Trockensubstanz, Der Anteil an Ca und P stimmt mit unseren Werten der Vergleichstiere sehr gut. überein, von uns wurde jedoch ein höherer Mg-Anteil ermittelt (Tabelle 5).

Im Fe-Anteil bestehen keine wesentlichen Unterschiede. Wir finden bei der Vergleichsgruppe einen um 50% höheren Zinkanteil.

In zwei Ferkeln aus der Ruhlsdorfer Zucht ermittelten Lintzel und Radeff (1931) 29–33 mg Fe je Tier, wir fanden dagegen bei etwas schwereren neugeborenen Ferkeln der Vergleichsgruppe im Mittel 42 mg je Tier. Für Spurenelemente liegen keine weiteren Angaben vor, so daß auf einen Vergleich verzichtet werden muß.

Der Anteil an Ca ist nach Widdowson (1950) und Spray und Widdowson (1949) im neugeborenen Ferkelkörper, bezogen auf fettfreie Substanz, wesentlich höher als beim Kaninchen, der Katze, Maus und Ratte. Nur das Meerschweinchen enthält etwa gleiche Ca-Mengen, während bei volljährigen Tieren kaum noch Unterschiede bestehen. Das Ca/P-Verhältnis ist beim Schwein weiter als bei den erwähnten Tierarten, da die P-Konzentration nicht in gleichem Maße erhöht ist. Das Ferkel enthält post partum auch wesentlich weniger Zink als die von den englischen Autoren untersuchten Tierarten und der Mensch (bezogen auf fettfreie Substanz). Der Säugling besitzt im Vergleich zum Ferkel etwa die doppelte Zinkkonzentration und die Labortiere den 2,5- bis 4,5fachen Zinkanteil. Die volljährigen Tiere mit Ausnahme des Kaninchens enthalten dagegen etwa die gleiche Zinkmenge je Einheit fettfreie Substanz.

Da für das Auftreten der Parakeratose dem Ca/Zn-Verhältnis im Futter eine gewisse Bedeutung zugemessen wird (NESENI und Mitarb. 1958), lag es nahe, dieses Verhältnis für die einzelnen Gruppen zu errechnen. Es ist am weitesten in der Vergleichsgruppe (685). In der mit Ca supplementierten Gruppe betrug es 657, in der Zn-Gruppe 657 und bei Ergänzung der Ration mit beiden Elementen war es mit 626 am engsten. Es wird zu prüfen sein, welche Verschiebungen es unter dem Einfluß der Muttermilch erfährt.

Der Anteil bestimmter Elemente an der Gesamtasche besitzt in physiologischer Hinsicht nur geringe Aussagekraft. Jedoch gestattet er einen Überblick über den Ascheanteil des Ferkels.

Tabelle 7

Zusammensetzung des Ferkelkörpers (bezogen auf Rohasche)

Gruppe	Asche je Tier g	Ca %	Mg %	P %	Fe %	Zn %
I Zn	58,03	31,38	1,22	17,78	0,86	0,46
II ohne	61,56	27,88	1,11	15,42	0,80	0,41
III Ca	61,24	30,61	1,16	16,46	0,74	0,47
IV Ca + Zn	63,78	31,33	1,12	17,69	0,77	0,50

Der Aschegehalt der Ferkel variiert sehr stark, da er auch vom Gewicht der Tiere abhängig ist. Der Ca-Anteil an der Asche beträgt $^1/_4$ bis $^1/_3$. Er ist am geringsten in der Gruppe ohne mineralisches Beifutter, jedoch sind die Differenzen nicht signifikant, da die Einzelwerte und auch der Ca-Anteil in den Vollgeschwistern eine sehr große Streuung aufweisen. Die Varianz muß demnach endogen bedingt sein. Ihre Ursache ist nicht bekannt.

Der Mg-Anteil der Asche schwankt in geringem Maße. Das gleiche trifft für den P-Anteil zu. Der P-Anteil ist in der Vergleichsgruppe gesichert geringer als in den beiden zusätzlich mit Zn versorgten Gruppen. Zwischen dem Ca- und P-Anteil in der Asche ergibt sich bei Benutzung aller Tiere keine Korrelation, sie ist aber in der Gruppe mit Zn vorhanden. Der prozentuale Fe-Gehalt zeigt keine durch die Versuchsfrage ausgelöste Veränderung. Auffällig sind auch die relativ großen Unterschiede zwischen den Wurfgeschwistern.

Der Zinkgehalt der Asche variiert in wesentlich geringerem Maße als die anderen Elemente. Der Nachweis des Einflusses der geprüften Futterzusätze ist gegeben. Die Vergleichsgruppe enthält signifikant weniger Zink als die übrigen Gruppen. Es konnte damit bestätigt werden, daß durch Ca und Zn der Zn-Gehalt in der Körpermasse erhöht wird.

Zusammenfassung

Durch Zulage von 100 g $CaCO_3$ und/oder 7 g Zinksulfat je Sau und Tag wird die Zusammensetzung der Nachkommen verändert. Hohe Ca-Gaben führen zu einer Erhöhung des Fettgehaltes der Ferkelkörper und fördern die Zinkeinlagerung. Das zusätzlich verabreichte Zink führt zu einer weiteren Erhöhung des Zinkgehaltes im Ferkelkörper. Die gemeinsame Zulage beider Elemente fördert die P-Ablagerung. Das Ca/Zn-Verhältnis ist am engsten in der Gruppe mit Ca und Zn-Zulage.

Резюме

Придача 100 г. $CaCO_3$ и – или же 7 г. сернокислого цинка, считая на свиноматку в день, изменяет состав тела потомства. Высокие дачи Ca повышают содержание жира у поросят и способствуют отложению цинка. Дополнительно скармливаемый животным цинк ведет к дальнейшему повышению содержания цинка в теле поросят. Придача обоих элементов способствует отложению P. Соотношение Ca/Zn является наиболее узким в группе с придачей Ca и Zn.

Summary

The composition of offspring was altered if sows were fed supplements of 100 gm of $CaCO_3$ and/or 7 gm of zinc sulphate per day. High-calcium additions gave rise to an increase in the fat content of piglet bodies and promoted the incorporation of Zn. Administration of additional zinc resulted in a further rise of the Zn content in piglet bodies. Combined supplementation with both elements enhanced the deposition of phosphorus. The closest Ca/Zn ratio was found in the group fed Ca and Zn supplements.

Literaturverzeichnis

BERGE, S., und T. INDREBOE: Meld. Norg. Landbruk **34**, 481 (1954)
DUNCAN, D. L., und G. A. LODGE: Comm. B.Anim. Nutrit.Techn. Comm. No. 21 (1960)
HENNIG, A.: Arch. Tierern. **15**, 331 (1965)
HENNIG, A. und Mitarb.: Jahrbuch AGF **4**, 313 (1963)
LENKEIT, W.: Züchtungskunde **29**, 397 (1957)
LINTZEL, W., und T. RADEFF: Arch. Tierern. Tierz. **6**, 313 (1931)
MITCHELL, H., H. und Mitarb.: Bull. Univ. Ill., Agric. Exp. Stat. Nr. 375 (1931)
NESENI, R. und Mitarb.: Mh. Vet. Med. **13**, 461 (1958)
NESENI, R. und Mitarb.: Arch. Tierern. **8**, 285 (1958)
RADEFF, T.: Wiss. Arch. Landw. B **3**, 639 (1930)
SPRAY, C. M., und E. M. WIDDOWSON: Br. J. Nutrit. **3**, 332 (1949)
WIDDOWSON, E. M.: Nature **166**, 626 (1950)

Eingegangen: 24. April 1964

Aus dem Institut für Tierernährung der Friedrich-Schiller-Universität
(Direktor: Prof. Dr. A. HENNIG)

A. HENNIG

Untersuchungen über den Einfluß einer Ergänzung der mütterlichen Ration mit Ca und Zn auf die Zusammensetzung der Ferkel und der Sauenmilch

3. Mitteilung:

Zusammensetzung der Sauenmilch

1. Einleitung

Die Zusammensetzung der Sauenmilch wurde von verschiedenen Autoren untersucht. NEUHAUS (1961), DUNCAN und LODGE (1960) und LODGE (1962) haben das vorhandene Schrifttum über Milchleistung der Sau und die Zusammensetzung der Milch zusammengefaßt. Es liegen jedoch kaum Arbeiten vor, welche sich mit dem Einfluß der Futterbestandteile auf die Zusammensetzung der Sauenmilch beschäftigen.

Im Rahmen dieser Untersuchung sollten zunächst die Zusammensetzung der Milch veredelter Landschweinsauen mit schwedischem Blutanteil ermittelt und der Einfluß der beiden Elemente geprüft werden (siehe 1. Mitteilung).

2. Methode

Die Versuchstiere, ihre Haltung und Fütterung werden in der 1. Mitteilung (HENNIG 1965a) beschrieben. Die Milchabgabe wurde durch eine Oxytocininjektion (WERNER und HENNIG 1960) jeweils am 21., 42. und 56. Laktationstag ausgelöst.

Vor jedem Melken wurde das Euter gründlich gesäubert, um eine Verunreinigung mit Fremdbestandteilen, welche sich in erster Linie auf den Spurenelementgehalt der Milch auswirken würde, weitgehend auszuschalten. Die Milchproben wurden erstmals am Tag der Geburt genommen – ohne Oxytocininjektion – um nachweisen zu können, ob zu diesem Zeitpunkt bereits eine Änderung durch die Zusätze zu verzeichnen ist. Da jedoch der Zeitpunkt des Melkens in diesem Falle nicht exakt definiert werden kann, sind die erhaltenen Befunde mit Mängeln behaftet, die sich aber hierbei nicht ausschließen lassen.

Die zweite Melkung wurde auf den 21. Tag der Laktation festgelegt, da zu diesem Zeitpunkt mit der höchsten Milchleistung gerechnet werden kann. Am 42. Tag wurde gemolken, um Vergleiche mit den zu diesem Zeitpunkt getöteten Ferkeln ziehen zu können. Schließlich sollten durch die Untersuchung der Sauenmilch am Ende der Laktation die aus eigenen und anderen Untersuchungen bekannten Veränderungen in der Zusammensetzung der Milch während der Laktationsperiode besser erfaßt werden.

Für die Prüfung des Einflusses der Zusätze empfahl sich die Anwendung der doppelten Varianzanalyse, um einmal den Einfluß der Zusätze und zum anderen des Laktationsstadiums exakt bestimmen zu können. Es konnte mit diesem Verfahren auch eine vorhandene Wechselwirkung erfaßt werden (LINDER 1951).

3. Ergebnisse und Diskussion der Ergebnisse

Der Trockensubstanzgehalt der Milch wurde durch die Zusätze nicht signifikant beeinflußt ($F = 0{,}263$). Jedoch unterscheidet sich der Trockensubstanzgehalt der Milch an den einzelnen Melktagen signifikant. Die Kolostralmilch besitzt einen höheren Anteil an Trockenmasse als die reife Milch. Die ermittelten Unterschiede zwischen den einzelnen Proben der reifen Milch sind statistisch nicht gesichert.

Tabelle 1

Mittlerer Rohnährstoffgehalt der Sauenmilch am 1., 21., 42. und 56. Laktationstag (bezogen auf Trockensubstanz)

Laktationstag	Trockensubstanz %	Rohprotein %	Rohfett %	N-freie Extraktstoffe %	Rohasche %
Kolostrum	22,1	51,5	24,4	20,9	3,2
21.	18,3	29,8	33,4	32,4	4,4
42.	17,9	34,6	30,1	30,0	5,3
56.	18,2	38,0	29,8	26,4	5,8

Der von uns ermittelte Trockensubstanzgehalt der Kolostralmilch entspricht auch den in den ersten 12 Stunden nach der Geburt von anderen Autoren ermittelten Werten (DUNCAN und LODGE 1960, LUCAS 1962, PERRIN 1954, 1955, TRAVNICEK 1960 u. a.). Von der Mehrheit der Untersucher wird der in unseren Versuchen festgestellte Abfall des Trockensubstanzgehaltes bis zum 42. Tag verzeichnet (Tabelle 1).

Die Zusätze beeinflussen den Rohproteingehalt der Milchtrockenmasse nicht ($F = 0{,}39$). Die Kolostralmilch ist aber gesichert rohproteinreicher als die reife Milch. Der höhere Rohproteingehalt des 56. Tages ist gegenüber dem 21. Tag gesichert. Eine Diskussion der Ergebnisse und ein Vergleich mit den Ergebnissen anderer Autoren wird am Schluß dieses Abschnittes durchgeführt, da von den meisten Autoren der Gehalt an Rohnähr- und Mineralstoffen je kg Milch angegeben wird.

Der Rohfettgehalt der Milchtrockenmasse wird durch die Versuchsfrage und das Lakstationsstadium nicht signifikant verändert. Dieses Ergebnis wird vor allem durch den unterschiedlichen Grad des Ausmelkens bewirkt. Der Fettanteil in der

Trockenmasse nimmt in der zweiten Hälfte der Laktation ab. Es konnten die früheren Befunde von TRAVNICEK (1960), LODGE (1959), LENKEIT und Mitarb. (1959b) bestätigt werden. Die Sau 155 (Gruppe II) wies zur ersten und zweiten Probenahme einen abnorm geringen Gehalt an Rohfett auf.

Die Kohlenhydratfraktion der Milch wurde von uns nicht bestimmt, sondern errechnet. Sie wurde als N-freie Extraktstoffe bezeichnet und dürfte im wesentlichen aus Milchzucker bestehen. Die N-freien Extraktstoffe (NFE) der Trockenmasse werden sowohl durch das Laktationsstadium als auch durch die Zusätze beeinflußt. Die Kolostralmilch ist gesichert ärmer an NFE als die Proben vom 21. und 42. Laktationstag.

Die Milch der Sauen einzelner Gruppen unterscheidet sich überraschenderweise im Gehalt an NFE. Alle mit mineralischen Zusätzen gefütterten Sauen erzeugen eine an NFE ärmere Milch. Die Mittelwerte für die einzelnen Gruppen lauten: Zn 23,5%, ohne Zusatz 32,9%, Ca 27,8%, Ca + Zn 25,7%. Die Unterschiede zwischen Gruppe II und den Gruppen I, II und IV waren signifikant. Dieser Befund darf nicht überschätzt werden, da die Kohlenhydrate nicht bestimmt wurden. Er sollte aber Veranlassung sein, weitere Untersuchungen durchzuführen.

Der Ascheanteil der Milch wird durch die Zusätze nicht verändert (F = 0,7). Es bestehen aber signifikante Unterschiede zwischen den einzelnen in verschiedenen Laktationsabschnitten gezogenen Milchproben. Der Aschegehalt in der Trockensubstanz nimmt im Verlaufe der Laktation zu, die Differenzen sind in jedem Falle gesichert. Die von anderer Seite (LODGE 1959, TRAVNICEK 1960) erhobenen Befunde konnten damit voll und ganz bestätigt werden.

Es war von besonderem Interesse für uns, ob der Anteil an den Elementen Ca und Zn in der Milch durch die Zusätze beeinflußt werden kann. LENKEIT und Mitarb. (1959b) nehmen an, daß es kaum möglich ist durch die Fütterung den Ca- und P-Gehalt der Milch zu verändern. Der Gehalt an den einzelnen Elementen wird in erster Linie durch das Laktationsstadium bestimmt, ohne daß wir im einzelnen wissen, durch welchen „Mechanismus" diese Veränderungen im Gehalt geregelt werden. Da von uns keine signifikanten Einflüsse der mineralischen Futterzusätze in der Ration der Sau auf den Gehalt an einzelnen Elementen in der Milchtrockensubstanz mit Hilfe der doppelten Varianzanalyse ermittelt werden konnten, haben wir es für zweckmäßig erachtet, nur die Mittelwerte für die einzelnen Proben in Tabelle 2 mitzuteilen.

Der Ca-Gehalt des Kolostrums ist sehr gering und der Ca-Anteil nimmt mit dem Laktationstag zu. Es konnte aus diesem Grunde auch ein hoher F-Wert (42,3) für den Einfluß des Laktationsstadiums errechnet werden. Die Unterschiede im Ca-Gehalt sind deshalb auch mit einer Ausnahme (zwischen 21. und 42. Laktationstag) sehr gut gesichert. Der mittlere Ca-Gehalt ist in der Vergleichsgruppe ohne Zulage am geringsten (9,3 g) und in der Gruppe mit alleiniger Ca-Zulage am höchsten (12,2 g). Dieser erhebliche Unterschied beruht in erster Linie auf dem höheren Gehalt in der Kolostralmilch und der am 21. Tag ermolkenen Probe. Da eine gesonderte Prüfung der Mittelwerte des Ca-Gehaltes der Milch vom 21. Tag mit Hilfe des t-Testes gesicherte Differenzen ergab, sind weitere Unter-

Tabelle 2

Gehalt der Sauenmilch an Ca, Mg, P, Fe und Zn (bezogen auf Trockensubstanz) und F-Werte der Prüfung des Einflusses der Futterzusätze

	Ca g	Mg g	P g	Fe ppm	Zn ppm
K	4,6	0,56	5,17	12	57,3
21. Tag	12,4	0,81	7,28	9	33,9
42. Tag	12,9	0,96	9,36	9	39,2
56. Tag	14,1	1,06	9,98	10	57,1
F-Wert	1,6	2,6	1,7	1,7	1,6

suchungen notwendig, um den Einfluß hoher Ca-Gaben im ersten Abschnitt der Laktation zu prüfen. Im zweiten Abschnitt der Laktation sind die vorhandenen Unterschiede relativ gering, so daß offenbar eine Anpassung an die hohen Ca-Gaben erfolgte. Am 42. und 56. Laktationstag wurden in der Milch in der nur mit Ca ergänzten Gruppe sogar die geringsten Ca-Werte im Mittel aller Gruppen festgestellt.

Die Mg-Konzentration im Kolostrum ist im Vergleich zu der reifen Milch gering. Der Mg-Gehalt in der Trockenmasse nimmt von einem Melktag zum anderen gesichert zu. Auch aus den von LENKEIT (1953) ermittelten Werten läßt sich ablesen, daß der Mg-Gehalt mit fortschreitender Laktation ansteigt. Ein Einfluß der mineralischen Zusätze auf den Mg-Gehalt ist auf Grund des Ergebnisses der Streuungszerlegung nicht vorhanden. Der relativ hohe F-Wert (Tabelle 2) kann zu der Vermutung Anlaß geben, daß bei einer Überprüfung mit einer größeren Tierzahl und einer häufigeren Probenahme der Milch ein Einfluß nachgewiesen werden könnte.

Der höchste mittlere Mg-Gehalt wurde in der Gruppe Ca/Zn mit 0,91 g und der geringste in Gruppe Ca mit 0,79 g/kg Trockenmasse ermittelt. Das Ca/Mg-Verhältnis ist in der Kolostralmilch enger als in der reifen Milch. Durch die einseitige Ca-Ergänzung wird es erweitert (Tabelle 3).

Tabelle 3

Verhältnis einzelner Elemente in der Sauenmilch

	Ca/P	Ca/Mg	Ca/Zn	P/Mg	Zn/Fe
a) Kolostralmilch					
I Zn	0,6	5,4	47	9,3	5,5
II ohne	0,9	7,7	72	8,7	3,4
III Ca	1,2	12,2	153	10,1	3,2
IV Ca + Zn	0,9	7,6	76	8,6	8,9
b) reife Milch					
I Zn	1,5	14,7	309	9,9	5,4
II ohne	1,3	13,1	253	8,8	4,2
III Ca	1,5	15,9	352	10,4	4,1
IV Ca + Zn	1,6	14,2	303	8,7	5,0

Eine gerichtete Beeinflussung der Futterzusätze auf den P-Gehalt der Milchtrockenmasse besteht kaum (Tabelle 2). Am P-reichsten ist die Milch der Sauen, welche Ca erhielten ($\bar{x} = 8{,}20$ g), es folgt die Gruppe Ca + Zn ($\bar{x} = 8{,}11$ g). P-ärmer ist die Gruppe mit Zn-Zulage (7,94 g) und am wenigsten P enthält die Vergleichsgruppe (7,48 g je kg Trockenmasse).

Das Ca/P-Verhältnis ist am engsten in der Kolostralmilch. Die Zulagen führen in der reifen Milch zu keiner gerichteten Verschiebung. Das Verhältnis P/Mg wird durch die Zulage von Ca oder Zn erweitert, während eine gemeinsame Zulage beider Elemente die Veränderung der Relation offenbar inhibiert. Da sowohl in der Kolostralmilch als auch in der reifen Milch die gleiche Reaktion zu verzeichnen ist, muß auf eine physiologische Korrelation geschlossen werden, deren Ursachen allerdings nicht gedeutet werden können. Der P-Gehalt der Milch ist am 42. und 56. Laktationstag höher als der der Kolostralmilch und der am 21. Tag ermolkenen Milch ($P < 0{,}001$). Die Unterschiede im P-Gehalt zwischen Kolostralmilch und der Milch des 21. Laktationstages sind signifikant ($P < 0{,}001$). Ein Anstieg des P-Gehaltes der Milch während der Laktationsperiode wurde auch von LENKEIT und Mitarb. (1959b), JYLLING und SÖRENSEN (1960), TRAVNICEK (1960) und GUEGUEN und SALMON-LEGAGNEUR (1959) beobachtet. Der Eisenanteil der Sauenmilchtrockenmasse ist zwar im Kolostrum größer als in der reifen Milch, jedoch sind die Unterschiede nur signifikant ($P < 0{,}025$), wenn sämtliche Werte für die reife Milch mit denen der Kolostralmilch verglichen werden.

Der Eisenanteil beträgt in der Kolostralmilch 12,2 mg je kg Trockenmasse und in der reifen Milch 9,3 mg. Der Fe-Gehalt erreicht in den beiden mit Zink ergänzten Gruppen 9 mg, in der Gruppe mit Ca-Zulage 11 mg und in der Vergleichsgruppe 12 mg. Die Unterschiede sind, wie aus Tabelle 2 zu entnehmen ist, nicht signifikant. Es kann deshalb auch nicht von einer durchaus möglichen Störung der Fe-Einlagerung gesprochen werden. Das Fe/Zn-Verhältnis ist in den beiden mit Zn ergänzten Gruppen weiter als in den beiden anderen Gruppen (Tabelle 3).

Da das Eisenangebot im Futter der hochtragenden Sauen durch den Einsatz von Grünfutter oder Rüben sehr unterschiedlich war (1. Mitteilung), ist es möglich, zu untersuchen, ob durch das verschiedene Fe-Angebot der Fe-Gehalt der Milch beeinflußt wird. Es wurden keine gesicherten Unterschiede festgestellt, da der Fe-Gehalt wahrscheinlich durch andere Faktoren beeinflußt wird. Eine geringe Erhöhung durch die abundanten Fe-Gaben im Futter ist allerdings dann wahrscheinlich, wenn bereits im hochtragenden Stadium hohe Fe-Mengen verabreicht werden. Es wurden jedoch im Höchstfalle etwa 20% mehr Fe in der Milch ausgeschieden. Diese relativ geringe Erhöhung verhindert nicht die Entstehung der Ferkelanämie (HENNIG und Mitarb. 1961). Eine Vervielfachung des Fe-Angebotes während der Laktation vermochte den Fe-Gehalt der Milch nicht anzuheben. Der Zinkgehalt in der Milch wird signifikant durch das Laktationsstadium beeinflußt ($P < 0{,}001$). Die höchsten Werte wurden in der Kolostralmilch und in der am 56. Laktationstag ermolkenen Milch ermittelt. Beide Proben haben einen signifikant höheren Zn-Gehalt als die Sauenmilch in der Mitte der Laktation. Ein gesicherter Einfluß der Zusätze auf den Zn-Gehalt konnte nicht vermerkt werden. Der Zn-Gehalt betrug in den Gruppen I bis IV jeweils 48,8,

47,0, 39,7 und 52,1 ppm. Der höchste Zn-Anteil fand sich also in der Gruppe mit Ca/Zn und der geringste in der mit Ca zusätzlich gefütterten Gruppe. Die hohe natürliche Variabilität des Zn-Gehaltes ermöglichte keine Sicherung der Differenzen. Es kann auf Grund dieses Versuches ausgesagt werden, daß es durch hohe Zinkgaben im Futter nicht gelingt, den Zn-Gehalt der Milch in einer für die Versorgung der Ferkel entscheidenden Menge gezielt zu beeinflussen.

Durch die Ca-Verabreichung wird das Ca/Zn-Verhältnis in der Kolostralmilch und der reifen Milch deutlich erweitert. Die Zinkverabfolgung bewirkte nur in der Kolostralmilch ein engeres Verhältnis. Das Verhältnis Ca/Zn in der Kolostralmilch liegt unterhalb der als parakeratogen angesehenen Grenze. Durch die Erhöhung des Ca-Anteiles der Milch während der Laktation kommt es zu einer Erweiterung, die nach den vorliegenden Erkenntnissen als Noxe für die Parakeratose in Betracht kommt. Der Ca-Gehalt der Milch von 1,24–1,41% (Tabelle 1) ist nach den NRC-Normen und vielen Versuchsergebnissen als weit über den Bedarf der Ferkel liegend einzuschätzen. Der geringe Zinkanteil von 34–57 ppm dürfte u. U. ausreichen, um den Bedarf zu decken. Jedoch sind wegen des hohen Ca-Anteils durchaus Bedenken angebracht.

Um den Einfluß des Milchfettgehaltes, der bekanntlich bei der Gewinnung der Milch mit Hilfe von Oxytocin infolge des nicht in allen Fällen mit Sicherheit möglichen „Ausmelkens" der Sau je nach der Menge der „residual milk" variiert, zu eliminieren, wurden die einzelnen Elemente auf fettfreie Trockenmasse umgerechnet. Die vorgenommene statistische Auswertung der auf fettfreie Trockenmasse bezogenen Zahlen ergab im wesentlichen das gleiche Ergebnis wie bei den auf Trockenmasse bezogenen Werten. Nur für P konnte der Unterschied zwischen der Vergleichsgruppe und der mit Zn ergänzten Gruppe als signifikant erkannt werden. Das Zn vermochte den P-Gehalt der Milch in der fettfreien Trockenmasse zu erhöhen.

4. Vergleich der eigenen Ergebnisse mit den Befunden anderer Autoren

Da von der Mehrzahl der Autoren der Gehalt an Inhaltsstoffen meist nicht auf Trockensubstanz bezogen wird, wurde in Tabelle 4 eine entsprechende Zusammenstellung vorgenommen.

Der Rohproteingehalt der Kolostralmilch beträgt im Mittel 11,4% und der reifen Milch je nach Tag der Probenahme im Mittel 5,6–6,7%. LENKEIT und Mitarb. (1959b) ermittelten in der Milch veredelter Landschweine einen etwas geringeren Rohproteingehalt als zu den von uns gewählten Zeitpunkten. Auch LODGE (1959) und TRAVNICEK (1960) ermittelten einen geringeren Eiweißgehalt. Eine fast vollkommene Übereinstimmung besteht zwischen den von uns in der Milch und den von PERRIN (1954) an 44 Berkshire-Sauen festgestellten Gehaltszahlen. Bei dänischen Landschweinen fanden JYLLING und SOERENSEN (1960) am 21. und 42. Laktationstag die gleichen Mengen Rohprotein in der Milch wie wir in unseren Untersuchungen.

Tabelle 4

Mittlerer Gehalt der Sauenmilch an Rohnährstoffen, Ca, Mg, P, Fe und Zn (bezogen auf Frischsubstanz)

	Kolostralmilch	21. Tag	42. Tag	56. Tag
Trockensubstanz %	22,1	18,3	17,9	18,2
Rohprotein %	11,4	5,5	6,2	6,9
Rohfett %	5,4	6,6	5,5	5,5
N-freie Extraktstoffe %	4,6	5,5	5,3	4,8
Rohasche %	0,7	0,8	0,9	1,0
Ca g/kg	1,0	2,2	2,3	2,6
Mg g/kg	0,12	0,15	0,17	0,19
P g/kg	1,14	1,33	1,68	1,81
Fe mg/kg	3	2	2	2
Zn mg/kg	12,9	6,2	7,1	10,3

Der Rohproteingehalt der Kolostralmilch ist vom Melkzeitpunkt abhängig. Eine Diskussion der Werte erübrigt sich, da die Gehaltszahlen sich sehr schnell verändern (PERRIN 1955).

Der Fettgehalt der Kolostralmilch beträgt im Mittel 5,4%, der reifen Milch 6,6–5,5%. Er ist geringer als die von LENKEIT und Mitarb. (1959b), PERRIN (1954, 1955), JYLLING und SOERENSEN (1960) angegebenen Gehaltszahlen. Dagegen stimmt er gut mit den von BERGE und INDREBOE (1954), LODGE (1959) und TRAVNICEK (1960) ermittelten Gehaltswerten überein.

Der Gehalt an N-freien Extraktstoffen beträgt im Mittel 4,6–5,5%. TRAVNICEK (1960) ermittelte etwas höhere Anteile für Laktose, LODGE (1959) und vor allem PERRIN (1954) geringere Anteile.

Der Aschegehalt des Kolostrums betrug im Mittel unserer Untersuchungen 0,7%. Dieser Wert entspricht dem auch von anderen Versuchsanstellern ermittelten Gehalt (NEUHAUS 1961, DUNCAN und LODGE 1960). In der reifen Milch wurden 0,8–1,0% Asche gefunden. In bezug auf die Abhängigkeit vom Lactationstag wird eine ausgezeichnete Übereinstimmung mit den von PERRIN (1954, 1955), LODGE (1959), JYLLING und SOERENSEN (1960) mitgeteilten Gehaltsangaben festgestellt. TRAVNICEK (1960) ermittelte in der Milch tschechischer Schweine einen etwas niedrigeren Aschegehalt.

Der Ca-Gehalt der Kolostralmilch beträgt im Mittel 0,1%. Geringere Gehaltszahlen geben BRAUDE (1954), HUGHES und HART (1935), GUEGUEN und SALMON-LEGAGNEUR (1959), LENKEIT und Mitarb. (1959b) und PERRIN (1955) an. Wie aus den Untersuchungen von PERRIN (1955) und JYLLING und SOERENSEN (1960) zu entnehmen ist, nimmt der Ca-Gehalt bereits einige Stunden nach der Geburt zu, so daß den vorhandenen Unterschieden keine entscheidende Aussage zugemessen werden kann. Im Verlaufe der Laktation erhöht sich der Ca-Gehalt der Milch von 0,22 auf 0,26%. Diese Zahlen stimmen mit den von LENKEIT und Mitarb. (1959b) und JYLLING und SOERENSEN (1960) ermittelten sehr gut überein. BERGE und INDREBOE (1954) und JYLLING und SOERENSEN geben für das gleiche Laktationsstadium geringere Werte, PERRIN (1955) und TRAVNICEK (1960) etwas höhere an.

Der P-Gehalt der Kolostralmilch beträgt im Mittel 0,11% und der reifen Milch 0,13–0,18%. Es kann ebenso wie für Ca eine gute Übereinstimmung mit den Befunden von LENKEIT und Mitarb. (1959b) festgestellt werden. Werte gleicher Größenordnung teilen auch TRAVNICEK (1960), GUEGUEN und SALMON-LEGAGNEUR (1959) und JYLLING und SOERENSEN (1960) mit. PERRIN (1955) fand bei einer Sau einen geringfügig höheren P-Gehalt.

Der Mg-Gehalt der Erstmilch beträgt 0,12 g je kg und steigt bis zum 56. Tag auf 0,19 g an. Die vorgenommenen Untersuchungen der Sauenmilch auf Mg zeigen eine relativ große Variation (LENKEIT und Mitarb. 1959b, GUEGUEN und SALMON-LEGAGNEUR 1959, PERRIN 1955). Unsere Mittelwerte zu verschiedenen Laktationstagen decken sich mit den Befunden von PERRIN 1955) und LENKEIT (1953). Auch LENKEIT (1953) und LENKEIT und Mitarb. (1959a) ermittelten eine Zunahme des Mg-Gehaltes der Milch während der Laktation, sie wurde von GUEGUEN und SALMON-LEGAGNEUR (1959) vermißt.

Der Eisengehalt der Kolostralmilch beträgt im Mittel 3 mg/kg und der reifen Milch 2 mg. Die gleichen Mittelwerte wurden von VENN und Mitarb. (1947) festgestellt. Wesentlich geringere Werte teilt HABERSANG (1952) mit. BERGE und INDREBOE (1954) ermittelten dagegen sehr hohe Fe-Werte in der Milch.

Der Zinkanteil in der Sauenmilch wurde bisher nur von GRÜNBERG (1961) bestimmt. Er fand im Mittel von drei Proben 2,24 mg Zn. Dieser Wert ist außerordentlich niedrig und wurde von uns in keiner der 46 Analysen ermittelt. Der Zinkgehalt des Kolostrums beträgt im Mittel 12,9 mg. Er nimmt bis zum 21. Laktationstag auf 6,2 ppm ab und steigt dann wieder auf 10,3 ppm an (Tabelle 4).

Die Sauenmilch ist zinkreicher als die Kuhmilch (Übersicht HENNIG 1963). Die Kolostralmilch der Frau und der Kuh sind zinkreicher als die reife Milch (KOGA 1934, DJAKOW und GOLUBZUZOWA, zitiert WOINAR 1958, BERFENSTAM 1952, KIRCHGESSNER 1957, 1959). Der geringste Zinkgehalt der reifen Milch wurde, wie auch von SATO und MURATA (1932) bei Kühen ermittelt, im mittleren Laktationsstadium gefunden.

KOGA (1934) und BERFENSTAM (1952) ziehen aus ihren Untersuchungen die Schlußfolgerung, daß mit zunehmender Laktationsdauer der Zinkgehalt der Kuhmilch abnimmt.

Der Zinkgehalt der Sauenmilch wird durch den Zusatz nicht signifikant erhöht. Wir finden uns damit in Übereinstimmung mit den Befunden von BROEK und WOLFF (1935) an Kühen. BERFENSTAM ermittelte zwar etwas höhere Zinkanteile bei zusätzlichen Zugaben an die Mutter, jedoch ist die experimentelle Basis für diese Annahme kaum ausreichend.

Zusammenfassung

Die tägliche Zulage von 100 g kohlensaurem Kalk und 7 g Zinksulfat allein oder gemeinsam vermag den Gehalt an Rohnährstoffen, Ca, Mg, P, Fe und Zn kaum zu beeinflussen. Es konnte mit Hilfe statistischer Verfahren nur eine Senkung des Gehaltes an N-freien Extraktstoffen nachgewiesen werden. Am 21. Laktationstag wurde auch gesichert mehr Ca in der Milch der nur mit Ca ergänzten Gruppe gefunden. Der Zusatz erweitert in der reifen Milch das Verhältnis Ca/Zn beträchtlich. Das weite Ca/Zn-Verhältnis ist als ungünstig anzusehen. Es ist wesentlich weiter als in den Futterrationen für Absatzferkel und Mastschweine.

Die natürliche Variation des Mineralstoffgehaltes der Sauenmilch ist sehr groß. Der Mineralstoffgehalt der Milch nimmt während der Laktation zu, das trifft im einzelnen auch für die untersuchten Mengenelemente zu. Der Eisengehalt der Kolostralmilch ist jedoch höher als der der reifen Milch. Der Zinkanteil nimmt bis zum 42. Laktationstag ab, um dann wieder anzusteigen.

Резюме

Ежедневные придачи 100 г. углекислой извести вместе с 7 г. сернокислого цинка или же порознь каждого из обоих этих элементов почти не влияют на содержание сырых веществ, Ca, Mg, P, Fe и Zn. Статистическим способом удалось доказать только понижение содержания безазотистых экстрактивных веществ. На 21-ый день лактации было определенно установлено более высокое содержание Ca в молоке животных той группы, которая получала только Ca. Эта придача значительно расширяет в зрелом молоке соотношение Ca/Zn. Широкое соотношение Ca/Zn следует признать неблагоприятным. В опытах оно является значительно более широким, чем в кормовых рационах для поросят, идущих на сбыт, а также и для откормочных свиней.

Естественное варирование содержания минеральных веществ в молоке свиноматок весьма большое. Содержание минеральных веществ в молоке увеличивается во время лактации, это можно сказать также и по отношению к исследованным элементам. Содержание железа в молозиве, однако, выше, чем в зрелом молоке. Содержание цинка понижается до 42-го дня лактации, а затем опять начинает повышаться.

Summary

Single or combined daily additions of 100 gm of calcium carbonate and 7 gm of zinc sulphate were hardly able to affect the content of crude nutrients, Ca, Mg, P, Fe and Zn. By using statistical procedures only a decrease in the percentage of nitrogen-free extractive substances could be demonstrated. On the 21st day of lactation milk obtained from the group supplemented with Ca alone was found to contain definitely more Ca. In mature milk supplementation considerably extends the Ca/Zn ratio. A wide Ca/Zn ratio, however, must be regarded as being unfavourable. The Ca/Zn ratio is much wider than in the feeding rations for weanling piglets and fattening pigs.

The content of minerals naturally occurring in the milk of sows varies within wide limits. During lactation the percentage of mineral matter in milk increases.

This was equally true of the common elements studied. The iron content of colostrum, however, is higher than that of mature milk. The proportion of Zn in milk is decreasing until the 42nd day of lactation and is again rising afterwards.

Literaturverzeichnis

BERFENSTAM, R.: Acta paediatr. **41**, Supplem. 87 (1952)
BERGE, S., und T. INDREBOE: Meld. Norg. Landbruk. **34**, 481 (1954)
BRAUDE, R.: Pig nutrition. In: Physiol. Farm Animals I (1954)
BROEK, A., und L. K. WOLFF: Acta Neerl. Physiol. **5**, 80 (1935)
DUNCAN, D. L., und G. A. LODGE: Comm. B. Anim. Nutrit. Techn. Comm. No 21 (1960)
GRÜNBERG, W.: Arch. exp. Vet. med. **15**, 828 (1961)
HABERSANG, M.: Der Eisen- und Kupfergehalt der Schweinemilch. Vet. med. Diss. Berlin 1952
HENNIG, A.: Arch. Tierern. **15**, 331, 1965.
HENNIG, A. und Mitarb.: Wirkung hoher Kupfergaben bei Mastschweinen. Vortrag Gesellsch. f. Ernährungsphysiologie der Haustiere, Gießen 26. 4. 1961
HUGHES, H. E., und H. G. HART: J. Nutrit. **9**, 311 (1935)
GUEGUEN, L., und E. SALMON-LEGAGNEUR: C. R. Acad. Sc. **249**, 784 (1959)
JYLLING, B., und P. H. SOERENSEN: Jahrb. Landw. Vet. med. Hochsch. Kopenhagen 1960, S. 20
KIRCHGESSNER, M.: ZTTF **14**, 217 (1959)
KIRCHGESSNER, M.: ZTTF **12**, 156 (1957)
KOGA, A.: Keijo J. Med. **5**, 106 (1934)
LENKEIT, W.: Einführung in die Ernährungsphysiologie der Haustiere. Enke, Stuttgart 1953
LENKEIT, W. und Mitarb.: ZTTF **14**, 3 (1959a)
LENKEIT, W. und Mitarb.: Arch. Tierern. **9**, 166 (1959b)
LODGE, G. A.: The nutrition of the lactating sow. In: Nutrition of pigs and poultry. London 1962, S. 224
LODGE, G. A.: J. Dairy Res. **26**, 134 (1959)
LUCAS, J. A. M.: Aspects of the nutrition of young Pigs and Poultry, London 1962, S. 238
NEUHAUS, U.: Z. Tierz. Züchtungsbiol. **75**, 160 (1961)
PERRIN, D. R.: J. Dairy Res. **21**, 55 (1954)
PERRIN, D. R.: J. Dairy Res. **22**, 103 (1955)
SATO, M., und K. MURATA: J. Dairy Sc. **15**, 451 (1932)
TRAVNICEK, J.: Ziv. Vyroba **5**, 497 (1960)
VENN, J. A. und Mitarb.: J. Comp. Pathol. **57**, 314 (1947)
WERNER, A., und A. HENNIG: ZTTF **15**, 143 (1960)
WOINAR, A. O.: Spurenelemente in der Landwirtschaft, Berlin 1958, S. 601

Eingegangen: 24. April 1964

Aus dem Institut für Tierernährung der Friedrich-Schiller-Universität
(Direktor: Prof. Dr. A. HENNIG)

A. HENNIG

Untersuchungen über den Einfluß einer Ergänzung der mütterlichen Ration mit Ca und Zn auf die Zusammensetzung der Ferkel und der Sauenmilch

4. Mitteilung:

Zusammensetzung einiger Teile der Ferkelkörper

1. Einleitung

Die Intensität des Stoffwechsels ist in den einzelnen Körperorganen und Geweben verschieden. Ein Ausdruck für diese Unterschiede ist z. B. die O_2-Aufnahme je Zeit- und Masseeinheit. Auch die mineralischen Bestandteile werden in den einzelnen Körperteilen verschieden schnell „umgesetzt". Ein schneller Umsatz findet in der Regel in den inneren Organen des Körpers und ein langsamer Umsatz im Skelett, in den Zähnen, Haaren, Federn bzw. Borsten statt. Für Zink konnten diese Unterschiede mit Zn^{65} von GILBERT und TAYLOR (1956) sehr einwandfrei nachgewiesen werden. Der schnelle Austausch der in den sog. weichen Geweben enthaltenen Mineralstoffe – es gelten allerdings auch hier bestimmte Einschränkungen – ermöglicht eine Deckung des „momentanen" Bedarfs.

Der größere Teil der Körperreserve findet sich – das gilt in erster Linie für Ca und P und auch einige Spurenelemente – in dem sog. großen Pool des Skeletts und auch – wenn auch mengenmäßig weniger von Bedeutung – im Haar bzw. den Borsten. Die Mobilisierung der Ca- und P-Reserven des großen Pools im Bedarfsfall durch körpereigene Inkrete ist zumindest zum Teil aufgeklärt, während wir über die Regelung, Kontrolle und den Abbau der Spurenelementreserven des großen Pools, wie überhaupt über die „Dirigenten" des Stoffwechsels der Spurenelemente, keine Informationen besitzen, wenn man von vereinzelten Befunden an bestimmten Organen absieht. Die Reduzierung des Fe- und Mg-Gehaltes der Borsten (s. 1. Mitteilung) während der Laktation muß ebenso wie z. B. der periodische Haarwechsel der Tiere einer hormonalen Steuerung unterliegen.

Die Analyse einzelner Körperbestandteile mußte auf die bereits bekannten stoffwechselphysiologischen Zusammenhänge abgestellt werden. Es kam also darauf an, einmal Organe des Weichgewebe-Pools zu untersuchen, um einen „akuten" Mangel an Elementen – insbesondere jedoch an Zink – erkennen zu können, während die Analyse der Knochen und Borsten Rückschlüsse auf die dort deponierten Reserven gestattet.

2. Methode

Die Ermittlung des Asche-, P-, Mg-, Fe- und Zn-Gehaltes in Leber, Nieren und Milz wurde nach der in der 1. Mitteilung (HENNIG 1965a) gegebenen Analysenvorschrift durchgeführt. Zur Untersuchung kamen die Organe der neugeborenen Ferkel und von am 42. Lebenstag getöteten Ferkeln. Auch bei dieser Versuchsanordnung sollte neben der Gehaltsveränderung vor allem der Einfluß der Milch unter Berücksichtigung der Fütterung der Mutter geprüft werden. Der gewählte Zeitpunkt schien uns geeignet, weil bis zur 6. Lebenswoche ausreichend Sauenmilch aufgenommen wurde und zum anderen die Beifutteraufnahme bei den hohen Milchleistungen dieser Sauen (KRACHT 1965) bis zu diesem Zeitpunkt gering ist. Eine Analyse des Gesamtkörpers der älteren Ferkel war aus technischen Gründen nicht möglich.

Da bei der Planung des Versuches die von LINDER (1953) gegebenen Hinweise beachtet wurden, konnten durch orthogonale Vergleiche gesicherte Informationen erhalten werden.

3. Versuchsergebnisse und Diskussion der Ergebnisse

3.1. Leber

Die Leber nimmt die absorbierten Stoffe auf und gibt sie dann an die anderen Körperzellen ab. Sie dient auch als wichtiges ,,Exkretionsorgan" für die Schwermetalle, welche via Gallengang den Körper verlassen.

Der Gehalt an Trockensubstanz ist in der Leber der neugeborenen Schweine signifikant geringer als bei den älteren Tieren (Tabelle 1).

Tabelle 1

Gehalt der Leber an Trockensubstanz, Asche, Mg, P, Fe und Zn

	Trock.-Subst. %		in der Trockensubstanz									
			Asche %		Mg g/kg		P g/kg		Fe ppm		Zn ppm	
	0 Tg.	42.Tg.	0 Tg.	42.Tg.	0 Tg.	42.Tg.	0 Tg.	42.Tg.	0 Tg.	42.Tg.	0 Tg.	42.Tg.
Zn	25,5	28,3	5,2	5,5	1,04	0,69	11,75	13,74	757	82	253	203
ohne	26,0	28,9	4,6	5,3	1,05	1,21	10,01	12,91	620	97	110	151
Ca	27,8	30,2	4,2	5,1	0,93	0,90	8,19	12,69	443	102	182	166
Ca/Zn	25,4	30,0	4,8	5,2	0,76	0,82	10,21	12,41	1050	94	328	192

Die entsprechenden Mittelwerte betragen 26,2 und 29,4%. Die Leber der Ferkel mit Ca gefütterter Muttertiere ist am wasserärmsten (72,2%), die anderen Gruppen enthielten im Mittel 74,3% Wasser. Die Sicherheitsschwelle von $P > 0{,}05$ wird jedoch überschritten, so daß nicht auszuschließen ist, daß es sich um zufällige Unterschiede handelt.

Im Wassergehalt der Leber bestehen zwischen männlichen und weiblichen Ferkeln keine Unterschiede. Ebenfalls konnte keine Wechselwirkung zwischen den einzelnen Faktoren ermittelt werden. Der Aschegehalt der Leber der Ferkel nimmt ebenso wie die Trockensubstanz mit dem Älterwerden der Ferkel signifikant zu (Tabelle 1). Der Mittelwert beträgt für neugeborene Ferkel 4,7% und für die älteren Tiere 5,3% in der Trockensubstanz.

Am ascheärmsten sind wiederum die Lebern der $CaCO_3$-Gruppe, jedoch sind auch dann die Unterschiede nicht signifikant, wenn der mittlere Aschegehalt der neugeborenen Ferkel mit den übrigen verglichen wird. Im Aschegehalt der Leber unterscheiden sich die Geschlechter nicht (Tabelle 1).

Der Mg-Gehalt der Leber ist bei neugeborenen Ferkeln nicht höher als bei den älteren Tieren. Die Futterzusätze üben dagegen einen deutlichen Einfluß aus ($P < 0{,}01$). Der Zusatz des Zinks und des Ca zur Futterration reduziert den Mg-Gehalt der Leber ($P < 0{,}01$). Durch die Zulagen wird der Mg-Gehalt der Lebertrockenmasse signifikant reduziert. Es besteht auch eine Wechselwirkung zwischen der Gruppe und dem Alter der Tiere ($P < 0{,}05$).

Im Gegensatz zum Mg-Gehalt wird während des Wachstums die Lebertrockenmasse P-reicher ($P < 0{,}001$). Eine Erhöhung des P-Gehalts konnte mit fortschreitender Laktationsdauer auch in der Sauenmilch ermittelt werden. Der P-Gehalt der Leber wird durch die Zusätze beeinflußt. Der alleinige Ca-Zusatz führt zu einem verminderten P-Gehalt im Vergleich zu den anderen Gruppen. Die Differenz ist jedoch nur zwischen der Gruppe ohne Zusatz und mit Ca signifikant. Da auch im Ferkelkörper und in der Milchasche der gleiche Befund erhoben werden konnte, muß angenommen werden, daß die Reduzierung des P-Gehalts durch Zn-Gaben aufgehoben werden kann. Das Geschlecht der Tiere führt zu keiner Veränderung des P-Anteils in der Lebertrockenmasse.

Die Leber der älteren Ferkel ist eisenärmer als die der jüngeren Tiere ($F = 93{,}3$). Die Fe-Reserve der Leber wird also während der Säugezeit weitgehend aufgebraucht, da die eisenarme Milch zu einer physiologischen Anämie führt, welche in der Praxis weit verbreitet ist (HENNIG 1962). Die Reduzierung des Fe-Gehalts der Leber kann bereits einige Tage nach der Geburt nachgewiesen werden (LINTZEL und RADEFF 1931) und ist auch bei anderen Säugetieren zu verzeichnen (LINTZEL 1931). Der Fe-Gehalt der Leber wird durch die gemeinsame Verfütterung von hohen Ca- und Zn-Gaben an die Mutter gegenüber den anderen Gruppen signifikant erhöht. Diese Erhöhung ist auf die Fe-Anteile in der Lebertrockenmasse des neugeborenen Ferkels zurückzuführen. Da bei gesonderter Prüfung auch bei den mit Zink ergänzten Tieren ein gesichert höherer Eisengehalt in den Lebern dieser Tiere ermittelt wurde (Tabelle 1), muß der höhere Fe-Gehalt auf die Zinkbeifütterung zurückgeführt werden, das Ca aggraviert den Zinkeffekt. Die Erhöhung des Leber-Fe der Ferkel bei mit hohem Ca- und Zn-Gaben gefütterten Schweinen überrascht, da bei wachsenden Ratten durch hohe Zinkgaben Anämie (SMITH und LARSON 1946) auftritt und der Fe-Gehalt der Leber durch Zn signifikant vermindert wurde (COX und HARRIS 1960, MAGEE und MATRONE 1960). Diese widersprechenden Befunde bei wachsenden Tieren mit allerdings höherer Zinkkonzentration im Futter und bei neugeborenen Ferkeln, deren Mütter eine mehrfache Menge des Zinkbedarfs erhalten hatten, gibt zu der Schlußfolgerung Anlaß, daß im fötalen Stoffwechsel der Leber die Ursache für diese Unterschiede zu suchen sind. Die hohe Fe-Konzentration in der Leber der Ferkel von mit hohen Ca/Zn- bzw. Zn-Gaben gefütterten Sauen war mit einem höheren Fe-Gehalt in der Trockenmasse des Gesamtkörpers verbunden (s. 2. Mitteilung, HENNIG 1965b), welcher allerdings nicht signifikant gegenüber der Vergleichsgruppe ist.

In der Leber der am 42. Lebenstag getöteten Ferkel sind keine Einflüsse der mineralischen Supplemente erkennbar. Männliche und weibliche Tiere unterscheiden sich im Fe-Anteil nicht. Ein Einfluß des Eisenangebotes im Futter der Sauen im hochtragenden Stadium auf den Fe-Gehalt der Lebertrockenmasse besteht nicht.

Der Zinkgehalt der Lebertrockenmasse ist bei den älteren Tieren geringer als bei den jüngeren, jedoch reicht der F-Wert (2,159) nicht aus, um diese Unterschiede als wahrscheinlich anzusehen. Auch der etwas höhere Zinkanteil in der Leber weiblicher Tiere ist nicht signifikant.

Die Zulagen führten zu einem veränderten Zn-Gehalt der Lebertrockenmasse ($P < 0{,}05$). Die Ergänzung der Ration mit Zink führte in beiden Gruppen und bei beiden Lebensaltern der Ferkel zu einer höheren Zinkkonzentration in der Leber ($P < 0{,}05$–$0{,}01$) im Vergleich zur Kontrollgruppe. Die größten Unterschiede zwischen den Gruppen bestehen im Zinkgehalt der Leber zum Zeitpunkt der Geburt, später findet – wie auch beim Fe – eine Angleichung statt, ohne jedoch den Einfluß der Zulagen vollständig zu überdecken (Tabelle 1). Wird nur das Leber-Zn der neugeborenenen Ferkel für eine statistische Auswertung benutzt, so können auch die Unterschiede zwischen Ca- und der Ca/Zn-Gruppe gesichert werden.

Tabelle 2

Zinkgehalt des Gesamtkörpers und Leberkonzentration (ohne Zusatz = 100)

Gruppe	Gesamtkörper: fettfreie Trockenmasse	Leber post partum*	Leber Ferkel 42. Lebenstag*
I Zn	110	230	134
II ohne	100	100	100
III Ca	118	165	110
IV Ca + Zn	140	298	127

* Bezogen auf Trockenmasse

Im Gesamtkörper (bezogen auf fettfreie Trockenmasse) ist zwar die Reihenfolge der Gruppen in der Zinkkonzentration die gleiche, aber die Leber der Ferkel der mit Ca und auch Zn ergänzten Mütter vermag ihren Zinkgehalt in wesentlich höherem Maße zu erhöhen, als es im Gesamtkörper möglich ist (Tabelle 2). Das Zinkangebot während der Säugezeit ist im Vergleich zum Futter der Sauen weniger verschieden. Aus diesem Grunde erfolgt offensichtlich eine Nivellierung der zur Zeit der Geburt verschiedenen Zinkvorräte in der Leber der einzelnen Gruppen.

Der von uns ermittelte Zinkgehalt in der Leber der neugeborenen und 42 Tage alten Tiere der Vergleichsgruppe stimmt gut mit den von SPRAY und WIDDOWSON (1949) ermittelten Werten überein. Die wesentlich höhere Zinkkonzentration in der Leber der mit Zink ergänzten Gruppen gibt zu der Schlußfolgerung Veranlassung, daß der Zn-Gehalt der Leber durch die an die Mutter verabreichte Futterration beeinflußt werden kann.

3.2. Niere

Die Niere hat wichtige Aufgaben im Mineralstoffhaushalt der Tiere zu erfüllen. Während einige Mengenelemente vorwiegend über den Harn ausgeschieden werden, ist dieser Ausscheidungsweg für die meisten Spurenelemente nur von sekundärer Bedeutung. Bei Belastung des Körpers mit Schwermetallen wird zwar auch die mit dem Harn abgegebene Menge erhöht, aber diese Mehrausscheidung ist mengenmäßig ohne großen Einfluß auf die Bilanz des Elements.

Das Gewicht der Nieren wird durch die Versuchsfrage und das Geschlecht nicht beeinflußt. Mit dem Älterwerden der Tiere werden die Nieren wasser- und aschEärmer (Tabelle 3). Die Unterschiede sind signifikant. WERLE und SCHIEVELBEIN (1957) teilen für Schweinenieren einen Aschegehalt von 6,75% mit.

Der Mg-Gehalt der Nierentrockenmasse wird nicht durch die Zusätze, das Alter der Tiere und das Geschlecht beeinflußt. Der P-Anteil ist am 42. Lebenstag geringer als zum Zeitpunkt der Geburt ($P < 0{,}001$). Dieser Rückgang kann auch für Fe vermerkt werden. Der Zn-Anteil in der Nierentrockenmasse wird nur durch

Tabelle 3

Gehalt der Nieren an Trockensubstanz, Asche, Mg, P und Fe bei neugeborenen und 42 Tage alten Ferkeln

Alter Tage	Trockensubstanz %	in der Trockensubstanz			
		Asche %	Mg g/kg	P g/kg	Fe ppm
0	17,5	6,8	1,57	15,27	198
42	21,3	5,8	1,61	12,58	124

Tabelle 4

Zn-Anteil in der Niere in ppm (bezogen auf Trockenmasse)

Gruppe	Geburt		42. Lebenstag		Mittel
	♀	♂	♀	♂	
I Zn	151	122	128	112	128
II ohne	118	104	117	102	110
III Ca	120	124	117	123	121
IV Ca + Zn	128	121	129	148	132
Mittel	129	118	123	121	

die Zusätze signifikant beeinflußt. In beiden mit Zn ergänzten Gruppen ist der Zn-Anteil gegenüber der Vergleichsgruppe erhöht ($P < 0{,}05$). In der mit $CaCO_3$ ergänzten Gruppe wurde auch ein höherer Gehalt ermittelt, er ist jedoch gegenüber der Kontrolle nicht signifikant (Tabelle 4).

Der Zn-Anteil in der Lebertrockenmasse reagiert auf die Zusätze von Ca und Zn in der gleichen Weise.

3.3. Milz

Der Milz wird von verschiedener Seite eine Aufgabe als Blut- und Fe-Speicher zugeschrieben. Es lag daher nahe, dieses Organ mit in die Untersuchungen einzubeziehen.

Das Gewicht der Milz wird bei neugeborenen Ferkeln durch die Zusätze beeinflußt. Die Milz der 42 Tage alten Ferkel ist in der Zn-Gruppe schwerer als in allen übrigen Gruppen, während die Milz in Gruppe IV am leichtesten ist (Tabelle 5).

Tabelle 5

Gehalt der Milz an Trockensubstanz, Asche, Mg, P und Fe bei neugeborenen und 42 Tage alten Ferkeln

Alter Tage	Masse der frischen Milz g	Trocken-substanz %	in der Trockensubstanz Asche %	Mg g/kg	P g/kg	Fe ppm
0	0,26	20,0	5,0	1,29	15,4	784
	0,28	20,5	5,0	1,47	15,3	734
42	5,22	20,9	7,0	1,39	15,4	345
	5,38	20,9	6,9	1,40	15,3	348

Die Milz wird ebenso wie die Leber und Niere im Verlauf der Säugezeit reicher an Trockenmasse ($P < 0{,}05$). Es besteht auch eine gesicherte Wechselwirkung zwischen dem Alter der Tiere und den Gruppen. Der Ascheanteil der Milztrockensubstanz ist bei den jüngeren Tieren signifikant größer ($P < 0{,}001$). Die Milz der Gruppe IV enthält 5,58% Asche, diese Zahl ist signifikant geringer als in den Gruppen III mit 6,43% und I mit 6,40%. Die Unterschiede werden in erster Linie durch den verschiedenen Ascheanteil zum Zeitpunkt der Geburt bewirkt.

Die Milz ist Mg-reicher als die Leber, aber Mg-ärmer als die Niere. Der Mg-Gehalt der Milz wird durch die Zusätze, das Alter und Geschlecht der Tiere nicht beeinflußt (Tabelle 5). Die gleiche Unabhängigkeit von diesen Faktoren konnte auch für P ermittelt werden.

Der Fe-Anteil in der Milz nimmt ebenso wie in Leber und Niere während der Säugezeit ab ($F = 40{,}7$). Für Fütterungsart und Geschlecht konnten keine signifikanten Unterschiede nachgewiesen werden. Am eisenreichsten ist die Milz der Tiere aus Gruppe IV. In Leber und Niere wurde auch in dieser Gruppe der höchste Fe-Gehalt ermittelt. Post partum besitzt die Milz eine höhere Eisenkonzentration als die beiden untersuchten Organe, und auch am 42. Lebenstag beträgt der Eisengehalt der Milztrockenmasse das Mehrfache der Lebertrockenmasse. Das Leber-Fe-Depot wird demnach bei anämischen Ferkeln in stärkerem Maße gesenkt als das Fe in der Milz.

Der Zinkanteil in der Milz wird mit dem Älterwerden der Tiere geringer ($P < 0,001$). Die Milz der weiblichen Tiere ist zinkreicher als die der männlichen. Die entsprechenden Werte betragen für die jüngeren 280 bzw. 239 ppm und für die älteren Tiere 198 bzw. 172 ppm. Der F-Wert liegt nahe an der Signifikanzschwelle. Dieser Befund bedarf einer weiteren Erhärtung, da für die verstärkte Zinkablagerung in der Milz weiblicher Ferkel keine physiologisch begründeten Anhaltspunkte vorliegen.

Die Zulagen verändern auch den Zinkgehalt der Milztrockenmasse ($P < 0,01$). In der Gruppe Ca/Zn werden signifikant höhere Zinkanteile gefunden als in den anderen Gruppen (Tabelle 6). Für einen höheren Zinkanteil der Milz ist das zusätzlich mit hohen Zn-Gaben verabreichte Ca verantwortlich. Die Erhöhung des Zn-Gehaltes erfolgt kaum intrauterin, sondern erst in der Säugezeit.

Tabelle 6

Zinkanteil in der Milz und Milzmasse

Gruppe	Milzmasse in g		ppm Zink in der Tr.S.	
	Geburt	42. Tag	Geburt	42. Tag
I Zn	0,29	6,84	252	171
II ohne	0,26	5,06	270	139
III Ca	0,32	4,96	261	145
IV Ca + Zn	0,24	4,33	257	286

Deshalb konnte auch eine signifikante Wechselwirkung zwischen Gruppen und Alter errechnet werden. Es ist allerdings sehr schwierig, diesen Effekt zu deuten, da der Zn-Anteil der Milch in dieser Gruppe zwar am höchsten von allen Gruppen ist, aber der Ca-Anteil in der Ca-Gruppe durchaus höher und das Ca/Zn-Verhältnis weiter ist (s. 3. Mitteilung, HENNIG 1965c). In der Niere wurde auch die höchste Zn-Konzentration in dieser Gruppe ermittelt (Tabelle 4), die Leber besaß jedoch nur nach der Geburt den höchsten Zinkanteil. Der höhere Zinkgehalt der Milz in Gruppe IV ist mit einem geringeren Gewicht des Organs verbunden.

3.4. Schienbein

Als Teil des Skeletts wurde das vordere linke Schienbein (Radius) ausgewählt. Der Knochen wurde von Fleischsresten gesäubert und dann in der üblichen Weise verarbeitet. Im Gewicht der Schienbeine bestehen zwischen den Gruppen keine wesentlichen Unterschiede, das ist auch dann nicht der Fall, wenn sie in Beziehung zur Körpermasse gesetzt werden.

Der Trockenmasseanteil nimmt mit dem Älterwerden der Tiere signifikant zu ($P < 0,001$). Der Anteil an Asche, Ca und Fe wird nicht durch die Versuchsfrage, das Alter der Tiere und das Geschlecht beeinflußt (Tabelle 7). Der Mg-Gehalt der Knochen wird mit dem Älterwerden der Tiere signifikant geringer, während der P-Anteil zunimmt ($P < 0{,}001$).

Tabelle 7

Gehalt der Schienbeine an Trockenmasse, Asche, Ca, Mg und Fe bei neugeborenen und 42 Tage alten Ferkeln

Alter Tage	Trockensubstanz %	in der Trockensubstanz Asche %	Ca g/kg	Mg g/kg	Fe ppm
0	37,0	50,2	173	9,3	62
42	42,5	49,1	178	6,8	67

Der P- und auch der Zn-Gehalt der Schienbeinknochen wird durch alle Zusätze gegenüber der Vergleichsgruppe signifikant erhöht (Tabelle 8). Geschlecht und Alter beeinflussen den Zinkgehalt der Knochen nicht.

Tabelle 8

P- und Zn-Gehalt der Schienbeine (bezogen auf Trockenmasse)

Gruppe	P g/kg Geburt	P g/kg 42. Lebenstag	Zn ppm Geburt	Zn ppm 42. Lebenstag
I Zn	78,6	91,2	177	151
II ohne	71,3	86,0	116	120
III Ca	83,4	88,9	153	145
IV Ca + Zn	82,8	91,5	152	163

3.5. Ferkelborsten

Die Analyse der Schweineborsten auf Zink hat sich als diagnostisches Hilfsmittel bereits bewährt (LEWIS und Mitarb. 1957a, HEIGNER und Mitarb. 1958 und HENNIG 1960a). Es war aus diesem Grunde zweckmäßig, die Borsten in diese Untersuchungen einzubeziehen, um nachweisen zu können, welche korrelativen Beziehungen zwischen dem Gehalt im Gesamtkörper, anderen Körperteilen und den Borsten bestehen. Das von uns angewandte Verfahren der Borstenanalyse sollte mit Hilfe dieses Vergleichs nach Möglichkeit auch auf eine sichere Basis gestellt werden. Es wurden Borsten am 42. Lebenstag von jeweils drei männlichen und drei weiblichen Tieren abgeschnitten. In einem Fall stand nur ein weibliches Tier zur Verfügung. Die Anlage des Versuches nach dem Blocksystem ließ eine faktorielle Varianzanalyse zu (SNEDECOR 1956).

Der Ascheanteil der Borsten wird durch das Geschlecht, die Abstammung und die Versuchsfrage nicht signifikant beeinflußt. Im Mg-Gehalt der Borsten bestehen zwischen den Geschlechtern keine gesicherten Unterschiede. Jedoch kann nachgewiesen werden, daß die Abstammung der Ferkel den Mg-Gehalt der Borsten bestimmt ($P < 0{,}001$). Da Sauen mit Mg-armen Borsten auch Ferkel mit Mg-armen Borsten werfen, ist eine weitere Untersuchung dieser Beziehungen erforderlich. Auf sie wird an anderer Stelle eingegangen.

Der alleinige Zusatz von 100 g $CaCO_3$ führt zu einer gesicherten Erhöhung des Mg-Gehalts der Borsten gegenüber den anderen Gruppen. Der Zusatz des Zn hemmt den Ca-Effekt. Dieser überraschende Befund kann nicht erklärt werden, da im Gesamtkörper, in den übrigen Körperteilen und auch der Milch keine Erhöhung der Mg-Konzentration durch Ca ermittelt wurde.

Bei an Parakeratose erkrankten Ferkeln in verschiedenen LPG konnte ebenfalls ein höherer Mg-Gehalt im Vergleich zu den gesunden Tieren ermittelt werden. Der Mg-Gehalt der Borsten ist aber nicht mit dem Zinkgehalt korreliert.

Der P-Gehalt der Borsten wird durch das Geschlecht der Tiere nicht gesichert verändert. Die Abstammung ($P < 0{,}01$) und die Gruppen ($P < 0{,}01$) führen dagegen zu einer Einflußnahme auf den P-Gehalt der Borsten. Der Zinkzusatz führt zu einer gesicherten Verringerung des P-Gehalts gegenüber den übrigen Gruppen.

Tabelle 9

Gehalt an Asche, Mg, P, Fe und Zink in den Ferkelborsten

Gruppe		Asche %	Mg ppm	P ppm	Fe ppm	Zn ppm
I	Zn	0,45	94	171	52	218
II	ohne	0,49	96	206	43	199
III	Ca	0,46	127	203	42	171
IV	Ca + Zn	0,39	107	233	53	225

Die durch Zink ausgelöste Reduzierung des P-Gehaltes muß in einer besonderen Wirkung des Elements auf die Verteilung des P im Körper angesehen werden, da der Gesamtkörper der Ferkel dieser Gruppe am P-reichsten und in den übrigen untersuchten Bestandteilen des Körpers und der Milch kein gesicherter Einfluß auf die P-Konzentration beobachtet werden konnte.

Die Ferkelborsten sind P-reicher als die Borsten ihrer Mütter. Sauen mit wenig P in den Borsten liefern Ferkel mit P-armen Borsten. Die Beziehung zwischen P-Gehalt der Sauenborsten und P-Gehalt der Ferkelborsten am gleichen Probenahmetag ist sehr gut gesichert. Die errechnete Gleichung lautet:

$$Y = 88{,}17 + 0{,}424\,x$$

(wobei x = P-Gehalt der Sauenborsten und Y = P-Gehalt der Ferkelborsten in ppm). Die vorhandene Beziehung wäre danach wahrscheinlich genetisch bedingt und bedarf einer weiteren Bearbeitung. Es soll allerdings darauf hingewiesen werden, daß die Variationsbreite des P-Gehalts der Borsten erheblich ist.

Der Fe-Gehalt der Borsten wird durch das Fe-Angebot im Futter und die Futterzusätze nicht signifikant verändert. Im Mittel enthalten die Borsten der Ferkel, deren Mütter mit Zinkzusätzen gefüttert wurden, mehr Eisen als die ohne Zink versorgten Gruppen. Der analytische Befund in den Borsten spiegelt die im Gesamtkörper, der Leber, Niere und Milz gefundenen Veränderungen wider. Es ist aus diesem Grunde sehr wahrscheinlich, daß bei Zinkzusätzen in nicht toxischer Konzentration an Sauen die Ablagerung des Fe im Körper der Ferkel erhöht wird (Hennig 1965b).

In Untersuchungen des Instituts für Tierernährung in der Praxis wurden bei Ferkeln mit Parakeratose geringere Fe-Werte ermittelt als bei gesunden Tieren. Die antagonistische Wirkung des Zn und Fe wird auch mit diesen Ermittlungen bei physiologischen Gaben beide Elemente in Frage gestellt.

Im Durchschnitt aller Gruppen enthalten die Borsten der männlichen Ferkel 52 ppm und die Borsten der weiblichen Ferkel 42 ppm Fe. Dieser Unterschied muß in weiteren Experimenten mit Bestimmung des Hb-Wertes des Blutes geprüft werden, da in der Zusammensetzung der Ferkel und auch der Organe dieser Geschlechtsunterschied nicht vermerkt werden konnte. Die Ferkelborsten enthalten etwa den gleichen Fe-Gehalt wie die Sauenborsten am 42. Laktationstag, sind aber ärmer an Fe als die während der Trächtigkeit abgeschnittenenen Borsten. Bei den Tieren der Vergleichsgruppe ist eine Abhängigkeit des Fe-Gehalts der Borsten zwischen Sau und Nachkommen angedeutet, für die übrigen Gruppen wird eine Korrelation vermißt.

Die Zusätze ($P < 0{,}001$) und auch die Abstammung ($P < 0{,}01$) haben Einfluß auf den Zinkanteil in den Borsten. Die männlichen Tiere besitzen zwar etwas mehr Zink in den Borsten, jedoch ist die Wahrscheinlichkeit, daß es sich um eine gerichtete Beeinflussung handelt, gering. Der Orthogonalvergleich ergibt jeweils sehr gut gesicherte Unterschiede zwischen allen Gruppen. Der geringste Gehalt wird in den Borsten der Gruppe mit Ca-Zulage an die Mutter gefunden (Tabelle 10).

Tabelle 10

Zinkgehalt der Ferkelborsten (ppm) und Ca/Zn-Verhältnis in der Milch

Gruppe	Milch Ca/Zn	Borsten Zn ppm	ohne = 100
I Zn	309	218	110
II ohne	253	199	100
III Ca	352	171	86
IV Ca + Zn	303	225	113

Es wird durch die Ca-Gaben die Zinkverteilung im Körper verschoben. In der Leber wird, wie auch aus Tabelle 2 zu entnehmen ist, der Zinkanteil in größerem Umfange durch die Zusätze beeinflußt als im Gesamtkörper und auch in den Borsten. Die Tiere der Gruppe III weisen also eine andere Zinkverteilung im Körper auf als die übrigen Gruppen. Ein höherer Gesamtzinkanteil im Körper, über dessen Verfügbarkeit allerdings nichts bekannt ist, kann durchaus mit einer geringeren Konzentration in den Borsten verbunden sein.

Das verschiedene Ca/Zn-Verhältnis in der Milch der einzelnen Gruppen (s. 3. Mitteilung, HENNIG 1965c) führt offensichtlich zu keiner gerichteten Veränderung des Zn-Gehaltes der Borsten.

Der in den Ferkelborsten dieser Untersuchungsreihe (Gruppe III) ermittelte Zn-Anteil stimmt gut mit dem an Ferkelborsten von gleichaltrigen gesunden Ferkeln in verschiedenen LPG errechneten Mittelwert überein. Bei kranken Ferkeln der gleichen Altersgruppe wurden nur 138 ppm ermittelt. Nach den vorgelegten Ergebnissen wurde bis 160 ppm Parakeratose beobachtet. In Ergänzung der Befunde von LEWIS und Mitarb. (1957a) an wachsenden Schweinen konnte auch durch Ca-Gaben an Sauen der Zinkgehalt der Ferkelborsten signifikant reduziert werden. Dieser geringere Zinkgehalt der Borsten kann durchaus mit einem höheren Zn-Gehalt des Körpers gekoppelt sein. Durch diesen Nachweis wird der Widerspruch zwischen den Befunden von KIRCHGESSNER und Mitarb. (1960a) und LEWIS und Mitarb. (1957a) aufgeklärt. Die von KIRCHGESSNER und Mitarb. (1960a) ermittelte Erhöhung der Zn-Retention bei einer Ca-Zulage schließt nicht aus, daß die Borsten Zn-ärmer werden können.

Zusammenfassung

Von 48 Ferkeln, deren Mütter während Gravidität und Laktation unterschiedliche Zn- und Ca-Gaben erhalten hatten, wurden Leber, Niere, Milz, Radius und Borsten auf ihren Asche-, Mg-, P-, Fe- und Zn-Gehalt untersucht. Die Ferkel wurden kurz nach der Geburt oder am 42. Lebenstag getötet. Das Alter der Tiere hat einen deutlichen Einfluß auf die Zusammensetzung der untersuchten Körperbestandteile. Der Trockenmasseanteil nimmt bei allen Körperbestandteilen mit dem Älterwerden zu. Der Aschegehalt der Leber- und Nierentrockenmasse ist bei den älteren Tieren größer, die Milztrockenmasse wird ascheärmer. Mit dem Älterwerden nimmt der P-Gehalt der Leber und des Knochens zu und in der Niere ab. Der Knochen ist post partum Mg-reicher als am 42. Lebenstag. Ältere Ferkel enthalten weniger Fe in Leber, Niere und Milz; die Milz dieser Tiere ist auch Zn-ärmer als die der jüngeren Tiere. Alle angeführten Unterschiede sind signifikant.

Ca und Zn senken den Mg-Einbau in die Leber und erhöhen den P- und Zn-Gehalt im Radius. Der P-Gehalt der Leber wird durch den alleinigen Ca-Zusatz gesenkt. Durch die Zinkgabe an die Mutter wird der Zn- und Fe-Gehalt der Leber signifikant erhöht. Die Ca-Zulage vermehrt die Mg-Ablagerung in den Ferkelborsten und senkt ihren Zn-Gehalt. Zink hemmt diesen Effekt des Ca und vermindert den P-Gehalt der Borsten. Zinkgaben an die Mutter erhöhen den Zinkgehalt der Ferkelborsten.

Резюме

У 48 поросят от свиноматок, получавших в период беременности и лактации различные дачи Zn и Ca, производилось исследование печени, почек, селезенки, радиуса и щетины на содержание в них зольных элементов, Mg, P, Fe и Zn. Поросята через короткое время после рождения или же на 42-ой день после рождения были забиты. Результаты исследования показали, что возраст животных оказывает четкое влияние на состав исследованных частей тела. С повышением возраста во всех частях тела возрастает количество сухого вещества. Содержание зольных веществ в сухой массе печени и почек животных старшего возраста выше, но в селезенке ниже. Далее с повышением возраста увеличивается содержание P в печени и в костях, но понижается в почках. Кости post partum содержат больше Mg, чем на 42-ой день от рождения. Старшие поросята содержат в печени, почках и селезенке меньшие количества Fe; селезенка старших животных менее обогащена Zn, нежели более молодых. Все перечисленные различия являются значительными.

Ca и Zn понижают включение Mg в печень и повышают содержание P и Zn в радиусе. Содержание P в печени понижается уже придачей Ca. Дачи цинка свиноматкам значительно повышают содержание Ca и Fe в печени. Дачи Ca повышают отложение Mg в щетине поросят и понижают в ней содержание Zn. Цинк тормозит это действие Ca и уменьшает содержание P в щетине. Дачи цинка свиноматкам повышают содержание цинка в щетине поросят.

Summary

Livers, kidneys, spleens, radii and bristles of 48 piglets, whose mothers had been fed varying amounts of Zn and Ca during the period of pregnancy and lactation, were tested for their content of ash, magnesium, phosphorus, iron, and zinc. Piglets were killed shortly after birth or at 42 days of age. The age of these animals was shown to have a definite influence on the composition of the different parts of the body tested. With increasing age a rise in the content of dry matter of all parts of the body was noticed. The ash content of dry matter obtained from the liver and the kidney is higher in older animals whereas the dry matter of the spleen is poorer in ash. The P content of the liver and the bones is rising with increasing age while that of the kidney is decreasing. In the post-natal period the bones contain a larger amount of Mg than on the 42nd day of age. The liver, kidney and spleen of older piglets contain less Fe; similarly, the spleen of these animals was found to contain less Zn than that of younger piglets. All these differences are significant.

Supplements of Ca and Zn reduce the incorporation of magnesium into the liver but increase the phophorus and zinc content of the radius. Supplements of Ca alone reduce the phosphorus content of the liver. Administration of Zn to the mother results in a significantly increased zinc and iron content of the liver. Supplementation with Ca enhances the deposition of Mg in the bristles of piglets but reduces their zinc content. Zinc inhibits this Ca-induced effect and diminishes the percentage of phosphorus in the bristles. Administration of zinc to the mother raises the Zn content of piglet bristles.

Literaturverzeichnis

Cox, D. H., und D. L. Harris: J. Nutrit. **70**, 514 (1960)
Gilbert, J. G. F., und D. M. Taylor: Biochem. et biophys. acta **21**, 545 (1956)
Heigner, H., und Mitarb.: Landw. Forsch. **11**, 185 (1958)
Hennig, A.: Fütterungsberat. **2**, 23 (1962)
Hennig, A.: Jahrbuch AGF **3**, 363 (1960)
Hennig, A.: Arch. Tierern. **15**, 331 (1965a)
Hennig, A.: Arch. Tierern. **15**, 345 (1965b)
Hennig, A.: Arch. Tierern. **15**, 353 (1965c)
Kracht, W.: Landw. Diss. Jena 1965
Kirchgessner, M., und Mitarb.: Arch. Tierern. **10**, 1 (1960)
Lewis, P. K., und Mitarb.: J. Anim. Sc. **16**, 578 (1957)
Linder, A.: Planen und Auswerten von Versuchen. Birkhäuser, Basel 1953
Lintzel, W.: Ergebn. Physiol. **31**, 844 (1931)
Lintzel, W., und T. Radeff: Arch. Tierern. Tierz. **6**, 313 (1931)
Magee, A. C., und G. Matrone: J. Nutrit. **72**, 233 (1960)
Smith, S. E., und E. J. Larson: J. Biol. Chem. **163**, 29 (1946)
Snedecor, G. W.: Statistical Methods. Iowa State Coll. Press, Ames, Iowa (1956)
Spray, C. M., und E. M. Widdowson: Br. J. Nutrit. **3**, 332 (1949)
Werle, E., und H. Schievelbein: Handb. Physiol. Chemie II/2b, **1** (1957)

Eingegangen: 24. April 1964

Aus dem Institut für Tierernährung der Friedrich-Schiller-Universität
(Direktor Prof. Dr. A. HENNIG)

A. HENNIG

Untersuchungen über den Einfluß einer Ergänzung der mütterlichen Ration mit Ca und Zn auf die Zusammensetzung der Ferkel und der Sauenmilch

5. *Mitteilung*

Vergleichende Betrachtungen über die Wirkung der Ca- und Zn-Zulagen

Die getrennte oder gemeinsame Zulage von 100 g $CaCO_3$ und 7 g Zinksulfat je Tier und Tag zur Ration Deutscher veredelter Landschweinsauen mit schwedischem Blutanteil führte zu einer gerichteten Veränderung in der Zusammensetzung der Ferkel, während die Zunahme der Ferkel bis zum Absetzen kaum beeinflußt wurde. In den folgenden Tabellen sollen die einzelnen Ergebnisse, nach Elementen geordnet, mitgeteilt werden, um die Wirkung der Futterzusätze übersichtlich darzustellen. Bei der Darstellung der Ergebnisse werden Relativzahlen benutzt, um eine bessere Vergleichbarkeit der einzelnen Parameter zu gewährleisten. Die Einzelwerte sind in den Mitteilungen 1–4 verzeichnet (Hennig 1965 a–d).

1. Calcium

Der Gehalt an Ca wurde nur im Gesamtkörper, der Milch und den Schienbeinen bestimmt, da in den anderen Körperteilen wegen der geringen Konzentration des Elements im Vergleich zum Gesamtvorkommen keine entsprechenden Aussagen erwartet werden konnten.

Die Ca-Zulage erhöht den Ca-Gehalt aller untersuchten Proben im Vergleich zur Kontrolle. Die gemeinsame Ergänzung mit Zn und Ca führt im wesentlichen

Tabelle 1
Beeinflussung des Ca-Gehalts durch die Futterzusätze (Vergleichsgruppe = 100)

	Gruppe I Zn	Gruppe III Ca	Gruppe IV Ca + Zn
Gesamtkörper*	108	114	128
Schienbein:			
Geburt	103	106	102
42. Tag	111	106	108
Kolostralmilch	79	187	115
Reife Milch*			
21. Tag	173	187	203
42. Tag	117	103	105
56. Tag	139	132	132

* Fettfreie Trockenmasse

zu den gleichen Gehaltsanteilen. Eine alleinige Zinkgabe erhöht mit Ausnahme der Kolostralmilch die Ca-Anteile in den einzelnen Proben. Besonders auffällig ist die durch höheren Zinkanteil in der mütterlichen Ration provozierte höhere Ca-Konzentration in der Milch (3. Mitteilung, HENNIG 1965c).

Die Darstellungen über die Veränderung der Gehaltszahlen an bestimmten Mineralstoffen sollen nur einen Überblick vermitteln.

Da die Grenzdifferenzen nicht mit angeführt werden können, muß auf die jeweiligen Abschnitte verwiesen werden. Es ist also nicht möglich, auf Grund der ablesbaren Gehaltsverschiebung auf gesicherte Unterschiede zu schließen. LENKEIT und Mitarb. (1959) haben kürzlich betont, daß den ermittelten Abweichungen vom Normalwert nur bei entsprechender Sicherung Bedeutung beigemessen werden darf.

2. Magnesium

Der Anteil an Mg verhält sich wesentlich anders als Ca (Tabelle 2). Beiden gemeinsam ist nur der höhere Anteil im Gesamtkörper in den supplementierten

Tabelle 2
Beeinflussung des Mg-Gehalts durch verschiedene Futterzusätze (Vergleichsgruppe = 100)

	Gruppe I Zn	Gruppe III Ca	Gruppe IV Ca + Zn
Sauenborsten:			
tragend	73	95	95
Geburt	55	62	70
Laktation	63	77	129
Ferkelborsten:	98	132	111
Leber:	99	88	72
42. Tag	57	74	68
Niere:			
Geburt	101	107	115
42. Tag	106	113	115
Milz:			
Geburt	97	95	78
42. Tag	98	112	104
Schienbein:			
Geburt	112	101	104
42. Tag	85	87	84
Gesamtkörper*	104	107	114
Kolostralmilch*	114	120	121
reife Milch*:			
21. Tag	110	93	116
42. Tag	112	103	111
56. Tag	106	95	105

* Fettfreie Trockenmasse

Gruppen. Auffällig ist die Reduzierung des Mg-Anteiles durch die Zusätze in den Schienbeinen am 42. Lebenstag. Der Ca-Zusatz (Gruppe III) erweitert das Ca/Mg-Verhältnis der Milch (s. 3. Mitteilung), während Zn offenbar dieser Erweiterung durch eine Erhöhung des Mg-Gehalts entgegenwirkt. Die supplementierten Gruppen haben mit einer Ausnahme weniger Mg in den Sauenborsten, während in den Ferkelborsten durch die Ca-Zulage der Mg-Anteil erhöht wird. Sämtliche Zusätze reduzieren auch den Mg-Anteil in der Leber und in der Milz der neugeborenen Ferkel. In der Niere und in der Milz der älteren Ferkel bewirkt der Zusatz des Ca einen höheren Gehalt im Vergleich zur Kontrollgruppe.

Als wichtigstes Ergebnis kann herausgestellt werden, daß die einzelnen Zusätze auf die Konzentration des Mg in den untersuchten Körperbestandteilen und der Milch sehr verschieden wirken.

Die Zusätze sind in der Lage, die Verteilung des Mg zu verändern, wobei wahrscheinlich auch hormonale Faktoren die beobachteten Verschiebungen beeinflussen, wie das gegensätzliche Verhalten der Sauen- und Ferkelborsten zeigt.

3. Phosphor

Die P-Verteilung und die P-Ablagerung im Körper, seinen Bestandteilen sowie der Milch wird durch die Zusätze beeinflußt (Tabelle 3). Am deutlichsten ist

Tabelle 3
Beeinflussung des P-Gehalts durch verschiedene Zusätze (Vergleichsgruppe = 100)

	Gruppe I Zn	Gruppe III Ca	Gruppe IV Ca + Zn
Sauenborsten:			
tragend	105	112	141
Geburt	109	109	153
Laktation	88	87	149
Ferkelborsten	83	99	113
Gesamtkörper*	110	110	130
Leber:			
Geburt	118	82	102
42. Tag	106	98	96
Niere:			
Geburt	103	98	105
42. Tag	108	105	101
Milz:			
Geburt	104	100	102
42. Tag	104	102	103
Schienbein:			
Geburt	110	117	116
42. Tag	106	103	106
Kolostralmilch*	118	142	119
reife Milch*			
21. Tag	133	128	119
42. Tag	113	106	106
56. Tag	127	118	108

* Fettfreie Trockenmasse

der synergistische Effekt der gemeinsamen Zulage des Ca und Zn. Es wird mit einer Ausnahme immer ein höherer Gehalt an P gefunden als in der Vergleichsgruppe. Jedoch wurde in dieser Gruppe nicht in allen untersuchten Bestandteilen der höchste P-Gehalt ermittelt. Dies trifft nur für die Sauen- und Ferkelborsten und den Gesamtkörper zu. Die Erhöhung des P-Gehaltes der Ferkelkörper um 30% im Vergleich zur Kontrollgruppe ist sehr beträchtlich und ist als Beweis für einen carry-over-Effekt anzusehen, dessen ursächliche Beziehung allerdings noch ungeklärt ist. Im P-Gehalt der Milch besteht zwischen der Ca + Zn-Gruppe und den Ca- und Zn-Gruppen kein deutlicher Unterschied. Auch die einzelnen Organe, spiegeln densynergistischen Effekt der Ca + Zn-Zulage, welcher für den Gesamtkörper als bewiesen anzusehen ist, nicht wider. Das Ca/P-Verhältnis wird durch die Zusätze mit Ausnahme der Milch nur geringfügig verschoben. Ein höherer Ca-Gehalt der Milch ist zwar auch mit einem Anstieg des P-Gehaltes verbunden, jedoch ist die Verschiebung durch die Zusätze geringer als bei Ca.

4. Eisen

Der Eisengehalt der untersuchten Substanzen wird durch Zusätze nicht einheitlich verändert (Tabelle 4). Auffällig ist das gegensätzliche Verhalten des

Tabelle 4

Beeinflussung des Fe-Gehalts durch verschiedene Futterzusätze (Vergleichsgruppe = 100)

	Gruppe I Zn	Gruppe III Ca	Gruppe IV Ca + Zn
Sauenborsten:			
tragend	152	97	114
Geburt	121	114	66
Laktation	73	48	48
Ferkelborsten	121	98	123
Gesamtkörper*	104	96	108
Leber:			
Geburt	122	71	169
42. Tag	85	105	97
Niere:			
Geburt	92	114	130
42. Tag	133	108	101
Milz:			
Geburt	145	116	120
42. Tag	112	111	118
Schienbein:			
Geburt	107	67	93
42. Tag	84	90	71
Kolostralmilch*	80	90	50
reife Milch [1]			
21. Tag	118	145	164
42. Tag	68	68	68
56. Tag	94	88	81

* Fettfreie Trockenmasse.

Fe-Gehalts der Sauen- und Ferkelborsten und die unterschiedliche Wirkung der Zusätze auf den Fe-Gehalt der Leber von Ferkeln verschiedenen Alters. Eine deutliche Reduzierung des Fe-Gehalts durch sämtliche Zusätze wurde in den Schienbeinen und der reifen Milch – außer Proben am 21. Tag – vermerkt. Die Ca-Zulage senkt den Fe-Anteil in der fettfreien Masse der neugeborenen Ferkel, die gleiche Tendenz wurde auch in der Leber als dem bedeutendsten Eisenspeicher und auch im Knochen gefunden. In der Milz und Niere wurden dagegen höhere Anteile als in der Vergleichsgruppe ermittelt. Die Zinkzulage vermehrt in gleichem Umfang den Fe-Gehalt des Ferkelkörpers, wie ihn Ca senkt. In allen untersuchten Körperbestandteilen – außer Niere – wurde auch mehr Fe abgelagert als in der Vergleichsgruppe. Der geringere Fe-Gehalt in der reifen Sauenmilch der Versuchstiere im Vergleich zur Kontrollgruppe ist nur in der zweiten Hälfte der Laktation vorhanden. Am 21. Laktationstag wurde bei Verabreichung in den Versuchsgruppen ein höherer Gehalt ermittelt. Die vorhandenen Unterschiede sind jedoch kaum von Einfluß auf die Fe-Versorgung der Ferkel.

Die im Rahmen dieser Versuche beobachteten Gehaltsverschiebungen durch die Zusätze und andere Determinanten bedürfen der weiteren Aufklärung, da keine allgemeine Gesetzmäßigkeit aus den Veränderungen abgelesen werden kann, welche sich physiologisch begründen läßt.

5. Zink

Der Zinkanteil in Sauenborsten, Ferkelborsten, Gesamtkörper und der Leber am Tag der Geburt ist am höchsten in der Ca + Zn-Gruppe (Tabelle 5). Die Ablagerung des Elements Zink wird demnach durch hohe Ca-Gaben in diesen Fällen gefördert. Die fördernde Wirkung des Ca auf die Zinkeinlagerung ist allerdings in der Regel nur dann deutlich vorhanden, wenn hohe Zinkgaben gefüttert werden. Das trifft insbesondere für die Borsten und die Leber der neugeborenen Ferkel zu. Ein fördernder Effekt auf die Zn-Ablagerung im Fötus ist auch bei alleiniger Ca-Gabe zu verzeichnen. Der Zn-Anteil ist 18% höher als in der Vergleichsgruppe und 7% höher als in der nur mit Zn supplementierten Gruppe. In den untersuchten Organen finden wir allerdings in der Regel keine höheren Zn-Werte als in der Gruppe mit Zn. Man muß daher annehmen, daß in anderen nicht untersuchten Körperbestandteilen eine höhere Zinkkonzentration vorhanden war.

Die Milch ist im Mittel aller Gruppen in der Ca-Gruppe am zinkärmsten. Der höhere Gehalt in den beiden mit Zink ergänzten Gruppen ist am Ende der Laktation nicht mehr nachzuweisen. Aus den Untersuchungen ist zu entnehmen, daß durch Ca- und Zinkzusätze in der Ration der Mutter die Ablagerung des Zinks in den mütterlichen Borsten und im Ferkelkörper verändert wird. Die einzelnen Organe bzw. Körperteile reagieren allerdings sehr unterschiedlich. Es kann als sicher angesehen werden, daß durch Ca-Zugaben in erster Linie die Zinkverteilung im Organismus verändert wird, wobei, wie bereits dargelegt, eine höhere Gesamtzinkkonzentration im Körper mit geringeren Anteilen in bestimmten Organen gekoppelt sein kann.

Tabelle 5
Beeinflussung des Zinkgehaltes durch verschiedene Futterzusätze (Vergleichsgruppe = 100)

	Gruppe I Zn	Gruppe III Ca	Gruppe IV Ca + Zn
Sauenborsten:			
tragend	105	82	133
Geburt	109	95	115
Laktation	108	101	112
Ferkelborsten	110	86	113
Gesamtkörper*	110	118	140
Leber:			
Geburt	230	165	298
42. Tag	134	110	127
Niere:			
Geburt	126	112	114
42. Tag	109	109	125
Milz:			
Geburt	93	97	95
42. Tag	123	104	206
Schienbein:			
Geburt	153	132	131
42. Tag	126	121	136
Kolostralmilch*	122	92	107
reife Milch*			
21. Tag	143	98	125
42. Tag	131	104	152
56. Tag	89	98	90

* Fettfreie Trockenmasse

Die untersuchten Körperbestandteile der älteren Ferkel geben zu der Vermutung Anlaß, daß der Zinkgehalt der Milch auf die Zinkkonzentration der Körperbestandteile Einfluß nimmt. Da jedoch der Zinkgehalt der Organe zum Zeitpunkt der Geburt unterschiedlich war, muß diese Beziehung in weiteren Experimenten bei einheitlicher Ernährung während der Tragezeit untersucht werden.

Eine Korrelation zwischen Ca- und Zinkanteil im Gesamtkörper, Schienbeinen und Milch ist nicht vorhanden, da die einzelnen Zusätze bestimmte Sonderwirkungen ausübten. Nur in der Kolostralmilch wurde bei hohem Ca-Gehalt ein geringerer Zinkgehalt verzeichnet und umgekehrt. Das Verhältnis Ca/Zn wird durch die Zusätze verschoben, jedoch lassen sich durch die gerichteten Veränderungen der Zinkverteilung keine allgemeingültigen Feststellungen treffen, welche für alle untersuchten Substanzen zutreffen.

Mit den vorliegenden Befunden konnte der Nachweis erbracht werden, daß der Ca- bzw. Zn-Anteil im Sauenfutter die mineralische Zusammensetzung der Konzeptionsprodukte verändern kann. Neben der Menge der deponierten Elemente wird vor allem ihre Verteilung im Körper beeinflußt.

Da eine in der Gravidität und Laktation an die Sau verabreichte Ration in signifikantem Maße den Zinkgehalt der Ferkelborsten zu reduzieren vermag, wirkt sie parakeratogen. Bei Ferkeln aus diesen Sauen wird sehr leicht Parakeratose auftreten können. Das wird insbesondere dann der Fall sein, wenn eine Ca-reiche und zinkarme Ferkelration an die Ferkel verfüttert wird.

Durch die experimentellen Ergebnisse wurde damit bewiesen, daß für die Ätiologie der Parakeratose der Ferkel die Zusammensetzung der mütterlichen Ration von großem Einfluß ist.

Zusammenfassung

Eine vergleichende Betrachtung über die Wirkung von Ca- oder Zn- bzw. Ca + Zn-Zulagen zur Ration güster, gravider und laktierender Sauen zeigt, daß durch die Ergänzung der maternalen Diät die Zusammensetzung der Sauenborsten, der Ferkel, einiger Teile des Ferkelkörpers und in geringerem Maße der Milch verändert werden kann.

Der Effekt der Zulagen ist auf die verschiedenen Kriterien allerdings nicht einheitlich. In einigen Fällen wirken Ca und Zn synergistisch, in anderen antagonistisch. Dies bedeutet, daß die Wirkung der Zulagen auf die Verteilung der Elemente Einfluß nehmen muß. Am Beispiel des Zinks wird diese Theorie erläutert.

Резюме

Сравнительное исследование действия придач Ca или Zn или же Ca + Zn к рационам бесплодных, беременных и лактирующих свиноматок показывает, что путем дополнения материнских диет этими элементами можно изменить состав щетины свиноматок, поросят, а также некоторых частей тела поросят, в меньшей степени также и молока свиноматок.

Однако, действие этих добавок на различные критерии не является однородным. В некоторых случаях Ca и Zn действуют синергистически, в других же – антагонистически. Это означает, что действие добавок должно иметь влияние на распределение элементов. Эта теория рассматривается на примере цинка.

Summary

Comparative studies on the effect produced by additions of Ca or Zn or Ca plus Zn to the feeding rations of gilts, pregnant or lactating sows have shown that supplementation of the maternal diet may produce changes in the composition of the piglet, parts of the piglet body, the bristles of the sow and, to a minor extent, the milk of the sow although there is no uniformity in the effect of supplementation on these criteria. In some cases Ca and Zn induce a synergistic effect, in others their action is antagonistic. This indicates that supplementation does exert a definite influence on the distribution of elements. Zinc is used as an example to explain this theory.

Literaturverzeichnis

LENKEIT, W., und Mitarb.: Arch. Tierern. **9**, 166 (1959b)

HENNIG, A.: Arch. Tierern. **15**, 331, 345, 353, 363 (1965a–d)

Eingegangen: 24. April 1964

Aus dem Institut für Tierernährung der Friedrich-Schiller-Universität Jena
(Direktor: Prof. Dr. A. HENNIG)

H. JEROCH und A. HENNIG[1]

Untersuchungen über den Eiweißbedarf der Mastente unter Berücksichtigung einer Lysin-, Methionin- und Vitamin-B-Ergänzung des Mastfutters

(Kurze Originalmitteilung)

In früheren Versuchen an Mastenten gelang uns der Nachweis [1], daß entgegen der üblichen Ansicht, 14–15% Rohprotein im Alleinfutter der Enten ausreichen, um eine normale Mast- und Schlachtleistung zu garantieren. Entfiel das Sojaextraktionsschrot (5%) im Mischfutter, so wurde bei einem Rohproteingehalt des Entenmastalleinfutters von 12–13% nur eine Zunahme von etwa 67% im Vergleich zur Gruppe mit 14,5% Rohprotein erreicht. In einem Testversuch bewirkte die Zugabe der Aminosäuren Lysin und Methionin zur Getreide/Trockenheferation (3%) eine deutliche Verbesserung der Lebendmasseentwicklung, während bei der Getreideration ohne Hefe trotz einer als Ausgleich gedachten Lysin- und Methioninzulage die Entwicklung der Tiere völlig ungenügend war und Vitamin-B-Mangelsymptome vermerkt wurden.

In den vorliegenden Untersuchungen sollten die Ergebnisse des erwähnten Testversuches überprüft und der Bedarf an Lysin ermittelt werden. Für die Versuche standen 998 Enten zur Verfügung; sie wurden in vier Gruppen aufgeteilt. Das Alter der Enten zu Versuchsbeginn betrug vier Tage, der Versuch selbst wurde vom 29. 5. bis 23. 7. 1964 (acht Wochen) durchgeführt. Die Zusammensetzung der Futterrationen und den Gehalt an wertbestimmenden Anteilen vermittelt Tabelle 1.

Die Tiere der Gruppe II erhielten zusätzlich 0,15% Lysin und 0,1% Methionin, der Gruppe III 0,15% Lysin und der Gruppe IV 0,2% Lysin sowie je Kilogramm Mischfutter 5 mg Vitamin B_1, 2 mg Vitamin B_2, 2 mg Vitamin B_6, 4 mg Pantothensäure, 15 mg Nikotinsäure und 120 mg Cholin. Lysin wurde säulenchromatographisch getrennt [2] und nach der Vorschrift von MOORE und STEIN [3] ausgewertet. Die verdaulichen Nährstoffe wurden unter Benutzung der von NEHRING und KNABE [4] ermittelten Verdauungswerte errechnet. Die Versuchsdurchführung erfolgte nach den von uns an anderer Stelle beschriebenen Verfahren [1].

Die Verluste waren sehr gering; sie betrugen in Gruppe I bis IV jeweils 2; 2; 2,4 und 1,6%.

Der Zusatz des Lysins zur Getreide/Heferation verbesserte die Zunahmen gegenüber der Kontrollgruppe. Die Ergänzung der Ration mit Lysin und Methionin vermochte die Zunahmen der Enten ebenfalls zu erhöhen (Tabelle 2). Es

[1] Unter Mitarbeit von H. KIRCHNER.

Tabelle 1

Zusammensetzung der Futtermischungen und Gehalt an Lysin, Rohprotein, verd. Rohprotein und Gesamtnährstoff

Bestandteile in %	Gruppe I	II	III	IV
Mais	38,5	40,5	40,5	41,5
Gerste	39	40	40	42
Weizenkleie	10	12	12	12
Sojaextraktionsschrot	5	—	—	—
Futterhefe	3	3	3	—
DAL-Mineralstoffgemisch für Geflügel	3	3	3	3
Wirkstoffkonzentrat für Mastenten*	1,5	1,5	1,5	1,5
Lysin	0,56	0,43**	0,44**	0,40**
Rohprotein	14,4	11,9	11,8	10,8
verd. Rohprotein	11,5	9,4	9,3	8,4
Gesamtnährstoff	61,5	62,8	62,8	63,6

* Zusätze je kg Futter = 8250 IE Vitamin A und 27000 IE Vitamin D_6.
** Ohne Lysinzulage.

Tabelle 2

Zunahme, Futterverzehr, Aufwand an verd. Rohprotein und Lysin, Verwertungszahl und Rohproteingehalt des verwertbaren Schlachtkörperanteils (Mittelwerte)

Gruppe	I	II	III	IV
Körpermasse bei Versuchsbeginn in g	101	101	100	101
4-Wochenmasse in g	1217	1296	1303	1250
8-Wochenmasse in g	2065	2306	2224	2218
Zunahme in g	1964	2205	2124	2117
relativ	100	112	108	108
Futterverzehr in g	9648	10048	10059	9871
Aufwand an verd. Rohprotein je 100 g Zunahme in g	57	42	44	39
Aufwand an Lysin je 100 g Zunahme in g	2,75	2,64	2,79	2,80
Verwertungszahl	302	286	298	297
Rohproteingehalt des verwertbaren Schlachtkörperanteils* %	13,8	12,0	12,2	12,3

* Mittelwerte von jeweils 5 Tieren je Gruppe, Angaben in % der Frischsubstanz.

sei allerdings betont, daß nach weiteren Versuchen mit Mastenten, der Eindruck gewonnen wurde, daß ein Zusatz von Methionin im zweiten Mastabschnitt sich günstig auf die Befiederung auswirkt.

Der Ersatz der Hefe durch das Vitamingemisch führte zu keiner Verminderung der Lebendmassezunahme der Versuchstiere. Die Hefe ist also unter unseren Versuchsbedingungen in erster Linie ein Vitaminträger gewesen, ihr Eiweißanteil war offensichtlich von untergeordneter Bedeutung.

Im Aufwand an Gesamtnährstoff bestanden zwischen den Gruppen keine deutlichen Unterschiede, während der Aufwand an verdaulichem Rohprotein in den Gruppen II bis IV nur 70 bis 78% im Vergleich zur Kontrollgruppe betrug [$P < 0{,}001$ (I : II und I : IV) bzw. $P < 0{,}01$ (I : III)]. Bedingt durch die annähernd gleiche Lysinaufnahme in den einzelnen Prüfungsgruppen ergaben sich im Lysinverbrauch je Zunahmeeinheit zwischen den Gruppen nur geringe Unterschiede. Im Mittel wurde ein Aufwand von 2,74 g Lysin je 100 g Lebendmassezunahme errechnet. Unter unseren Versuchsbedingungen betrug der für eine zufriedenstellende Mastleistung erforderliche Lysinanteil des Mastfutters 0,6%. Genannter Wert konnte in weiteren inzwischen durchgeführten Versuchen bestätigt werden [6]. Der Lysinbedarf des Broilers wird dagegen mit 0,9 bis 1,2% im Mischfutter angegeben [5]. Er liegt demnach im Vergleich zur Ente beträchtlich höher.

Der verwertbare Schlachtkörperanteil der Versuchstiere wies einen geringeren Rohproteingehalt gegenüber dem der Vergleichstiere auf.

Zusammenfassung

Die Verfütterung einer Getreide-Hefe- bzw. Getreidediät, ergänzt mit Lysin, Lysin und Methionin bzw. Lysin und Vitaminen des B-Komplexes, an Mastenten zeigte eine normale Lebendmasseentwicklung der Versuchstiere. Der Aufwand an verdaulichem Rohprotein je 100 g Zunahme wurde um 22–30% vermindert. Unter den beschriebenen Versuchsbedingungen wurde ein notwendiger Lysinanteil von 0,6% im Entenmastfutter ermittelt. Der verwertbare Schlachtkörperanteil der Versuchstiere wies einen geringeren Rohproteingehalt auf.

Резюме

Скармливание откормочным уткам диеты из зерна хлебных зерновых с дрожжами, или только из зерна с добавкой лизина, или лизина с метионином, или лизнна с витаминами комплекса Б давало нормальное развитие живого веса опытных животных. Потребление переваримого сырого протеина на 100 г. прироста уменьшилось при этом на 22–30%. При описанных условиях опыта было установлено, что в корме для откормочных уток количество потребного лизина должно составлять 0,6%. В используемой доле убойного веса опытных животных было установлено пониженное содержание сырого протеина.

Summary

Fattening ducks used as experimental animals showed a normal development of their live weights when fed a grain or grain/yeast diet supplemented with lysine, lysine plus methionine or lysine plus vitamins of the B complex. The amount of digestible crude protein required to produce a weight gain of 100 gm was reduced by 22–30%. Under the experimental conditions described in this paper the lysine content required for the fattening diet of ducks was found to be 0.6%. All utilizable parts of the carcase revealed a lower content of crude protein.

Herrn Dr. K. Gruhn danken wir für die Bestimmung des Lysingehalts in den Futtermischungen, Herrn Dr. Pietz, VEB ORWO Wolfen, für die Bereitstellung der Futterhefe und Herrn Sachse, Vorsitzender der LPG Zimmern, für die Bereitstellung des Versuchsstalles und der Versuchstiere.

Literaturverzeichnis

[1] JEROCH, H., und A. HENNIG: Arch. Geflügelz. u. Kleintierkd. **14**, 47 (1965)
[2] MATTHIAS, W.: J. Chromatography **6**, 333 (1961)
[3] MOORE, S., und W. H. STEIN: J. Biol. Chem. **211**, 907 (1954)
[4] NEHRING, K., und U. KNABE: Arch. Geflügelkde. **25**, 263 (1961)
[5] O. V.: The Nutrient Requirement of Farm Livestock. Nr. 1 Poultry. London Agricultural Research Council (1963)

Eingegangen: 13. Januar 1965

Zur Veröffentlichung werden angenommen:

Originalmanuskripte, die in anderen Zeitschriften noch nicht veröffentlicht worden sind und in gleicher Form auch nicht in anderen Zeitschriften erscheinen werden. Der Umfang soll höchstens 1 Druckbogen (16 Druckseiten) betragen. Bei umfangreicheren Manuskripten müssen besondere Vereinbarungen mit den Herstellern und dem Verlag getroffen werden.

Kurze Originalmitteilungen über wesentliche, neue Forschungsergebnisse. Umfang im allgemeinen höchstens eine Druckseite. Kurze Originalmitteilungen werden beschleunigt veröffentlicht.

Kritische Sammelberichte nach Vereinbarung mit den Herausgebern.

Manuskriptsendungen sind zu richten an Prof. Dr. HANS BERGNER, Institut für Tierernährungslehre der Landwirtschaftlich-Gärtnerischen Fakultät der Humboldt-Universität zu Berlin, 104 Berlin 4, Invalidenstraße 42. Die Verfasser werden gebeten, ihre Manuskripte zweizeilig mit Schreibmaschine geschrieben, druckfertig einzureichen. Das Institut, aus dem die Arbeit stammt, wird mit dem Namen der Autoren im Titel der Arbeit vermerkt. Wünscht der Autor eine andere Anschrift, so kann sie in einer Fußnote angegeben werden.

Am Schluß des Manuskripts soll der Autor seine Ergebnisse diskutieren und kurz zusammenfassen.

Im Manuskript sind Autorennamen rot zu unterstreichen. Kursivschrift bitten wir zu unterwellen. Kleindruck wird durch einen senkrechten roten Strich am Rand gekennzeichnet. Literaturangaben erfolgen im Text mit dem Namen des Autors und dem Jahr der Veröffentlichung, bei mehreren Arbeiten im gleichen Jahr zusätzlich mit a, b, c, usw. in der Reihenfolge, wie die Arbeiten im Literaturverzeichnis angeordnet sind, z. B. MEYER (1958 a). Im Literaturverzeichnis werden die Arbeiten, alphabetisch nach dem Namen des ersten Autors geordnet, in folgender Weise zitiert Name, Vorname des Autors (bei Frauen ein Vorname ausgeschrieben), Zeitschrift, Band, Seitenzahl, Jahreszahl.

Abbildungen sind auf das unbedingt Notwendige zu beschränken und dem Manuskript gesondert beizufügen. Hinweislinien, Buchstaben usw. sind nur mit Bleistift einzutragen. Bei Fotografien soll hierfür ein Deckblatt verwendet werden. Der Text zu den Abbildungen wird auf einem besonderen Blatt zusammengestellt.

Die Verfasser erhalten von ihren Beiträgen 50 Sonderdrucke kostenlos. Darüber hinaus können bis zu 100 Sonderdrucke gegen Berechnung bezogen werden. Wir bitten, Bestellungen bei Rückgabe der Korrekturfahnen zu übergeben.

Das Archiv für Tierernährung erscheint jährlich in einem Band zu sechs Heften. Herausgeber. Prof. Dr. habil. ANDREAS HOCK, Institut für Biochemie der Veterinärmedizinischen Fakultät der Humboldt-Universität zu Berlin, 104 Berlin 4, Reinhardtstraße 4 und Prof. Dr. habil. HANS BERGNER, Institut für Tierernährungslehre der Landwirtschaftlich-Gärtnerischen Fakultät der Humboldt-Universität zu Berlin, 104 Berlin 4, Invalidenstraße 42, Tel.: 420018. Verlag: Akademie-Verlag GmbH, 108 Berlin 8, Leipziger Straße 3–4, Tel.: 22 04 41, Telex-Nr. 011773, Postscheckkonto: Berlin 350 21. Bestellnummer dieses Heftes 1010/15/5. Bezugspreis je Heft MDN 8,50 zuzüglich Porto und Versandkosten. Veröffentlicht unter der Lizenznummer 1274 des Presseamtes beim Vorsitzenden des Ministerrates der Deutschen Demokratischen Republik. Gesamtherstellung: IV/2/14 • VEB Werkdruck Gräfenhainichen.

ARCHIV FÜR TIERERNÄHRUNG

BEGRÜNDET VON

ERNST MANGOLD

HERAUSGEGEBEN VON

ANDREAS HOCK · HANS BERGNER

15. BAND

HEFT **6**

Dezember 1965

AKADEMIE-VERLAG · BERLIN

INHALT

Aus dem Institut für Tierernährungslehre der Humboldt-Universität Berlin
(Direktor: Prof. Dr. habil. H. Bergner)

H. Bergner

Die Messung der ^{131}J-Aufnahme der Rattenschilddrüse bei gleichzeitiger Anwesenheit eines β-Strahlers

1. Einleitung

Bereits vor einigen Jahren haben wir nachgewiesen, daß zwischen spezifischen Eiweißernährungsbedingungen und dem ^{131}J-Einbau der Schilddrüse enge Zusammenhänge bestehen (1. 6. 7).

Die Messung des ^{131}J-Einbaus in die Rattenschilddrüse ist am lebenden Tier außerordentlich schwierig und mit großen Fehlern behaftet, so daß wir stets derartige Messungen nur an der isolierten Schilddrüse vorgenommen haben. In diesen früheren Untersuchungen haben wir die Schilddrüsen zur Aktivitätsermittlung in konzentrierter Chromschwefelsäure verascht und die Impulsraten im GM-Becherzählrohr gemessen. In der vorliegenden Untersuchung prüften wir die Genauigkeit eines Szintillationszählers für ^{131}J-Aktivitätsmessungen an der isolierten, unversehrten Rattenschilddrüse. Vor allen Dingen untersuchten wir die Möglichkeit, ob nach Simultaninjektionen von ^{32}P und ^{131}J mit Hilfe des Szintillationszählers eine spezifische Erfassung der ^{131}J-Impulsrate der Schilddrüse möglich ist. Eine derartige Methodik kann bei biochemischen Untersuchungen eine gleichzeitige Prüfung der Schilddrüsenaktivität gestatten.

2. Methodik

2.1. Geräte, Material und Arbeitsweise

Den Untersuchungen diente der Universal-Szintillationszählkopf VA-S-961, der an den Linearverstärker VA-V-82 A angeschlossen wurde. Die Impulsraten haben wir mit dem Meßplatz VA-G-20 gemessen (Hersteller aller genannten Geräte: VEB Vakutronik, Dresden). Zuerst prüften wir die Impulsraten von ^{32}P-sowie ^{131}J-Lösungen, die in bestimmter Dosierung sowohl mit einem GM-Glockenzählrohr als auch mit dem Szintillationszähler gemessen wurden. Alle Messungen führten wir an trägerfreien $Na_2H^{32}PO_4$- bzw. $Na^{131}J$-Lösungen[1] durch. Sie wurden in Plexiglasschälchen gegeben und gelangten im Abstand von 1 cm zur Impulszählung. Ähnliche Impulsratenermittlungen führten wir auch an ^{32}P-^{131}J-Gemischen, die wir uns in verschiedenen Verhältnissen herstellten, durch. Alle Messungen mit dem Szintillationszähler wurden mit und ohne Abdeckung des

[1] geliefert von Isocommerz, Berlin-Buch, Lindenberger Weg

Tabelle 1

Zusammensetzung der Diäten in % der Frischsubstanz

Diät Nr.	Bezeichnung der Diät	Roh-protein	Mager-milch pulver	Torula-trocken hefe	Quell-stärke	Pflanzen-öl	Stroh-mehl	Saccha-rose	Gelatine	Mais bzw. Gerste	Salz-gemisch USP XIV	$CaCO_3$
1a	Milch 15	15	45	—	46	3,0	5,0	—	—	—	1,0**	—
1b	Milch 10	10	30	—	61	3,0	5,0	—	—	—	1,0**	—
1c	Milch 5	5	15	—	74	3,0	5,0	—	—	—	3,0	—
2	eiweißfrei	—	—	—	88	3,0	5,0	—	—	—	3,0	—
3b	Hefe	15	—	30	58,3	3,0	5,0	—	—	—	3,0	—
5	Gelatine	18	—	—	71	3,0	5,0	—	18	—	3,0	—
6	Mais	8,7	—	—	—	3,0	5,0	—	—	93,3	3,0	0,7
7	Gerste	8,6	—	—	—	3,0	5,0	—	—	93,3	3,0	0,7
8	Casein 20***	16,6	—	—	64,7	2,7	4,0*	5,0	—	—	2,9	—
9	Casein 30	25,0	—	—	54,5	2,7	4,0*	5,0	—	—	2,9	—

* Zellulosemehl
** Diät 1a und 1b enthielten die dreifache KJ-Menge im Salzgemisch Vitaminergänzungen s. (2)
*** Diät 8 und 9 enthielten 20 bzw. 30% Casein

Tabelle 2

^{131}J-Aufnahme der normalen Rattenschilddrüse

Einbauzeit in Std.	1/2	1	2	4	7	11	15	21*
I./Min. je g Ratte (Szintillationszähler)	18,4 ± 3,7	27,6 ± 5,6	39,4 ± 9,1	54,3 ± 10,4	122,4 ± 15,1	106,7 ± 21,2	73,2 ± 6,8	65,7 ± 5,4
in % der Injektionsdosis (GM-Becherzählrohr)	2,32 ± 0,25	2,61 ± 0,37	3,44 ± 0,51	4,64 ± 0,46	7,10 ± 0,79	6,80 ± 0,74	5,95 ± 0,52	5,20 ± 0,65

* Die Messung der Proben 32, 48 bzw. 72 Std. post Injektion zeigte keinen weiteren Abfall der ^{131}J-Aktivität der Schilddrüsen

Präparates vorgenommen. Als Abdeckungsmaterial verwendeten wir Aluminiumplatten in der Gesamtstärke von 3 mm.

2.2. Tierversuche

In einer Versuchsreihe mit 88 Ratten, die alle die gleiche Magermilchpulverdiät (Diät 1a) erhielten, wurde der Verlauf des ^{131}J-Einbaus in die Schilddrüse geprüft (von $^1/_2$ bis 72 Std. nach der Injektion). Die Versuchtiere, die ausschließlich der institutseigenen Inzucht entstammten, waren nach dem Absetzen mit einer optimalen Zuchtdiät[2] ernährt worden. Zur Versuchsvorbereitung erhielten sie dann 10 Tage die Diät 1a ad libitum und wurden anschließend mit trägerfreier Na^{131}J-Lösung (1 μCi/100 g Ratte) i. p. injiziert. Wir töteten je 8 Tiere nach $^1/_2$, 1, 2, 4, 7, 11, 15, 21, 32, 48 und 72 Std. und entnahmen die Schilddrüsen. Nachdem ihre ^{131}J-Aktivität mit dem Szintillationszähler (Abstand 1 cm) gemessen worden war, veraschten wir die Schilddrüsen in konzentrierter Chromschwefelsäure und ermittelten anschließend die Impulsraten im GM-Becherzählrohr.

Weiterhin verwendeten wir einige Versuchsgruppen (Albinoratten) aus unseren Arbeiten über den ^{32}P-Einbau in Leberfraktionen zur gleichzeitigen Prüfung der ^{131}J-Aufnahme der Schilddrüse. Die diesbezüglichen Versuchsgruppen sind deshalb mit den Nummern der Rattengruppen in den vorausgegangenen Publikationen (2, 3, 4, 5) identisch. Deshalb kann in allen Fragen der Haltung und Fütterung dieser Versuchstiere auf die genannten Arbeiten verwiesen werden. Hier soll lediglich eine Übersicht über die verwendeten Versuchsdiäten gegeben werden (Tab. 1).

Es ist hervorzuheben, daß alle Gruppen eine optimale Jodversorgung erhielten. Dementsprechend enthielt das Salzgemisch USP XIV in den Gruppen mit 1% Mineralstoffergänzung die dreifache KJ-Menge. In 100 g Diät waren somit stets 123 μg KJ enthalten.

Alle angegebenen Fehlerbreiten sind als mittlere Fehler der Mittelwerte

$$mx = \pm \sqrt{\frac{\Sigma(\bar{x} - x)^2}{n(n-1)}}$$

berechnet worden.

3. Ergebnisse

3.1. Messungen von ^{131}J- und ^{32}P-Lösungen mit dem Szintillationszähler

Aus Abb. 1 geht hervor, daß bei einer Messung mit dem Szintillationszähler praktisch nur die ^{131}J-Strahlung registriert wird. Die β-Strahlung des radioaktiven Phosphors wird fast unabhängig von der vorgegebenen Impulsrate (geprüft bis 10000 I./Min. mit dem GM-Glockenzählrohr) vom Szintillationszähler nicht erfaßt.

Die Mischungen von ^{131}J und ^{32}P (100, 1000 bzw. 10000 I./Min. ^{131}J mit den gleichen Impulsraten des ^{32}P in allen möglichen Varianten gemischt) ergaben

[2] Pelletiertes Mischfutter für Laboratoriumstiere des VEAB Kraftfuttermischwerk Wolgast.

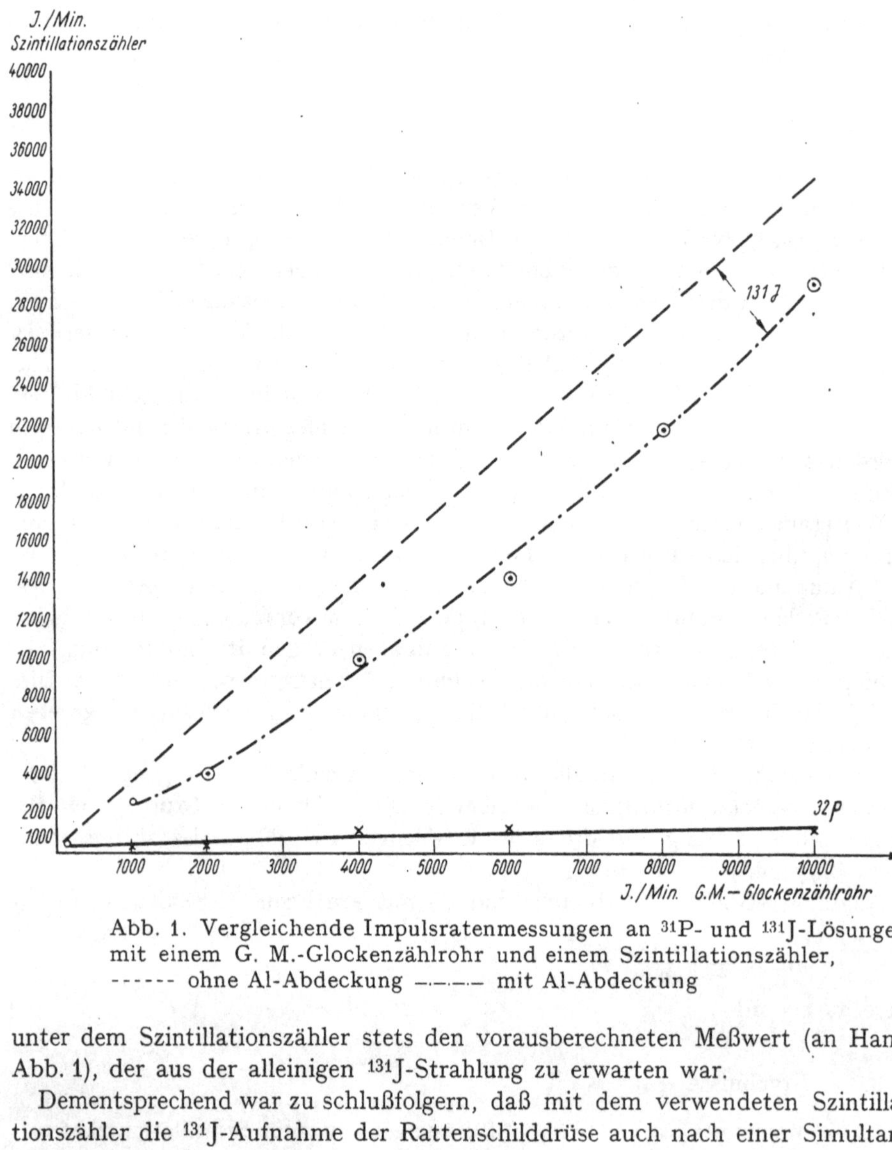

Abb. 1. Vergleichende Impulsratenmessungen an ^{31}P- und ^{131}J-Lösungen mit einem G. M.-Glockenzählrohr und einem Szintillationszähler, ------ ohne Al-Abdeckung –.–.–.– mit Al-Abdeckung

unter dem Szintillationszähler stets den vorausberechneten Meßwert (an Hand Abb. 1), der aus der alleinigen ^{131}J-Strahlung zu erwarten war.

Dementsprechend war zu schlußfolgern, daß mit dem verwendeten Szintillationszähler die ^{131}J-Aufnahme der Rattenschilddrüse auch nach einer Simultaninjektion von ^{32}P und ^{131}J ermittelt werden kann.

3.2. Messung des ^{131}J-Einbaus in die Rattenschilddrüse mit dem Szintillationszähler

In Tabelle 2 ist der Verlauf der ^{131}J-Aufnahme während der ersten 21 Einbaustunden in die normale Rattenschilddrüse wiedergegeben.

Die Impulsratenmessungen wurden zuerst an der frischen, isolierten Schilddrüse mit dem Szintillationszähler durchgeführt, und nach Veraschung per

Schilddrüse erfolgte eine weitere Messung im GM-Becherzählrohr. Ein Vergleich der beiden Meßreihen ist in Abb. 2 graphisch dargestellt. Da die ^{131}J-Injektionsdosis parallel zur Körpermasse der Versuchsratten gewählt wurde, sind die Angaben „in % der Injektionsdosis" und „I./Min. in der Schilddrüse je g Ratte" linear korreliert und direkt vergleichbar. Aus Abb. 2 geht hervor, daß die Szintillationszählermessung (obere Kurve) den Verlauf des ^{131}J-Einbaus mit dem gleichen Maximum angibt wie die darunterliegende Kurve nach der Veraschung. Das ausgeprägtere Maximum der Szintillationszählermessung ist infolge der größeren Fehlerbreite dieser Meßreihe nicht als signifikant zu bezeichnen. Man kann feststellen, daß beide Meßmethoden parallel laufende Ergebnisse liefern.

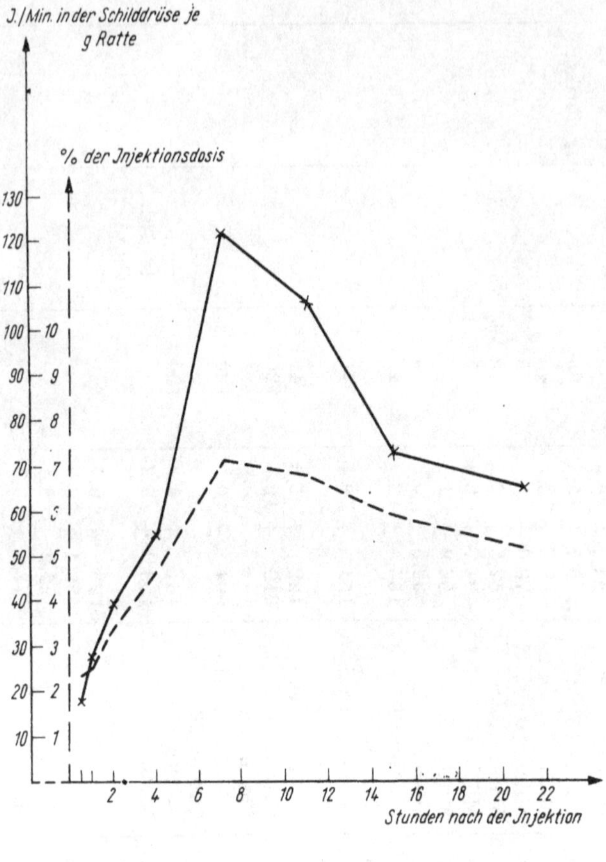

Abb. 2. Vergleich der Impulsraten der Rattenschilddrüsen
——— Szintillationszähler
------ GM-Becherzählrohr

Den dargelegten Resultaten Rechnung tragend, injizierten wir nun (s. 2.2.) an Versuchsratten, die bereits ^{32}P-Injektionen (2,5 μCi je 100 g Ratte) zur Prüfung des Phosphateinbaus erhielten, gleichzeitig ^{131}J (1 μCi/100 g Ratte). Nach alleinigen ^{32}P-Injektionen hatten wir festgestellt, daß in der Rattenschilddrüse ca. 600–1000 I./Min. (gemessen mit GM-Glockenzählrohr) gespeichert werden. Eine Messung der ^{131}J-Aufnahme nach ^{32}P-^{131}J-Simultaninjektionen mit einem

Tabelle 3

^{131}J-Aktivität der Rattenschilddrüsen (Szintillationszähler-Messungen)

Gruppe Nr.	Tier-zahl	Diät Nr.	Diät Bezeichnung	Ø Masse	Versuchsfutter verabreicht in Tagen	Fütterung vor der Injektion	Fütterung nach der Injektion	Einbau-zeit in Std.	^{131}J-Aktivität der Schilddrüse in % zur Kontrolle (Kontrolle = 100 gesetzt)	Signifikanz gegenüber der Kontrolle (+ = P < 0,05; + + = P < 0,01)
34	10	1a	Milch 15	94,3 ± 3,8	22	gefüttert	gehungert	2	100 ± 17	
35	10	3b	Hefe	74,4 ± 4,0	22	,,	,,	2	167 ± 19	+
47	10	1a	Milch 15	111,2 ± 3,9	24	,,	,,	2	100 ± 7,3	
48	10	3b	Hefe	84,2 ± 2,3	24	,,	,,	2	138 ± 16	+
43	10	1b	Milch 10	121,1 ± 3,7	28	,,	,,	24	100 ± 15	
44	10	7	Gerste	103,7 ± 2,6	28	,,	,,	24	125 ± 11	—
41	10	1a	Milch 15	126,7 ± 3,6	35	,,	gefüttert	24	100 ± 16	
42	10	6	Mais	67,7 ± 2,2	35	,,	,,	24	157 ± 18	+
49	10	1b	Milch 10	70,0 ± 1,7	15	,,	,,	24	100 ± 11	
50	10	6	Mais	52,5 ± 2,5	15	,,	,,	24	79 ± 10	—
96	10	1a	Milch 15	94,7 ± 2,4	15	,,	,,	24	100 ± 11	
97	10	1c	Milch 5	66,9 ± 1,5	15	,,	,,	24	69 ± 10	+
98	10	2	eiweißfrei	38,3 ± 0,9	15	,,	,,	24	98 ± 14	—
90	6	9	Casein 30	185 ± 12	41	,,		24	100 ± 13	
91	8	9a	Casein 30 + 6,5% Lysin	154 ± 8,4	41	,,	,,	24	113 ± 11	—
92	8	9b	Casein 30 + 13% Lysin	122 ± 5,5	41	,,	,, ,,	24	96 ± 6,5	—
93	9	8	Casein 20	219 ± 10	120	,,		96	100 ± 12	
94	8	8a	Casein 20 + 6,5% Lysin	204 ± 10	120	,,	,,	96	84 ± 7,5	—
95	8	8b	Casein 20 + 13% Lysin	161 ± 6	120	,,	,, ,,	96	58 ± 4,0	+ +
56	10	1a	Milch 15	125 ± 8,8	—	48 Std. gehungert	,,	24	100 ± 11	
57	9	5	Gelatine	129 ± 9,7	—	,,	,,	24	110 ± 12	—
45	10	1a	Milch 15	88,4 ± 6,0	—	,,	,,	24	100 ± 16	
46	10	2	eiweißfrei	92,2 ± 5,4	—	,,	,,	24	114 ± 19	—
54	9	1a	Milch 15	78,4 ± 3,7	—	30 Std. gehungert	,,	24	100 ± 15	
55	7	2	eiweißfrei	80,8 ± 6,4	—	,,	,,	24	125 ± 14	—

GM-Becherzählrohr kam somit nicht in Frage. Die derart ermittelten Impulsraten wären zu einem erheblichen, nicht abzugrenzenden Teil aus dem absorbierten ^{32}P hervorgegangen. Dagegen resultierten aus einer entsprechenden Messung mit dem Szintillationszähler (nach Injektionen von 2,5 μCi ^{32}P + 1 μCi ^{131}J/100 g Ratte) stets mehr als 4000 I./Min. aus der ^{131}J-Strahlung und nur eine konstante Blindwerterhöhung um ca. 400 I./Min. (normaler 0-Wert ca. 3000 I./Min.) entsprach der ^{32}P-Aktivität. In Tabelle 3 sind die Resultate dieser Szintillationszählermessungen an der isolierten Rattenschilddrüse verzeichnet.

Die ermittelten Impulsraten lagen 4000 bis 20000 I./Min. oberhalb des 0-Effektes. In Tabelle 3 ist jeweils die Impulsrate der optimal ernährten Kontrollgruppe = 100 gesetzt. Die Impulsrate der parallel geführten Versuchsgruppe ist dann auf den Wert 100 der Kontrollgruppe bezogen worden.

Die ^{131}J-Einbauergebnisse nach Fütterung einer Torulahefediät bestätigen unsere bereits früher erhaltenen Resultate (6, 7). Die ^{131}J-Aufnahme der Schilddrüse wird signifikant erhöht. Letzteres gilt anscheinend auch nach langfristiger Fütterung anderer minderwertiger Proteine, wie wir bereits früher für eine Mais- und Gelatinediät nachweisen konnten (7). In unseren früheren Untersuchungen haben wir die ^{131}J-Aufnahme der Schilddrüse grundsätzlich nach einer Einbauzeit von 2 Std. geprüft. Hierbei war die Schilddrüse stets im Stadium einer zunehmenden ^{131}J-Aufnahme (s. Abb. 2). Den meisten Versuchen der Tabelle 3 lag dagegen eine Einbauzeit von 24 Std. zugrunde. Wie aus Abb. 2 zu entnehmen ist, hat zu diesem Zeitpunkt die ^{131}J-Aktivität der Schilddrüse unter mormalen Ernährungsbedingungen ihr Maximum weit überschritten und deutlich abgenommen. Demzufolge ist es möglich, daß die aktivere Schilddrüse nach 24 Std. eine niedrigere ^{131}J-Aktivität besitzt als die weniger aktive, da erstere infolge einer höheren Thyroxinproduktionsrate nicht nur das ^{131}J rascher aufnimmt, sondern auch schneller ausscheidet.

In den Versuchsgruppen 90–95 wurde zu proteinreichen Casein-Diäten (Versuche zur Prüfung der Aminosäurenimbalanz) eine Lysinzulage in Höhe von 6,5 bzw. 13% (Stärke in Diät 8 bzw. 9 durch Lysin ersetzt) verabreicht. Das geringere Wachstum der Versuchstiere, die eine Lysinzulage erhielten, deutet auf einen erhöhten Stoffumsatz dieser Tiere hin. Hierfür würden auch die Ergebnisse der Gruppen 93–95 sprechen, wenn man voraussetzt, daß 96 Std. nach der ^{131}J-Injektion überwiegend die Geschwindigkeit der ^{131}J-Ausscheidung aus der Schilddrüse gemessen worden ist.

In den letzten sechs Gruppen der Tabelle 3 prüften wir den Einfluß der Diät nach einer vorausgegangenen Hungerperiode und einer nur kurzfristigen Verabreichung nach der ^{131}J-Injektion. Im Gegensatz zu unseren früheren Untersuchungen (7) waren mit dieser Arbeitsmethodik zwischen den verschieden ernährten Gruppen keine signifikant unterschiedlichen ^{131}J-Einbauraten zu erhalten.

Abschließend kann zu Tabelle 3 festgestellt werden, daß eine Prüfung der Schilddrüsenfunktion mit ^{131}J bei gleichzeitiger Verabfolgung eines β-Strahlers zur Untersuchung anderer biochemischer Kriterien ohne weiteres möglich ist.

Zusammenfassung

An Hand der Impulsraten von ^{131}J- und ^{32}P-Lösungen, die mit Hilfe eines Szintillationszählers ermittelt werden, wird nachgewiesen, daß aus ^{131}J-^{32}P-Gemischen der verwendete Szintillationszähler im wesentlichen nur die ^{131}J-Strahlung registriert. Weiterhin wird nach alleinigen ^{131}J-Injektionen der Verlauf der ^{131}J-Aufnahme der Rattenschilddrüse sowohl mit dem Szintillationszähler an der isolierten, unversehrten Schilddrüse als auch mit dem GM-Becherzählrohr an der veraschten Schilddrüse gemessen. Die Ergebnisse waren parallel. Nach Simultaninjektionen von ^{32}P und ^{131}J an unterschiedlich ernährten Ratten wird unter Verwendung des Szintillationszählers die ^{131}J-Aufnahme der Schilddrüse gemessen. Schlechtere Proteinqualitäten erhöhten die ^{131}J-Aktivität der Schilddrüse. Die aufgezeigte Methodik gestattet in biochemischen Untersuchungen bei Einsatz einer radioaktiven β-Markierung am selben Tiermaterial gleichzeitig mit ^{131}J die Schilddrüsenaktivität zu prüfen.

Резюме

На основании норм импульсов в растворах ^{131}J и ^{32}P, определяемых при помощи сцинтилятионного счетчика показано, что из смесей ^{131}J и ^{32}P прпменяющийся сцинтилятионный счетчик регистрирует в основном только излучение ^{131}J. Далее после инъекций одного ^{131}J измерялся ход усвоения щитовидной железой у крыс как при помощи сцинтилятионного счетчика у изолированной неповрежденной щитовидной железы, так и при помощи ковшевого ГМ-счетчика у озоленной щитовидной железы. Полученные результаты оказались параллельными. После одновременной инъекции ^{32}P и ^{131}J крысам, получавшим различное питание, измерялось усвоение ^{131}J щитовидной железой с применением сцинтилятионного счетчика. Качественно худший протеин повышает активность ^{131}J щитовидной железы. Описанная методика дает возможность проверять биохимическими исследованиями с радиоактивным мечением B активность щитовидной железы у тех же животных одновременно и при помощи ^{131}J.

Summary

Impulse rates of ^{131}J-and ^{32}P-solutions obtained by means of a scintillation counter were used to demonstrate that in general, only the radiation of ^{131}J contained in a ^{131}J-^{32}P-solution is recorded by this type of scintillation counter. Furthermore, the course of ^{131}J- uptake into the thyroid gland of rats following the injection of ^{131}J alone was measured both on isolated undamaged thyroid glands and on incinerated thyroid glands by using a scintillation counter and liquid counter respectively. The measurements yielded parallel results. Following simultaneous injections of ^{32}P and ^{131}J to rats fed different diets the uptake of ^{131}J into the thyroid gland had been measured by the use of a scintillation counter. Poorer protein qualities increased the ^{131}J activity of the thyroid gland. In biochemical studies where radioactive β-labelling is employed the above technique would allow to test the activity of the thyroid gland by simultaneously using ^{131}J in the same experimental animals.

Literaturverzeichnis

[1] BERGNER, H.: Arch. Tierernähr. Beih. **8**, 36 (1961)
[2] BERGNER, H., und A. HOCK: Arch. Tierernähr. **14**, 67 (1964)
[3] BERGNER, H., und A. HOCK: Arch. Tierernähr. **14**, 329 (1964)
[4] BERGNER, H., und A. HOCK: Arch. Tierernähr. **14**, 469 (1964)
[5] BERGNER, H., und A. HOCK: Arch. Tierernähr. **15**, 229 (1965)
[6] HOCK, A., und H. BERGNER: Hoppe-Seyler's Zeitschrift f. physiol. Chem. **315**, 101 (1959)
[7] HOCK, A., und H. BERGNER: Ztschr. f. Ernährungswiss. **2**, 103 (1961)

Eingegangen: 11. 1. 1965

Institut für Tierzuchtforschung Dummerstorf bei Rostock
Deutsche Akademie der Landwirtschaftswissenschaften zu Berlin

H. STEGER, B. PIATKOWSKI, F. PÜSCHEL

Über die Wirkung von Thiocyanat auf den Stoffwechsel der Milchkühe

Rhodanid ist ein in Brassicaceen weitverbreiteter Inhaltsstoff, der sich nach GMELIN und VIRTANEN [6] fermentativ aus dem Glucobrassin oder dessen N_1-methoxyliertem Derivat abspaltet. Auch bei Verfütterung von Futterpflanzen mit hohem Gehalt an Blausäureglykosiden, wie Weißklee, Leinsaat u. a. wird die daraus freigesetzte Blausäure in Leber und Niere zu Rhodanid entgiftet. Thiocyanat besitzt antithyreoidale Wirksamkeit, indem es die Aufnahme des Jodes durch die Schilddrüse hemmt und somit entscheidenden Einfluß auf das Stoffwechselgeschehen des Organismus nimmt. Angeregt durch unsere Untersuchungen mit Markstammkohl (STEGER u. a. [12]), der nicht unbeträchtliche Mengen Rhodanid enthält, und der bei reichlicher Verfütterung u. a. den Haemoglobinspiegel senkt und die Erythrocytenzahl vermindert (ROSENBERGER [10, 11]), hielten wir es für wichtig, Einfluß und Wirkung von Rhodanidgaben auf Rinder zu prüfen.

1. Material und Methodik

Zur Untersuchung verwendeten wir drei Milchkühe (I, II, III), die zunächst über einen Zeitraum von 14 Tagen mit einer gemischten Ration ernährt wurden. Sie bestand aus: 20 kg Roggensilage, 5 kg Kleegras, 2 kg Trockenschnitzeln, 1 kg Kartoffelschrot, 0,2 kg Erdnußschrot und 100 g Mineralstoffgemisch mit zusätzlich 50 g Na_2HPO_4, um ein günstiges Ca/P-Verhältnis zu schaffen. Im 2. Versuchsabschnitt (14 Tage) erhielten diese Tiere die gleiche Ration und folgende Zusätze:

Kuh	I	II	III
Kaliumrhodanid	5 g	8 g	8 g
Kaliumjodid	–	–	30 mg

Zu Beginn und am Ende einer jeden Fütterungsperiode wurde das Blut der Rinder auf Haemoglobingehalt (BETKE und SAVELSBERG [3]) und Erythrocytenzahlen (HALMANN [7]) geprüft sowie die Verdaulichkeit der Nährstoffe untersucht. Im Blut, in der Milch und im Harn dieser Tiere bestimmten wir weiterhin Rhodan (BARKER [1]), Jod (VILKKI [13]), (CONNOR et al [5]), Vitamin A und Carotin (BESSEY u. a. [2]), (BOYER u. a. [4]).

2. Ergebnisse und Diskussion

2.1. Verdaulichkeit der Nährstoffe

Die Ergebnisse sind in Tabelle 1 enthalten.

Tabelle 1

Milchleistung und Verdaulichkeit der Nährstoffe vor und nach der Rhodanbeifütterung

Kuh	Fütterung	Verdaulichkeit in %							Milchausscheidung kg
		Tr.-Subst.	Org. Subst.	Roh-protein	Roh-fett	Roh-faser	Nfr.-E.	Asche	
I	Kontrollration	70	73	62	34	72	78	45	10,64
II	,,	69	72	61	42	70	77	45	12,84
III	,,	67	70	61	47	72	73	39	9,98
I	do + 5 g KSCN	70	73	60	46	71	78.	47	10,74
II	do + 8 g KSCN	68	71	60	49	67	76	44	14,03
III	do + 8 g KSCN + 30 mg KJ	71	73	60	57	73	77	54	10,94

Wie aus diesen Daten hervorgeht, entstand durch die Beifütterung von Rhodanid keine meßbare Beeinflussung der Verdaulichkeit. Auch die Milchleistung der Tiere blieb relativ konstant, wenngleich bei SCN-Verabreichung die Tendenz einer Erhöhung sich andeutet, was jedoch wegen der antithyreoidalen Wirksamkeit des Thiocyanates nicht zu erwarten war.

2.2. SCN-Ausscheidung und Resorption

In Tabelle 2 sind die durchschnittlichen täglichen SCN-Ausscheidungen in Milch, Blut und Kot vor und während des Versuches dargestellt und die Einnahmen den Ausscheidungen gegenübergestellt.

Nach diesem Ergebnis wird das zugefütterte Rhodanid zu 70–75% so umgesetzt, daß es als solches nicht mehr in Kot, Harn oder Milch ausgeschieden wird. Es hat den Anschein, als ob eine zusätzliche Jodgabe die Rhodanidausscheidung vermindert. Das nicht im Körper umgesetzte Thiocyanat wird zu mehr als 90% mit dem Urin, der Rest praktisch mit der Milch ausgeschieden. Im Kot ist nahezu kein Rhodanid vorhanden.

2.3. Blut- und Milchbefunde

2.3.1. Haemoglobin, Erythrocyten, Haematokrit

Da nach großen Markstammkohlgaben Erythrocyten und Haemoglobingehalt im Blut sinken (Rosenberger [10, 11]), (Steger u. a. [12]) schien es uns in

Tabelle 2

SCN^--Ausscheidungen in Kot, Harn und Milch ohne (a) und mit (b) SCN^--Verabreichung

	Kuh I			Kuh II			Kuh III		
	a	b	Differenz	a	b	Differenz	a	b	Differenz
Zusätzliche SCN^--Gabe mg	—	3000		—	4800			4800	
Kot SCN^- in mg	9,7	14,2	+ 4,5	15,8	16,1	+ 0,3	6,6	6,1	— 0,5
Harn SCN^- in mg	136,0	900,0	+ 764,0	177,0	1210,0	+ 1033,0	155,0	1115,0	+ 855,0
Milch SCN^- in mg	17,1	110,0	+ 92,2	23,5	88,4	+ 64,9	12,8	65,5	+ 52,7
Zusätzliche Ausscheidung bei SCN^--Gabe in mg			860,7			1098,2			907,2
Ausscheidung des zusätzlichen SCN^- in %			28,8			23,9			19,0

diesem Zusammenhang angezeigt, den Einfluß des Rhodanids auf diese Befunde zu überprüfen. Die Ergebnisse enthält Tabelle 3[1].

Ganz offensichtlich ist hier festzustellen, daß der anaemische Faktor des Markstammkohles nicht auf seinen Thiocyanatgehalt zurückzuführen ist.

Tabelle 3

Einfluß von KSCN-Gaben auf Hämoglobin, Erythrocyten Hämatokrit

Zeitpunkt der Untersuchung	Erythrocyten Mill.	Hämoglobin (SAHLI)	Hämatokrit %
Vor der SCN^--Fütterung	4,7–6,7 ∅ 6,44	70–76 ∅ 74	29–35 ∅ 32
Während der SCN^--Fütterung	5,9–6,8 ∅ 6,33	77–82 ∅ 78	33–35 ∅ 34
Nach der SCN^--Fütterung	6,23–7,46 ∅ 6,89	75–80 ∅ 78	30–36 ∅ 34

Der Rhodanidspiegel des Blutes und der Milch liegt bei rhodanidarmer Fütterung sehr niedrig. Wir fanden auch bei früheren Untersuchungen nur Werte zwischen 0,5 bis 2 mg SCN^-/1 l. Das Niveau zwischen Blut und Milch ist kaum unterschiedlich. Es ändert sich jedoch bei Zufütterung von Thiocyanat bzw. bei einem daran reichen Futter, wie auch aus Tabelle 4 hervorgeht.

Tabelle 4

Gegenüberstellung von SCN^--Werten in Milch und Blut

Kuh	Vor SCN^--Fütterung		Während SCN^--Fütterung		Nach SCN^--Fütterung	
	Milch mg/1 l	Blut mg/1 l	Milch mg/1 l	Blut mg/1 l	Milch mg/1 l	Blut mg/1 l
I	4,0	3,37	9,6	16,8	2,01	2,66
II	1,44	1,14	5,8	14,0	1,56	1,45
III	1,36	1,26	5,7	12,6	1,45	1,33

Der Rhodanidspiegel des Blutes erhöht sich dann um ein Mehrfaches. Nach Absetzen der Rhodanidgaben klingen die Gehalte in Milch und Blut sehr rasch ab. Schon nach 2 Tagen werden wieder Normalwerte erreicht. Auch nach größeren Markstammkohlgaben liegen die Rhodanidausscheidungen in Milch und Blut etwa auf gleicher Höhe wie bei diesem Versuch. Damit ist die dort beobachtete Anaemie (ROSENBERGER [11, 12]) nicht auf diesen Inhaltsstoff zurückzuführen.

2.3.4. Jod

Da das Rhodanid infolge seiner antithyreoidalen Eigenschaften gewissermaßen als Antagonist des Jodes betrachtet werden kann, fütterten wir der Kuh III

[1] Für die Durchführung dieser Untersuchungen möchten wir Herrn Dr. B. BUSCH, Arbeitsgruppe Immunogenetik des Institutes danken.

Tabelle 5

Gegenüberstellung der Gesamtjodwerte in Milch und Blut

Kuh	Vor SCN⁻-Fütterung		Während SCN⁻-Fütterung		Nach SCN⁻-Fütterung nach 2 Tagen		Nach SCN⁻-Fütterung Nach 14 Tagen	
	Milch mg/100 ml	Blut mg/100 ml	Milch mg/100 ml	Blut mg/100 ml	Milch mg/100 ml	Blut mg/100 ml	Milch mg/100 ml	Blut mg/100 ml
I	1,6	4,1	1,3	3,8	2,9	5,1	2,1	4,5
II	2,0	3,2	1,9	3,7	3,6	4,5	1,8	3,7
III	1,9	2,9	12,0	27,1	54,6	19,8	3,4	4,1

neben 8 g KSCN (= 4,8 SCN^-) 30 mg KJ zu, um die Auswirkungen gegenüber Kuh II zu beobachten. Die Jodspiegel in Blut und Milch sind in Tabelle 5 enthalten.

Die Ergebnisse deuten an, daß sich der Jodspiegel durch Rhodanidbeifütterung leicht zu senken scheint. Deutlich allerdings macht sich bemerkbar, wie unmittelbar nach Absetzen der Thiocyanatfütterung der Jodgehalt in Milch und Blut ansteigt. Daß tatsächlich eine solche Reaktion vorhanden ist, erkennt man an Kuh III, die zusätzlich eine Jodgabe erhielt. Die maximale Jodausscheidung erfolgt erst, nachdem das Tier kein Rhodan mehr erhielt. 14 Tage danach war der Jodspiegel wieder normal. Zu einem ganz ähnlichen Ergebnis kamen auch PIRONEN und VIRTANEN [9] in ihren Milchuntersuchungen. Auf Grund dieser Beobachtung vermuten sie einen Mechanismus, der die Jodidaufnahme der Milchdrüse regelt

2.3.5. Vitamin A und Carotin

Da der Vitamin-A-Gehalt und die Umwandlung des Carotins mit der Schilddrüsenfunktion in enger Beziehung stehen, und diese von Rhodanid beeinflußt wird, sollten in diesem Versuch auch diese Auswirkungen untersucht werden.

Die in Tabelle 6 für Blut und Milch vor und während der SCN^--Fütterung einander gegenübergestellten Ergebnisse scheinen dafür zu sprechen, daß eine Verringerung an Vitamin A und Carotin eintritt, obwohl KEMMERER u. a. [8] durch Gaben von Thiouracil, Thyroxin und Jodcasein an Kühe keine Beeinflussung des Vitamin-A-Spiegels im Plasma feststellen konnten.

Tabelle 6

Vitamin-A- und Carotingehalt in Blutplasma vor und während einer SCN^--Fütterung an Rinder

Kuh	Vor SCN⁻-Fütterung Carotin mg/100 ml		Vor SCN⁻-Fütterung Vitamin A IE/100 ml		Während SCN⁻-Fütterung Carotin mg/100 ml		Während SCN⁻-Fütterung Vitamin A IE/100	
	Milch	Blut	Milch	Blut	Milch	Blut	Milch	Blut
I	0,0083	0,34	146	95	0,0054	0,405	128	83,5
II	0,0087	0,44	158	92,6	0,0036	0,360	140	80,2
III	0,0066	0,45	108	102,5	0,0035	0,278	109	92,5

Zusammenfassung

Durch Fütterung von SCN^- an Kühe wurde festgestellt, daß dadurch die Verdaulichkeit der Nährstoffe unverändert bleibt. Nur 20 bis 25% des eingenommenen Rhodans werden wieder ausgeschieden. Etwa 90% davon ist im Urin, der Rest in der Milch vorhanden. Der Kot enthält nur geringe Mengen. Der Rhodanidspiegel im Blut liegt bei thiocyanatreicher Fütterung etwa 10mal, in der Milch dagegen nur etwa 5mal so hoch als normal. Der Jodgehalt in Milch und Blut scheint sich durch große Thiocyanatgaben zu verringern. Er steigt aber stark an, sobald das Futter kein Rhodanid mehr enthält. Auch der Carotin- und Vitamin-A-Gehalt von Blut und Milch scheint bei zusätzlicher Rhodanidverabreichung leicht abzusinken. Dagegen konnte kein Rückgang im Haemoglobingehalt und der Erythrocytenzahlen beobachtet werden. Da auch Markstammkohl nicht unbeträchtliche Mengen Rhodanid enthält, ist die dort bei reichlicher Fütterung beobachtete Anaemie nicht auf diesen Inhaltsstoff zurückzuführen.

Резюме

При скармливании коровам SCN^- было установлено, что переваримость питательных веществ от этого не изменяется. Только 20–25% принятого животными роданида выделяются ими обратно. Приблизительно 90% от этого количества находится в моче, остальное в молоке. Твердые экскременты содержат лишь незначительные количества роданида. Уровень роданида в квови при кормлении, обильном тиоцианатом, приблизительно в 10 раз выше, а в молоке в 5 раз выше, по сравнению с нормальным. Содержание иода в молоке и в крови животных под влиянием больших доз тиоцианата обнаруживает понижение, но как только прекращается придача роданида в корм, оно сильно повышается. Содержание каротина и витамина А в крови и в молоке животных при скармливании роданида несколько понижается. В содержании гемоглобина и в количестве эритроцитов снижения не наблюдалось. Так как кормовая капуста содержит в себе значительные количества роданида, то наблюдаемую при обильном кормлении ею анемию у животных невозможно объяснить влиянием этого элемента.

Summary

The digestibility of nutrients was found to remain unchanged if cows were fed SCN^-. As little as 20% to 25% of the amount of thiocyanate administered were excreted. About 90% of this amount were contained in the urine, the remainder was found in the milk. Faeces contained only small amounts of SCN. On feeding a high-thiocyanate diet the thiocyanate level in blood was about 10 times as high as normal while in milk it was only 5 times above normal. Following the administration of large doses of thiocyanate the iodine content of milk and blood seemed to be reduced but rose markedly as soon as supplementation with thiocyanate was discontinued. Similarly, the content of carotene and vitamin A in blood and milk appeared to be slightly decreased if thiocyanate supplements were fed whereas no decrease was found to occur in the number of erythrocytes and the hemoglobin content. Since marrowstem kale contains quite considerable amounts of thiocyanate cases of anaemia occurring after abundant feeding of marrowstem kale are not accounted for by this dietary constituent.

Literaturverzeichnis

[1] Barker, H.: J. Am. Med. Assoc. **106**, 762 (1936)
[2] Bessey, O. A., O. H. Lowry, M. J. Brock and J. A. Lopez: J. biol. Chem. **166**, 177 (1946)
[3] Bethe, K., und W. Savelsberg: Biochem. Z. **320**, 431 (1949/50)
[4] Boyer, P. D., R. Spitzer, C. Jensen and H. P. Philips: zitiert nach Hoppe Seyler, Handb. der physiolog. patholog.-chem. Analyse III/2 und Springer Berlin, Göttingen, Heidelberg (1955)
[5] Connor, A. C., R. E. Swensen, C. W. Park, E. C. Ganghoff, R. Liebermann, G. H. Curtis: Surgery **25**, 510 (1949, zitiert nach Hinsberg-Lang, Med. Chemie Urban & Schwarzenberg, München, Berlin, Wien (1957)
[6] Gmelin, R., und A. Virtanen: Acta Chem. Scand. **14**, 507 (1960)
[7] Hallmann, L.: Klin. Chemie und Mikroskopie. Verl. G. Thieme, Leipzig (1947)
[8] Kemmerer, A. R., R. A. Bolomey, M. G. Vavich and R. N. Davies: Proc. Soc. exp. Biol. Med. **63**, 309 (1946)
[9] Pironen, E., und A. Virtanen: Ztschr. f. Ernährungswissenschaft 140–147 (1963)
[10] Rosenberger, G.: Habilschrift Hannover (1942)
[11] Rosenberger, G.: Deutsche Tierärztl. Wochenschr. **51**, 63–67 (1943)
[12] Steger, H., B. Piatkowski, B. Busch, F. Püschel: Arch. f. Tierernährung **14**, 113–126 (1964)
[13] Vilkki, P.: Ann. Acad. Sci. Fennical A II Nr. 71 (1956)

Eingegangen: 19. 11. 1964

Aus dem Institut für Tierernährung und Landw. Chemie der Universität Rostock
(Direktor: Prof. Dr. agr. habil. S. POPPE)

S. POPPE

Über den Einfluß von Diäthylstilboestrol auf den Stoffwechsel von Mastbullen

2. Mitteilung

Perorale Applikation von Diäthylstilboestrol

Einleitung

Die hohe Widerstandskraft der synthetischen Östrogene gegen Verdauungsenzyme und gegenüber den Fermentsystemen der Leber ermöglicht eine perorale Applikation dieser Präparate. Die ersten Versuche, Stilboestrol peroral zu verabfolgen, wurden von BURROUGHS und Mitarbeitern (1954) durchgeführt. Ochsen mit einem Anfangsgewicht von 300–350 kg erhielten täglich durch ein speziell zubereitetes Mischfutter 2,5, 5 bzw. 10 mg Stilboestrol pro Tier. Die Versuchsdauer war auf 36–84 Tage bemessen. Das Präparat erhöhte die Zunahmen der Versuchstiere um 35% gegenüber den Kontrolltieren, wobei pro kg Zuwachs rund 20% Futter weniger verbraucht wurden. Die besten Ergebnisse wurden mit Dosen von 10 mg erreicht. 1955 berichtete W. BURROUGHS (1955) über weitere Versuche mit Ochsen, denen peroral Stilboestrol verabfolgt wurde. Die Versuche dauerten 112 bis 120 Tage, es wurden Tiere mit einem Anfangsgewicht von 290–370 kg benutzt. Durch den Einfluß des Präparates wurden in allen Versuchen bei verschiedenen Rationen eine Steigerung der Zunahmen von durchschnittlich 20% erreicht. Bei Dosen von 10–20 mg/Tier/Tag waren die Zunahmen höher als bei den niedrigeren Dosen.

Die Ergebnisse dieser Versuche wurden sehr schnell in die Praxis der Mast von Fleischvieh eingeführt. 1954 wurde durch die entsprechenden Verwaltungsstellen der USA die Aufnahme von Stilboestrol in die industriegefertigten Rindermastfuttermittel erlaubt. Aber bereits im Herbst 1955 wurden mehr als 5 Millionen Rinder, die unter Anwendung von Stilboestrol gemästet wurden, geschlachtet POPOW, J. S. 1957).

Da Stilboestrol in reiner Form ein physiologisch sehr stark wirksamer Stoff ist, hat man die Verwendung des reinen Präparates für die selbständige Anfertigung von Futtermischungen verboten. Das Recht, mit reinen Präparaten zu arbeiten, haben nur einige Betriebe und Laboratorien. Diese Betriebe stellen die „erste Mischung" her, indem sie 10 g Stilboestrol mit 4536 g Sojamehl und einer geringen Menge Pflanzenöl gut vermischen. Dieses „Konzentrat" kommt mit der Bezeichnung „Stilbesol" in die Futtermittelfabriken, die damit Mischfutter für die Rindermast herstellen. Der Stilboestrolgehalt dieser Futtermittel ist so berechnet, daß bei einer täglichen Gabe von etwa 2 kg das Tier 10 mg Stilboestrol erhält.

In der Sowjetunion wurden 1956 von M. J. MICHEJEW (1959) die ersten Mastversuche mit Stilboestrol durchgeführt. Von ihm wurde ebenfalls eine Methode ausgearbeitet, um das Stilboestrol peroral mit dem Mischfutter verabfolgen zu können. Das Stilboestrol wurde hier an Leinölkuchen gebunden und erhielt die Bezeichnung „Desbosol". Dieses Gemisch enthält in 5 g Leinölkuchen 10 mg Stilboestrol. MICHEJEW (1959) fand in Versuchen mit Ochsen der Cholmogorer Rasse in einem 45tägigen Versuch durch Verfütterung von 5 mg Stilboestrol/Tag Mehrzunahmen von 36% gegenüber den Kontrolltieren.

J. L. SEMAK (1957) untersuchte den Einfluß verschiedener Stilboestroldosen bei der Mast mit Naßschnitzeln. Die Versuche dauerten 80 Tage, wobei Dosen von 8 und 12 mg Stilboestrol/Tier/Tag verabreicht wurden. In der Versuchsperiode konnten die Tiere, die 12 mg Stilboestrol erhielten, 19 kg, die 8 mg erhielten um 8 kg mehr zunehmen als die Kontrolltiere. Ähnliche Versuche wurden in der Sowjetunion von KLETUSCHKIN (1959), MOSGOWAJA (1957), ALEINIKOW (1959), ASARJOW (1959) u. a. durchgeführt. Bei der Rindermast werden von den verschiedenen Autoren Stilboestrolmengen in Höhe von 2,75–12 mg/Tier/Tag verabfolgt. Die Mehrzahl der Autoren jedoch bevorzugen Dosen in Höhe von 10 mg Stilboestrol/Tier/Tag, da sich diese Menge als optimale Dosis für Mastrinder mit einem Gewicht zwischen 200 und 400 kg erwiesen hat (ANDREWS 1956, BEESON 1958, BRÜGGEMANN 1958, CLEGG 1957, DEANS 1956, HALAMA 1958, O'MARY 1959).

Mit diesen Stilboestrolmengen wurden Erhöhungen der Gewichtszunahmen bis zu 39% gegenüber den Kontrolltieren erreicht, wobei Futtereinsparungen pro kg Zuwachs bis zu 22% erreicht wurden. Die folgende Tabelle, in die die Versuchsergebnisse einiger Autoren zusammengefaßt sind, soll dies deutlich machen.

In den vorliegenden Untersuchungen sollte nun der Einfluß peroraler Stilboestrolgaben auf die Zunahmen und den Stoffwechsel von Mastbullen geprüft werden.

Autor	Tierart	Dosis mg/Tag	Erhöhung der Zunahmen gegenüber den Kontrolltieren %	Futtereinsparung pro kg Zuwachs gegenüber den Kontrolltieren %
HENTGES (1955)	Jährlingsochsen	10,0	23,0–38,7	9,1–22,1
ADAMS (1955)	Ochsen 300–400 kg	10,0	9,7–21,1	13,3–16,2
PERRY (1955)	Ochsen 420 kg	10,0	13,3	11,0
DEANS (1956)	Jährlingsochsen	10,0	14,7	11,6
BEESON (1959)	Ochsen 360 kg	10,0	11,9	8,8
BEESON (1956)	Ochsen	10,0	0–14,4	0–8,4
ANDREWS (1954)	Kälber 220 kg	10,0	19,0	11,8
STOTHERS (1956)	Ochsen 210 kg	10,0	5,0	7,3
HEINEMANN (1956)	Jährlingsochsen	10,0	24,3	12,0
ALBERT (1956)	Ochsen	7,5	12,8	?
SMITH (1956)	Bullen 240 kg	5,0		
SMITH (1956)	Bullen 300 kg	10,0	12,8	4,9
BURROUGHS (1955)	Ochsen und Sterken	2,75–11,0	9,1–37,2	5,1–19,5
MOSGOWAJA (1957)	Rinder	10,0	15,0	12,5

Versuchsdurchführung und Fütterung

Für den Versuch standen 10 Mastbullen zur Verfügung, die uns vom VEG Vorder-Bollhagen (Kr. Bad Doberan) überlassen wurden. Die Tiere konnten sich etwa 10 Tage an die Bedingungen des Versuchsstalles gewöhnen und wurden dann in zwei annähernd gleiche Gruppen zu je fünf Tieren eingeteilt. Das Durchschnittsgewicht der Kontrolltiere betrug 239,6 kg (von 227 bis 247 kg), das der Versuchstiere entsprechend 243,2 kg (von 233 bis 258 kg).

Nach einer 20tägigen Vorperiode begann der eigentliche Versuch, der 90 Tage dauerte. Während des Versuches und bei der Ausschlachtung wurden folgende Untersuchungen durchgeführt:

1. Ermittlung der Lebendgewichtszunahmen
2. Ermittlung des Futterverzehrs
3. Beurteilung der Fleischqualität der geschlachteten Tiere
4. Bestimmung der Verdauungskoeffizienten einiger Nährstoffe
5. Bestimmung der N-, Ca- und P-Bilanzen

Das Diäthylstilboestrol wurde Tieren der Versuchsgruppe täglich während des Hauptversuches in öliger Emulsion verabreicht. Die Dosierung betrug 10 mg/Tier/Tag.

Der Futterverzehr der einzelnen Tiere und die Struktur der Rationen in den einzelnen Mastabschnitten ist aus der Tabelle 1 ersichtlich.

Tabelle 1

Durchschnittliche Tagesrationen (in kg Tr.-S.)

	Vorversuch		Hauptversuch					
	20 Tage		1. bis 30. Tag		31. bis 60. Tag		61. bis 90. Tag	
Heu	0,93		1,09		1,09		1,09	
Trockenschnitzel	2,39		2,79		3,28		3,52	
Kraftfutter	1,84		1,82		1,83		1,83	
insgesamt	5,16		5,70		6,21		6,44	
Futterverbrauch	K	V	K	V	K	V	K	V
pro kg Zuwachs	5,06	4,99	3,94	3,38	4,29	3,90	4,71	5,11

Die Tiere wurden individuell gefüttert und der Futterverzehr wurde für jedes Tier ermittelt. Die Tabelle ist nicht unterteilt in Versuchs- und Kontrollgruppe, da die Tiere beider Gruppen die vorgegebenen Rationen aufnahmen, ohne Reste zu lassen. Das Kraftfuttergemisch bestand wie in unserem ersten Versuch aus 10% Rapsextraktionsschrot, 32% Erdnußexpeller, 40% Mais, 15% Kleie und 3% Mineralstoffgemisch für Rinder.

Der Gehalt der Futtermittel an Rohnährstoffen ist in der Tabelle 2 angegeben. Die angeführten Ergebnisse stellen Durchschnittswerte mehrerer Analysen dar.

In der Tabelle 3 sind die Gewichtszunahmen der Versuchs- und Kontrolltiere dargestellt.

Tabelle 2

Rohnährstoffgehalt (in % der Tr.-S.)

	Organische Substanz	Roh-protein	Rohfaser	Rohfett	NFE
Heu	94,03	10,99	30,24	2,10	50,70
Kraftfutter	93,26	27,06	4,88	2,24	59,08
Trockenschnitzel	96,08	10,18	17,78	0,38	67,74

Tabelle 3

Gewichtszunahmen in den einzelnen Mastabschnitten

	Vorversuch	Hauptversuch			
	20 Tage	1.–30. Tag	31.–60. Tag	61.–90. Tag	insgesamt
Kontrollgruppe					
Zunahmen in kg	20,4	43,4	43,4	41,0	127,8
Tageszunahmen in g	1020	1447	1447	1367	1420
Versuchsgruppe					
Zunahmen in kg	20,7	50,6	47,8	37,8	136,2
Tageszunahmen in g	1035	1687	1595	1260	1513
Versuchsgruppe in % zur Kontrollgruppe	101,5	116,6	110,1	92,2	106,6

Wie aus der Tabelle zu ersehen ist, liegen die Zunahmen bei beiden Gruppen im Durchschnitt des Hauptversuches über 1400 g und sind als sehr gut anzusehen. Mit Ausnahme des letzten Mastabschnittes ist ein deutlicher Vorteil der Versuchstiere zu erkennen.

Die Versuchstiere erreichten um 6,6% höhere Zunahmen als die Kontrolltiere. Ebenso ergibt sich bei der Betrachtung des Futterverbrauches pro Kilogramm Zuwachs ein deutlicher Vorteil der Verbrauchstiere (Tabelle 1). Die Kontrolltiere benötigten im Durchschnitt des Hauptversuches 4,31 kg Futtertrockensubstanz, während die Versuchstiere nur 4,13 kg oder um 4,18% weniger benötigen.

Die Ausschlachtungsergebnisse sind in Tabelle 4 dargestellt:

Tabelle 4

Ergebnisse der Ausschlachtung in kg

	Mastend-gewicht	Schlachthof-gewicht	Gewicht des Schlacht-körpers	Schlacht-ausbeute in %
Kontrollgruppe	367,4	360,2	204,6	56,80
Versuchsgruppe	379,4	371,4	214,2	57,67

Die Tabelle zeigt, daß sich der Vorteil der Diäthylstilboestrolgruppe bei der Ausschlachtung nicht vermindert hat. Ebenso zeigen die Fleischanalysen, die in Tabelle 5 zusammengefaßt sind, keine wesentlichen Unterschiede zwischen Kontroll- und Versuchsgruppe.

Tabelle 5

Chemische Zusammensetzung des Fleisches in(% der Frischsubstanz)

	Wasser	Rohasche	Rohfett
Kontrollgruppe	75,60	1,04	4,60
Versuchsgruppe	75,51	1,08	3,77

Durch die Diäthylstilboestrolapplikation wurden also 8,4 kg Lebendgewicht mehr produziert. Dieser Vorteil erfährt bei der Ausschlachtung keine Einschränkung. Wie auch aus den Fleischanalysen zu ersehen ist, handelt es sich also um einen echten Mehrzuwachs, um Fleischansatz. Der endgültige Beweis dafür ist allerdings erst durch die Stickstoffbilanz zu erbringen.

Einfluß von Diäthylstilboestrol auf den Stoffwechsel

Ebenso wie im ersten Versuch wurden auch hier einige stoffwechselphysiologische Untersuchungen während des Versuchs durchgeführt. In allen Dekaden wurden die Verdauungskoeffizienten der organischen Substanz, des Rohproteins und der Rohfaser sowie die N-, Ca- und P-Bilanz ermittelt.

In der folgenden Tabelle 6 sind die Verdauungskoeffizienten für die einzelnen Versuchsdekaden jeweils als Gruppenmittelwerte angegeben.

Betrachtet man die Durchschnittswerte für alle 9 Dekaden, so wird deutlich, daß die perorale Applikation von Diäthylstilboestrol keinerlei Einfluß auf die Verdaulichkeit hatte. Die entsprechenden Verdauungskoeffizienten für NFE und Rohfett wurden hier nicht ermittelt, da ja aus den früheren Untersuchungen (Poppe 1964) hervorging, daß diese beiden Nährstoffgruppen durch Diäthylstilboestrolapplikation nicht beeinflußt werden. In diesem Versuch wird demzufolge bestätigt, daß Diäthylstilboestrol keinen Einfluß auf die Verdaulichkeit der Nährstoffe hat, ganz gleich, ob es peroral oder subcutan appliziert wird.

Die N-Bilanz, die in Tabelle 7 dargestellt ist, entscheidet letzten Endes darüber, ob der bei den Lebendgewichtszunahmen erreichte Mehrzuwachs als Fleischansatz oder evtl. nur als Wasseransatz zu werten ist.

Aus der Tabelle ist zu ersehen, daß Versuchs- und Kontrolltiere im Vorversuch (Dekade 0) praktisch gleiche N-Mengen retinierten. Durch die Diäthylstilboestrolapplikation erhöhte sich die N-Retention der Versuchstiere bis einschließlich zur 5. Versuchsdekade zum Teil recht erheblich. Von der 6. bis 8. Versuchsdekade liegen die Kontrolltiere in der N-Retention knapp über der Versuchsgruppe. Diese Tatsache läßt sich gut mit den Lebendgewichtszunahmen in Einklang bringen.

Tabelle 6

Verdauungskoeffizienten der Organischen Substanz des Rohproteins und der Rohfaser der Ration

Dekade	Vorversuch	Hauptversuch 1	2	3	4	5	6	7	8	9	1. bis 9. ∅
Kontrollgruppe											
Organische Substanz	79,09	77,24	79,47	78,87	78,28	76,83	77,82	76,12	78,33	76,90	77,76
Rohprotein	72,42	67,12	70,25	66,46	64,90	62,63	65,69	65,06	69,99	65,65	66,42
Rohfaser	74,19	68,61	74,27	71,45	70,46	67,55	72,17	66,65	68,71	70,34	70,02
Versuchsgruppe											
Organische Substanz	78,72	76,82	79,69	78,99	77,53	77,11	76,82	76,01	78,42	79,14	77,84
Rohprotein	72,34	67,60	71,82	67,51	64,13	64,67	64,37	64,48	69,54	66,24	66,71
Rohfaser	71,13	68,37	72,30	71,73	69,98	69,09	70,57	68,32	69,46	70,37	70,02

Tabelle 7

N-Bilanz

Dekade	0	1	2	3	4	5	6	7	8	9	1. bis 9. ∅
Kontrolle											
aufgenommen in g	140,47	145,89	142,70	133,11	138,70	141,12	140,79	143,03	156,93	145,67	143,11
ausgeschieden im Kot in g	51,49	48,09	43,15	45,65	48,39	54,47	47,42	49,55	47,66	50,22	48,29
ausgeschieden im Harn in g	29,98	38,71	44,77	40,23	38,22	38,88	41,92	42,42	42,71	51,13	42,11
retiniert in g	59,00	59,09	54,78	47,23	52,09	47,77	51,45	51,06	66,56	44,32	52,71
retiniert in %	42,00	40,50	38,39	35,48	37,56	33,85	36,54	35,70	42,41	30,42	36,83
Versuch											
aufgenommen in g	143,88	145,11	142,70	139,57	141,91	141,12	141,36	143,03	159,46	150,63	144,99
ausgeschieden im Kot in g	53,54	47,02	40,21	45,35	50,91	49,86	50,36	50,80	48,57	50,85	48,21
ausgeschieden im Harn in g	31,95	34,29	34,66	37,27	36,72	38,17	41,98	43,91	46,03	52,63	40,63
retiniert in g	58,39	63,80	67,83	56,95	54,28	53,09	49,02	48,32	64,86	47,15	56,15
retiniert in %	40,58	43,97	47,53	40,80	38,25	37,62	34,68	33,78	40,67	31,30	38,73

Tabelle 8

Ca-Bilanz

Dekade	0	1	2	3	4	5	6	7	8	9	1. bis 9. Ø
Kontrolle											
aufgenommen in g	37,45	43,07	42,86	44,69	47,62	46,52	45,48	47,05	51,42	52,56	46,81
ausgeschieden im Kot in g	27,14	32,16	28,50	28,92	35,40	38,00	34,42	36,74	37,43	44,18	35,08
ausgeschieden im Harn in g	0,42	0,75	0,54	0,46	0,36	0,48	0,73	0,54	0,86	0,90	0,62
retiniert in g	9,93	10,16	13,82	15,31	11,86	8,04	10,33	9,77	13,13	7,48	11,11
retiniert in %	26,52	23,59	32,24	34,26	24,91	17,28	22,71	20,77	25,53	14,23	23,73
Versuch											
aufgenommen in g	37,75	42,81	42,86	45,85	48,30	46,52	45,55	47,05	51,78	53,22	47,10
ausgeschieden im Kot in g	27,56	31,40	26,33	28,97	37,59	36,72	35,43	37,60	38,37	43,86	35,14
ausgeschieden im Harn in g	0,49	0,51	0,33	0,34	0,26	0,43	0,47	0,43	0,85	0,78	0,49
retiniert in g	9,70	10,90	16,20	16,54	10,45	9,37	9,65	9,02	12,56	8,58	11,47
retiniert in %	25,70	25,46	37,80	36,07	21,64	20,14	21,19	19,17	24,26	16,12	24,35

Tabelle 9

P-Bilanz

Dekade	0	1	2	3	4	5	6	7	8	9	1. bis 9. Ø
Kontrolle											
aufgenommen in g	20,37	21,92	22,34	22,47	21,77	21,60	19,82	19,07	19,01	19,23	20,80
ausgeschieden im Kot in g	10,64	10,74	10,95	11,25	12,40	14,14	10,63	11,00	11,07	12,26	11,60
ausgeschieden im Harn in g	1,32	1,34	1,99	1,70	1,13	1,05	0,68	1,31	0,94	1,05	1,24
retiniert in g	8,41	9,86	9,40	9,52	8,24	6,41	8,51	6,76	7,00	5,92	7,96
retiniert in %	41,29	44,98	42,08	42,37	37,85	29,68	42,94	35,45	36,82	30,79	38,27
Versuch											
aufgenommen in g	20,77	21,76	22,34	23,29	22,24	21,60	19,94	19,07	19,24	19,69	21,02
ausgeschieden im Kot in g	11,31	10,74	10,26	11,51	12,89	12,71	11,16	11,63	11,66	12,42	11,66
ausgeschieden im Harn in g	0,75	0,78	1,00	1,26	0,53	0,88	0,64	0,38	0,50	0,87	0,76
retiniert in g	8,71	10,24	11,08	10,52	8,82	8,01	8,14	7,06	7,08	6,40	8,60
retiniert in %	41,94	47,06	49,60	45,17	39,66	37,08	40,82	37,02	36,80	32,50	40,91

Im Durchschnitt der 9 Versuchsdekaden wurden von den Versuchstieren 3,39 g N mehr retiniert als von den Kontrolltieren, oder die N-Retention stieg durch Diäthylstilboestrol um 6,6% an. Die Gewichtszunahmen lagen bei der Versuchsgruppe ebenfalls um 6,6% höher, so daß hier eine gute Übereinstimmung vorliegt. Auch in diesem Versuch liegt demzufolge ein echter Mehrzuwachs, d. h. Fleischzuwachs vor. In den Tabellen 8 und 9 sind die Ergebnisse der Mineralstoffbilanzen (Ca und P) dargestellt.

Aus der Tabelle 8 ist ersichtlich, daß die Ca-Retention mit 24,3% bei den Versuchstieren nur wenig über der der Kontrolltiere lag, relativ retinierten die Versuchstiere im Durchschnitt des Versuches um 3,2% mehr Ca als die Kontrolltiere.

Die P-Retention wird durch Diäthylstilboestrol deutlich günstiger beeinflußt. In allen Dekaden, mit Ausnahme der sechsten, wurden von den Versuchstieren größere P-Mengen retiniert als von den Kontrolltieren. Insgesamt retinierten die Versuchstiere um 8% P mehr als die Kontrolltiere.

Zusammenfassung

In einem 110 Tage währenden Bilanzversuch mit zehn Mastbullen wurde der Einfluß peroraler Diäthylboestrolgaben (10 mg/Tier/Tag) auf die Gewichtszunahmen und den Stoffwechsel der Tiere untersucht.

Durch die Diäthylstilboestrolapplikation wurde eine Lebendgewichtszunahme von ca. 6% erreicht, die auch bei der Ausschlachtung erhalten blieb. Die Betrachtung der N-Bilanz bestätigt, daß es sich um echte Mehrzunahmen handelt, da ebenfalls von den Versuchstieren 6% N mehr retiniert wurden.

Резюме

В балансовых опытах, продолжавшихся 110 дней, с десятью откормочными быками исследовалось влияние диэтилстильбоестроля (в количестве 10 мг. в день на голову) на привес и обмен веществ у этих животных.

Путем применения диэтилстильбоестроля был достигнут прирост живого веса приблизительно на 6%, причем этот прирост остался выраженным в тех же пределах и при забое. Исследование баланса азота подтвердило, что в опытах имело место подлинное увеличение привеса, так как у опытных животных удержание N тоже было выше на 6%.

Summary

10 fattening bulls were subjected to a 110-day balance experiment to study the influence of an oral administration of diethylstilbestrol (given in doses of 10 mgm per animal/day) on the metabolism and weight gain of these animals.

Administration of diethylstilbestrol resulted in a live weight gain of about 6% which was not reversed after slaughtering. Studies on the nitrogen balance showed that this could be considered a true surplus weight gain since the experimental animals also retained 6% more N.

Literaturverzeichnis

ADAMS, C. R., W. M. REYNOLDS, W. C. SHERMANN and H. G. LUTHER: Journ. animal sci. **14**, 1242 (1955)

ALBERT, W. W., and A. L. NEUMANN: Journ. animal sci. **15**, 1238 (1956)

ALEINIKOW, G., und A. POPOW: Östrogene erhöhen die Zunahmen bei Rindern (russ.). Shurn. molotsch. i miasn. Shiwotnowodtswo **1** (1959)

ANDREWS, F. N., W. M. BEESON and F. D. JOHNSON: Journ. animal sci. **13**, 99 (1954)

ANDREWS, F. N., M. STOB, T. W. PERRY and W. M. BEESON: Journ. animal sci. **15**, 575 (1956)

ASAROW, G. S., Diäthylstilboestrol – eine Reserve zur Erhöhung der Rindfleischproduktion (russ.). Shiwotowodstwo **5** (1959)

BEESON, W. M.: Die Rolle der Ernährung und der Antibiotika bei der Anwendung von Hormonen (russ.). Nowoje vkormlenij selskochos-shiwotnych Moskau Bd. II, 264 (1958)

BEESON, W. M., T. W. PERRY, F. N. ANDREWS, W. H. SMITH and M. STOB: Journ. anim. sci. **15**, 1240 (1956)

BRÜGGEMANN, J., K. BARTH und H. KARG: Z. f. Tierern. u. Futtermittelk. **13** (**6**), 367–378 (1958)

BURROUGHS, W., C. C. CULBERTSON, J. KASTELIE, E. CHENG and W. HALE: J. of .Sci. **12**, 3106 (1954)

BURROUGHS, W., C. C. CULBERTSON, E. CHENG, W. H. HALE and P. HOMEYER: Journ. animal sci. **14**, 1015 (1955)

CLEGG, M. T., and F. D. CARROLL: Journ. animal sci. **16**, 662 (1957)

DEANS, R. J., W. J. VAN ARSDELL, E. P. REINECKE and L. J. BRATZLER: Journ. animal sci. **15**, 1020 (1956)

HALAMA, A. K.: Hormonale Rindermast. Wien. tierärztl. Monatsschr. **45**, 12 (1958)

HEINEMANN, W. W., and C. R. KYD: Journ. animal sci. **15**, 1302 (1956)

HENTGES, J. F., A. J. BLACK, C. A. TUCKER and T. J. CUNHA: Journ. animal sci. **14**, 1207 (1955)

KLEUTSCHKIN, N. M.: Die Mast von Ochsen der kalmijzer Rasse mit Stilboestrol (russs.). Selskoe chosaistw. Powolschja **5** (1959)

MICHEJEW, M. N., und I. S. BUSJEW: Rindermast mit Rationen, deren Proteinanteil teilweise durch Harnstoff ersetzt wurde und mit Anwendung von Östrogenen (russ.). Westnik s. ch. nauk **5** (1959)

MOSGOWAJA, R. P., W. J. SOLOWJOW, N. W. SADOWNIKOWA und A. H. IWANOWA: Die Anwendung von Stilböstrol bei Mast von Rindern und eine Methode zur Bestimmung seines Gehaltes im Fleisch (russ.). Dokladi Waschnil'a **8**, 8 (1957)

O'MARY, C. C., A. E. CULLISON and G. CARMON: Journ. animal sci. **18**, 14 (1959)

FERRY, T. W., W. M. BEESON, F. N. ANDREWS and M. STOB: Journ. anim. sci. **14**, 329 (1955)

POPOW, J. S.: Antibiotika und östrogene Präparate als Stimulatoren beim Wachstum und der Mast (russ.). Iswestija TSCHA **6** (1957)

POPPE, S.: Arch. f. Tierern. **14**, 251 (1964)

POPPE, S.: Arch. f. Tierern. **10**, 209 (1960)

SEMAK, J. L.: Einfluß von Diäthylstilboestrol auf die Erhöhung der Fleischleistung bei Jungtieren (russ.). Shiwotnowodstwo **5**, 54 (1957)

SMITH, M. E., H. E. SCHEID and L. T. WILSON: Journ. animal sci. **15**, 1239 (1956)

STOTHRES, S. C., and E. W. STRINGAM: Journ. animal sci. **15**, 1293 (1956)

Anschrift des Verfassers:
Doz. Dr. habil. Siegfried Poppe, Rostock, Justus-von-Liebig-Straße

Eingegangen: 17. 2. 1965

Institut für Tierphysiologie und Tierernährung
der Polnischen Akademie der Wissenschaften Jablonna bei Warszawa
(Direktor: Prof. Dr. Dr. h. c. J. KIELANOWSKI)

A. ZIOŁECKI und MARIA WOJCIECHOWICZ

Untersuchungen über die pektinolytische Aktivität des Panseninhalts

Pektine bilden einen beträchtlichen Teil der Stoffgruppe Kohlenhydrate im Futter für Wiederkäuer. Der Pektingehalt z. B. im Grünfutter beträgt auf Trockensubstanz bezogen von 1,5% in Trespe bis 9,0% im Weißklee (PRESSEY und Mitarb., 1960), doch sind die Untersuchungen über den Pektinabbau im Pansen von Wiederkäuern noch spärlich. Seit den Forschungen von LEROY und MICHAUX (1949) ist es bekannt, daß Pektinstoffe im Pansen von Schafen zersetzt werden. MICHAUX (1951) schätzte das Ausmaß der Zersetzung auf 75 bis 90%, ohne jedoch den Situs dieses Vorganges zu bezeichnen.

Die Pektinstoffe erregten auch eine gewisse Aufmerksamkeit im Zusammenhang mit den Forschungen über die Ätiologie der Auftreibung beim Rindvieh, da sie in erster Linie für die Entstehung eines beständigen Schaumes im Pansen verantwortlich sind (CONRAD u. Mitarb., 1958, 1961; HEAD, 1959; PRESSEY u. Mitarb., 1963).

PRESSEY u. Mitarb. (1960) beobachteten einen ziemlich raschen Abbau der im Grünfutter enthaltenen Pektinstoffe sowohl in vivo als auch in vitro (bebrütet mit Pansenflüssigkeit).

Soweit es sich um die Mikroorganismengruppen handelt, die am Pektinabbau beteiligt sind, so wurde festgestellt, daß manche Protozöenspezies diese Fähigkeit aufweisen (WRIGHT, 1960; ABOU-AKKADA & HOWARD, 1961). Unlängst veröffentlichte HOWARD (1961) einen Kurzbericht über den Abbau von reinem Pektin durch Bakteriensuspension aus dem Panseninhalt.

Gegenstand der vorliegenden Arbeit ist ein Studium des Pektinabbaus in vitro mit dem Ziele, den Verlauf dieses Vorgangs und die pektinolytische Aktivität des Pansensaftes zu erforschen.

Ausführung des Versuches

Sechs fistulierte 1 Jahr alte Hammel von lokaler Zucht wurden als Versuchstiere gebraucht. Die Tiere wurden während der ganzen Versuchsdauer einheitlich gefüttert. Die Zusammensetzung der Tagesration war wie folgt:

Ammonisierte Trockenschnitzel	250 g
Trockenschnitzel	100 g
Hafer	200 g

Wiesenheu	500 g
Mineralstoffgemisch „MM"	20 g

Die Fütterung erfolgte zweimal täglich. Am Tage der Probenahme wurde, um Schwankungen des Panseninhalts zu vermeiden, auch die Wasseraufnahme kontrolliert, indem nach der Morgenfütterung alle Tiere 600 ml Wasser erhielten.

Verwendet wurde handelsübliches Pektin, gereinigt nach der Methode von JERMYN & TOMKINS (1950). Das reine Präparat enthielt: Wasser 11,85%, Asche 1,59%, reines Pektin berechnet als asche- und wasserfreie Substanz 76,5%, OCH_3-Gruppen 8,3%; die relative Viskosität einer 0,5%igen Lösung bei 30 °C betrug 6,26. Eine 2%ige Lösung des gereinigten Pektins wurde vorbereitet und 10 Minuten lang bei 80° sterilisiert.

Die Probeentnahmen aus dem Panseninhalt erfolgten unmittelbar vor der Morgenfütterung und danach viermal in einstündigen Intervallen (beginnend eine Stunde nach beendeter Futteraufnahme). 100 ml des entnommenen Pansensaftes wurden in vorgewärmte Thermosflaschen getan, und im Laboratorium durch acht Schichten Verbandmull filtriert. Der auf diese Weise vorbereitete Pansensaft wurde als „voller Pansensaft" bezeichnet. Zwecks Entfernung der Protozöen wurde der volle Pansensaft 5 Minuten lang bei etwa 1000 g zentrifugiert und anschließend durch eine Glasfilternutsche G 3 filtriert. Die Entfernung der Protozöen und Bakterien erzielten wir durch Zentrifugieren des Pansensaftes 30 Minuten lang bei etwa 5500 g.

Als Puffer diente eine 2%ige wässerige Lösung von $NaHCO_3$, sterilisiert durch Filtration durch eine bakteriendichte Filterkerze. Der Pektinlösung wurde die Pufferlösung zugegeben so daß die Endkonzentration 0,5% betrug.

Inkubation: Die Inkubation erfolgte in 250 ml Flaschen mit flachem Boden. Die Ansätze bestanden aus je 40 ml einer 2%igen Natriumbikarbonatlösung, einer 2%igen Pektinlösung und destilliertem Wasser. Das resultierende Gemisch wurde mit CO_2-Gas gesättigt, was einen pH-Wert von 6,9 ergab. Jede Flasche war mit einem Gummistopfen mit drei Glasröhrchen verschlossen. Zwei Röhrchen dienten als Gas-Ein- und Auslaß, das dritte zur Probeentnahme. Die Flaschen wurden in ein Wasserbad bei 39° getaucht und nach 10 Minuten in jede Flasche 40 ml der Pansenflüssigkeit zugegossen. Ein kontinuierlicher Strom von O_2-freiem CO_2 wurde durch die Flaschen geleitet und bewirkte die Aufrechterhaltung der Anaerobiose und eine Durchmischung des Inhaltes. Kontrollflaschen von gleicher Zusammensetzung des Inhalts aber mit inaktiviertem Pansensaft (10 Minuten bei 100°) wurden parallel zu den normalen bebrütet. Eine Flasche mit einer 0,5%igen Pektinlösung in Bikarbonatpuffer diente als zusätzliche Kontrolle.

Unmittelbar nach Zugabe des Pansensaftes entnahm man den Flaschen Proben zur Bestimmung der Anfangswerte. Die weiteren Probenahmen erfolgten dann in 30 Minuten-Intervallen. Die Proben wurden in Eiswasser abgekühlt, 2 Minuten lang bei 2000 U./Min. zentrifugiert und zur Bestimmung der Viskosität und der Reduktionsgruppen sowie zur Chromatographie verwendet.

Viskosität: Die Viskositätsbestimmung erfolgte bei 30 °C mit Hilfe von speziellen Viskosimetern, die dem Jelmeter von Baker (KERTESZ 1951) ähnelten. Sie bestanden aus einem kleinen kugelförmigen, von zwei Strichen begrenzten Behälter von etwa 3,5 ml Rauminhalt sowie einer 20 cm langen Glaskapillare und waren mit einem Wassermantel versehen, der an einen Wobser-Ultrathermostat angeschlossen war. Die relative Viskosität wurde auf Wasser bezogen berechnet.

Viskositätsänderungen der untersuchten Pektinlösungen wurden als prozentuale Viskositätsabnahme nach folgender Gleichung ausgedrückt:

$$\text{Abbauzahl} = \frac{V_o - V_t}{V_o - V_s} \cdot 100$$

V_o, V_t, V_s die im Viskosimeter gemessenen Ausflußzeiten und zwar:
V_s für pektinfreie Lösung
V_o für Pektinlösung mit inaktiviertem Pansensaft
V_t für Pektinlösung mit aktivem Pansensaft nach festgesetzter Einwirkungsdauer.

Reduktionsgruppen: Die Bestimmung der Reduktionsgruppen erfolgte in 10 ml der Ansatzflüssigkeit nach der jodometrischen Methode von WILLSTÄTTER und SCHUDEL in der Modifikation von JERMYN und TOMKINS (1950).

Gleichzeitig bestimmten wir auch die Reduktionskraft der 25%igen Pansenflüssigkeit und substrahierten den sich ergebenen Wert von dem beim Titrieren der Ansatzflüssigkeit erhaltenen. Die Differenz ergab die durch die Aldehydgruppen der in 10 ml der Probe enthaltenen Galakturonide reduzierte Jodmenge und wurde auf wasserfreie Galakturonsäure umgerechnet (1 ml 0,05 n Jod entspricht 4,85 mg wasserfreier Galakturonsäure).

Chromatographie: Zur Chromatographie diente Whatman-Papier Nr. 1. Auf die Startlinie des Papierbogens (33×40 cm) wurden je 0,02 ml der untersuchten Ansatzflüssigkeiten in Abständen von 2,5 cm aufgetragen und absteigend mit *n*-Propanol-Äthylazetat-Wasser (6 + 1 + 3) 48 Stunden lang bei 25° chromatographiert. Der Bogen wurde dann an der Luft getrocknet, mit dem modifizierten Silbernitrat-Reagens entwickelt und die Flecken anschließend mit Natriumthiosulfat verstärkt. (TREVELYAN u. Mitarb., 1950). Als Standard diente Galakturonsäure (Fluka A. G.) von der 7,5 μg aufgetragen wurden.

Ergebnisse und Diskussion der Ergebnisse

Die relative Viskosität der Ansätze mit und ohne Pektinzusatz ist in Tabelle 1 zusammengestellt. Die höchste Viskosität zeigte die vor der Fütterung, die niedrigste die eine Stunde nach der Fütterung entnommene Pansenflüssigkeit, um danach wieder allmählich anzusteigen.

Die pektinolytische Aktivität der Pansenflüssigkeit war im allgemeinen ziemlich hoch. Abb. 1 zeigt Diagramme der Viskositätsabnahme der Pektinlösungen während der Bebrütung mit Pansenflüssigkeit von drei Versuchstieren. Bei Tieren, bei denen die Kurven der einzelnen Proben dicht beieinander lagen, wurden der Übersichtlichkeit halber nur Kurven der höchsten und niedrigsten Aktivität dargestellt. Innerhalb von 5 Stunden war der Pektinabbau, gemessen an der Viskositätsabnahme, praktisch beendet.

Tabelle 1

Die relative Viskosität der in den Versuchen verwendeten Ansatzflüssigkeiten (die Viskosität berechnet gegenüber Wasser)

Ansatzflüssigkeit	Entnahmezeit der Pansenflüssigkeit					
	Vor der Fütterung	Nach der Fütterung				
		1 Std.	2 Std.	3 Std.	4 Std.	
	A	B	C	D	E	
25%voller Pansenflüssigkeit* + Puffer	1,51	1,36	1,43	1,47	1,47	Hammel Nr. 1 Durchschnittswerte von 7 Versuchen
0,5% Pektinlösung + 25% voller Pansenflüssigkeit + Puffer	8,56	6,75	7,69	7,65	7,69	
25% voller Pansenflüssigkeit + Puffer	1,27	1,24	1,25	1,25	1,27	Hammel Nr. 2 Durchschnittswerte von 9 Versuchen
0,5% Pektinlösung + 25% voller Pansenflüssigkeit + Puffer	7,07	6,87	6,81	6,55	6,73	
25% voller Pansenflüssigkeit + Puffer	1,41	1,35	1,39	1,35	1,40	Hammel Nr. 3 Durchschnittswerte von 4 Versuchen
0,5% Pektinlösung + 25% voller Pansenflüssigkeit + Puffer	8,07	7,51	7,83	7,56	7,34	

* Die relative Viskosität einer 0,5% Pektinlösung betrug 5,86 bis 5,89. Der pH-Wert der Ansatzflüssigkeiten während der Inkubation lag zwischen 6,8 und 6,9.

Die Futteraufnahme beeinflußt bekanntlich die Intensität der mikrobiellen Abbauvorgänge im Pansen. Ein bis zwei Stunden nach der Futteraufnahme nimmt sie gewöhnlich zu um dann wieder allmählich abzunehmen. Unsere Versuche ergaben in dieser Hinsicht kein einheitliches Bild. Bei vier Versuchstieren trat diese Tendenz tatsächlich zum Vorschein (Abb. 1 und 2, Hammel 1 und 3). Bei den übrigen zwei Versuchstieren war dagegen die höchste Aktivität vor der Futteraufnahme, die niedrigste 1 Stunde nach beendeter Futteraufnahme zu verzeichnen (Abb. 1 und 2, Hammel 2). Dabei waren die Unterschiede nur bei einem der Versuchstiere beträchtlich (Abb. 1 und 2, Hammel 1) bei den anderen dagegen gering (Abb. 1 und 2, Hammel 2 und 3).

Die pektinolytische Aktivität des Pansensaftes unterlag erheblichen Schwankungen sowohl von Tier zu Tier als auch bei demselben Tier von Tag zu Tag. Abb. 3 stellt den Verlauf dieser Schwankungen bei zwei Versuchstieren während zweier Monate dar. Die Schwankungen waren unregelmäßig, ihre Ursachen unbekannt. Da die Fütterungs- und Haltungsbedingungen die ganze Versuchszeit hindurch streng einheitlich waren, konnten die Schwankungen kaum durch äußere Einflüsse verursacht worden sein. Sie müßten vielmehr ihre Ursache in Änderungen der Pansenpopulation haben.

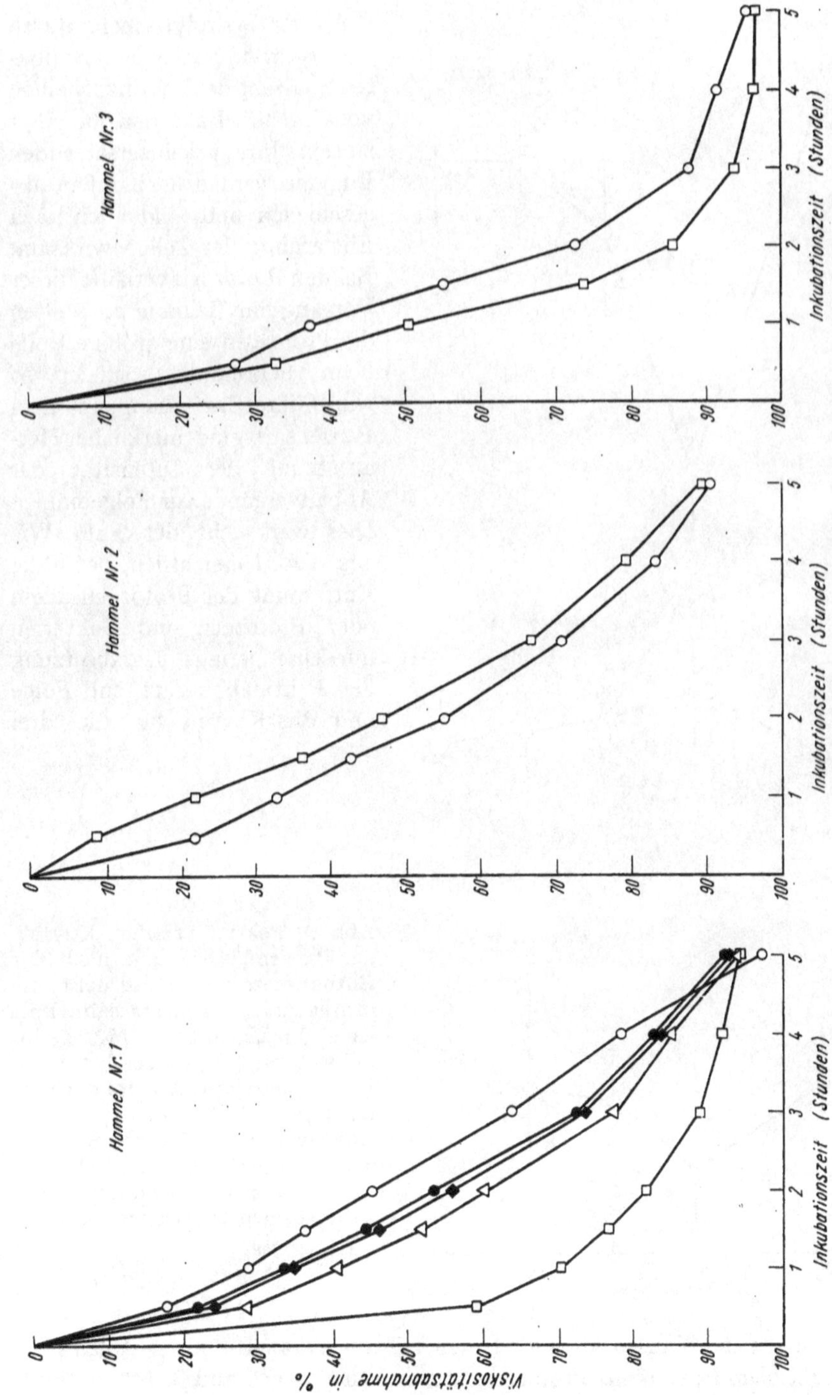

Abb. 1: Viskositätsabnahme einer 0,5%igen Pektinlösung während Inkubation bei 39° mit 25% voller Pansenflüssigkeit, die ○—○ vor der Fütterung □—□ eine Stunde, △—△ zwei Stunden, ■—■ drei Stunden, ●—● vier Stunden nach der Fütterung entnommen wurde. Durchschnittswerte von vier Versuchen.

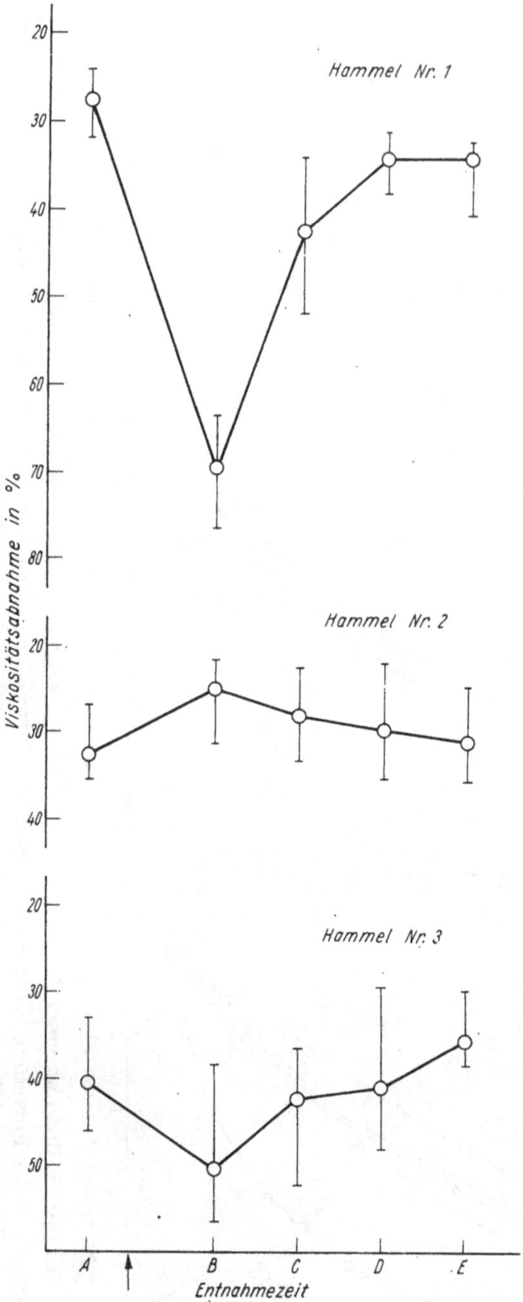

An der hydrolytischen, durch Viskositätsänderungen erfaßbaren Spaltung des Pektins scheinen vorwiegend Bakterien beteiligt zu sein. Ihre pektinzersetzenden Enzyme werden nach außen abgeschieden und sind auch nach Entfernung der Zellen wirksam. Bei den Protozoen verläuft dieser Vorgang im Zellinnern. Sollten die Protozoen eine größere Rolle beim Pektinabbau spielen, so würde ihre Entfernung aus dem Pansensaft eine merkliche Herabsetzung der Intensität der Abbauvorgänge zur Folge haben. Dies war nicht der Fall. Wie aus Abb. 4 ersichtlich, hatte die Entfernung der Protozoen allein oder Protozoen und Bakterien nur eine geringe Herabsetzung der Pektinabbaurate zur Folge und die Kurven für die drei

Abb. 2: Pektinolytische Aktivität der Pansenflüssigkeit je nach der Entnahmezeit, ausgedrückt als prozentuale Viskositätsabnahme einer 0,5%igen Pektinlösung, inkubiert mit 25% Pansenflüssigkeit Entnahmezeiten: A – vor der Fütterung; B, C, D, E – entsprechend eine, zwei, drei oder vier Stunden nach der Fütterung. Durchschnittswerte von 5 Versuchen. Die vertikalen Linien zeigen die Schwankungsbreite.

Modifikationen des Pansensaftes verlaufen beinahe parallel. Bei der vollen Pansenflüssigkeit und der ohne Protozoen trat zwischen der 2. und 3. Inkubationsstunde eine zeitweise Hemmung des Viskositätsabfalls bzw. ein leichter Viskosi-

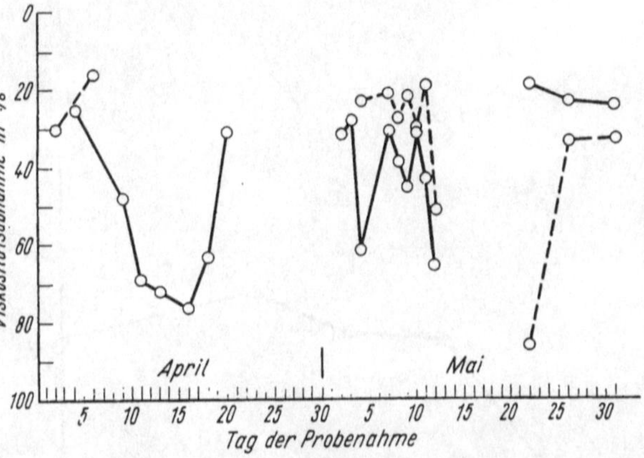

Abb. 3: Schwankungen der pektinolytischen Aktivität der Pansenflüssigkeit während zweier Monate, ausgedrückt als prozentuale Viskositätsabnahme einer 0,5%igen Pektinlösung während 1-stündiger Inkubation mit 25% Pansenflüssigkeit bei 39°.

O——O Hammel Nr. 1,

O- - -O Hammel Nr. 2.

tätsanstieg ein. Diese Erscheinung kam öfters vor aber nur bei den zwei erwähnten Modifikationen des Pansensaftes.

Die Reduktionswirkung der Pektinlösung ist durch das Vorhandensein freier Aldehydgruppen am Ende der Pektinkette verursacht. Bei der Spaltung der Kette steigt die Zahl dieser Gruppen an, was eine Erhöhung der Reduktionskraft zur Folge hat. Dies läuft nicht mit der Viskositätsabnahme der Pektinlösung parallel (Abb. 4), vielmehr steigt die reduzierende Wirkung im Endstadium des Pektinabbaus infolge der Anhäufung von niedrigen Oligogalakturoniden und Galakturonsäure schneller an. In Abb. 5 sind die Änderungen der Reduktionskraft der Pektinlösung im Laufe der Inkubation mit drei Modifikationen des Pansensaftes dargestellt.

Bei der Inkubation mit voller Pansenflüssigkeit stieg die Reduktionskraft bis etwa zur 5. Inkubationsstunde an, um danach ziemlich rasch abzusinken. Daraus ist zu schließen, daß die im Laufe des Pektinabbaus entstehenden niedrigeren Polymere und die Galakturonsäure von den im vollen Pansensaft anwesenden Mikroorganismen weiter umgesetzt werden. Dies bestätigen auch die Chromatogramme (Abb. 6A) auf denen beginnend von der 5. Inkubationsstunde die Zahl der Flecke der Pektinabbauprodukte abnimmt und nach 9 Stunden keine mehr zu sehen sind.

Bei der Entfernung der Protozoen aus der Pansenflüssigkeit erhöhte sich die Reduktionskraft bis etwa zur 7. Inkubationsstunde und blieb dann bis zum Ende der Inkubationszeit konstant bzw. sank leicht ab. Nach 9 Stunden der Inkubation waren auf dem Chromatogramm Flecken der Galakturonsäure und eines Oligogalakturonids noch deutlich zu sehen (Abb. 6B). In Abwesenheit der Protozoen verläuft also die weitere Umsetzung der Bausteine des Pektins merklich langsamer. Der Anteil der Protozoen an der Verwertung der Pektinabbauprodukte scheint demnach größer zu sein als an der Spaltung des intakten Pektinmoleküls.

Die Inkubation der Pektinlösung mit der zellfreien Pansenflüssigkeit (d. h. nach Entfernung von Protozoen und Bakterien) führte zu einer konstanten Erhöhung der Reduktionskraft infolge der Anhäufung von Pektinspaltprodukten. Nach Abschluß der Inkubation waren immer noch 6 Spaltprodukte des Pektins auf dem Chromatogramm sichtbar (Abb. 6C).

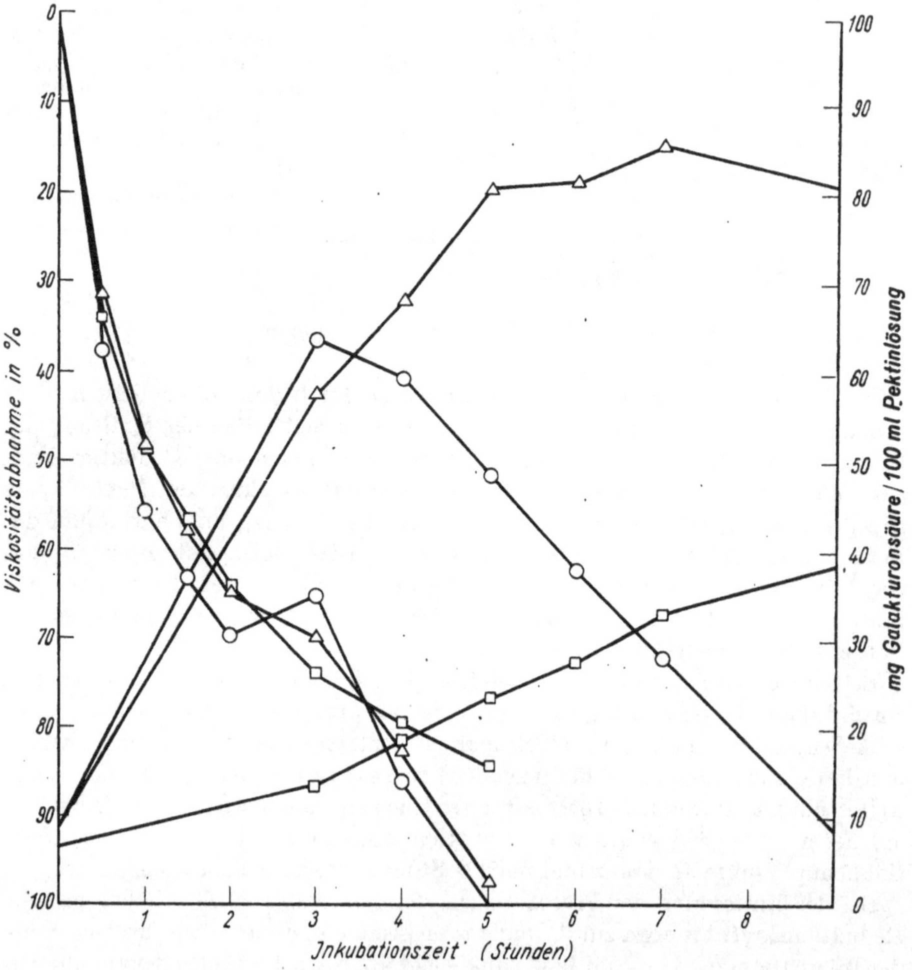

Abb. 4: Viskositätsabnahme und Reduktionskraft einer 0,5%igen Pektinlösung während der Inkubation bei 39° mit 25% ○——○ der vollen Pansenflüssigkeit, △——△ der Pansenflüssigkeit ohne Protozoen und □——□ der zellfreien Pansenflüssigkeit.
Entnahmezeit: 1 Stunde nach der Fütterung.
Durchschnittswerte von 3 Versuchen.

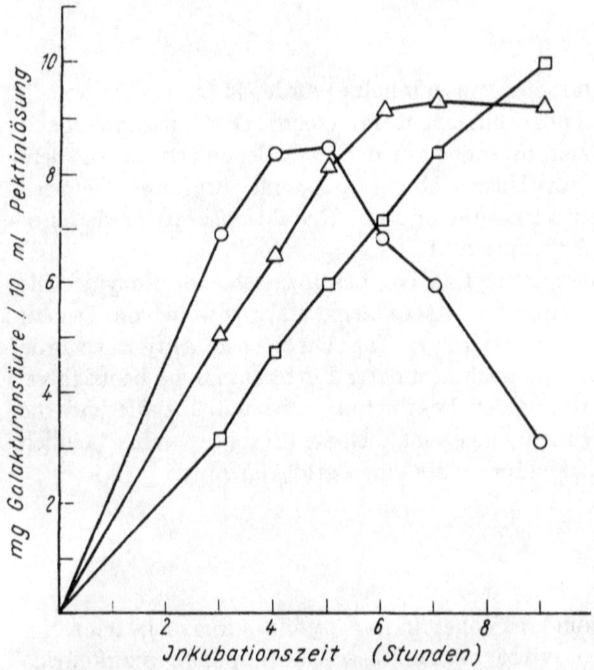

Abb. 5: Reduktionskraft einer 0,5%igen Pektinlösung während der Inkubation mit 25% ○—○ der vollen Pansenflüssigkeit, △—△ der Pansenflüssigkeit ohne Protozoen und □—□ der zellfreien Pansenflüssigkeit.

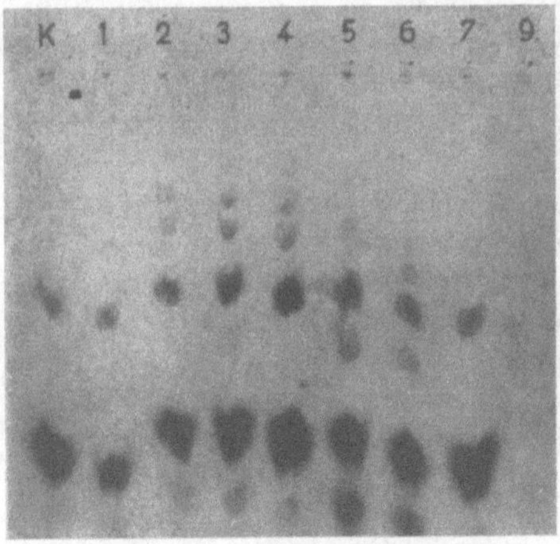

A

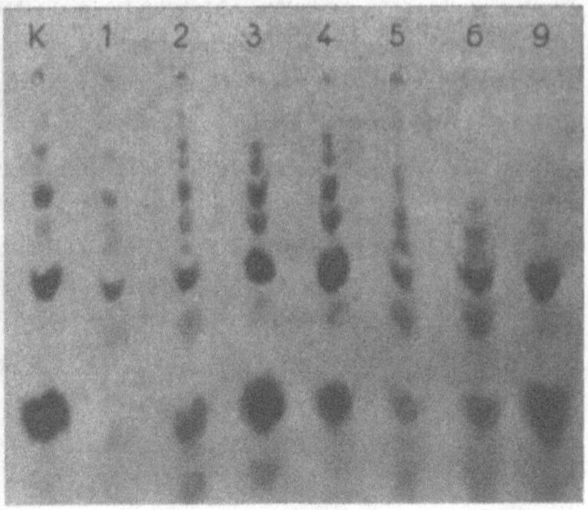

B

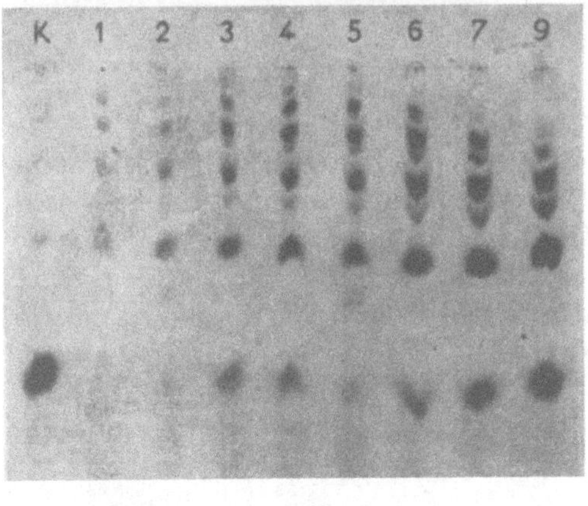

C

Abb. 6. Chromatogramme der Ansatzflüssigkeiten
A – mit der vollen Pansenflüssigkeit
B – mit der Pansenflüssigkeit ohne Protozoen
C – mit der zellfreien Pansenflüssigkeit
(K – Ansatzflüssigkeit + Galakturonsäure 1, 2 bis 9 – Ansatzflüssigkeiten nach 1 bis 9 Inkubationsstunden)

Zusammenfassung

Die pektinolytische Aktivität des Panseninhalts wurde durch Inkubation in vitro von Pektinlösungen mit Pansenflüssigkeit untersucht. Die Pansenflüssigkeit gelangte in unterschiedlichen Zeitabständen vor und nach der Fütterung aus dem Pansen fistulierter Hammel zur Untersuchung. Folgende Prüfungen wurden durchgeführt: Bestimmung der Viskosität und der Reduktionskraft sowie chromatographische Analyse der Abbauprodukte.

Der Panseninhalt von Schafen enthielt aktive, pektinzersetzende Enzyme. Die pektinolytische Aktivität des Panseninhalts variierte stark sowohl von Tier zu Tier als auch bei dem gleichen Tier von Tag zu Tag. Die höchste Aktivität wurde bei den meisten Tieren eine Stunde nach beendeter Futteraufnahme beobachtet.

An der hydrolytischen Spaltung der Pektinstoffe scheinen überwiegend die bakteriellen Enzyme beteiligt zu sein, dagegen haben die Protozoen wahrscheinlich an der Verwertung der Pektinabbauprodukte einen größeren Anteil.

Резюме

Пектинолитическая активность содержания рубца животных исследовалась путем инкубации in vitro пектиновых растворов с жидкостью рубца. Через различные промежутки времени до и после кормления жидкость из рубца фистулированных баранов бралась для исследования. Были проведены следующие испытания: определение вязкости и редукционной мощности, а также хроматографический анализ продуктов разложения.

В содержимом рубца овец имеются активные, разлагающие пектин энзимы. Пектинолитическая активность содержимого рубца обнаруживает большие колебания как у отдельных животных, так и по отдельным дням у одних и тех же животных. Наивысшая активность наблюдалась у большинства животных через час после поедания корма.

При гидролитическом расщеплении пектиновых веществ действуют, повидимому, главным образом бактериальные энзимы, а при использовании продуктов расщепления пектина большую роль играют, вероятно, протозоа.

Summary

The pectinolytic activity of the ruminal contents has been studied by the in vitro incubation of pectin solutions with ruminal fluid. The ruminal fluid used for investigation was obtained from the rumen of fistulated sheep at different intervals both prior to and after the ingestion of food. The following tests were carried out: Determination of the viscosity and reducing power and chromatographic analysis of decomposition products.

The ruminal contents of sheep contained active pectinolytic enzymes. The pectinolytic activity of ruminal contents is subject to marked variations in different animals as well as in the same animal on different days. In most animals the highest degree of activity was noted 1 hour after the ingestion of food.

Predominantly bacterial enzymes seem to be involved in the hydrolytic disintegration of pectic substances whereas protozoa seem to play a more important part in the utilization of products from pectic decomposition.

Literaturverzeichnis

[1] Abou Akkada, A. R., und B. H. Howard: Biochem. J. **78**, 512 (1961)
[2] Conrad, H. R., W. D. Pounden, O. G. Bentley und A. W. Fetter: J. Dairy Sci. **41**, 1586 (1958)
[3] Conrad, H. R., W. D. Pounden und B. A. Dehority: J. Dairy Sci. **44**, 2015 (1961)
[4] Dehority, B. A., R. R. Johnson und H. R. Conrad: J. Dairy Sci. **45**, 508 (1962)
[5] Head, M. J.: Nature (London) **183**, 757 (1959)
[6] Howard, B. H.: Proc. Nutr. Soc. **20**, XXIX (1961)
[7] Jermyn, M. A., und R. G. Tomkins: Biochem. J. **47**, 437 (1950)
[8] Kertesz, Z. J.: The Pectic Substances. New York, Intercience Publ. (1951)
[9] Leroy, A. M., und A. Michaux: C. R. Acad. Sci. **229**, 1043 (1949)
[10] Michaux, A.: C. R. Acad. Sci. **230**, 2051 (1950)
[11] Michaux, A.: C. R. Acad. Sci. **232**, 121 (1951)
[12] Pressey, R., S. H. Synhorst R. S. Allen und N. L. Jacobson: J. Animal Sci. **19**, 1311 (1960)
[13] Pressey, R., S. H. Synhorst, R. S. Allen: N. L. Jacobson und C. P. Wilsie: J. Agric. Food Chem. **11**, 396 (1963)
[14] Trevelyan, W. E., D. P. Proctor und J. S. Harrison: Nature (London) **166** 444 (1950)
[15] Wright, D. E.: Arch. Biochem. Biophys. **86**, 251 (1960)

Eingegangen: 8. 2. 1965

Aus dem Institut für Tierernährung der Hochschule für Landwirtschaft Bernburg
(Direktor: Prof. Dr. W. HOLZSCHUH)
und der Zentralstelle für Futtermittelprüfung und Fütterung Halle-Lettin
(Leiter: Dr. H. WETTERAU)

W. HOLZSCHUH und H. WETTERAU

Untersuchungen über den Abbau der Nicht-Protein-Stickstoffverbindungen im Pansen der Wiederkäuer

4. Mitteilung

Zweckmäßige Verabreichung von Harnstoff und Ammoniumbikarbonat an Milchkühe

Ziel der Versuche

Im Anschluß an Versuchsreihen mit Schafen und Milchkühen, die der Klärung einiger methodischer und grundsätzlicher Probleme dienen sollten [4, 5, 13], waren eine Reihe praktischer Fragen zu untersuchen. In dieser Mitteilung wird über eine Versuchsreihe an Milchkühen berichtet, die neun Einzelversuche umfaßt.

Die Versuchsdauer betrug in den einzelnen Versuchen $10^1/_2$ bis 16 Stunden. Die Probenahme von Blut und Pansenflüssigkeit erfolgte nach einem einheitlichen Zeitplan. Die erste Probe wurde vor der Fütterung, die nächsten Proben wurden in bestimmten Zeitabständen nach der Eingabe von NPN-Verbindungen genommen (s. Abb. 2, S. 435).

In diesen neun Versuchen mit Milchkühen sollte der Einfluß verschiedener NPN-Verbindungen (Harnstoff und Ammoniumbikarbonat) in flüssiger Form und im Kraftfutter geprüft werden. Ferner waren Beobachtungen darüber einzuleiten, ob Sojaextraktionsschrot eine wirksame Beschleunigung des Harnstoffabbaues in vivo verursacht.

Im einzelnen sollten folgende Fragen im Hinblick auf den Harnstoff- und Ammoniakgehalt in Blut und Pansenflüssigkeit geklärt werden:

1. Wie wirkt sich die Gewöhnung der Tiere an die NPN-Verbindungen aus?
2. Welchen Einfluß hat die Höhe der NPN-Gabe?
3. Ergeben sich Unterschiede zwischen der Verabreichung der NPN-Verbindungen in flüssiger Form per Magen-Schlund-Rohr (MSR) und trocken im Kraftfutter?
4. Bestehen Unterschiede zwischen Harnstoff und Ammoniumbikarbonat?
5. Hat die Beifütterung von Sojaextraktionschrot einen Einfluß auf den Harnstoffabbau?
6. Werden bei mehrmaliger Verabreichung der NPN-Verbindungen an einem Tage besondere Einflüsse erkennbar?
7. Wie nimmt die NH_3-Konzentration des Blutes ab?
8. Besteht eine statistisch gesicherte Abhängigkeit des Blutammoniakspiegels vom Pansenammoniakgehalt?

Dementsprechend wurden die neun Versuche in folgenden Versuchsplan eingeordnet:

Versuch Nr.	Art der NPN-Verabreichung	Menge und Art der NPN-Verbindungen
1	–	(Nullprobe mit Grundfutter)
2	flüssig mit MSR	150 g Harnstoff (1. Gabe) 100 g Harnstoff (2. Gabe)
3	flüssig mit MSR	150 g Harnstoff + 300 g Soja (1. Gabe) 100 g Harnstoff + 300 g Soja (2. Gabe)
4	fest im Kraftfutter	150 g Harnstoff
5	fest im Kraftfutter	150 g Harnstoff + 300 g Soja
6	fest im Kraftfutter	200 g ABK*
7	flüssig mit MSR	200 g ABK
8	flüssig mit MSR	150 g Harnstoff
9	flüssig mit MSR	75 g Harnstoff

* ABK = Ammoniumbikarbonat.

Zwischen den einzelnen Versuchen lagen jeweils einige Ruhetage. Die Fütterung an diesen Tagen entsprach der Fütterung im folgenden Versuch.

Material und Methode

Über die Blutentnahme und Blutuntersuchung wurde bereits ausführlich berichtet [4]. Hier soll nur auf die Methode bei der Entnahme und Analysierung der Pansenflüssigkeit eingegangen werden.

a) Entnahme der Pansenflüssigkeit

Die Entnahme der Pansenflüssigkeit erfolgte mit einem Magen-Schlundrohr (MSR), an dessen Ende durch Gewinde ein Saugkorb befestigt war (Abb. 1). Der Saugkorb für Kühe wog 580 g.

Die Pansenflüssigkeit wurde mit einer Janet-Spritze angesaugt, die sich besser als die Uteruspumpe bewährte.

Es mußte ein rasches Ansaugen der Pansenflüssigkeit gewährleistet sein, da sonst Speichelfluß die Entnahme erschwert und den Wert der Proben beeinträchtigt hätte.

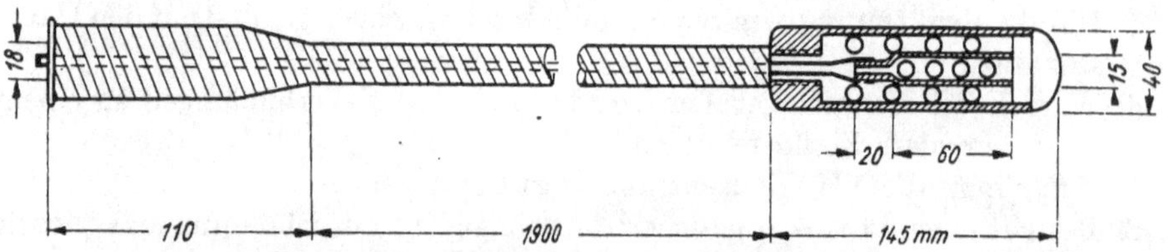

Abb. 1: Magenschlundrohr mit Saugrohr (MSR) für Kühe

SMITH und Mitarbeiter [11] hatten bei Untersuchungen über die Schichtungen und laufenden Veränderungen des Panseninhaltes in einer Versuchsreihe keine, in einer zweiten Versuchsreihe gesicherte Unterschiede ($P < 0{,}01$) zwischen dem Ammoniakgehalt in der oberen und unteren Schicht des Panseninhaltes festgestellt.

Um im vorliegenden Versuch die Gleichmäßigkeit der Einzelproben zu überprüfen, wurde das Schlundrohr mehrere Male unmittelbar nacheinander bei der gleichen Kuh eingeführt und eine Analysierung der Proben vorgenommen.

Da von KAUFMANN [6] vorgeschlagen worden ist, die Proben stets durch eine Fistel am hinteren Pansenpfeiler zu entnehmen, wurden außerdem Parallelbestimmungen mit derart gewonnener Pansenflüssigkeit durchgeführt. Für den Ammoniakstickstoff (NH_3) in der Pansenflüssigkeit, die durch Fistel und durch Schlundrohr mehrere Male hintereinander entnommen war, ergaben sich nachstehend verzeichnete Gehalte. (Der Gehalt in Pansenflüssigkeit und Blut wird hier und im folgenden in mg%, d. h. mg je 100 ml, angegeben.)

Kuh 5	Probe Nr.	Probenahme durch die Fistel	Probenahme durch MSR
	1	3,44	3,62
	2	4,06	3,56
	3	3,95	4,05
	4	3,24	3,96
	5	3,71	3,65
	$\bar{x}$	3,68	3,77

Die Unterschiede zwischen den verschiedenen Probenahmen sind nicht signifikant ($P = 67{,}3\%$). Es ist auch kaum anzunehmen, daß bei der kräftigen Peristaltik die Lokalisierung der Probenahme für Pansenflüssigkeit innerhalb der unteren Pansenschicht von wesentlicher Bedeutung ist. Auf jeden Fall vermag auch das Schlundrohr auf Grund der Schwere des Saugkorbes in die flüssige Pansenschicht immer in eine bestimmte Region des Pansens einzutauchen, wenn es stets gleich tief eingeführt wird. Das Eintauchen des Saugkorbes in die untere Schicht wurde an einer fistulierten Kuh überprüft.

Die Pansenflüssigkeit wurde sofort durch eine Glasfritte 25 G 1 filtriert und anschließend auf NH_3 und Harnstoff untersucht.

b) Untersuchung von Pansenflüssigkeit

Die chemische Analysierung der Pansenflüssigkeit auf Ammoniak und Harn. stoff erfolgte nach der Mikrodiffusionsmethode von CONWAY [2, 3], die entsprechend der Versuchsaufgabe und den Analysensubstanzen variiert wurde.

In Anlehnung an die Originalgefäße waren für die Ammoniakbestimmung und Harnstoffbestimmung in der Pansenflüssigkeit Wägegläschen mit einer Abmessung von 80×30 mm zur Diffusion benutzt worden, in denen sich herausnehmbare Einsätze (55×15 mm) befanden.

Die Titration erfolgte mit Mikrobüretten ($^1/_{1000}$ Teilung, Hahn mit einer Kapillare aus Polyäthylen).

Als Reagenzien wurden verwendet:
Borsäurereagens: 1,0%ig

Indikator: Mischung aus 100 ml einer 0,066%igen alkoholischen Lösung von Methylrot und 25 ml einer 0,033%igen Methylenblaulösung

Titer: *n*/200 Schwefelsäure

Ureaseextrakt: Feingemahlenes Sojabohnenmehl mit Wasser unter Zusatz von Wofatit KPS 200 ausgezogen und der wäßrige Extrakt in Glycerin stabilisiert. Die Ermittlung der Ureaseaktivität erfolgte nach einer bereits beschriebenen Methode (13)

Gesättigte Kaliumkarbonatlösung

Die Diffusionszeit betrug bei einer Temperatur von 38 °C für die Ammoniakbestimmung 4 Stunden, für die Harnstoffbestimmung 20 Stunden.

Menge der vorgelegten Reagenzien:
10 ml Borsäurereagens
2 ml Kaliumkarbonatlösung
2 ml Ureaseextrakt

Vorgelegte Analysenflüssigkeit: 1 ml Filtrat.

Um die Bedingungen dieser Mikromethode zu erfüllen, wurden Dreifachbestimmungen und außerdem Doppelbestimmungen zur Ermittlung des Alkalifehlers und der auftretenden Desaminierung durchgeführt.

c) Statistische Methoden

Die statistischen Berechnungen erfolgten nach den bekannten Methoden [8, 9], wo bei der Prüfung der Differenzen

—	nicht gesichert;	$P > 0{,}05$
+	gesichert;	$P < 0{,}05$
++	gut gesichert;	$P < 0{,}01$
+++	sehr gut gesichert;	$P < 0{,}001$

bedeutet.

Versuchsergebnisse

Nachstehend werden aus der Vielzahl der Ergebnisse die wichtigsten Werte wiedergegeben. Charakterisiert wird der Ammoniakspiegel im Blut und Pansenflüssigkeit vor allem durch die Maximalwerte (M) (s. Tabelle 1). Ferner kann, entsprechend der annähernd gleichzeitigen Probenahme in allen Versuchen, die Summe der Werte (S), die 5 Minuten, $^1/_2$, $1^1/_2$, $3^1/_2$ und $6^1/_2$ Stunden nach der NPN-Gabe ermittelt wurden, also von 5 Proben (Probe 2–6), als Vergleichsmaßstab dienen.

Nach dem Verfahren der einfachen Streuungszerlegung lassen sich die Blut-Maxima der neun Versuche statistisch verrechnen.

Tabelle 1

Ammoniak- und Harnstoffgehalt in Pansenflüssigkeit und Blut von Kühen

	Pansenflüssigkeit NH_3		Blut NH_3		Blut Harnstoff	
(alle Werte zum besseren Vergleich auf N berechnet)						
Kuh	A	B	A	B	A	B
Versuch	Maximalwerte (in mg%)					
1	7	9	0,12	0,16	10	10
2	64	103	0,57	0,52	12	15
3	151	89	0,30	0,34	18	16
4	45	52	0,29	0,29	17	15
5	–	44	0,17	0,26	13	15
6	45	27	0,25	0,23	13	13
7	140	102	0,29	0,21	13	16
8	72	49	0,27	0.23	15	14
9	65	36	0,06	0,05	16	16
Versuch	Summe der Werte (5 Proben) (in mg)					
1	26	29	0,41	0,58	47	47
2	185	253	1,36	1,38	47	54
3	370	213	1,03	0,93	78	67
4	109	159	0,63	0,69	44	59
5	–	128	0,54	0,72	59	62
6	133	75	0,65	0,69	60	59
7	263	171	0,68	0,60	50	73
8	214	165	0,64	0,63	54	54
9	164	108	0,20	0,18	69	73

Die Einbeziehung aller Werte ergibt:

Streuung	FG	SQ	DQ	F	$F_{0,001}$
zwischen den Versuchen	8	0,289	0,0361	29,6	10,4
innerhahlb der Versuche	9	0,011	0,00122		
insgesamt	17	0,300			

Die Standardabweichung innerhalb der Versuche (Versuchsfehler) ist $s = 0{,}035$. Unterschiede zwischen den Versuchen werden nach der Grenzdifferenz beurteilt:

$GD_{0,05} = 0{,}079$
$GD_{0,01} = 0{,}114$
$GD_{0,001} = 0{,}168$

In der folgenden Übersicht werden die Differenzen zwischen den durchschnittlichen Maximalwerten der verschiedenen Versuche mit Angabe der Sicherung gegenübergestellt (Tabelle 2).

Tabelle 2

Differenzen der Ammoniak-Maximalwerte im Blut der V. jugularis von Kühen in mg% N (aus NH_3) ($\bar{x}' - \bar{x}''$) und Ergebnisse der t-Tests

	1	2	3	4	5	6	7	8	9 → $\bar{x}''$
1		– 0,41	– 0,18	– 0,15	– 0,08	– 0,10	– 0,11	– 0,11	0,09
2	+ + +		0,23	0,26	0,33	0,31	0,30	0,30	0,49
3	+ + +	+ + +		0,03	0,11	0,08	0,07	0,07	0,27
4	+ +	+ + +	–		0,08	0,05	0,04	0,04	0,24
5	+	+ + +	+	+		– 0,03	– 0,04	– 0,04	0,16
6	+	+ + +	+	–	–		– 0,01	– 0,01	0,19
7	+	+ + +	–	–	–	–		0	0,20
8	+	+ + +	–	–	–	–	–		0,20
9	+	+ + +	+ + +	+ + +	+ +	+ + +	+ + +	+ + +	
↓ $\bar{x}'$									

Dabei wird die senkrechte Reihe mit $\bar{x}'$ und die waagerechte Reihe mit $\bar{x}''$ bezeichnet. Ist der Maximalwert $\bar{x}''$ größer als $\bar{x}'$, dann wird die Differenz mit einem Minuszeichen versehen.

In der linken unteren Hälfte der Übersicht sind die Ergebnisse der t-Tests angegeben. Ferner bedeutet 0 in der Tabelle, daß die Differenz nach den angewandten Verfahren nicht mehr feststellbar, also praktisch keine Differenz vorhanden ist.

Es bedeutet beispielsweise der Wert – 0,41 zwischen Versuch 1 ($\bar{x}'$) und Versuch 2 ($\bar{x}''$), daß der Maximalwert für den Blutammoniakspiegel (V. jugularis) im Versuch 1 um 0,41 mg% niedriger liegt als in Versuch 2. Diese Differenz ist sehr gut gesichert (+ + +), weil die Grenzdifferenz für den Vertrauensbereich von $P < 0,001$ nur 0,168 mg% beträgt.

Diskussion der Ergebnisse

Entsprechend der Fragestellung werden die Ergebnisse diskutiert, wobei vor allem der Blutammoniakspiegel berücksichtigt wird.

Gewöhnung der Kühe an die NPN-Verbindungen

Zur Beurteilung der Gewöhnung werden die Ergebnisse der Versuche 1, 2 und 8 verglichen. Die Ration bestand aus 3 kg Kraftfutter sowie Heu ad libitum. Im Kraftfutter waren 28,5% Trockenschnitzel, 28,5% Maisschrot, 14,0% Kartoffelflocken, 14,5% Gerstenschrot und 14,5% Haferschrot enthalten.

Der analog für alle Versuche geltende Zeitplan der Probenahme geht aus Abb. 2 hervor. In Abhängigkeit von der Zeit ist von Kuh A in Abb. 2 der Gehalt des Blutes an Ammoniak, für die gleichen Versuche in Abb. 3 der Gehalt der Pansenflüssigkeit an Ammoniak sowie in Abb. 4 der Gehalt des Blutes an Harnstoff dargestellt.

Die Nüchternwerte vor der Verabreichung des Grundfutters betrugen für zwei Kühe im Mittel

	N im Blut	
	aus NH_3 mg %	aus Harnstoff mg %
Versuch 1	0,085	9,2
Versuch 2	0,080	6,7
Versuch 8	0,015	6,0

Alle NH_3-Stickstoff-Werte lagen unter 0,1 mg%.

In der Pansenflüssigkeit waren vor der Fütterung nur geringe Ammoniakmengen (1,05–3,41 mg%) nachweisbar. Kraftfutter und Heu wurden nach der ersten Probenahme gefüttert.

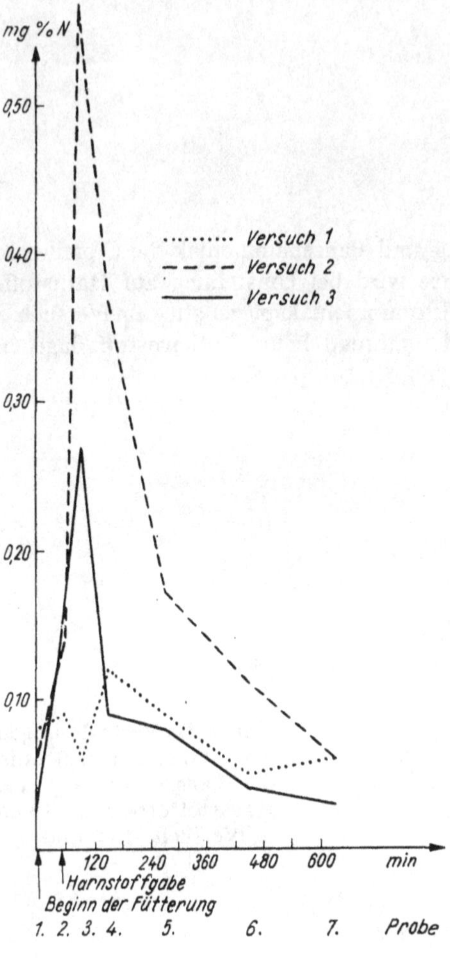

Abb. 2: Die Veränderungen des Blutammoniakgehaltes bei Harnstoffütterung (Kuh A, Versuche 1, 2 und 8)

Die Eingabe von Harnstoff erfolgte in den Versuchen 2 und 8 morgens 5 Minuten vor der zweiten Probenahme. Zur Diskussion der Werte muß erwähnt werden, daß im Versuch 2 Harnstoff zum ersten Mal, also ohne Vorbereitung der Kühe, dagegen im Versuch 8 nach etwa dreiwöchiger vorbereitender Fütterung von NPN-Verbindungen verabreicht wurde.

Die entsprechenden Werte bei der zweiten Probenahme waren:

	N im Blut	
	aus NH_3 mg%	aus Harnstoff mg%
Versuch 1	0,100	9,2
Versuch 2	0,185	7,3
Versuch 8	0,110	7,7

In der Pansenflüssigkeit stieg der Ammoniakgehalt nach der Eingabe von Harnstoff sofort steil an

	NH_3-Stickstoff mg%
Versuch 1	3,14
Versuch 2	33,78
Versuch 8	52,90

Bei der dritten Probe wurden bei Blut- und Pansenammoniak die Gipfelwerte gemessen. Der Anstieg der Maximalwerte wird bei Umstellung auf Harnstofffütterung sehr deutlich erkennbar. Der Blutammoniakspiegel stieg im Versuch 2 um das vierfache gegenüber Versuch 1, während beim Blutharnstoff dagegen kaum Veränderungen auftraten.

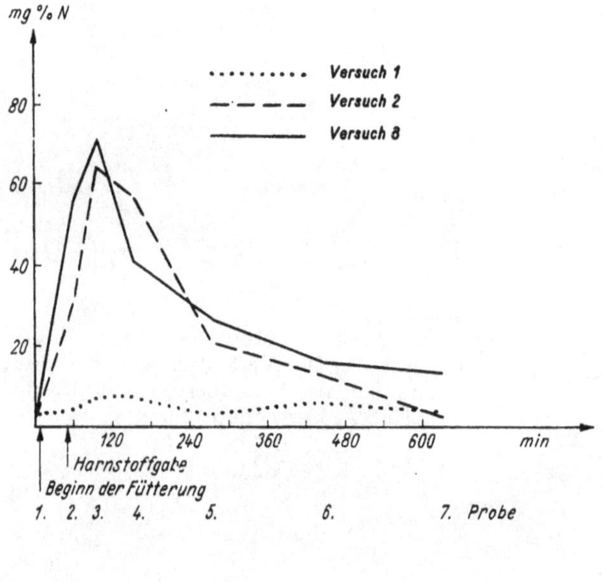

Abb. 3. Die Veränderungen des Ammoniakgehaltes in der Pansenflüssigkeit bei Harnstofffütterung (Kuh A, Versuche 1, 2 und 8)

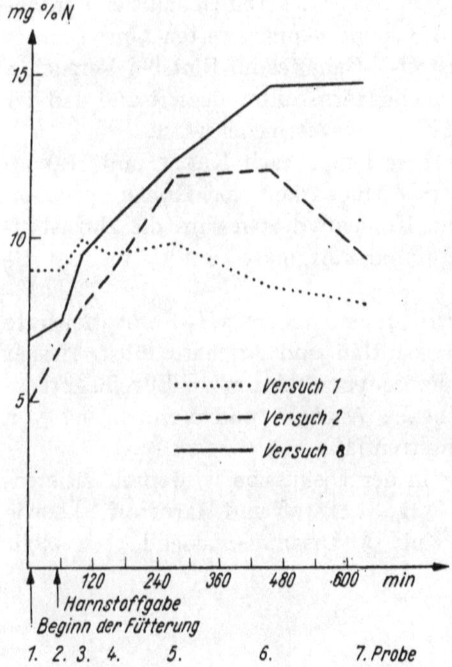

Abb. 4. Die Veränderungen des Blutharnstoffgehaltes bei Harnstoffütterung (Kuh A, Versuche 1, 2 und 8)

	N im Blut		Pansenflüssigkeit
	aus NH_3 mg %	aus Harnstoff mg %	NH_3-Stickstoff mg %
Versuch 1	0,110	10,0	7,19
Versuch 2	0,545	8,3	69,62
Versuch 8	0,215	8,8	60,45

Im Versuch 2 wurde der Gipfelwert für Pansenammoniak erst bei der vierten Probe festgestellt.

Der Blut-Harnstoff stieg nun weiter an und fiel später in den Versuchen 1 und 2 wieder ab; im Versuch 8 erreichte er bei der letzten Probe den Höchstwert (14,8 mg%).

Plötzliche Verabreichung von Harnstoff und Gewöhnung an Harnstoff bewirken also charakteristische Veränderungen in Blut und Pansenflüssigkeit.

Die Gewöhnung an eine Fütterung mit Harnstoff ist am deutlichsten aus den Werten für NH_3-Stickstoff im Blut zu erkennen (s. auch Abb. 2).

Während im Versuch 1 das Maximum (0,1 mg%) nur angedeutet war, erfolgte in Versuch 2 ein steiler Anstieg (Maximum 0,55 mg%). Wurde aber die gleiche Harnstoffmenge (150 g) nach G e w ö h n u n g ebenfalls per MSR verabreicht, betrug der Maximalwert nur 0,25 mg%.

Diese Veränderungen können weniger auf eine raschere Bindung von NH_3 im Pansen als auf eine Beschleunigung der Reaktionen in der Leber zurückgeführt werden. Denn aus Abb. 8 geht hervor, daß im NH_3-Stickstoff-Gehalt der Pansenflüssigkeit zwischen den Versuchen 2 und 8 keine nennenswerten Unterschiede bestehen. Der stärkere Anstieg des Harnstoff-N-Gehaltes im Blut bei Versuch 8 (Abb. 4) deutet darauf hin, daß die Leber mehr Harnstoff produziert und daß der Harnstoff nicht mehr so schnell über die Nieren ausgeschieden wird.

Die Geschwindigkeit der Harnstoffsynthese hängt nach KREBS und HENSELEIT [7] vor allem von der ausreichenden Verfügbarkeit von Kohlenhydraten, Ornithin und Arginase ab. Bei Mangel an Kohlenhydraten wird die Harnstoffsynthese vermindert, bei Mangel an Ornithin oder Arginase kann sie nicht stattfinden.

Es ist anzunehmen, daß die Gewöhnung an eine höhere NH_3-Resorptionsrate zu einer Erhöhung der Produktion von Ornithin und Arginase führt. Ferner kann durch Gewöhnung die Fähigkeit der Pansenpopulationen zur Eiweißsynthese verbessert werden. Das geschieht durch die Anzucht und Vermehrung von Pansenbakterien, die Ammoniak gut verwerten [10].

Da wir die Ergebnisse des Versuches 8 in der Diskussion wiederholt zitieren, werden nochmals alle Meßwerte für Blut (NH_3-Stickstoff und Harnstoff-N) sowie Pansenflüssigkeit (NH_3-Stickstoff) der Kuh A zusammenfassend dargestellt (Abb. 5).

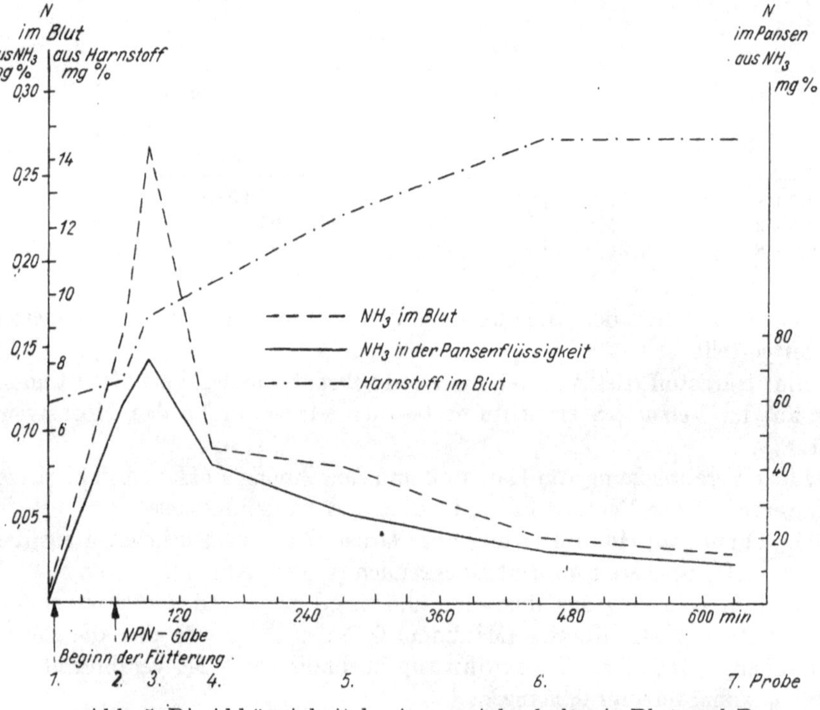

Abb. 5. Die Abhängigkeit des Ammoniakgehaltes in Blut und Pansenflüssigkeit sowie des Harnstoffgehaltes im Blut von der Harnstofffütterung (Kuh A, Versuch 8)

Höhe der NPN-Gabe

Es kann angenommen werden, daß die Steigerung der Futterstickstoffgabe auch eine Zunahme der Ammoniak- bzw. Harnstoffwerte in Blut und Pansenflüssigkeit zur Folge hat. Auf Grund der Regulationsvorgänge wie Resorption, Umwandlung und Ausscheidung wird diese Beziehung allerdings nicht linear sein.

Während die Harnstoffgabe von Versuch 8 zu Versuch 9 auf die Hälfte reduziert war (von 150 g auf 75 g), sank der Pansen-NH_3-Spiegel nicht in gleichem Maße, sondern blieb relativ höher. So fiel der Maximalwert bei Kuh A nur um 10%, obwohl die Harnstoffgabe um 50% vermindert wurde. Die Blut-NH_3-Stickstoff-Werte sanken hingegen viel stärker, z. B. bei Kuh A um 78%. Diese Tendenz kommt bei allen Versuchen zum Ausdruck.

Verabreichung der NPN-Gaben in flüssiger Form per MSR oder in fester Form trocken im Kraftfutter

Verschiedentlich traten in der Praxis Intoxikationen bei der Verfütterung von Harnstoff auf, wenn dieser in gelöster Form aufgenommen wurde. Da weiterhin eine zeitlich genaue Festlegung der Harnstoffaufnahme für die Versuche wichtig war, diese aber nur bei Eingabe mit dem MSR möglich ist, wurde die Form der Aufnahme ebenfalls geprüft.

Im Versuch 3 wurde der Harnstoff flüssig per MSR, im Versuch 5 trocken im Kraftfutter verabreicht. In beiden Versuchen war im Kraftfutter Sojaextraktionsschrot enthalten. Die Blutmaxima sind gesichert unterschiedlich, bei flüssiger Aufnahme liegt der Blutammoniakspiegel um 0,11 mg% höher als bei fester Aufnahme (trocken im Kraftfutter). Vergleicht man dagegen die Versuche 4 (fest) und 8 (flüssig), sind die Unterschiede nicht mehr signifikant, weil zwischen beiden Versuchen eine längere Zeit der Gewöhnung an Harnstoff lag.

Eindeutiger fällt der Vergleich aus, wenn die Maxima des Pansenammoniakspiegels verglichen werden. Bei Verabreichung des Harnstoffs in fester Form im Versuch 4 konnten 49 mg%, bei flüssiger Verabreichung in den Versuchen 2 und 8 dagegen 84 bzw. 61 mg% festgestellt werden. Ähnlich fällt der Vergleich zwischen den Versuchen 5 und 3 aus (44 mg% gegenüber 89 mg%). Demnach kann die Feststellung getroffen werden, daß sich unter sonst gleichen Bedingungen bei flüssig verabreichtem Harnstoff höhere Maximalwerte ergeben als bei trocken im Kraftfutter verabreichten.

Prüfung von Harnstoff und Ammoniumbikarbonat

Während Harnstoff enzymatisch in NH_3 und CO_2 zerlegt wird, dissoziiert ABK unmittelbar in seine Ionen. Andererseits ist die Löslichkeit des Harnstoffes in Wasser besser als diejenige des ABK. In den Versuchen 7 (ABK) und 9 (Harnstoff) wurden äquivalente N-Mengen gelöst per MSR (35 g N pro Tier) eingegeben. Die Maximalwerte für Blutammoniak zeigten wesentliche Unterschiede. Pansen- und Blut-NH_3-Stickstoff lagen bei ABK deutlich höher. Der Blut-Harnstoff stieg bei ABK-Fütterung etwa 4 Std. nach der Gabe zu einem Gipfelwert

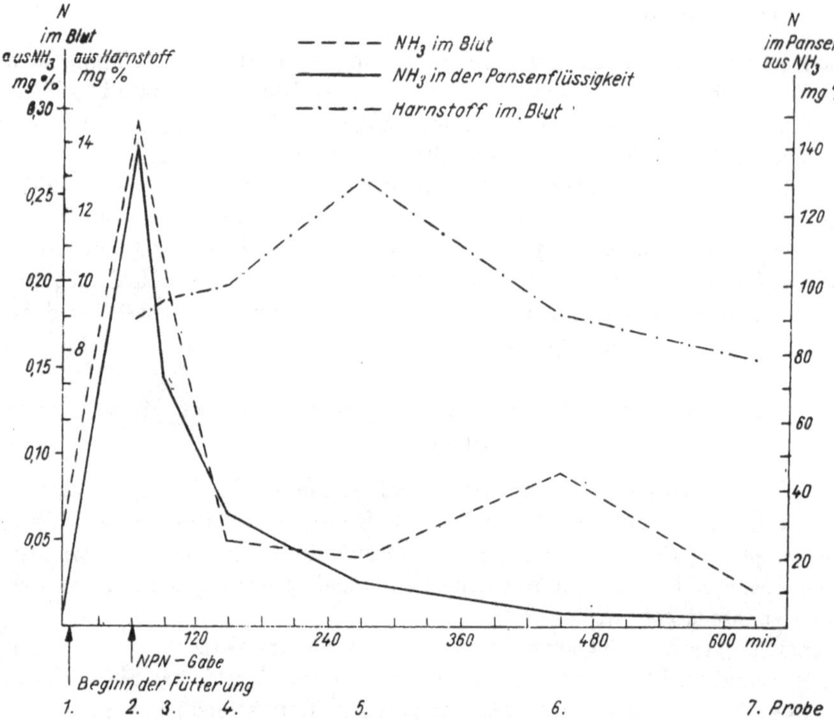

Abb. 6. Die Abhängigkeit des Ammoniakgehaltes in Blut und Pansenflüssigkeit sowie des Harnstoffgehaltes im Blut von der ABK-Fütterung (Kuh A, Versuch 7)

an (Abb. 6). Nach weiteren 6 Std. wurde im Versuch 7 der Normalwert von 8 mg% wieder erreicht, während bei Harnstoffütterung kein Abfall eintrat (s. auch Abb. 5).

Im Hinblick auf die Ammoniakmaxima ist die Wirkung von Harnstoff günstiger einzuschätzen als diejenige von Ammoniumbikarbonat.

Der Einfluß der Beifütterung von Sojaextraktionsschrot auf den Harnstoffabbau

Sojaextraktionsschrot ist vielfach im Kraftfutter für Rinder enthalten. Erfolgt gleichzeitig eine Beimischung von Harnstoff oder auch eine Verfütterung von harnstoffhaltiger Silage, so besteht die Gefahr, daß die im unbehandelten Sojaextraktionsschrot (ohne Dampferhitzung) enthaltene Urease den Harnstoffabbau in schädlichem Ausmaß beschleunigt. Versuche in vitro hatten gezeigt, daß innerhalb der ersten Versuchsabschnitte, also zu Beginn der Einwirkung der Pansenflüssigkeit auf den Harnstoff, die Abbaugeschwindigkeit um etwa 8 bis 10% gesteigert werden kann [13].

Es ergab sich also die Frage, ob solche Ergebnisse auch in vivo feststellbar sind. Dazu werden die Versuche 4 (ohne Soja) und 5 (mit Soja) gegenübergestellt.

In beiden Versuchen wurden 150 g Harnstoff, im Versuch 5 zusätzlich 300 g Sojaextraktionsschrot verabreicht.

Bei der statistischen Prüfung zeigt sich, daß die Blutmaxima im Versuch 4 gesichert höher liegen, wenn auch nur um 0,08%mg. Dies mag dadurch begründet sein, daß Versuch 5 auf Versuch 4 folgte und auch hierbei die Gewöhnung einen gewissen Einfluß hatte.

Es ergab sich kein Hinweis für einen beschleunigten Harnstoffabbau durch Sojaextraktionsschrot innerhalb der Probenahmeintervalle. Auch aus den Versuchen 2 und 3 konnten keine anderen Schlüsse gezogen werden.

Zu gleichem Ergebnis kamen BERGNER, HOCK und LEHMANN [1] bei Versuchen an Schafen.

Mehrmalige Fütterung mit NPN-Verbindungen an einem Tage

Bei einer kontinuierlichen Verabreichung der NPN-Verbindungen bzw. bei Gaben in Intervallen (innerhalb von beispielsweise 24 Stunden) kann eine Verbesserung der N-Verwertung gegenüber einmaliger Fütterung erwartet werden. Allerdings sind bisher experimentelle Nachweise einer positiven Beeinflussung noch nicht erbracht und dementsprechend keine Methoden für die praktische Nutzanwendung eingeführt worden.

Durch Dauertropf-Infusion von Harnstoff konnte keine Verbesserung der N-Retention festgestellt werden [12].

Nach den Ergebnissen der Versuche 2 und 3 trat selbst nach hoher 1. Gabe keine ungünstige Beeinflussung der Blutammoniakwerte nach der 2. Gabe ein. Bei einer Verteilung der üblichen Tagesgaben auf zwei Mahlzeiten sind daher keineswegs negative Nachwirkungen der 1. Gabe zu erwarten.

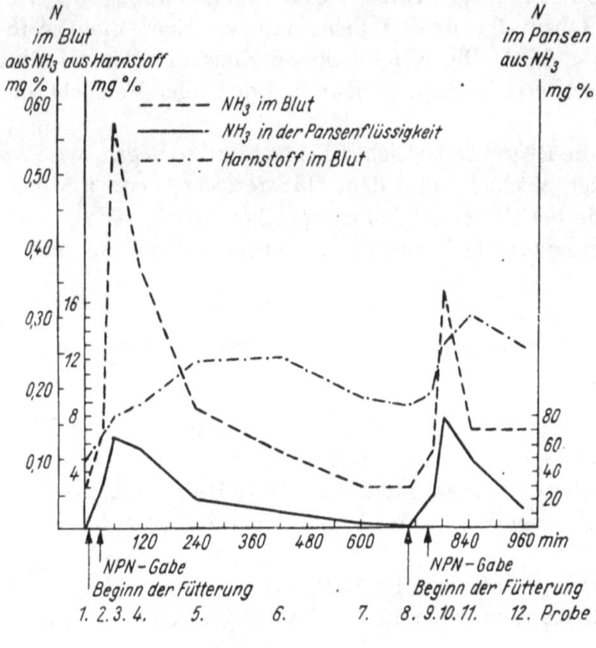

Abb. 7. Die Abhängigkeit des Ammoniakgehaltes in Blut und Pansenflüssigkeit sowie des Harnstoffgehaltes von der Fütterung (zweimalige Harnstoffgabe am Tage, Versuch 2, Kuh A)

Die Summe der NH_3-Stickstoff-N-Werte im Versuch 2 lag nach der 1. Eingabe (Probe 2 bis 5) bei 1,26 mg, nach der 2. Eingabe (Probe 9 bis 12) bei 0,69 mg. Auf 100 g Harnstoff bezogen war die Summe der Ammoniakwerte bei der 1. Gabe dann um 0,15 mg NH_3-Stickstoff höher als bei der 2. Gabe. Hieraus kann nicht die bessere Verwertung des Harnstoff-N bei zweimaliger Gabe abgeleitet werden, jedoch war bereits bewiesen worden, daß bei kleiner Harnstoffgabe die Meßwerte niedriger ausfallen als bei großer Gabe (s. S. 439). Wenn also eine bestimmte Tagesgabe (z. B. 150 g) in zwei Teilgaben verabreicht wird, kann eine bessere Verträglichkeit und Verwertung des Harnstoff-N angenommen werden.

Die Abb. 7 unterrichtet über den Verlauf der jeweiligen Kurven über 17 Stunden bei Kuh A.

Die Abnahme der NH_3-Stickstoff-Konzentration im Blut

Die Ammoniakresorption durch die Wand der Vormägen und die bakterielle Assimilation bestimmen das Ausmaß, in dem die NH_3-Konzentration in der Pansenflüssigkeit abnimmt und sich der Blutammoniakspiegel verändert.

Aus den Versuchen 2 und 4 werden

y = NH_3-Stickstoff-Konzentration im Blut (mcg je 100 ml)

x = Zeit in Stunden vom Maximum bis zum letzten Meßwert (0–11 h)

gesetzt.

Als Regressionsgerade ergibt sich dann für

Versuch 2 $Y = 10^{2{,}620-0{,}089x}$

Versuch 4 $Y = 10^{2{,}273-0{,}086x}$

Aus beiden Versuchen errechnet sich eine gute Übereinstimmung der Regressionskoeffizienten (0,089 bzw. 0,086) und Sicherung der Regressionskoeffizienten ($P < 0{,}001$ bzw. $P < 0{,}01$). Die NH_3-Stickstoff-Konzentration im Blut vor der Fütterung (Nüchternwert) beträgt im Durchschnitt aller Versuche der 1. Reihe 0,06 mg%.

Wird dieser Wert für y in die Regressionsgleichung eingesetzt, so liegen zwischen dem Maximalwert der beiden Versuche und dem Nüchternwert etwa 9,5 bzw. 6 Stunden. Diese Zeit wurde bei Kühen in den entsprechenden Versuchen auch benötigt, um den Blutammoniakspiegel wieder auf normale Werte zu senken (s. z. B. Abb. 2).

Die Abhängigkeit der NH_3-Stickstoff-Konzentration im Blut von derjenigen im Pansen

Wiederholt konnte in den einzelnen Versuchen gezeigt werden, daß der Blut-NH_3-Gehalt vom Pansen-NH_3-Spiegel abhängt. Um hierüber auch eine statistisch gesicherte Aussage zu erhalten, wurden nunmehr alle NH_3-Stickstoff-Werte, getrennt nach Kuh A und B, in einer linearen Regression verrechnet.

Wenn

y = NH_3-Stickstoff-Konzentration im Blut (mg%)

x = NH_3-Stickstoff-Konzentration in der Pansenflüssigkeit (mg%)

gesetzt wurden, ergab sich für Kuh A die Regression

$$Y_A = 0{,}06 + 0{,}00218\, x_A$$

Analog erhält man für Kuh B

$$Y_B = 0{,}06 + 0{,}00260\, x_B$$

Beide Regressionen stimmen gut überein; die Sicherung ist bei beiden sehr gut ($P > 0{,}001$).

Nunmehr wurden die Unterschiede der Regressionskoeffizienten nach

$$t = \frac{b_A - b_B}{s_d}$$

geprüft, wobei kein gesicherter Unterschied zwischen b_A und b_B ($P > 0{,}05$) bestand. Demzufolge können Kuh A und Kuh B zu einer Stichprobe vereinigt werden und repräsentieren die Grundgesamtheit mit

$$Y = 0{,}06 + 0{,}00231\, x$$

Der Nüchternwert für Blut-NH_3-Stickstoff liegt also durchschnittlich be 0,06 mg%, wenn der Pansen-NH_3-Stickstoff nur 1 mg% beträgt.

Es sind also nur Spuren an freiem Ammoniak nachweisbar. Der Blut-NH_3-Stickstoff nimmt um 0,002 mg% zu, wenn der Pansen-NH_3-Stickstoff um 1 mg% steigt.

Zusammenfassung

In einer Versuchsreihe mit Milchkühen wurde der Einfluß verschiedener NPN Verbindungen (Harnstoff und Ammoniumbikarbonat) bei unterschiedlicher Verabreichungstechnik auf den Ammoniakspiegel in Pansenflüssigkeit und Blut überprüft. Als Maßstab dienten vor allem die Ammoniak-Maximalwerte in Blut und Pansenflüssigkeit.

Die Wirkung von Harnstoff ist im Hinblick auf die Ammoniakmaxima günstiger einzuschätzen als diejenige von Ammoniumbikarbonat. Die Gewöhnung der Tiere an die Verfütterung der NPN-Verbindungen bewirkte charakteristische Veränderungen der Maximalwerte. Eine Verminderung der Maximalwerte war nach Gewöhnung der Tiere an Harnstoff gegenüber einer plötzlichen unvorbereiteten Verabreichung festzustellen. Sie wurde weniger auf eine raschere Bindung von NH_3 im Pansen als auf eine Beschleunigung der Reaktionen in der Leber- zurückgeführt.

Mit zunehmender Gabe an NPN-Verbindungen war eine Steigerung des Pansen- und Blutammoniakgehaltes ermittelt worden. Bei flüssig verabreichtem Harnstoff wurden höhere Maximalwerte als bei trockener Verabreichung im Kraftfutter festgestellt. Nach Verfütterung von Sojaextraktionsschrot zu harnstoffhaltigem Kraftfutter ergab sich kein Hinweis für einen beschleunigten Harnstoffabbau innerhalb der Probenahmeintervalle.

Die Abnahme der NH_3-Stickstoff-Konzentration (y = mcg/100 ml) im Blut nach Harnstoffverfütterung in Abhängigkeit von der Zeit (x = Std.) ließ sich durch $Y = 10^{2,629-0,089x}$ bzw. $Y = 10^{2,273-0,086x}$ ausdrücken. Die Abhängigkeit der NH_3-Stickstoff-Konzentration im Blut (y = mg%) von derjenigen im Pansen (x = mg%) folgte der Regressionsgeraden $Y = 0,06 + 0,00231\,x$.

Резюме

В серии опытов с молочными коровами проверялось влияние различных соединений NPN (мочевины и двууглекислого аммония) при различной технике скармливания на уровень аммониака в жидкости рубца животных и в крови. Масштабом служили при этом максимальные величины аммониака в крови и в жидкости рубца.

Принимая во внимание максимальные величины аммониака, следует расценивать действие мочевины как более благоприятное, нежели двууглекислого аммония. Приучение животных к кормлению соединениями NPN вызвало характерные изменения максимальных величин. Было установлено понижение максимальных величин после приучения животных к мочевине, – по сравнению с неожиданным скармливанием без подготовки животных. Это понижение следует отнести больше за счет ускорения реакций в печени, нежели за более быстрое связывание NH_3 в рубце.

С повышением дач соединений NPN было установлено повышение содержания аммония в рубце и в крови животных. При скармливании мочевины в жидком виде были установлены более высокие максимальные величины, нежели при скармливании её сухой в концентрированном корме. После скармливания экстрагированного соевого шрота с концентратом, содержащим мочевину, в интервалах взятия проб не наблюдалось никакого ускорения разложения мочевины.

Понижение концентрации азота NH_3 (y = мцг/100 мл.) в крови животных после скармливания мочевины в зависимости от времени (x = часы) может быть выражено уравнением $y = 10^{2,629-0,089x}$ или же $y = 10^{2,273-0,086x}$. Зависимость концентрации азота NH_3 в крови (y = мг %) от концентрации в рубце (x = мг %) следует прямой регрессии $y = 0,06 — 0,00231\,x$.

Summary

In a series of experiments on dairy cows different NPN compounds (urea and ammoniumbicarbonate) which had been administered by different modes of application were tested for the effect they produced on the ammonia level of the blood and ruminal fluid. Particularly the maximum concentrations of ammonia in the blood and ruminal fluid were used to serve as a standard of comparison.

With regard to maximum ammonia concentrations urea was found to exert a more favourable effect than ammonium bicarbonate. Adaption of these animals to the feeding of NPN compounds produced characteristic changes in maximum concentrations. After getting the animals used to urea a diminution of maximum concentrations was observed in comparison with maximum concentrations obtained after a sudden administration of urea. This was attributed to an acceleration of biochemical reactions in the liver rather than to a more rapid binding of NH_3 in the rumen.

With increasing doses of NPN compounds a rise in the ammonia content of the blood and ruminal fluid was noted. If urea was administered in liquid form the maximum concentrations were found to be higher than after the feeding of dry urea in fodder concentrates. After feeding soy bean oil cake meal as a supplement to fodder concentrates containing a high proportion of urea no indication could be obtained demonstrating a more rapid decomposition of urea during the sampling period.

Following the feeding of urea a decrease in the NH_3-nitrogen concentration (y = mcg/100 ml) of the blood in relation to time (x = hour) can be expressed by $y = 10^{2.629-0.089x}$ or $y = 10^{2.273-0.086x}$.

The nitrogen-NH_3 concentration in the blood (y = mg%) correlated to that of the rumen followed a line of regression represented by $y = 0.06 + 0.00231\,x$.

Literaturverzeichnis

[1] BERGNER, H., A. HOCK und H. LEHMANN: Arch. Tierernähr. **13**, 83 (1963)
[2] CONWAY, E. J.: Microdiffusion analysis and volumetric error. 3. Auflage, Crosby Lockwood and Son Ltd., London, 1950
[3] CONWAY, E. J., und R. COOKE: Biochem. J. **33**, 457 (1939)
[4] HOLZSCHUH, W.: Arch. exper. Veterinärmed. 19, 859 (1965)
[5] HOLZSCHUH, W., und H. WETTERAU: Arch. Tierernähr. **12**, 161 (1962)
[6] KAUFMANN, W.: Kieler milchwirtsch. Forschungsber. **12**, 419 (1960); **13**, 61 (1961)
[7] KREBS, H. A., und K. HENSELEIT: Z. phys. Chem. **210**, 33 (1932)
[8] LINDER, A.: Statistische Methoden. 2. erweiterte Auflage, Birkhäuser Verlag, Basel und Stuttgart, 1957
[9] MUDRA, A.: Statistische Methoden für landwirtschaftliche Versuche. Parey-Verlag, Berlin und Hamburg, 1958
[10] ROJAHN, W.: Zbl. Bakteriol. Parasitenkde. Infektionskrankh. Hyg., Abt. II **115**, 11 (1962)
[11] SMITH, P. H., H. C. SWEENEY, J. R. ROONEY, K. W. KING und W. E. C. MOORE: J. Dairy Sci. **39**, 598 (1956)
[12] SCHOENEMANN, K., und E. F. KILIAN: Arch. Tierernähr. **10**, 37 (1960)
[13] WETTERAU, H., und W. HOLZSCHUH: Arch. Tierernähr. **13**, 21, (1963)

Eingegangen: 10. Dezember 1964

Institut für Tierzuchtforschung Dummerstorf bei Rostock
Deutsche Akademie der Landwirtschaftswissenschaften zu Berlin

B. PIATKOWSKI und H. STEGER

Der Einfluß verschiedener Futterzusätze auf die Verdaulichkeit des Markstammkohles und die Auswirkungen auf das rote Blutbild bei Rindern

In früheren Untersuchungen (STEGER u. a. [3, 4]) stellten wir eine auffallend niedrige Verdaulichkeit der Rohfaser fest, wenn Markstammkohl (MSK) als alleiniges Futter an Rinder und Schafe verfüttert wird. Wir vermuteten, daß die bei reichhaltiger Kohlfütterung auftretende Anaemie auf die Wirkung dieses saftreichen und ballastarmen Futters im Pansen zurückzuführen sein könnte, zumal bei einer ausschließlichen Rübenblattfütterung (FREUDENBERG [1]) oder bei Aufnahme von viel jungem, rohfaserarmen Poldergras (von KOETSVELD [2]) gleichartige Symptome beobachtet wurden. Es lag daher nahe, den Einfluß verschiedener Darreichungsformen des MSK sowie die Wirksamkeit gewisser Ergänzungsstoffe auf seine Verdaulichkeit und die Auswirkung auf das rote Blutbild zu prüfen.

1. Material und Methodik

Für unsere Untersuchungen verwendeten wir einen als Nachfrucht angebauten MSK mit folgender in Tabelle 1 aufgeführten chemischen Zusammensetzung. Die künstliche Trocknung des gleichen Materials in einer Rema-Rosin-Anlage erfolgte im Verlauf des Stoffwechselversuches mit frischem MSK. Beide Futterformen des MSK entsprechen analytisch einander weitgehend. Niedriger als allgemein angegeben [5] stellten wir den Rohproteingehalt fest.

Es wurden sechs Fütterungsgruppen mit insgesamt 14 Kühen gebildet, um einen Einfluß von zugesetzten Stoffen (KNO_3 bzw. Spurenelemente bzw. Vit.-B-Komplex bzw. Vit.-A + Spurenelemente bzw. Stroh) auf den Hämoglobingehalt

Tabelle 1

Chemische Zusammensetzung von MSK und Weizenstroh

	% Tr.-Subst.	In % (auf 100 g Tr.-Subst. bezogen)									
		Org. Subst.	Roh-prot.	Roh-fett	Roh-faser	N-fr. E.	Asche	Na	K	Ca	P
frisch	17,5	86,39	12,85	2,33	16,80	54,41	13,61	0,12	2,43	1,32	0,35
künstlich getrocknet	85,4	87,01	13,84	1,83	16,42	54,92	12,99	0,17	2,87	1,47	0,37
Stroh	85,8	94,10	3,22	1,25	48,48	41,15	5,90	0,02	0,16	0,52	0,05

Tabelle 2

Tiermaterial und Fütterung

	Tier-zahl	Art des Futters	Zusätze	Ø tägl. MSK-Verzehr
Gruppe I	2	MSK frisch vom Feld	Fe, Cu, Co	65 kg
Gruppe II	2	MSK frisch vom Feld	25 g KNO_3	65 kg
Gruppe III	2	MSK frisch vom Feld	Vitamin-B-Komplex*	60 kg
Gruppe IV	2	MSK frisch vom Feld	Vitamin A 50000 IE täglich** + Fe, Cu, Co	60 kg
Gruppe V	2	MSK frisch vom Feld	2 kg Stroh	57 kg
Gruppe VI	4	MSK künstlich getrockn.	keine	9 kg

* I. m. täglich 8 mg B_1, 5,4 mg B_2, 0,8 mg B_6, 0,8 mg Ca-Pantothenat, 20 mg Nikotinsäureamid, 10 µg Vit. B_{12}, 650 mg Folsäure.

** Zweimal wöchentlich i. m. verabreicht.

und die Erythrocytenzahl zu testen. Die entsprechenden Dosierungen und den MSK-Verzehr enthält Tabelle 2. 100 mg Cu und 20 mg Co wurden täglich per os, 50 ml Ursoferran (1000 mg Fe) einmal wöchentlich i. m. verabreicht.

Alle Gruppen erhielten außerdem 250 g Gerstenschrot, 100 g Mineralstoffstandardgemisch und 50 g Kochsalz. Die Fütterungsdauer betrug 4 Wochen. Die Stoffwechselversuche wurden in der Zeit vom 17.–25. Versuchstag durchgeführt. Sie verfolgten den Zweck, den Einfluß gewisser Supplemente auf die Verdaulichkeit und den N-Stoffwechsel zu erfassen.

Da beigefütterte Spurenelemente auch schon in früheren Versuchen (STEGER u. a. [3]) auf die Verdaulichkeit ohne Auswirkungen blieben, verwendeten wir die hierbei erhaltenen Ergebnisse als Vergleich zu den anderen Gruppen.

2. Versuchsergebnisse

2.1. Verdaulichkeit und N-Bilanz

Die für die Gruppe I (Kuh 1 und 2) erhaltenen Verdaulichkeitswerte decken sich mit denen unserer früheren Untersuchungen (STEGER u. a. [3, 4]), wobei auch hier wiederum der niedrige VK der Rohfaser des MSK bestätigt werden konnte.

Durch einen Zusatz von 25 g KNO_3 je Tier und Tag ließ sich diese Depression weitgehend aufheben und ein Anstieg der Rohfaserausnützung um etwa 11 Einheiten (ca. 20%) erzielen. Eine Minderung der Verdaulichkeit aller übrigen Nährstoffe, die sich aus den Befunden von Kuh 3 andeuten, sind nicht überzubewerten, da das Tier 3 auch in anderen Versuchen das Futter stets schlechter ausnutzte als die Vergleichstiere. Dagegen setzte die Beifütterung von 2 kg Stroh die VK der Nährstoffe bis auf die der Rohfaser herab. Ganz beträchtlich wird hiervon das Rohprotein betroffen. Gegenüber der Gruppe I (Kuh 1 und 2) beträgt die Depression 28 Einheiten (ca. 40%), die nicht allein mit einer erhöhten DVN-Ausscheidung als Folge der Verfütterung von 2 kg Stroh erklärt werden kann. Auch die Heißlufttrocknung des MSK bewirkt einen Rückgang der Verdaulichkeit des

Tabelle 3

Verdaulichkeit von frischem MSK (bei gleichzeitiger Verabreichung von KNO_3 und Stroh) sowie von künstlich getrocknetem MSK

Kuh	Behandlung	Tr.-S.	Org.-S.	Roh-prot.	Roh-fett	Roh-faser	N-fr. E.
1	Fe, Cu, Co	79	82	70	62	54	93
2		79	82	72	55	58	94
		∅ 79	82	71	58,5	56	93,5
3	KNO_3	76	79	64	55	65	88
4		79	82	70	51	69	91
		∅ 77,5	80,5	67	53	67	89,5
9	Stroh	70	71	44	59	53	85
10		68	69	40	44	53	84
		∅ 69	70	42	50,5	53	84,5
11	künstl. getrock.	72	76	62	34	56	87
12	,, ,,	73	77	65	24	61	88
13	,, ,,	72	76	63	20	54	86
14	,, ,,	72	76	63	27	54	87
		∅ 72	76	63	29	56	87

Rohproteins um 8 Einheiten. Gewisse Denaturierungsvorgänge (Verhärtung der Zellwände) scheinen also das Eiweiß langsamer verfügbar zu machen. Die Rohfaserverdaulichkeit wird durch diesen Vorgang nicht beeinflußt, dagegen sinkt die Ausnutzung der Trockensubstanz um 7 Einheiten (ca. 9%).

Auch der N-Stoffwechsel der Tiere dieser Gruppen erbrachte interessante Befunde.

Aus der Höhe des angebotenen Futter-N und der Milchleistung der Kühe 1 und 2 ergibt sich ein ausreichendes N-Angebot. Wenn dennoch eine ausgeprägte negative Bilanz vorherrscht, so scheint dies in erster Linie auf einen Energiemangel an Kohlenhydraten zurückzuführen zu sein, die für eine bessere N-Verwertung nötig sind. Inwieweit hierfür eine Hemmung der Mikroorganismen vorliegt, bleibt weiteren Untersuchungen vorbehalten. Da durch Zusatz von KNO_3 eine verbesserte Ausnutzung der Rohfaser resultierte, liegt nahe, die günstigere Bilanz bei den Kühen 3 und 4 darauf zurückzuführen, daß bei saurem Pansen-pH dieses Nitrat sehr rasch und restlos zu Ammoniak übergeführt wird.

In ähnlicher Weise ist die ungünstige Wirkung einer Strohbeifütterung einzuschätzen, da infolge der Verdauungsdepression nicht nur der Energiemangel vergrößert, sondern gleichzeitig ein N-Mangel hervorgerufen wurde. Die Kühe 4 und 10 verzeichneten eine fast gleiche N-Einnahme im Futter und N-Ausscheidung in der Milch. Danach wird die negative Bilanz von — 65,8 g N besonders durch niedrige N-Verdaulichkeit hervorgerufen. Die Fütterungsgruppen I (frischer MSK) und VI (künstlich getrockneter MSK) gleichen sich hinsichtlich der N-Aufnahme mit dem Futter und N-Ausscheidung in der Milch. Die N-Bilanz ist bei

Tabelle 4

N-Bilanz bei Verfütterung von frischem (mit verschiedenen Zusätzen) und künstlich getrocknetem MSK

Kuh	Behandlung	N in g				
		Futter	Kot	Harn	Milch	Bilanz
1	Fe, Cu, Co	168,3	46,5	99,1	36,4	− 13,7
2	Fe, Cu, Co	158,0	47,3	110,8	32,1	− 26,5
		∅ 163,1	46,9	105,0	34,2	− 20,1
3	KNO_3	188,6	68,2	95,6	38,7	− 13,8
4	KNO_3	168,3	50,9	83,4	52,3	− 19,4
		∅ 178,4	59,5	89,5	45,5	− 16,6
9	Stroh	170,8	94,9	76,4	45,7	− 46,2
10	Stroh	167,4	126,4	65,0	51,8	− 65,8
		∅ 169,1	110,6	70,7	48,7	− 56,0
11	künstl. getrocknet	176,7	68,0	83,5	22,7	+ 2,5
12	,, ,,	157,6	55,4	60,9	28,5	+ 2,8
13	,, ,,	157,5	58,2	64,1	28,1	+ 7,2
14	,, ,,	157,6	58,0	67,4	40,0	− 7,8
		∅ 162,4	59,9	69,8	29,7	+ 1,2

Fütterung von getrocknetem gegenüber der von frischem MSK ausgeglichen. Die Ursachen hierfür werden in der Veränderung physikalischer Eigenschaften (Löslichkeit) durch den Trocknungsvorgang vermutet.

2.2. Blutbefunde

Wie aus unseren früheren Untersuchungen anzunehmen ist (STEGER [4]) scheint ein als Hauptfrucht angebauter MSK stärker anaemisch als ein als Zwischenfrucht gewachsenes Material zu wirken. Dennoch geht aus den Befunden

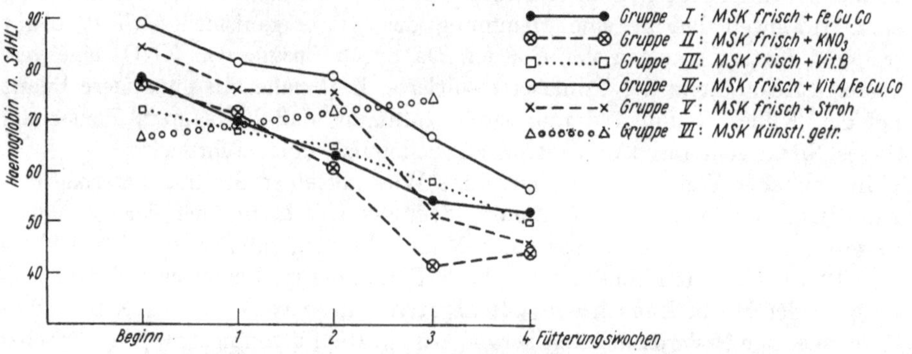

Abb. 1. Einfluß verschiedener Futterzusätze bei MSK-Fütterung sowie der Trocknung auf die Erythrocytenzahlen

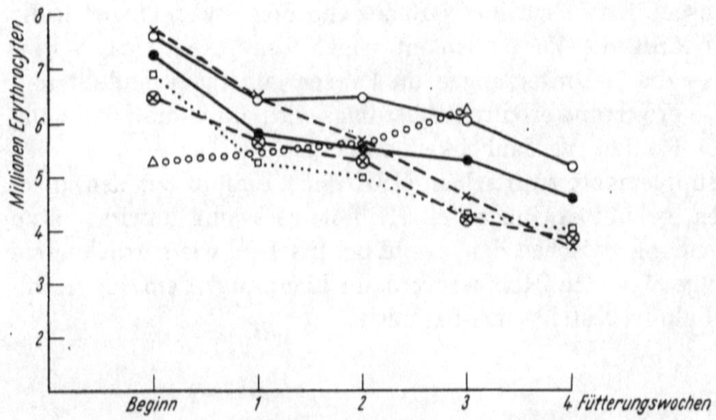

Abb. 2. Einfluß verschiedener Futterzusätze bei MSK-Fütterung sowie der Trocknung auf den Hb-Gehalt

des roten Blutbildes eindeutig hervor, daß weder Spurenelementbeifütterung noch Vit.-B- oder -A-Gaben den Anaemiefaktor des MSK zu kompensieren vermögen.

Ein für die Pansenverdauung unausreichender Rohfasergehalt des Futters kann ebenfalls nicht die Ursache der Veränderung des roten Blutbildes sein, wie wir dies in einer früheren Arbeit vermuteten [3]. Man gewinnt im Gegenteil aus diesen Versuchsergebnissen den Eindruck, daß sich eine Strohbeifütterung bei zu großen Gaben MSK eher negativ auswirkt. Die Beifütterung von KNO_3 zu- der nitratreichen Futterpflanze blieb ohne deutliche Wirkung auf die Erythrocytenzahlen, wohingegen sie sich besonders im letzten Versuchsabschnitt negativ auf den Haemoglobinspiegel bemerkbar macht. Der von uns verabreichte MSK enthielt 0,39 g NO_3 in 100 g Trockensubstanz, so daß ein Tier insgesamt 60–65 g NO_3 (Futter + 25 KNO_3) aufnahm.

Trotz allem ist auch Nitrat als möglicher anaemischer Faktor auszuschließen. Demgegenüber wird deutlich, daß dieser Faktor durch Erhitzen des MSK zerstört wird. Da aber das künstlich getrocknete Produkt trotz schlechter Rohfaserverdaulichkeit nicht mehr anaemisch wirkt, muß geschlußfolgert werden, daß dieses ursächlich in keinem Zusammenhang zur Veränderung des roten Blutbildes steht.

Zusammenfassung

In einem Stoffwechsel- und Fütterungsversuch mit 14 Milchkühen wurde der Einfluß verschiedener Zusätze zu frischem Markstammkohl (MSK) bzw. der einer Heißlufttrocknung (Rema-Rosin) auf Verdaulichkeit, Stoffwechsel und Blutzusammensetzung untersucht. Während die zusätzliche Verabreichung von Spurenelementen (Fe, i. m., Cu und Co per os), Vitamin-B-Komplex (i. m.) und Vitamin A (i. m.) ohne Wirkung blieb, rief KNO_3 (25 g je Tier und Tag) eine Steigerung der Rohfaserverdaulichkeit hervor. Die Beifütterung von 2 kg Stroh verursachte eine Verdauungsdepression besonders bei Rohprotein (um 29 Einheiten), so daß eine ausgeprägte negative N-Bilanz die Folge war. Obgleich die Heißlufttrocknung des MSK die Verdaulichkeit seines Rohproteins (ca. 8 Einheiten) mindert, werden die N-Umsetzungen im Pansen günstig beeinflußt und eine deutlich bessere N-Verwertung erhalten. Allerdings wird durch die Trocknung keine Verbesserung der Rohfaserverdaulichkeit erreicht.

Während Nahrungssupplemente zu frischem MSK ohne Einfluß auf den anaemischen Faktor blieben, gelingt es, ihn durch Heißlufttrocknung unwirksam zu machen. Ein Zusammenhang zwischen der sowohl bei frischem wie getrocknetem MSK festgestellten ungenügenden Rohfaserverdaulichkeit und dem die Kohlanaemie auslösenden Faktor besteht offenbar nicht.

Резюме

В опытах по кормлению и изучению обмена веществ с 14—ью молочными коровами исследовалось влияние различных добавок к свежей кормовой капусте, а также влияние сушки её горячим воздухом (Рема-Розин) на переваримость, обмен веществ и состав крови животных. Дополнительное скармливание микроэлементов (Fe, и. м., Cu, Co *per os*), комплекса витаминов B (и. м.) и витамина A (и. м.) действия не оказало, KNO_3 (25 г. в день на голову) повысило переваримость сырой клетчатки. Дополнительное скармливание 2 кг. соломы вызвало понижение переваримости в особенности сырого протеина (на 29 единиц), в результате чего ясно выразился отрицательный баланс по N. Хотя сушка кормовой капусты горячим воздухом понижает переваримость её сухого протеина (приблизительно на 8 единиц), но все же получается лучшее регулирование обмена по N в рубце животных и определенно выраженное улучшение усвоения N. Правда, сушкой не достигается улучшения переваримости сырой клетчатки.

Добавки кормов к свежей кормовой капусте не оказали влияния на анемичный фактор, но действие его удается выключить путем сушки горячим воздухом. Однако, связи между установленной недостаточной переваримостью сырой клетчатки у свежей и сушеной кормовой капусты и фактором, вызывающим капустную анемию, очевидно не существует.

Summary

14 dairy cows were subjected to a metabolism and feeding test to study the effect of different supplements to fresh marrowstem kale (MSK) or hot-air drying of marrowstem kale (according to Rema-Rosin) on the digestibility of MSK and on the metabolism and blood composition of these animals. Supplementary administration of trace elements (Fe administered intramuscularly; Cu and Co applied by oral administration), of vitamins of the B-complex (given intramuscularly), and of vitamin A(given intramuscularly) did not produce any effect,

while supplementation with KNO_3 (given in amounts of 25 gm per animal/day) resulted in an increased crude fibre digestibility. Supplementary feeding of 2 kg of straw produced a digestive depression particularly in the case of proteins (by 29 units) which, in turn, caused the nitrogen balance to become markedly negative. Although hot-air drying of marrowstem kale diminished the digestibility of crude protein contained in MSK (by about 8 units) it exerted a favourable influence on the conversion of nitrogen in the rumen and clearly improved the nitrogen utilization. However, no improvement in the crude fibre digestibility of MSK was obtained by hot-air drying.

Dietary supplements to fresh marrowstem kale did not exert any influence on the anaemic factor whereas by hot-air drying of MSK it has been possible to render this factor ineffective. No obvious relationship could be established between the insufficient crude fibre digestibility observed in both fresh and dried marrowstem kale and the factor causing MSK anaemia.

Literaturverzeichnis

[1] FREUDENBERG, F.: Deutsch. Tierärztl. Wochenschrift **62**, **722–729** **(1953)**
[2] v. KOETSVELD, E.: Ztschr. für Tierphysiol. Tierernährung u. Futtermittelkunde **13** (1958)
[3] STEGER, H., B. PIATKOWSKI, B. BUSCH und F. PÜSCHEL: Arch. für Tierernähr. **14** **113–126** **(1964)**
[4] STEGER, H.: Tagungsberichte der DAL zu Berlin (im Druck)
[5] Futterwerttabellen der DLG (Wiederkäuer), Arbeiten der DLG Bd. **17**, dritte erweiterte Auflage. DLG-Verlags-GmbH. Frankfurt (Main)

Eingegangen: 8. Dezember 1964

Herrn Dr. B. BUSCH danken wir für die Bestimmung von Erythrocyten und Hämoglobin, dem Institutstierarzt, Herrn H. GIRSCHEWSKI, für seine technische Unterstützung.

Institut für Tierzuchtforschung Dummerstorf bei Rostock
der Deutschen Akademie der Landwirtschaftswissenschaften zu Berlin

H. Steger, B. Piatkowski, B. Busch

Der Einfluß von Heißlufttrocknung und Silierung auf den anaemischen Faktor des Markstammkohls

Markstammkohl (MSK) enthält einen anaemischen Faktor, der bei Verabreichung übergroßer Mengen dieses Futters an Rinder eine Verminderung des Haemoglobingehaltes und der Erythrocytenzahlen verursacht und sogar zu schweren Gesundheitsstörungen und Ausfällen führen kann (Rosenberger [3, 4]). Entgegen den von Rosenberger mitgeteilten Beobachtungen ließen sich diese Befunde auch für Schafe bestätigen (Steger u. a. [5]). Umfangreiche Untersuchungen über die chemisch-physiologische Auswirkung dieses Futters auf Rinder und Schafe verfolgten das Ziel, Hinweise über Art und Eigenschaften dieses Wirkstoffes zu erlangen, um seine schädigende Wirkung auszuschalten (Steger [6]). In nachfolgender Arbeit soll untersucht werden, ob dieses durch Heißlufttrocknung und Silierung erreicht werden kann.

1. Material und Methodik

Für unsere Untersuchungen verwendeten wir einen als Zwischenfrucht angebauten MSK, den wir frisch vom Feld, künstlich getrocknet und siliert an Rinder und Schafe verfütterten. Der MSK zum künstlichen Trocknen in der Rema-Rosin-Anlage und zum Silieren wurde zum gleichen Zeitpunkt wie der frisch verfütterte geerntet. Wir erhielten ein einwandfreies Trockengut und eine geruchlich und geschmacklich sehr ansprechende Silage, die nach der Punktbewertung von Flieg mit 94 Punkten, also als sehr gut zu bewerten war.

Die Fütterungsversuche mit den einzelnen MSK-Chargen liefen jeweils über 4 Wochen. Während dieser Zeit erhielten die Tiere nur dieses Futter neben etwas Kochsalz und Mineralstoffgemisch. Den Versuch mit frischem MSK führten wir mit 10 laktierenden Rindern und 12 Schafen durch. Die Kühe nahmen durchschnittlich 60–70 kg, die Schafe 4–4,5 kg davon auf. Den künstlich getrockneten MSK verfütterten wir 8 Wochen nach seiner Trocknung an 9 Rinder. Die Verzehrleistung lag durchschnittlich bei 8–9 kg. Schließlich wurde die Futterwirkung des silierten MSK an 10 Schafen geprüft. Die Verzehrleistung bei Tieren gleicher Gewichtsklasse und Rasse lag um ca. 50% (auf Trockensubstanz bezogen) höher als bei frischem MSK. Die tägliche Aufnahme an MSK-Silage betrug 6–8 kg. Während Kühe im vierwöchigen Abschnitt bei Verfütterung in frischer und auch getrockneter Form etwas an Gewicht verloren, blieb es bei Schafen unverändert (frische Form) oder stieg deutlich an (silierte Form). Das Lebendgewicht dieser Tiere erhöhte sich von 53,9 kg auf 63,5 kg. Zur Kontrolle der anaemischen Wirksamkeit der einzelnen Futterformen wurden während der Versuche in kurzen Zeitabständen der Haemoglobingehalt (BETKE und SAVELSBERG [1]) und die Erythrocytenzahlen (HALLMANN [2]) bestimmt.

2. Ergebnisse

Die mit den einzelnen MSK-Futterformen ernährten Tiere fühlten sich während dieser Versuche nicht unwohl. Ernstliche symptomatische Störungen traten nicht auf.

2.1. Blutbefunde bei Verfütterung von frischgeerntetem MSK an Rinder

Der im frischen Zustand an die Rinder verfütterte MSK wirkte sich im Verlaufe des Versuchs, wie in Abb. 1 dargestellt, auf ihr rotes Blutbild aus.

Ohne Ausnahme nahmen bei jedem einzelnen Tier während dieser Fütterung der Haemoglobingehalt und die Zahl der Erythrocyten ab. Auch bei den Schafen war ein ganz gleichartiger Befund zu verzeichnen. Im Durchschnitt senkten sich

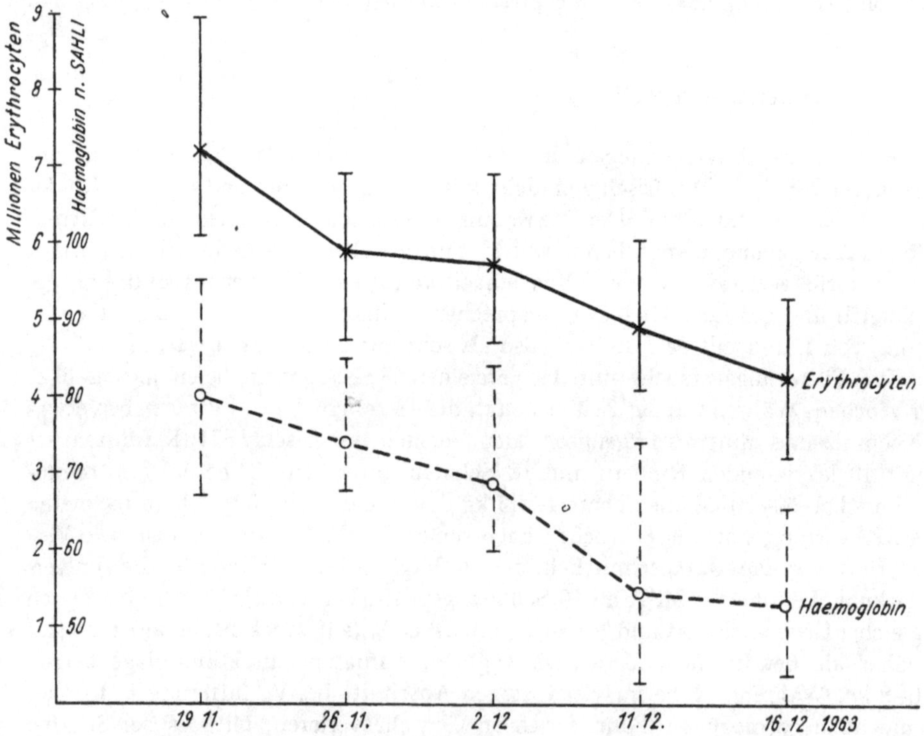

Abb. 1.

bei den Rindern die Werte für Haemoglobin um 35% und die Zahl der roten Blutkörperchen um 40%. Bei den Schafen gingen die Erythrocyten von durchschnittlich 11,3 Millionen auf 7,8 Millionen, also um 30% zurück, während das Haemoglobin sich nur um 10% verminderte.

2.2. Blutbefunde bei Verfütterung von künstlich getrocknetem MSK an Rinder

Der bei der Trocknung zeitweilig hohen Temperaturen ausgesetzte MSK hatte nach seiner Verfütterung eine gänzlich andere Wirkung als das entsprechende Frischprodukt auf das rote Blutbild von Rindern, wie man der Abb. 2 entnehmen kann.

Offensichtlich wird bei dieser Behandlungsart der anaemisch wirkende Faktor des MSK zerstört. Wie aus der graphischen Darstellung der durchschnittlichen Befunde von 9 Tieren, aber auch aus allen Ergebnissen von den Einzeltieren hervorgeht, beobachten wir hier keinen Rückgang der Werte für Haemoglobin und Erythrocyten, sondern sogar eine Zunahme von jeweils um etwa 10%.

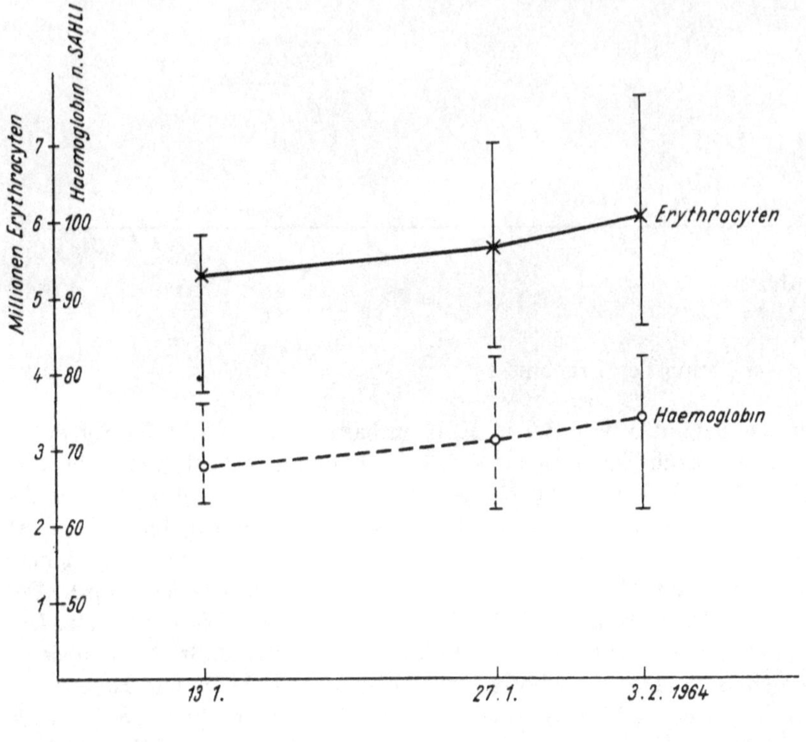

Abb. 2

2.3. Blutbefunde bei Verfütterung von siliertem MSK an Schafe

Auch die Silierung nimmt auf den im MSK enthaltenen Anaemiefaktor Einfluß. Aus Abb. 3 wird klar ersichtlich, daß silierter MSK keine negative Wirkung auf das Blut mehr ausübt.

Im Verlaufe dieses Versuches veränderten sich die Erythrocytenwerte praktisch nicht, für Haemoglobin beobachteten wir sogar einen leichten Anstieg.

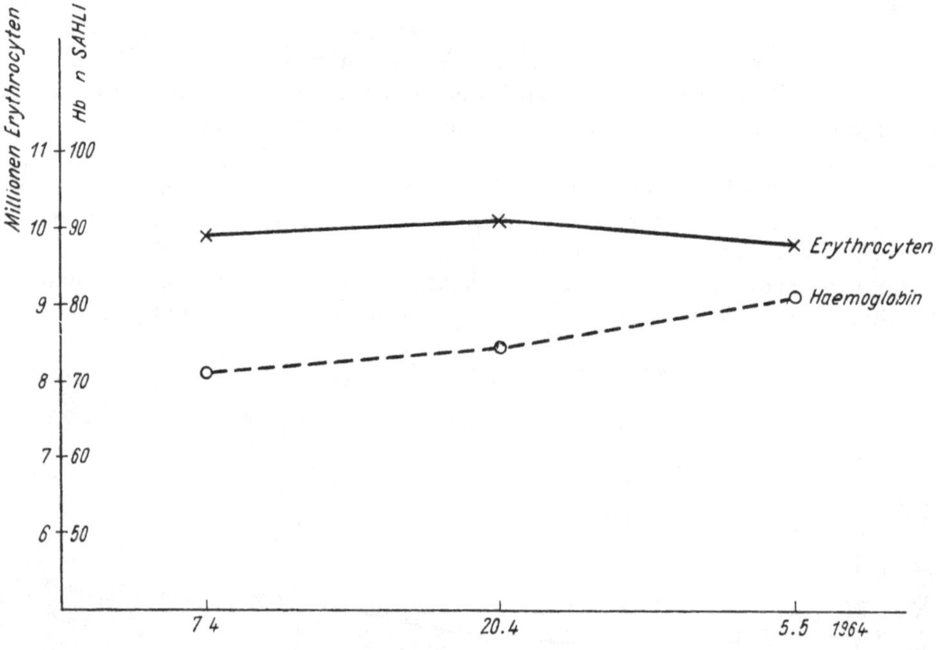

Abb. 3

3. Besprechung der Ergebnisse

Nach diesen Befunden wird der in MSK enthaltene anaemische Faktor durch Erwärmen bzw. durch Säuerung unwirksam. Während normalerweise die tägliche MSK-Gabe an Rinder 20–25 kg nicht überschreiten sollte und solche Mengen auch ohne Schaden von den Tieren vertragen werden, bietet sich die Möglichkeit, auch größere Rationen zu verabreichen, wenn durch geeignete Konservierungsverfahren der Anaemiefaktor unschädlich gemacht wird. Der einfachste und billigste Weg ist die Silierung zusammen mit Naßschnitzeln. Der antithyreoidale Effekt wird allerdings dadurch kaum beeinflußt. Nach unseren Versuchsergebnissen lagen die Rhodanidausscheidungen in Milch und Harn sowie der Rhodanidspiegel im Blut auf gleicher Höhe, ganz ungeachtet, ob die Tiere den MSK frisch vom Felde, siliert oder künstlich getrocknet verabreicht erhielten

Zusammenfassung

MSK gleicher Herkunft wurde frisch vom Felde, siliert oder künstlich in der Rema-Rosin-Anlage getrocknet an größere Gruppen Rinder und Schafe verfüttert und die Wirkung auf die Beeinflussung des Haemoglobingehaltes und die Erythrocytenzahlen geprüft. Dabei stellte sich heraus, daß der im frischen MSK enthaltene Anaemiefaktor durch den Silierungsprozeß und die Heißlufttrocknung unschädlich gemacht wird. Dadurch bietet sich die Möglichkeit, auch größere MSK-Gaben zu verabreichen, ohne daß eine anaemische Wirkung bei den damit gefütterten Tieren zu befürchten ist.

Резюме

Кормовая капуста одинакового происхождения скармливалась большим группам скота и овец в свежем виде прямо с поля, в виде силоса и в искусственно засушенном виде, причем испытывалось её действие на содержание гемоглобина и количество эритроцитов. Было установлено, что содержащийся в свежей кормовой капусте фактор анемии обезвреживается в процессе силосования и сушки в горячем воздухе. Таким путем достигается возможность скармливания больших дач кормовой капусты, не опасаясь анемичного действия на получающих её животных.

Summary

Freshly cut marrowstem kale of the same growth which had been made into silage or dried artificially in a Rema-Rosin plant was fed to larger groups of cattle or sheep to test its influence on the content of haemoglobin and number of erythrocytes in blood. It has been found that the anaemic factor contained in fresh marrowstem kale is rendered ineffective both by hot-air drying and the silaging process. This offers the possibility of feeding larger amounts of MSK without the risk of encountering cases of anaemia among animals fed such a diet

Literaturverzeichnis

[1] BETKE, K., und W. SAVELSBERG: Biochem. Ztschr. **320**, 431 (1949/50)

[2] HALLMANN, L.: Klin. Chemie und Mikroskopie. Verlag G. Thieme, Leipzig (1947)

[3] ROSENBERGER, G.: Med. vet. Habilitationsschrift Hannover (1942)

[4] ROSENBERGER, G.: Deutsche Tierärztliche Wochenschrift **51**, 63–67 (1943)

[5] STEGER, H., B. PIATKOWSKI, B. BUSCH und F. PÜSCHEL: Arch. f. Tierernährung **14**, 113–126 (1964)

[6] STEGER, H.: Vortrag zum 25jährigen Bestehen des IfT Dummerstorf 1964, Tagungsb. der DAL Berlin, im Druck.

Eingegangen: 18. 12. 1964

Aus dem Institut für Tierernährung der Friedrich-Schiller-Universität Jena
(Direktor: Prof. Dr. habil. A. HENNIG)

M. ANKE

Der Mengen- und Spurenelementgehalt des Rinderhaares als Indikator der Calcium-, Magnesium-, Phosphor-, Kalium-, Natrium-, Eisen-, Zink-, Mangan-, Kupfer-, Molybdän- und Kobaltversorgung

1. Mitteilung

Das Reinigen des Haares

Einführung

Gegenwärtig kennt man 16 Mengen- und Spurenelemente (Ca, Mg, P, K, Na Cl, S und Fe, Mn, Zn, Cu, Mo, Co, J, F, Se), die für Mensch und Tier lebensnotwendig sind. Die unzureichende Versorgung landwirtschaftlicher Nutztiere mit Mineralstoffen führt in der Regel zu Entwicklungsstörungen bei jungen Tieren und verminderter Milch-, Eier-, Woll- oder Arbeitsleistung bei erwachsenen Tieren, ohne daß zunächst spezifische Mangelerscheinungen beobachtet werden. Erst bei längerer und ausgeprägter Unterversorgung zeigen sich Mangelsymptome, die jedoch auch nicht in jedem Fall für ein bestimmtes Element typisch sind. Skelettveränderungen treten z. B. sowohl bei P-, Mg- und Cu-Mangel als auch bei Mo-Vergiftungen auf. Anämie kann durch Fe-, Cu- oder Co-Mangel, aber auch durch Cd- und Mo-Toxikose verursacht werden (Literatur bei ANKE [1]).

Die Diagnose der Mineralstoff-Mangelerscheinungen ist demnach ebenso wie die Identifizierung der Schwermetallvergiftungen schwierig und aufwendig. Alljährlich entstehen durch diese Mangelkrankheiten Verluste, deren volkswirtschaftlicher Schaden nicht abzuschätzen ist, da über ihren Umfang keine Angaben vorhanden sind.

Zur Testung des Versorgungsgrades lebender Tiere mit Mineralien konnte bisher, wenn man von der Biopsie absieht, deren Möglichkeiten aus verschiedenen Gründen begrenzt sind, nur das Blut bzw. Blutserum verwendet werden. Der Cu- und Fe-Gehalt des Blutes gibt gewisse, wenn auch umstrittene Hinweise [9, 16] über den Versorgungsgrad mit den genannten Elementen. Diese Informationen sind bei den anderen essentiellen Elementen in noch geringerem Maße gesichert als bei Fe und Cu. Da das Widerspiegelungsvermögen der Mineralstoffversorgung durch das Blut sehr begrenzt ist und die Anwendungsmöglichkeiten des Bluttestes zur Ermittlung der Mineralstoffversorgung gering sind, mußten andere Methoden zur Testung der Mengen- und Spurenelementversorgung des lebenden Tieres gefunden werden.

Bei der Suche nach einem geeigneten Testobjekt wurde auch der Mineralstoffgehalt des Haares in die Untersuchungen einbezogen. Die Analyse des Rinderhaares von zwei verschieden mit Spurenelementen versorgten Kuhherden zeigte, daß im Spurenelementgehalt des Haares beider Herden die gleichen Unterschiede wie im Futter vorhanden waren [17]. Ähnliche Untersuchungen wurden in Frankreich [3] und Holland [15] durchgeführt. Die erhaltenen Ergebnisse bewiesen aber noch nicht, daß der Mineralstoffgehalt des Haares als Indikator der Mengen- und Spurenelementversorgung geeignet ist, da es an einem zweckmäßigen Reinigungsverfahren für das Haar fehlte. Ferner mußte der Einfluß des Haaralters, des Geschlechtes, der Haarart, der Haarfarbe, der Schnittiefe, des Tieralters und des Laktations- und Trächtigkeitsstadiums auf die Haarzusammensetzung ebenso wie das Widerspiegelungsvermögen der Mineralstoffversorgung durch das Haar, auch im Vergleich mit anderen Organen des Körpers geprüft und experimentell gesicherte Grenzwerte einer normalen Mengen- und Spurenelementversorgung im Haar erarbeitet werden.

In der Literatur (ANKE [1]) konnten keine Angaben über die offenen Fragen gefunden werden, obwohl sich verschiedene Arbeiten aus unterschiedlichen Beweggründen mit den anorganischen Bestandteilen des Haares beschäftigen. Nahezu alle exogenen und endogenen Einflüsse auf die Haarzusammensetzung waren noch nicht bekannt. Ihre Kenntnis bildet aber die Voraussetzung für reproduzierbare und aussagekräftige Analysenwerte.

Aufgabe der Untersuchungen war es, diese Grundlagen zu schaffen und den Haartest unter praktischen Bedingungen zu prüfen. Als Versuchstier wurde die Milchkuh gewählt, da bei dieser schon gewisse Erfahrungen vorlagen.

Das Reinigen der Haarproben

Die abgeschnittenen Haare sind auch bei geputzten oder gewaschenen Rindern von einer Fettschicht umgeben, in bzw. an der Schmutz- und Schweißbestandteile haften. Das Fett stammt von den im Corium liegenden Talgdrüsen, die um den Haarbalg angeordnet sind und zur Ölung von Haut und Haar dienen. Die Talgdrüsenzellen enthalten Fettkugeln, diese wandern allmählich zum Drüsenausgang, dort platzen die Fettzellen und entleeren ihren Inhalt in den Haarkanal.

Die Schweißdrüsen liegen tiefer als die Talgdrüsen und sondern mit dem Schweiß anorganische Salze ab. Besonders reichlich kommen in ihm Ca, Mg, Na, K, Cl, aber auch Fe [6] vor.

Es ist verständlich, daß neben der exogenen Verschmutzung durch Staub-, Schmutz- und Kotpartikel auch erhebliche Mineralstoffmengen des Schweißes am Haar haften und die ,,Haarzusammensetzung" beeinflussen.

Die Reinigung des Haares wurde von den einzelnen Autoren nach verschiedenen Verfahren vorgenommen. SCHWITTEK [13] geht auf die Säuberung des menschlichen Haares nicht ein und beginnt die Arbeitsvorschrift mit der Einwaage zur Veraschung. SCHMIDT [12] wusch Menschenhaar mit Fewa-Wasser, digerierte mit Leitungswasser bis zur vollständigen Entfernung des Waschmittels und spülte zweimal mit destilliertem Wasser nach. Anschließend behandelte er das Haar

30 Minuten mit Wasserdampf und nach kurzem Trocknen auf sauberem Filterpapier mit Methanol und anschließend mit Äther. van Koetsveld [15] schreibt: „The hair samples are washed thoroughly three times with a non-ionic detergent, the washwater should finally be clear. Then the hair is rinsed with distilled water (free of Cu)." van Koetsveld [15] läßt dabei offen, welcher Art das verwendete Reinigungsmittel ist und ob es tatsächlich den Fettfilm des Haares zu entfernen vermag. Zacherl und Weiser [13] wuschen Rinderschopfhaare gleichfalls mit einem „nicht ionischen Detergens". Engelbertz [5] reinigte Rinderhaar solange mit heißem Wasser, bis das Wasser klar blieb und spülte dann mit destilliertem Wasser nach. Er bezieht sich dabei auf das Verfahren von van Koetsveld [15]. Hensell [7] säuberte zur Mineralstoffanalyse bestimmtes Menschenhaar mit konz. Alkohol. Brochart [3] verwendete zum Haarwaschen eine wäßrige Lösung von ammoniakalischem Laurylsulfonat. In einer späteren Arbeit [4] widerruft er zum Teil seine früheren Befunde, da die benutzte Waschlösung aus dem weißen Haar Ca herauslöst. Werner und Anke [17] extrahierten das zu reinigende Haarmaterial 60 Minuten lang mit Diäthyläther und wuschen das äußerlich von ätherlöslichen Substanzen befreite Material mit destilliertem und bidestilliertem Wasser. Im Waschwasser befinden sich bei diesem Verfahren keine meßbaren Mengen Metallionen, so daß das Haar auch keine absorbieren kann, wie es Koopmans [8] für Mn und Cu beschrieb.

Nach Sichtung der Literatur wurde auch bei der vorliegenden Arbeit das Verfahren der Ätherextraktion angewandt, da es nur wenig arbeitsaufwendig ist, eine gründliche Entfettung der äußeren Haarteile garantiert, und der Äther, wie noch bewiesen wird, keine Elemente aus dem Haar zu lösen vermag.

Versuchsbeschreibung

a) Chemische Methoden

Die Veraschung des Analysenmaterials erfolgte trocken bei 550 °C im Muffelofen. Die Asche ist mit 2%iger HCl aufgenommen und in 100 ml Vorratsgefäßen aufbewahrt worden.

Ca wurde mit Oxalat gefällt und mit Permanganat titriert. K und Na sind flammenphotometrisch und die restlichen Elemente kolorimetrisch erfaßt worden. P wurde nach der Vanadin-Molybdat-Methode, Mg mit Titangelb, Fe durch α, α'-Dipyridyl, Zn mit Dithizon, Mn als Permanganat, Cu mit Diäthyldithiocarbaminat, Mo durch Rhodanid und Co mit Nitroso-R-Salz bestimmt (Anke [1]).

b) Beschreibung des Reinigungsverfahrens

20–30 g des Rinderhaares werden mit Filterpapier zu Röllchen von etwa 12×3 cm zusammengepackt. Dabei wird ein Ende der Rolle durch Zusammenfalten des überstehenden Filterpapiers geschlossen, das andere durch Watte verstopft. Zur Trocknung kommen die Proben 2 Stunden in den Trockenschrank (105 °C). Im Anschluß daran können sie 60 Minuten lang mit Diäthyläther im Soxhlet extrahiert werden.

Vor dem Waschen stark verschmutzter Haarproben empfiehlt es sich, den jetzt locker am Haar sitzenden Staub wegzublasen. Das Waschen mit warmem Wasser sollte auf einer Porzellannutsche oder im Perlonsieb erfolgen, damit keine Fremdionen das Haar verunreinigen. Abschließend wird das saubere Haar mit bidestilliertem Wasser nochmals gründlich durchgespült und kann dann in vorgewogene Porzellanschalen, in denen das Haar verascht wird, gebracht werden.

Überprüfen des Reinigungsverfahrens

Um den Einfluß der Reinigung des Haares mit Wasser und Äther auf die Zusammensetzung des Haares zu überprüfen und um nachzuweisen, ob Äther und Wasser aus dem Haarinneren Mineralien herauslösen, wurde das schwarze Deckhaar von acht Milchkühen vier unterschiedlichen Reinigungsverfahren unterworfen.

Ein Viertel der gut durchmischten Haarmenge jeder Kuh wurde ungewaschen verascht, ein Viertel gründlich mit heißem Wasser gewaschen und mit bidestilliertem Wasser gespült, bis dieses ganz klar blieb und die Hälfte der Haarmenge nach dem beschriebenen Verfahren mit Äther und Wasser gereinigt. Um den Einfluß von Wasser und Äther auf die Haarmineralien zu prüfen, wurde ein Teil des schon gesäuberten Haares erneut mit Äther extrahiert und noch einmal gründlich mit destilliertem und bidestilliertem Wasser gewaschen.

Durch das Waschen der Haarproben mit Wasser allein und in noch stärkerem Umfang durch die Extraktion mit Äther und das anschließende Waschen mit Wasser verringerte sich der Ascheanteil der Proben erheblich. Die nochmalige Reinigung mit Äther und Wasser hatte auf den Aschegehalt keinen Einfluß. Das zu diesen Untersuchungen verwendete Haar stammte von täglich geputzten Rindern. Da diese Bedingungen in der Praxis nicht immer gegeben sind, dürfte der Unterschied im Ascheanteil zwischen ungewaschenem und gereinigtem Haar häufig noch größer als der hier gefundene sein. Die Entfernung der äußerlich am

Tabelle 1

Der Asche-, Kalium-, Natrium- und Eisengehalt verschieden gereinigten schwarzen Rinderdeckhaares

		ungewaschen	mit Wasser gewaschen	mit Äther extrahiert und mit Wasser gewaschen	zweimalige Ätherextraktion und Waschung mit Wasser
Asche %	$\bar{x}$*	2,1	1,8	1,4	1,4
	s**	0,5	0,4	0,3	0,4
Kalium	$\bar{x}$	1855	1210	696	678
ppm	s	390	713	164	166
Natrium	$\bar{x}$	694	424	313	299
ppm	s	156	179	146	131
Eisen	$\bar{x}$	174	123	34	37
ppm	s	43	32	6	5

* $\bar{x}$ = Mittel

** s = Standardabweichung

Haar haftenden Substanzen nimmt auf den Fe-, K- und Na-Anteil des Haares den stärksten Einfluß. Im sauberen Haar waren im Mittel nur 20, 38 und 45% der im ungereinigten Haar ermittelten Fe-, K- und Na-Mengen enthalten. Das Waschen mit Wasser allein vermochte nur einen Teil des äußerlich haftenden Fe, K und Na zu entfernen. Die wiederholte Reinigung mit Äther und Wasser beeinflußte den Fe-, K- und Na-Anteil nicht ($P > 0{,}05$). Es kann damit angenommen werden, daß Äther und Wasser keine wesentlichen Mengen dieser Ionen aus dem Haar herauslösen. Die Unterschiede zwischen ungewaschenem, wassergewaschenem und mit Äther extrahiertem Haar sind bei den Elementen Fe, K und Na signifikant ($P < 0{,}001$, $< 0{,}01$).

Als Ursache des hohen Anteils von äußerlich am Haar haftenden Fe kann neben dem Fe-Gehalt des Schweißes die Verschmutzung durch Staub- und Erdpartikel angesehen werden, die Fe-reich sind. Wöhlbier und Mitarb. [18] ermittelten beispielsweise im Lößboden **17000** ppm Fe.

Demgegenüber entstammt das abgelöste Na und K vorwiegend dem Schweiß, der Na- und K-reich ist [10, 6]. Auch über die Haut kann – zumindest beim Menschen – Na ausgeschieden werden [14, 2].

Der P-, Mn-, Ca- und Mg-Gehalt des Haares verringert sich durch die Reinigung nur auf 57,57, 77 und 86%.

Es bestehen wiederum zwischen ungewaschenem, wassergewaschenem und extrahiertem und wassergewaschenem Haar Unterschiede. Die nochmalige Reinigung des schon gesäuberten Haares beeinflußte auch bei diesen Elementen den Gehalt nicht ($P > 0{,}05$).

Bei den Zahlen der Tabelle 2 fällt der hohe Mn-Gehalt des nur mit Wasser gesäuberten Haares von 11,7 ppm auf, der sich erst nach der Extraktion mit Äther auf 8,2 ppm verringerte. Das Mn scheint demnach zum Teil im Fettfilm des Haares gelöst zu sein. Dieser Tatbestand weist nachdrücklich auf die Notwendigkeit der Entfernung dieser Verunreinigung hin. Möglicherweise beruht der hohe von van Koetsveld [15] angegebene Grenzwert für Mn auf der unzureichenden Entfernung der das Haar umhüllenden Fettschicht.

Auf den Zn-, Cu- und Mo-Gehalt des Haares nehmen die verschiedenen Reinigungsverfahren keinen gesicherten Einfluß ($P > 0{,}05$).

Dieser Befund dürfte damit zusammenhängen, daß nur relativ wenig Zn, Cu und Mo über den Schweiß ausgeschieden werden [6]. Die Zn- und Mo-Konzentration des Staubes ist niedriger als die des Haares. Wöhlbier und Mitarb. [18] fanden z. B. im Lößboden 49 ppm Zn, 280 ppm Cu und 0,11 ppm Mo. Der Anstieg des Cu-Gehaltes im Haar mit jeder Behandlung kann nicht erklärt werden, da Äther und Waschwasser keine Cu-Reaktion zeigten. Die gefundenen Differenzen im Cu-Anteil des ungewaschenen und verschieden gereinigten Haares sind nicht signifikant.

Abschließend läßt sich feststellen, daß die restlose Entfernung der das Haar einhüllenden Fettschicht eine Voraussetzung für reproduzierbare Analysenwerte ist. Das Extrahieren des Haares mit Diäthyläther und nachfolgendes Waschen mit destilliertem und bidestilliertem Wasser scheinen den Mineralbestand (Ca, Mg, P, K, Na, Fe, Zn, Cu, Mn und Mo) des Haares nicht zu beeinflussen.

Tabelle 2

Der Phosphor-, Mangan-, Calcium- und Magnesium-Gehalt verschieden gereinigten schwarzen Rinderdeckhaares

		ungewaschen	mit Wasser gewaschen	mit Äther extrahiert und mit Wasser gewaschen	zweimalige Ätherextraktion und Waschung mit Wasser
Phosphor	$\bar{x}$	337	250	192	190
ppm	s	81	44	40	44
Mangan	$\bar{x}$	14,4	11,7	8,2	8,2
ppm	s	4,1	2,2	1,3	0,9
Calcium	$\bar{x}$	2066	1945	1595	1613
ppm	s	454	458	350	316
Magnesium	$\bar{x}$	684	621	590	583
ppm	s	163	129	148	137

Tabelle 3

Der Zink-, Kupfer- und Molybdängehalt verschieden gereinigten schwarzen Rinderdeckhaares

		ungewaschen	mit Wasser gewaschen	mit Äther extrahiert und mit Wasser gewaschen	zweimalige Ätherextraktion und Waschung mit Wasser
Zink	$\bar{x}$	116	120	119	119
ppm	s	7	13	12	14
Kupfer	$\bar{x}$	9,6	10,0	10,3	10,5
ppm	s	1,0	1,4	1,0	1,1
Molybdän	$\bar{x}$	0,30	0,29	0,25	0,26
ppm	s	0,04	0,06	0,06	0,08

Zusammenfassung

Bei der Reinigung des Haares hat sich die Extraktion der Proben (60 min) mit Diäthyläther und anschließendes Waschen mit heißem Wasser und Spülen mit bidestilliertem Wasser am besten bewährt.

Gründliches Waschen der Haarproben mit heißem Wasser allein vermochte die exogenen Verschmutzungen nicht restlos vom Haar zu entfernen. Die Extraktion mit Äther und das nachfolgende Waschen mit Wasser beseitigte alle Verunreinigungen, ohne daß Haarmineralien herausgelöst wurden.

Durch die Beseitigung der exogenen Verunreinigungen des Haares veränderte sich der Asche-, K-, Na- und Fe-Gehalt am stärksten. Es folgten der P-, Mn-, Ca- und Mg-Anteil, während die Zn-, Cu- und Mo-Konzentration des ungewaschenen und gereinigten Haares gleich blieb ($P > 0,05$).

Резюме

При очищении шерсти наилучшие результаты дала экстракция проб (60 мин.) диэтилэфиром с последующей мойкой горячей водой и ополаскиванием двойной дестиллированной водой.

Основательная мойка шерсти одной горячей водой не оказалась в состоянии безостаточно удалить с неё чужеродное загрязнение. Экстракция эфиром с последующей затем мойкой водой устранила загрзнение полностью без выщелачивания минеральных веществ шерсти.

Вследствие устранения чужеродного загрязнения шерсти в ней больше всего изменялось содержание зольных веществ, K, Na и Fe. Затем изменилось количество P, Mn, Ca и Mg, а концентрация Zn, Cu и Mo непромытой и очищенной шерсти осталась одинаковой.

Summary

Extraction of hair samples with diethylether (60 min) followed by washing with hot water and subsequent rinsing in bidest. water was found to be the most reliable method of cleaning hair.

Thorough washing of hair specimens in hot water alone was insufficient for completely removing exogenic impurities from the hair. Extraction with ether and subsequent washing in water removed all impurities without dissolving mineral constituents from the hair.

Due to the removal of exogenic impurities from the hair most pronounced changes were found to occur in the potassium, sodium, iron, and ash content of the hair followed by changes in the phosphorus, manganese, calcium, and magnesium content. The concentrations of zinc, copper and molybdenum in both the unwashed and cleansed hair remained unaltered.

Literaturverzeichnis

[1] Anke, M.: Habil.-Schrift Jena, Landw. Fakultät (1964)

[2] Arn, K. D., und A. Reimer: Clin. Invest. **29**, 1342 (1950)

[3] Brochart, M.: Ann. Inst. nat. Rech. agronom., Ser. D. **6**, 151, 155 (1957)

[4] Brochart M., J. Coleou und P. Larvor: Sur quelques facteurs influencant la teneur en phosphor et calcium des poils d'unr population de vaches normandes au cours d'un an relation avec l'aptitude laitiére. Academie d'Agricult. de France. Extrait du procès-verbal de la Séancr du 6 Mai (1959)

[5] Engelbertz, Th.: Diss. Hannover, Tierärztl. Hochschule (1959)

[6] HENNIG, A., und M. ANKE: Die Mineralstoffe. In: Handb. der vergleichenden Ernährungsphysiologie. Fischer-Verlag, Jena (1966)
[7] HENSELL, V.: Diss. Jena, Med. Fak. (1940)
[8] KOOPMANS, H. J.: Tijdschr. Diergeneeskunde **88**, 169 (1963)
[9] KRUYT, K. J.: Tijdschr. Diergeneeskunde **86**, 335 (1961)
[10] ROBINSON, S., und A. H. ROBINSON: Physiol. Revs. **34**, 202 (1954)
[11] SCHLÄFLI, W. H.: Diss. Bern (1925)
[12] SCHMIDT, G.: Z. ges. innere Med. **13**, 189 (1958)
[13] SCHWITTEK, CHR. M.: Diss. Leipzig Med. Fak. (1957)
[14] SWANSON, W. W., und V. I. IOB: Diseases Children **45**, 1036 (1933)
[15] VAN KOETSVELD, E. E.: Tijdschr. Diergeneeskunde **83**, 229 (1958)
[16] VAN KOETSVELD, E. E., und J. BOOGAERD: Tijdschr. Diergenesk. **85**, 1689 (1960)
[17] WERNER, A., und M. ANKE: Arch. f. Tierernährung **10**, 142 (1960)
[18] WÖHLBIER, W., M. KIRCHGESSNER und W. ÖHLSCHLÄGER: Arch. f. Tierernährung **9**, 194 (1959)
[19] ZACHERL, M. K., und M. WEISER: Wiener Tierärztl. Monatsschr. **50**, 62 (1963)

Eingegangen: 25. November 1964

Aus dem Institut für Tierernährung der Friedrich-Schiller-Universität Jena
(Direktor: Prof. Dr. habil. A. Hennig)

M. Anke

Der Mengen- und Spurenelementgehalt des Rinderhaares als Indikator der Calcium-, Magnesium-, Phosphor-, Kalium-, Natrium-, Eisen-, Zink-, Mangan-, Kupfer-, Molybdän- und Kobaltversorgung

2. Mitteilung

Der Mengen- und Spurenelementgehalt des Rinderhaares in Abhängigkeit von der Schnittiefe, der Haarart, der Haarfarbe, dem Haaralter, dem Tieralter, dem Laktationsstadium und der Trächtigkeit.

Das Haarkleid des Rindes ist hinsichtlich Aufbau und Farbe nicht einheitlich. Das zwischen den Hörnern sitzende Haar unterscheidet sich in Länge und Dicke ebenso wie das auf dem Widerrist wachsende von dem Haar des Rumpfes. Auch zwischen verschieden pigmentiertem Haar gibt es meßbare Unterschiede. Außerdem entspricht das junge wachsende Haar nicht dem schon älteren bzw. abgestorbenen.

Die Abhängigkeit der chemischen Zusammensetzung des Rinderhaares von der Haarart, der Haarfarbe, dem Trächtigkeits- und Laktationsstadium, dem Tieralter und dem Haaralter wurde bisher nicht systematisch untersucht. Die Kenntnis dieser Zusammenhänge ist aber eine Voraussetzung für reproduzierbare und aussagekräftige Analysenwerte. Darüber hinaus mußte der Einfluß der Schnittiefe auf den Mineralstoffgehalt des Haares geprüft werden, da es möglich erschien, daß das Haar in verschiedenen Abschnitten unterschiedlich zusammengesetzt ist.

1. Der Einfluß der Schnittiefe

Das Haar wächst nicht kontinuierlich, sondern rhythmisch [16]. Im Haarbalg vollzieht sich ein ständiger Wechsel zwischen der Wachstumsperiode, in der das Haar gebildet wird und wächst (Anagen), dem Übergangsstadium von der Wachstums- zur Ruheperiode, in der das Haar zum Kolbenhaar wird (Catagen) und einer Ruheperiode (Telogen), während der das Haar schon als Kolbenhaar vorliegt und schließlich ausfällt [9]. Nach der Ruheperiode bringt der Haarbalg ein neues Haar hervor. Im Prinzip sind diese Vorgänge bei allen Säugetieren gleich [6].

Da unbekannt war, ob der Mengen- und Spurenelementgehalt des Haarschaftes in seiner ganzen Länge einheitlich ist, wurde das schwarze Deckhaar des Rumpfes von 5 Milchkühen Anfang Februar durch Scheren mit unterschiedlich tief schnei-

Tabelle 1

Der Asche-, Calcium-, Magnesium- und Phosphorgehalt des basalen und peripheren Teiles des schwarzen Rinderdeckhaares

	Asche %		Ca ppm		Mg ppm		P ppm	
	Spitze	Basis	Spitze	Basis	Spitze	Basis	Spitze	Basis
$\bar{x}$	2,9	2,3	1882	1518	808	614	169	178
s	0,3	0,5	242	232	211	240	47	29
P	< 0,05		< 0,05		< 0,05		> 0,05	

Tabelle 2

Der Kalium-, Natrium-, Zink-, Eisen-, Mangan-, Kupfer- und Molybdängehalt des basalen und peripheren Teiles des schwarzen Rinderdeckhaares

	K ppm		Na ppm		Zn ppm		Fe ppm	
	Spitze	Basis	Spitze	Basis	Spitze	Basis	Spitze	Basis
$\bar{x}$	3343	2686	1259	919	125	165	68	65
s	667	771	123	256	28	14	19	16
P	< 0,05		< 0,05		< 0,05		> 0,05	

	Mn ppm		Cu ppm		Mo ppm	
	Spitze	Basis	Spitze	Basis	Spitze	Basis
$\bar{x}$	9,8	8,8	12,7	12,1	0,48	0,46
s	4,4	4,2	2,4	2,2	0,14	0,18
P	> 0,05		> 0,05		> 0,05	

denden Scherköpfen in den Spitzenabschnitt und den basalen Teil zerlegt. Beide Hälften kamen getrennt zur Analyse.

Überraschenderweise erwiesen sich die Haarspitzen gesichert aschereicher als der basale Teil des Haares. Auch der Ca-, Mg-, K- und Na-Gehalt war in der Haarspitze größer als im hautnahen Teil des Haares. Dieser Befund ist erstaunlich, da sich bei Untersuchungen mit As an Menschen und Angorakaninchen zeigte, daß dieses Element erst allmählich in das Haar hineinwandert und die Spitze weniger als die anderen Haarteile enthielt [19].

Im Gegensatz zum Ca, Mg, K und Na besaß der hautnahe Abschnitt des untersuchten Rinderhaares einen höheren Zn-Anteil als die Haarspitze, während im P-, Fe-, Mn-, Cu- und Mo-Gehalt der Haarhälften kein gesicherter Unterschied bestand.

Der ältere Teil des Haares war reicher an Erdalkali- und Alkali-Elementen, während der jüngere mehr Zn enthielt.

Die aufgeführten Befunde zeigen, daß es erforderlich ist, die Haarproben immer in einer bestimmten Höhe abzuschneiden. Dazu eignen sich Haarschneidemaschinen mit Scherköpfen von 0,1 mm Schnittiefe am besten, da so der größte Teil des Haares erfaßt wird. Die in den folgenden Abschnitten aufgeführten Analysen stammen von Haarproben, die auf diese Weise abgeschnitten wurden.

2. Der Einfluß der Haarart und Haarfarbe

Das Haar des Stirnschopfes und Widerristes unterscheidet sich nach den Untersuchungen von SCHLÄFLI [21] sowohl in der Haarlänge als auch in der Haarstärke von den anderen Körperteilen. Das Haar von Unterarm, Kruppe und Hüfte ist hinsichtlich der Länge ausgeglichen und muß als Deckhaar angesehen werden. Das Haar des Rindes kann somit nach DUERST [10] in drei Haararten eingeteilt werden:

1. Das Deckhaar stellt die überwiegende Behaarung des Rumpfes, Kopfes, Halses und der Beine. Bei dieser Haarart wurde früher zwischen Grannen- und Wollhaar unterschieden. Diese Einteilung ist auf Grund der fließenden Übergänge zwischen beiden Haararten unbrauchbar.
2. Das Schutzhaar ist beim Rind in der Schwanzquaste enthalten. Außerdem gehört das zwischen den Hörnern sitzende Schopfhaar und das Haar des Widerristes beider Geschlechter zum Schutzhaar.
3. An den Augenlidern, den Wangen, den Mundwinkeln, den Lippen und am Kinn kommen in geringem Umfang Tast-, Spür-, Borst- oder Sinushaare vor. Sie sind mit Schwellkörpern versehen, ihre Haarbälge stehen mit quergestreiften Muskeln in Verbindung, die die Haare bewegen [29].

Das weiße Haar war beim Höhenfleckvieh länger und dicker als das pigmentierte. Nach WIEDMER [27] und DUERST [10] sind weiße Haare gleichfalls länger und stärker als pigmentierte. Das Alter der Kühe nimmt auf die Behaarung zwischen drei und zehn Jahren keinen Einfluß [21].

Um den Einfluß der Haarart und Haarfarbe auf den Mengen- und Spurenelementgehalt des Rinderhaares zu untersuchen, wurden im Oktober 1961 von acht schwarzbunten Kühen zwischen Schulterblatt und Becken schwarze und weiße Deckhaare abgeschnitten. Weiterhin kamen schwarzes Schopfhaar und farbloses Schwanzhaar zur Analyse. Das schwarze Deckhaar enthielt gesichert mehr Asche ($P < 0,01$) als das weiße Deckhaar und gesichert weniger ($P < 0,01$) als das Schwanzhaar. Zwischen schwarzem Schopfhaar und schwarzem Deckhaar bestand im Ascheanteil kein signifikanter Unterschied. Auf Grund des unterschiedlichen Ascheanteils der einzelnen Haararten sind auch größere Differenzen bei den Gehaltszahlen der einzelnen Elemente zu erwarten.

Der Ca-Anteil ist im schwarzen Deckhaar am höchsten. Das schwarze Schopfhaar enthielt nur etwas weniger Ca. Die Differenz ist zufällig. Das weiße Deckhaar und das Schwanzhaar besaßen gesichert weniger Ca als das schwarze Haar ($P < 0,001$). Dieses Ergebnis deckt sich mit den Befunden von BROCHART und Mitarb. [4], die gleichfalls im pigmentierten Haar mehr Ca als im unpigmentierten fanden. KEATING [14] ermittelte im roten Schopfhaar der irischen Milchshorthorns 1780 ppm Ca. Das entspricht den hier gefundenen Werten.

Tabelle 3

Der Asche-, Calcium-, Magnesium-, Phosphor-, Kalium- und Natrium-Gehalt von Deck- und Schutzhaar des schwarzbunten Rindes

			Asche %	Ca ppm	Mg ppm	P ppm	K ppm	Na ppm
weißes		$\bar{x}$	0,9	772	344	244	472	314
Deckhaar	(8)*	s	0,2	219	147	53	99	142
schwarzes		$\bar{x}$	1,4	1595	590	192	696	313
Deckhaar	(8)	s	0,3	350	148	40	164	146
schwarzes		$\bar{x}$	1,2	1560	314	196	707	233
Schopfhaar	(8)	s	0,3	209	100	36	322	67
farbloses		$\bar{x}$	1,8	968	505	516	359	454
Schwanzhaar	(8)	s	0,2	301	187	218	124	166

* = Anzahl der untersuchten Proben.

Der Mg-Gehalt war wiederum im schwarzen Deckhaar am höchsten, das Schwanzhaar folgte mit geringem Abstand ($P < 0{,}05$). Das weiße Deckhaar und schwarze Stirnhaar enthielten gesichert weniger Mg als die erstgenannten Haararten ($P < 0{,}05$ bis $< 0{,}001$).

Der Mg-Anteil des Haares scheint demnach weniger vom Pigmentanteil des Haares abhängig zu sein. Dies kommt auch bei den Mg-Werten gelblich-weißer, graubrauner und dunkelbrauner Schopfhaare, die ZACHERL und WEISER [28] untersuchten, zum Ausdruck.

Im P-Anteil bestand zwischen schwarzem und weißem Deckhaar und dem Schopfhaar kein gesicherter Unterschied. Das Schwanzhaar enthielt signifikant mehr P als die drei anderen Haararten ($P < 0{,}001$). Auch beim P scheint die Abhängigkeit der Konzentration von der Haarfarbe nicht ausgeprägt zu sein.

Demgegenüber war das pigmentierte Haar signifikant K-reicher als das unpigmentierte ($P < 0{,}05$, $< 0{,}01$). Diese Abhängigkeit ergab sich beim Na nicht. Schwarzes und weißes Deckhaar enthielten die gleiche Na-Konzentration. Auch zwischen Deckhaar und Schopfhaar bestand im Na-Anteil keine gesicherte Differenz. Das Schwanzhaar war von den untersuchten Haararten am Na-reichsten ($P < 0{,}05$). KEATING [14] ermittelte im roten Schopfhaar 350 ppm K, das ist die Hälfte der hier gefundenen Konzentration und hängt vielleicht mit dem niedrigeren Pigmentierungsgrad des roten Haares zusammen. Beim Na fand er 250 ppm; das ist der gleiche Wert wie in der Tabelle 3.

Zwischen schwarzem und weißem Deckhaar bestanden beim Fe keine gesicherten Unterschiede. Das Schwanzhaar scheint besonders Fe-arm zu sein, während das Schopfhaar am Fe-reichsten war ($P < 0{,}001$). Der Fe-Gehalt des Rinderhaares ist bisher kaum untersucht worden, so daß mit Ausnahme der Werte für schwarzes (105 ppm) und weißes (136 ppm) Deckhaar [26] keine Vergleichszahlen zur Verfügung stehen.

Der Zn-Gehalt des Deck- und Schwanzhaares lag zwischen 110 und 120 ppm. Lediglich das Schopfhaar enthielt gesichert mehr Zn als die anderen Haararten

Tabelle 4

Der Eisen-, Zink-, Mangan-, Kupfer- und Molybdängehalt von Deck- und Schutzhaar des schwarzbunten Rindes

			Fe ppm	Zn ppm	Mn ppm	Cu ppm	Mo ppm
weißes		$\bar{x}$	58	112	5,8	9,5	0,10
Deckhaar	(8)	s	18	8	1,4	0,8	0,03
schwarzes		$\bar{x}$	34	119	8,2	10,3	0,25
Deckhaar	(8)	s	6	12	1,3	1,0	0,06
schwarzes		$\bar{x}$	448	141	15,7	13,9	0,26
Schopfhaar	(8)	s	117	13	6,9	2,7	0,08
farbloses		$\bar{x}$	20	111	7,2	8,6	0,10
Schwanzhaar	(8)	s	3	9	2,5	1,1	0,04

Tabelle 5

Der Mineralstoffgehalt des schwarzen und rotbraunen Deckhaares vom schwarzbunten Rind und Fleckvieh

	Asche %	Ca ppm	Mg ppm	P ppm	K ppm	Na ppm	Fe ppm	Zn ppm	Mn ppm	Cu ppm	Mo ppm
schwarz (60)	1,9	2310	786	203	1347	351	70	92	5,2	10,7	0,13
rot (60)	1,2	1172	340	138	780	296	62	96	3,9	8,1	0,08
P	< 0,001					> 0,05			< 0,001		

(P < 0,001). ZACHERL und WEISER [28] fanden im Schopfhaar 163 und 187 ppm Zn. HENNIG [13] ermittelte in den Borsten normal mit Zn und Ca versorgter Schweine mehr als 150 ppm Zn.

Wie beim Fe und Zn erwies sich auch beim Mn das Schopfhaar als die Mn-reichste Haarart. Die Differenz zu den drei anderen Haararten ist signifikant (P < 0,001), während zwischen schwarzem und weißem Deckhaar und Schwanzhaar im Mn-Anteil kein gesicherter Unterschied bestand. Im Durchschnitt dürfte aber das schwarze Deckhaar etwas mehr Mn als das weiße enthalten. In diese Richung deuten auch die Ergebnisse von SJOLLEMA [22], WERNER und ANKE [26] und VAN KOETSVELD [25].

Auch bei den im Rahmen dieser Arbeit angestellten Untersuchungen ergab sich im Cu-Gehalt des schwarzen und weißen Deckhaares kein signifikanter Unterschied. Dieser Befund steht im Einklang mit früher erzielten Resultaten [26] und deckt sich auch mit den Ergebnissen von GOSS und GREEN [11], CUNNINGHAM und HOGAN [8] und GRAUPE [12]. Demgegenüber geben SARATA [20] und KIKKAWA und Mitarb. [15] an, daß das pigmentierte Haar Cu-reicher ist. Das Schopfhaar ist am besten mit Cu versorgt. Es besaß gesichert mehr Cu als die anderen Haararten (P < 0,001).

Der Mo-Gehalt des Rinderhaares ist, verglichen mit den anderen Elementen, niedrig. Schwarzes und weißes Haar unterschieden sich im Mo-Anteil signifikant ($P < 0,001$). Das Schwanzhaar besaß die gleiche Mo-Konzentration wie das weiße Deckhaar.

Um schließlich auch das schwarze Deckhaar des Deutschen Schwarzbunten Rindes mit dem pigmentierten des Deutschen Fleckviehs vergleichen zu können, wurden **1961/62** zwölf Monate lang fünf Tieren beider Rassen, die gemeinsam aufgestellt waren, schwarzes und rotbraunes Deckhaar abgeschnitten und untersucht.

Das schwarze Deckhaar des schwarzbunten Rindes enthielt gesichert mehr Asche, Ca, Mg, P, K, Cu und Mo als das rotbraune des Fleckviehs. Im Na-, Fe-, Zn-Anteil war die Differenz nicht signifikant. Eine befriedigende Erklärung für den unterschiedlichen Mineralstoffgehalt des pigmentierten Deckhaares der unter gleichen Bedingungen gehaltenen Rassen kann nicht gegeben werden. Mit einiger Sicherheit dürfte aber der unterschiedliche Pigmentanteil und die größere Länge des Fleckviehhaares eine Rolle dabei spielen.

Zusammenfassend muß festgestellt werden, daß jede der vier getesteten Haararten einen spezifischen Mineralstoffanteil besaß. Bei der Probenahme ist es demnach notwendig, die Haarart und Harfarbe zu beachten.

3. Der Einfluß des Schnittzeitpunktes auf die mineralische Zusammensetzung des Rinderhaares

Das Rind besitzt kein einheitlich zusammengesetztes Deckhaarkleid. Vor dem Haarwechsel, zu Beginn des Frühjahrs, verringert sich die Ernährung des Haares durch Atrophie der Papille. Das Haar wird in der Regel im basalen Teil marklos und dünner. Schließlich löst es sich von der Papille und wird zum Kolbenhaar. Diese Haare können in Abhängigkeit von verschiedenen Umweltfaktoren noch lange im Haarbalg steckenbleiben. Daneben beginnen die alten Haarpapillen oder auch neue mit der Produktion junger Haare, die neben den noch nicht gewechselten Kolbenhaaren im Fell vorkommen. Auf Grund des unterschiedlichen Cuticula- und Rindenanteils ist das junge Haar ascheärmer als das ältere bzw. das Kolbenhaar. Im Laufe des Sommers altert das Deckhaar, während zu Beginn des Herbstes neues, meist feines Deckhaar das Fell verstärkt. Auf Grund dieser Überlegungen war zu erwarten, daß auch der Mengen- und Spurenelementgehalt des Haares im Ablauf des Jahres periodischen Schwankungen unterworfen ist. Um diese Einflüsse exakt zu prüfen, wäre es notwendig gewesen, die Versuchsrinder ein Jahr lang mit dem gleichen Futter zu versorgen. Das war aus betriebstechnischen Gründen nicht möglich. Es ließ sich aber erreichen, daß in dem ausgewählten Versuchsstall während des ganzen Jahres die gleichen Futterarten in frischer bzw. konservierter Form verabreicht wurden. Als Versuchstiere dienten zwei Gruppen von je acht Kühen des Deutschen Schwarzbunten Rindes und des Deutschen Fleckviehs, die gemeinsam aufgestallt waren und das gleiche Futter erhielten. Vom Oktober **1961** bis September **1962** wurden am **13.** jedes Monats Proben des Deckhaares von noch nicht geschorenen Flächen zwischen Schulterblatt und

Becken entnommen. Beim schwarzbunten Rind kam das schwarze Deckhaar und beim Fleckvieh das rotbraune Deckhaar zur Analyse. Zu den Untersuchungen waren nur Kühe ausgewählt worden, die wenig weiße Flecken am Körper besaßen. Im Laufe des Versuches mußten drei Tiere des Fleckviehs gemerzt werden, so daß nur fünf Tiere jeder Rasse ausgewertet werden konnten.

a) Der Aschegehalt des Deckhaares im Laufe des Jahres

Das rotbraune Deckhaar des Fleckviehs enthielt gesichert weniger Asche als das schwarze des schwarzbunten Rindes ($P < 0,001$). Auf den unterschiedlichen Aschegehalt verschieden stark pigmentierten Haares hat schon 1920 Čamek [5] hingewiesen. Der Kurvenverlauf ist bei beiden Rassen gleich (s. Abb. 1). Nachdem sich der Ascheanteil des Deckhaares von Oktober bis November nur unwesentlich veränderte, fiel er bis Mitte Dezember um 0,4 bzw. 0,3%. Als Ursache hierfür dürfte die strenge Kälte ab Ende November angesehen werden, die ein rasches Nachwachsen feinen Deckhaares veranlaßt haben könnte, das jünger und damit aschearmer war. Bis Mitte März erhöhte sich dann der Aschegehalt des Haares, um anschließend nach Abstoßen des Kolbenhaares um 0,6 bzw. 0,4% zu sinken. Der Weideaustrieb erfolgte am 10. Mai, danach verringerte sich der Ascheanteil im Haar wiederum, um schließlich bis Mitte August erneut anzusteigen. Das stärkere Haarwachstum in den ersten Septembertagen reduzierte schließlich den Aschegehalt des Deckhaares beider Rassen um 0,1%. Der Ascheanteil des Haares ist demnach vom Alter des Haares abhängig.

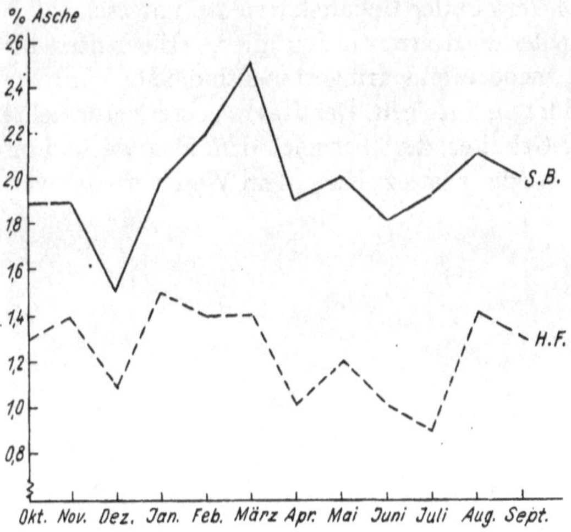

Abb. 1. Der Aschegehalt des pigmentierten Rinderdeckhaares
SB = Deutsches Schwarzbuntes Rind
HF = Deutsches Fleckvieh

b) Der Calciumgehalt des Deckhaares

Die Ca-Konzentration des Deckhaares ist weit geringeren Schwankungen unterworfen als der Aschegehalt. Sie hielt sich vom Oktober bis zum Haarwechsel an der März/Aprilwende nahezu auf einer Höhe. Dann verringerte sie sich im schwarzen Deckhaar um fast 900 ppm, während beim rotbraunen Deckhaar ein

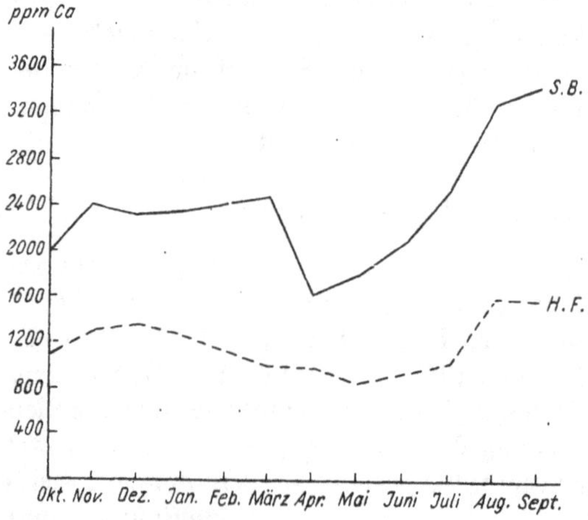

Abb. 2. Der Calciumgehalt des pigmentierten Rinderdeckhaares

fließender Übergang vorhanden war. Von Mai bis August stieg der Ca-Gehalt im Deckjahr zunächst allmählich, ab Juli stark an, um von August bis September konstant zu bleiben. Das Deckhaar erreichte seine höchsten Ca-Werte im August und September (s. Abb. 2).

c) Der Magnesiumgehalt des Deckhaares

Beim Mg ist der nahezu parallele Verlauf der Gehaltskurve des unterschiedlich pigmentierten Haares bei verschiedener Konzentration dieses Elementes besonders auffällig. Ähnlich wie beim Ascheanteil verringerten sich die Mg-Werte im Dezember, um dann bis Februar/März anzusteigen. Der Haarwechsel verursachte eine merkliche Reduzierung des Mg-Gehaltes, der aber nach dem Haarwechsel bis zur Probenahme am 13. Mai sofort wieder anstieg. Nach dem Weideaustrieb ver-

Abb. 3. Der Magnesiumgehalt des pigmentierten Rinderdeckhaares

ringerte sich der Mg-Anteil im Deckhaar beider Rassen um mehr als 100 ppm und blieb bis Mitte Juli auf dieser Stufe. Die Ursache der niedrigen Mg-Konzentration des Haares ist in der geringen Absorption des Mg aus dem Grünfutter während der Monate Mai, Juni und Juli zu suchen [23]. Ab Mitte Juli läuft der Mg-Gehalt des Deckhaares wieder parallel zum Ascheanteil (s. Abb. 3).

d) Der Phosphoranteil des Deckhaares

Der Verlauf des P-Gehaltes im pigmentierten Deckhaar weicht gänzlich von den bisher gezeigten Kurven ab. Er steigt zunächst bis Februar/März in unterschiedlichem Ausmaß an, um anschließend kontinuierlich bis Mitte Juni stärker und dann langsamer abzusinken. Eine Erklärung für diesen Befund kann nicht gegeben werden. Der Haarwechsel scheint keinen direkten Einfluß auf den P-Anteil des Haares zu nehmen. Die bessere P-Versorgung während der Wintermonate (Kraftfutter) ist als Erklärung nicht ausreichend (s. Abb. 4).

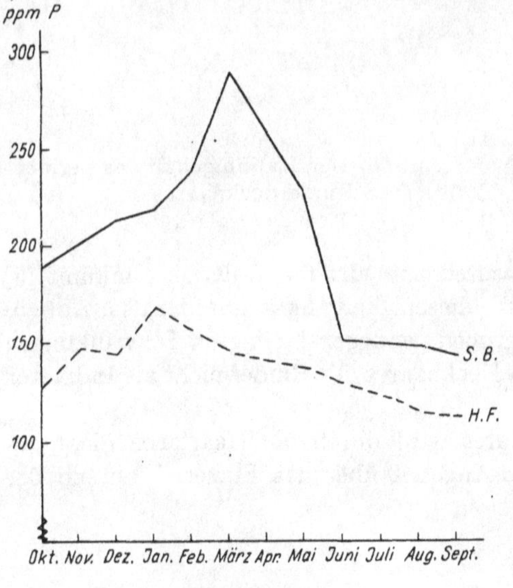

Abb. 4. Der Phosphorgehalt des pigmentierten Rinderdeckhaares

e) Der Kalium- und Natriumgehalt des Deckhaares

Bei den Alkali-Elementen K und Na nimmt der Haarwechsel auf die Konzentration dieser Ionen im Deckhaar keinen Einfluß. Auch das Haarwachstum scheint auf die Na- und K-Werte nicht einzuwirken. Bei diesen Elementen sind die niedrigsten Gehaltszahlen im Winterhaar schon während des Novembers und nicht erst im Dezember, wie es bei der Asche und dem Mg beschrieben wurde, zu finden. Der K-Anteil stieg vom November bis Februar/März stark an (663–2078 und 461–1334 ppm) und verringerte sich erst im Mai, um im Juli seinen Tiefstwert zu erreichen. Der starke Abfall des K-Gehaltes zu Beginn des Weideganges bis Mitte Juli ist erstaunlich, da das Weidefutter zu den K-reichen Futtermitteln

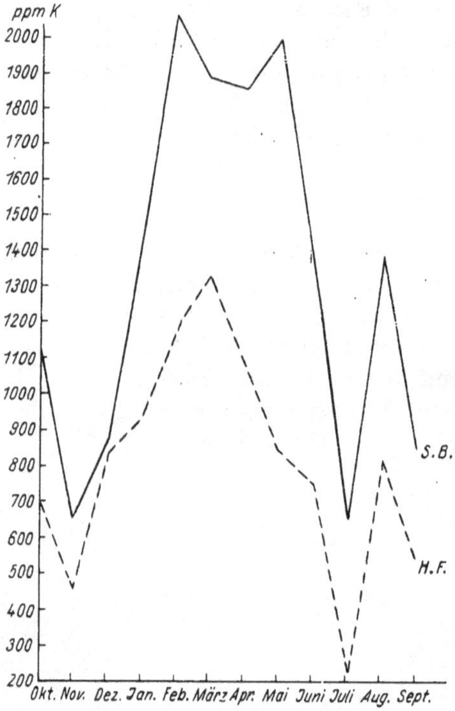

Abb. 5. Der Kaliumgehalt des pigmentierten Rinderdeckhaares

zählt und sein K-Gehalt erst vom zweiten zum dritten Auftrieb abnimmt [3] während der K-Anteil des Haares zu diesem Zeitpunkt zunimmt (s. Abb. 5) Auf Grund dieser außergewöhnlich großen, endogen bedingten Schwankungen kann der K-Gehalt des pigmentierten Deckhaares der Rinder nicht als Indikator der I^2-Versorgung benutzt werden.

Die Na-Konzentration des Deckhaares wird durch die Haarfarbe nicht beeinflußt. Die Na-Kurve folgt dem Na-Angebot über das Futter. Während der

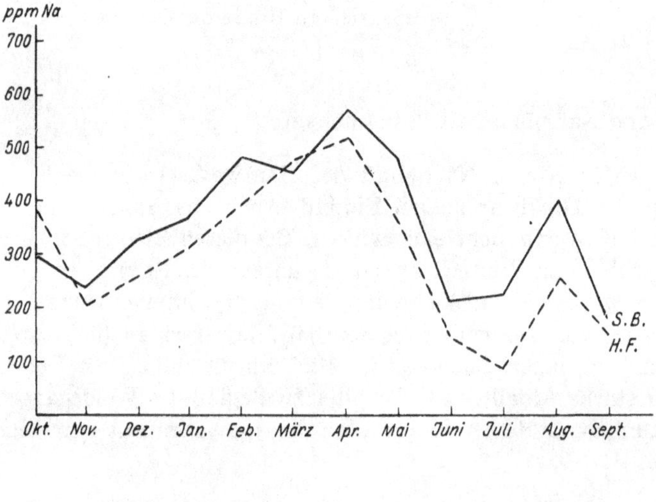

Abb. 6. Der Natriumgehalt des pigmentierten Rinderdeckhaares

Herbst- und Wintermonate werden größere Mengen Rüben und Rübenblattgärfutter neben Grassilage und Leguminosenheu verfüttert. Rüben und Rübenblatt sind die einzigen Futtermittel, welche ausreichende Na-Mengen in die Ration bringen. Solange diese Futtermittel verfüttert werden konnten (bis Mitte April), stieg der Na-Anteil des Haares, der dann mit Beginn des Weideganges bis Mitte Juli stark abnahm. Im Weidefutter ist wenig Na enthalten [3]. In den Organen des Rindes stellte MELZER [18] ebenfalls eine Verminderung der Na-Konzentration nach Beginn der Grünfutterperiode fest (s. Abb. 6).

f) Der Eisen- und Mangangehalt des Deckhaares

Der Fe-Anteil des pigmentierten Deckhaares ist bei beiden Rinderrassen gleich. Er stieg bei beiden Haarfarben bis Mitte Februar an. Vom Haarwechsel bis Mitte Juni verringerte er sich gleichmäßig, um dann ebenso kontinuierlich wieder bis Mitte September anzusteigen (s. Abb. 7).

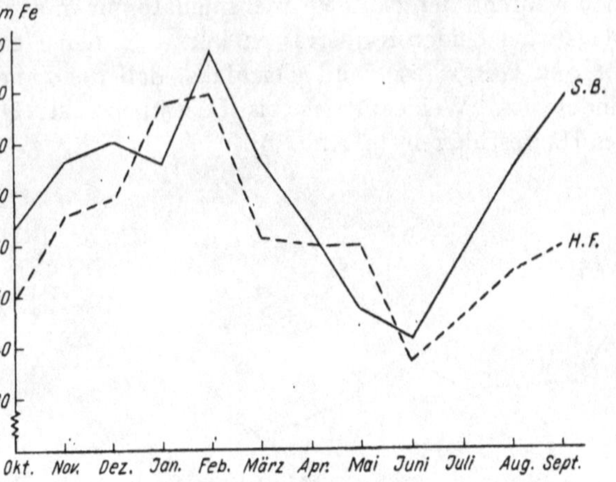

Abb. 7. Der Eisengehalt des pigmentierten Rinderdeckhaares

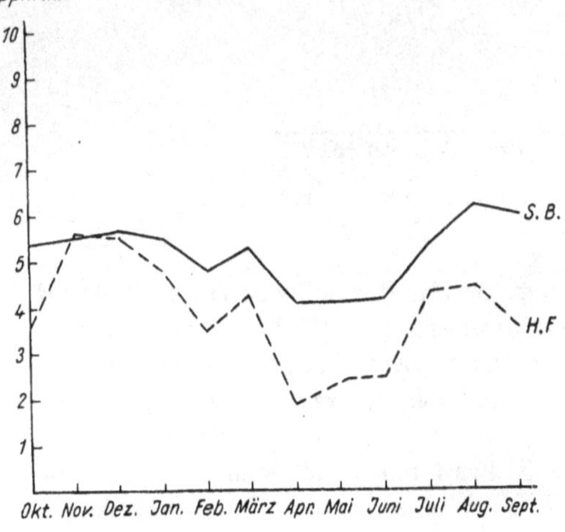

Abb. 8. Der Mangangehalt des pigmentierten Rinderdeckhaares

Im Mn-Gehalt ist der Unterschied zwischen schwarzem und rotbraunem Deckhaar nicht groß. Der Verlauf der Kurven ist ausgeglichener als bei denen des Fe, K, P und Mg. Die niedrigsten Mn-Werte wurden von April bis Juni ermittelt. Während der Herbst- und Winterfütterung und von Juli bis September blieb der Mn-Anteil des Deckhaares fast auf der gleichen Höhe (s. Abb. 8).

g) Der Zink-, Kupfer- und Molybdängehalt des Deckhaares

Der Zn-, Cu- und Mo-Anteil des Deckhaares unterlag keinen periodischen Schwankungen. Im Mittel der einzelnen Monate bewegte sich die Zn-Konzentration des Deckhaares unabhängig von der Farbe zwischen 86 und 100 ppm.

Das rotbraune Haar war im Mittel um 4 ppm Zn-reicher als das schwarze. Die Differenz ist zufällig.

Auch die Cu-Werte des schwarzen (9,7–12,1 ppm) und rotbraunen Deckhaares (7,6–8,9 ppm) veränderten sich während der zwölf Versuchsmonate nur in engen Grenzen. Ihre Höchstwerte lagen bei beiden Rinderrassen kurz vor dem Haarwechsel (Februar/März). VAN DER GRIFT [24] fand gleichfalls, daß die Leberkupferkonzentration des Rindes vom Weideauftrieb bis Dezember fällt. Das stimmt mit der Cu-Kurve des Haares überein (s. Abb. 9).

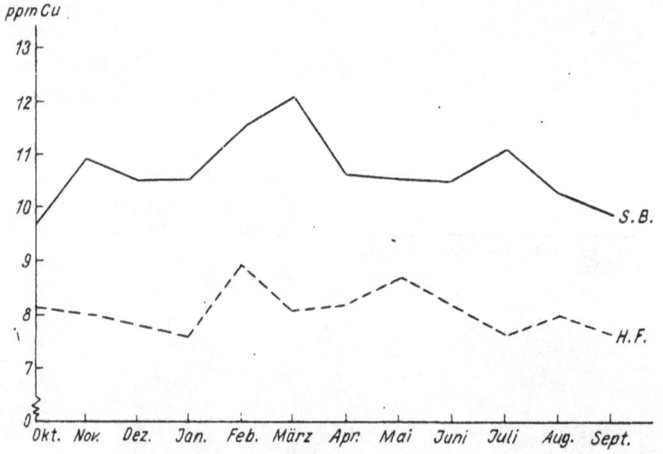

Abb. 9. Der Kupfergehalt des pigmentierten Rinderdeckhaares

Die Versuchskühe erhielten ihr Futter von Muschelkalkverwitterungs- und Rötboden, die in Thüringen ein Mo-armes Futter erzeugen [1]. Dementsprechend liegt auch der Mo-Gehalt des Haares niedrig. Der Mo-Anteil des schwarzen Deckhaares schwankt zwischen 0,11 und 0,16 ppm, der des rotbraunen zwischen 0,06 und 0,10 ppm.

Nachdem die wachstumsbedingten Schwankungen des Mengen- und Spurenelementgehaltes im Haar festgestellt sind, ist eine Deutung der unterschiedlichen

Gehaltszahlen, die in der Literatur vorkommen, eher möglich. Zumindest für die Elemente Ca, Mg, P, K und Fe ist die Angabe des Schnittzeitpunktes unentbehrlich. Zur Testung des Versorgungsgrades mit Mineralstoffen dürften der Zeitraum von Dezember bis Mitte Februar und die Monate Juni, Juli und August besonders geeignet sein. Auf keinen Fall sollten vor, während und nach dem Haarwechsel (Mitte Februar bis Mitte Mai) Proben entnommen werden. Von Anfang September bis Ende November, also in der Zeit der Verdichtung des Felles durch nachwachsendes Deckhaar muß gleichfalls, in Abhängigkeit von der Stärke dieser Wachstumsprozesse, mit schwankenden Werten gerechnet werden.

4. Der Einfluß des Laktations- und Trächtigkeitsstadiums auf den Mengen- und Spurenelementgehalt des Rinderdeckhaares

Von den zehn getesteten Kühen kalbten sechs während des Untersuchungszeitraumes in den Monaten Januar, Februar, Juni und Juli. Gravidität und Laktationsstadium beeinflußten den Asche-, Ca-, K-, Na-, Fe-, Zn-, Mn- und Mo-Gehalt des untersuchten Haares nicht. Demgegenüber veränderte sich unter dem Einfluß von Trächtigkeit und Laktation die P-, Mg- und Cu-Konzentration des Haares. Die Differenzen sind allerdings nicht signifikant.

Tabelle 6

Der Einfluß des Laktations- und Trächtigkeitsstadiums auf den Phosphor-, Magnesium- und Kupfergehalt des pigmentierten Rinderdeckhaares

		Probenahme ante partum			Probenahme post partum		
		3.	2.	1.	1.	2.	3.
P ppm im Haar	$\bar{x}$	165	181	152	152	148	134
	s	30	38	38	43	33	68
Mg ppm im Haar	$\bar{x}$	388	514	390	336	450	511
	s	121	186	169	172	241	336
Cu ppm im Haar	$\bar{x}$	9,2	9,2	8,8	7,9	8,6	9,4
	s	1,1	1,1	1,4	1,4	2,3	2,1

Der P-Gehalt des Haares nahm z. B. von der 2. Probenahme vor der Geburt (etwa 7. Trächtigkeitsmonat) bis 3 Monate nach ihr ab. Beim Mg zeigte sich von der 2. Probenahme vor bis zur 1. nach der Geburt eine Verminderung des Gehaltes im Haar, anschließend stieg der Mg-Gehalt des Haares stark an. Am deutlichsten ist der Einfluß der Geburt auf den Cu-Anteil des Haares. Der Cu-Gehalt des Haares verringerte sich von der 1. Probenahme ante partum bis zur 1. Probenahme post partum. Dieser Befund deckt sich mit dem Verlauf der Serum-Kupferkurve beim tragenden Rind. Bis etwa 16 Wochen ante partum hält sich die Cu-Konzentration des Blutes auf einer Höhe, fällt dann allmählich und schließlich stärker bis einen Tag vor der Geburt, um dann einen Tag nach der Geburt wieder anzusteigen [17]. Als Erklärung kann angeführt werden, daß die Kälber mit einem sehr hohen Cu-Anteil in der Leber geboren werden. VAN DER GRIFT [24] fand z. B. 339 ppm Cu in der Leber des neugeborenen Kalbes, CUNNINGHAM [7] ermittelte 380 ppm Cu. Der hohe Cu-Bedarf des Fötus greift in der letzten Entwicklungsphase wahrscheinlich die mütterlichen Cu-Depots an, so daß es zu dieser Cu-Verarmung kommt. In diese Richtung deuten auch die Ergebnisse von VAN DER GRIFT [24], der ab dem 5. Trächtigkeitsmonat den Cu-Gehalt der Rinderleber verringert fand.

5. Der Einfluß des Tieralters

Der Einfluß des Tieralters auf den Mineralstoffgehalt des schwarzen Deckhaares wurde bei einer Herdbuchherde, die schon längere Zeit ohne Tierzukauf besteht, geprüft. Bei diesen Untersuchungen stellte sich heraus, daß das Tieralter den Mineralstoffgehalt des schwarzen Rinderdeckhaares zwischen drei und zehn Lebensjahren nicht beeinflußt ($P > 0{,}05$).

Tabelle 7
Der Asche-, Calcium-, Phosphor-, Natrium-, Zink- und Kupfergehalt des schwarzen Deckhaares unterschiedlich alter Milchkühe ($n = 20$)

Alter in Jahren	Asche %	Ca ppm	P ppm	Na ppm	Zn ppm	Cu ppm
3–4	$\bar{x}$ 1,8	2292	229	520	107	8,1
	s 0,2	376	41	130	10	1,6
5–6	$\bar{x}$ 1,9	2025	246	650	106	6,8
	s 0,3	706	31	208	18	1,9
7–8	$\bar{x}$ 1,9	2193	235	650	106	7,5
	s 0,2	398	24	252	4	1,3
9–10	$\bar{x}$ 1,9	2284	219	586	101	7,5
	s 0,4	842	21	90	15	1,1

Das gilt sowohl für die in der Tabelle 7 aufgeführten anorganischen Komponenten, als auch für Mg, K, Fe, Mn und Mo. Im Alter zwischen null und drei Jahren unterliegt der Mineralstoffgehalt des pigmentierten Deckhaares allerdings endogenen Einflüssen (ANKE [2]).

Zusammenfassung

Beim Sammeln von Rinderhaarproben zur Bestimmung des Versorgungsgrades mit Mengen- und Spurenelementen müsssen folgende Faktoren beachtet werden:

Der Haarschaft ist in seiner Länge nicht einheitlich zusammengesetzt. Der basale Teil enthielt mehr Zn, während der Spitzenteil asche-, Ca-, Mg-, K- und Na-reicher war. Im P-, Fe-, Mn-, Cu- und Mo-Gehalt bestand zwischen den Haarhälften kein signifikanter Unterschied. Es ist erforderlich, das Haar in gleicher Höhe abzuschneiden. Dazu eignen sich Haarschneidemaschinen mit einer Schnitttiefe von 0,1 mm am besten.

Schwarzes und weißes Deckhaar, schwarzes Schopfhaar und farbloses Schwanzhaar besitzen einen spezifischen Mengen- und Spurenelementgehalt. Das schwarze Deckhaar war gesichert asche-, Ca-, Mg-, K- und Mo-reicher als das weiße. Im P-, Na-, Zn-, Mn- und Cu-Anteil bestanden keine gesicherten Differenzen.

Das schwarze Schopfhaar erwies sich als signifikant Fe-, Zn-, Mn- und Cu-haltiger als das schwarze Deckhaar, welches gesichert mehr Mg enthielt. Im Asche-, Ca-, P-, K-, Na- und Mo-Anteil waren die Differenzen zwischen beiden Haararten zufällig.

Der Mineralstoffgehalt des pigmentierten Deckhaares ist wachstumsbedingten Schwankungen unterworfen. Der Asche-, Ca-, Mg-, P-, K- und Fe-Anteil unterliegt diesen besonders, während der Na-, Mn- und noch stärker der Zn-, Cu- und Mo-Gehalt des Haares davon unabhängig ist.

Zur Testung des Versorgungsgrades mit Mengen- und Spurenelementen sind die Monate Dezember bis Mitte Februar und Juni bis August geeignet. Die Zeit vor, während und nach dem Haarwechsel (Mitte Februar bis Mitte Mai) ist ungeeignet. Auf Grund der Fellverdichtung durch nachwachsendes Deckhaar ist die Probenahme für analytische Zwecke von September bis November nicht zu empfehlen.

Die letzten zwei Trächtigkeits- und ersten zwei Laktationsmonate beeinflußten den P-, Mg- und Cu-Gehalt des Haares. Die Differenzen waren nicht signifikant. Das Alter der Kühe nahm zwischen 3 und 10 Lebensjahren auf den Mineralstoffgehalt des schwarzen Deckhaares keinen Einfluß.

Резюме

При сборе проб шерсти рогатого скота для определения снабжения элементами и микроэлементами нужно учитывать следующеие факторы:

Наружный шерстяной покров по своей длине не является одинаковым. Его базальная часть содержит больше Zn, а конечная часть имеет более высокое содержание зольных веществ, Ca, Mg, K и Na. В отношении содержания P, Fe, Mn, Cu и Mo обе части шерстины не обнаруживают сколько-нибудь значительной разницы. Срезать шерсть следует на одинаковой высоте. Для этой цели наиболее пригодными являются машинки для стрижки шерсти с высотой среза в 0,1 мм.

Черная и белая покровная шерсть, черная пучковая шерсть и бесцветные волосы хвоста обнаруживают специфическое содержание элементов и микроэлементов. Черная покровная шерсть содержит больше золы, Ca, Mg, K и Mo, нежели белая. В отношении содержания P, Na, Fe, Zn, Mn и Cu ясно выраженной разиицы установлено не было.

Черная пучковая шерсть содержит значительно больше Fe, Zn, Mn и Cu, нежели черная покровная шерсть. Последняя содержит больше Mg. В отношении зольных веществ, Ca, P, K, Na и Mo разница между этими обоими видами шерсти являлась случайной.

Содержание минеральных веществ в пигментированной покровной шерсти подвержено колебаниям в зависимости от роста. Этим колебаниям подвергается в особенности содержание зольных веществ, Ca, Mg, P, K и Fe, содержание же Na и Fe, а в еще большей степени Zn, Cu и Mo в шерсти от этого не зависит.

Для определения снабжения шерсти элементами и микроэлементами являются подходящими месяцы декабрь до середины февраля, а также и июнь до августа. Периоды до линьки, во время линьки и после нее для этого мало благоприятны. Для анализа не рекомендуется брать пробы в течение периода от сентября до ноября вследствие увеличения густоты шерсти подрастающей покровной шерстью. Далее на содержание P, Mg и Cu в шерсти оказывают влияние два последних месяца беременности животных и два первых месяца лактации.

Summary

When collecting samples of bovine hair for the determination of its level of supply with major and trace elements the following factors should be taken into account:

The whole length of the hairstem does not exhibit a uniform composition. Its basal part contains a larger proportion of Zn while the tip of the hair will be found to contain more Ca, Mg, K, N, and ash. No significant difference was found to occur in the P, Fe, Mn, Cu, and Mo content of the two halves of the hair. The hair must be cut off at the same level. Hair clippers with a cutting depth of 0,1 mm are best suited for this purpose.

Black and white body hair, black hair from the forehead and colourless tail hair were shown to have a specific content of major and trace elements. Black body hair contained a definitely higher proportion of Ca, Mg, K, Mo, and ash than white hair. No definite differences could be established for the P, Na, Fe, Zn, Mn, and Cu content. Black hair from the forehead proved to contain a significantly higher proportion of Fe, Zn, Mn, and Cu than black body hair, which, in turn, was found to contain a definitely larger amount of Mg. Differences in the Ca, P, K, Na, and Mo content of both kinds of hair were of an accidental character.

The mineral content of pigmented body hair is subject to growth-induced variations. This is particularly true of the Ca, Mg, P, K, and Fe content of pigmented hair, while the Na and Mn content, and to a yet larger extent, the Zn, Cu-, and Mo content of the hair is independent of such variations.

The periods from December to the middle of February and from July to August are suitable for testing the level of supply with major and trace elements. The time prior to, during and after hair shedding (from mid-February to mid-May) is unsuitable for this purpose. Because of the thickening of hair caused by new growth of body hair sampling of hair for analytical purposes (from September to November) is not recommended. Influences on the P, Mg, and Cu content of hair were noted during the last two months of pregnancy and in the first two months of lactation ($P > 0{,}05$).

Literaturverzeichnis

[1] ANKE, M.: Tagungsbericht Nr. 56 d. Dtsch. Akad. d. Landwirtschaftswissenschaften (1962)
[2] ANKE, M.: Habil-Schrift Jena Land. Fak. (1964)
[3] ANKE, M., W. GÜTHER und Ü. OLL: Jb. d. Arbeitsgemeinschaft f. Fütterungsberatung **4**, 67, 1961/62
[4] BROCHART, M., J. COLÉOU und P. LARVOR: Sur quelques facteurs influencant la teneur en phosphor et calcium des poils d'une population de vaches normandes au ceurs d'un an relation avec l'apitude laitère. Academie d'Agricult. de France. Extrait du procès-verbal de la Séance du 6 Mai (1959)
[5] ČAMEK: J. Agric. Sci **X**, 12 (zit. bei DUERST [10])
[6] CHASE, H. B.: Physiol. Revs. **34**, 113 (1954)
[7] CUNNINGHAM, I. J.: New Zealand J. Sci. Techn. **27**, 381 (1946)
[8] CUNNINGHAM, J. J., und K. G. HOGAN: New Zealand J. Agric. Res. **1**, 841 (1958)
[9] DRY, F. W.: J. Genetics **16**, 287 (1926)
[10] DUERST, J. U.: Die Grundlagen der Rinderzucht. Berlin, Springer-Verlag (1931)
[11] GOSS, H., und M. M. GREEN: Science **122**, 330 (1955)
[12] GRAUPE, B.: Diss. Jena, Landw. Fak. (1965)
[13] HENNIG, A.: Jb. Arbeitsgemeinschaft. Fütterungsber. **3**, 363, 1960
[14] KEATING, J.: Irish Vet. J. **14**, 74 (1960)
[15] KIKKAWA, H., Z. OGISTA und S. FUJITO: Science **121**, 43 (1955)
[16] KÜNTZEL, A., C. VAGO und A. SEITZ: Collegium **11**, 85 (1937)
[17] LUPKE, H.: Diss. Berlin, Vet. Med. Fak. (Freie Univ.) (1960)
[18] MELZER, W. O.: Diss. Leipzig, Vet. Med. Fak. (1958)
[19] RETTIG, F. W.: Diss. Bonn, Med. Fak. (1954)
[20] SARATA, U.: Jap. J. Med. Sci. Trans. II Biochem. **3**, 79 (1935)
[21] SCHLÄFLI, W. H.: Diss. Bern (1925)
[22] SJOLLEMA, B.: Tijdschr. Diergeneesk. **65**, 1189 (1938)
[23] STORRY, J. E., und J. A. F. ROOK: J. Sci Food Agric. **13**, 621 (1962)
[24] VAN DER GRIFT, J.: Versl. Landbouwk. Onderzoek. Nr. 6110, 10 (1955)
[25] VAN KOETSVELD, E. E.: Tijdschr. Diergeneesk. **83**, 229 (1958)
[26] WERNER, A., und M. ANKE: Arch. f. Tierernährung **10**, 142 (1960)
[27] WIEDMER, H.: Diss. Bern (1920)
[28] ZACHERL, M. K., und M. WEISER: Wiener Tierärztl. Monatsschrift **50**, 62 (1963)
[29] ZORN, W.: Haut und Haar als Rasse- und Leistungsmerkmal in der landwirtschaftlichen Tierzucht. 48. Flugschrift der Dt. Ges. f. Züchtungskunde (1919)

Eingegangen: 25. November 1964

Aus dem Oskar-Kellner-Institut für Tierernährung Rostock
(Direktor: Dr. habil. W. LAUBE)

L. HOFFMANN

Modellvorstellungen zur Leistungsvorhersage auf der Basis der Nettoenergie und der umsetzbaren Energie

1. Einführung

Der Energiebedarf landwirtschaftlicher Nutztiere wird im allgemeinen nicht durch die Zufuhr eines einzelnen Futterstoffes, sondern durch Rationen bestritten. Die Gründe für diese Maßnahme sind leicht zu verstehen. Hohe Leistungsfähigkeit und Gesundheit der Tiere über längere Zeit- bzw. Lebensabschnitte sind nur zu erwarten, wenn ihr physiologischer Bedarf an Energie und in stofflicher Hinsicht unter Beachtung dietätischer Gesichtspunkte ausreichend gedeckt wird. Ein Einzelfutterstoff kann diese Anforderungen im allgemeinen nicht erfüllen. Da die Zahl der für die Fütterung landwirtschaftlicher Nutztiere in Frage kommenden Futterstoffe schon relativ groß ist, ist die Möglichkeit ihrer Kombination zu Futterrationen praktisch unbegrenzt. Es erscheint daher eine wichtige Folgerung, nicht für Rationen, sondern für die einzelnen Futterstoffe die für die tierische Produktion wertbestimmenden Faktoren zu bestimmen und zu tabellieren. Unter Beachtung der komplexen Wirkung der Nährwertfaktoren ist es erforderlich, einen Wert herauszustellen, mit dem durch Addition über die rationsbildenden Futterstoffe auf die zu erwartende Leistung der Tiere geschlossen werden kann. Dieser Wert bestimmt die Äquivalenz zwischen Futtermenge und Leistung; er ist für eine rationelle Fütterung der landwirtschaftlichen Nutztiere sowie für eine sinnvolle Futterplanung im landwirtschaftlichen Betrieb und im volkswirtschaftlichen Rahmen von erstrangiger Bedeutung.

Es besteht heute Klarheit und Einigung darüber, daß der die Äquivalenz zwischen Futtermenge und Leistung zum Ausdruck bringende Wert sinnvoll nur im Energiemaß zu beschreiben ist. Für Futtermittel bzw. auch Rationen werden jedoch vier energetische Kennzahlen unterschieden: Bruttoenergie, verdauliche Energie, umsetzbare Energie und Nettoenergie. Über die Eignung dieser Kennzahlen für die Beurteilung der tierischen Leistung und ihre physiologische Aussagekraft ist an anderer Stelle [11] gesprochen worden. Für die Wahl des geeignetsten Äquivalenzmaßstabes hat sich im Prinzip die wissenschaftliche Erörterung auf die Frage zugespitzt: Sollen die Futtermittel nach der umsetzbaren Energie oder der Nettoenergie bewertet werden?

Die folgenden Betrachtungen zu dieser Frage beschränken sich auf Ergebnisse, die bei Verfütterung von Rationen, die den physiologischen Bedarf der Tiere an Eiweiß, Mineralstoffen, Vitaminen usw. voll decken, an ausgewachsene

Tiere zur Erzeugung von Körperfett (Fettmast) erhalten wurden und auf Erwartungen, die sich aus diesen vorgegebenen Bedingungen ableiten lassen.

Die Bestimmung der Nettoenergie$_{\text{Fett}}$ einzelner Futtermittel im Differenzverfahren und die Anwendung der Nettoenergie$_{\text{Fett}}$ zur Kennzeichnung der Leistung einer Futterration gründet sich theoretisch auf zwei Voraussetzungen:

1. Der Erhaltungsbedarf der Tiere ist durch die Nettoenergie$_{\text{Fett}}$ bestimmt.
2. Die Nettoenergie$_{\text{Fett}}$ der einzelnen Futterstoffe ist unabhängig von der Zusammensetzung der Ration.

Beide Voraussetzungen als streng erfüllt anzusehen, hieße, die neueren Erkenntnisse der biochemischen bzw. stoffwechselphysiologischen Forschung leugnen und einen überholten Standpunkt vertreten.

Zu 1. Würde der Erhaltungsbedarf der Tiere durch die Nettoenergie$_{\text{Fett}}$ eindeutig festgelegt, müßten die Verwertungskoeffizienten $\left(\frac{\text{Nettoenergie}}{\text{umsetzbare Energie}}\right)$ der Futterstoffe für Fettbildung (V_F) und für Erhaltung (V_E) in einem konstanten Verhältnis zueinander stehen, d. h. für alle Futterstoffe i wäre zu fordern:

$$\frac{V_{F_i}}{V_{E_i}} = \text{const.}$$

KLEIBER [14] (s. auch GÜTTE [9]) hat versucht, durch eine rein theoretische Betrachtung einen zwingenden Beweis für die Konstanz der Quotienten $\frac{V_{F_i}}{V_{E_i}}$ und damit für die Anwendbarkeit der Nettoenergie$_{\text{Fett}}$ auf den Erhaltungsbedarf beizubringen. KLEIBER argumentiert wie folgt:

„Wenn zur Erhaltung der physiologische Heizwert maßgebend wäre, dann wäre der Erhaltungsbedarf in umsetzbarer Energie, M, der gleiche für alle Futtermittel, es wäre also im besonderen für Futtermittel 1 und 2: $M_1 = M_2$.

Die beiden Erhaltungsrationen können nun zusammen verfüttert werden, so daß die Ration den physiologischen Heizwert $U = M_1 + M_2 = 2\,M$ hat, wo also jedes der beiden Futtermittel den physiologischen Heizwert $^1/_2\,U$ beträgt.

Wenn wir annehmen, das Futtermittel 1 diene zur Erhaltung, dann sind $^1/_2\,U$ physiologischen Heizwertes des Futters 2 übrig für Ansatz, und der Ansatz wird $^1/_2\,U\,a_2$, wo a_2 den Ansatzkoeffizienten des Futters 2 bedeutet.

Nehmen wir umgekehrt für die gleiche Ration an, Futtermittel 2 diene zur Erhaltung, dann wird der Ansatz, resultierend von Futter 1 als Produktionsfutter, $^1/_2\,U\,a_1$. Da wir annehmen müssen, daß ein bestimmter Versuch einen bestimmten Ansatz ergibt, der nicht davon abhängt, welchen Teil der Ration wir willkürlich als Erhaltungsfutter bezeichnen, müssen wir schließen, daß entweder alle Futtermittel gleiche Ansatzkoeffizienten haben, so daß $^1/_2\,U\,a_1 = {}^1/_2\,U\,a_2$ oder aber daß entgegen KELLNERS Annahme der Erhaltungsbedarf an physiologischem Heizwert für Futtermittel mit verschiedenen Ansatzkoeffizienten verschieden ist. Die zweite Annahme ist vermutlich richtiger.

In diesem Fall kann man für Erhaltung formulieren:

$$M_1 \cdot e_1 = M_2 \cdot e_2,$$

wo e die jeweiligen Erhaltungskoeffizienten bedeuten. Der Ansatz von der kombinierten Ration mit $(M_1 + M_2)$ physiologischer Heizwert, mit Futter 2 als Erhaltungsfutter wird dann $M_1 \cdot a_1$ und mit Futter 1 als Erhaltungsfutter $M_2 \cdot a_2$.

Da es sich nur um einen Ansatz handelt, muß die Gleichung bestehen:

$$M_1 \cdot a_1 = M_2 \cdot a_2.$$

Division dieser Gleichung durch die obige führt zu dem Resultat

$$\frac{a_1}{e_1} = \frac{a_2}{e_2}.$$

Für zwei Bestandteile einer Ration muß also das Verhältnis von Ansatzkoeffizient zu Erhaltungskoeffizient gleich sein."

Die „Beweisführung" KLEIBERs ist unlogisch und führt zu keiner Entscheidung. Die Annahme, daß die Verwertungskoeffizienten (nach KLEIBER die Ansatzkoeffizienten a_1 und a_2) der Futterstoffe im Differenzverfahren eindeutig bestimmbar sind, nimmt den zu führenden Beweis vorweg. Denn werden die Ergebnisse von Differenzversuchen zur Bestimmung der Nettoenergie$_{\text{Fett}}$ der Futterstoffe als eindeutig vorausgesetzt, ist es allein folgerichtig, daß die Quotienten $\frac{V_{F_i}}{V_{E_i}}$ konstant sind.

Zu einer verständnisvolleren Einschätzung dieses wichtigen Zusammenhangs gelangt man durch die Einsicht, daß eine geforderte Konstanz von $\frac{V_{F_i}}{V_{E_i}}$ notwendigerweise die Konstanz der Verwertung der umsetzbaren Energie der Nährstoffe zur Bedingung hat, also gelten müßte:

$$\frac{V_{F\ \text{Protein}}}{V_{E\ \text{Protein}}} = \frac{V_{F\ \text{Rohfett}}}{V_{E\ \text{Rohfett}}} = \frac{V_{F\ \text{NFE}}}{V_{E\ \text{NFE}}} = \text{const.}$$

Daß sich die Nährstoffe für Fettbildung und Erhaltung in konstanten Verhältnissen vertreten sollen, ist zunächst unbegründet.

Es erscheint heute vom Wissen über den intermediären Energiewechsel die Annahme gerechtfertigt zu sein, daß der Erhaltungsbedarf der Tiere an Energie durch das ATP-Bildungsvermögen der Nährstoffe, wie bereits von SCHIEMANN [20] ausgesprochen, gekennzeichnet wird. In der folgenden Tabelle ist das relativierte ATP-Bildungsvermögen der Nährstoffe (nach NEHRING und SCHIEMANN [18]) den relativierten Verwertungskoeffizienten der Nährstoffe gegenübergestellt.

Tabelle 1

Relativiertes ATP-Bildungsvermögen und Verwertungskoeffizienten $\left(\frac{\text{Nettoenergie}}{\text{umsetzbare Energie}}\right)$ der Nährstoffe für Fettbildung (Ergebnisse an Ratten)

Nährstoff	ATP-Bildungs-vermögen	Verwert.-Koeff. reine Nährstoffe	Verwert.-Koeff. Nährst. der Futterst.
Kohlenhydrate	100 (Glucose)	100	100
Protein	78 (Casein)	86	72
Fett	95 (Stearinsäure)	110	121

Die relativierten Angaben lassen erkennen, daß eine Konstanz für die Quotienten $\frac{V_{F_i}}{V_{E_i}}$ nicht erwartet werden kann. Zur Abschätzung einer theoretisch möglichen Schwankungsbreite der Quotienten sei angenommen, daß maximal Fettenergie zu 15% und Proteinenergie zu 25% für Erhaltungsprozesse zur Verfügung stehen. Daraus berechnet sich eine Streubreite für Quotienten reiner Nährstoffgemische von $\pm$ 2%. Für Futterstoffe muß eine größere Streubreite angenommen werden, die mit rund $\pm$ 5% abgeschätzt sein soll. Diese Streubreite liegt innerhalb der Fehlergröße eines Verwertungskoeffizienten, und es dürfte schwer sein, Unterschiede zwischen den $\frac{V_{F_i}}{V_{E_i}}$-Quotienten statistisch zu sichern, wenn die obigen Grenzen für den Anteil von Fett- und Proteinenergie nicht überschritten werden.

Zu 2. Die Additivität der Nettoenergie$_{\text{Fett}}$ setzt voraus, daß die Nettoenergie$_{\text{Fett}}$ eines Futterstoffes vom Typ der Ration, in dem er verabreicht wird, unabhängig ist. Daß für diese Frage nur physiologisch vollwertige Rationen in Betracht gezogen werden sollen, ist bereits eingangs klargestellt worden.

Für die monogastrischen Tierarten ist auf Grund eines experimentellen Nachweises durch Jentsch und Schiemann [16] mit der Unabhängigkeit der Nettoenergie$_{\text{Fett}}$ von der Nährstoffzusammensetzung einer Ration zu rechnen. Auf Wiederkäuer lassen sich diese Versuchsergebnisse nicht ohne weiteres übertragen. Der intermediären Verwertung der Nährstoffe sind bei diesen Tierarten die bakteriellen Umsetzungen im Pansen vorgeschaltet. Es muß angenommen werden, wie Versuche von Blaxter [3] und anderer Forscher gezeigt haben, daß die Gärungsvorgänge im Pansen durch den Typ einer Ration beeinflußt werden. Der Gärungsverlauf bzw. dessen Änderung durch Änderung der Rationszusammensetzung und die damit verbundenen Energieverluste sind jedoch nicht willkürlich und ohne jeden bisher erkennbaren Zusammenhang. Wie durch eine statistische Auswertung [17] nachweisbar war, steht die Methanbildung bei Wiederkäuern in deutlicher Abhängigkeit vom Nährstoffgehalt. Das legt nahe anzunehmen, daß auch beim Wiederkäuer in weit stärkerem Maße die Summe der einzelnen Nährstoffe die Energieverwertung bestimmt als ihr Verhältnis zueinander oder andere bisher nicht definierte Faktoren.

Die auf Seite 488 aufgestellten und vom theoretischen Standpunkt durchaus zu fordernden zwei Voraussetzungen für die Anwendbarkeit des Nettoenergieprinzips sind nach dem bisher Ausgeführten nicht voll erfüllt. Das führt zu einer weitreichenden Konsequenz: die Bestimmung der Nettoenergie im Differenzverfahren ist nicht absolut eindeutig. Diese Feststellung ist theoretisch wichtig, sie richtet sich jedoch keineswegs gegen den praktischen Versuch, das Nettoenergieprinzip in allgemeiner Form in der Tierernährung durchzusetzen, solange nicht andere Vorstellungen für die energetische Bewertung der Futterstoffe bestehen, die, vom Erfolg her gesehen, diesem Prinzip überlegen sind.

Für die Behandlung von Fragen zur Futterbewertung auf der Basis der Nettoenergie$_{\text{Fett}}$ können vorerst als Arbeitshypothese folgende Voraussetzungen formuliert werden:

1. Der Erhaltungsbedarf der Tiere wird mit größerer Annäherung durch die $\text{Nettoenergie}_{\text{Fett}}$ als durch die umsetzbare Energie bestimmt.
2. In den Grenzen des normalen Regulationsvermögens der Tiere ist der direkte Einfluß der Nährstoffe auf die Fettbildung überragend größer als Auswirkungen ihrer gegenseitigen Beeinflussung und der Einfluß anderer Faktoren.

Eine ganze Reihe neuerer Ergebnisse experimenteller Arbeit stützt diese Grundsätze und bestärkt uns in der Überzeugung, daß die $\text{Nettoenergie}_{\text{Fett}}$ die bisher wissenschaftlich am besten gerechtfertigte Meßgröße dafür ist, die Äquivalenz zwischen Futtermenge und Leistung festzulegen und damit die Leistungsfähigkeit einer Ration vorherzusagen. Diese Ergebnisse sind wegen ihrer Bedeutung zur Beurteilung der diskutierten Fragen nachfolgend kurz zusammengestellt.

1. Versuchsergebnisse und Betrachtungen, die nahelegen, daß der Erhaltungsbedarf mit größerer Annäherung durch die $\text{Nettoenergie}_{\text{Fett}}$ als durch die umsetzbare Energie gekennzeichnet wird:

1.1. Versuche von FLATT, COPPOCK und MOORE [7] mit trockenstehenden Kühen lassen in der Tendenz erkennen, daß zur Deckung des Erhaltungsbedarfs bei ausschließlicher Luzerneheufütterung ein größerer Betrag an umsetzbarer Energie erforderlich ist als mit Rationen, die Konzentrate enthielten.

1.2. Versuche von BROUWER, VAN ES und NIJKAMP [4] mit Kühen zeigen eine deutliche Abhängigkeit des Erhaltungsbedarfs an umsetzbarer Energie vom Rohfasergehalt. 1 g Rohfaser in der Ration erhöhte den Erhaltungsbedarf um 0,72 kcal. Diese Abhängigkeit ist in voller Übereinstimmung mit der Minderung der $\text{Nettoenergie}_{\text{Fett}}$ der Futterstoffe nach Maßgabe des Rohfasergehaltes, wie durch HOFFMANN [12] aus den Versuchen KELLNERS mit Rauhfutterstoffen abgeleitet werden konnte.

1.3. Versuche von GRAHAM [8] mit Schafen weisen offensichtlich nach, daß die Verwertung der umsetzbaren Energie für Erhaltung mit steigendem Gehalt an verdaulicher Rohfaser abnimmt.

1.4. Versuche von SCHIEMANN [20] mit Ochsen und Ratten im Ernährungsgleichgewicht, an die drei bzw. vier Rationen mit gleicher umsetzbarer Energie, jedoch unterschiedlichem Nettoenergiegehalt gefüttert wurden, ergeben übereinstimmend, daß die umsetzbare Energie dem Erhaltungsbedarf nicht proportional ist.

1.5. Versuche von ARMSTRONG [1] an Schafen mit Rauhfutterstoffen zeigen eine deutliche Abhängigkeit der Verwertung der umsetzbaren Energie für Erhaltung vom Wachstumsstadium der Gräser zum Zeitpunkt der Ernte. Die Verwertungskoeffizienten variieren zwischen 66,6 und 78,7%.

1.6. Die aus den Versuchen KELLNERS und FINGERLINGS von HOFFMANN [12] abgeleiteten und von SCHIEMANN et al. [22] gefundenen engen und weitgehend übereinstimmenden Beziehungen zwischen der $\text{Nettoenergie}_{\text{Fett}}$ und den verdaulichen Nährstoffen (bestimmt nach dem Differenzverfahren an Ochsen) können nur unter dem Gesichtspunkt verstanden werden, daß der Erhaltungsbedarf der

Tiere mit großer Annäherung durch die $Nettoenergie_{Fett}$ der Nährstoffe charakterisiert wird.

1.7. Die generelle Übereinstimmung der im Differenzverfahren bestimmten Nettoenergie reiner Nährstoffe durch NEHRING et al. [19] bei monogastrischen Tierarten mit dem aus der Kenntnis der intermediären Umsetzungen der Nährstoffe zu erwartenden Fettansatzleistung (s. SCHIEMANN [21]) zwingen gleichfalls zu der Annahme, daß die $Nettoenergie_{Fett}$ als Maßstab für die Erhaltungsforderungen an Energie gerechtfertigt ist. Dafür spricht weiterhin die nahezu vollkommene Übereinstimmung der $Nettoenergie_{Fett}$ reiner Nährstoffe zwischen Schwein und Ratte.

2. Versuchsergebnisse und Betrachtungen, die nahelegen, daß die Verwertung der umsetzbaren Energie einer Ration viel stärker durch die additive Wirkung der einzelnen verdaulichen Nährstoffe bestimmt wird als durch andere Faktoren:

2.1. Versuche von JENTSCH und SCHIEMANN [16] an Kaninchen und Ratten mit Gemischen reiner Nährstoffe zeigen, daß der Nettoenergiewert der Gemische aus der Summe der Nettoenergie der einzelnen Nährstoffe berechnet werden kann.

2.2. Die sehr gute Übereinstimmung der gemessenen Nettoenergie reiner Nährstoffe an Ochsen im Differenzverfahren nach Versuchen KELLNERS und von HOFFMANN et al. [13] lassen nicht erkennen, daß die $Nettoenergie_{Fett}$ von der Zusammensetzung der in diesen Versuchen verwendeten Grundfutterrationen abhängig ist.

2.3. Die nachgewiesenen engen Beziehungen zwischen der im Differenzverfahren bestimmten $Nettoenergie_{Fett}$ und den verdaulichen Nährstoffen bei Kraftfutterstoffen erlauben die Schlußfolgerung, daß in den vorgegebenen Grenzen die $Nettoenergie_{Fett}$ der Futterstoffe weitgehend unabhängig vom Typ der Ration sein muß.

Auf dem Plenum der Abteilung Tierzucht der Allunions-Lenin-Akademie der Landwirtschaftswissenschaften der UdSSR, das im März 1963 stattfand, haben sowjetische Wissenschaftler die Empfehlung ausgesprochen, als neue Futtereinheit 2500 kcal umsetzbare Energie einzuführen. Die neue Futtereinheit soll die bisher gebräuchliche sowjetische Futtereinheit, die Hafereinheit, die bekanntlich mit dem Stärkewert KELLNERS korrespondiert, ablösen. Der wesentlichste Grund für den Übergang von der Nettoenergie zur umsetzbaren Energie bei der Bewertung der Futterstoffe muß in dem von einer Reihe sowjetischer Wissenschaftler [5, 15] vertretenen Standpunkt gesehen werden, eine methodologische Trennung zwischen Erhaltungs- und Produktionsfutter und damit die Anwendung der Differenzmethodik bei der Nettoenergiemessung abzulehnen. Das führte zu der Konsequenz, die umsetzbare Energie als energetischen Bewertungsmaßstab zu wählen. Die umsetzbare Energie ist nach Auffassung von DENISSOW [5] die einzig physiologisch begründete Energie des Futters, sie wird auch physiologische Energie genannt, und sie ist unteilbar!

Die sowjetischen Wissenschaftler sind sich mit allen Stoffwechselphysiologen darüber im klaren, daß die Verwertung der umsetzbaren Energie für Fettbildung, Wachstum und Milchproduktion z. B. von der Nährstoffzusammensetzung einer Ration abhängt, d. h. daß die umsetzbare Energie unter den angeführten Produktionsbedingungen nicht konstant verwertet wird. Ihre Vorstellungen für den Aufbau eines in der Praxis allgemein anwendbaren Bewertungssystems für Futterstoffe zielen darauf ab, die Futtermittel nach der umsetzbaren Energie zu tabellieren, die Zufuhr an umsetzbarer Energie und die Leistung der Tiere in Versuchen zu messen und so auf rein empirischem Wege diejenigen Futterrationen herauszufinden, die eine günstige Wirkung auf die Leistung der Tiere haben. Solch ein empirisches System gestattet weder eine Leistungsvorhersage noch eine rationelle Leistungsfütterung; denn die landwirtschaftlichen Betriebe sind außerstande, ihren Futter- bzw. auch ihren Anbau an Marktfrüchten so einzurichten, daß nur eine oder nur wenige, ganz bestimmte, mit günstiger Wirkung herausgefundene Rationen verfüttert werden können. Aufgabe der Wissenschaft ist es, Zusammenhänge in der Natur zu erkennen und zu verallgemeinern. Wie diese Aufgabe nach dem vorgeschlagenen System zur Futterbewertung auf der Grundlage der umsetzbaren Energie ohne jegliche Unterscheidung zwischen Erhaltungs- und Produktionsbedarf erfüllt werden soll, ist aus den bisher vorliegenden Veröffentlichungen [5, 6, 15] nicht zu erkennen.

In neuester Zeit hat BLAXTER [2] ein in Form und Inhalt neuartiges Fütterungssystem auf der Grundlage der umsetzbaren Energie für Wiederkäuer vorgeschlagen. Zwei Behauptungen, die sich gegen das Nettoenergieprinzip wenden, bestimmen im wesentlichen den Aufbau des Systems:

1. Die $\text{Nettoenergie}_{\text{Fett}}$ ist kein Maßstab für alle tierischen Leistungen. Die Energieforderung für Erhaltung und äußere Arbeit z. B. richtet sich nach der umsetzbaren Energie
2. Mit Ausnahme für Erhaltung und äußere Arbeit ist die Wirkung eines Futtermittels auf tierische Leistungen nicht konstant, sondern vom Typ der Ration abhängig, in der es verabreicht wird.

Jede der beiden Behauptungen für sich führt zur Ablehnung des Differenzverfahrens zur Bestimmung des Nettoenergiegehaltes einzelner Futterstoffe. Die erste Behauptung führt aber auch zu der Folgerung, das Differenzverfahren zur Nettoenergiebestimmung in Anwendung auf Rationen zurückzuweisen, da dem Tier nicht vorgeschrieben werden kann, welchen Anteil an Nährstoffen es für die Erhaltung und welchen für die Produktion zu verwerten hat. Damit ergibt sich für das ganze System die bedenkliche Folgerung, daß es nicht vertretbar und auch aussichtslos ist, zwischen der Leistung eines Futtermittels bzw. einer Ration und dem Nährstoffgehalt eine quantitative Beziehung zu suchen.

Die auf Seite 491 zu einer weiteren Bestätigung des Nettoenergieprinzips zusammengestellten neueren Versuchsergebnisse sind gleichzeitig Argumente gegen die von BLAXTER vorgetragenen Thesen.

Das System BLAXTERS für den praktischen Zweck der Bewertung von Futterrationen für tierische Leistungen ist in seiner prinzipiellen Anlage wie folgt zu beschreiben

1. Futtermittel werden nach der umsetzbaren Energie tabelliert.
2. Die umsetzbare Energie einer Ration wird errechnet durch Summierung der umsetzbaren Energie der Futterstoffe.

3. Von der umsetzbaren Energie der Ration wird der Erhaltungsbedarf des Tieres an umsetzbarer Energie abgezogen (Erhaltungsbedarf = Hungerumsatz × 1,35).

4. Der verbleibende Rest an umsetzbarer Energie steht für Produktions- bzw. Arbeitsleistungen zur Verfügung und wird für Fettbildung z. B. in Abhängigkeit vom gegenseitigen Verhältnis der flüchtigen Fettsäuren im Pansen verwertet.

Hinsichtlich der praktischen Anwendung des von BLAXTER vorgeschlagenen Fütterungssystems sollen die unter Punkt 4 dargelegten Vorstellungen etwas näher besprochen werden. Die Höhe der Verwertung des „Restes" an umsetzbarer Energie für produktive Zwecke in Abhängigkeit vom Gehalt an flüchtigen Fettsäuren im Pansen zu stellen, ist wissenschaftlich außerordentlich interessant und hat auch neue Aspekte für die Beurteilung der energetischen Verwertung der Nährstoffe beim Wiederkäuer geliefert. Die praktische Bedeutung dieser Betrachtungsweise im System BLAXTERS ist jedoch gering; denn das Verhältnis der flüchtigen Fettsäuren zueinander kann bisher aus der Rationszusammensetzung nicht vorhergesagt werden. Und umgekehrt, ließe sich ein quantitativ erfaßbarer Zusammenhang zwischen Rationsmerkmalen einerseits und der Fettsäurenbildung im Pansen andererseits finden, könnte auch direkt auf der Grundlage dieser Merkmale ohne Umweg über die flüchtigen Fettsäuren die Leistung der Tiere abgeschätzt werden. Um die Schwierigkeit, daß bisher keine quantitative Beziehung zwischen bestimmten Rationsmerkmalen und der Fettsäurenbildung im Pansen herausgestellt werden konnte, zu überwinden, hat BLAXTER als ein Hilfsmittel das Verhältnis $\frac{\text{umsetzbare Energie}}{\text{Brutto-Energie}}$ einer Ration als Bezugsvariable zur Verwertung der umsetzbaren Energie für Fettbildung gewählt. Mit jeder Änderung dieses Verhältnisses bei einer Ration, also z. B. durch Einfügen eines weiteren Futtermittels in die Ration, ändert sich demnach die Verwertung des „Restes" an umsetzbarer Energie. Das entspricht der Konzeption BLAXTERS.

Um den Charakter des Quotienten $\frac{\text{u. E.}}{\text{B. E.}}$ als ein Hilfsmittel zu veranschaulichen, sind in Tabelle 2 für einige Futterstoffe die verdaulichen Nährstoffe, die Verwertungs-Koeffizienten und das Verhältnis $\frac{\text{u. E.}}{\text{B. E.}}$ angegeben.

Werden z. B. diese Futterstoffe einzeln zu einem „Grundfutter" gleicher Zusammensetzung hinzugefügt und die so erhaltenen Rationen verfüttert, wird man auf Grund der verdaulichen Nährstoffe der „Zulagen" unterschiedliche Auswirkungen auf die Leistung der Tiere bei der Fettmast erwarten dürfen. Diese Erwartung wird durch die Verwertungskoeffizienten wiedergegeben. Die Verhältniszahlen $\frac{\text{u. E.}}{\text{B. E.}}$ der „Zulagen" sind für Gerste und Erbsen sowie für Erdnuß- und Leinextraktionsschrot gleich, d. h. daß auch jeweils die zwei Rationen ein

Tabelle 2

Verdauliche Nährstoffe, Verwertungskoeffizienten und $\frac{\text{u. E.}}{\text{B. E.}}$ für Gerste, Erbsen, Erdnußextraktions-Schrot und Leinextraktions-Schrot

Futtermittel	Verdauliche Nährstoffe gr/kg Futterstoff				Verwertungs-Koeffizient	$\frac{\text{u. E.}}{\text{B. E.}}$
	Rohprotein	Rohfett	Rohfaser	N F E		
Gerste	52	19	36	670	64	70,8
Erbsen	220	7	45	544	55	70,2
Erdnußextr.-Schrot	521	11	25	260	50	68,0
Leinextr.-Schrot	283	93	11	328	64	67,5

gleiches Verhältnis $\frac{\text{u. E.}}{\text{B. E.}}$ haben. Auch wenn man den Anteil von „Grundfutter" und „Zulagefutter" zu je 50% der Ration annimmt, sollten die Rationen mit Gerste und Erbsen einerseits und Erdnuß- und Leinextraktionsschrot andererseits – gleiche umsetzbare Energie vorausgesetzt – nach Blaxter gleiche Leistungen bei den Tieren hervorrufen. Das ist sehr stark in Frage zu stellen!

Zwischen der von den Befürwortern des Nettoenergieprinzips und der von Blaxter vertretenen Auffassung bestehen für den Aufbau eines umfassenden und dem neuen Erkenntnisstand entsprechenden Systems der Futtermittel- bzw. Rationsbewertung für tierische Leistungen wesentliche und prinzipielle Unterschiede. Trotz der Widersprüchlichkeit der Standpunkte zur Ausarbeitung eines solchen Systems lassen sich in der Zielsetzung jedoch zwei gemeinsame Kriterien herausstellen:

1. Die Futterstoffe sind nach einer energetischen Kennzahl zu tabellieren (Netto- oder umsetzbare Energie).

2. Die tierischen Leistungen sollen in Abhängigkeit von Futtermenge und Art mit möglichst großer Annäherung vorhergesagt werden.

Das letzte Kriterium entscheidet über den Wert eines Fütterungssystems. Dasjenige System muß einem anderen als überlegen angesehen werden, das mit größerer Sicherheit tierische Leistungen vorherzusagen gestattet. Aus theoretischen Erörterungen und Erwägungen allein kann dieses Werturteil niemals gefällt werden. Bisher sind die Argumente zur Untermauerung der Standpunkte stärker von der theoretischen als von der experimentellen Seite vorgetragen worden. Es ist das wichtigste Ziel der vorliegenden Arbeit, auf der Grundlage von Ergebnissen aus Gesamtstoffwechselversuchen, die unter der Bedingung der Fettmast ausgewachsener Tiere ausgeführt wurden, zu prüfen, durch welches System, Nettoenergiebasis bzw. umsetzbare Energie nach Blaxter, der gemessene energetische Ansatz (Fettkalorien), also die Leistung der Tiere, mit größerer Genauigkeit wiedergegeben werden kann.

Tabelle 3

Nährstoffzusammensetzung, Futteraufnahme, Verdaulichkeit und Energiebilanz der Zulagerationen

Tierart	Zahl der Rationen	Variation im Nährstoffgehalt %				mittlere Tr.-Substanz-Einnahme	mittlere Verdaulichkeit der organischen Substanz	mittlere Energiebilanz
		Rohprotein	Rohfett	Rohfaser	N F E	in g	in %	in kcal
Ratte	14	15,2–26,4	4,4–16,4	3,6– 7,5	54,0–72,2	13	83,6	8
Kaninchen	14	15,7–27,8	2,8–17,5	9,4–13,8	48,9–65,9	103	76,0	73
Schwein	12	13,1–29,8	2,3– 7,5	5,2–10,6	56,5–72,6	2336	80,7	3045
Schaf	12	12,4–28,3	3,0– 8,7	19,5–26,1	38,8–56,7	1174	73,1	711
Rind	13	14,0–25,3	2,0–11,3	19,7–25,8	41,0–58,6	8184	73,9	3946

2. Material

Für die zu behandelnde Frage wurden die im Rahmen der Versuche am Oskar-Kellner-Institut für Tierernährung zur Bestimmung der energetischen Leistung der Kraftfutterstoffe durchgeführten Zulageperioden vom Standpunkt der Rationsfütterung ausgewertet. Anlage und Ergebnisse dieser Versuche, insbesondere eine ausführliche Besprechung der durch Differenzbildung gegenüber Grundfutterperioden abgeleiteten energetischen Kennzahlen der Nährstoffe, sind von NEHRING et al. [17] beschrieben. Angaben über die Nährstoffzusammensetzung der Rationen, Futteraufnahme, Verdaulichkeit und Energiebilanz sind in Tabelle 3 gemacht.

3. Modelle zur Leistungsvorhersage

Für die Vorstellungen zur Leistungsvorhersage soll der Begriff des Modells gebraucht werden, um damit hervorzuheben, daß sich mit Vermehrung des Wissens die Vorstellungen zu diesem Problem ändern können und kein Anspruch auf fertige Lösungen erhoben werden sollte.

Zwei Modelle für die Leistungsvorhersage von Futterrationen, die nach den derzeitigen Kenntnissen auch die größte Aussicht auf Erfolg für eine Anwendung in der landwirtschaftlichen Tierhaltung haben, müssen demnach besprochen werden. Ein Modell auf der Grundlage der umsetzbaren Energie, das im Prinzip die Vorstellungen BLAXTERS wiedergibt, und ein Modell auf Nettoenergiebasis, das seinen Ursprung in den Arbeiten KELLNERS hat und besonders durch die neueren Untersuchungen im Rostocker Institut seine Herausbildung verdankt.

In ihrer mathematischen Formulierung lassen sich die beiden Modelle wie folgt darstellen:

Modell I, Basis umsetzbare Energie (nach BLAXTER)

$$A = (y_1 - k_1\, G^{0,73}) \left(k_2 + k_3 \frac{y_1}{y_3}\right)$$

A = energetischer Ansatz
y_1 = umsetzbare Energie einer Ration
y_3 = Bruttoenergie einer Ration
G = Tiergewicht
$k_1 - k_3$ = Konstanten

Modell II, Basis Nettoenergie

$$A = a_1\, x_1 + a_2\, x_2 + a_3\, x_3 + a_4\, x_4 - a_5\, G^{0,73}$$

A = energetischer Ansatz
x_1 = verdauliches Rohprotein einer Ration
x_2 = verdauliches Rohfett einer Ration
x_3 = verdauliche Rohfaser einer Ration
x_4 = verdauliche N F E einer Ration
G = Tiergewicht
$a_1 - a_5$ = Konstanten

Nach Modell I wird die umsetzbare Energie einer Ration (y_1) ermittelt (Summierung der umsetzbaren Energie der Futterstoffe einer Ration) und von der dem Tier zugeführten umsetzbaren Energie der Erhaltungsbedarf des Tieres ($k\, G^{0,73}$) in Abzug gebracht. Der erste Klammerausdruck ist demzufolge der Betrag an umsetzbarer Energie, der für produktive Zwecke zur Verfügung steht. Durch Multiplikation beider Klammerausdrücke erhält man den energetischen Ansatz (A), d. h. der zweite Klammerausdruck ist der Verwertungskoeffizient (genauer Verw.-Koeff. × 0,01) des verbleibenden Restes an umsetzbarer Energie. Dieser Verwertungskoeffizient steht nach BLAXTER in Abhängigkeit zum Verhältnis $\frac{\text{umsetzb. E.}}{\text{Brutto-E.}} \left(\frac{y_1}{y_3}\right)$. Von BLAXTER sind für die Berechnung von Verwertungskoeffizienten die zwei nachstehenden Gleichungen angegeben worden:

$$V_1 = 0{,}94 \frac{y_1}{y_3} \cdot 100 - 8{,}0 \pm 6{,}4$$

$$V_2 = 0{,}81 \frac{y_1}{y_3} \cdot 100 + 3{,}0 \pm 4{,}6\,.$$

Nach Modell II werden die einzelnen verdaulichen Nährstoffe einer Ration ($x_1 - x_4$) mit den Konstanten $a_1 - a_4$ multipliziert, die die Nettoenergie der Nährstoffe angeben. Die Summe der positiven Glieder ergibt den Nettoenergiegehalt einer Ration. Durch Abzug der Nettoenergieforderung für den Erhaltungsbedarf errechnet sich der energetische Ansatz (A).

Das Modell II ist nicht auf die Nährstoffe der Weender-Analyse beschränkt, sondern kann beliebig auf andere Nährstoffe und auch sonstige Faktoren. die die Leistung eines Tieres beeinflussen, erweitert werden. Zum Beispiel könnte eine weitere Unterteilung der Nährstofffraktionen der Weender-Analyse, z. B. Rohprotein in Reineiweiß und Amide, oder die Gerüstsubstanzanalyse, die Pentosane, Cellulose und Lignin erfaßt, im Modell II ihre Berücksichtigung finden. In der allgemeinen Form ist demnach Modell II wie folgt darzustellen:

$$\boxed{A = a_1 x_1 + a_2 x_2 + \cdots \quad \cdots + a_{n-1} x_{n-1} - a_n G^{0,73}}\,.$$

Betrachtet man beide Modelle, so ist ersichtlich, daß Modell II in viel stärkerem Maße die Möglichkeit bietet, neue Ergebnisse der Forschung mit einzubeziehen, ohne die Grundkonzeption zu ändern. Die wesentlichsten Unterschiede zwischen beiden Modellen bestehen darin, daß die Erhaltungsforderung der Tiere einmal nach der umsetzbaren, zum anderen nach der Nettoenergie festgelegt wird und weiterhin, daß die Nährstoffe einer Ration im Modell I nur durch das Verhältnis $\frac{\text{umsetzb. E.}}{\text{Brutto-E.}}$, im Modell II durch die einzelnen verdaulichen Nährstoffe berücksichtigt werden.

Für die Frage, ob der Erhaltungsbedarf besser durch die umsetzbare oder die Nettoenergie gekennzeichnet wird, ist auf Seite 491 bereits der Hinweis gemacht, daß eine ganze Reihe neuerer Ergebnisse die These BLAXTERS nicht bestätigt. Dazu soll noch eine weitere Betrachtung erfolgen.

Wenn man einmal aus Grundfutterrationen, also Rationen einheitlicher Zusammensetzung, und zum anderen aus Zulagerationen (Grundfutter + Zulage), also Rationen unterschiedlicher Zusammensetzung, die Erhaltungsforderung an Nettoenergie für ein bestimmtes Tiergewicht berechnet, dann sollte, wenn die Auffassung BLAXTERS richtig ist, die Streuung zwischen der berechneten Nettoenergie aus Grundfutterrationen kleiner sein als aus Zulagerationen. Denn für Rationen gleicher Zusammensetzung muß sowohl die umsetzbare als auch die Nettoenergie ein gleich guter Maßstab für Erhaltungsforderungen sein. Die in Tabelle 4 angeführten Ergebnisse wurden wie folgt erhalten:

1. Der Nettoenergiegehalt der Rationen (Grundfutter- und Zulagerationen des Kraftfutterversuchsprogramms (s. S. 496) wurde mit Hilfe der für die Kraftfutterstoffe abgeleiteten Gleichungen berechnet.

2. Vom Nettoenergiegehalt der Rationen wurde der energetische Ansatz abgezogen und somit der Erhaltungsbedarf an Nettoenergie erhalten.

3. Zwischen den Mittelwerten für den Nettoenergie-Erhaltungsbedarf, getrennt nach Grundfutter- und Zulageperioden, wurde die Streuung berechnet.

Tabelle 4

Mittelwerte und Streuung der Erhaltungsforderung an Nettoenergie$_{Fett}$ (kcal), berechnet aus Grundfutter- und Zulageperioden (GFP bzw. ZP)

	Rind 700 kg		Schaf 70 kg		Kaninchen 3,5 kg		Schwein 140 kg		Ratte 0,25 kg	
	GFP	ZP	GFP	ZP	GFP	ZP	GFP	ZP	GFP	ZP
Zahl der Perioden	13	13	12	12	14	14	12	12	14	14
Mittelwert (kcal)	8881	8857	819	827	147	147	2604	2613	26,4	26,6
Streuung (kcal)	± 645	± 610	± 66	± 51	± 2,5	± 2,8	± 171	± 175	± 0,93	± 0,96

Die Ergebnisse der Berechnungen in Tabelle 4 zeigen, daß sowohl die Mittelwerte für den Nettoenergie-Erhaltungsbedarf als auch die Streuungen zwischen den Grundfutter- und Zulageperioden weitgehend übereinstimmen. Wenn es sich hierbei auch nur um eine indirekte Analyse mit bestimmten Voraussetzungen handelt, so ergibt sich jedoch kein Hinweis dafür, daß die umsetzbare Energie besser als die Nettoenergie die Erhaltungsforderung der Tiere wiedergeben sollte. Es erscheint daher im Zusammenhang mit den mitgeteilten Ergebnissen anderer Forscher durchaus berechtigt, die Erhaltungsforderung der Tiere durch die Nettoenergie$_{Fett}$ zu kennzeichnen.

Im folgenden sollen die beiden besprochenen Modelle zur Vorhersage der Leistung der Tiere unter Fettmastbedingungen auf die Rationen Anwendung finden, die als Zulagerationen zur Bestimmung der energetischen Verwertung von Kraftfutterstoffen in Gesamtstoffwechselversuchen an fünf Tierarten geprüft wurden. Wenn auch das von Blaxter auf der Grundlage der umsetzbaren Energie dargelegte Fütterungssystem von ihm nur für Wiederkäuer vorgeschlagen wurde, so sollen trotzdem die monogastrischen Tierarten Schwein, Ratte und Kaninchen in die Betrachtung mit einbezogen werden. Blaxter hat für monogastrische Tierarten keine Vorschläge unterbreitet und auch nicht dazu Stellung genommen, ob sein System auch für diese Tierarten vertretbar ist. Allein vom praktischen Standpunkt, insbesondere wenn man an die Futterplanung denkt, wäre es unzweckmäßig, für Tierartengruppen unterschiedliche Konzeptionen für die Futtermittelbewertung bzw. Leistungsvorhersage zu wählen.

Das Modell I, auf die Ergebnisse unserer Gesamtstoffwechselversuche mit Zulagerationen angewendet, führt zu folgenden Gleichungen:

Rind $A = (y_1 - 118{,}3\,G^{0,73})\ (-\,0{,}64\,m + 0{,}97) \pm 546$

Schaf $A = (y_1 - 81{,}6\,G^{0,73})\ (1{,}05\,m - 0{,}03) \pm 87$

Schwein $A = (y_1 - 104{,}9\,G^{0,73})\ (0{,}02\,m + 0{,}69) \pm 263$

Kaninchen $A = (y_1 - 92{,}0\,G^{0,73})\ (1{,}00\,m - 0{,}03) \pm 5{,}7$

Ratte $A = (y_1 - 87{,}8\,G^{0,73})\ (1{,}29\,m - 0{,}34) \pm 0{,}96$

$m = \frac{y_1}{y_3}$ einer Ration.

Bemerkt werden muß, daß der Erhaltungsbedarf an umsetzbarer Energie für die Tiere aus den den Zulageperioden zugeordneten Grundfutterperioden berechnet wurden. Da die dazu notwendige Korrektur (im allgemeinen Berücksichtigung eines kleinen positiven Ansatzes) im Verhältnis zum Erhaltungsbedarf nur klein ist, haben die eingesetzten Werte eine große Sicherheit.

Auffallend ist die deutliche Abhängigkeit der Erhaltungsforderung an umsetzbarer Energie je $kg^{0,73}$ von der Tierart. Sie nimmt in der Reihenfolge Rind, Schwein, Kaninchen, Ratte, Schaf ab.

Die Abhängigkeit der Verwertungskoeffizienten vom Verhältnis umsetzbare Energie/Bruttoenergie ($= m$) ist zwischen den Tierarten sehr unterschiedlich. Zusammenhänge zwischen den Wiederkäuern einerseits und den monogastrischen Tierarten andererseits, die man erwarten darf, sind nicht zu erkennen. Daß den Abhängigkeiten der verallgemeinerungsfähige Charakter fehlt, läßt sich sehr anschaulich zeigen, wenn die Verwertungskoeffizienten für $m = 50$, 60, 70 und 80% berechnet werden (s. Tabelle 5). Zum Beispiel steigt beim Rind der Verwertungskoeffizient mit fallendem Wert von m, also praktisch mit steigendem Rohfasergehalt an; beim Schwein fehlt jede Abhängigkeit der Energieverwertung von m. Beide Ergebnisse werden von keinem Stoffwechselphysiologen als allgemeingültige Regeln für die Energieverwertung bei diesen Tierarten anerkannt, sie können nur rein statistisch und bezugsgebunden auf das Ausgangsmaterial verstanden werden.

Tabelle 5

Verwertungskoeffizienten in Abhängigkeit vom Verhältnis $\frac{\text{umsetzbare E.}}{\text{Brutto-E.}} \left(\frac{y_1}{y_3}\right)$

Tierart \ $\frac{y_1}{y_3} \cdot 100$	50	60	70	80
Rind	65	59	52	46
Schaf	50	60	71	81
Schwein	70	70	70	71
Kaninchen	47	57	67	77
Ratte	31	43	56	69

Entscheidend für die zu behandelnde Frage ist die Größe der Streuungen, d. h. das Maß, das darüber entscheidet, mit welcher Sicherheit durch das Modell I die experimentell gemessenen energetischen Ansatzwerte wiedergegeben werden können. Diese Streuungen betragen 8–14% der Energieretention. Zum Vergleich dazu sind für Rind und Schaf unter Zugrundelegung der von BLAXTER [2] für Wiederkäuer allgemein empfohlenen Abhängigkeit für Verwertungskoeffizienten ($V = 81{,}0\, m + 3{,}0$) die entsprechenden Streuungen berechnet worden. Sie betragen absolut 785 bzw. 124 kcal und relativ 20 bzw. 17%. Die Wiedergabegenauigkeit der Ergebnisse ist danach wesentlich ungünstiger als die durch direkte Anpassung.

Für die Anwendung des Modells II auf die Versuche mit Zulagerationen ergibt sich zunächst eine Schwierigkeit, die Festlegung des Nettoenergie-Erhaltungsbedarfes. Er könnte indirekt über die Errechnung des Nettoenergiegehaltes der Rationen und Abzug des energetischen Ansatzes ermittelt werden. Das setzt voraus, daß man ein Berechnungsverfahren für Nettoenergiegehalte von Rationen zur Verfügung hat. Nettoenergieberechnungsgleichungen für Kraftfutterstoffe wurden von uns angegeben [17]. Sie sind aus Differenzversuchen abgeleitet und zunächst nur für Kraftfutterstoffe als hinreichend gesichert erklärt. Wie bereits eingangs besprochen, haben Blaxter und sowjetische Wissenschaftler Ergebnisse, die aus Differenzmessungen hervorgegangen sind, stark in Zweifel gezogen. Es soll deshalb weitgehend vermieden werden, um weitere Einwände auszuschließen, auf diese Auswertung zurückzugreifen.

Wie Modell II voraussetzt, wird der energetische Ansatz durch das Tiergewicht eindeutig mit bestimmt. Wenn also in Tierversuchen die Gewichtsvariation der Tiere genügend groß ist, muß es möglich sein, den Nettoenergie-Erhaltungsbedarf statistisch zu berechnen. In den Versuchen zur Bestimmung der energetischen Verwertung der Kraftfutterstoffe bestand das Bemühen, die Gewichtsvariation klein zu halten, um nur möglichst geringfügige Korrekturen, die zwangsläufig mit dem Differenzverfahren verbunden sind, einführen zu müssen. Trotzdem kann man bei einer Tierart sowohl die verdaulichen Nährstoffe als auch das Tiergewicht geschlossen in Abhängigkeit zum Ansatz stellen, nämlich bei Ratten. Ratten sind außerordentlich stoffwechselaktiv; je g Lebendgewichtsveränderung verändert sich der energetische Ansatz um ca. 120 cal., so daß bereits kleine Gewichtsvariationen meßbare Auswirkungen auf die Energiebilanz haben. Für Ratten konnte deshalb aus den Ergebnissen mit Zulagerationen folgende Gleichung abgeleitet werden:

$$A = 2{,}85\,x_1 + 9{,}29\,x_2 + 0{,}92\,x_3 + 3{,}12\,x_4 - 67{,}74\,G^{0{,}73} \pm 0{,}524\,.$$

Nettoenergiegleichungen lassen sich demzufolge an Ratten, ohne auf das bisher als unerläßlich betrachtete Differenzprinzip zurückgreifen zu müssen, durch eine direkte Analyse aus Ergebnissen von Gesamtstoffwechselmessungen mit Rationsfütterung ableiten.

Für die anderen Tierarten, insbesondere für Rind, Schaf und Schwein, führen entsprechende Berechnungen zu unrealen Koeffizienten. Das ist durchaus verständlich, denn wollte man bei diesen Tierarten einen gleichen Effekt des Tiergewichtes auf den Ansatz wie bei Ratten erzielen, müßte wegen der geringeren Stoffwechselaktivität je Gewichtseinheit eine relativ 10–20fach größere Gewichtsvariation angestrebt werden. Selbst wenn in der Versuchsplanung die Variable Tiergewicht berücksichtigt wird, dürfte es sehr schwer sein, für Rind, Schaf und Schwein gesicherte Nettoenergiewerte der verdaulichen Nährstoffe und den Energieaufwand für die Lebenderhaltung durch eine direkte Analyse auszuweisen. Für kleinere Tiere dagegen, wie Ratten, Hühner und Kaninchen, können bei entsprechender Versuchsplanung sowohl der Einfluß der verdaulichen Nährstoffe als auch des Tiergewichtes auf den energetischen Ansatz ohne Differenzversuche bestimmt und damit die Grundwerte erhalten werden, die zur Berechnung des Nettoenergiegehaltes von Rationen notwendig sind.

Für die Tierarten Rind, Schaf, Schwein und Kaninchen mußte ein anderer Weg beschritten werden, um durch eine Rationsauswertung Nettoenergiewerte für die einzelnen verdaulichen Nährstoffe zu erhalten. Selbst wenn man unterstellt, daß Ergebnisse aus Differenzversuchen unsicher sind, wird kaum bestritten werden können, daß uns die umfangreichen Differenzversuche mit reinen Nährstoffen und mit Futterstoffen Kenntnisse vermittelt haben, die es erlauben, die Grenzen für die Verwertung der umsetzbaren Energie der Nährstoffe in vollwertigen Rationen recht sicher abzustecken. In Tabelle 6 sind unter weiterer Berücksichtigung der von SCHIEMANN [21] aus Daten des Intermediärstoffwechsels berechneten theoretisch möglichen Verwertungskoeffizienten Grenzzahlen für die Verwertung der Energie der Nährstoffe zusammengestellt.

Tabelle 6

Grenzbereiche für Verwertungskoeffizienten

	Rohprotein	Rohfett	Rohfaser	NFE
Rind	45–60	80–95	0–65	50–65
Schaf	45–60	80–95	0–70	55–65
Kaninchen	50–65	80–95	0–70	60–70
Schwein	50–65	80–95	0–80	70–80
Ratte	50–65	80–95	0–80	70–80

Nach den Festlegungen in Tabelle 6 und der umsetzbaren Energie der Nährstoffe, die relativ sicher abzuschätzen ist, wurden Grenzzahlen für die Nettoenergie der einzelnen verdaulichen Nährstoffe berechnet. Einem elektronischen Rechenautomaten wurde die Forderung gestellt, die Koeffizienten für die verdaulichen Nährstoffe, also ihren Nettoenergiewert, unter Einhaltung der vorgegebenen Grenzen und freier Wählbarkeit des Energieaufwandes für Erhaltung so zu bestimmen, daß die Summe der Abweichungsquadrate zwischen direkt bestimmter und berechneter Energiebilanz ein Minimum ist. Nachfolgend ist das Ergebnis dieser Berechnungen mitgeteilt:

Rind $A = 1{,}70\, x_1 + 6{,}80\, x_2 + 0{,}47\, x_3 + 2{,}09\, x_4 - 53{,}22\, G^{0,73} \pm 323$

Schaf $A = 1{,}80\, x_1 + 7{,}87\, x_2 + 0{,}00\, x_3 + 2{,}11\, x_4 - 32{,}07\, G^{0,73} \pm 61$

Kaninchen $A = 2{,}42\, x_1 + 8{,}03\, x_2 + 2{,}50\, x_3 + 2{,}50\, x_4 - 56{,}33\, G^{0,73} \pm 2{,}8$

Schwein $A = 2{,}25\, x_1 + 7{,}50\, x_2 + 0{,}60\, x_3 + 3{,}15\, x_4 - 69{,}09\, G^{0,73} \pm 164$

Ratte $A = 2{,}74\, x_1 + 8{,}95\, x_2 + 0{,}70\, x_3 + 2{,}95\, x_4 - 63{,}17\, G^{0,73} \pm 0{,}53$

Die Koeffizienten der Gleichungen stimmen weitgehend mit den Koeffizienten überein, die von uns [17] nach der Differenzmethodik mit Kraftfutterstoffen erhalten wurden; sie sollen im einzelnen nicht weiter diskutiert werden.

Die Erhaltungsforderung an Nettoenergie$_{\text{Fett}}$ je kg^{0,73} steht in sichtbarer Abhängigkeit von der Tierart. Um zu prüfen, inwieweit die Koeffizienten der Variable Lebendgewicht als gültige Kennzahlen für den Nettoenergie$_{\text{Fett}}$-Erhaltungsbedarf angesehen werden können, wenn man zur Nettoenergieberechnung die angeführten Gleichungen mit den Gliedern $a_1 x_1 - a_4 x_4$ wählt, wurde der Erhaltungsbedarf in entsprechender Weise aus den Grundfutterperioden, also Perioden, die mit der Rationsauswertung keinen Zusammenhang haben, berechnet. Die Zusammenstellung der errechneten Erhaltungsbedarfswerte in Tabelle 7 zeigt, daß der durch die Rationsauswertung auftretende Nettoenergie$_{Fett}$-Erhaltungsbedarf den Erhaltungsbedarf der Tiere im Zustand des Erhaltungsgleichgewichtes eindeutig wiedergibt.

Tabelle 7

Nettoenergie$_{Fett}$-Erhaltungsbedarf je $kg^{0,73}$

	Rind	Schaf	Kaninchen	Schwein	Ratte
nach Rationsauswertung	53	32	56	69	63
nach Grundfutterperioden	55	33	57	73	63

In Tabelle 8 ist der Nettoenergie$_{Fett}$-Erhaltungsbedarf dem Hungerumsatz der Tiere gegenübergestellt.

Tabelle 8

Nettoenergie$_{Fett}$-Erhaltungsbedarf und Hungerumsatz je $kg^{0,73}$

	Rind	Schaf	Kaninchen	Schwein	Ratte
a) Hungerumsatz	90*	55*	68**	91***	75**
b) NE_{Fett}-Erhaltungsbedarf	53	32	56	69	63
$\frac{b}{a} \cdot 100$	59%	58%	82%	76%	84%

* Wärmeproduktion nach Angaben von Blaxter [2].

** Hungerumsatz nach Hoffmann [10].

*** Hungerumsatz aus unveröffentlichten Versuchen des Oskar-Kellner-Instituts.

Die Relativzahlen lassen erkennen, daß zur Deckung des Erhaltungsbedarfs bei Rind und Schaf nur rund 60% der Energie des Hungerumsatzes bei Schwein, Kaninchen und Ratte, dagegen rund 80% an Nettoenergie$_{Fett}$ erforderlich sind.

Größte Bedeutung für die Frage Nettoenergie oder umsetzbare Energie hat der Vergleich, mit welcher Genauigkeit durch Modell I und durch Modell II die durch verschiedenartige Rationen von den Tieren erbrachte Leistung wiedergegeben wird. Das geeignetste Maß dazu dürfte die Streuung zwischen der direkt gemessenen Leistung (Energieansatz) und der nach den Modellen I und II berechneten Leistung sein. Tabelle 9 bringt eine Zusammenstellung dieser Werte.

Bei allen fünf Tierarten ist die nach Modell II berechnete Streuung deutlich kleiner als die nach Modell I berechnete. Das heißt, daß nach der vorliegenden Untersuchung der Leistungsvorhersage auf der Basis der Nettoenergie gegenüber der nach der umsetzbaren Energie die größere Sicherheit zugesprochen werden muß. Relativ, bezogen auf den Energieansatz, betragen die Streuungen nach Modell I 8–14%, nach Modell II 4–9%; bezogen auf den Nettoenergiegehalt der Rationen (berechnet nach den Gleichungen auf Seite 502) liegen die Streuungen nach Modell I zwischen 3 und 6%, nach Modell II zwischen 1 und 4%.

Tabelle 9

Streuungen zwischen bestimmtem und berechnetem Energieansatz nach Modell I und II

	Modell	Rind	Schaf	Schwein	Kaninchen	Ratte
absolut (kcal)	I	546	87	263	5,7	0,96
	II	323	61	164	2,8	0,53
relativ (%), bezogen auf den Energieansatz	I	13,8	12,2	8,6	7,8	11,0
	II	8,2	8,6	5,4	3,9	6,1
relativ (%), bezogen auf die mittlere Nettoenergie der Rationen	I	5,3	6,1	4,9	2,7	2,9
	II	2,5	4,3	3,0	1,3	1,5

4. Schlußfolgerung

Die Frage, sollen die Futtermittel nach der umsetzbaren oder der Nettoenergie$_{Fett}$ für tierische Leistungen bewertet werden, ist nach dem bisher vorliegenden experimentellen Material zugunsten der Nettoenergie beantwortet worden. Von den für die Leistungsvorhersage aufgestellten Modellen zur Energieverwertung gibt Modell II mit größerer Annäherung ein experimentelles Resultat wieder als Modell I. Diese Aussage für die Nettoenergie$_{Fett}$ konnte durch eine Rationsauswertung gewonnen werden. Die Einwände gegen das Nettoenergieprinzip, die aus der Stellungnahme zum Differenzversuch heraus ausgesprochen worden sind, verlieren somit an Bedeutung. Koeffizienten zur Errechnung des Nettoenergiegehaltes von Rationen sind aus Gesamtstoffwechselmessungen unter Umgehung des Differenzverfahrens ableitbar.

Das Ergebnis der vorliegenden Untersuchung gestattet, die Empfehlung auszusprechen, Futtermittel bzw. Rationen für ihren Einsatz in der Fettmast weiterhin nach ihrem Gehalt an Nettoenergie$_{Fett}$ zu bewerten. Es soll jedoch hervorgehoben werden, daß durch die Auswertung von Zulagerationen hinsichtlich der chemischen Zusammensetzung nicht das insgesamt mögliche Spektrum erfaßt worden ist. Weitere Gesamtstoffwechselversuche mit einer breiteren Variation in der chemischen Zusammensetzung und der Auswahl der Futtermittel sollten ausgeführt werden, um die Sicherheit des aufgezeigten Weges zur Leistungsvorhersage und damit zur Futtermittelbewertung zu erhöhen.

Zusammenfassung

Es werden bestehende Vorstellungen zur energetischen Bewertung der Futterstoffe nach Maßgabe der Nettoenergie und der umsetzbaren Energie kritisch besprochen, Modelle zur Leistungsvorhersage auf der Grundlage dieser beiden Energiekennzahlen aufgestellt und deren Eignung an Ergebnissen von Gesamtstoffwechselversuchen mit Rindern, Schafen, Schweinen, Kaninchen und Ratten geprüft. Die vergleichende Prüfung der Modelle zur Leistungsvorhersage führt zu der Aussage, daß bei allen fünf Tierarten der experimentell festgestellte energetische Ansatz (Fettkalorien) durch das Modell auf der Basis der Nettoenergie mit größerer Sicherheit (Streuung ± 1–4% des Nettoenergiegehaltes der verfütterten Rationen) wiedergegeben wird als durch das Modell auf der Basis der umsetzbaren Energie (Streuung ± 3–6%). Es wird nachgewiesen, daß die Ableitung von Nettoenergie-Berechnungsgleichungen nicht generell an das methodische Prinzip des Differenzverfahrens gebunden ist.

Резюме

В работе критически рассматриваются современные представления об энергетической оценке кормовых веществ по соразмерности чистой и превращаемой энергии, затем модели для определения наперед производительности на основе этих обоих характеристичных величин энергии и их пригодность для результатов опытов по обмену всех веществ с рогатым скотом, овцами, свиньями, кроликами и крысами. Сравнительная проверка моделей для определения наперед производительности приводит к выводу, что у всех перечисленных пяти видов животных экспериментально установленный прирост (жировые калории) воспроизводится с большей точностью моделью на основе чистой энергии (колебания от ± 1–4% имеющейся чистой энергии скармливаемых рационов), нежели моделью на основе замещаемой энергии (колебания ± 3–6%). Установлено, что выведение расчетных уравнений не генерально связано с методным принципом способа различий.

Summary

The present paper contains a critical discussion of present-day conceptions used in evaluating the dietary energy of foodstuffs in terms of their net energy and utilizable energy. Models for a prediction of the dietary efficiency have been established on the basis of these two energy indices and their suitability has been tested on the results of experiments studying the total metabolism of cattle, sheep, pigs, rabbits and rats. A comparative study of these models showed that for each of these 5 animal species the experimentally established level of energy utilization could be determined to a larger degree of accuracy by using the model based on the net energy (deviations varying from ± 1% to 4% of the net energy content of the rations fed) than by using the model based on the utilizable energy (deviations ± 3 to 6%). Evidence is provided that the derivation of equations for computing the net energy is not solely limited to the methodological principles employed in the method of difference trials.

Literaturverzeichnis

[1] ARMSTRONG, D. G.: J. Agric. Sci. **62**, 399–416 (1964)

[2] BLAXTER, K. L.: J. Roy. agric. Soc. England **123**, 7–21 (1962)

[3] BLAXTER, K. L.: The energy metabolism of ruminants. 1. Aufl., London, Hutchinson & Co. 185–213 (1962)

[4] BROUWER, E., VAN ES, A. J. H. and H. J. NIJKAMP: Further investigations on early and late cut hay with some remarks on the design of difference trials. In: 3. Symposium on energy metabolism. EAAP-Publ. No. 11, 205–216, (1965)

[5] DENISSOW, N. I.: Новая система оценки питательности кормов и норм кормления животных. Вестник с.—х. науки, 1963, 8, стр. 78–85.

[6] DENISSOW, N. I.: Научные основы кормления коров (Оценка питательности рационов и нормирование кормления), Москва, Государственниое здательство сельскохозяйственной литературы, 1960, 438 стр.

[7] FLATT, W. P., C. E. COPPOCK and L. A. MOORE: Energy balance studies with lactating, non-pregnant dairy cows consuming rations with varying hay to grain ratios. In: 3. Symposium on energy metabolism. EAAP-Publ. No. 11, 121–130, (1965)

[8] GRAHAM, N. McC.: Metabolism of the pregnant ewe and some effects of thermal stress. In: 3. Symposium on energy metabolism. EAAP-Publ. No. 11, 387–394, (1965)

[9] GÜTTE, J. O.: Z. Tierphysiol., Tierernähr. u. Futtermittelkunde **17**, 107–125 (1962)

[10] HOFFMANN, L.: Zum Problem der Verwertung der Futterenergie in Abhängigkeit vom Ernährungsniveau. Rostock, Univ., Diss. 1957, 182 S.

[11] HOFFMANN, L.: Tag.-Ber. Dt. Akad. Landwirtsch.-Wiss. Berlin Nr. 63, 37–58 (1964)

[12] HOFFMANN, L.: Die energetische Bewertung der Futterstoffe unter besonderer Berücksichtigung der Nettoenergieberechnung aus den verdaulichen Nährstoffen. Rostock, Univ., Habil.-Schr. 1962, 139 S.

[13] HOFFMANN, L., R. SCHIEMANN und K. NEHRING: Arch. Tierernähr. **11**, 337–358 (1962)

[14] KLEIBER, M.: Futterbewertung und Futterwirkung. In: NEHRING, K.: 100 Jahre Möckern. Die Bewertung der Futterstoffe und andere Probleme der Tierernährung. Berlin, Dt. Bauernverl. **2**, 117–138 (1954)

[15] POPOW, I. S.: Новая кормовая единица. Животноводство, **12**, стр. 9–21 (1963)

[16] JENTSCH, W., und R. SCHIEMANN: Arch. Tierernähr. **13**, 235–239 (1963)

[17] NEHRING, K., L. HOFFMANN, R. SCHIEMANN und W. JENTSCH: Arch. Tierernähr. **13**, 193–213 (1963)

[18] NEHRING, K., und R. SCHIEMANN: Die energetische Bewertung der Nahrungs- und Futterstoffe. In: HOCK, A.: Vergleichende Ernährungslehre, Jena, Fischer-Verl. (im Druck)

[19] NEHRING, K., R. SCHIEMANN, L. HOFFMANN und W. JENTSCH: Arch. Tierernähr. **11**, 359–369 (1962)

[20] SCHIEMANN, R.: Tag.-Ber. Dt. Akad. Landwirtsch.-Wiss. Berlin Nr. 63, 59–73 (1964)

[21] SCHIEMANN, R.: Wiss. Abh. Dt. Akad. Landwirtsch.-Wiss. Berlin Nr. 37, 65–82 (1958)

[22] SCHIEMANN, R., K. NEHRING und L. HOFFMANN: Arch. Tierernähr. **13**, 177–192 (1963)

Eingegangen: 12. Januar 1965

Zur Veröffentlichung werden angenommen:

Originalmanuskripte, die in anderen Zeitschriften noch nicht veröffentlicht worden sind und in gleicher Form auch nicht in anderen Zeitschriften erscheinen werden. Der Umfang soll höchstens 1 Druckbogen (16 Druckseiten) betragen. Bei umfangreicheren Manuskripten müssen besondere Vereinbarungen mit den Herstellern und dem Verlag getroffen werden.

Kurze Originalmitteilungen über wesentliche, neue Forschungsergebnisse. Umfang im allgemeinen höchstens eine Druckseite. Kurze Originalmitteilungen werden beschleunigt veröffentlicht.

Kritische Sammelberichte nach Vereinbarung mit den Herausgebern.

Manuskriptsendungen sind zu richten an Prof. Dr. HANS BERGNER, Institut für Tierernährungslehre der Landwirtschaftlich-Gärtnerischen Fakultät der Humboldt-Universität zu Berlin, 104 Berlin 4, Invalidenstraße 42. Die Verfasser werden gebeten, ihre Manuskripte zweizeilig mit Schreibmaschine geschrieben, druckfertig einzureichen. Das Institut, aus dem die Arbeit stammt, wird mit dem Namen der Autoren im Titel der Arbeit vermerkt. Wünscht der Autor eine andere Anschrift, so kann sie in einer Fußnote angegeben werden.

Am Schluß des Manuskripts soll der Autor seine Ergebnisse diskutieren und kurz zusammenfassen.

Im Manuskript sind Autorennamen rot zu unterstreichen. Kursivschrift bitten wir zu unterwellen. Kleindruck wird durch einen senkrechten roten Strich am Rand gekennzeichnet. Literaturangaben erfolgen im Text mit dem Namen des Autors und dem Jahr der Veröffentlichung, bei mehreren Arbeiten im gleichen Jahr zusätzlich mit a, b, c, usw. in der Reihenfolge, wie die Arbeiten im Literaturverzeichnis angeordnet sind, z. B MEYER (1958 a). Im Literaturverzeichnis werden die Arbeiten, alphabetisch nach dem Namen des ersten Autors geordnet, in folgender Weise zitiert: Name, Vorname des Autors (bei Frauen ein Vorname ausgeschrieben), Zeitschrift, Band, Seitenzahl, Jahreszahl.

Abbildungen sind auf das unbedingt Notwendige zu beschränken und dem Manuskript gesondert beizufügen. Hinweislinien, Buchstaben usw. sind nur mit Bleistift einzutragen Bei Fotografien soll hierfür ein Deckblatt verwendet werden. Der Text zu den Abbildungen wird auf einem besonderen Blatt zusammengestellt.

Die Verfasser erhalten von ihren Beiträgen 50 Sonderdrucke kostenlos. Darüber hinaus können bis zu 100 Sonderdrucke gegen Berechnung bezogen werden. Wir bitten, Bestellungen bei Rückgabe der Korrekturfahnen zu übergeben.

Das Archiv für Tierernährung erscheint jährlich in einem Band zu sechs Heften. Herausgeber Prof. Dr. habil. ANDREAS HOCK, Institut für Biochemie der Veterinärmedizinischen Fakultät der Humboldt-Universität zu Berlin, 104 Berlin 4, Reinhardtstraße 4 und Prof. Dr. habil. HANS BERGNER, Institut für Tierernährungslehre der Landwirtschaftlich-Gärtnerischen Fakultät der Humboldt-Universität zu Berlin, 104 Berlin 4, Invalidenstraße 42, Tel.: 420018. Verlag Akademie-Verlag GmbH, 108 Berlin 8, Leipziger Straße 3–4, Tel. 22 04 41, Telex-Nr. 011773, Postscheckkonto: Berlin 350 21. Bestellnummer dieses Heftes 1010/15 6. Bezugspreis je Heft MDN 8,50 zuzüglich Porto und Versandkosten. Veröffentlicht unter der Lizenznummer 1274 des Presseamtes beim Vorsitzenden des Ministerrates der Deutschen Demokratischen Republik. Gesamtherstellung IV/2/14 • VEB Werkdruck Gräfenhainichen.

Kolibri 360 GmbH
Ferdinand-Jühlke-Straße 7
99095 Erfurt, Deutschland
produktsicherheit@kolibri360.de